董哲仁 著

Eco-hydraulic Engineering

生态水利工程学

中国水利水电出版社
www.waterpub.com.cn

·北京·

内 容 提 要

　　生态水利工程学是研究水利工程在满足人类社会需求的同时，兼顾水生态系统健康需求的原理与技术方法的工程学。生态水利工程学吸收生态学的理论，改进和完善传统水利工程学的规划设计方法，为水生态系统保护与修复提供理论与技术支持。

　　本书阐述了水生态系统的特征和河湖生态模型基础理论；介绍了河湖调查与栖息地评价方法；阐述了包括生态水文学、生态水力学、景观分析、环境流以及河道演变在内的生态要素分析与计算方法，提出了水生态修复规划准则；在生态修复工程方面，详细阐述了河流廊道自然化工程、湖泊与湿地生态修复工程、河湖水系连通工程以及鱼道工程的规划设计方法。此外，还讨论了水库生态调度方法和生态水利工程监测与评估方法，并辑录了许多国内外典型工程案例。

　　本书既有理论系统性，又有技术实用性，可供水利水电工程、生态工程、环境工程、国土规划等领域的规划、设计、科研和管理人员参考使用，也可作高等院校相关专业的教学参考。

图书在版编目（CIP）数据

　　生态水利工程学 / 董哲仁著. -- 北京 ： 中国水利
水电出版社，2019.3（2020.5重印）
　　ISBN 978-7-5170-7509-7

　　Ⅰ．①生… Ⅱ．①董… Ⅲ．①生态工程－水利工程
Ⅳ．①TV

中国版本图书馆CIP数据核字（2019）第042966号

书　　名	**生态水利工程学** SHENGTAI SHUILI GONGCHENGXUE
作　　者	董哲仁　著
出版发行	中国水利水电出版社 （北京市海淀区玉渊潭南路 1 号 D 座　 100038） 网址：www. waterpub. com. cn E - mail：sales@waterpub. com. cn 电话：（010）68367658（营销中心）
经　　售	北京科水图书销售中心（零售） 电话：（010）88383994、63202643、68545874 全国各地新华书店和相关出版物销售网点
排　　版	中国水利水电出版社微机排版中心
印　　刷	北京印匠彩色印刷有限公司
规　　格	184mm×260mm　16 开本　37.5 印张　889 千字
版　　次	2019 年 3 月第 1 版　2020 年 5 月第 2 次印刷
印　　数	2001—3000 册
定　　价	**188.00 元**

作　者　简　介

　　董哲仁，1943 年生于北京，满族。1966 年毕业于清华大学，1981 年毕业于中国科学院研究生院，1986 年在美国阿克隆大学做访问学者。现任中国水利水电科学研究院教授、博士生导师。先后受聘担任清华大学、武汉大学、大连理工大学、四川大学、河海大学等校兼职教授。

　　从事科研工作 40 余年。20 世纪 80—90 年代，研究水工结构钢筋混凝土非线性分析理论方法，提出了混凝土开裂正交异性模型，并将新结构成功应用于三峡工程。进入 21 世纪，研究重点转向水利水电工程的生态影响和河湖生态修复理论与技术。主张融合水利工程学与生态学理论，构建生态环境友好的新型水利工程学体系，开创生态水利工程学新学科。经 20 年的研究与工程实践，基本形成了学科体系。

　　出版专著 8 部，代表作有《生态水工学概论》（2020）、《生态水利工程学》（2019）、《河流生态修复》（2013）、《生态水利工程原理与技术》（2007）、《钢筋混凝土非线性有限元原理与应用》（1993）等，主编著作《当代水利科技前沿》（2006）等 11 部，发表论文 110 篇。

則天地固有常矣日月固有

明矣星辰固有列矣禽獸固

有群矣樹木固有立矣夫

子亦放德而行循道而趨已

至矣　莊子天道　書奉

指仁學兄而著生態水利工程學

戊戌桂秋於泣法根王文鋒敬題

則天地固有常矣，日月固有明矣，星辰固有列矣，禽獸固有羣矣，樹木固有立矣。夫子亦放德而行，循道而趨，已至矣。

引自《莊子》——天道

前 言 FOREWORD

河流是陆地生态系统的动脉，水资源是社会经济发展的生命线。

近40年来，我国经济以空前规模和速度迅猛发展，一方面，给社会经济带来了繁荣；另一方面，也对自然环境形成了巨大压力，特别是对水生态系统形成了重大干扰。在工业化过程中，废水污水倾倒在江河中造成污染。在城市化进程中，大范围改变了土地利用方式，还使自然水文循环方式发生改变。森林无度砍伐、河湖围垦、过度捕鱼和养殖等生产活动，引起水土流失、植被破坏、河湖萎缩及物种多样性下降。大规模的基础设施建设，诸如公路、铁路、矿山建设改变了景观格局，造成水土流失、土地塌陷和生物多样性下降。特别是水利水电工程建设，一方面，在保障供水、发展农业灌溉和水力发电、保障防洪安全等方面发挥了巨大作用；另一方面，也使江河湖泊的面貌发生了巨变。在河流上建设的水坝和各类建筑物大幅度改变了河流地貌景观和水文情势；过度的水资源开发利用，造成河流干涸、断流，对水生态系统产生了重大影响。这些大规模经济活动对于水生态系统的干扰所造成的影响往往是巨大而深远的。水生态系统的退化以及生物多样性的降低，不但危及当代人类福祉，也危及子孙后代的可持续发展。

水利工程学作为一门重要的传统工程学科，以建设水工建筑物为手段，通过改造和控制河流，达到水资源和水能资源开发利用等多方面的经济社会目标。30多年来，全球生态保护意识空前提高，保护地球家园，维系自然生态，提倡人与自然和谐，坚持可持续发展，已经成为当代国际社会的共识。人们对于包括水利工程在内的基础设施建设有了新的认识。普遍认为工程建设不但要满足人类社会的需求，还需满足维护生态系统可持续性及维系生物多样性的需求。在这个大背景下，新的工程学理论和概念应运而生。具有标志性的事件是1962年著名生态学家Odum提出将生态系统自组织行为（self-organizing activities）运用到工程之中。他首次提出"生态工程"（Ecological Engineering）一词，旨在促进生态学与工程学相结合。Odum提出的生态工程包括河湖、海岸带、森林、草地以及矿山等生态系统的修复工程。1993年，美国科学院主办的生态工程研讨会根据著名生态学家 Mitsch 的建议，把"生态工程学"定义为"生态工程学是可持续生态系统的设计方法，它将人类社会与自然环境相结合并使双方受益"。

我国是一个水资源相对匮乏、洪涝灾害频发的国家，建设大坝水库保障供水和防洪安全是我国治水的成功经验。我国是一个水利水电大国，建成的大坝数量、堤防总长度以及水电总装机容量均居世界首位。如何减缓大量已建水利水电工程对水生态系统的负面影响，对河流、湖泊和湿地实行生态修复，无疑是一项极具挑战性的任务。与西方发达国家不同，我国目前还处于水利水电建设期，为落实我国政府关于减少温室气体排放的国际承诺，作为清洁能源的水电建设还会有更大发展。如何在新建工程中采取预防措施，防止和减轻对水生态系统的负面影响，需要有理论创新和技术研发。我国具有几千年的水利史，大部分河流都经过大规模的人工改造，有些河流如黄河和海河，已经演变成高度人工控制的河流。在这样的河流上实施生态修复，其技术难度可想而知。在此背景下，我们不仅要借鉴国外的先进理论和技术，还要结合我国的国情、水情和河流自然特征，构建和发展与生态友好的水利水电工程规划设计理论和方法，这是一项具有战略意义的课题。

2003年，作者提出了生态水利工程学（Eco-hydraulic Engineering）概念和技术框架并给出如下定义："生态水利工程学作为水利工程学的一个新的分支，是研究水利工程在满足人类社会需求的同时，兼顾水生态系统健康与可持续性需求的原理与技术方法的工程学"。这个定义具有以下几层含义：①生态水利工程学是对传统水利工程学的补充和完善。水利工程不但要开发利用水资源，还要肩负起保护水生态的重任。水利工程不但要满足社会经济需求，也要符合生态保护的要求。②生态水利工程学的目标是构建与生态友好的水利工程技术体系。③生态水利工程学是融合水利工程学与生态学的交叉学科。④水生态系统保护的目标是保护和恢复水生态系统健康与可持续性。

本书总结了作者及其科研团队15年来取得的大量科学研究成果和工程实践经验，特别是作者主持和参加的多项国家科技支撑项目和水利部公益性行业专项项目所取得的成果，同时吸收了国际相关领域的最新理论和方法，改进和完善了传统水利工程学的规划设计方法，为水生态系统保护与修复提供了理论基础和技术方法。

全书分为3篇。第1篇为水生态系统概论，阐述了水生态系统的特征和河湖生态模型。第2篇为调查评价与生态要素分析计算，介绍了河湖调查与栖息地评价方法，阐述了包括生态水文学、生态水力学、景观分析、环境流、河道演变等生态要素分析与计算方法。第 3 篇为生态修复工程规划设计，详细阐述了水生态修复规划准则，河流廊道自然化工程、湖泊与湿地生态修复工程、河湖水系连通工程以及鱼道工程的规划设计方法。讨论了水库生态调度方法和生态水利工程监测与评估方法。各章节有关勘察、调查、评估、规划和设计方法内容，如有国家或行业相关技术标准或规范，一般都予标明和简要介绍，以便读者使用。同时还介绍了部分国外技术规范、设计导则和指南。各章节还包括若干国内外典型工程案例。

本书力求在以下四个方面有所创新：一是理论创新。以研究水利水电工程对水生态系统胁迫的生态机理为切入点，基于生态完整性理论，从本质和全局上把握河湖生态修复的方向和战略。在此基础上，提出了河流生态系统结构功能整体性概念模型、3 流 4D 连通性生态模型、河流生态状况分级系统以及兼顾生态保护的水库调度方法等理论方法。二是推动了学科的交叉与融合。生态水利工程学是一个全新的科技领域，涉及水利工程学、生态系统生态学、生态水文学、生态水力学、河流地貌学、景观生态学和环境保护科学等，具有明显的跨学科特点，本书在综合应用这些学科知识方面做了大胆尝试。三是力求模型定量化。生态工程学是一门新兴学科，其理论、范式和模型多为定性描述。本书尝试在生态要素计算分析、状况评价和预测分析等方面引进更多数值分析方法和计算机模型。四是强化信息技术应用，力求在河流生态修复中更多地应用包括遥感技术、地理信息系统和全球定位系统在内的信息技术，期望有助于推动河湖生态修复信息化和数字化。

本书得到了诸多专家和朋友的鼎力相助。承蒙著名书法家王之鏻学兄书我国古代哲学家庄子语录，水利部黄河水利委员会董保华教授提供封面照片，中国水利水电科学研究院孙东亚教授撰写 6.2.5 节，赵进勇教授撰写 8.3.2 节，蒋云钟教授撰写 4.1 节算例，王俊娜博士撰写 10.2 节、10.3 节，张晶博士校审 1.5.4 节、3.11 节、7.1.2 节，水利部发展研究中心译审刘蒨翻译 6.5.3 节日语资料；承蒙中国水利水电科学研究院胡春宏院士和赵进勇教授、张晶博士、王俊娜博士，中国科学院生态环境中心刘国华研究员，南京水利科学研究院李云教授，云南大学何大明教授，北京水务局朱晨东副总工，北京市水利规划设计研究院邓卓智副总工，美国大自然协会（TNC）郭乔羽博士，提供了宝贵技术资料。特别需要提出，中国水利水电出版社王照瑜编审与作者多年合作，在本书策划、选题和编辑过程中倾注了大量心血。在本书出版之际，谨向以上各位专家和朋友致以诚挚的谢意。

本书特别鸣谢水利部行业科研专项"河湖水系生态连通规划关键技术研究与示范"（201501030）资金支持。

本书内容既有理论系统性，也有技术实用性，可供水利水电工程、生态工程、环境工程、国土规划等领域的规划、设计、科研和管理人员参考使用，也可作高等院校相关专业的教学参考。

由于生态水利工程学是一个涉及多学科的新兴科技领域，加之受作者理论水平和经验限制，本书的谬误和不足在所难免，诚恳期待业界读者批评指正。

2018 年 7 月

于中国水利水电科学研究院

目 录
CONTENTS

第2篇　调查评价与生态要素分析计算

第3篇　生态修复工程规划设计

第1篇

水生态系统概论

第1章
水生态系统

生态系统（ecosystem）是由植物、动物和微生物及其群落与无机环境相互作用而构成的一个动态、复杂功能单元（millennium ecosystem assessment，2005）。

水生态系统（aquatic ecosystem）是由植物、动物和微生物及其群落与淡水、近岸环境相互作用组成的开放、动态的复杂功能单元。一般认为，水生态系统的范围包括河道、河漫滩、湖泊、湖滨带以及湿地沼泽等。水生态系统与其他生态系统相比较，在时空分布上具有高度开放性和动态性的特征。这表现为河流湖泊以水为载体，与周边环境进行密切的物质交换，这些物质包括溶解物质、悬浮物质、泥沙和近岸陆生植物的残枝败叶。同样，藻类、无脊椎动物、昆虫和洄游鱼类等生物也在水体中交换、迁徙和洄游。高度开放性特征促进了生物组分与非生物组分的交互作用。由于水生态系统存在着高度开放性，若按照能量流动和营养物质平衡关系确定生态系统边界的原则，水生态系统的边界往往不够清晰。另外，如果按照不同尺度（如区域、流域、河流廊道、河段、地貌单元）研究水生态系统时，又会发现不同尺度的水生态系统是相互连接、相互依存的，并且在空间上相互嵌套。再者，由于水文情势年度周期性变化，水位、流量丰枯消长，导致水域面积的扩展和缩小。另外，河流因常年泥沙冲刷、输移和淤积导致河流地貌变化以及河流湖泊形态变化。这些因素使得淡水系统的边界呈现动态变化特征。

因受到气候、地质、地貌、植被等多种要素影响，水生态系统类型多种多样。水生态系统可以分为以下三种主要类型：①河流生态系统；②湖泊生态系统；③湿地生态系统。

本章介绍了水生态系统的基础知识，讨论了河流和湖泊水生态系统的自然结构、生态过程以及生态系统服务功能，归纳了水生态系统五大特征，分析了人类活动对于自然水生态系统的干扰及其影响。

1.1 河流地貌形态

1.1.1 河流生态系统空间与时间尺度

1. 河流 4D 坐标系统

水流是水体在重力作用下一种不可逆的单向运动，具有明确的方向。在河流的某一横

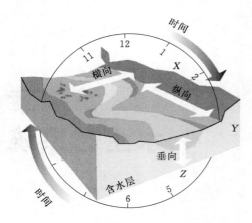

图 1.1-1　河流 4D 坐标系统

断面建立笛卡尔坐标系，规定水流的瞬时流动方向为 Y 轴（纵向），在地平面上与水流垂直方向为 X 轴（侧向），对于地面铅直方向为 Z 轴（竖向）。再按照曲线坐标系的原理，令坐标原点沿河流移动，逐点形成各自的坐标系。另外，定义一个时间坐标 t，以反映生态系统的动态性。这样，就形成了河流 4D 坐标系统（图 1.1-1）。河流在 X-Y 坐标平面的投影即为河流的平面图；X-Z 坐标平面形成河床横剖面图；Y-Z 坐标平面形成河流的纵剖面图。

2. 河流生态系统的空间尺度

景观生态学中所谓空间尺度（scale）是指在研究某一生态现象时所采用的空间单位，同时又可以指某一生态现象或生态过程在空间所涉的范围。在调查生态格局与生态过程时，选择适宜的空间尺度对于生态研究和管理是十分重要的。

本书按照以下 5 种尺度研究河流生态系统的特征：①流域；②河流廊道；③河段；④地貌单元；⑤微栖息地（图 1.1-2）。

（1）流域（watershed）。在水文学中定义流域为地面分水线所包围的、汇集降落在其上的雨水并流至出口的区域。不同流域的几何尺度大小相差甚远。特大型河流的流域，如长江、黄河、珠江流域，包含若干支流流域。特大流域景观格局是土地覆盖的陆地格局，这种覆盖包括自然覆盖（森林、草地、灌丛、沼泽、荒漠等）和人工覆盖（农田、城市、道路、村镇等）。在特大流域内可以反映水生态系统地质构造运动与气候变迁，也可以反映同类物种的分布格局和生物地理学过程（biogeography），这种过程决定了适应区域生境的种群物种库（population species pool）。特大型流域范围内的气候、水文、地质、地貌和生物群落具有十分复杂的特征。

流域的地理特征值包括流域面积、形状、海拔高度、纵坡坡度和倾斜方向等。流域的自然地理、气候、地质和土地利用等要素决定了河流的径流、河道类型、基质类型、水沙特性等物理及水化学特征，这些特征对河流生态系统都会产生重要影响。在流域内进行着水文循环的完整过程，包括积雪融化、降雨降雪、植被截留、地表产流、河道汇流、地表水与地下水交换、蒸散发等。流域生态过程包括坡面侵蚀和泥沙冲淤；钙、磷物质风化与输移以及木质残骸等有机物生产和输移；土地覆盖格局；生物群落格局等。水文过程与生态过程的范围与流域大体重合，换言之，水文过程与生态过程在流域这种空间单元内实现了很大程度的耦合。

（2）河流廊道（river corridor）。河流廊道是陆地生态系统最重要的廊道，具有重要的生态学意义。河流廊道结构由 3 部分组成：河道、河漫滩和高地边缘过渡带。河道多为常年过水，也有季节性通水河道。河漫滩位于河道两侧或一侧，随洪水过程淹没、消落变化，属于时空高度变动区域。河漫滩包括河漫滩植被、小型湖泊、季节性湿地和洼地。高地边缘过渡带位于河漫滩的两侧或一侧，是高地的边缘部分，也是河漫滩与外部景观的

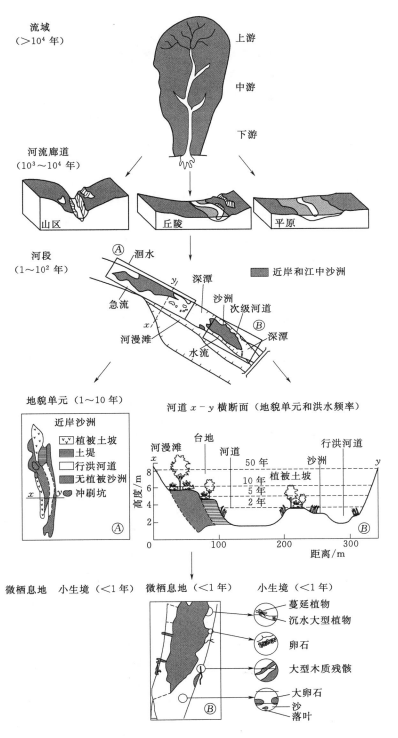

图 1.1-2　河流嵌套层级结构（断面图横竖坐标不按比例）

（据 Brierley G，2006，改绘）

过渡带。高地边缘过渡带包括高地森林和丘陵草地。河流廊道是流域内连接某一尺度的生态系统与外部生境的纽带，又是陆生与水生生物间的过渡带。河流廊道的基本生态功能有四种：一是水生和部分陆生生物的基本生境；二是鱼类洄游与其他生物迁徙、种子扩散的通道；三是起过滤和阻隔作用；四是物质与能量的源与汇。

（3）河段（reach）。河段是范围在数十米到几千米的河段和周边地貌结构。河流始终处于演变之中，水、沙和植被的交互作用，决定了河段景观格局，也提供了生物所适宜的各种类型的栖息地。在地貌单元中包含了现实和历史遗留的丰富多样的地貌元素，包括河道、河漫滩、小型湖泊、沼泽以及牛轭湖（故道）等地貌元素。不同的河流形态又形成多样的地貌元素组合。在山区溪流形成小型瀑布和跌水-深潭序列，而平原蜿蜒型河流形成深潭-浅滩序列。另外，年度水文过程丰枯变化，造成河段范围内河漫滩干枯与淹没交替变化，从而在水陆交错带形成了动态多变的生境条件。地表水与地下水的交换关系以及含水层的动态性也形成河段尺度栖息地的动态特征。由于物种多样性与河流栖息地的多样性具有正相关关系，因而河段范围内呈现丰富的物种多样性。

（4）地貌单元（geomorphic element）。地貌单元是河段的组成部分，在这个尺度内能够反映河流生态系统的结构、功能和过程。这些地貌单元包括深潭、浅滩、跌水、沙洲、河岸高地、自然堤、裁弯取直形成的故道、牛轭湖等。这些单元看起来是独立的，实际上相互连通形成动态系统。不同的地貌单元及其组合为生物提供了适宜的栖息地。对于鱼类而言，地貌单元提供的急流条件可供觅食；静水条件可供休息；卵石沙洲可供产卵。由多种地貌单元集合形成的河段决定了鱼类种群的组成。无论是河漫滩湿地还是河流故道，都提供了大量适于繁殖、觅食和避难的栖息地，这对水鸟、两栖动物、爬行动物和部分哺乳动物都是至关重要的条件。沿河分布的多种地貌单元是河流水体边缘与河岸岸坡交汇的水陆交错带，这种干湿交错条件创造了既适合水域也适合陆域生物生存的栖息地。栖息地的地下水水位较高，地表水与地下水交换频繁。生态过程的动态性以及景观梯度变化，使得河滨地貌单元成为具有高度异质性的环境。水陆交错带的功能包括侵蚀控制、缓解洪水、过滤来自附近农田的营养物质和杀虫剂，起净化作用。

（5）微栖息地（micro-habitat）。微栖息地是几米甚至更小的栖息地单元。它是在溪流中被岩石、土壤、枯木和杂草包围的结构。主要依据基质类型、特点和位置划分其边界。微栖息地的水力学条件和水沙关系特征提供了特定生物集群（assemblage）的生存条件。水力学要素诸如流速、水深，水温以及河床基质等特征为不同的水生生物提供生境。具有相对静水条件的深潭和河流故道提供了生物避难所；水沙交互作用产生的侵蚀与淤积比率关系，确定了无脊椎动物的多样性和多度。较大的河床基质如卵石，为昆虫提供容身的坚实表面，能抵御水流的冲击。在低流量条件下，蜿蜒性河道的深潭-浅滩序列所形成的多样水力学条件，为水生生物的觅食、繁殖和避难提供了环境，特别是深潭为大量的水生物种提供了避难所。在高流量条件下，与深潭相邻的土堤凹地成为鱼类避难所。地表水与地下水通过透水层连接起来，同时伴随着营养物质扩散和水下生物的交互作用。微栖息地对于外界干扰非常敏感，并有明显的生态响应。可是一旦干扰消除，微栖息地面貌和与其相关的生物集群就能自我恢复。

3. 空间嵌套层级结构

不同空间尺度的生态系统之间形成嵌套层级结构（nested hierarchy structure）（图 1.1-2）。某一级尺度的生态系统被更大尺度的生态系统所环绕，比如河流廊道被流域所环绕，成为它的外部环境，而流域又被更大的区域尺度系统所环绕。在不同尺度的生态系统之间存在着输入/输出关系：比如流域内发生的坡面侵蚀引起泥沙输移，泥沙对河流廊道是一种物质输入。泥沙输移和淤积过程在河流廊道尺度内成为地貌变化的驱动力。河流廊道作为河段尺度的外部环境，其地貌过程决定了河段尺度内河道的结构（诸如深潭、浅滩、沙洲）和河道规模，提供了多样的栖息地结构，这又为物种多样性提供了物理基础。

不同尺度的生态系统对应不同层级的生物组合。在地貌单元范围内，对应生物体（organism）水平，其结构反映了生物个体尺寸、形状、组分和生物特征。在河段范围内对应种群（population）水平，其特征用多度（abundance）、种群动态（dynamics）、基因适宜性（genetic fitness）和多样性表示。河流廊道尺度对应生物群落（community）水平。所谓生物群落是指同时同地出现的通过营养和空间相互作用的各种生物种群的集合。生物群落的结构特点是占据一定的生境空间，具有相对独立结构和功能。在流域尺度内，对应的是水生态系统结构水平。所谓生态系统结构（ecosystem structure），是指组成生态系统的生物、群落和生物多样性及其生境。在流域范围内，更强调生物结构与生境结构的相互作用和影响，注重诸如水文情势、地貌、化学特征以及干扰等生境要素对于生物区（biota）的相互作用和影响，生物区要素包括遗传结构、种群动态、食物网结构等。在区域这样大空间尺度和数万年大时间尺度内，形成了生物集群（biotic assemblage），生物集群是生物长期适应区域气候和地理变化的结果。

在不同尺度上可以观察到不同的生物现象。在河流廊道尺度内可以观察到河道、河漫滩和高地边缘过渡带的构造以及植被状况。在河段尺度内观察到多样的河流形态以及河滨植被和水生生物。在地貌单元可以观察微型栖息地内卵石河床基质、木质残骸和遮蔽物对鱼类和无脊椎动物栖息地选择、取食、捕食以及种群动态的影响。

4. 时间尺度与空间尺度的关系

基于河流生态系统的动态特征，在调查生态格局与生态过程时选择适宜的时间尺度十分重要。时间尺度与空间尺度是平行的层次，同时也是互相关联的。

在特大流域尺度上发生的自然过程涉及气候变迁、地质构造运动以及罕见外界重大胁迫如大洪水、火山喷发等，导致河道与湖泊形成与变迁，其时间尺度往往在数千年到几百万年。在流域尺度发生的生物过程，包括迁徙、建群、灭绝和进化，也需要超过数万年的时间，才能形成与流域地理、气候相适应的生物集群。在河流廊道尺度内，泥沙冲淤变化，导致河流形态与河势变化。河势演变在数十年至上千年的时间尺度内发生。泥沙在河道及河漫滩淤积的时间尺度是不同的。在河道内泥沙的冲淤变化频繁，几乎每年都会发生；沙洲的泥沙冲淤会在几年中发生；而河漫滩的泥沙冲淤变化会在数年至数十年内发生。在河段尺度内，水文动态性的时间尺度以天或月计。水域栖息地的空间范围、位置和类型与河流流量密切相关。在洪水期间洪水外溢使河滨栖息地空间扩展；而在枯水季河滨栖息地空间缩小。水文条件变化直接影响地貌单元的特征，关系到生物的生存与繁殖。因此地貌单元的时间尺度是 1～10 年。在微栖息地尺度内，重要的影响因素是包括流速、水深因子在内的水力学条件以及与水沙条件相关的基质性质，这些因素对于生物生活史至关重要。因此，微栖息地的时间尺度小于 1 年。不同空间层级、生物层级所对应的时空尺度见表 1.1 - 1。

表 1.1 - 1　　　　　　　　　　　不同层级对应的时空尺度

空间层级	生物层级	空间尺度	时间尺度
流域	生物集群	>1000～100000km²	>1000 年
河流廊道	群落	>100～1000km²	100～1000 年
河段	种群	1～10km²	1～100 年
地貌单元	种群	1～1000m²	<1～10 年
微栖息地	生物个体	1～100m²	<1 年

如上述，大尺度景观格局可以定义为土地覆盖的陆地格局。土地覆盖包括自然覆盖和人工覆盖。人类活动反映在景观格局上就是土地利用方式变化。土地利用方式变化造成的生态影响所涉及的时间尺度有很大变化幅度。比如，农业种植结构调整影响的时间范围，应按农业季节的 1 年考虑。城市化造成的生态影响应在数十年内考察，而森林破坏的影响甚至影响数百年。

河流生态修复是人类对于河流生态系统的良性干预，促进河流生态系统返回到较为自然状态。其规划应在流域尺度内开展，计划实施重点一般落实到河段尺度。实施与监测时间尺度为几年到数十年。

1.1.2　河流 3D 地貌形态特征

河流地貌形态是河道水流在边界条件约束下，靠来水、来沙交互作用塑造河床的结果。河流形态不但与流域来水、来沙条件和河道边界条件有关，而且与河道的水力学特性、泥沙输移方式以及能量耗散密切相关。河流地貌形态的多样性决定了沿河生物栖息地的有效性和总量。河流地貌修复是河流生态修复的重要内容之一。

1. 河道的平面形态

河道的平面形态可以分为 5 种类型：顺直微弯型（straight - low sinuosity）、蜿蜒型（sinuosity/meandering）、辫状型（braided）、网状型（anastomosing/anabranching）和游荡型（wandering）。前两种类型可以归为单股河道，后三种类型都可以归为分汊型河道（multichannels）。

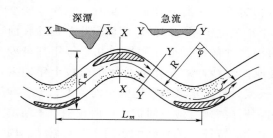

图 1.1 - 3　蜿蜒型河流深潭-浅滩序列

自然界常见的单股河道，其深泓线平面形状近似波浪线，即使是微弯顺直河道也是如此。可以用一系列方向依次相反的圆弧和圆弧之间的直线段来模拟这种平面形状。如图 1.1 - 3 所示，河湾平面形状可以用曲率半径 R、中心角 φ、河湾跨度（波长）L_m 和振幅 T_m 来表示。河段的弯曲程度可用弯曲率 B 表示。弯曲率 B 等于一个波峰的起始点和一个相邻波谷的终止点之间的曲线长度与这两点间直线距离的比值。为形象理解弯曲率 B 的物理意义，假设图 1.1-3 的曲线中没有直线段，仅由两个相对半圆构成，则

$$B = \frac{2\pi R}{4R} = \frac{\pi}{2} \approx 1.57 \qquad (1.1-1)$$

（1）顺直微弯型河道。当弯曲率为 1.0～1.3 时，称为顺直微弯河道。顺直微弯河道包括直线型和微弯型河道。B 值在 1.0～1.05 范围内属于直线型河道，在 1.05～1.3 属于微弯型河道（图 1.1-4）。在自然界，整条河流呈顺直状是十分罕见的，仅在河流的局部河段呈顺直形态。顺直河道常处于变化之中。由于河道左右两岸冲刷与淤积交错发生，导致边滩交错发育，河道以缓慢的速度从顺直河道向蜿蜒型河道演变。

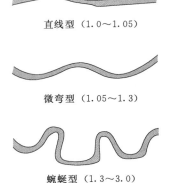

直线型（1.0～1.05）

微弯型（1.05～1.3）

蜿蜒型（1.3～3.0）

图 1.1-4　弯曲率 B 判别准则

（2）蜿蜒型河道。弯曲率 B 在 1.3～3.0 范围的河道属于蜿蜒型河道（图 1.1-4）。蜿蜒型河道是世界上分布最广的河道形态。

我国长江的上荆江河段弯曲率达到 1.7，下荆江河段达到 2.84，都属于典型的蜿蜒型河道。蜿蜒型河流的地貌单元包括：单股河道、河漫滩、历史洪水遗留的冲积扇、古河道淤积体、自然堤等（图 1.1-5）。蜿蜒型河流最突出的特征是深潭-浅滩交错分布格局，这种空间形态称为深潭-浅滩序列（pool-riffle sequence）。深潭位于蜿蜒性河流弯曲的顶点，并在河道深泓线弯曲凸部的外侧（或称凹岸侧）。浅滩是两个河湾间的浅河道，位于河流深泓线相邻两个波峰之间，它的起点位于蜿蜒河流的弯段末端，其长度取决于纵坡降，纵坡降越大，浅滩段越短。深潭的横剖面为窄深式，一般为几何非对称型；而浅滩的横剖面属宽浅式，大体呈对称形态（图 1.1-3）。

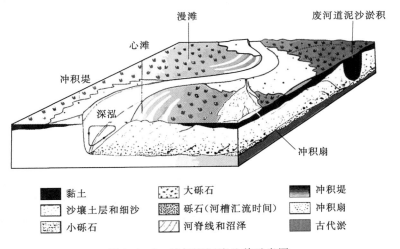

漫滩

心滩

冲积堤

深泓

废河道泥沙淤积

冲积扇

黏土	大砾石	冲积堤
沙壤土层和细沙	砾石（河槽汇流时间）	冲积扇
小砾石	河脊线和沼泽	古代淤

图 1.1-5　蜿蜒型河流地貌示意图

不同的河床材料构成对形成浅滩-深潭序列作用不同。卵石和砾石河床具有匀称的深潭-浅滩序列，这种结构在水流能量较高的条件下有利于维持河道的稳定性。在这类深潭-

浅滩序列中，粗颗粒泥沙分布在浅滩内，而细颗粒泥沙分布在深潭中。许多河流浅滩的河床是由粗糙、密实的卵石构成的，而深潭河床则由松散的砂砾石构成。有学者统计，卵石和砾石河床的深潭-深潭或浅滩-浅滩的间距大约是发生漫滩流量时河面宽度的5～7倍。沙质河床的河道有深潭依次分布，但是并没有形成真正意义上的浅滩。在浅滩范围的泥沙粒径与深潭内的泥沙粒径相差不大。纵坡降较高的河流如山区溪流也有深潭依次分布格局，但是没有浅滩分布，水体从一个深潭到下一个深潭之间靠跌水衔接，形成深潭-跌水-深潭系列。

（3）辫状型河道。辫状型河道是分汊型河道的一种（图1.1-6）。辫状型河道的主要特征是具有数量不多、较为稳定的江心洲。辫状型河道的地貌特征，用河段内沙洲和江心洲总长度与河段总长度之比表征。形成辫状型河道需要满足下列条件：①河岸的土质结构易受侵蚀；②有充足的粗沙来源；③流量变化频繁；④纵坡陡，往往大于7/10000。产生河流辫状型形态河流的典型过程是从江心沙洲形成开始的。流速降低以及泥沙负荷增加是形成江心沙洲的重要原因。在江心沙洲的两侧，形成了两个较小的横断面，水流通过单个或两个断面，流速相应提高，并对河岸产生侵蚀作用，导致河道宽度加大，其结果引起局部流速降低，淤积增加，又为形成下游新的江心沙洲提供了条件。依次冲淤相间的作用，不断形成新的分岔河道。从栖息地角度分析辫状河道的演变影响，一般来说，生活在自然形成的辫状型河流区域的动物和植物群落已经适应了这种频繁而迅速的景观动态性。但是由人类活动如水电站下游流量频繁变化形成的辫状型河流，某些生物群落可能因变化过于剧烈而难以适应。

（4）网状型河道。网状型河道也是一种分汊型河道（图1.1-6）。网状型河道与辫状型河道相比，其纵坡相对较缓。辫状型河道的河床断面多为宽浅式，而网状型河道多为窄深式。二者另一个区别是网状型河道的洲岛宽度和长度都高于辫状型河道。可以依据洲岛的宽度和数量判别网状型河道，并以此与辫状型河道区分。令 $\psi=B_1/B_2$（B_1—洲岛宽度；B_2—河道主流宽度；ψ—洲岛与主流的宽度比），定义 $\psi>3$ 时为大型洲岛，如果河流中有相邻的两个大型洲岛存在，就可以判定为网状型河道。

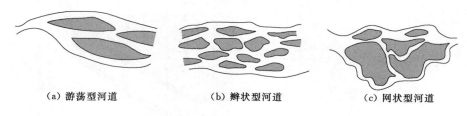

（a）游荡型河道　　　　　　（b）辫状型河道　　　　　　（c）网状型河道

图1.1-6　分汊型河道（分汊数大于3）

（5）游荡型河道。游荡型河道在平面上较顺直，弯曲系数一般都小于1.3（图1.1-6）。其水流含沙量高，河道淤积严重。挟沙能力具有多来多排的特点，一场洪水过程中河底冲淤变幅较大，汛前河底较高、洪峰期间河底快速降低、汛后河底迅速回淤。游荡型河道的特点是：江心洲多且面积小，水流散乱，沙洲迅速移动和变形，形成了复杂的分汊系统。由于滩地冲淤交替，浅滩、心滩时生时灭，使得汊道之间时分时合，摇摆不定，造成河道常年处于摆动状态。游荡型河段主槽摆动幅度和摆动速度都很大。例如黄河下游桃花峪到高村河段是典型的游荡型河道，汛期摆幅每日达百米以上，长度达数千米。

因游荡型河道的河势变化剧烈，易引起河道迁徙改道。

2. 河流的纵向形态

河流的纵剖面是指由河源至河口的河床最低点的连线剖面。河段的纵坡可以用反映河底高程变化的纵坡比降 i 表示。

$$i=(h_1-h_2)/l \tag{1.1-2}$$

式中：i 为河段纵坡比降；h_1、h_2 分别为河段上下游河底两点高程；l 为河段长度。

从整体看，河流的纵坡比降 i 值上游较陡，中下游纵坡逐渐变缓，呈下凹型曲线。从微观看，河床纵剖面是凹凸不平的，高起的河床地貌是浅滩和岩槛，深陷的地貌是深潭和瓯穴。有些河段局部出现剧烈的隆起和深陷地貌变化，主要受岩性、地质构造、地面升降、流量、流速和泥沙运动等影响形成的。

尽管河流的类型各不相同，但是河流的纵向结构，从发源地直到河口都有大体相似的分区特征。大型河流的纵剖面可以划分 5 个区域即河源、上游、中游、下游和河口段。河源以上区域大多是冰川、沼泽或泉眼等，成为河流的水源地。河流的上游段大多位于山区或高原，河床多为基岩和砾石；河道纵坡较为陡峭，纵坡常为阶梯状，多跌水和瀑布；上游段的水流湍急，下切力强，以河流的侵蚀作用为主；因多年侵蚀、冲刷形成峡谷式河床，一些山区溪流经陆面侵蚀挟带的泥沙汇入主流并向下游输移。河流中游段大多位于山区与平原交界的山前丘陵和山前平原地区，河道纵坡趋于平缓，下切力不大但侧向侵蚀明显。沿线陆续有支流汇入，流量沿程加大。中游基本以河流的淤积作用为主。由于河道宽度加大，出现河道-滩区格局并形成蜿蜒型河道。河流下游多位于平原地区，河道纵坡平缓，河流通过宽阔、平坦的河谷，流速变缓，以河流的淤积作用为主。河道中有较厚的冲积层，河谷谷坡平缓，河道多呈宽浅状，外侧发育有完好的河漫滩。在河道内形成许多微地貌形态，如沙洲和江心洲等。河流形态依不同自然条件可以发展成辫状型、蜿蜒型或网状型等形态。下游河道稳定性较差，会发展为游荡型河道。在河口地区，由于淤积作用在河口形成三角洲，三角洲不断扩大形成宽阔的冲积平原。河口地带的河道分汊，河势散乱。

3. 河流的横断面形态

河流的横断面结构由以下 3 部分组成：河道、河漫滩和高地边缘过渡带。河道多为常年过水，也有季节性过水河道。河漫滩位于河道两侧或一侧，随洪水淹没与消落变化，属于时空高度变动区域。高地边缘过渡带位于河漫滩的两侧或一侧是河漫滩与外部景观的过渡带。图 1.1-7 为河流廊道横断面示意图。河漫滩包括活动冲积层和古冲积层，活动冲积层是近代河床活动地带，分布河道主槽、河漫滩和植被。古冲积层包含河流故道、季节性湿地、浅水沼泽和植被。高地边缘的自然型河岸由洪水侵蚀和泥沙淤积等自然过程所形成。不同的植物群落按照自身的需求和耐水性占据所需要的地理空间。

（1）河道横断面。河道由水流及其挟带的泥沙作用所形成、维持和改变的。不同类型的河道水力和水沙条件各异，它们的横断面形状不同。图 1.1-8 表示平原河流不同河型横断面形状，包括顺直型河段、辫状型河段、游荡型河段和蜿蜒型河段的横断面形状。

河道的横断面几何形状用河道不对称性系数（A^*）和宽深比（w/d）表征。河道不对称系数（A^*）能反映河道横断面多样性特征。A^* 按下式计算：

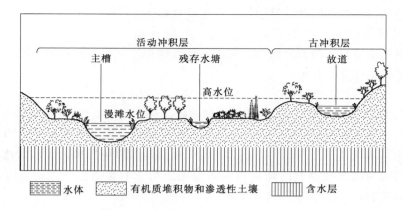

图1.1-7 河流廊道横断面示意图

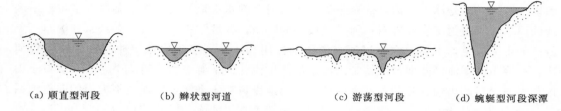

(a) 顺直型河段   (b) 辫状型河道   (c) 游荡型河段   (d) 蜿蜒型河段深潭

图1.1-8 平原河流不同河型横断面

$$A^* = (A_r - A_t)/C_c \qquad\qquad (1.1-3)$$
$$C_c = A_r + A_t$$

式中：A^* 为河道不对称系数；A_r、A_t 分别为河道横断面中心线右侧和左侧面积。

宽深比（w/d）指河道宽度与平均水深之比，它可以反映河流演变性质。比如演变剧烈的河流具有较大的宽深比，因为这种河流不断变换流路，形成了宽阔的冲积扇。而受堤防约束的河流，河槽狭窄，靠刷深河槽才能增大断面面积，所以这些河流的宽深比较小。

图1.1-8中主槽最深处定义为河床谷底，在洪水期水位达到漫滩水位后，水流漫溢出主槽，对应的流量称为漫滩流量（bankfull discharge）。漫滩流量是河床演变的主导流量，在该流量下输移泥沙荷载的效率最高并且会引起河道地貌的调整。漫滩流量的重现期取决于流域大小和河床基质。大型河流超过1.5年；卵石河床或淤泥和细沙河床的溪流，其重现期一般大于2～3年。漫滩流量发生后，水流向侧向扩散，为河漫滩带来丰富的营养物质，同时也促进了鱼类和其他生物的洄游与运动。

（2）河漫滩。河漫滩包括沼泽、湿地、小型湖泊和水塘等。洪水期间，洪水向侧向漫溢，洪水消退时水体回归河槽。在这些过程中出现泥沙淤积等现象，这种水流-泥沙的长期往复运动，是形成河漫滩地貌的主要驱动力，同时，这种运动也使河漫滩的地貌常显平坦特征。如果河流的挟沙能力下降或者流域内产生的泥沙负荷过大，会造成河流频繁泛滥，导致河谷带严重淤积。

由于不同规模的洪水对应不同的淹没范围，所以河漫滩的范围是变动的。狭义的河漫滩范围是指河流水位超过了漫滩水位，洪水开始漫溢后所淹没的滩区范围，一般称为"水文河漫滩"。这样定义的河漫滩往往比较狭小。广义的河漫滩范围是当出现指定频率的洪水所对应的淹没区域，比如 20 年一遇洪水对应的淹没范围。这种定义对于河流生态修复规划设计工作较为适宜。

河漫滩具有暂时蓄洪的功能。这种功能可以使河道内的洪水水位在短期内消落，产生消减洪峰的作用。我国的一些大型河流的中下游专门辟有蓄滞洪区，当超标洪水发生时临时启用蓄水，保证下游行洪安全。

（3）高地边缘过渡带。高地边缘过渡带是河漫滩与周围高地之间的过渡地带，它的外边界也是河流廊道的边界（图 1.1-7）。不同河流的高地边缘过渡带的地貌特征各异，有平坦型地貌，也有丘陵地貌和峡谷峭壁。在地质年代尺度下形成的高地特征，在最近几百年内因人类的剧烈活动发生改变，土地利用方式改变对于生态的影响尤为显著。各种类型高地边缘过渡带的共同特征是与河漫滩的高度关联性。河漫滩与过渡带的交界区域常是一级或多级台地。

1.1.3　河流自然栖息地

自然栖息地（physical habitat）是指生物个体、种群或群落生活、繁衍的空间地段。河流自然栖息地是指河道、河滨带和河漫滩构成的生物栖息地。影响河流自然栖息地的两大要素是河流地貌和水文条件。河流地貌的复杂性以及水文条件的动态性是生物多样性的基础。生物对栖息地的适应性和种群动态，则是生物对于栖息地的动态响应。本节讨论的河流自然栖息地包括：河道内栖息地、河滨带栖息地和河漫滩栖息地。

1. 河流地貌结构

河流地貌结构是在自然力作用下形成的。地貌、地质、水文和气候等条件确定了流域格局。地质构造和水文情势决定了河流廊道类型、支流汇流位置、峡谷和洪泛区特征。在河段尺度内，水流常年对地面物质产生的侵蚀作用以及泥沙输移和淤积作用，引起岸坡冲刷、河流淤积、河流的侧向调整以及河势变化。在河川径流特别是季节性洪水作用下，形成了河流的地貌格局，包括纵坡变化、蜿蜒性、单股河道或多股河道；构造了河漫滩、台地等地貌结构；形成了不同的河床材质级配结构。

河流栖息地的空间结构具有持续变化特征。这种持续变化是水文情势、地貌变化和局地气候变化的反映。地貌结构持续变化形成地貌高度空间异质性特征，而空间异质性（spacial heterogeneity）能够促进生物生长繁殖。河段尺度的空间异质性为生物提供了一种变化多样的环境，使得河流廊道的生物多样性十分丰富。

河段尺度的景观单元主要包括河道、河滨带和河漫滩。河道是指河床中流动水体覆盖的区域。河滨带是河流水体边缘与河岸岸坡交汇的水陆交错带。河漫滩是指与河道相邻的条带形平缓地面，其范围是洪水漫滩流量通过时水体覆盖的区域。

河流栖息地的空间范围、位置和类型是流量的函数。在洪水期间栖息地的空间扩展较大；而在低流量时栖息地的空间扩展较小。流量直接影响流速和水深，流量增大时，流速和水深都相应增大。流速与水深的变化也是栖息地多样性的重要因素。

图 1.1-9 表示了蜿蜒型河流的地貌结构。左侧平面图表示河道、河滨带与河漫滩三

者间的嵌套关系。图中示意了蜿蜒型河道深潭-浅滩序列，对应形成急流-缓流相间多样的水力学条件变化，增强了地貌的空间异质性，提高了栖息地的多样性和复杂性。从图中可见在河流地貌结构中复杂多样的地貌单元。在这些地貌单元中，不仅包括常年通水的干流河道，也包括季节性行洪通道，在河道周围有条状沙洲、台地、自然堤、沙脊等小型地貌单元。此外，地貌单元中还包括历史上由于河势摆动侧移，遗留下来的古河道或称故道，也有由于河道自然裁弯取直后遗留的牛轭湖。右上图为河流横剖面图，反映在不同水位条件下河漫滩淹没的状况以及相应的林地和草地的发育。

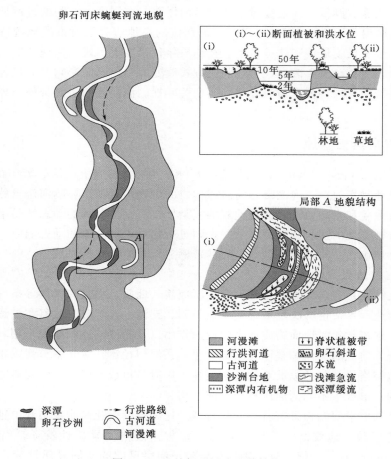

图 1.1-9　蜿蜒型河流地貌结构

（据 Gary J，2006，改绘）

蜿蜒型河道形成了复杂多样的地貌、水流条件，为生物群落提供了多样的栖息地，支持生物群落多样性。当水流通过河流弯曲段时，深潭底部的水体和部分底质会翻腾到水面，这种翻腾作用可为深潭内的漂浮类和底栖类动物的生命行为提供条件。浅滩处水深较浅，流速较高，流态复杂，有利于曝气，有助提高水中溶解氧。河段内流速变化多样，鱼类可以在浅滩段游泳，在深潭处觅食休息。

动态性和连续变化是河流栖息地的重要特征。大量观测资料表明，每年有一批栖息地被破坏，同时又创造了另一批栖息地，可是栖息地分布格局和类型大体保持不变。影响河流栖息地动态性的控制性因子主要是不同频率下洪水流量变化以及水沙关系变化引起河床冲淤变化。在数十年的时间尺度内，栖息地动态性表现为河流纵坡变化和河道侧向摆动。河道侧向摆动涉及蜿蜒型河流的弯道外侧被侵蚀，而弯道内侧的沙洲和河漫滩则被淤积。有时，河道崩岸也会加剧河道摆动。河道摆动进一步导致河流形态和景观格局的变化，包括深潭-浅滩的相互转换；动水-静水的相互转换，地表水-地下水的相互转换等。在一年或几年的时间尺度内，洪水期间行洪通道的局部调整会影响地貌单元的布局。洪水漫溢后河漫滩构建是细沙在河漫滩表面上淤积的缓慢过程，这一过程为河滨植被多样性提供了有利条件。所有这些动态特征提高了河流栖息地多样性，从而有利于增强生物多样性。

2. 河道

河道是河床中流动水体覆盖的动态区域，是水生生物最重要的栖息地之一。

（1）河道与河漫滩交互作用。河道与河漫滩相互连通，交互作用。在汛期洪水漫溢到河漫滩，水体储存在包括水塘、小型湖泊、故道、回水区和整个河漫滩浅水区域。河漫滩减少了主槽内的流量，具有削减洪峰的作用，所以河漫滩是河流的缓冲带。另外，河漫滩滞洪又创造了一种静水栖息地，为鱼类提供了产卵条件。河道与河漫滩交互作用随气候、地理区域和水文条件不同，生物响应也有所不同。热带河流的洪水脉冲作用强烈，在汛期鱼类能够在饵料丰富的河漫滩觅食。相反，那些洪水脉冲短暂且发生时机又不明确的河流，鱼类缺少适宜的环境，往往利用河漫滩作为汛期的短期避难所。

（2）营养物质输移。在流域尺度内，营养物质输移涉及包括地质、降雨、径流和植被在内的诸多因素，影响钙、磷等元素风化作用速率；基本地形条件，包括凹陷，褶皱以及山脊等构造，决定了营养物输移路线。多雨地区具有较高的风化速率和较高的侵蚀模数，也具有将营养物质输送到河道的较高速率，可保证向河道输送较多营养物。在河流廊道尺度内，河道内营养物质有三个来源：一是从河流沿岸陆地生态系统输入的溶解或悬浮物质。二是河道和河滨带本身提供的土著植物及初级生产。所谓初级生产（primary production）是指生物在一定时期内利用光能或化学能合成有机物的过程，尤指绿色植物固定太阳能合成有机物的过程。三是洪水带来的枯枝落叶和外来物种。这些都影响整个河流廊道碳和营养物总量平衡。这三类物质的比例对不同河流有所不同，主要取决于水文情势、景观地貌和气候条件。图 1.1-10 表示河流廊道有机物输入与交换关系。图中黑色箭头表示有机物输入，白色箭头表示有机物交换路径，螺旋线表示营养物质的螺旋运动或向下游输移，圆形箭头表示有机物原地转化，波浪线表示河流湿地在洪水期水位波动。

（3）河道内生物过程。在河道内栖息地生存着各种鱼类、甲壳类和无脊椎动物，与藻类和大型植物构成复杂的食物网。河道内生物过程包括生物对于栖息地选择、取食、捕食、种群动态特征、营养级联等。生物过程深刻影响溪流生态系统的结构和

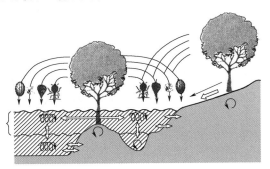

图 1.1-10　河流廊道有机物输入与交换关系

（据 Wantzen K M，2006，改绘）

功能。

1）栖息地选择。水生生物选择栖息地的目的主要有两类：一是寻找稳定的食源；二是寻找避难所以躲避捕食者。这些对栖息地需求，影响到许多溪流生物的分布和多度（abundance）。不同物种选择栖息地的过程是相互影响、相互制约的，一种物种选择的栖息地会影响另一种物种的选择。物种的交互作用构建了物种空间布局和食物网结构，从而形成了生物群落。

鱼类、水生昆虫类和甲壳类动物具有迁徙能力，这些生物能够自主运动到多样性较高的栖息地，比如溪流上游的卵石河床、具有江心洲的辫状河段、干支流汇合口等。当水生生物选择了多样性较高的栖息地，就会表现出较高的物种多样性。鱼类、甲壳类和无脊椎动物出于各种需求选择栖息地，包括接近食源、逃避较强水流、防止被捕食者捕获、休息以及产卵繁殖。激流鱼类为了捕食漂流性无脊椎动物，通常占据卵石或枯枝落叶背后或下方隐蔽处，在那里可以观察水中食物的运动方向，也能躲避捕食者的袭击，还能缓解急流对其冲击力。许多无脊椎动物需要特殊的水流条件，以便在水流中获得食物；地貌条件复杂且空间异质性较高的河流，能够为无脊椎动物提供多种水流条件。有些水生生物会更换栖息地以避免被捕食。例如，一些水域昆虫如黑蝇幼虫把叶状软体蜗虫作为避难所，以便躲避捕食者；它们也选择水流急湍的环境使捕食者难以捕获它们。一些物种如淡水螯虾（crayfish）在幼虫阶段为躲避食肉鱼类，常运动到浅水区；而当它们体长增长到足以使鱼类无法捕食时，它们就运动到深水区，在那里能够防止被鸟类和哺乳动物捕食。许多水生昆虫的产卵活动不仅需要适宜的水流条件，还需要带突起岩石的河床地貌条件，昆虫成虫利用这种隐蔽条件，爬行到岩石下面产卵。

2）取食。溪流食物网基于两种主要资源：一是从河滨地带进入溪流的物质，诸如残枝败叶、种子以及支流的无脊椎动物；二是河流内的初级生产量，河流中多为藻类、苔藓和固着水生植物。有的河流有大量枯枝落叶等物质输入，成为主要食物来源。处于食物网底层的无脊椎动物群落，主要构成为撕食者（shredders）和收食者（collectors）。撕食者以粗颗料有机物为主要食物，与其他微型水生植物和动物一起分解摄食水生维管束植物的枯枝落叶等残体组织，或者直接摄食活的水生维管束植物。如毛翅目石蛾科苏石蛾属（agrypnia），鳞石蛾科鳞石蛾属（lepidostoma），部分大蚊幼虫（craneflies）等。收食者以微粒、碎屑为食，这些物质一部分来自粗颗料有机物的分解，另一部分由可溶性有机物、藻类和原生动物等形成的絮状物组成（图 1.1 - 11）。

而在光照条件好而枯枝落叶输入较少的河流，初级生产力较高，着生藻类等食源丰富。无脊椎动物群落构成主要是刮食者（scrapers）。刮食者在河床岩石底质或有机底质上刮食周丛生物、着生藻类和其他微生物。刮食者包括蜉蝣目中的扁蜉科和小蜉科。当遮阴作用引起光照作用减弱时，可被刮食者食用的蓝绿藻减少，导致供给无脊椎动物群落的营养物质减少。

3）种群动态特征。水文过程的丰枯变化和泥沙颗粒级配组成，都会对种群动态（population dynamics）产生影响。所谓种群是指同地、同时在一起生活的一群同种生物个体。

水文过程极端状况如洪水和干旱，对于种群动态产生复杂的影响。就洪水影响而言，

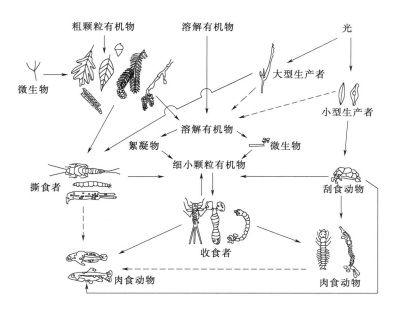

图 1.1-11　林区小型溪流生态系统无脊椎动物觅食社群及其食源
（据 Cummins K W，1974，改绘）

一方面，表现为短期基本食物资源减少，直接导致某些生物死亡；另一方面，洪水也为具有快速建群能力的生物提供建立栖息地的机会。在枯水季节低流量期间，那些不能适应干旱环境的生物会死亡。此外，泥沙颗粒级配组成也影响种群动态。当河床淤积的细沙增多，无脊椎动物群落中的穴居动物（burrowing benthos）增多，它们通常将身体的全部或大部分埋藏于疏松的细沙中，如颤蚓科寡毛类、双壳类软体动物及摇蚊类幼虫等。

3. 河滨带

河滨带是河流水体边缘与河岸岸坡交汇的水陆交错带。这种水域与陆域交错的空间格局，使河滨带具有高度空间异质性特征，加之水文条件季节性变化引起的动态性，使河滨带极富生物多样性。

（1）动态特征。在河段尺度内，河滨带的宽度随流量、降雨和地貌特征扩展或收缩。在汛期，地表水渗入河床含水层补充地下水，同时漫溢到河漫滩，河滨带宽度随之扩展。在枯水季，河流仅靠主槽内的水流维持，河滨带宽度随之收缩。由于水动力学条件和来沙状况变化，在河道与河漫滩之间频繁出现冲刷和淤积过程，作为二者的过渡带，河滨带地貌始终处于变动之中。河滨带可以视为连接水陆且随时空变化的多维条带。

（2）生态功能。河滨带的生态功能包括植物根系固岸作用、滞留泥沙、遮阴和有机物供给（图 1.1-12）。

1）植物根系固岸作用。在流速较缓的河道里，河滨大型水生植物和树木根系和块茎具有加固岸坡的功能，减小或防止河道侧向摆动。可是，如果左右岸植物根系固岸作用不平衡，即河流一岸靠根系形成较为牢固的边缘条带，而对岸的固岸作用薄弱，就会导致对岸的河岸发生侵蚀导致河势摆动或进一步形成弯曲。如果河滨长有繁茂的乔木、灌木，能够引起江心岛与辫状型河道、沙洲与辫状型河道之间的转换，也可能导致蜿蜒型河段向辫

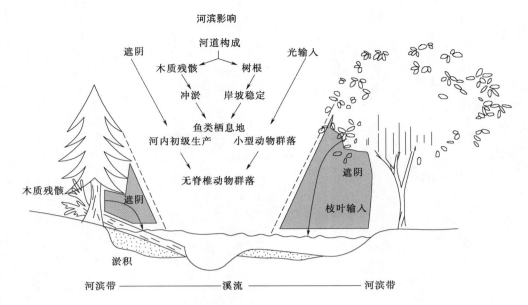

图 1.1 - 12　河滨带的生态功能

(据 Cummins K W，1988，改绘)

状型河道转换。这种河流地貌形态相互转化的时机，大多发生在洪水期。

2）滞留泥沙。河漫滩和沙洲生长的植物能使泥沙在河漫滩和河岸表层淤积，加快了河漫滩地形发育，构建适于植物萌发与生长的自然栖息地。一些河流中生长的大型水生植物，还具有拦截其他植物种子和幼芽的功能，进一步促进了河流植被建群（colonization）与演替（succession）过程。

3）遮阴。滨河带树林具有降低溪流水温的遮阴作用。究其机理，一方面，是树木遮挡了太阳辐射；另一方面，降低了树冠下空气温度，对水体起降温作用。在没有树冠遮阴的溪流地带，太阳辐射作用强烈，极大促进了光合作用，使初级生产（藻类）和次级生产得以迅速发展。所谓次级生产（secondary production）是指生态系统中异养生物利用自养生物所产生有机物质为食物，同化形成有机物的过程。进行次级生产的生物有食草者、食肉者。影响遮阴效果的因素主要是植物枝叶密度和高度、场地坡度以及河段朝向。

4）有机物供给。以枯枝落叶为主的有机物落入溪流，成为溪流食物网的关键驱动力。生长着茂密树木的河滨带，其有机物投放率较高，形成了以滤食动物（filter feeder）为主体的无脊椎动物群落。枯枝落叶进入河道是有季节性的，大量溪流无脊椎动物的生命循环规律适应这种季节性规律。溪流枯枝落叶的输入与溪流无脊椎动物生长规律相耦合，促进了直接以枯枝落叶为食的撕食者（shredders）生长繁殖。

（3）生物多样性。由于河滨带具有水陆交错特征，加之生境的高度动态性，使河滨带生物多样性十分丰富。世界范围研究表明，河滨带的动植物的生物多样性具有很高的水平。河滨带的生物集群（biotic assemblage）中包括大量的细菌、无脊椎动物、鸟类和哺乳动物。据统计，在河滨带有超过 10000 种真菌，超过 3000 种细菌，超过 5000 种线虫类，1% 的中型生物区系（mesofauna）生物（螨虫、弹尾目昆虫等）以及宏观生物区系

(macrofauna) 生物（蚂蚁、白蚁、蚯蚓等）（Decemps H，2010）。

不同类型河流形态的生物多样性特征不同。辫状型河道生物多样性相对较低，而蜿蜒型河道较高。一般来说，沿河流纵向植物多样性沿流向增高，特别是河流从山区进入丘陵和平原地区，河滨带逐渐变宽，河道的物种丰度达到峰值。另外，在大型支流汇入干流的汇流处，河滨带同样会出现丰度峰值。

影响河滨带植物物种多样性关键因素包括：洪水频率、生产力和地貌复杂性。洪水频率方面，当发生中等频率洪水时，可以极大提高栖息地空间异质性，沿侧向植物分布的生物多样性、物种丰度和水分适宜程度都达到峰值。

（4）栖息地选择。大量物种生活在河滨带，主要是为满足觅食和繁殖的需要。由于河滨带水陆交错的环境能够满足两栖动物繁殖的需求，所以河滨带两栖动物物种多样性相当高。对于爬行动物、鸟类和哺乳动物来说，河滨带环境能够满足它们特定生活史不同阶段的需求，成为这些动物的适宜栖息地。

在河滨带生活着大量无脊椎动物，其中蜘蛛和甲虫是最常见的物种。洪水频率和持续时间影响无脊椎动物群落的动态特征，包括分布、总量和物种多样性。鸟类则利用湖泊和湿地生存并且沿着河流廊道迁徙，从而增加了流域尺度的物种多样性。在河滨带哺乳动物的物种多样性很高。哺乳动物的特点是具有高度的迁徙性。如麋鹿和驼鹿在冬季常到河滨带觅食和寻找避难所。蝙蝠在大多数时间到河滨带把溪流昆虫作为食物。其他中型哺乳动物诸如狐狸、獾和野猫等到河滨带觅食和饮水。食枝桠动物（browser）、啃食动物（grazer）以及啮齿目动物（rodent）也在河滨带大量出现，但是大多生活在河岸高地一带。

4. 河漫滩

河漫滩是指与河道相邻的条带形平缓地面，其范围是洪水漫滩流量通过时水体覆盖的区域。从实用角度出发，比如制定生态修复规划，河漫滩的范围可以定义为某种频率洪水淹没的区域，如 20 年一遇洪水淹没区域。也有用某种频率洪水对应的河滩宽度与漫滩流量对应的河滩宽度之比值，来衡量河漫滩的规模。

河漫滩包含大量小型地貌单元，诸如沙洲、自然堤、沙脊、故道和牛轭湖等。许多河漫滩还分布有稳定或半稳定的水体，包括水塘、沼泽、小型湖泊和湿地。此外，还有大量常年湿润的洼地。由于河漫滩地貌多样性和水文情势动态性，形成了宽幅的栖息地，提高了生物多样性，其生态服务功能对人类社会贡献很大。

（1）洪水影响。季节性洪水是河漫滩生态系统的主要驱动力。汛期洪水超过漫滩水位向两侧漫溢，不仅水体充满了洼地、沼泽和小型湖泊，提高了土壤含水率，而且为河漫滩生物群落带来了大量营养物。洪水消退时，又把淹没区的枯枝落叶和腐殖质带入主槽。洪水脉冲（flood pulse）更是生物生活史的生命信号，依据这些信号，生物完成迁徙、产卵、孵化等生命活动。汛期植物种子随洪水向下游散播。河漫滩是物质交换和能量传递的高效区域，由此形成了丰富的生物多样性。

在汛期，大型河流的河漫滩会被洪水大面积淹没。一些陆生动物群落难以忍受水中生活，它们会找到诸如树木和江心洲等新的避难所，这种避难方式也降低了野生动物被人们猎杀和捕获的风险。陆生无脊椎动物会迁移到树冠以躲避洪水。当洪水消退时，河漫滩上还分布着大量与外界相对隔绝，但能保持稳定水体的小区域，如水塘、湿地、小型湖泊等，这些稳定水体对于鱼类等水生动物都具有促进种群繁殖的功能。在旱季，当土壤含水量降到极限值时，会对植物的生长产生制约作用。作为对干旱环境的响应，生活在河漫滩的动物会迁徙到其他栖息地。

（2）初级和次级生产力。藻类对河漫滩初级生产贡献巨大。在汛期，水热条件有利藻类迅速生长。汛后水体变浅，浮游植物生长受到限制，可是藻类却能够附着在残败植物表面或泥沙颗粒上继续生长。尽管藻类与维管植物相比其生物量要小，但是由于藻类细胞对于消费者（consumer）更具营养价值，所以藻类对食物网的贡献比维管植物要大。

一些大型水生植物特别适应季节性洪水和变动的水位条件，保持较高的初级生产力，如凤眼莲、水浮莲以及某些水草。这些南美土著物种扩散到我国的南方地区，引发了水库和河流水体的富营养化等一系列问题。

在河道-河漫滩系统生活着种类繁多的淡水鱼群，一些珍稀、濒危物种也生活在河漫滩湿地。洪水脉冲作用加强了整个河流-河漫滩系统的次级生产，一些鱼类在河道与河漫滩之间洄游，洪水脉冲成为这些鱼类生命节律信号。另外，鱼类种群结构也受到水体浊度的影响。这是因为靠视觉觅食的鱼类适应清洁水体，若在浑水中生存就受到限制；而靠触觉或电感觅食鱼类则适应浑浊的水体。当鱼类栖息地的洪水退去，湖泊与河流阻隔，河流鱼类的生产力和多样性都会受到限制。

（3）生物适应性。许多动植物表现出对季节性洪水的适应性。大多数在河漫滩生存的动植物虽然在邻近高地上也能发现，但是这些物种长期适应了变化的水文条件，仍然坚持在河漫滩生存下来。一些物种在河漫滩和永久性湖泊之间迁徙运动，成为它们生命循环的组成部分。

河漫滩植物的适应性表现为以下方面：洪水到来时这些植物快速生长，其中漂浮植物和挺水植物随水位变化上升或下垂。这些植物迅速进入成熟期，种子落入水中，趁着洪水有利时机靠水流传播，或者利用鱼类等水生动物扩散。

河漫滩动物的适应性则表现为：季节性地迁入或迁出河漫滩；沿洪水涨水—退水的轴线迁徙；按照洪水脉冲的信号及时繁殖；在旱季靠冬眠忍受干旱环境。鸟类、爬行动物和哺乳动物都会通过特有的方式利用洪水脉冲的有利条件。

在我国南方地区，在河漫滩分布的静止水体如小型湖泊、洼地，生长着茂盛的水生植物，在水面以上枝叶光合作用强烈，其水下根部消耗大量溶解氧。水中有机物腐烂也消耗溶解氧，加之繁茂的枝叶遮盖水面影响通风，妨碍气体交换。这些因素导致这类河漫滩的静止水体经常处于缺少溶解氧状态。尽管一些鱼类表现出对缺氧条件的生理适应性，但是总体看，缺氧条件影响了鱼类群落结构，造成一些河漫滩鱼类死亡。

1.2 河流生态过程

河流的生态廊道功能是输送水体、泥沙、植物营养盐和有机物到湖泊、湿地直至海洋，在水流向下游流动过程中形成了水体物理化学特征。水文过程与地貌过程的交互作用表现为水沙的交互作用引起河流侵蚀与淤积，导致河流地貌形态的变化即自然栖息地特征的变化。河流动植物的演化过程即生物过程，是对河流水文过程、地貌过程和物理化学过程的响应。生物过程与非生物过程产生交互作用，形成了完整的生态过程。

1.2.1　水文过程

1. 水文循环

水文循环是联系地球水圈、大气圈、岩石圈和生物圈的纽带。水文循环是生态系统物质循环的核心，是一切生命运动的基本保障。

自然界的水在太阳能的驱动下，不断地从海洋、河流、湖泊、水库、沼泽等水面以及土壤和岩石等陆面进行蒸发（evaporation），从植物的茎叶面产生散发（transpiration）。实际上，很难把蒸发与散发这两种水分损失现象严格区分开，因此常用蒸散发（evapotranspiration）这个词把两个过程结合起来表述。蒸散发形成的水汽进入大气圈后，在适当的条件下凝结为水滴，当水滴足以克服空气阻力时就会以降水的形式降落到地球表面，形成雨、雪和冰雹。地表面的降水会被植物枝叶截留，临时储存于植物枝叶表面，当水滴重量超过表面张力后才落到地面。截留过程延缓了降雨形成径流的时间。落到地面的降雨一部分在分子力、毛管力和重力作用下渗透到地下，首先进入土壤表层的非饱和的"包气带"，包气带中的水体存在于土壤孔隙中，处于非饱和状态，形成土颗粒、水分和空气组成的三相结构。包气带的表层参与陆面蒸发，包气带的下层连接地下水层。地下水层是饱和的土壤含水层，是一种土壤颗粒与水体组成的二相结构。地下水层与河流湖泊联通，水体随之注入河流湖泊。降雨的另一部分在重力作用下形成地表径流进入河流、湖泊、水库，最后汇入海洋。由水的蒸散发—降雨、降雪—水分截留—植物吸收—土壤入渗—地表径流—汇入海洋的过程构成了完整的水文循环（图 1.2-1）。

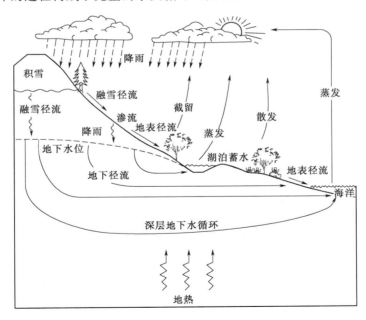

图 1.2-1　水文循环

近百年来由于人类经济社会发展的需要，对水资源进行了大规模开发利用，改变了自然水循环模式。一方面，从河流湖泊水库以及地下水层中取水，以满足工农业发展和生活需求；另一方面，又排出含有污染物质的废水污水到河流湖泊，造成水体污染。另外，工业化和城市化进程改变了土地利用方式，在城镇地区又形成了新的降雨截留和蒸发机制，人类活动对于自然水循环模式产生了巨大影响。

2. 河川径流

径流是水文循环中的重要组成部分。径流包括坡面径流、地下潜流、饱和坡面径流和河川径流等多种形式，这几种产流机制可以单独存在，也可以组合存在。其中，河川径流对于人类生存和生态系统影响最为巨大。河川径流的水体通过降雨、融雪、地下水补给等多种形式补充，其中降雨是径流的主要来源。降雨的范围、时机、强度和历时对于径流的水量、水质和过程都会产生重要的影响。在水文学中采用"流量"这个概念描述河流径流量。流量的定义是单位时间通过河流某特定横断面的水体体积，通常单位用 m^3/s 表示。流量与流速的关系如下式：

$$Q = VA \tag{1.2-1}$$

式中：Q 为流量，m^3/s；V 为断面平均流速，m/s；A 为断面面积，m^2。

在水文测验中，通过测量河流横断面的多点流速计算横断面平均流速，再测量横断面面积，进而用式（1.2-1）计算该断面的流量。

径流随时间变化的过程，常采用时间-流量过程线表示（图1.2-2）。在规划设计工作中，通常把时间-流量过程线划分为两部分。第一部分是基流，指在小雨或无雨时期水体从河床周围介质中缓慢渗入河床内形成的径流。在时间-流量过程线中，基流过程线较为平缓。第二部分是暴雨径流，指短期发生的强降雨产生的径流。在这个过程中，水体通过地面或地下介质进入河床。强降雨径流过程曲线较为陡峭。图1.2-2中显示径流峰值迟于降雨峰值出现，这是由于降雨落到地面以后，先经历了植物截留、填洼和入渗等过程，最后才形成地表径流，因而径流形成过程滞后于降雨过程。

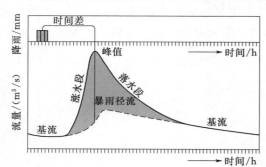

图 1.2-2　降雨过程与径流过程

流量过程线形状与降雨区运动方向有关。如果降雨区从上游向下游移动，各个支流同时向干流汇入，就会使流量陡增，形成陡峭的流量过程线。如果降雨区向上游移动，当上游大量来水到来时，下游的水已经下泄，所以流量过程线显现出扁平形状。植被和土地利用状况对流量过程线形状也产生影响。由于植被具有涵养水分的功能，植被良好的流域在暴雨期形成的洪水过程线相对比较平缓。但是一旦森林植被被砍伐，就易于形成尖峰流量。另外，城市化造成地面硬化，雨水入渗减少，导致总径流量增加，汇流时间缩短，峰值增高，引起城市内涝。

3. 水量平衡

水量平衡（water budgets）概念为实施水资源管理提供了一种有效工具。水量平衡是针对特定的体积单元而言，所谓"体积单元"既可以是整个地球，也可以是流域甚至小到溪流集水区。

水量平衡概念认为，水体总是处于流动状态，对于特定的体积单元，输入水量等于输出水量加上蓄水变化量。用公式表示为

$$P = E + R_{S_u} + R_{G_w} + \Delta S_u + \Delta S_o + \Delta G_w + D_H \tag{1.2-2}$$

式中：P 为降雨量；E 为蒸散发量；R_{S_u} 为地表水径流量；R_{G_w} 为地下水径流量；S_u 为地表水；G_w 为地下水；S_o 为土壤水；Δ 为存储变化量；D_H 为人类取水量。

式（1.2-2）是针对采用的时间间隔小于季节时段的情况，在这种情况下存储增减量 Δ 项是不能忽略的。如果时间间隔是年或多年，则因季节变化引起的存储增减量 Δ 项就可以忽略。上式可以简化为

$$P = E + R_{S_u} + R_{G_w} + D_H \tag{1.2-3}$$

以上两个公式中，降雨量 P 是唯一向体积单元输入的水量。这种情况适用于没有其他水体输入的封闭流域。如果定义体积单元的边界是开放的，那么上式就应该增加输入水量，包括地表径流和地下径流输入水量。在公式中，可分别用地表水和地下水径流输出水量与输入水量之差 ΔR_{S_u} 和 ΔR_{G_w} 表示：

$$P = E + \Delta R_{S_u} + \Delta R_{G_w} + D_H \tag{1.2-4}$$

式中：ΔR_{S_u} 为地表水径流输出与输入水量的差值；ΔR_{G_w} 为地下水径流输出与输入水量的差值。

式（1.2-4）应用较为广泛，其含义为：对于特定的体积单元，在年或多年的时间间隔内，降雨量、地表水与地下水径流输入水量等于蒸散发量、地表水与地下水径流输出水量和人类取水量之和。式中各要素诸如降雨、地表水和地下水径流、土壤含水量、蒸散发等数据需要使用专门的仪器监测获得，并用适当的计算方法处理。

4. 物质循环和营养物质输移

生态系统物质循环过程与水文循环过程密切相关。作为水文循环的重要组成部分，土壤水被植物根部吸收进入叶片，然后以散发的形式进入大气。存在于绿色植物中的水分作为主要原料，参与了光合作用。光合作用是绿色植物在阳光照射下通过一系列复杂的代谢反应，把 CO_2 和水转变成碳水化合物等有机物并且释放氧气的生化过程。二氧化碳来源于大气，由气孔进入叶片内部；而水分则是靠植物根部吸收进入枝叶。水在光合作用中具有至关重要的作用。这是因为存在于植物中的水既是光合作用的原料，又影响叶片气孔的开闭，间接影响 CO_2 的吸收，水分缺乏时光合速率下降。

绿色植物是食物网中的"生产者"（producer），它通过光合作用把无机物制造为碳水化合物，碳水化合物可以进一步合成为脂肪和蛋白质，这些都可以成为食物网中"消费者"（consumer）的食物来源。所谓"分解者"（decomposer）包括细菌、土壤原生动物和部分小型无脊椎动物。它们的作用是把落叶、枯草、动物残肢、死亡的藻类等连续地进行分解，把复杂的有机物变成简单的无机物，再回归到大自然中，从而完成物质循环的全过程。

河流的一项重要功能是通过水文过程输送泥沙、植物营养盐和有机物进入湖泊、湿地直至海洋。进入河流的氮和磷这两种元素是控制藻类群落生产速率和生物量的关键营养元素。流域的营养盐向河流输入量随流域面积、坡度和流量增加而增加，它还受到地表地质性质和土地利用方式的影响。森林覆盖率高或植被良好的流域，氮和磷滞留率高，输入河

流的氮、磷总量低。但在有农业种植、高密度养殖和城市地区，由于河流接纳了工业和城市废水以及农业污水，营养盐输出明显要高。另外，植被良好的河滨带能够发挥缓冲带作用，有效截留土壤颗粒和吸收营养物质。沿河湿地除了吸收营养物质外，还能通过反硝化作用减少来自农田退水中的硝酸盐进入河流。

陆地产生的有机碳通过土壤流失进入河流水体。森林覆盖率高的流域，落入河流的枯枝落叶、树木果实和动物残骸是有机物的重要来源，这些有机物呈条块或颗粒状靠水流输移。土地覆盖类型影响有机物的吸收和释放速率，比如林地不但可以涵养水分，也可以保持有机物。河道及河漫滩结构对有机物的输移存储过程有重要影响。如果河道地貌复杂性较高如蜿蜒性发育完善，则有机物被截留的机会较多，有利于有机物的滞留。滞留在河段内的有机物被自然力加工，再被消费者食用，较细小的有机物会被滤食动物（filter feeder）捕获进入食物网。

5. 水文过程的生态功能

基于水文过程的生态影响，可以把河流年内水文过程线划分为三种水流组分，即低流量过程、高流量过程和洪水脉冲过程。低流量指枯水期的基流；高流量指发生在暴雨期大于低流量且小于平滩流量的流量过程；洪水脉冲指大于平滩流量的流量过程。三种环境水流组分在流量过程线上的位置如图 1.2-3 所示。

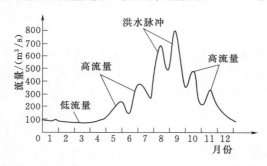

图 1.2-3　自然水文过程的 3 种水流组分示例

三种水流组分均具有不同的生态功能。低流量过程是河流的主要水流条件，它决定了一年中大部分时间内生物可以利用的栖息地数量，对河流的生物量和多样性有着巨大影响。高流量过程不仅奠定了河流的基本地貌形态——河流的宽度、深度和栖息地的复杂性，而且也确定了河流中物种生存所需要的基本条件。洪水脉冲过程是河流生态系统中一种重要的流量过程，它影响着河流生物的丰度和多样性。洪水脉冲为鱼类洄游和产卵提供信号；控制河漫滩植物分布及数量；输送岸边植物种子向下游传播；营养物质在河漫滩沉积以及补充地下水等诸多功能，详见表 1.2-1。

1.2.2　地貌过程

河流地貌过程是泥沙在河流动力作用下被侵蚀、输移和淤积并且塑造河道及河漫滩的过程。多样的河流地貌特征决定了栖息地多样性特征，为生态过程提供了物理基础。

1. 河流泥沙运动

河流地貌形态的形成是一个长期的动态过程。水流在流域范围内的土壤侵蚀、对河床的冲刷以及泥沙输移和淤积作用，是河流地貌形态演变的主要成因。

流域侵蚀是产生河流泥沙的根源。基岩在机械分离和化学分解作用下风化成粗细不同的颗粒，并在水流作用下汇集到河流中，一部分被输送到河口进入海洋，另一部分在河谷内沿程落淤形成冲积层，河流就在其形成的冲积层上流动并且不断塑造河床。

表 1.2－1　　　　　　　　　　　不同流量水平下的生态功能

基　　流		高流量	洪水脉冲
正常水位	干旱水位		
• 为水生生物提供有效的栖息地 • 维持合适的水温、溶解氧和化学成分 • 维持河漫滩的土壤湿度 • 为陆生动物提供饮用水 • 保持鱼卵可悬浮 • 使鱼类能够运动到索饵场和产卵场 • 支持生活在饱和状淤泥中的河底生物	• 可使部分河漫滩植物生存 • 清除水域和滨河带群落中入侵和引入物种 • 集中被捕食者供给捕食动物	• 维持河道的基本地貌形态 • 构造河道自然形态，包括深潭/浅滩序列 • 确定河床基质材料的粒径（包括沙、砾石和卵石） • 防止滨河带植物侵占河道	• 提供鱼类迁徙和产卵的信号 • 引发生命循环的新阶段（如昆虫） • 可使鱼类在河漫滩产卵，为幼鱼提供成长环境 • 为鱼类和水禽提供觅食机会 • 补给河漫滩地下水 • 为河漫滩孤立湿地和水塘补水 • 控制河漫滩植物分布及数量 • 营养物质在河漫滩沉积 • 维持水域和陆域群落种平衡 • 塑造河漫滩自然栖息地 • 砾石和卵石在产卵场沉积 • 洪水回落时有机物（食物）和木质碎屑进入河道 • 从水域和河漫滩群落中清除入侵物种 • 输送岸边植物种子和果实 • 驱动河势侧向摆动形成次生河道或牛轭湖，成为新的栖息地 • 保持土壤湿度为种子发芽提供机会

　　泥沙的物理化学性质包括泥沙颗粒大小、形状、单位体积重、矿物成分以及泥沙混合物的性质，其中泥沙粒径指标最为重要。根据粒径大小可以将泥沙分为若干类型，如漂石、砾石、卵石、沙、粉沙、黏粒等。泥沙混合物的颗粒组成常用粒径分布曲线表示。

　　水流是泥沙运动和河道演变的主要动力。河道水流内部运动特征和运动要素直接影响泥沙运动和河道地貌变化。天然河流的流态都是紊流。紊流的基本特征是：流场中任一点的流速、压力等运动要素随时间作不规则的脉动，同时，水流具有扩散和掺混特征，能够在水流中传递动量、热量和物质。水流中充满着不同尺寸的涡体，这些涡体既作 3D 坐标运动，又作旋转运动。因为水流中存在大量尺度不同的涡体，以不同的速度和旋转方向运动，从而构成了特有的流速场和剪力场。

　　紊流对于泥沙颗粒起动、悬浮和输移具有重要意义。水流流经河床时，床面上泥沙颗粒受到水流拖曳力和上举力的作用。当这些力的作用等于或大于泥沙颗粒的抗力（重力、黏滞力）的作用时，泥沙颗粒从静止状态变为运动状态。泥沙的运动形式与水流强度、颗粒大小及形状、在河床的位置有关。对于一定的水沙条件，当水流强度较低时，泥沙颗粒在床面上以滑动、滚动、跳跃和成层移动等方式运动，称为推移质。当水流强度增大后，一部分泥沙颗粒脱离床面进入主流区，在紊动涡体挟带下随水流向下游运动，称为悬移质。随着水流强度不断增大，转化为悬移质的泥沙颗粒也不断增加。

　　推移质运动速度一般小于该处流速，所以推移质需要消耗水流能量。推移质在运动过程中不断与床沙进行交换，当这种交换处于平衡状态时，河床处于相对稳定状态，否则就会出现冲淤变化。单位时间内通过河流断面的推移质泥沙量称为推移质输沙率。悬移质运动速度接近该处流速，维持泥沙悬浮的能量主要是水流的紊流动能，因此悬移质运动对于水流的平均能量不产生影响。单位时间内通过河流断面的悬移质泥沙量称为悬移质输沙率。通过河流某一断面的推移质和悬移质总量称为总输沙量。总输沙量的推算方法有：①根据水文站实测泥沙资料推算总输沙量。主要是根据不同流量下实测泥沙资料，应用流量-输沙率关系曲线以及流量-频率关系曲线，推算断面总输沙量。②由流域的土壤侵蚀量推算断面总输沙量。③根据水库淤积量推算断面总输沙量。

水流中含沙量高达一定程度后称为高含沙水流，其水流特征及输沙特性与一般挟沙水流不同。另外，当清水与浑水相遇时，由于水体密度差异，在一定条件下会产生异重流，其水流特征与输沙特点也有别于一般挟沙水流。

2. 河床演变

河床演变是指河床受自然因素或水工建筑物的影响而发生的冲淤变化。河床演变是水流与河床交互作用的结果，二者互相依存，互相制约，表现为泥沙的冲刷、输移和淤积过程。河床演变现象非常复杂，其表现形式包括河道纵剖面和横剖面的冲淤变化，以及河道平面形态变化。河床演变是诸多因素综合作用的结果，与流域地质、地貌、气候、土壤和植被密切相关，而主要影响因素包括：①水流及其变化过程；②流域来沙量及其级配；③河流纵比降；④河床地质。本节重点讨论河道平面形态演变问题。

水流作用是河道演变的驱动力。河道水流结构具有多样性特征，河道水流除顺河方向的主流以外，还存在着与主流流向垂直的次生流。次生流是因流线弯曲形成。主流与次生流相叠加便形成了弯曲河道特有的螺旋流。次生流对流速场格局、泥沙冲淤特别是河床演变产生重要影响，是形成、改变河流地貌特征的主要因素。

弯道环流是最重要的一种次生流，它是水流在河道弯道因流线弯曲形成的环形流动。图1.2-4表示河流断面流速分布和弯道螺旋流。在图1.2-4（b）中，1、5断面位于顺直河段，水流方向即顺河主流方向。2、3断面位于弯曲河段。与顺直河段相比，弯曲河段对水流的阻力更大。由于河流走向的差别，顺直河段和弯曲河段具有不同的流速分布，如图1.2-4所示。在顺直河段，最大流速发生在水流阻力最小的河道中央处水面偏下位置［图1.2-4（a）］。在弯曲河段，最大流速发生在凹岸岸边处［图1.2-4（b）的断面3］。弯道段水流受河弯的制约在离心惯性力的影响下，产生水面横比降和弯道横向环流运动。弯道横向环流和纵向流动合成为螺旋流，直接影响着弯道河段的泥沙运动。其现象为：表层流速较高、含沙量较小的水流冲向凹岸、潜入河底，并且从凹岸携带大量泥沙（多为推移质）以斜向朝凸岸输移，引起凸岸泥沙堆积，形成弯道河段横向输沙不平衡。由于凹岸不断被淘刷而形成深潭；凸岸泥沙堆积而形成浅滩。在这种情况下，微弯型河道就会演变成蜿蜒型河道。由于常年冲淤变化，就形成了凹岸不断崩退、凸岸边滩不断淤积延伸的演变趋势。由于主流靠近弯道凹岸下半部，环流强度较高，崩岸严重，导致弯曲率加大，即曲率半径变小，中心角增大，河道总长度加长，整个河道呈现向下游蠕动的趋势（图1.2-5）。如果蜿蜒型河道的弯曲率不断增大，就会演变成曲流河道，又称蛇曲，河道弧线的平面形状近于环形。当上下游的河道弧线逐渐靠近，形成狭窄的曲流颈。洪水发生时，曲流颈被切割，开辟出新的顺直型河道，这就是自然裁弯取直过程。此后，水流流经新河道，而旧河道则形成静水湖泊，称为牛轭湖或称故道。蜿蜒型河道的演变如图 1.2-5 所示。

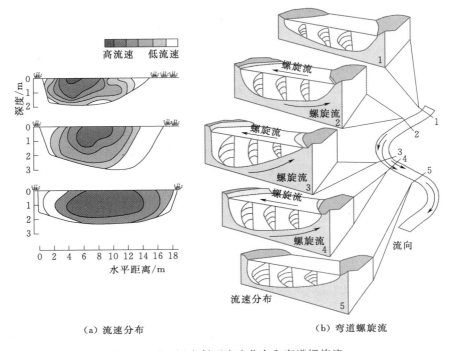

（a）流速分布　　　　　　　　　　（b）弯道螺旋流

图 1.2-4　河流断面流速分布和弯道螺旋流

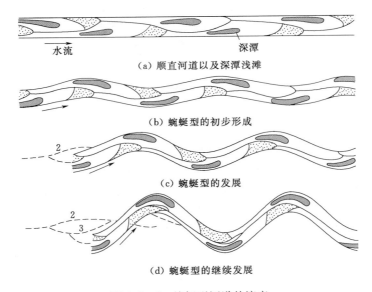

（a）顺直河道以及深潭浅滩

（b）蜿蜒型的初步形成

（c）蜿蜒型的发展

（d）蜿蜒型的继续发展

图 1.2-5　蜿蜒型河道的演变

3. 河流的自调整

河流系统总是趋向于在水流运动、泥沙输移和河床形态变化之间达到平衡。河流能够通过自身调整纵比降以及河床平面形态，以适应流域来水来沙条件变化。当然，平衡是一个相对的概念。由于年际流量总是不断变化的，从而输沙能力也是变化的，导致河流形态某种程度变化。但是，年际流量变化大体是围绕着平均值上下波动的，因此总体维持一种相对稳定状态。这种相对平衡一般维持十年以上。时间尺度超过数十年以至上百年，由于自然条件变迁以及人类干预作用影响，流域水沙条件发生较大变化，破坏了河流原有相对平衡状态时，引起河流形态的缓慢演变，逐步建立起新的平衡。

河流的自调整功能是通过水流作用下泥沙冲刷、输移和淤积过程实现的。当流域来沙量与特定河段水流的挟沙能力相匹配时，河床处于相对平衡状态。当来沙量大于挟沙能力时，多余的泥沙就会淤积下来，使河床升高。当来沙量小于挟沙能力时，水流会冲刷河床上的泥沙，使河床刷深。河床的冲淤变化改变河宽、水深、比降、糙率以及床沙组成等水力学、泥沙因素，从而使特定河段的挟沙能力与上游来沙条件相适应。具体表现为：当河床发生冲刷时，水深加大，流速相应减慢，随之冲刷能力逐渐减弱，直到停止冲刷。而当河床发生淤积时，水深减小，流速相应加快，导致淤积速度逐渐降低，直到淤积停止，达到新的平衡。

有研究者试图建立河床地貌与流量之间关系的经验公式，比如下式：

$$L_m = K_1 Q_b^{0.5} \tag{1.2-5}$$

式中：L_m 为蜿蜒波形波长；Q_b 为平滩流量；K_1 为系数，根据特定河流实测数据率定获得，有案例 K_1 取 54.3。

研究成果表明，河流形态与水流泥沙因素存在着某种函数关系，称为河相关系（fluviomorphology）。河相关系可以通过经验性方法或理论推导求得。可选取比较稳定或冲淤幅度不大的人工渠道和天然河道进行长期观测，建立河流形态因素与水力泥沙因素之间的经验关系。有研究者试图从理论途径推求河相关系式。根据流域来水、来沙条件和河道边界约束，从已有的水流泥沙运动定律中求解河宽、水深、流速及纵比降等 4 个参数。建立如下一组方程：

水流连续方程　　　　　　　　　　$Q = BhV$

水流运动方程　　　　　　　　　　$V = (h^{2/3} J^{1/2})/n$　　　　　(1.2-6)

水流挟沙能力公式　　　　　　　　$S = k[V^3/(gh\omega)]^m$

式中：B 为河道宽度；h 为水深；V 为断面平均流速；n 为曼宁糙率系数；J 为河道比降；S 为水流挟沙能力；g 为重力加速度；ω 为泥沙沉降速度；k、m 为经验系数与指数；Q 为代表性流量，一般采用造床流量。所谓造床流量是定义某一个单一流量，假定在这个流量作用下，其造床作用与多年流量过程的综合造床效果相同。通常采用平滩流量作为造床流量（见 1.1.2 节）。在式（1.2-6）的三个方程式中，包含有 4 个未知数——河宽、水深、纵比降和流速，还缺少一个条件才能求解。为此，一些研究者提出了不同方法再补充一个方程式。比如河宽经验公式等方法。

4. 河流系统稳定性

河道稳定性包括河道平面形态的侧向稳定性、纵坡稳定性和河道岸坡局部稳定性。保证河流系统稳定性，既是满足防洪的需要，也是维持生物栖息地可持续性的需要。本节重点讨论河道平面形态侧向稳定性问题。

河道侧向稳定性主要取决于河道纵比降、泥沙特性和岸坡的抗冲性。不同岸坡材料抗冲性能不同。辫状河道是河流上游河段，一般位于易受侵蚀的产沙山区。由于纵坡较大，水流动力作用强。河床在流量大时被冲刷，流量减小时被淤积。洪水期大量粗颗粒沉积物（粗砂、砂砾）主要以推移质方式沿河向下游输移。因为冲刷和输移作用强烈，辫状河道易于发生突发性的整体侧向移动。当河流进入冲积平原区，纵坡变缓，水力作用减弱，同时泥沙颗粒变细，河流以输送悬移质为主，形成蜿蜒型河道。蜿蜒型河道的深潭-浅滩序列是一种较为稳定的结构。由于水力动力持续作用，蜿蜒型河道河湾不断向弯曲方向缓慢发展，蜿蜒型河道整体向下游蠕动。蜿蜒型河道在洪水作用下，局部会发生自然裁弯取直，导致河道形态侧向变形失稳。河流进入下游平原和三角洲地区，形成网状河道。因河道纵坡变缓，水流动能变小，而泥沙为细颗粒悬移质（黏土、细沙、粉沙），加之河岸植被茂密，使得河岸不易被冲刷，故河道稳定性较高。顺直河段侧向稳定性也较高。需要指出，河道稳定性高不等于河道不发生自调整过程，仅仅意味着河道演变的速度缓慢而已。图1.2-6表示了 Schumm 提出的按照河道水动力学因素、泥沙输移条件区分河型的方法，给出了 14 种河型与水动力要素及输沙条件的对应关系图解。需要指出，即使是人工渠道化的顺直河段，由于河道左右两岸冲刷与淤积交错发生，导致边滩交错发育，河道以缓慢的速度从顺直河道向蜿蜒型河道演变（图 1.2-7）。在数十年或更长的时间尺度内，由于水沙条件变化，不同河型可以发生转化，如从辫状型河道转换为蜿蜒型河道，也可能发生逆转。这种转化称为变形（metamorphosis）。至于河流长距离持久的系统性演变，则是在流域尺度内历经数百年或更长时间内发生的。

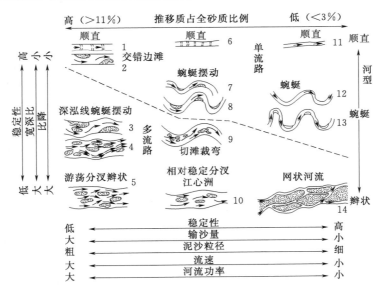

图 1.2-6　不同河型侧向稳定性与水动力及泥沙特性关系

（据 Knighton，1998，改绘）

1~14—河道类型编号

综上所述，一条河流从河源到河口大体的规律是：纵坡降由陡变缓，水动力由强变

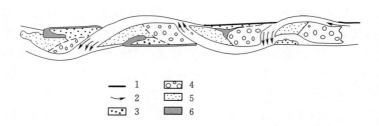

图 1.2-7　人工顺直河道侧向沙滩演变和蜿蜒型形成过程
1—原有河岸；2—低流量条件下河道湍流；3—历史卵石淤积体；4—近代卵
石淤积体；5—边滩前缘砂砾石淤积体；6—沙质土淤积

弱，泥沙颗粒由粗变细，相应的河型依次是辫状型河道、蜿蜒型河道、网状型河道和顺直微弯型河道，它们的侧向稳定性依次增高。

1.2.3　物理化学过程

　　河流中水体流动、泥沙运动以及水体温度，为水生生物提供了重要的生境条件。河流水体中的溶解氧是生物呼吸的必要条件。包括氨氮在内的营养物质和金属被水生生物所吸收，经历了复杂的迁移转化，完成物质循环的全过程。

　　1. 物理过程

　　(1) 水流运动。水流运动是河流最重要的物理过程之一。通过水流运动，向下游输送营养物质和溶解物质。同时，水动力挟带泥沙运动是塑造河道及河漫滩的驱动力。

　　描述水流运动的水力要素包括水深 h、流速 V 和流量 Q。流速 V 是描述流体质点位置随时间变化的矢量，其方向是质点的运动方向，其大小是水流质点位移对时间的变化率。流量 Q 是单位时间内通过某一过流断面的流体数量。如果流体数量以体积计，则称体积流量，单位为 m^3/s；如果以重量计，则称为质量流量，单位为 t/s。研究具有自由水面的水流运动规律及计算方法的学科称为明槽水力学。河道和渠道都属于明槽水流。如果明槽水流的水力要素如流量、水深等不随时间变化而变化，称为明槽恒定流，人工渠道和明流隧洞都属于明槽恒定流。如果水流运动要素如流速、流量、过水断面等随时间变化而变化，称为明槽非恒定流。描述明槽非恒定流规律的连续方程和运动方程，可以表述为以下一维非恒定渐变流基本方程组：

$$\frac{\partial Q}{\partial s}+\frac{\partial A}{\partial t}=0$$

$$i-\frac{\partial h}{\partial s}=\frac{1}{g}\frac{\partial V}{\partial t}+\frac{V}{g}\frac{\partial V}{\partial s}+\frac{V^2}{C^2 R} \tag{1.2-7}$$

式中：Q 为流量；A 为过水断面面积；s 为距离；t 为时间；i 为河道纵坡降；h 为水深；V 为流速；C 为谢才系数，$m^{1/2}/s$；R 为水力半径，m；g 为重力加速度。

　　其中谢才系数 C 可按曼宁公式计算：

$$C=\frac{1}{n}R^{1/6} \tag{1.2-8}$$

$$R=A/\chi$$

式中：n 为糙率，可查相关手册获得；R 为水力半径；A 为过水断面面积；χ 为水流与固体边界接触部分的周长称为湿周。

求解非恒定渐变流基本方程组，当前主要采用差分法或有限元法等数值解法，有不少商用软件可以利用，计算输出结果为流速场数值和等值线图等。

（2）水温。河流水体温度变化对于所有水生生物的初级生产力、分解、呼吸、营养循环、生长率、新陈代谢等生态过程都具有重要影响。大部分淡水动物都是冷血动物，无法调节自身的体温或新陈代谢，所以，它们的新陈代谢取决于外界温度。

河流水体温度是多种类型热交换的结果。陆地表面流入河流的水体通过接触被太阳加热的地表获得热量；河流水体与河床固体间的热传导；与上游和支流水体之间的热对流；蒸发和风力影响的热消耗；岸边植被、树冠的遮阴作用等。需要指出的是，地下水通常在夏季温度较低，浅层地下水流入的水流温度往往低于河流水体水温。另外，流域内的地面覆盖状况直接影响水温，通过城市水泥路面的地表径流进入河流后，会提高受纳河流的水温。

水温变化对河流生态系统产生重要影响。其直接影响包括：①所有淡水生物都有其独特的生存水温承受范围，因此，水温在决定生物群落结构方面起到关键作用。②温度升高将提高整个食物链的代谢和繁殖率。③对无脊椎动物、鱼类来说，水温变化是其生命史中的外部环境信号，例如长江四大家鱼，5—8 月水温升高到 18℃ 以上时，如逢洪水，便集中在重庆至江西彭泽的 38 处产卵场进行繁殖。

水温变化的间接影响包括：①温度升高会使溶解氧（DO）降低。溶解氧是水生生物生存的基本条件之一，如果鱼类和其他水生生物长期暴露在 DO 浓度为 2mg/L 或更低的条件下时则会死亡。低溶解氧浓度水体利于厌氧细菌生存，这类细菌会产生有害气体或释放出污染水体常有的恶臭气味。②耗氧污染物对水体的胁迫作用随着温度升高而增加。③温度升高会导致有毒化合物增加。这些间接影响都会对水生生物的生存环境形成威胁。

（3）泥沙。1.2.2 节已经讨论了河流泥沙运动，这里重点讨论泥沙对水生生物影响问题。泥沙在河流中输移和淤积，直接影响河流形态与水生生物栖息地的质量与数量。大量的泥沙淤积使河道基质组成变细，导致水生栖息地质量退化。大量细沙淤积会明显影响鱼类产卵场的质量。细沙进入河床砾石间隙中，降低了河床渗透性并使砾石间水流速度下降，从而限制鲑鱼胚胎发育，并减少它们代谢废物所需的含氧水供应量。其次，高含沙水流对水生生物构成直接威胁，可造成包括鱼类在内的水生生物窒息死亡。泥沙还会堵塞和磨损鱼鳃，使底部鱼卵和水生昆虫的幼虫窒息。过多的细沙淤积会扼杀孵化卵、小鲑鱼和鱼苗。

2. 化学过程

河流水体中的溶解氧、营养物质和金属，被水生生物利用或吸收，经历了复杂的迁移转化，完成物质循环的全过程。除了河流水体自身的化学过程外，由于人类向水体中排放各类污染物以及有机化学品，造成水体污染，导致严重的生态后果。

（1）pH 值、碱度、酸度。水的酸性或碱性一般通过 pH 值来量化。pH 值为 7 代表中性条件，pH 值小于 5 表明中等酸性条件，pH 值大于 9 表明中等碱性条件。许多生物过程如繁殖过程，不能在酸性或碱性水中进行。pH值的急剧波动也会对水生生物造成压力。酸性条件下，重金属盐的溶解度将会增加，使得沉积物中储存的有毒化学物质释放，从而加剧有毒污染。低pH值水体中物种丰度易于降低。

（2）溶解氧。溶解氧（DO）反映水生生态系统中新陈代谢状况。溶解氧浓度可以说明大气溶解、植物光合作用放氧过程和生物呼吸耗氧过程之间的暂时平衡。溶解氧是鱼类等水生生物生存的必要条件。一般清洁水$DO>7.5mg/L$。$DO>5mg/L$适合大多数鱼类生存，若$DO<2mg/L$会导致鱼类等水生动物死亡。低溶解氧浓度利于厌氧细菌生存，这类细菌代谢会产生有害气体，使水体产生恶臭气味。淡水中溶解氧浓度随水体温度和盐度上升而下降。溶解氧浓度随湖泊和水库的水深降低，在底层常会呈现厌氧状态。

水中的氧气主要通过水生植物、动物和微生物的呼吸而消耗，当水中的植物生物量过多时会消耗大量氧气。人为向河湖排入大量需氧有机污染物，会产生生物化学分解作用，大量消耗水中的溶解氧。水中耗氧有机污染物被微生物分解所需的溶解氧量称为生化需氧量（BOD）。需要指出，BOD只是个等效指标，而非真正的物理或化学物质，用它衡量微生物降解污染物所需的DO总浓度。农业施肥和养殖业等生产活动排入水体的污染物，都会导致较大的BOD。溶解氧的来源主要靠大气复氧作用，通过河湖中风浪和重力等作用引起水层之间的搅动，形成很强的溶解氧扩散梯度，成为溶解氧快速补充的主要机制。因此风力、瀑布和激流的曝气作用是自然界复氧的重要途径。此外，中小型河流滨水树木遮阴作用也有利于复氧。论其机理，一方面，树冠起遮挡太阳辐射作用；另一方面，降低了树冠下空气温度，也可起到水体降温作用。在没有树冠遮阴的河流，太阳辐射作用强，促进光合作用，使初级生产力（藻类）和次级生产力得到发展。

（3）营养物质。除了二氧化碳和水以外，水生植物（包括藻类和高等植物）还需要营养物质支持其组织生长和新陈代谢，氮和磷通常是水生植物和微生物需要量最大的元素。

在水环境中，氮的存在形式包括溶解的气态氮（N_2）、氨氮（NH_3和NH_4^+）、亚硝酸盐氮（NO_2^-）、硝酸盐氮（NO_3^-）以及有机氮。磷在淡水系统中以颗粒相或溶解相存在。虽然氮气在大气中占到约79%，但是只有少量生物（例如，某些细菌和蓝藻）有能力从大气中固氮。大气中的N_2经蓝藻固氮作用后，通过水生植物的同化作用在植物体内合成有机氮（蛋白质），并进一步被其他植食动物吸收利用。动植物死亡、分解、排泄的颗粒有机质可以被亚硝酸盐细菌和硝酸盐细菌进行硝化作用氧化成NO_2^-和NO_3^-。同时，在DO浓度较低条件下，反硝化细菌可以进行反硝化作用，将NO_2^-、NO_3^-转变成大气中的N_2，从而完成氮元素在河流水体中的物质循环过程。

水体中的磷主要来自流域。在林地覆盖率较高的流域，由于植物根系对氮磷的截留以及吸收作用，进入河流的水体氮磷浓度较低。这种情况下，磷的需求量大于供应量，磷的滞留率高，输送到下游水体的磷量较少，其形态以溶解态的有机磷为主。而在农区，大量施用的农药化肥物质随地表径流进入河流水体，造成水体氮磷浓度偏高。磷被吸附在土壤颗粒上并被输送到下游水体，这种情况在暴雨期尤为常见。磷在淡水环境中经历不断的转化，一些磷吸附在河道沉积物上，不参与磷的循环。水生植物可吸收正磷酸盐并将其转化为有机磷。随后水生植物则可能被食腐质者和食草动物捕食，这一过程又将部分有机磷转化为正磷酸盐，继而被水生植物迅速吸收。人类活动加剧了氮和磷向地表水的迁移。在许多经济发达的区域，主要的营养来源是污水处理厂直接排放的废水。另外一些河流营养物质的主要来源是流域内的非点源，包括农田和城郊草坪施肥、牲畜及家禽饲养场粪便废物。

富营养化（eutrophication）是水体中营养盐类大量积累，引起藻类和其他浮游生物异常增殖，导致水体恶化的现象。天然水体一般都有维持藻类正常生长所需要的各种营养盐类（主要是氮、磷、钾、钙、镁等元素）。但当天然水体接纳含有氮磷营养元素的农田排水、地表径流和水体自生的有机物腐败分解释放的营养物质，使水中的营养物质不断得到补充，导致藻类异常增殖而发生富营养化。对于湖泊等封闭或半封闭的水体以及流速缓慢的河流来说，富营养化是一种普遍、进程缓慢的自然现象。当含有大量氮磷的城市污水、工业废水和农田排水排入河流，则会刺激藻类异常生长，显著加速水体富营养化进程。

（4）重金属。在环境污染方面所说的重金属主要是指汞、镉、铅、锌等生物毒性显著的元素。重金属元素如果未经处理被排入河流、湖泊和水库，就会使水体受到污染。重金属由点源或非点源进入水体。老工业区土壤中重金属，通过土壤侵蚀和泥沙输移进入河湖。酸性矿山废水是重金属的主要来源，高酸度增加了许多金属的溶解度。废弃煤矿是许多河流的有毒金属负荷来源。

重金属污染物有如下特征：①重金属在水中，主要以颗粒态存在、迁移、转化，其过程包括物理、化学和生物学过程。②多种重金属元素具有多种价态和较高活性，能参与各种化学反应。随环境变化，其形态和毒性也发生变化。③重金属易被生物摄食吸收、浓缩和富集，还可以通过食物链逐级扩大，达到危害顶级生物的水平。④重金属在迁移转化过程中，在某些条件下，形态转化或物相转移具有一定可逆性，但是，重金属是非降解有毒物质，不会因化合物结构破坏而丧失毒性。

重金属积累会对水生生物造成严重不利影响。重金属可被水生生物摄取，在体内形成毒性更大的重金属有机化合物。重金属进入生物体后，常与酶蛋白结合，破坏酶的活性，影响生物正常的生理活动，使神经系统、呼吸系统、消化系统和排泄系统等功能异常，导致慢性中毒甚至死亡。如果人类进食累积有重金属的鱼类、贝类，重金属就会进入人体产生重金属中毒，重者可能导致死亡。

（5）有毒有机化学品。有毒有机化学品（Toxic Organic Chemicals，TOC）是指含碳的合成化合物，如多氯联苯（PCB）、大多数杀虫剂和除草剂。由于自然生态系统无法直接将其分解，这些合成化合物大都在环境中长期存在和不断累积。尽管一些剧毒的合成有机物（如 DDT 和 PCBs）已在一些国家被禁用长达几十年，但仍可导致许多河流水生生态系统出现问题。TOC 可通过点源和非点源进入水体。未达标排放的点源会向水体输入大量 TOC。TOC 非点源污染包括农药、除草剂和城市地表径流。与土壤颗粒吸附性较强的有机物一般随土壤侵蚀作用输入河流，而溶解性较强的有机物则主要随暴雨径流冲刷作用进入水体。有机污染物在水环境中的迁移转化过程包括溶解、沉淀、吸附、挥发、降解以及生物富集作用。

1.2.4　生物过程

河流生物过程的研究重点是淡水生物多样性，河流生态系统中生物交互作用包括河流生态系统的能源、河流食物网及其结构，以及河流生物群落格局。

1. 淡水生物多样性

生物多样性（biodiversity）是指各种生命形式的资源，是生物与环境形成的生态复合体以及与此相关的各种生态过程的总和。它包括数以百万计的动物、植物、微生物和它们所拥有的基因及其生存环境形成的复杂的生态系统，也包括它们的生态过程。生物多样性包含遗传多样性、物种多样性和生态系统多样性三个层次。淡水生物多样性是全球生物多样性的重要组成部分。据估计，全球有超过 45000 种已知物种依赖淡水环境生存。如果加上那些未知的物种，这个数字可能超过 100 万（SSC/IUCN 1998 年淡水生物多样性评估计划）。

（1）淡水生物多样性分布格局。淡水生态系统生物多样性的分布格局与陆地或海洋生态系统有着根本的区别。相比陆地或海洋系统，淡水生境是相对孤立的。淡水物种的空间分布一般与当前或历史上的河流流域或湖泊相一致。淡水物种的生境范围、物种群落和生态系统类型都具有很强的区域性，即使小型溪流或小型湖泊也可以养育独特的区域性生命形式。如果发生生态条件剧烈变化和灾难性气候，淡水物种也无法轻易迁出其栖息的流域。

不少淡水物种有具体的生境要求。比如某些物种必须寻找或避开特定形式的水流漩涡、特定流速范围、水温、庇护所和基质等，而且在生命周期的不同阶段，物种有不同的生境条件要求。就鱼类而言，栖息地包括其完成全部生活史过程所必需的水域范围，如产卵场、索饵场、越冬场以及连接不同生活史阶段水域的洄游通道等。河流鱼类栖息地不仅提供鱼类的生存空间，同时还提供满足鱼类生存、生长、繁殖的全部环境因子，如水温、地形、流速、pH 值、饵料生物等，这些条件就决定了这些物种的空间分布格局。

许多生活在洞穴或地下的淡水物种（鱼类、两栖和甲壳类动物）的生境范围受到很大限制，有的甚至局限在一个洞穴或含水层内，它们四处分散的可能性很小。有些昆虫在水中产卵，成年后才长出翼，它们通常会被局限在某个特定的河段内。大量的甲壳类物种已经通过进化可以占据一些季节性池塘度过生命周期中抗干旱时期。

表 1.2-2 列出不同尺度鱼类栖息地特征和限制因素。表 1.2-3 列出若干经济鱼类的水温需求。

表 1.2-2　　　　　　　不同尺度的鱼类栖息地特征和限制因素

生境规模	小型栖息地	中型栖息地	大型栖息地
范围	几厘米至几米，例如生境单元	10m 到几百米，例如深潭，浅滩	几百米到几千米，例如河漫滩，水库，流域
限制因素	局部的水深，流速和底质	河道宽度，水深，流速，河道形态	水温，河道特征，流量

表 1.2－3　　　　　　　　　　　我国几种经济鱼类的水温需求

种类	产卵水温/℃	最适宜水温/℃	开始不利高温/℃	开始不利低温/℃
青鱼			30	17
草鱼	>18	24～28		
鲢鱼			37	
鳙鱼				
鲤鱼	>17	25～28	—	13
鲫鱼	>15	—	29	
罗非鱼	23～33	20～35	45	10

注　据邹家祥，2009。

水生维管植物的祖先是陆地植物。大部分水生维管植物的分布都比较广泛，有些水生维管植物是世界性的。我国幅员辽阔，水系众多，水生维管植物形成一个非常庞大的类群。我国水生维管植物计有 61 科 145 属 317 种，15 个变种，2 个变型（《中国水生维管束植物图谱》1983）。吴振斌等（2011）统计了除低等藻类和苔藓类植物以外的 42 科水生维管植物类群在我国东北、华北、华中、华东、西南、西北、华南 7 个大区中的分布状况，发现有 17 科水生维管植物类群，分布在 6 个以上大区，其中眼子菜科、禾本科、金鱼藻科、小二仙草科、蓼科、莎草科、泽泻科、浮萍科分布最为广泛。

（2）淡水生物多样性的适应性和丰度。淡水生物在长期的进化过程中，适应了淡水生境条件，形成了许多独特的适应能力。比如淡水鱼类长出鳃，以便从水中吸取氧气。生活在水下的淡水物种的身体经过进化，符合水动力原理，可以省力地游泳。生活在河流基质上的物种，通过进化形成了特殊的肢体，可以附着在河底，避免被水冲走。另外许多鱼类和淡水植物还能利用水流传输鱼卵、幼苗和种子。沉水植物的根系发达，能够扎根固定，防止被水冲走。在水陆交错带生长着两栖动物，可在水中产卵，在陆地生活。相反，爬行动物如蛇、巨蜥、鳄鱼和淡水龟，在陆地产卵，在水中生活。表 1.2－4～表 1.2－6 列出主要淡水植物、微生物、无脊椎动物和脊椎动物的主要特征以及与淡水生态系统的关联性，即在食物网和营养结构中的地位以及对于栖息地条件的多种需求。

表 1.2－4　　　淡水植物和微生物的主要特征及与淡水生态系统的关联

类型	主 要 特 征	与淡水生态系统的关联
病毒	微生物。在生物的细胞里繁殖	在水生生物中引发疾病，与人类水传染病有关（如肝炎）
细菌	微生物。数量丰富，可达 10 万个/cm³，大部分细菌从无机化学物质和有机物中获得能量	生活在水中碎石上，负责分解转化有机质和死亡生物体。许多细菌会引发水生生物和人类疾病
真菌	微生物。循环有机物质，分解死亡生物体	生活在水中碎石上。一些真菌可以引发水生生物和人类疾病
藻类	我国已发现的淡水藻类约 9000 种，包括大型水藻、浮游藻类、周丛藻类。藻类的生命周期短，只有几天至几个星期。水沙运动和食藻类动物消长对藻类集群的组成、丰度、时空分布均会产生重要影响	藻类负责初级生产，是湖泊和河流缓流区初级生产者。浮游藻类易于在风力和水流作用下作被动运动。夏秋季节，蓝藻在湖泊池塘可大量繁殖，形成水华。周丛藻类在特定条件下，可形成优势，生物量甚至超过浮游植物

续表

类型	主 要 特 征	与淡水生态系统的关联
植物	分为沉水植物（如狐尾藻、金鱼藻）、浮叶植物（如芡实、睡莲）、漂浮植物（如浮萍、凤眼莲）和挺水植物（如芦苇、慈姑、菖蒲、莲）。水生植物分布呈一定规律，自沿岸带向深水区呈连续分布态，依次为挺水植物、浮叶植物、漂浮植物、沉水植物。水位是决定水生植物分布、生物量和物种结构的主导因素。挺水植物在平均水位和最低水位之间；浮叶植物的最大适应水深一般为 3m，沉水植物水位达 10m 左右。水生植物种子能够漂浮水面随水流传播	水生植物是主要的初级生产者，是水生态系统中生物的食物和能量的供给者，对生态系统的物质循环和能量流动起调控作用。水生植物及其周从生物可直接作为一些鱼类和水生生物的天然饵料，支持了捕食和碎屑食物链。水生植物为人类提供食品、药品和建筑材料。水生植物的生产力水平取决于其光合速率，其中光强和二氧化碳是否充足对生产力水平影响极大

表 1.2 - 5　　　　　　　　　　　　**无脊椎动物主要特征**

类型	主要特征	与淡水生态系统的关联
原生动物	单细胞微生物，分布广泛，具有附着性，多为滤食动物	以碎石或其他微生物为食，多寄生在藻类、无脊椎动物或脊椎动物上
轮虫	接近微生物，分布广泛，多为附着性滤食动物，另一些为食肉动物	可支配河流中浮游生物
粘原虫	微生物，有些粘原虫有肉眼可见的囊	寄生在鱼类体内或身上
扁形虫	包括涡虫和寄生生物（吸虫、绦虫）	涡虫生活在水底。吸虫包括血吸虫，绦虫也是带虫。后两种虫类是鱼类和其他脊椎动物的寄生虫。软体动物通常是中间寄主
环虫	淡水中两大类：寡毛虫和水蛭	寡毛虫居住在水底，以沉积物为食；水蛭寄生在脊椎动物身上，部分水蛭是食肉动物
软体动物	淡水中主要有两大类：双壳类（蚌等）和腹足类（蜗牛等）。物种丰富，属于地方特有物种	蜗牛是可移动食草和食肉动物。双壳类动物是附着性滤食动物，生活在水底。许多双壳类动物的幼卵寄生在鱼身上。双壳类动物的进食方式有助于保持水质。一些双壳类动物被用来监测重金属、有机杀虫剂和放射性元素等污染物质
甲壳类动物	具有相连的外骨骼，包括蟹、虾、水蚤、桡足动物等	虾、小龙虾生活在水底，蟹生活在湖泊边缘、溪流和河口地区。桡足动物寄生在鱼类身上
昆虫	包括蜉蝣、蜻蜓、石蛾、石蝇、摇蚊等一大类动物	河流中水生昆虫在淡水生态系统中占有重要地位。水生昆虫是食物网中间层的主导者。昆虫幼虫集中在水生植物茂密地带生活，常出现在比较清洁的水体中。水生昆虫对重金属毒物较敏感

表 1.2 - 6　　　　　　　　　　　　**脊 椎 动 物 主 要 特 征**

类型	主要特征	与淡水生态系统的关联
鱼类	鱼类占脊椎动物物种的一半以上。中国内陆水域鱼类有 795 种，分隶于 15 目、43 科、228 属	鱼类是河流生态系统中的顶级消费者，通过下行效应对水生态系统中其他物种的存在和丰度进行调控，进而影响水生态系统的结构与功能。鱼类栖息地包括产卵场、索饵场、越冬场以及洄游通道，需满足特定的流速、水深、水温、溶解氧、pH 值、底质和饵料生物等多种需求。蜿蜒型河流的深潭-浅滩序列为鱼类提供多样性生境。浅滩区光热条件优越，氧气充足，饵料丰富，适于鱼类栖息和索饵；深潭区是鱼类的庇护所和有机物存储区

类型	主要特征	与淡水生态系统的关联
两栖动物	青蛙、蟾蜍、蝾螈、火蜥蜴	需要淡水生境。大部分物种的幼卵只在水中才能发育。青蛙、火蜥蜴和蝾螈生活在溪流和池塘之中。成年两栖动物是食肉动物
爬行动物	淡水龟、鳄鱼、蜥蜴、蛇	所有鳄鱼和许多甲鱼都生活在淡水中，却在陆地筑巢。蜥蜴生活在水边环境。部分蛇类是水生生物。大多爬行动物是食肉动物或食腐动物
鸟类	我国有 1294 种。根据生活习性和形态特征分为游禽、涉禽、鹑鸡、鸠鸽、攀禽、猛禽和鸣禽七种生态类型	高级食肉动物。河流湖泊鸟类包括鹈形目的鹈鹕、鸬鹚，雁形目的鸭、雁、天鹅等，它们常年栖居在河流湖泊水域，摄取水中食物。沼泽湿地鸟类包括鹳形目、鹤形目鸟类，适于在湿地、沙滩和沼泽中觅食，如常见的苍鹭、白鹭、灰鹤等，其中珍贵而稀有的物种是我国特有的世界珍禽朱鹮
哺乳动物	极少数哺乳动物属于水生动物（如淡水豚、鸭嘴兽），另有部分哺乳动物如海狸、水獭、麝香鼠、水鼠、河马以水生为主，在水边出没	高级食肉动物和食植动物。当前，多数大型哺乳动物受到栖息地变化和捕猎的胁迫

由于栖息地条件恶化及渔业捕杀，我国一批珍稀、特有淡水物种受到严重威胁，世界级保护动物白鳍豚面临灭绝危险，国家一级保护水生野生动物中华鲟、白鲟、扬子鳄等都处于濒危状态。

2. 河流生态系统中生物交互作用

（1）河流生态系统的能源。就能量生产而言，河流中有两大类生物：自养生物和异养生物。前者从无机物获得需要的能量，而后者从自养生物那里获得能量。自养生物靠光合作用生产有机物，由于这个过程是用无机物生产有机物，所以这种物质生产称为初级生产。河流初级生产的能量主要有两个来源：一是溪流内通过光合作用生产有机物；二是由陆地环境进入河流的外来物质如落叶、残枝等。而异养生物以自养生物作为食物，即消费初级生产并转化为新的生物量，这个过程称为次级生产。

植物是溪流内主要初级生产者，主要有三种类型：藻类、苔藓和大型植物。藻类主要有两种：一种是丝状绿藻，它以长卷须形态出现；另一种是硅藻类，数量巨大的硅藻是溪流大型无脊椎动物最重要的食物来源。硅藻是呈褐黄色的单细胞生物，它在河底卵石上构成一种褐色黏滑的覆盖层。这种黏滑覆盖层称为生物膜（biofilm）。生物膜的构成除了硅藻以外还包括风化物、小型无脊椎动物、细菌和真菌，这种微型生态系统是一种独立实体，称为微生物环（microbial loop）。悬浮在水体中的藻类称为浮游植物，通常它们是由湖泊或河滩冲入河流。一般情况下不在动水条件下繁殖。它们是滤食生物的食物来源。

在上游河段，水体较冷，氧气充足，有大量的苔藓生存。它们依附在植物叶片上，喜欢弱光和激流条件。苔藓的生长速度快，因为它只在上游河段生活，所以其分布受到限制，在整个河流生态系统中并不占重要位置。

在水流缓慢和细沙淤积的条件下，适合固着被子植物生长。眼子菜属、伊乐藻属和毛茛属，大多以稀疏形式生长。处于生长期的被子植物并不是重要的食源，只有当其死亡腐烂后并变成碎屑后，才成为大型无脊椎动物的丰富食源。

　　由陆地环境进入河流的外来物质是重要的初级生产食物来源。这些物质包括落叶、残枝、树干和枯草。进入溪流的有机物称为粗颗粒有机物（Coarse Particulate Organic Matter，CPOM），其直径大于 1mm。实际上，粗颗粒有机物并不适合直接做生物的食物。可是一旦这些有机物进入水中，靠数量巨大的碎食者和各种真菌和细菌转化才成为丰富、美味的食物。经过物理破碎、冲击以及微生物活动，构成了称为细颗粒有机物（Fine Particulate Organic Matter，FPOM），其粒径小于 1mm。FPOM 与硅藻类是河流生态系统最主要食物来源。

　　初级生产的能源除了以上两大类以外，还包括激流生态系统中的可溶性有机物（Dissolved Organic Matter，DOM），这是巨大复杂的碳库（carbon pool），源自多种成因，包括地下水的分解作用，活体植物渗出物以及微生物作用等。

　　（2）河流食物网。水生动物为生存、生长和繁殖的需要，必须有一定数量和质量的食物保障，而且对食物供应还有时间要求。在整个生命周期中，水生动物的食物需求随时间是变化的。如成鱼的食物需求与幼鱼就有很大差别。成年鳟鱼进食体长较大的无脊椎动物和小鱼，而幼年鳟鱼则消费蚊虫和昆虫幼虫，直到它们长大以后，才能消费尺寸较大的食物。大多数消费者都具有很专门的口器和进食器官。

　　生物可以按照其食物来源和在食物网中的位置进行分类，在生物分类中还需考虑食物的获取位置、季节及可达性及其变化。在食物网连接中充满着竞争。在生物之间，为争夺食物、空间、生殖伙伴等因素都存在着竞争关系。竞争也是一种生命调节机制，借以确定生物个体在生态系统中的数目和位置。

　　Ken Cummins 提出了一种基于食物网的生物分类系统，是按照食植动物-食肉动物-杂食动物-食碎屑生物为食物网构架的生物分类系统，称之为"供食功能组"（Functional Feed Groups，FFG）。在这个构架中，主要的生物类型是碎食者、食植者、收集者、滤食者和捕食者。这个理论主要是以昆虫为主导发展起来的，这是因为昆虫是众多河流中至今发现数量最多的动物门类，而且在取食方法上最具多样性特征。

　　1）碎食者（shredders）。溪流能够接受粗颗粒有机物。对于河滨有落叶树林的小型河流来说，碎食者是重要的供食功能组。碎食者包括石蝇、双翼昆虫幼虫、飞雏以及大纹科、沼石蛾科。碎食者生活在流水环境，这里氧气充足，落叶等有机物丰富并且能够变软，碎食者的口器能够接受这种变软的食物。正因为如此，在湖泊池塘的静水环境中，粗颗粒有机物堆积体表层变软部分能够被碎食者食用。碎食者在进食过程中进行物理粉碎，产生排泄物颗粒，使得粗颗粒有机物 CPOM 转化为细颗粒有机物 FPOM。碎食者从落叶、细菌和真菌中获得能量。

　　2）食植者（grazers）。食植者包括石蚕幼虫、蜉蝣类等。它们生长在阳光充足并能照射到河底的环境，适宜藻类生长。藻类是食植者的主要食物来源。食植者的口器能够接受长卷须状藻类和在岩石表面生长的固着生物，食植者用刮擦的方式进食。在进食过程中，通过其排泄物团粒以及分离藻类细胞生产出大量 FPOM。

　　3）收集者（collectors）。收集者是最大的供食功能组。这个功能组还可以细分为滤食者-收集者和采集者-收集者两组，顾名思义，它们通过收集、滤食、采集等方式获取食物。两组动物毫无例外地都从 FPOM 中取食，其功能是通过进食过程，把 FPOM 变得更细。滤食者-收集者功能组，例如，石蛾幼虫和黑蝇幼虫都发展了自身的滤食器官和适应动水的身体构造，可以从动水中过滤 FPOM。采集者-收集者功能组的食物是颗粒较大的 FPOM。这类动物如飞蝼蛄类，取食方法是在岩石下面、卵石表面或在水流变缓的河床底部沉积区，采用简单行走采集方式取食。

4）捕食者（predator）以其他动物为食源，是终端供食功能组。它们遍布河流生态系统，具有很强的适应性，能够捕捉、猎取猎物。大部分石蛾类动物和大多数毛翅目昆虫家族属于肉食动物。另一大类食肉动物是蜻蜓目的蜻蜓和蜻蛉以及广翅目动物。

5）鱼类通常按照所需食物进行分类，而不是按照上述供食功能组 FFG 分类。例如鲤鱼是杂食动物，鳟鱼是肉食动物。鱼类可以依据获得食物的位置分类，即水体表面进食者、水体中部进食者和水底进食者。另外，有些鱼类不只在某一层而是在几层间运动觅食。

（3）溪流生态系统结构。图 1.2-8 为供食功能组 FFG 的结构框架。图 1.2-8 中选择溪流的一个典型断面，表示溪流内和岸边陆地在能源生产中如何形成初级生产力，以及这些能源如何被溪流内不同供食功能组 FFG 所利用。图 1.2-8 中上方，表示溪流外的能量以及物理、化学物质的输入，包括阳光、水文、温度、营养物和水流。图 1.2-8 中右侧岸边植被有落叶、残枝和枯草进入溪流，再加上岩屑形成粗颗粒有机物 CPOM。CPOM 成为碎食者的食物。通过碎食者进食过程，CPOM 变成细颗粒有机物 FPOM。图 1.2-8 中左侧，通过光合作用自养生物-藻类、大型植物和苔藓用无机物生产有机物，进行初级生产。在次级生产阶段，食植者以藻类和大型植物为食，产生出大量的细颗粒有机物 FPOM，同时为捕食者提供食物。图 1.2-8 中右下侧，刮食者食用 CPOM 生产 FPOM，也为捕食者提供食物。图 1.2-8 中下部，收集者一方面把 FPOM 进一步磨细，另一方面为捕食者提供食物。捕食者以其他动物为食源，成为供食功能组的终端。

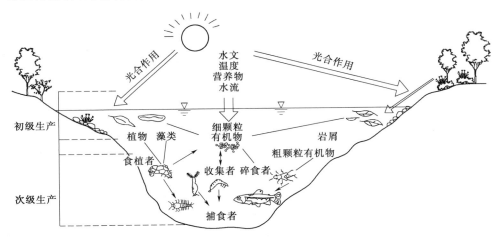

图 1.2-8　典型溪流横断面中河流食物网
（单线箭头表示供食方向）

3. 河流生物群落

由于生物在空间上有竞争和补偿关系，在营养方面有依赖和控制关系，就使得生物间存在不可分割的联系。这些相互依存又相互制约的关系随着时间的推移逐步调整和完善，形成具有一定特点的生物集合体，称为生物群落。所谓"生物群落"（biotic community）是指在一个特定的地区中由多个种群共同组成的、具有一定秩序的集合体。

群落物种多样性是指群落中物种数目的大小。物种多样性是衡量群落规模和重要性的基础，也是比较不同群落的重要参数。常用数学公式计算"多样性指数"，以反映物种丰富程度，主要公式如下。

（1）Margalef 指数：

$$D = (S-1)/\ln N \tag{1.2-9}$$

式中：S 为群落中总种数；N 为观察到的个体总数。

（2）Simpson 多样性指数（Simpson's diversity index）表示从无限大的群落中随机抽取两个个体为同一种的概率，公式为

$$D = 1 - \sum_{i=1}^{S} \left(\frac{n_i}{N}\right)^2 \tag{1.2-10}$$

式中：n_i 为 i 种的个体数；N 为群落的总个体数；S 为总种数。

$\sum_{i=1}^{S} \left(\frac{n_i}{N}\right)^2$ 可作为优势度指数（index of dominance）。

也有学者建议用下式作为 Simpson 多样性指数：

$$D' = 1 / \sum_{i=1}^{S} \left(\frac{n_i}{N}\right)^2 \tag{1.2-11}$$

均匀度指数为

$$E = \sum_{i=1}^{S} \left(\frac{n_i}{N}\right)^2 / S \tag{1.2-12}$$

（3）Shannon 多样性指数（Shannon diversity index）：

$$H = - \sum_{i=1}^{S} \left(\frac{n_i}{N}\right) \ln \left(\frac{n_i}{N}\right) \tag{1.2-13}$$

式中符号意义同式（1.2-10）。

均匀度指数 J 用下式计算：

$$J = - \sum_{i=1}^{S} \left(\frac{n_i}{N}\right) \ln \left(\frac{n_i}{N}\right) / \ln S \tag{1.2-14}$$

影响群落物种多样性的因素很多，包括水分、生产力、气候、竞争捕食和干扰等。其中，生境的空间异质性对于群落物种多样性具有重要影响。研究表明，空间异质性越高，或者说包括小生境、小气候、避难所和资源类型等越是多样化，越能容纳更多的物种，物种数越高。

可以将生物群落成员按照重要性分为两大类，即优势种类和从属种类。所谓优势种类（dominant）是指群落中若干种数不太多的成员，他们往往通过数量和活动能力对群落产生重要影响，从而决定群落的特点。一般来说，在群落中数量最多，生产力（或生物量）最大的种类就是优势种类。例如富营养化湖泊中的蓝藻、绿藻常是初级生产中的优势种类，鲤科鱼类则是消费者中的优势种类。与优势种类相反，多数种类的存在对群落的性质并无决定性的影响，它们通常数量少，或者出现时间及活动能力有限，这些种类即所谓从属种类。

淡水生物群落在其所占空间中，为使空间及资源得到充分合理的利用，呈现出一定的立体格局。在垂直方向群落中生物呈现分层现象。淡水水体垂直剖面自上而下是：大气层、水表层（水-气界面）、水下层和水底层。生物则依据水体分层形成垂直格局。这种现象以静水沿岸的高等植物垂直格局最为典型。具体而言，挺水植物冠层进入大气层，浮叶植物和漂浮植物利用水表层，沉水植物则占据水下层大部分空间。水生生物的平面格局与水深和流速密切相关。群落生物组成呈现自上游至下游逐步递变趋势。上游多着生种类，下游则多浮游或游泳种类。

1.3　湖泊生态系统结构和过程

本节首先讨论湖泊的起源和演替过程，进而讨论湖泊的地貌形态特征及其生态学意义，给出若干重要地貌参数。湖泊生态过程包括水文、物理化学和生物过程以及新陈代谢作用。讨论湖泊生态系统结构的重点是湖泊所特有的生态分区及食物网结构。在湖泊生态系统各种影响因子中，阳光辐照度；湖泊地貌特征；风能的掺混作用；营养物输入；水体的季节性温度分层等关键因子是湖泊生态系统的控制性要素。

1.3.1　湖泊的起源和演替

1. 湖泊的起源

大部分湖泊是通过渐进性或灾变性的地质活动形成的，地质活动包括构造运动、火山作用和冰川作用等。按照湖泊的成因，可以把天然湖泊分为冰川湖、构造湖、河成湖、滨海湖、火山口湖、岩溶湖等六大类。

（1）冰川湖。距今 20000 年是冰川运动的鼎盛时期。冰川运动是湖泊形成的重要自然力。冰川挖蚀地表成洼坑，冰碛物阻塞冰川槽谷，冰川融化后积水形成冰川湖。冰川湖分为冰障湖、冰蚀湖和冰碛湖等。我国念青唐古拉山和喜马拉雅山区冰川湖较多，多为有出口的小型湖泊，如藏南地区的八宿错、藏东地区的布冲错。

（2）构造湖。由于深层地壳运动，使地表变形导致山地形成或地面降低的自然现象称为地质构造运动，因构造运动形成的湖泊称为构造湖。构造湖的面积和容积一般都较大，如著名的贝加尔湖、里海、咸海、马拉维湖和坦噶尼喀湖都是构造湖。我国与俄罗斯国境线上的兴凯湖，新疆塔里木和准噶尔两大盆地的罗布泊、玛纳斯湖、艾丁湖、赛里木湖和博斯腾湖等湖泊，均属构造湖。

（3）河成湖。河流流入中下游地区，由于地壳构造运动，造成大面积陆地隆起和凹陷变化，河流常年注入低洼区域形成面积较大的湖泊。另外，蜿蜒型河道演变过程中，发生自然裁弯取直，形成牛轭湖或故道型湖泊（见 1.2.2 节）。还有一类是有支流汇入的河流，由于主流泥沙淤积速度高于支流，造成支流入河口堵塞形成湖泊。对于那些有宽阔洪泛平原的河流，雨季洪水漫溢，淹没大片洪泛平原，当洪水退去形成大量中小型浅水湖泊。我国著名的洞庭湖、鄱阳湖和洪泽湖，都属于河成湖。

（4）滨海湖。滨海湖又称潟湖。滨海湖原来是海湾，由于泥沙淤积形成沙坝，把海湾与海洋分隔形成滨海湖。因长期注入河水和地下水，海水被稀释变淡。但是大部分滨海湖仍然是咸水。有学者认为，我国杭州西湖在数千年前与钱塘江相连是浅海海湾的一部分，以后由于海潮和河流挟带的泥沙不断在湾口淤积，使海湾与海洋分离，长年注入淡水后海水淡化形成现在的西湖。

（5）火山口湖。火山爆发岩浆大量喷出，堆积在火山口周围形成高耸的锥状山体。火山口内，因大量浮石和挥发性物质散失，导致颈部塌陷形成漏斗状洼地，经积水形成火山口湖。我国火山口湖分布范围较广，诸如长白山火山口湖、五大连池火山口湖、大兴安岭鄂温克旗奥内诸尔火山口湖和云南省腾冲县打鹰山火山口湖等。

（6）岩溶湖。岩溶湖是由碳酸盐类地层经流水长期溶蚀所产生的岩溶洼地、岩溶漏斗或落水洞等被堵塞形成的湖泊。我国岩溶湖大多分布在贵州省、云南省和广西壮族自治区。草海是我国面积最大的构造岩溶湖。

2. 湖泊的演替

无论何种成因形成的湖泊随着时间的推移都会经历一个演替过程。湖泊的演替可以理解为湖泊从年轻阶段向老龄阶段过渡的老化过程。实际上，湖泊老化过程就是湖泊所经历的营养状态变化过程。即从营养较低的水平或贫营养状态，逐渐过渡到具有中等生产力或中等营养状态的过程，此后湖泊进入富营养化状态，最终演替为沼泽甚至演替为被树木草丛覆盖的陆地。

所谓富营养化是指含有超量植物营养素特别是含磷、氮的水体富集，促进藻类、固着生物和大型植物快速繁殖，导致生物的结构和功能失衡，降低了生物多样性，增加了生物入侵的机会，造成鱼类死亡。发生水华时，溶解氧被大量消耗，同时还释放有害气体，使水质严重下降。

用营养物质浓度指标可以简要评估水体营养状态。经济合作与发展组织（OECD）发布的水体营养状态标准，用总磷（TP）、表示浮游植物生物量的叶绿素 a（Chl-a）、塞氏盘深度作为营养状态的评价指标，见表 1.3-1。

表 1.3-1　　　　　　　　　　水体营养状态评价标准（OECD）

营养状态	平均总磷浓度 /(μg/L)	平均叶绿素 a 浓度 /(μg/L)	最大叶绿素 a 浓度 /(μg/L)	平均塞氏盘深度 SD/m
贫营养状态	<10	<2.5	<8	>6
中度营养状态	10～35	2.5～8	8～25	6～3
富营养状态	>35	>8	>25	<3

影响湖泊富营养化还有四个因素：一是湖泊的平均深度。湖岸地势平缓的浅水湖，通常水体不分层，浅水湖较深水湖富营养化风险要大；二是湖泊初级生产较高，浮游动植物、底栖动物和鱼类密度和繁殖率较高；三是当地的温度和降雨等气候波动影响；四是水体浑浊，透光率较低，光线通常不能穿透至温跃层和湖底。

除了上述自然富营养化以外，人为富营养化已经成为全球水环境问题关注的热点。农业和畜禽养殖业是人为富营养化的重要成因。我国的农田、养殖业排污造成流域水体氮、磷总量已经超过工业及生活点源污染。城市生活污水中含有很高养分，能够促进藻类和高级水生植物迅速生长。洗涤剂中的磷占未经处理污水中磷含量的一半左右。湖泊的富营养化防治已经成为我国环境保护的重点工作。

1.3.2　湖泊地貌形态

湖盆地貌形态是重要的生境要素。湖泊因岸坡和湖盆地貌变化形成各处水深不同。在不同深度有不同类型的生境，相应生活着不同类型的生物群落。湖泊是一个三维系统，结构复杂。光线和温度自上而下变化，形成了多样化的结构。一般湖泊包括三个宽阔的区域，每个区域都有其独特生物群落：湖滨带、敞水区和淤积泥沙层。湖滨带是陆地和水域之间的过渡带，水深较浅，挺水植物和沉水植物在这里生长。敞水区是一片开阔水域，在敞水区透光带中生长着浮游植物（悬浮藻类），在透光带以下，光线无法透过，光合作用微弱。淤积泥沙层位于湖底，包括沉积的泥沙和死亡腐烂有机物。

湖泊地貌形态差别很大。无论何种类型的湖泊，其地貌形态特征包括形状、面积、水下形态、深度以及湖岸的不规则程度，均对湖水流动、湖泊分层、泥沙输移以及湖滨带湿地规模都产生重要影响。以下概要介绍重要的湖泊地貌形态参数及其对湖泊生态过程的影响。

1. 湖泊表面积 A 和容积 V

湖泊形态可以通过地形测量获得，也可以通过航空摄影获得清晰的湖泊岸线。等深线图是记录湖泊形态的标准方法。水深测量可使用测深索或应用船载回声探测仪，逐点测量湖泊水深 Z。测水深时，配合使用全球定位系统（GPS），可准确确定测点坐标。利用水深数据可以制作等深线图（图 1.3-1）。表面积的计算可使用简单的半透明方格坐标纸或使用求积仪，也可以通过计算机扫描方法，都可获得湖泊表面积 A 和等深线图中对应不同等深线间的表面积。

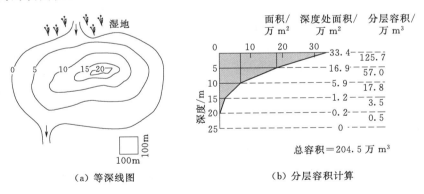

(a) 等深线图　　　　　(b) 分层容积计算

图 1.3-1　湖泊容积计算方法

设 A_{12} 为等深线 Z_1 与 Z_2 间的表面积（图 1.3-1），则等深线 Z_1 与等深线 Z_2 间容积 V_{12} 如下式

$$V_{12} = \frac{Z_2 - Z_1}{2} A_{12} \qquad (1.3-1)$$

湖泊的总容积 V 等于各深度容积之和：

$$V = \sum V_{ij} \qquad (1.3-2)$$

湖泊表面积决定风所能扰动的距离，同时决定表面波和内部波的高度。湖泊表面积和最大深度共同决定湖泊水体是否分层。在分层湖泊中，湖泊表面积很大程度上决定着湖泊上层水体的深度，继而影响浮游动物所需光照环境。植物、鱼类以及底栖动物的种类随着湖泊表面积的增加而增加，同时食物链的长度也会增加。

风力所能到达并能引起扰动的距离称为吹程。吹程可以通过多种方法计算获得。有的直接用湖泊的最大长度（L'），有的用湖泊最大长度（L'）与宽度（W）按下式计算吹程：$(L'+W)/2$。吹程不仅是温跃层分布深度的指标，也是不同粒径和密度的颗粒再悬浮指标。

2. 湖泊深度

湖泊平均水深 $\overline{Z}$ 是重要的湖泊地貌指标，它不仅是湖泊形态的重要标志，而且对生物过程产生重大影响。平均水深 $\overline{Z}$ 等于总容积与表面积之比：

$$\overline{Z} = \frac{V}{A} \qquad (1.3-3)$$

深水湖与浅水湖之间存在着很大的区别，这主要表现在二者的营养结构、动力学特征以及对于当地营养负荷增加的敏感度等方面，都存在明显的差异。最基本的区别是：深水湖在夏天表现出温度分层特征，沿深度分别为表水层（epilimnion）、温跃层（metalimnion）和均温层（hypolimnion）。

相反，浅水湖的光照条件好，一般没有温度分层现象。水体的营养水平随水深增加而下降，作为初级生产的藻类随着水深增加而降低，鱼类的捕获量也随水深增加而减少。浅水湖的初级生产强，适宜藻类和大型植物生长，当营养负荷加大后，往往出现富营养化。

水库是一种人工湖泊。除了用于农业灌溉的中小型水库以外，位于河流上游的峡谷型大型水库，往往属于深水水库。与自然湖泊相比，进入水库的泥沙负荷和营养负荷相对要高。大型水库的生物群落结构与自然湖泊也有所不同。因径流调节的需要，水库的水位变幅比自然湖泊要大。在库岸的水位变动区，水生植物的生长受到很大限制。由于水库地处峡谷狭长地带，水库建成后往往缺乏湖滨带，这就意味着水库岸边的浅水区面积狭小，水生生物生长条件较差。相反，自然湖泊的湖滨带相对宽阔，湖滨带是大型浮游动物及小型鱼类的避难所和产卵场。湖滨带特征对于整个湖泊生态系统都会产生影响。

3. 湖泊岸线发育系数 D_L

湖泊的平面形状可以通过岸线长度表示。具有相同表面积的湖泊，如果岸线长度相对较长，表示岸线不规则程度较高，说明湖滨带面积较大。岸线的不规则程度通常可用岸线发育系数 D_L 表示，定义 D_L 为岸线长度与相同面积的圆形周长之比，即

$$D_L = \frac{L'_b}{2\sqrt{\pi A}} \qquad (1.3-4)$$

式中：D_L 为岸线发育系数；L'_b 为岸线长度；A 为湖泊表面积。

如果是圆形湖盆则 $D_L=1$。火山湖形状较规则，其 D_L 值稍大于1。大多数湖泊的 D_L 为 1.5～2.5，一些山谷洪水形成的湖泊包含众多支流并且具有树枝状岸线，其 $D_L>3.5$。例如，2000年太湖实测表面积 2417km²，岸线长度 529km，计算出 $D_L=3.04$。具有岸线发育因子 D_L 值较高的湖泊或水库，拥有较大的湖滨带面积，适于鱼类、水禽生长的栖息

地较发育,生长大型植物的湿地面积也较大。同时,岸线的不规则程度也决定了可免于风扰动的湖湾数量和状况。湖湾内的水温、水化学特征和生物种类等与湖湾以外区域略有不同。

4. 水下坡度 S

水下坡度指湖泊横断面边坡比,用度数或百分数表示。水下坡度 S 按下式计算:

$$S = \frac{Z_{\max}}{\sqrt{\dfrac{A}{\pi}}} \tag{1.3-5}$$

式中:S 为水下坡度;$Z_{\max}$ 为最大水深;A 为表面积。比如平原丘陵区的大中型浅水湖泊,表面积大,水深较小,S 值较小,说明横断面边坡较平缓。

水下坡度 S 表示边坡的陡峭或平缓程度。S 值影响沉积物的稳定性和结构;波浪和水流对湖底作用的角度;底栖动物在沉积物上的丰度及分布;大型植物生存发展机会;鱼类和水禽栖息地。

5. 水力停留时间 T_s

自然流入湖泊的水量蓄满整个湖泊所需要的时间称为水力停留时间,用 T_s 表示。可用下式计算:

$$T_s = \frac{\overline{V}}{Q_2} \tag{1.3-6}$$

式中:T_s 为水力停留时间,a;$\overline{V}$ 为多年平均水位下湖泊容积,m^3;Q_2 为年平均出湖流量,m^3/a。

式(1.3-6)忽略了蒸发、与地下水互补和湖面降雨等因素。需要指出,水力停留时间计算公式有多种,都属于估算公式。比如有研究者提出用容积除以年平均入湖流量与年平均出湖流量之差计算,也有研究者提出用容积除以年平均入湖流量与湖面降雨之和计算。实际上,几种算法的结果相差很大,需要结合实测数据加以分析判定。水力停留时间由湖泊入流、出流状况以及湖盆形状决定,是湖泊污染和营养动力研究的重要参数。如果湖泊大且深,入流速度缓慢,水力停留时间就长;反之,如果湖泊小而浅,水力停留时间就短。需要指出,营养物的停留时间与水力停留时间不完全一致。冬季氮和磷的滞留时间与水的滞留时间相差不多。春季部分营养物被湖内藻类吸收滞留湖里。秋冬季节部分营养物由植物分解流出湖泊,而另一些营养物则随藻类永远沉积在湖底的底泥中。

1.3.3　湖泊生态过程

1. 水体化学特征

化学物质特别是营养物质在湖泊中的分布,是湖泊生态结构的要素之一。在湖泊的垂直方向,表水层光合作用充分,营养物质被很快消耗。而均温层或无光带营养物质经常保持不变或逐渐积累。与温跃层概念相对应,湖泊中化学物质变化速率最快的水层称为化变层(chemocline)。多数湖泊的化学分层由温度分层所决定。掺混充分的湖泊和湖滨带则少有稳定的垂直化学分层现象,只存在营养物质的水平差异。在湖泊水平方向,湖滨带营养物质浓度高,其底质为底栖生物提供了良好的生境。如果湖泊岸线多湖湾(D_L 值高),

大量开放水面与湖岸连接充分，接受更多的氮、磷和其他微量元素，提高了沿岸水域营养物质的浓度。湖泊化学结构的垂直分层是季节性的，依赖于湖水的温度分层。而水平方向营养物质浓度差异在全年都可能发生，主要受湖泊形态，湖岸化学输入和底质的影响。

（1）溶解氧。氧是一切生命所必需的元素。湖水含氧量受三个因素影响：水温、水生植物和藻类通过光合作用生成氧气的能力、水生植物呼吸和消耗有效氧的速度。首先，水温越高，溶解氧越少。其次，由于光合作用以及大气直接溶解氧，夏季表水层的溶解氧含量较高。温跃层的溶解氧含量因生物生产力而异。如果湖泊营养物丰富，繁茂的水生植物呼吸耗氧，加之有机物腐烂消耗氧气，夏季温跃层溶解氧就会减少。相反，在营养物不丰富的湖泊里，浮游植物和腐烂物质数量较少，阳光可以穿透到较深水层，浮游植物可以在相对较深水层生活。在底水层溶解氧随水深而增加，在一些深水湖泊底水层，生物很少，溶解氧含量很高甚至接近 100％ 的饱和状态。湖泊这些营养状态差异在秋冬季节一般都会消失。

（2）pH 值。pH 值是测量水中氢离子含量的标准。水中氢离子含量决定了水是酸性还是碱性的。pH 值为 7 表示水是中性的。pH 值远低于 7 说明是酸性很强的水，可以分解和溶解矿物质和有机物质甚至有毒物质。如果氢离子含量低，pH 值远高于 7，称为碱性水。碱性很强的水也可以分解和溶解矿物质和有机物质，且具有很强的腐蚀性。

大部分湖泊中 pH 值的自然变化范围都为 6～9，取决于地表径流、流域地质条件以及地下水补给。水体酸性来源于酸雨和溶解污染物。酸雨是由于降水溶解了空气中二氧化碳，溶解过程中释放大量氢离子形成酸雨。酸雨通过地表径流进入湖泊，提高了湖水的酸性。工厂和汽车尾气排放的污染物含有硫和氧化氮。一旦溶解于水，也会增加水体的酸性。另外，从岩石地质构造中分解出的矿物质，特别是石灰岩和其他形式的碳酸盐岩，可以限制水体中氢离子含量，因此可以维持 pH 值保持在 7～8。这种降低水体酸性的能力称为"酸性中和能力"。与此不同，花岗岩地区湖泊酸性较高，花岗岩对于水体没有缓冲作用。

（3）氮和磷。氮和磷是营养物质，对湖泊生态系统至关重要。空气中的氮不能在水中溶解，氮被释放到陆地和水中的主要方式是通过固氮菌作用。植物和藻类吸收了这些溶解氮，当它们本身又成为其他生物的食物时，氮元素沿着食物网向上传递，形成氮循环。

磷是一种矿物质，磷可以溶解于水，但是溶解条件严格。主要是通过径流和地下水被生物吸收，或者湖泊的不同水温层翻转将溶解磷释放出来，通过植物和藻类的吸收，最终进入食物网形成磷循环。人类生产的化肥和洗衣剂等化学产品排入湖泊后，释放出大量溶解氮和溶解磷，改变湖泊营养状况，会形成富营养化，严重破坏湖泊生态系统结构和功能。另外，其他溶解矿物质包括钙、镁、铁和硫对水生生物来说也产生一定影响。

（4）浊度。水生植物和藻类是湖泊的初级生产者，需要适合的营养物、水温和阳光。阳光照射到湖面，决定其作用强弱的重要因素是湖水的清澈度。清澈度越高，阳光照射的深度越深，越能维持最大深度的光合作用。与清澈度相反是浊度。湖水浊度越高，阳光的穿透力越弱。

湖水的浊度取决于三个因素：浮游生物（藻类和浮游动物）、非生命悬浮物质（泥沙和枯枝落叶）、溶解矿物质。首先，在阳光充足并且营养物质丰富的水域，浮游生物生命力旺盛，然而浮游生物越旺盛，就越提高水体浊度，反而减少了阳光的透射。其次，非生命悬浮物主要是泥沙，在流域内通过径流进入湖泊。暴雨、波浪运动又把湖底泥沙搅动造成泥沙悬浮，从而增加了水体的浊度。这种状况会延续几天或数周。洪水季节枯枝落叶也会卷入湖泊，提高了水体的浊度。最后，溶解化学物可以改变水体颜色，呈现蓝色，影响了湖水浊度。这是因为钙、镁等离子含量高的湖水对于阳光的散射、吸收作用所致。如果流域中多沼泽和湿地，导致溶解矿物质汇入湖泊，水体常呈深褐色。湖水浊度影响阳光透射产生光合作用的深度，在很大程度上影响物种栖息地的有效性。

2. 水文过程

湖泊的水文过程包括：降雨过程、流域内产汇流过程、通江湖泊与河流径流的水体交换、湖泊与地下水之间的水体交换、湖泊蒸散发。水文过程不仅影响营养物的分布，也影响湖泊生物群落的空间分布格局。

通常用两个要素来描述湖泊水文状况：水量平衡和水位波动。水量平衡指入湖水量（降雨、流域地表径流、河流汇入以及地下水补充）与出湖水量（蒸散发、通过河流出湖水量；入渗补充地下水水量）之间的水量平衡。

湖水水位波动包括短期波动、季节性波动和长期波动。短期波动指暴雨和风暴潮引起湖水水位短时间上涨，其特点是局部性和短暂性，往往几天就会恢复正常。水位短期波动对河滨带和近岸生物影响不大。季节性波动是由于湖泊水位受降雨、蒸发、流域径流以及地下水的季节性变化影响，导致水位随季节有规律地变化，这种变化带有周期性，即每年冬春季水位低，夏季水位高。水位长期波动不具周期性特点也没有固定模式且难以预测。水位长期波动主要是气候变化所致，包括降雨、气温、蒸发等要素的长期变化，进而引起湖泊水位的长期变化。

3. 湖泊的新陈代谢

湖泊的新陈代谢（metabolism）过程主要包括光合作用（photosynthesis）和需氧呼吸作用（aerobic respiration）。需氧呼吸作用是与光合作用相逆的过程。光合作用也称合成代谢（anabolism），需氧呼吸作用则称分解代谢（catabolism）。

光合作用是植物吸收、固定太阳能并且转化为可以储存的化学能的过程。自养生物靠光合作用生产有机物，由于这个过程是用无机物生产有机物，所以这种物质生产称为初级生产（图 1.3-2）。在湖泊系统，光合作用的明显特征是茂密生长的藻类和大型植物，只要有阳光和溶解氧，这些生物就会迅速生长。至于太阳能转化为植物化学能的转化率，湖泊系统远低于陆地系统，其值低于 1%。例如，美国威斯康星州的门多塔湖，自养生物（浮游植物和沉水植物）总生产量仅占吸收太阳能量的 0.35%。这是因为阳光在水体中穿透时，受到水体悬浮物、颜色以及水中大型植物和藻类的遮挡，使转化效率降低，导致太阳能的输入远大于光合作用的输出。

太阳能以光的形式进入生物，就再也不能以光的形式返回。自养生物被异养生物摄食，能量就再也不可能回到自养生物，这是因为能量传递是不可逆的。在转换过程中植物通过呼吸作用，以热的形式散发到环境中。需氧呼吸作用是植物在有氧条件下，将有机物氧化并产生 CO_2 和水的过程。生活细胞通过呼吸作用将物质不断分解，为植物体内的各种生命活动提供所需能量和合成重要有机物原料。呼吸作用是植物体内代谢的枢纽。影响

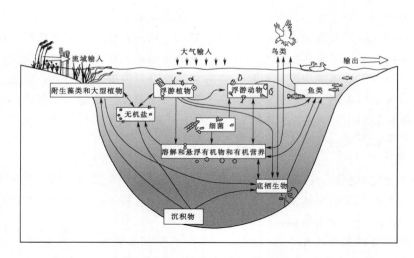

图 1.3 - 2　湖泊生态系统能量传递

（据 Hakanson，1976，改绘）

呼吸速率最主要的环境因素有温度、大气成分、水分和光照等。除了需氧呼吸作用以外，还有厌氧呼吸作用。这主要是在一些特殊约束条件下发生的现象，例如光线穿透到厌氧区，或者光线射到水与泥沙底质交界面上，就会出现厌氧呼吸作用（表 1.3 - 2）。

表 1. 3 - 2　　　　　　　　　　　　湖泊生态系统新陈代谢

新陈代谢过程	能　源	容　量			湖泊条件
		藻类/植物	藻青菌	其他细菌	
需氧光合作用	阳光	√	√		普遍、喜光、喜氧
厌氧光合作用	阳光			罕见	不普遍、喜光、厌氧
需氧化学合成	无机氧化作用			罕见	常见、喜氧/厌氧
需氧呼吸作用	有机氧化作用	√	√	√	普遍、喜氧
厌氧呼吸作用	无机/有机生产			√	常见、喜氧/厌氧、界面

4. 湖泊食物网

如上述，光合作用产生的植物生物量（初级生产力）为食植动物（次级生产力）提供了食物。食肉动物（高级生产力）又以食植动物为食。能量和营养通过连续的营养级自下而上地逐级传递。所谓营养级（trophic level）是指物种在食物网中所处的位置。生物在营养级获得的能量大部分通过呼吸作用以热的形式散失到环境中，只有小部分保留下来支持生命活动和能量传递。通常用营养金字塔来描述营养级之间的能量传递。

为建立食物网，需要对生物主要群体的数量和生物量进行测量，并且按照摄食习惯归并为同一功能组，如初级生产者、食植动物、食肉动物以及分解者等。更精确的测量包括供食试验，以确定某一种类型的消费者与一种或多种植物类食物之间的关系。也可以应用同位素追踪推断食物来源，定量评估多种食物对消费者生物量的不同贡献。通过食物网分析，就可以显示能量从一个营养级到另一个营养级传递的效率。

湖泊水体的物理化学性质在很大程度上决定了湖泊的生物特征，物理化学性质包括：水温、透明度、水流波浪运动以及营养物质总量等。能量和营养物通过生物的交互作用在生态系统中流动传递。将湖泊生物群落按照能量流动的相互关系集合在一起，就构成了湖泊营养金字塔。在湖泊营养金字塔中，底部是最低级（第一级）的初级生产者（如硅藻门的星杆藻）。第二级是食植动物或牧食动物（如浮游动物水蚤）。第三级是初级食肉动物（浮游动物如晶囊轮虫或幼鱼），它们以牧食较小食植动物为生。第四级以上是更高级食肉动物，包括成年大中型鱼类、鸟类和水生哺乳动物，构成了金字塔的顶端。一般情况下，当生物体上升到较高营养级时，其数量或生物量会减少。生态金字塔在冬季可能颠倒过来，这是由于冬季大部分低级生物体死亡，而大中型生物体如鱼类和桡足动物可以依靠营养储备幸存。图 1.3-3 绘出一个典型水库型湖泊的食物网，箭头方向表示供食方向。我们可以看到作为初级生产者的藻类以及来自流域的营养物，被昆虫幼虫（食植动物）摄食，食植动物又为各营养级的食肉动物提供食物，构成了湖泊的食物网。通过实际测量，湖泊生物的能量从低一级营养级向高一级传递效率为 2%～40%，平均 10%。

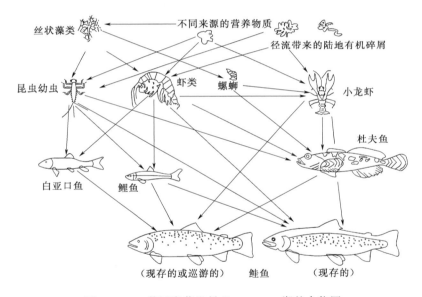

图 1.3-3　美国密苏里州 Taneycomo 湖的食物网

（据李小平，2013）

营养级联（trophic cascades）概念试图解释食物网内部能量传递的控制机理，这个概念很容易应用到湖泊生态系统。所谓"上行效应"（bottom - up）是指初级生产者对上层各营养级生物的一系列调节作用。例如外部给湖泊添加营养物导致浮游植物增加，引起食植的浮游动物数量增加，丰富的浮游动物导致以此为食的鱼类密度增加。所谓"下行效应"（top - down）是指上层营养级生物对下层营养级生物的一系列调节作用。简而言之，下行效应是由捕食者控制；而上行效应是由能量（资源）控制。图 1.3-4 对比了不同湖泊的营养级联状况。该图中部表示下行效应明显的湖泊，该湖泊受到处于营养级上层的食肉动物的强烈控制，这些大型鱼类（捕食者）靠大量食用较小鱼类生存，而较小鱼类又以浮游动物为食。幸存的浮游动物消费初级生产者减少，使靠光合作用繁殖的浮游植物密度增加。这样，整个系统对于外界营养物氮、磷的输入敏感性就被弱化。该图上部表示食肉动物控制较弱，上行效应明显，系统对于外界氮、磷营养物的输入敏感，易受其控制。

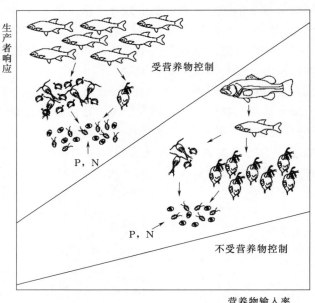

图 1.3-4　不同湖泊的营养级联状况

（据 Carpenter S R，2003，改绘）

1.3.4　湖泊生态分区

　　湖泊的物理、化学和生物特征在水平和垂直方向都存在着差异和变化，这些差异和变化有些是稳定的，有些是动态的，有些则是季节性的。为描述湖泊空间结构规律，研究者提出了不少生态分区的方法，湖泊 4 种主要分区见表 1.3-3。

表 1.3-3　　　　　　　　　　　　　　　　湖泊 4 种主要分区

分　区	时间变化	描　述
水平分区	稳定	
敞水区		开阔水面（湖底辐照度＜1%）
湖滨带		近岸水域（湖底辐照度＞1%）
基于物质构成垂直分区	稳定	
水柱		由湖面到湖底的垂直水体
淤积层		湖泊底部水下沉积物
湖底层		水柱与沉积层间的交界面
基于季节性垂直分区	季节性	
表水层（掺混层）		上部密度层（暖）

续表

分　区	时间变化	描　述
温跃层（变温层）		中部密度层（过渡）
均温层（底水层）		湖底密度层（冷）
基于辐照度垂直分区	动态	
透光带		辐照度>1%的部分（光合作用）
无光带		辐照度<1%的部分（无光合作用）

1. 水平分区——敞水区和湖滨带

敞水区是湖泊的开放水域，湖滨带是敞水区以外较浅的水域。敞水区和湖滨带在生物结构方面有许多区别。在敞水区唯一的自养生物组群是浮游植物，它们是许多在水体中短暂生活的小型藻类，可以脱离固体表面在水中生存，也可以在敞水区与湖滨带之间自由交换。湖滨带除生长浮游植物以外，还生长着另外两种自养生物：大型水生植物和固着生物。大型水生植物是指肉眼可见的水生植物。固着生物依附在大型植物叶片和泥土、沙、岩石和木头表面上生长，水平分区——敞水区和湖滨带如图 1.3-5 所示。

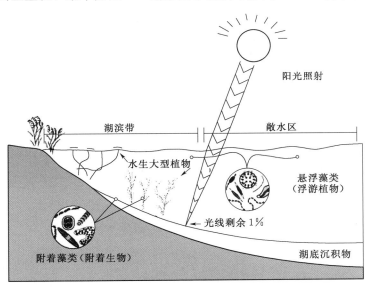

图 1.3-5　水平分区——敞水区和湖滨带

（据 Lewis W M，2010，改绘）

可以按照阳光照射量来划分敞水区与湖滨带的边界。把敞水区与湖滨带的边界定义为阳光照射到湖底的辐照度等于水面辐照度 1% 的位置。这是因为当湖底阳光辐照度小于水面辐照度 1% 时，光合作用很微弱甚至不能发生，限制了水生大型植物和固着生物的生长。在边界以内区域水深逐渐加大，成为典型的敞水区。在边界以外，水生大型植物和固着生物能够生长，成为典型的湖滨带。

对于特定的湖泊，湖滨带的宽度取决于水体透明度和岸线坡度。如上述，透明度主要取决于浮游生物（藻类和浮游动物）的茂密程度以及含沙率。至于岸线坡度，坡度越缓湖滨带相应越宽。贫营养湖泊的营养物聚集程度低，只能生产少量藻类生物量，而且这些藻类在湖泊较深位置生存，所以贫营养湖泊的水体透明度一般都较高。这种情况下，湖滨带宽度可以延伸到4～20m。对于富营养化湖泊，如果按照辐照度1‰的标准，湖滨带边界水深范围大约2～4m。至于营养高度富集的富营养湖泊，藻类茂密，按辐照度1‰的标准，对应水深只有几厘米。在这种情况下，就不再采用辐照度标准定义边界线，而是人为定义水深为0.5～1.5m为边界线。另外，小型湖泊较大型湖泊，其湖滨带水面面积相对要大些。

　　从水域功能分析，湖滨带不但能够支持茂密的生物群落，而且能够为一些生物提供避难所。相反，敞水区则不具备这种功能。在湖滨带，环境条件能够阻止大型鱼类对于幼虫和幼鱼的掠夺性摄食行为，蜻蜓幼虫及淡水螯虾等大型无脊椎动物，也不易被鱼类所摄食。另外，湖滨带生长的固着生物为诸多无脊椎动物提供了食物来源。作为食植者，它们靠刮擦和啃咬附着在大型植物和土壤上的藻类为生。而敞水区则不具备这样的供食条件。一般来说，湖滨带的生物多样性要高于敞水区。而且，两种区域的关键物种也有所不同。

　　2. 基于物质构成垂直分区——水柱、淤积层和湖底层

　　湖泊的垂直分区包括三部分：水柱、淤积层和湖底层（图1.3-6）。水柱包括湖滨带和敞水区的垂直水体。淤积层位于湖底。湖底层是指水体与淤积层之间的交界面，厚度约几厘米。广义说，整个湖底固体表面都属于湖底层。

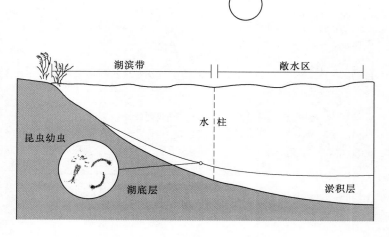

图1.3-6　基于物质构成垂直分区
（据Lewis W M，2010，改绘）

　　敞水区的表层水体在风力驱动下形成水流并流向湖滨带，湖滨带被置换的水又流入敞水区。这样，水体的各种组分包括溶解气体、溶解固体、悬浮固体颗粒以及悬浮有机物，在敞水区与湖滨带之间持续地进行交换。泥沙沉积物由矿物质和有机物组成，这些物质大部分来源于湖泊流域，也有湖泊本身衍生出来的物质，包括排泄物颗粒、有机物碎屑、岩

屑以及生物骨骼碎片等。在湖滨带的浅水区，由风力驱动的水流扰动淤积泥沙，其中细沙被水流挟带到敞水区沉积下来。一些具有避风湖湾或适宜地形的湖泊，不受风力驱动水流的控制，在这种情况下泥沙不会挟带到敞水区，而分布在全部或大部湖滨带。

如果湖底均温层是好氧的，则淤积层上部几厘米处的泥沙常是好氧的，而以下几厘米氧气衰减。好氧的泥沙层能够支持藻类，原生动物，无脊椎动物和脊椎动物生存。如果均温层是缺氧的，整个泥沙层都是缺氧的，只能支持厌氧细菌和微生物生存。厌氧细菌和微生物的新陈代谢率，从泥沙层上部到下部逐渐衰减。

在水柱与泥沙层之间有一层交界带，称为湖底层。虽然这个条带很薄，但其生态特性非常重要。生活在泥沙层表面或其表层大约20cm的生物称为底栖生物群（benthos）。好氧湖底层支持众多无脊椎动物，例如蚊幼虫和其他昆虫幼虫。这些无脊椎动物埋在泥沙里，以躲避食肉动物掠夺性摄食（图 1.3 - 6）。有些鱼类如鲶鱼能够在湖底层消费埋在泥沙中的无脊椎动物，它们靠化学感应而不是靠视觉发现目标。好氧湖底层还支持原生动物和细菌的新陈代谢。厌氧湖底层仅能支持厌氧菌和少量原生动物。

3. 基于季节性垂直分区——表水层、温跃层和均温层

水体温度分层是湖泊的一种重要现象。水温变化又影响水体密度。水温升高，水体密度降低，使水温较高的水体浮在湖面；反之，水温降低，水体密度增加，冷水沉到湖底。所以说，湖泊的热分层形成了水体的密度分层，而密度分层导致水体垂直方向运动并促进热交换，成为温度分层的成因。水在4℃时密度最高，湖底的深水层常是均温的，所以也称为均温层。

不同纬度地区湖泊的温度分层特性各异。本节重点讨论温带地区湖泊温度随季节变化的规律。一般来说，在气温较高的夏季，具备相应条件的湖泊产生热分层现象。影响温度分层的主要因素包括湖泊大小和深度、风力影响强弱以及阳光辐射强度变化。在温带地区，背风的小型湖泊深度超过3m就会出现温度分层现象；但是面积在20km² 以上的湖泊水深至少20m才会出现分层现象，后者主要易受风成流掺混作用影响。湖泊开始出现分层的日期主要受气温影响，除此之外还要考虑湖泊表面积与湖泊深度之比，这个比值可以代表风力的影响程度以及湖泊热交换能力。热分层的稳定性受湖泊深度影响较大，湖泊表面积的影响次之。水深越大，说明水体克服外界掺混惯性的能量高，保持稳定分层的能力强。另外，在面积相同的条件下，深水湖泊比浅水湖泊更容易维持分层的稳定性。进入秋季，射入水体的太阳辐射减少，夜间湖泊向大气散发的热量增加，表层水体因温度降低导致密度增加而下沉。表层水体与其下的水层密度梯度减小，加之风浪作用形成翻转上下循环，最终分层结构消失，整个湖泊垂直水体形成约4℃的均温状态。随着气温持续下降，冬季湖面结冰，冰盖下面水体高于0℃。进入春季，冰雪融化和风浪掺混作用，驱动水体翻转上下循环，使湖泊大体处于均温状态，直到表面水温升高到足以重新建立热分层为止。

温度分层形成了湖泊温度垂直分区（图 1.3 - 7），从上到下分别为表水层、温跃层（变温层）和均温层（底水层）。水温的垂直变化直接影响湖泊的化学反应、氧气溶解和水生生物生长等一系列过程。

包含水-气交界面的垂直水体上层部分是湖泊的表水层（epilimnion）。表水层也称掺混层（mixed layer）。在三种分层中，表水层温度相对最高，而密度最低。表水层厚度取

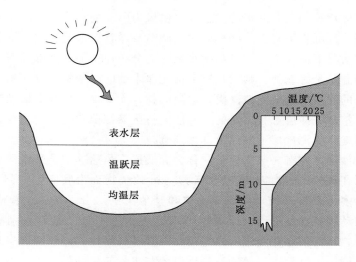

图 1.3 - 7　基于季节性垂直分层

（据 Lewis W M，2010，改绘）

决于湖泊的大小。大型湖泊的风力能够有效传递给水体形成风成流，风成流促进了掺混作用，从而构成了较厚的掺混层。如果湖泊较大（＞10km²），风力强烈，掺混层厚度可达15～20m。而那些具有湖湾或其他方式能够避风的湖泊，其掺混层厚度不过 2m 左右。一般来说，表水层的透光性良好，阳光能够穿透表水层支持光合作用。在敞水区和湖滨带都有表水层。在敞水区的表水层生长着浮游植物。食植浮游动物以浮游植物为食，有时为躲避食肉动物的掠夺性摄食，浮游动物也会运动到表水层以下区域。其他小型无脊椎动物经常在白天迁徙到表水层以外的区域。在湖泊表水层存在的温度梯度和密度梯度，在表水层与其下部温跃层之间都能起到过渡、衔接作用。

温跃层（metalimnion）是水温随水深变化很快的垂直水体中间部分。温跃层厚度在整个湖泊中变化幅度很大。温跃层的植物生长状况取决于水体的透明度。如果一个湖泊是清澈的，在温跃层内浮游植物光合作用充分，能够繁殖生长。相反，如果湖泊水体透明度低，则在温跃层少有自养生物生长。需要指出，在敞水区温跃层生长的浮游植物与在湖滨带温跃层生长的浮游植物类型是不同的。

均温层（hypolimnion）位于湖泊垂直水体底部也称底水层。与表水层相反，均温层与水面处于隔绝状态，受到的外界扰动最小。均温层内光线非常昏暗，不利于植物光合作用。由于均温层与大气氧气相隔绝，所以均温层在湖泊分层时期是典型缺氧区域。缺氧程度取决于均温层的尺度、温度和分层持续时间。缺氧对于湖泊新陈代谢来说是一个十分严重的问题，原生动物、无脊椎动物、鱼类和藻类都不能在缺氧的水体中生活。

4. 基于辐照度垂直分区——透光带和无光带

湖泊水体中植物光合作用率取决于适宜辐射。在湖面附近，如果有营养物投入，那里的光合作用率就会很高。随水深增加，辐照度（irradiance）逐渐衰减，光合作用率也随之衰减。在辐照度为湖面辐照度 1% 的位置，光合作用接近零。以此为起点，超过这个深度植物生物量积累将很困难，浮游植物或者死亡或者处于休眠状态。如果浮游植物处于掺混层，它们有可能被水流挟带到湖泊表层生存。

依据这个标准，将垂直水体划分为透光带和无光带（图 1.3-8）。在湖面和湖面 1% 辐照度位置之间的水层称为透光带（euphotic zone）。一般情况下透光带处于表水层，在一些条件下也可以扩展到温跃层，但是很难扩展到湖泊的均温层（图 1.3-7）。透光带的厚度取决于水体的透明度。影响透明度的因素包括：含有叶绿素能够有效吸收光线的生物如藻类；土壤的溶解有机酸；非溶解悬浮物质如细沙和黏土等。当悬浮的非生物物质和有色有机物随水流大量进入湖泊时，透光带就会很薄。另外，当藻类水华爆发产生大量的叶绿素，引起水体透明度大幅下降。相反，由于营养物被浮游植物耗尽，浮游植物就会衰落，使水体的透光性提高。另

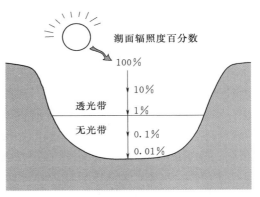

图 1.3-8　基于辐照度垂直分区
（据 Lewis W M，2010）

外，如果浮游植物被浮游动物所消费，则水体透明度也会有所提高。透光带可以位于湖泊敞水区，也可以扩展到湖滨带。事实上，透光带厚度确定了湖滨带的外边界，该处的特征是有大型植物和固着藻类生长（图 1.3-5）。

无光带（aphotic zone）是指透光带以下到湖底的水体部分。在这个区域内光强不足以支持光合作用，但是呼吸作用在所有深度内都是可以进行的。在无光带主要进行的是细菌厌氧呼吸作用，致使无光带成为耗氧区域。那些透明度低的浅水湖泊常有无光带，由于藻类和悬浮物质造成水体浊度较高，即便是在离岸线不远的浅水区域植物也不能生长。这种现象在我国许多富营养化浅水湖泊中经常出现。

1.3.5　生物多样性

湖泊的三个分区即湖滨带、敞水区和淤积层具有不同的生物群落（图 1.3-5）。湖滨带处于水陆交错带的边缘，具有多样的栖息地条件，加之水深较浅，阳光透射强，能够支持茂密的生物群落，导致湖滨带生物物种数量相对较多。通常湖滨带水温相对较高，高水温进一步刺激初级生产和物种多样性。湖滨带除了生长浮游植物以外，还生长着另外两种自养生物：大型水生植物和固着生物。作为初级生产者，这些生物产生了巨大的生物量。在食物网中，食植动物或牧食动物消费了大量的初级生产。初级食肉动物如浮游动物以牧食较小食植动物为生。高级食肉动物包括大中型鱼类、水禽和水生哺乳动物，它们以浮游动物为食，成为食物网的顶层。实际上，湖滨带的巨大生产力还吸引了众多陆地物种和鸟类，包括蹄类动物如麋鹿、貘这样的食植动物以及浣熊、水獭和苍鹰这样的食肉动物，到湖滨带寻找丰富的食物。

敞水区生活的初级生产者包括浮游植物和悬浮藻类，它们在开阔水面吸收水中营养物和阳光能量，进行光合作用。敞水区的初级生产者数量大，实际控制了整个湖泊生态系统的营养结构，为其他生物提供食物，还提供了大部分溶解氧。浮游动物是初级消费者，它

们以浮游植物和藻类为食。浮游动物又成为食肉动物如鱼类的食物。一些捕食鸟类如鱼鹰和鹰也在敞水区捕鱼。

淤积层生活着大型无脊椎动物和小型无脊椎动物，如甲壳类动物、昆虫幼卵、软体动物和穴居动物。湖底生物活动会搅乱淤积层上层，使富含有机物的表层厚度达 $2\sim5cm$。淤积层的生产力主要取决于泥沙中有机物成分和物理结构。沙土基质的有机物质数量较少，沙土基质也不利于其他物种躲避鱼类捕食。因此，在各类基质中，沙质基质的生物多样性最低。岩石湖底生存着多种生物，那里的环境也成为不少物种的避难所。此外，岩质基质储藏着大量有机食物，为一些无脊椎动物提供食物。淤泥基质为底栖生物提供丰富的营养物，但是这里生境条件单一，安全性较低。需要指出，湖泊中的死亡生物残骸都会沉到湖底，靠细菌、真菌这样的分解者将有机物分解，重新进入物质循环。

1.4　水生态系统服务

生态系统服务概念，源于 20 世纪 90 年代。当时，科学家们认识到，由于人口增长以及对自然资源过度开发，自然生态系统遭到了巨大破坏并以空前的速度退化，已经处于危险状态。科学家们担心，许多生态系统特征在人们还没有深刻理解其对人类重要作用以前就已经丧失。科学家们提出的"生态系统服务"概念是为了表达这样一种思想，即生态系统以直接和间接的方式，提供了支撑人类福祉的服务和产品。生态系统的退化和破坏，将极大损害人类自身当前和长远利益。生态系统对于人类社会的贡献有些是明显的，有些是隐含的。提出生态系统服务价值概念和价值定量化，其目的在于把生态系统隐含和显性对人类社会的价值都显露出来，用以唤醒人们对生态保护的重视。

1.4.1　生态系统服务分类

生态系统服务（ecosystem service）是指生态系统与生态过程所形成及维持的人类赖以生存的自然环境条件与效用。生态系统服务功能是人类生存与现代文明的基础，与人类福祉息息相关。所谓人类福祉包括保障良好生活的基本物质供应、安全、健康、和谐的社会关系以及实现个人存在价值的机会等。

在《千禧年生态系统评估》中（Millennium Ecosystem Assessment，2005），把生态系统服务分为四部分：一是支持功能。通过生物摄入、储存、输移、分解等过程，实现营养物质循环；通过光合作用，将太阳能转化为生物化学能进行初级生产；通过生产和分解有机物，并与无机淤积物混合，生成土壤和泥炭。二是供给功能。为人类提供淡水、食品、药品、木材以及提供矿物、燃料、建材、纤维等工业原料；还包括生物资源遗传功能。三是调节功能。通过 O_2 和 CO_2 在空气与水之间交换的生物化学过程，维持在大气与水中的气体平衡；通过过滤、净化及储存淡水，维持清洁淡水供应；通过气候调节、温度调节和水文循环，维持人类宜居生活条件和生产条件；通过涵养水分和调节洪水，水土保持和减轻自然灾害。四是文化功能。大自然的美学价值，满足了人们对于自然界的心理依赖和审美需求，更是全人类宝贵的自然和文化遗产。自然界提供了人们运动与休闲的空间；为科学和教育事业的调查、研究和学习提供环境条件；为崇尚自然的宗教仪式和民间习俗提供活动空间场所。具体到水生态系统服务（aquatic ecosystem service）的功能、过程和特征，举要列于表 1.4 - 1。

表 1.4 - 1　　　　　　　　　　　　　水生态系统服务功能

服务类型	功　能	生态系统过程和特征	具　体　服　务
供给	淡水、食品、药品供给	水文循环，光合作用	饮用水供给，农业灌溉，工业原料
	水生生物资源	食物网，能量流，物质流	渔业、养殖业
	纤维和燃料	光合作用	产出木材、薪柴、泥炭、饲草
	遗传物质	生物多样性	药品，抵抗植物病原体的基因，观赏物种
支持	生物栖息地	水文过程、景观多样性、生物多样性	为水生生物繁殖、摄食、避难提供适宜条件
	土壤形成	地貌过程，水文过程	农作物生长基础
	初级生产	光合作用	提供可直接或间接消费的食品和其他产品
	养分循环	生态系统结构、食物网	养分的储存、再循环、加工和获取
调节	水文情势	水文循环	补给地下水和储存淡水
	水分涵养及洪水调节	水文过程，植被调节	洪水控制，水土保持
	水体净化	淡水的过滤、净化、储存	控制污染和脱毒
	调节气候	水文循环，生物过程	调节气温、降水等气候过程，调节大气中的化学成分
文化	美学与艺术	景观多样性，生物多样性	美学享受，文学艺术创作灵感
	运动、休闲、娱乐	景观多样性，水文循环	水上运动，旅游休闲
	精神生活	河湖景观，生物多样性	提供宗教仪式与民族习俗中崇尚河湖的活动空间
	教育与科研	水生态系统	提供生态调查、研究、学习环境

最后，简单讨论一下"生态系统服务"与"自然资本"概念的区别与联系。自然资本（natural capital）是指自然生态系统所提供的各种财富即自然资源存量（如土地、水、矿物、能源、森林等）。从自然资本衍生出有利于人类福祉的资源流和生态系统服务。

1.4.2　生态系统服务价值定量化

在认识到生态系统服务的重要性以后，接下来的任务就是如何使生态系统服务和产品价值定量化。

生态系统服务价值（value of ecosystem services）可以分为两大类：一类是利用价值；另一类是非利用价值。在利用价值中，又分为直接利用价值和间接利用价值。直接利用价值是可直接消费的产品和服务。就水生态系统而言，直接利用价值主要有淡水供应和水资源开发利用效益，水生态系统提供的食品、药品和工农业所需原料等。间接利用价值包括：泥沙与营养物输移、水分的涵养与旱涝的缓解、水体净化功能、局地气候的稳定、各类废弃物的解毒和分解、植物种子的传播和物种运动以及文化美学功能。水生态系统的非利用价值，不同于对于人类的服务功能，而是独立于人以外的价值，其哲学基础是"生态中心伦理"（ecocentric ethic）。非利用价值关心的对象是地球生态系统完整性，而不是对人类的实用性。其价值准则基于自然性、典型性、多样性、珍稀物种等。可以说，非利用价值是对于未来可能利用的价值，诸如留给子孙后代的自然物种、生物多样性以及生境等。非利用价值还包括人类现阶段尚未感知但是对于自然生态系统可持续发展影响巨大的自然价值。

环境经济学家把经济学的若干概念应用于生态系统服务价值定量化。较为普遍采用的方法是市场定价法。这是指一些能够在市场中获得价值的生态服务和产品，比如饮用水、灌溉用水、工业用水等，都可以参照市场价格计算。但是生态系统服务和产品具有特殊性，完全应用市场定价法计算会遇到不少困难。比如，采用市场定价法计算作为食品的鱼类价值是很容易的，但是用这种方法计算鱼类在食物网中的价值就会遇到麻烦，这就需要应用更多的方法进行评价。现将环境经济学家们提出的一些主要评价方法罗列如下。

（1）预防成本（avoided cost）。预防成本定义为由于生态系统服务，社会避免花费的费用。例如，计算假设占用河流蓄滞洪区会造成的洪水灾害损失，就可以定量评价河流在洪水控制方面的服务价值。

（2）置换成本（replacement cost）。置换成本定义为自然服务不存在的话，为保持自然服务功能社会需要花费的费用。也可以理解为若破坏了某一种生态系统服务功能以后，用以恢复重建这种功能所需费用。例如如果破坏了一片湿地，其水质净化服务功能被损坏，引起水质下降。为提高水质需增添替代的污水处理厂深度处理设备，用设备增加、安装和运行费用来评价湿地的净化水质服务价值。

（3）旅行费用法（travel cost approach）。一些生态服务和产品需要通过旅行才能享有、消费。旅游区的生态系统服务价值等于旅行直接费用（交通费、门票等）与消费者剩余之和，它反映了消费态服务和产品的费用。旅行费用法是通过人们的旅游来对生态服务和产品进行评估。这种估算方法适者对旅游景点的支付意愿。所谓"消费者剩余"等于消费者的意愿支付与实际支付之差。旅行费用法应用传统经济学的方法和理论，其结果容易获得公众的认可。

（4）机会成本（opportunity cost）。机会成本指在资源稀缺的条件下采用一种方案则意味着必须放弃其他方案，而在被放弃方案中可能获得的最大利益就构成了该方案的机会成本。例如，在对一条河流的水电梯级开发规划中，为生态保护需要，放弃了高坝大库的方案，而采用多级径流式水电站方案。前者经济效益明显高于后者，则高坝大库方案的经济效益就视为机会成本。在这个案例中，实际成本与机会成本的差值反映保留了河流生态服务的部分价值。用这个案例还可以延伸说明机会成本在生态服务价值评估中的应用。假设经过论证，为保护水生态，有关方面完全放弃了水电开发方案，那么河流水电开发的机会成本（即最大发电效益）就是这条河流生态系统服务价值的重要组成部分。

（5）享受定价（hedonic pricing）。享受定价是指人们赋予生态环境质量的价值，用享受优质的生态环境服务所支付的价格来计算，用以表明消费者对某种生态服务功能的支付意愿。享受定价方法主要用于房地产开发、农业用地质量改善等方面。应用享受定价法时，先要调查所在生态环境质量，再收集消费者的支付意愿，建立模型，完成生态系统服务价值评估。实践表明，湖滨、河滨和海滨的地价明显高于几公里外的地价，反映了人们对于优美江河湖泊和海滨环境的向往，体现了水生态系统服务中文化功能所具备的价值。

（6）要素收益（factor income）。要素收益法是指改善水生态系统单项要素（如水质、水文和连通性等）引起收益增加。例如改善水质后可以提高旅游业的收益。

20 世纪 90 年代中期，美国学者 Costanza 等人首先尝试评价全球生态系统产品和服务价值。据估计，其总价值每年平均最低为 33.3 万亿美元（按 1994 年价格计算），相当于全球国民生产总值（GDP）两倍左右。尽管学术界对这个成果存在争议，但是，生态系统服务对人类社会做出了巨大贡献，则是科学家们的共识。

最后，需要说明当前生态系统服务价值评价存在的问题。一是价值评估需要大量信息数据，而实际工作中相关信息往往十分匮乏。二是评估对象的生态系统服务常是多功能的，同时涉及多种过程。比如湖泊水生植物的生态系统服务包括结构、初级生产、栖息地、食品、药品、建材等多种服务和产品，在进行定量评估时需要分项评估，最后相加获得总价值。也可以只计算明显、清晰的服务价值，然后相加获得主要价值。显然，两种结果会有较大差别。三是评估对象的时空尺度对于评估结果都会产生较大影响。比如评估河段的长短以及时间尺度的长短，都会影响服务功能评价结果。因此需要根据评价目的、精度要求和信息收集的可达性，充分论证价值评估的时空尺度。

1.4.3　生态系统服务危机

众所周知，近百年来人类大规模活动导致水生态系统服务功能出现严重危机。人类掌握了前所未有的资金和技术，改变着自然河流湖泊的地貌、水文和水体物理和化学特征，其巨大变化超过了以往任何时代。水资源的过度开发导致地下水枯竭，河流断流；大坝和堤防建设引起景观破碎化；围湖造田引起湖泊萎缩，江湖阻隔以及栖息地丧失。工农业和生活废污水，造成河流污染及湖泊富营养化。水生物资源因过度捕捞而退化枯竭，水生态系统的物种丰度和多样性出现危机。城市化进程导致城市地面铺设硬化，改变了城市的水文情势，致使城市雨洪内涝灾害频发。所有这一切，都改变着水生态系统的结构、过程和功能，使服务功能下降和改变。

一方面，全球气候变化以多种方式威胁着水生态系统服务和产品。各国学者采用多种模型计算了全球淡水栖息地的损失，预测温度升高和降雨变化带来的影响。研究报告表明，水文情势的变化会导致生物多样性的变化，许多小型水体和溪流将会丧失。另一方面，台风和风暴潮等气候极端事件将频发，带来灾难性的后果。

1.5　水生态完整性五大生态要素特征

水生态完整性（aquatic ecosystem integrity）是指水生态系统结构与功能的完整性。如上述，水生态要素包括水文情势、河湖地貌形态、水体物理化学特征和生物组成等，各生态要素交互作用，形成了完整的结构并具备一定的生态功能。这些生态要素各具特征，对整个水生态系统产生重要影响。生态要素的特征概括起来共有五项，即水文情势时空变异性、河湖地貌形态空间异质性、河湖水系 3D 连通性、适宜生物生存的水体物理化学特性范围以及食物网结构和生物多样性（董哲仁，2015）。基于生态完整性概念，如果各生态要素特征发生重大改变，就会对整个生态系统产生重大影响。生态完整性是生态管理和生态工程的重要概念。通过对生态系统整体状况和各生态要素状况评估，可以分析各生态要素对整个水生态系统的影响程度，进而制定合理的生态保护和修复策略。

1.5.1　水文情势时空变异性

水文循环是联系地球水圈、大气圈、岩石圈和生物圈的纽带，是生态系统物质循环的核心，是一切生命运动的基本保障。在太阳能的驱动下，水体周而复始地运动，使水资源成为可再生资源。水资源是人类社会和全球生态系统可持续发展的可靠保证。

1. 水文情势时空变异性是生物多样性的基础要素

自然水文情势（nature hydrological regime）是指人类大规模开发利用水资源及改造河流之前，河流基本处于自然状态的水文过程。自然水文情势是维持生物多样性和生态系统完整性的基础。

水文情势时空变异性是淡水生物多样性的基础要素。在时间尺度上，受到大气环流和季风的影响，水文循环具有明显的年内变化规律，形成雨季和旱季径流交错变化，或者形成洪水期与枯水期有序轮替，造就了有规律变化的径流条件，形成了随时间变化的动态生境多样性条件。对于大量水生和部分陆生动物来说，在其生活史各个阶段（如产卵、索饵、孵卵、喂养、繁殖、避难、越冬、洄游等）需要一系列不同类型的栖息地，而这些栖息地是受动态的水文过程控制的。水文情势随时间变化，引起流量变化，水位涨落，支流与干流之间汇流或顶托，主槽行洪与洪水侧溢，河湖之间动水与静水转换等一系列水文及水力学条件变化，这些变化形成了生物栖息地动态多样性，满足大量水生生物物种的生命周期不同阶段的需求，成为生物多样性的基础。在空间尺度上，由于在流域或大区域内降雨的明显差异，由此形成了流域上中下游或大区域内不同地区水文条件的明显差异，造就了流域内或大区域内生境差异，在流域或大区域内形成了不同的生物区（biota）。总之，水文情势的时空变异性导致流域或大区域的群落组成、结构、功能以及生态过程都呈现出多样性特征。

水文过程承载着陆地水域物质流、能量流、信息流和物种流过程。所谓"物质流"和"能量流"，是指水流作为流动的介质和载体，将泥沙、无机盐和残枝败叶等营养物质持续地输送到下游，促进生态系统的光合作用、物质循环和能量转换。所谓"信息流"是指河流的年度丰枯变化和洪水脉冲，向生物传递着各类生命信号，鱼类和其他生物依此产卵、索饵、避难、越冬或迁徙，完成其生活史的各个阶段。比如长江四大家鱼在洪水上涨其产卵达到高峰。同时，河流的丰枯变化也抑制了某些有害生物物种的繁衍。所谓"物种流"是指河流的水文过程为鱼卵和树种的漂流，洄游类鱼类的洄游提供了必要条件。因此可以说，水文情势时空变异性是河流物质流、能量流、信息流和物种流的驱动力。

2. 水文情势五种要素

水文过程是河流生态系统演进的主要驱动力之一。根据自然水文情势理论，水文过程可以分为低流量过程，高流量过程和洪水脉冲过程三种生态流组分（见 1.2.1 节）。每一种水文组分可用流量、频率、持续时间、出现时机和变化率等五种水文要素来描述。

（1）流量。流量是单位时间通过河流特定横断面的水体体积。流量随时间变化，是时间的函数。瞬时流量可以用水文测验方法实测。以水文测验系列数据为基础按照概率论演算出来的流量值，对应着该流量值发生频率，比如频率为 1% 的洪水流量。一些流量值诸如年、季、月、旬、日的平均流量、最大流量或称洪峰流量、年最小流量或称最小枯水流量、漫滩流量等，都具有特定的指标性质，分别对应着特定的生态过程和生态特征。

（2）频率。频率是指超过某一特定流量值的水文事件发生的概率。比如某洪水流量频率 $P=1\%$，表示其发生几率为百分之一。流量越大，出现的频率越小。洪水重现期是洪水发生频率的另一种表示方法，以年为单位，是指在很长的时期内发生高于该量级洪水平均多少年出现一次。比如 1% 频率洪水即通常所说的百年一遇洪水，是指重现期为 100 年的洪水，其含意是在很长的时期内，平均 100 出现一次该量级的洪水。又如多年平均流量，发生频率 50%，其重现期为 2 年。需要注意应从概率论的概念理解其含意。洪水频率决定了洪水的规模和对生态系统的干扰程度。

（3）持续时间。持续时间是指一种特定水文事件发生所对应的时间段。比如年内超过某一特定流量值的天数；河床内低于某一特定流量值的天数；年内洪水期河漫滩被淹没的天数等。持续时间常影响特定水文事件的生态响应，比如洪水历时则决定了河流与滩区营养物质交换的充分程度。

（4）出现时机。水文事件出现时机也称预见性，指水文事件发生的规律性，比如每年洪峰发生时间等。具有季节性降雨特征的流域，雨季的径流模式多变，往往在大暴雨后出现峰值流量。而以冰雪融水为径流主体的河流，其径流模式明确并具有可预见性。生态学家更多关注那些与生物生命周期相关的水文事件出现时机。比如洪水峰值出现时机，河漫滩的淹没时机等。洪水发生的时机关系到水文-气温的耦合关系，即洪水脉冲与温度脉冲的耦合，会涉及一些植物物种生长适宜条件。

（5）变化率。水文条件变化率是指流量从一个量值变到另一个量值的速率，反映时间-流量过程线的斜率。生态学家更关心对于生态过程有较大影响的水文条件变化率，如洪水过程的涨水速率，河漫滩洪水退水速率等。

自 20 世纪 90 年代，国外学者提出了多种自然水文情势的量化指标体系，其中以美国 Richter（1996，2007）和 Mathews 等（2007）提出的 5 类 33 个水文变化指标（Indicators of Hydrological Alteration，IHA）；Fernandez（2008）依据《欧盟水框架指令》定义的 21 个河流改变指标；Gao（2003）提出的 8 项广义指标（generalized indicators）具有代表性。其中 IHA 指标简明实用，应用较为广泛。Richter（2007）把 IHA 修正为 5 类流量水文组分、34 个指标体系和计算软件，见表 1.5-1。

表 1.5-1　　　　　**IHA 流量组分和水文参数（Richter，等，2007）**

流量构成组分类型	水　文　参　数
1. 逐月低流量	每日历月低流量的平均值或中值
小计	12 个参数
2. 极端低流量	每个水文年或每个水文季节出现极端低流量的频率
	极端低流量的平均值或中值；持续时间（d）
	极端低流量时的最小流量
	出现时机（峰值流量日期）
小计	4 个参数

续表

流量构成组分类型	水　文　参　数
3. 高流量脉冲	每个水文年或每个水文季出现高流量脉冲的频率
	高流量脉冲平均值或中值；持续时间（d）
	峰值流量（高流量脉冲时最大流量）
	时机（峰值流量的时间）
	上升速度
	回落速度
小计	6 个参数
4. 小洪水 （2～10 年一遇）	小洪水发生频率
	小洪水事件平均值或中值；持续时间（d）
	峰值流量（小洪水时最大流量）
	时机（峰值日期）
	上升速度
	回落速度
小计	6 个参数
5. 大洪水 （10 年以上一遇）	大洪水发生频率
	大洪水事件平均值或中值；持续时间（d）
	峰值流量（大洪水时的最大流量）
	时机（峰值日期）
	上升速度
	回落速度
小计	6 个参数
总计	34 个参数

3. 水文情势的生态响应

各水文情势要素与生态过程存在着相关关系。在流量要素方面，可以把年内时间-流量过程曲线划分为三部分，即低流量、高流量和洪水脉冲流量（见 1.2.1 节）。低流量是常年可以维持的河流基流。河流基流是大部分水生生物和常年淹没的河滨植物生存所必不可少的基本条件，基流也为陆生动物提供了饮用水。高流量维持水生生物适宜的水温、溶解氧和水化学成分；增加水生生物适宜栖息地的数量和多样性；刺激鱼类产卵；抑制河口咸水入侵。脉冲流量的生态影响包括：促进河湖连通和水系连通，为河湖营养物质交换以及为鱼类洄游提供条件；洪水侧向漫溢，淹没了河漫滩，营养物质被输移到水陆交错带，鱼类在主槽外找到了避难所和产卵场。洪水消退，大量腐殖质进入主槽顺流输移。洪水脉冲还为漂流性鱼卵漂流、仔鱼生长以及植物种子扩散提供合适的水流条件，洪水脉冲还抑制河口咸潮入侵，为河口和近海岸带输送营养物质，维持河口湿地和近海生物生存。

不同频率的洪水产生的干扰程度不同。一般认为，中等洪水脉冲产生的干扰对于滩区生态系统的生物群落多样性更为有利。作为两种极端情况，一是特大、罕见洪水，另一是极度干旱，它们对于滩区生态系统的干扰更多是负面的。特大、罕见洪水对滩区生态系统可能产生破坏作用甚至引起灾难性的后果。极度干旱则会导致滩区某些敏感物种丧失以及物种演替。

水文事件的发生时机是水文情势的另一个重要要素。许多生物在生活史不同阶段，对于水文条件有不同的适应性，表现为利用或者躲避高低不同的流量。如果丰水期与高温期相一致，对许多植物生长都十分有利。河漫滩的淹没时机对于一些鱼类来说非常重要，因为这些鱼类需要在繁殖期进入河漫滩湿地。如果淹没时间与繁殖期相一致，则有利于这种鱼类的繁殖（Trepanier，1996）。

某一流量条件下水流过程持续时间，能够检验物种对持续洪水或持续干旱的耐受能力。比如河岸带不同类型植被对于持续洪水的耐受能力不同，水生无脊椎动物和鱼类对于持续低流量的耐受能力不同。耐受能力低的物种逐渐被适应性强的物种所取代。

水文条件变化率会影响物种的存活和共存。在干旱地区的河流出现大暴雨时，非土著鱼类往往会被洪水冲走，而土著鱼类能够存活下来，从而保障了土著物种的优势地位。

洪水水位涨落也会引发生物不同的行为特点（behavioral trait），比如鸟类迁徙、鱼类洄游、涉禽的繁殖以及陆生无脊椎动物的繁殖和迁徙。每一条河流都携带着生物的生命节律信息。观测资料表明，一些河漫滩植物的种子传播与发芽在很大程度上依赖于洪水脉冲，即在高水位时种子得以传播，低水位时种子萌芽。美国密西西比河的观测资料显示，洪水脉冲是白杨树树种传播的主要驱动力（Middleton，2002）。在巴西 Pantanal 河许多鱼种适应了在洪水脉冲发生时产卵（Wantzen，2002）。另外，依据洪水信号，一些具有江湖洄游习性的鱼类以及在干流与支流洄游的鱼类，在洪水期进入湖泊或支流，随洪水消退回到干流。我国国家一级保护动物长江鲟主要在宜昌段干流和金沙江等处活动。长江鲟春季产卵，产卵场在金沙江下游至长江上游。在汛期长江鲟则进入水质较好的支流活动。

下面以长江中下游为例，说明水文情势的生态影响。图 1.5-1 绘出 2000 年长江宜昌水文站的流量过程线，区分出 3 种流量过程，即低流量过程、高流量过程和洪水脉冲过程，对应这 3 种流量过程，其生态响应概述如下。

（1）低流量过程：流量普遍降至 6000m³/s 以下，水流在主河槽流动，水位较低，流速较小，流态平稳，利于鱼类越冬；长江干流流量减少，水位降低，洞庭湖和鄱阳湖的水流向长江，两湖维持在合适水位，为越冬候鸟提供越冬场；低流量期一定大小的流量还起到维持河流的温度、溶解氧、pH 值、河口的盐度在合适范围内的作用。

（2）高流量过程。5 月、6 月的高流量过程，正好是长江中游大部分鱼类繁殖的高峰期。以青鱼、草鱼、鲢鱼、鳙鱼四大家鱼为例，高流量的涨水过程是刺激家鱼产卵的必要条件。河道流量的增加，会对水体的温度、溶解氧、营养盐等环境指标有一定的影响；随水位升高，河宽、水深、水量增加，水生生物栖息地的面积和多样性随之增多；适合的水文、生境条件是大部分鱼类选择夏季高流量期产卵的重要原因。另外，10 月、11 月的高流量过程，是秋季产卵鱼类的繁殖期。由于秋季的高流量过程发生在洪水之后，此时的河床底质普遍洁净，水质较好，流速大小适宜，长江重要濒危鱼类中华鲟的产卵正好发生在这一时期。

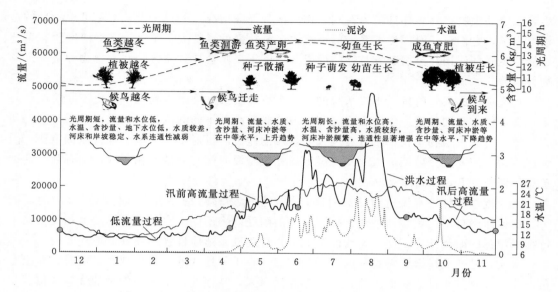

图 1.5-1　宜昌水文站 2000 年长江流量过程与生物过程关系
(王俊娜、董哲仁，2011)

（3）洪水脉冲过程。7—9 月的洪水脉冲过程，长江中游水流普遍溢出主河道，流向河漫滩区，促进了主河道与河漫滩区的营养物质交换，形成了浅滩、沙洲等新栖息地，为一些鱼类的繁殖、仔鱼或幼鱼生长提供了良好的繁育场所。洪水过程也是塑造长江中游河床形态的主要驱动力。长江中游复杂的河湖复合型生态系统，需要洪水期的大流量促进长江干流与通江湖泊洞庭湖、鄱阳湖以及长江故道之间的物质交换和物种交流。

1.5.2　河湖地貌形态空间异质性

空间异质性（spatial heterogeneity）是指某种生态学变量在空间分布上的不均匀性及其复杂程度（见 1.1.3 节）。河湖形态空间异质性是指河湖地貌形态（morphology）的差异性和复杂程度。河湖地貌形态空间异质性决定了生物栖息地的多样性、有效性和总量。大量观测资料表明，生物多样性与河湖地貌空间异质性成正相关关系。

1. 河流形态空间异质性

在河流廊道尺度内，水流常年对地面物质产生的侵蚀和淤积作用，引起岸坡冲刷、河流淤积、河流的侧向调整以及河势变化。在河川径流特别是季节性洪水作用下，形成了河流的地貌格局，包括纵坡变化、单股河道或多股河道；形成河流蜿蜒性；构造了河漫滩、台地等地貌结构；形成了不同的河床基质级配结构。地貌结构持续变化，使河流形态在纵、横、深三维方向都显现出高度空间异质性特征。河流廊道尺度的空间异质性为生物提供了一种变化多样的环境，使得这里的生物多样性十分丰富。在河流廊道尺度，空间异质性表现为河型多样性和形态蜿蜒性；河流横断面的地貌单元多样性；河流纵坡比降变化规律。

（1）河型多样性和形态蜿蜒性。河流平面形态多样性，表现为河流具有多种河型，包括蜿蜒型、微弯顺直型、辫状型、网状型和游荡型等（见 1.1.2 节），创造了多样的栖息地条件。不同河型的河流生物多样性特征不同。辫状型河段和游荡型河段的生物多样性相对较低，而蜿蜒型河段较高。一般来说，沿河流纵向，植物多样性沿流向增高，特别是河流从山区进入丘陵和平原地区，河滨带逐渐变宽，河段的物种丰度达到峰值。另外，在大型支流汇入干流的汇流处，河滨带同样会出现丰度峰值。从栖息地选择角度分析，鱼类、水生昆虫类和甲壳类动物具有迁徙能力，这些生物能够自主运动到多样性较高的栖息地，比如溪流上游的卵石河床、干支流汇合口等。

平原河流最常见的蜿蜒性河流，具有深潭-浅滩交错分布的空间格局，并且沿河形成深潭-浅滩序列。深潭位于蜿蜒性河流弯曲的顶点，浅滩位于河流深泓线相邻两个波峰之间。深潭水深大，流速低；而浅滩水深浅，流速高。地貌格局与水力学条件交互作用，形成了深潭与浅滩交错，缓流与湍流相间的格局。当水流通过河流弯曲段的时候，深潭底部的水体和部分底质随环流运动到水面，环流作用可为深潭内的漂浮类和底栖类生物的生存提供条件。对于鱼类而言，深潭-浅滩序列具有多种功能，深潭里有木质残骸和其他有机颗粒可供食用，所以深潭里鱼类生物量最大。幼鱼喜欢浅滩，因为在这里可以找到昆虫和其他无脊椎动物作为食物。浅滩处水深较浅，存在更多的湍流，有利于增加水体中的溶解氧。砾石基质的浅滩有更多新鲜的溶解氧，是许多鱼类的产卵场。贝类等滤食动物在浅滩能够找到丰富的食物供应。浅滩还是许多小型动物的庇护所。卵石和砾石河床具有匀称的深潭-浅滩序列，粗颗粒泥沙分布在浅滩内，而细颗粒泥沙分布在深潭中。不同的基质环境适合不同物种生存。纵坡比降较高的山区溪流也有深潭依次分布格局，但是没有浅滩分布，水体从一个深潭到下一个深潭之间靠跌水衔接，形成深潭-跌水-深潭系列，这种格局有利水体曝气，增加水体中的溶解氧。

（2）河流横断面的地貌单元多样性。河流横断面主要组成包括干流河槽、河滨带和河漫滩。河槽断面多为几何非对称形状，具有异质性特征。除了干流河槽、河滨带和河漫滩以外，地貌单元还包括季节性行洪通道、江心洲、洼地、沼泽、湿地、沙洲和台地，还有古河道和牛轭湖（见1.1.3节）。多种地貌单元随水文情势季节性变化，创造了多种栖息地环境。

在河道内栖息地生存的藻类、苔藓和固着水生植物，成为河流内的初级生产力，它们与鱼类、甲壳类和无脊椎动物构成复杂的食物网。从河滨带进入河流的残枝败叶、动物残骸和有机碎屑，成为河流另一类初级生产力来源。

河滨带是河流水体边缘与河岸岸坡交汇的水陆交错带，兼备水生与陆生生境条件，具有高度空间异质性特征，加之水文条件季节性变化引起的动态性，使河滨带的生物多样性达到很高的水平，特别能满足两栖动物繁殖的需求。河滨带也是爬行动物、鸟类和哺乳动物的适宜栖息地。

河漫滩生态系统主要受季节性洪水控制。汛期洪水超过漫滩水位向两侧漫溢，水体不仅充满了洼地、沼泽、湿地、小型湖泊和整个河漫滩浅水区域，而且为河漫滩生物群落带来了大量营养物。淹没的河漫滩创造了一种静水栖息地，为鱼类提供了产卵条件。洪水消退时，又把淹没区的枯枝落叶和腐殖质带入主槽。河漫滩是物质交换和能量传递的高效区域。

（3）河流纵坡比降变化规律。从整体看，一条河流的纵坡比降值上游较陡，中下游纵坡逐渐变缓，呈下凹型曲线。从发源地直到河口，河流的纵向结构大体可以划分5个区域，即河源、上游、中游、下游和河口段，这五种分区对应着不同的生物区。河源区大多是冰川、沼泽等。河流的上游段大多位于山区和高原，河床多为基岩和砾石。河道纵坡陡峭，水流湍急，下切力强，以河流的侵蚀作用为主。中游段大多位于丘陵和山前平原地区，河道纵坡趋于平缓，下切力不大但侧向侵蚀明显，以淤积作用为主。沿线陆续有支流汇入，流量沿程加大，出现河道－滩区格局并形成蜿蜒型河道。下游段多位于平原地区，河道纵坡平缓，流速变缓，以河流的淤积作用为主，河道多呈宽浅状，外侧发育有完好的河漫滩，依自然条件可发展成蜿蜒型、辫状或网状等河型。在河口地区，由于淤积作用在河口形成三角洲，河道分汊，河势散乱。

综上所述，纵坡比降的基本规律和影响是：从河源到河口，河流纵坡比降由陡变缓，水动力由强变弱，泥沙颗粒由粗变细，据此确定了相应的河型，创造了多样的生境。

2. 湖泊形态空间异质性

湖盆地貌形态是重要的生境要素。地貌形态特征包括形状、面积、水下地貌形态和水深，这些因素均对湖泊生态系统结构与功能产生重要影响（见 1.3 节）。

（1）水平方向地貌变化影响生态功能。在水平方向划分为湖滨带和敞水区，不同的地貌特征使二者具有不同的生态功能。湖滨带位于水陆交错带，有来源于陆地的营养物输入，而且水深较浅，辐照度较强，能够支持茂密的生物群落。湖滨带生长着 3 种自养生物：大型水生植物、固着生物和浮游植物。湖滨带复杂的地貌和植被条件还能为一些动物提供避难所。

敞水区是湖泊的开放水面，水深高于湖滨带。当阳光辐照度小于水面辐照度 1% 时，光合作用很微弱甚至不能发生，这就限制了水生大型植物和固着生物的生长。敞水区只能生长一种自养生物即浮游植物，它们是可以脱离固体表面在水中生存的小型藻类。这些浮游植物是食植浮游动物的食物，又通过食肉动物捕食活动，建立起敞水区的层级结构食物网。

（2）垂直方向水深变化影响光合作用。湖泊水体中植物光合作用率取决于适宜辐射。在透光带，如果有营养物投入，那里的光合作用率就会很高。随水深增加，辐照度逐渐衰减，光合作用率也随之衰减。在辐照度为湖面辐照度 1% 的位置，光合作用接近零。在超过这个深度的无光带，浮游植物不能生存。

一些湖泊在夏季出现温度分层现象。影响温度分层的主要因素包括湖泊大小和深度、风力影响强弱以及阳光辐射强度变化。水温的垂直变化直接影响湖泊的化学反应、氧气溶解和水生生物生长等一系列过程。

（3）岸线不规则程度影响栖息地面积和风力扰动程度。岸线不规则程度高，则具有较大的湖滨带面积，拥有更多适于鱼类、水禽生长的栖息地和湿地，也拥有较多的湖湾，免受风力扰动。另外，不规则的岸线具有较长的水-陆边界线，接受更多的源于陆地的氮、磷等物质。

1.5.3　河湖水系 3D 连通性

河湖 3D 连通性是基于景观结构连续性概念，并且结合水文学和生态学理论提出的。河湖 3D 连通性具体是指河流纵向、垂向和侧向连通性。水是传递物质、信息和生物的介质，因此河湖水系的连通性也是物质流、信息流和物种流的连通性。3D 连通性使物质流

（水体、泥沙和营养物质）、物种流（洄游鱼类、鱼卵和树种漂流）和信息流（洪水脉冲等）在空间流动通畅，为生物多样性创造了基本条件。

物理连通性与水文连通性是交互作用的。物理连通性是地貌物理基础，水文连通性是河湖生态过程的驱动力，两种因素相结合共同维系栖息地的多样性和种群多样性。降雨、径流过程、洪水频率和时机等水文要素的时空变化，对于河湖水系连通性至关重要。所以，河湖水系连通性不仅是空间概念，还必须加入时间维度。应把河湖水系连通性看作是一个动态过程，而不是静态的地貌状态。在更长的时间尺度内，由于全球气候变化、水文情势变化和地貌演变，河湖水系连通性也处于变化之中。所以，在长时间尺度内，要考虑河湖水系连通性的易变性问题（variability）。

连通性的相反概念是生境破碎化（habitat fragmentation）。人类活动包括工程构筑物（大坝、堤防、道路等）和水库径流调节等活动，破坏了 3D 连通性条件，引起景观破碎化，导致水生态系统结构、功能和过程受到负面影响。

1. 河流纵向连通性——上下游连通性

河流纵向连通性是指河流从河源直至下游的上下游连通性，也包括干流与流域内支流的连通性以及最终与河口及海洋生态系统的连通性。河流纵向连通性是许多物种生存的基本条件。纵向连通性保证了营养物质的输移，鱼类洄游和水生生物的迁徙以及鱼卵和树种漂流传播。在一些河流上建设的大坝，阻断了河流纵向连通性，造成了景观破碎化；阻塞了泥沙、营养物质的输移；洄游鱼类受到阻碍；人工径流调节导致水文情势变化，引起一系列负面生态问题。

2. 河流垂向连通性——地表水与地下水连通性

河流垂向连通性是指地表水与地下水之间的连通性。垂向连通性的功能是维持地表水与地下水的交换条件，维系无脊椎动物生存。降雨渗入土壤，先是通过土壤表层，然后进入饱和层或称地下含水层。在含水层中水体储存在土壤颗粒空隙或地下岩层裂隙之间。含水层具有渗透性，容许水体缓慢流动。地表水和地下水之间存在着交换关系。随着地下水的补充或流出，地下水的水量和水位都会发生变化，导致地下水位高程与河床高程相对关系发生变化。当地下水位低于河床高程时，河流向地下水补水；反之，当地下水位高于河床时，地下水给河流补水。地表水与地下水之间的水体交换，也促进了溶解物质和有机物的交换。城市地面硬化铺设以及河岸不透水护坡影响了垂向连通性，引起一系列生态问题。

3. 河流侧向连通性——河道与河漫滩连通性

河流侧向连通性是指河流与河漫滩之间的连通性。河流侧向连通性是维持河流与河岸间横向联系的基本条件。侧向连通性促进岸边植被生长，形成了水陆交错的多样性栖息地，也保证了营养物质输入通道。侧向连通性还是洪水侧向漫溢的基本条件。洪水漫溢向河漫滩输入了大量营养物质，同时，鱼类在主槽外找到了避难所和产卵场。洪水消退，大量腐殖质和其他有机物进入主槽顺流输移，形成高效物质交换和能量转移环境。如果河流与河漫滩之间没有构筑物（堤防、道路）阻隔，则陆生动物可以靠近河滨带饮水、觅食、避难和迁徙。人工结构物如缩窄河滩建设的堤防以及道路设施，对河流侧向连通性产生负面影响。

4. 河流与湖泊连通性

河流与湖泊间的连通性，保证了河湖间注水、泄水的畅通，同时维持湖泊最低蓄水量和河湖间营养物质交换，河湖连通还为江河洄游型鱼类提供迁徙通道。年内水文周期变化和脉冲模式，为湖泊湿地提供动态的水位条件，促进水生植物与湿生植物交替生长。河湖连通，交互作用，吞吐自如，动态的水文条件和营养物，使湖滨带成为鱼类、水禽和迁徙鸟类的理想栖息地。

由于自然力和人类活动双重作用，不少湖泊失去了与河流的水力联系，出现河湖阻隔现象。就自然力而言，湖泊因长期淤积或地质构造运动致使湖水变浅，加之湖泊中矿物营养过剩，使水生生物生长茂盛，逐步形成沼泽化，改变了河湖高程关系，长期演变就会丧失与河流的连通性。人类活动方面，为围湖造田和防洪等目的，建设闸坝等工程设施，造成江湖阻隔。另外，在入湖尾闾处河道因人为原因淤积或下切，也会打破河湖间注水-泄水格局。河湖阻隔后，湖泊水文条件恶化，蓄水量减少，水位下降。水文情势改变后，水体置换缓慢，水体流动性减弱。加之污水排放和水产养殖污染，湖泊水质恶化，使不少湖泊从草型湖泊向藻型湖泊退化，引起湖泊富营养化，导致湖泊生态系统严重退化。

1.5.4 水体物理化学特性范围

河流湖泊水体物理化学特性需要维持在正常范围，以满足水生生物的生长与繁殖的需要（见 1.2.3 节）。水体的物理化学特性也是决定淡水生物群落构成的关键因素。

1. 水温

各种淡水生物都有其独特的生存水温承受范围（见 1.2.3 节）。

温度分层是湖泊的一种重要现象。水温的垂直变化直接影响湖泊的化学反应、氧气溶解和水生生物生长等一系列过程。多数情况下，表层水温度相对最高，透光性好，能够有效支持光合作用。温跃层的植物生长状况取决于水体的透明度。均温层内光线微弱，不利于植物光合作用。均温层是缺氧区域，原生动物、无脊椎动物、鱼类和藻类都难以在均温层中生活。

2. 溶解氧

溶解氧是鱼类等水生生物生存的必要条件。溶解氧（DO）反映水生生态系统中新陈代谢状况。湖泊的溶解氧受温度垂直分层影响。夏季表水层的溶解氧含量较高。温跃层的溶解氧含量因生物生产力而异。如果湖泊营养物丰富，繁茂的水生植物呼吸耗氧，加之有机物腐烂消耗氧气，夏季温跃层溶解氧就会减少。在底水层溶解氧随水深而增加，在一些深水湖泊底水层，生物很少，溶解氧含量很高甚至接近饱和状态。

3. 营养物质

除了二氧化碳和水以外，水生植物（包括藻类和高等植物）还需要营养物质支持其组织生长和新陈代谢，氮和磷是水生植物和微生物需要量最大的元素。水体中的磷主要来自流域。人类活动加剧了氮和磷向地表水的迁移。人类生产的化肥和洗衣剂等化学产品排入湖泊后，释放出大量溶解氮和溶解磷，改变湖泊营养状况，形成富营养化，严重破坏湖泊生态系统结构和功能。

4. pH 值、碱度、酸度

水的酸性或碱性一般通过 pH 值来量化。许多生物过程如繁殖过程，不能在酸性或碱性水中进行。低 pH 值水体中物种丰度降低。pH 值的急剧波动也会对水生生物造成压力。

河流水体酸性来源于酸雨和溶解污染物。湖泊水体酸碱度取决于地表径流、流域地质条件以及地下水补给。

5. 重金属

在环境污染方面所说的重金属主要是指汞、镉、铅、锌等生物毒性显著的元素。酸性矿山废水、废弃煤矿排水、老工业区土壤污染以及废水处理厂出水等都是重金属污染源。如果重金属元素未经处理被排入河流、湖泊和水库，就会使水体受到污染。重金属累积会对水生生物造成严重不利影响。

6. 有毒有机化学品

有毒有机化学品（TOC）是指含碳的合成化合物，如多氯联苯（PCB）、大多数杀虫剂和除草剂。由于自然生态系统无法直接将其分解，这些合成化合物大都在环境中长期存在和不断累积。TOC可通过点源和非点源进入水体。TOC在水环境中的迁移转化过程包括溶解、沉淀、吸附、挥发、降解以及生物富集作用。

1.5.5 食物网结构和生物多样性

上述水文情势、河湖地貌形态、连通性和水体物理化学特性等生态要素，都属于水生态系统中的非生命部分或称生命支持部分。水生态系统的核心是生命系统。非生命部分的生态要素直接或间接对生命系统产生影响，特别是影响河流湖泊的食物网和生物多样性。

1. 食物网结构——二链并一网

河流生态系统实际存在两条食物链，这两条食物链联合起来又形成一个完整的食物网。所有食物网的基础都是初级生产。河流的初级生产有两种，一种称为"自生生产"，即河流通过光合作用用氮、磷、碳、氧、氢等物质生产有机物。初级生产者是藻类、苔藓和大型植物。如果阳光充足和有无机物输入，这些自养生物能够沿河繁殖生长。这种自生初级生产构成了一条食物链的基础。这条食物链加入河流食物网，形成的营养金字塔是：光合作用-初级生产-食植动物-初级食肉动物-高级食肉动物。另一种称为"外来生产"，是指由陆地环境进入河流的外来物质如落叶、残枝、枯草和其他有机物碎屑。这些粗颗粒有机物（CPOM）被数量巨大的碎食者、收集者和各种真菌和细菌破碎、冲击后转化成为细颗粒有机物（FPOM），成为初级食肉动物的食物来源，从而成为另外一条食物链基础。这条食物链加入河流食物网，形成的营养金字塔是：流域有机物输入-碎食者-收集者-初级食肉动物-高级食肉动物。由以上分析可以发现，是初级食肉动物或称二级消费者把两条食物链结合起来，形成河流完整的食物网。这就是所谓"二链并一网"的食物网结构（图1.5-2）。

与河流生态系统类似，湖泊生态系统的初级生产分为两种。一种是通过光合作用，使太阳能与氮、磷等营养物相结合生成新的有机物质。湖泊从事初级生产的物种因湖泊分区有所不同。湖滨带的初级生产者主要有浮游植物、大型水生植

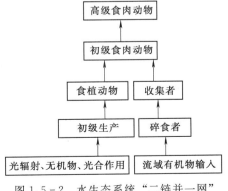

图1.5-2 水生态系统"二链并一网"食物网结构

物和固着生物三类。敞水区的初级生产者主要有浮游植物和悬浮藻类。另一种是流域产生的落叶、残枝、枯草和其他有机物碎屑，这些有机物靠水力和风力带入湖泊，成为微生物和大型无脊椎动物的食物。以上两种初级生产，又成为食植动物的食物，其后通过初级食肉动物、高级食肉动物的营养传递，最终形成湖泊完整的食物网。这种食物网结构与河流食物网相似，都是通过初级食肉动物把两条食物链结合起来，构成完整的食物网，形成所谓"二链并一网"的食物网结构。

2. 河流生物多样性

河川径流动态水文情势是河流生态系统的驱动力，河流地貌的空间异质性提供了栖息地多样性条件，成为河流生物多样性的基础。河流是动水系统，经过长期演变过程，在河流系统生活的生物，从形态和行为上都已经适应了动水条件。河流系统的分区不同，生物的分布格局各异。河道是河床中流动水体覆盖的动态区域，是水生生物最重要的栖息地之一。河道内栖息地生存着各种鱼类、甲壳类和无脊椎动物，与藻类和大型植物构成复杂的食物网。河滨带具有水陆交错特征，加之生境的高度动态性，使河滨带生物多样性十分丰富。河滨带的生物集群中包括大量的细菌、无脊椎动物、鸟类和哺乳动物。影响河滨带植物物种多样性关键因素包括：洪水频率、生产力和地貌复杂性。河漫滩是洪水漫滩流量通过时水体覆盖的区域。季节性洪水是河漫滩生态系统的主要驱动力。河漫滩的初级生产者主要有藻类和维管植物。一些大型水生植物如凤眼莲、水浮莲，能够适应季节性洪水和变动的水位条件，保持较高的初级生产力。在河道-河漫滩系统生活着种类繁多的淡水鱼群，一些珍稀、濒危物种也生活在河漫滩湿地。

3. 湖泊生物多样性

淡水湖泊是相对孤立的生境，湖泊流域边界是湖泊物种迁徙的主要障碍。换言之，湖泊生物很难作跨流域的迁徙运动，这就决定了湖泊生物多样性的空间分布格局大体是湖泊流域范围，说明湖泊生境范围、生物群落和生态系统类型具有很强的区域性。湖泊与河流不同，是静水区域。在湖泊生活的物种通过长期演化已经在形态和行为上适应了湖泊的静水环境特点。

在湖泊的不同生态分区，其生物的空间分布格局也不同。按照湖滨带、敞水区和泥沙淤积层分区，三个区域的生物群落各具特点。湖滨带处于水陆交错带的边缘，具有多样的栖息地条件，加之水深较浅，易于阳光透射，使得光合作用强，初级生产者特别是大型水生植物生物量巨大，能够支持丰富的生物群落，使得湖滨带生物物种数量多，包括大中型鱼类、水禽和水生哺乳动物，它们以浮游动物为食，成为食物网的顶层。湖滨带的丰富食物还吸引了众多陆地哺乳动物和鸟类。敞水区的初级生产者以浮游植物和悬浮藻类为主，其数量大，实际控制了整个湖泊生态系统的营养结构，为其他生物提供食物和溶解氧。浮游动物是初级消费者，它们以浮游植物和藻类为食。浮游动物又成为食肉动物如鱼类的食物。一些捕食鸟类如鱼鹰也在敞水区捕鱼。在泥沙淤积层生活着丰富的动物，包括大型和小型无脊椎动物，如甲壳类动物、昆虫幼卵、软体动物和穴居虫。湖底基质不同，生物多样性也不同。沙质基质营养物少，生物多样性最低；岩石基质可提供丰富的食物和避难所，生物多样性相对最高；淤泥基质营养物虽多，但是生境结构单一，多样性介于以上二者之间。

1.6　水生态系统面临的胁迫

在水生态系统经历的长期演变过程中，受到了来自自然力和人类活动的双重干扰。这种干扰在生态学中称为胁迫（stress）。来自自然界的重大胁迫，包括地壳变化、气候变化、大洪水、地震、火山爆发、山体滑坡、泥石流、飓风、虫灾与疾病等，迫使水生态系统发生重大演变。

近百年人类大规模的经济建设活动，一方面给社会带来了巨大繁荣；另一方面给全球生态系统造成了巨大的破坏。我国近40年的经济发展和建设成就举世瞩目。工业化和城市化的快速发展，加大了水资源的开发利用规模，也促进了水利水电工程建设大规模发展。工业化和城市化的负面后果是对淡水系统造成污染，超量用水挤占了生态环境用水。水利水电工程在发挥供水、防洪、发电的效益同时，也改变了河湖景观格局和自然水文情势。农业发展过程中，农田施用的化肥、农药成了非点污染源。矿业开发污染地下水，同时引起矿区地面塌陷等地质灾害。公路、铁路、油田等基础设施建设，引起水土流失和景观破碎化。

人类活动对水生态系统的胁迫作用，本质上是对水生态系统完整性的破坏，具体体现为对水生态系统完整性五大要素的干扰和压力。这五大要素是：水文情势；物理化学特性；地貌景观；连通性和生物多样性（表1.6-1）。本节就经济建设的主要门类对于五大生态要素的影响进行阐述分析。

表 1.6-1　　　　　　　　　各类经济活动对生态要素的影响

生态要素	水文情势		物理化学特性		地貌景观		连通性		生物多样性	
	河流	湖泊	河流	湖泊	河流	湖泊	河流	湖泊	河流	湖泊
水资源开发利用	●	●			●	●	●	●		
工业化	●	●	●	●					●	●
城市化	●	●	●	●	●	●	●	●		
水利水电工程	●	●			●	●	●	●	●	●
农业渔业	●						●			
矿业			●	●	●					
旅游业			●	●					●	●
生物入侵									●	●

1.6.1　水资源开发利用和水利水电工程

淡水资源是人类社会最重要的资源，是人类社会发展的生命线。人们开发河流湖泊及地下水的淡水资源，用于供水、灌溉、发电、航运、养殖、旅游等多种目的。在古代社会人们逐水而居，人口密度低，主要从事农牧生产，用水量有限，从河流、湖泊和水井中直接取水就足以满足饮用、灌溉和畜牧的需求。近百年来，全球人口急剧增长，工业发展和城市化进程加快，对于水资源的需求成倍增长，从河流、湖泊中直接取水已经无法满足社会经济需求，对于水资源的人工调控，就成了人们的必然选择。对于水资源调控的工程手段主要有两种，一是建设大坝，通过水库蓄水，主要解决水资源丰枯不均的时间分布问题，多功能水库还具有调蓄洪水、防洪减灾和水力发电等功能。水力发电是一种可再生的清洁能源。发展水电，对于减少二氧化碳排放，发展低碳经济具有重要意义。二是建设跨流域调水工程，主要解决经济与城市布局和水资源空间分布不一致问题。20 世纪初开始的全球范围大规模的水利水电建设至今已经延续了 100 多年。据统计，全世界已建的水库，每年可以提供 80000 亿 m^3 淡水。截至 2011 年统计，我国已经建成各种规模的水库 98002 座，总库容约 9323 亿 m^3（《第一次全国水利普查公报》）。一方面，这些工程设施的运用大大提高了人们对于水资源的调控能力，有力地支持了工业化和城市化进程，对经济发展和社会进步做出了巨大贡献。另一方面，规模巨大的大坝工程、河流治理工程以及调水工程又极大地改变了水文循环过程和河流湖泊地貌特征，最终结果是对于水生态系统产生程度不同的胁迫效应。

1. 水资源开发利用

我国是水资源相对匮乏的国家，人均水资源占有量为世界平均水平的 31%。30 多年来，随着经济快速发展和城市化进程加快，全国总用水量不断上升。表 1.6-2 摘录了 2000 年、2004 年、2008 年、2011 年和 2013 年 5 年的我国水资源利用概况数据。表 1.6-2 中地表水资源量是指河流、湖泊、冰川等地表水体逐年更新的动态水量，即当地天然河川径流量。地下水资源量是指地下饱和含水层逐年更新的动态水量，即降水和地表水入渗对地下水的补给量。水资源总量是指当地降水形成的地表和地下产水总量，即地表产流量与降水入渗补给地下水量之和。用水量是指各类用水户取用的包括输水损失在内的毛水量之和，按生活、工业、农业和生态环境四大类用户统计，不包括海水直接利用量。生态环境补水仅包括人为措施供给的城镇环境用水和部分河湖、湿地补水。用水消耗量指在输水、用水过程中，通过蒸腾蒸发、土壤吸收、产品吸附、居民和牲畜饮用等多种途径消耗掉，而不能回归到地表水体和地下含水层的水量。

表 1.6-2 数据显示，自 2000—2013 年的 13 年间，年降雨量虽有波动，但总体看，年降雨量围绕多年平均值波动，水资源总量大体稳定。与此对照，全国总用水量总体呈缓慢上升趋势。表 1.6-2 数据显示，从 2000—2013 年的 13 年间，全国总用水量增长 12.5%，平均年增长 0.95%，净增量 685 亿 m^3。形象地说，2013 年全国年总用水量比 2000 年的增加值，相当于南水北调中线年调水量的 7.2 倍。从主要用水户变化分析，由于工业化和城市化进程加快，生活和工业用水呈持续增加态势，而农业用水则受气候和实际灌溉面积的影响呈上下波动、总体为缓降趋势。生活和工业用水占总用水量的比例逐年增加。由于大力推广节水灌溉技术，农业用水占总用水量的比例则有所减少。

随着对水资源的大规模开发利用，用水量节节攀升，使得生态用水不断被挤占，出现人类社会用水与生态用水的竞争态势。特别是在一些水资源严重短缺而经济活动又十分活跃的地区，人与生态系统争水的现象更加突出。例如我国黄淮海和辽河流域，近 20 年来，海河流域年径流量减少 41%，黄河、淮河、辽河流域年径流量分别减少 15%、15%、9%。黄淮海流域人均水资源占有量远低于世界平均水平，而开发利用程度远超出水资源

表 1.6－2　　　　　　　　　全 国 水 资 源 概 况

年份	降水量		水资源量/亿 m³			用　水　量					用水消耗	
	降水量/mm	折合降水总量/亿 m³	水资源总量	地表水资源量	地下水资源量	总用水量/亿 m³	生活用水/%	工业用水/%	农业用水/%	生态环境补水/%	用水消耗总量/亿 m³	耗水率/%
2000	633	60092	27701	26562		5498	10.5	20.7	68.8		3012	55
2004	601	56876	24130	23126	7436	5548	11.7	22.2	64.6	1.5	3001	54
2008	654	62000	27434	26377	8122	5910	12.3	23.7	62.0	2.0	3110	53
2011	582	55132	23256	22213	7214	6107	12.9	23.9	61.3	1.9	3201	52
2013	662	62674	27957	26839	8081	6183	12.1	22.8	63.4	1.7	3263	53

注　数据来源：《全国水资源公报》。《公报》中涉及的全国性数据，均未包括香港、澳门特别行政区和台湾省。

承载能力。海河、黄河和淮河水资源的开发程度分别达到 100%、76%、53%。由于生产和生活用水逐年提高，河川径流中留给生态系统的水量越来越少，环境水流（environmental flow）难以保障。

2013 年全国水资源数据显示，全国用水总量与全国供水总量相一致。全国总供水量 6183.4 亿 m³ 中，地表水源供水量占 81.0%；地下水源供水量占 18.2%。在地表水源供水量中，蓄水工程占 31.6%，引水工程占 32.6%，提水工程占 32.2%。这组数据表明，我国各类用水都是依靠水利设施获取，蓄水、引水、提水各占约 1/3。所谓蓄水就是通过水库进行径流调节，人工径流调节不可避免地改变了自然水文情势。无论是蓄水径流调节还是大型引水，都改变了自然水文情势，进而对水生态系统的结构、功能和过程都会产生不同程度的影响。

2. 大坝工程

河流被大坝阻拦，在大坝上游形成水库，水库按其功能目标实行人工调度。水库改变了地貌景观格局；人工径流调节改变了自然水文情势，使大坝上游和下游的栖息地条件均发生改变。进而言之，大坝不仅使水流受阻，使水流连续性中断，而且使河流本来连续的物质流、能量流、物种流和信息流中断，使河流出现顺水流方向非连续性特征。大坝水库的生态影响表现在水文情势、河流地貌形态、连通性、水体物理化学特性、生物组成和相互作用 5 个方面。

（1）水文情势。大坝运行期间，水库调度服从于防洪兴利要求，使径流过程趋于均一化，即年内流量过程线趋于平缓。在汛期水库调节洪峰，洪水下泄时间推迟，洪峰发生时机延后，洪水脉冲过程削弱。

图 1.6－1（a）和（b）分别显示了长江三峡水库和尼罗河阿斯旺水库调度对大坝下游河流水文过程的改变。三峡水库为季调节水库，其对水文过程的改变主要体现在降低了洪峰流量，略微增加了枯水期的流量，汛后水库蓄水期的流量有所减少，经三峡水库调度后，坝下河流的年内丰枯变化过程还非常明显；而阿斯旺水库为多年调节水库，经水库调节后下泄流量过程的均一化趋势十分显著，从年内流量过程线上几乎看不出洪水期的自然洪峰过程和枯水期的低流量过程。由此可见，水库调度对水文过程的改变与水库的调节类型（根据库容系数划分）密切相关，水库调节能力越强，对水文过程的改变越大。表

1.6-3总结了不同调节类型的水库对水文过程的改变。

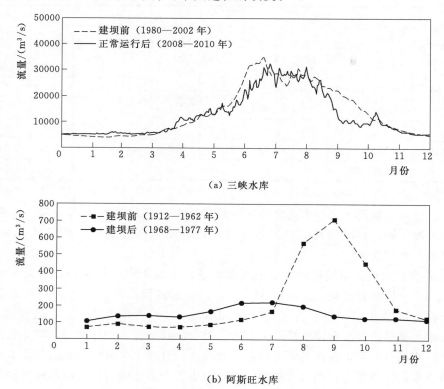

（a）三峡水库

（b）阿斯旺水库

图1.6-1　典型水库调度对自然水文过程的改变

表1.6-3　　　　　　　**不同调节类型水库对水文过程的改变**

水库类型	对河流水文过程的改变
日调节水库	下游流量和水位的日内变化频繁；水库水位发生一定的日波动
周调节水库	周内水文过程锯齿化或均一化；涨落水速率发生变化
季调节水库	洪峰削减；枯水期流量增加；水库蓄水期流量减少； 极大、极小流量发生时间推移；涨落水速率和次数改变
年调节水库及 多年调节水库	洪峰过程平坦化；低流量大小增加；年水文过程趋向均一化；洪水脉冲、高流量和低流量事件 的发生时间、持续时间、频率和变化率可能均发生改变

　　水文情势的变化改变了河流生物群落的生长条件和规律。洪水的发生时机和持续时间，对于鱼类产卵至关重要，实际上，洪水脉冲是一些鱼类产卵的信号。产卵的规模和与涨水过程的流量增量及洪水持续时间有关。一些具有江湖洄游习性的鱼类或者在干流与支流间洄游鱼类，在洪水期进入湖泊或支流，随洪水消退回干流。比如三峡水库的削峰作用，会直接影响青鱼、草鱼、鲢鱼、鳙鱼等四大家鱼的产卵期，可能导致其生物量下降。此外，水文过程均一化还会引起河漫滩植被退化，水禽鸟类丰度降低。一些靠洪水生长的滨河带植物死亡，而一些靠河流丰枯变化抑制的有害生物得以生长繁殖。

　　大型水库的径流调节对河口咸水入侵也会产生影响。潮汐是咸水入侵的动力，潮汐越大咸水入侵的强度越大；而入海径流量则起抑制咸水入侵作用。三峡水库 10 月（有时包括 11 月）要从水位 145.00m 蓄水至 175.00m，蓄水量 221.5 亿 m^3，相当于减少了月平均下泄流量 8400m^3/s，如果发生在枯水年，将会加大长江口咸潮入侵的风险（钮新强，2006）。

（2）河流地貌形态。水库蓄水后，极大改变了河流景观格局。库区内原有山地及丘陵生境破碎化、片断化，陆生动物被迫迁徙，洄游鱼类受阻。

在库区，由于流速减缓，泥沙颗粒在水库底部淤积。水库淤积不但会减少水库蓄水能力，缩短水库使用寿命，而且不断改变水下地形。除了泥沙以外，大坝还拦截营养物和上游漂流下来的木质残体，滞留在库区，引起生态阻滞。所谓"生态阻滞"是指水体在水库滞留时间过长，一些物质如泥沙、营养物的输入量大于输出量，其滞留量超出生态系统自我调节能力，由此导致泥沙淤积、化学污染物聚集以及富营养化。水库蓄水后，还会产生库区诱发地震、山体滑坡和坍岸等地质灾害。

在水库下游，因大部分泥沙在水库淤积，使得下泄水流挟沙能力增强，加剧了对下游河床和岸坡的冲刷侵蚀，引起岸坡崩塌失稳，长期作用会加剧河势变化。由于河床高程降低，会改变通江湖泊的河湖关系，特别是改变河湖之间水体置换关系，水体更容易从湖泊注入河流，引起湖泊容积减少，面积萎缩，对湖滨带栖息地造成影响。

（3）连通性。河流的连通性不仅是地貌学和水文学意义上的连通性，同时也是营养物输移的连续性。水流作为营养物的载体，把营养物向下游输送，进行交换、扩散、转化、积累和释放。沿河的水生与陆生生物随之生存繁衍，相应形成了上中下游多样的生物群落，包括连续的水陆交错带的植被，自河口至上游洄游的鱼类以及沿河连续分布的水禽和两栖动物。河流被大坝阻断，河流的纵向连通性受到很大程度上的破坏。不但水流受阻，而且泥沙、营养物、木质残体等大多拦蓄在库区，不能输移到水库下游。大坝建设后连通性破坏最直观的现象是不设鱼道的大坝，成为洄游鱼类致命的屏障。

在水库下游，由于人工径流调节，使得下泄水流的洪水脉冲作用削弱，洪水向河漫滩侧向漫溢的机会减少，削弱了河流侧向连通性。其结果是由洪水带来的丰富营养物无法侧向扩散，直接影响水陆交错带的栖息地质量和数量。

（4）水体物理化学特征。水深较大的水库夏季明显出现温度分层现象。由于大坝的各种泄水孔口和引水孔口在坝体内布置在不同的高程上，比如表孔、中孔、底孔以及水轮机引水压力管道的进水口都分别布置在不同高程。靠人工调度泄水时，开启不同高程的孔口闸门，对应不同的温度层，下泄水温会有较大差异。对于下游的物种，特别是鱼类生长繁殖可能产生不同程度的影响。比如三峡水库泄水运行期过程中，每年 4 月底至 5 月初，由于水库水温分层，下泄水流较天然水温低，会使四大家鱼的产卵期推迟 20d 左右。另外，汛期自坝体孔洞和溢洪道泄流时，产生溶解气体过饱和现象，造成鱼类患气泡病。

水库蓄水后，水库回水影响区水流流速降低，曝气不足，扩散能力减弱，库区近岸水域和库湾水体纳污能力下降，促使藻类在水库表层大量繁殖，可能导致库区近岸水域和库湾水体富营养化。由于注入水库的支流和沟汊受到水库高水位的顶托，水体流动受阻，支流或河汊携带较高浓度污染物，就会在库区支流交汇和沟汊部位产生水华现象。

（5）生物组成和相互作用。筑坝蓄水后，流动的河流变成相对静水人工湖，激流生态系统（lotic ecosystem）逐渐演变为静水生态系统（lentic ecosystem）。激流鱼类逐渐被静水鱼类所代替，原有河岸带植物被淹没，代之以库区水生生物群落。在这个过程中，会引起流域范围的摄食级联效应，也会给外来入侵物种提供生长繁殖的机会。具体表现为：①洄游鱼类灭绝或濒危；②水库淹没区特有陆生或水生生物灭绝或濒危；③依赖洪水生境的类群丰度降低；④静水类群和非本地类群增加。

另外，在水体浊度较低又受到污染的水库，其初级生产力较高，导致浮游藻类滋生，外来大型水生植物如水葫芦（凤眼莲）也容易在水库繁殖。这些植物死亡后的分解过程，又会消耗氧气造成水体缺氧。

3. 治河工程

洪涝灾害是我国最为频繁、造成损失最为严重的自然灾害。新中国成立以来，我国防洪减灾事业成绩斐然。我国七大流域已经基本建成了以水库、堤防、蓄滞洪区或分洪河道为主体的防洪工程体系。截至 2011 年统计，我国建设堤防总长度 413679km，其中 5 级及以上已建堤防总长 267532km（《第一次全国水利普查公报》）。防洪工程在保障人民生命财产安全和社会稳定方面贡献巨大。

治河工程包括河道整治工程和堤防工程。传统的治河工程以防洪减灾为主要目标，但是在不同程度上忽视了水生态保护，从而对水生态系统形成了干扰。

（1）河道整治工程。河道整治工程是通过河道疏浚和改造，确保行洪通畅。河道整治工程包括河道顺直改造、断面形状规则化和岸坡防护硬质化。在河流平面形态上，通过裁弯取直和顺直化改造，把蜿蜒型河道改造成直线或折线型河道。在河流横断面上，把形状多样的河道断面改造成梯形或矩形等几何规则断面。为防止冲刷坍岸和降低水力糙率，在岸坡采取混凝土或干砌块石不透水护坡。通过这样的整治工程，具有较高空间异质性的自然河流变成了渠道化的河流。图 1.6-2 为蜿蜒型河流渠道化前后对比。蜿蜒型河道的基本特征是深潭-浅滩序列交错格局（见 1.5.2 节）。深潭流速低，营养物丰富，鱼类有遮蔽物，鱼类生物量高。浅滩流速较快又多湍流，溶解氧高，常成为鱼类产卵场和贝类及其他小型动物的庇护所。蜿蜒型河道的遮阴条件好，水温适宜。如果实施了裁弯取直改造，深潭-浅滩序列消失，地貌空间异质性明显下降，生境条件变得单调化。具体表现为顺直河道缺乏营养物的储存场所，水流平顺，流速分布沿河单一。几何形状规则的河道断面，缺乏合适的遮阴条件及鱼类隐蔽物，水温日内波动幅度大。总之，渠道化的河流栖息地数量减少，鱼类物种多样性（species diversity）下降。另外，岸坡采取混凝土或干砌块石不透水护坡，其负面效应是截断了地表水与地下水的交换通道，使河流垂向连通性受阻（见 1.5.3 节）。其结果一是妨碍了地下水补给；二是造成土壤动物和底栖动物丰度降低。

（2）堤防工程。自 20 世纪 50 年代以来，我国堤防加固、改造工程从未间断，现存的堤防是几十年不断加固改造的历史产物。在这个漫长的过程中，河流的自然属性不断被削弱，人工化倾向不断强化，堤防的生态负面影响逐渐显现。图 1.6-3 形象地表示了 20 世纪 50 年代和 21 世纪初期堤防改造工程前后的对比。20 世纪 50 年代，堤距一般比较宽，所谓堤距是指左右岸堤防的间距，保留的河漫滩宽阔，河道主槽呈宽浅型，主槽外分布有小型湖泊或湿地，河道中间有江心洲。河漫滩植被茂密，栖息地质量良好，河道植被具有

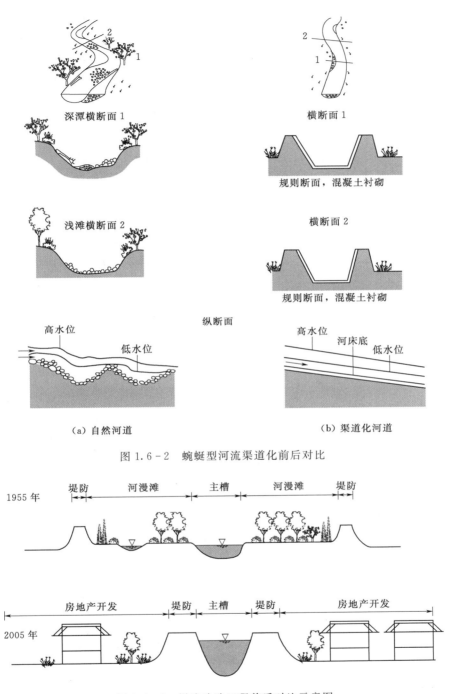

（a）自然河道　　　　　　　　（b）渠道化河道

图 1.6-2　蜿蜒型河流渠道化前后对比

图 1.6-3　堤防改造工程前后对比示意图

遮阴效果，水温变化率较低，适宜水生动物生长繁殖。到 21 世纪初，堤防经过多年改造，
形成了新的格局。首先是堤距缩短，河漫滩大部分被挤占。河漫滩被改造为农田，同时修
建道路、开发房地产及建设旅游设施。河漫滩被挤占的结果，一方面，削弱了河漫滩的滞

洪功能，增大了洪水风险；另一方面，堤距缩窄也限制了河流侧向连通性，从而削弱了洪水脉冲的生态过程（见 1.5.3 节）。一旦河流被约束在两条缩窄河道的堤防内，就失去了汛期洪水侧向漫溢的机会，使河漫滩本地大型水生植物成活率下降，鱼类失去产卵场和避难所，给外来物种入侵以可乘之机。另外，堤防迎水面采用混凝土或浆砌块石等不透水砌护结构，限制了河流垂向连通性，阻隔了地表水与地下水的交换通道，同时也使土壤动物和底栖动物受损。

4. 跨流域调水工程

跨流域调水工程的目标是解决社会经济及人口布局与水资源地域分布之间的空间不匹配问题。从世界范围看，20 世纪 40—80 年代是跨流域调水工程建设黄金时期。随着全球大型、超大型工程陆续建成，许多工程的负面影响，包括生态影响和移民等问题日趋凸现，引起社会各界的广泛关注。由于调水工程的建设费用越来越昂贵，加之人们生态保护意识和人权意识不断提高，欧美等发达国家对于新建调水工程多采取慎重态度。20 世纪80 年代后，全球新的调水工程数量明显减少，一些超大型工程计划因备受争议而搁置。

跨流域调水工程的最根本的问题是人为打破了河流水系的自然格局。水文系统是一个复杂系统，各个水文要素之间具有紧密的联系。不同流域间水量的增减，河流水系地表径流的变化，都会影响土壤水储量及地下水补给，也会改变水分蒸发条件和地热条件，造成水文循环条件的变化，并会影响局地气候。水文循环与水生态系统之间存在着特殊的耦合关系。水文循环的变化带来水域生态系统和陆地生态系统的变化，而这些变化可能要经过一个长期的过程才能显现出来。

跨流域调水对于水源区的影响包括：河流、湖泊水文情势以及蒸发、入渗等水文循环状况变化；水质变化；地下水情势变化；泥沙淤积与河流造床过程的变化；河滩淹没历时的减少；水温变化；河流下游河口水文情势和咸淡水平衡变化及海水入侵；河流入海口处的海湾或海洋沿岸水文条件和局地气候变化；河口三角洲湿地和生物多样性变化；水文条件改变引起的水域和陆地生态系统的生物多样性变化；河流廊道植被和湿地的变化。跨流域调水对于受水区的影响包括：水文情势以及蒸发、入渗等水文循环条件变化；地下水情势、水盐平衡变化以及盐渍化状况；水质与水温变化；微气候变化；疾病与病原菌的传播；水域与陆地生态系统生物多样性的变化。跨流域调水对输水运河沿线的影响包括：蒸发变化；土地盐渍化或沼泽化；地下水位变化等。

从国内外大型跨流域调水工程的经验教训看，调水工程生态保护的核心问题是合理地确定调水总量。如果调水工程的调水量占调水区流域的水资源比例适当，受水区用水合理适度，则调水工程能够发挥相当可观的社会经济效益，负面的生态影响可以维持在可以接受的程度。相反，如果违背自然规律，单纯追求经济效益而忽视生态影响，推行超量调水、超量用水的调水计划，其结果会给生态系统造成重大的损害，甚至产生灾难性的后果。例如苏联卡拉库姆运河工程造成了咸海流域严重的生态灾难。联合国环境计划署在一份报告中指出："除了切尔诺贝利外，地球上恐怕再也找不出像咸海流域这样的生态灾难覆盖面如此之广、涉及的人数如此之多的地区。"

对于早年的已建工程，欧美国家多采取补救措施恢复生态功能。如为了缓解中央河谷工程的生态环境负面影响，1992 年美国总统颁布《中央河谷工程改良法案》，对以前的工程授权进行了修正，并将鱼类和野生动物保护、减少工程负面影响以及栖息地修复等，放在与灌溉和生活供水同等重要的位置上；将改善鱼类和野生动物生存环境的目标级别与发电任务等同。另外的重要举措是在长期监测和评估的基础上，采取河流生态修复措施，包括调整调水比例，维持最低环境流量，栖息地修复以及大坝改建等。

1.6.2　工业化和城市化

近 40 年来，我国工业化和城市化的进程加快，伴随而来的生态环境问题日益严重，其中对水生态系统造成的损害更为突出。

城市化改变了土地利用方式，许多优质农田变成了工业区、商业区和住宅区。城市地区人口密集，工业发展，占用了更多的水资源，同时又排放了更多的污染物。扩张式的城市发展模式，导致能源的过度消耗，水污染加剧，交通、排水、供水等基础设施大规模建设，自然河湖被人工化改造，这些都对水生态系统的完整性构成严重威胁。现将对五大生态要素的影响分述如下。

1. 水体物理化学特性

城市地区淡水系统中的污染物来自点污染源和非点污染源。与点污染源相关的污染物通过管道排入水体，主要是工业、污水处理厂和雨水排水系统排出的污水。工业是河湖系统的主要点污染源，各种工业门类中造纸、化工、钢铁、电力、食品、采掘、纺织等 7 个行业的废水排放量最高，占全国总量的 4/5。工业带来的大气污染（煤电厂、钢铁厂、造纸厂以及机动车辆排放）以雨、雪、雾的形式回到地表，进入河湖水系，也给水生态系统造成影响。非点污染源包括园林和草坪施用的化肥及农药、无污水收集设施的居民区和商业区，建筑工地等。

工业排放，特别是工业冷却水排放到受纳水体中，使水体温度升高，形成热污染。城市暴雨径流通过不透水地面铺设，其水温远高出草地和农田上的水体温度。水温影响栖息地有效性，也影响水体溶解氧水平和 pH 值等化学因素。

2. 水文情势

近 30 年来，我国工业化和城市化进程加快，生活和工业用水总量呈持续增加态势，而且生活和工业用水占总用水量的比例也逐年增加。在一些城市地区，由于高强度开发地表水，造成地表水资源匮乏，于是人们开始大规模开采地下水，导致地下水开采区浅层地下水储量逐年下降。数据显示，北方平原地下水开采区浅层地下水储量累积呈现连续下降趋势。与 1980 年比较，2011 年河北、北京、吉林、陕西和山东的平原区浅层地下水储存变量累积分别减少 721 亿 m^3、91 亿 m^3、38 亿 m^3、33 亿 m^3 和 29 亿 m^3。超采地下水导致出现大范围的地下水位降落漏斗。2011 年，20 个省级行政区对地下水位降落漏斗进行了不完全调查，共统计漏斗 70 个，包括 36 个浅层（潜水）漏斗、34 个深层（承压水）漏斗，年末总面积 6.5 万 km^2。突出的案例是河南安阳—鹤壁—濮阳浅层漏斗面积达 6660km^2。天津的第Ⅲ含水组深层漏斗面积达 7145km^2，深度超过 100m。围绕城市群地下水位降落漏斗，对城市地区地层稳定性是一种潜在的威胁，会导致地面沉降，建筑物破坏。沿海城市还会导致咸水入侵。

3. 连通性

不透水地面铺设造成城市水系垂向连通性受阻。城市地区建筑物屋顶、道路、停车

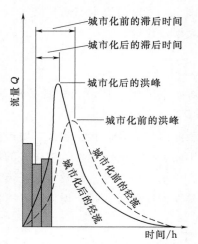

图 1.6-4　城市化前后降雨-径流对比

场、广场均被不透水的沥青或混凝土材料所覆盖，改变了水文循环的下垫面性质，造成城市地区水文情势变化。暴雨期间，雨水入渗量和填洼量明显减少，并且迅速形成地表径流。与城市化前相比，降雨后形成流量峰值的滞后时间缩短，流量峰值提高（图1.6-4）。有研究表明，当地面硬化率达 75% 以上时，与硬化率 10% 的下垫面比较，地表径流量约增长 5 倍。地表径流量的增加，会形成城市内涝灾害，且增大了洪水风险。同时地下水补给减少，进一步加剧了地下水位下降的趋势。

4. 河湖地貌形态特征

自 20 世纪 50 年代以来，我国城市地区的河湖治理经历了几个阶段。各个阶段虽表现形式各异，实质内容却相同，就是自然河湖的人工化。20 世纪 50—70 年代为利用土地建设，大量的城市河湖被覆盖，变成暗河或地下排污涵管，保留的河道不少演变成排污沟道。80 年代实行"渠道化"，对河流进行了渠道化改造，包括裁弯取直，采用不透水护坡材料，几何规则形状河道断面。90 年代以来实施"园林化"。一些城市为提升土地价值或开发旅游资源，以生态环境建设为名，行河湖园林化之实，进行了新一轮的城市河道人工化改造。内容包括沿河修建密集的楼台亭阁、码头驳岸，侵占河漫滩修建旅游、餐饮服务设施，进一步加剧了河湖的人工化和商业化。河湖园林化不但恶化了河湖栖息地条件，而且破坏了自然河湖的美学价值。北方一些缺水城市，不顾水资源自然禀赋，盲目扩大城市水面，增加了蒸发耗水，造成浪费。为扩大水面沿河建设的单级或多级橡胶坝，也会产生负面影响。这是由于水体阻滞，曝气能力降低，如果又有污水汇入，夏季藻类发展迅速，容易出现富营养化。此外，橡胶坝还阻碍鱼类洄游。

5. 生物

导致城市环境下的水生生物群落结构变化主要有四方面外界因素：一是水污染；二是溶解氧下降；三是水温升高；四是河湖地貌形态单调化。

有毒有机化学物引起动物和人类中毒。镉、汞、铅、铬、锌、砷等元素，在水体中浓度达到一定量值，对各类水生生物都具毒性。有毒污染物对水生动物的影响包括出生畸形、病变、过度生长等。最先受到污染和化学毒素影响的是一些敏感物种，但是当污染物达到极限水平时，所有生物都会受到威胁。淡水贝类对营养物过量和溶解氧响应敏感，它的组织会累积毒素，所以贝类可以用于监测水质。如果溶解氧降低到极限水平，或者有毒污染物达到致命剂量时，会导致鱼类和贝类大量死亡。河湖水温变化对于所有水生生物的初级生产力、呼吸、营养循环、生长率、新陈代谢等生态过程都具有重要影响。水温升高将提高整个食物链的代谢和繁殖率，其负面效应是溶解氧下降，有毒化合物增加，耗氧污染物危害加剧。城市地区河段的人工化改造，降低了河道和河漫滩的空间异质性，使得栖

息地数量减少，有效性下降。

1.6.3 农业与渔业

我国是灌溉大国，粮食生产主要依靠灌溉农业。在我国各类用水户中，农业生产用水占全国总用水量的 64% 左右，是第一大用水户（《全国水资源公报 2013》）。灌溉用水通过农田后，一部分回水返回河湖系统，大部分通过蒸散发进入大气，成为净耗水。返回河湖系统的水体挟带污染物、合成有机化合物、动物排泄物等进入水生态系统，成为主要非点污染源。渔业过度捕捞造成一部分淡水鱼类灭绝。集约化的水产养殖，由于饲料残饵和养殖用药，造成湖泊和水库污染。水产养殖中引进和放养物种，引起外来物种入侵，也给本地鱼类带来疾病。畜禽养殖产生的动物排泄物在暴雨期间随地表径流进入河流、湖泊和水库，造成水体污染。为扩大耕地面积，采取围湖造田、侵占河漫滩和湿地进行农业开发，导致湖泊萎缩，河漫滩变窄，损失大量栖息地。

1. 水体物理化学特性

因农业生产进入水生态系统的主要化学物质有化肥和农药，因畜禽养殖生产进入水生态系统的主要是动物粪便、农药和荷尔蒙。污染物可以具体分为以下类型：

（1）营养物。农业生产施用的氮肥包括碳酸氢铵、尿素等，磷肥包括普通过磷酸钙、钙镁磷肥等，钾肥包括氯化钾、硫酸钾等。当前更多施用复混肥料。在实际生产过程中，施用的化肥一般都超过农作物需要限度。剩余营养物残留在土壤中，通过渗透进入水生态系统。营养物过剩加速富营养化过程，导致藻类大量繁殖以及以分解藻类为生的细菌爆发式增长，危害整个水生态系统。

（2）可生物降解有机物。畜禽养殖产生的动物排泄物在暴雨期间通过地表径流进入河流、湖泊和水库，会产生生物化学分解作用，大量消耗水中的溶解氧。畜禽粪便的生化需氧量比人类排泄物高出 $100\sim200$ 倍，而当生化需氧量超过 $10mg/L$ 时，则认为水体已遭破坏。另外，可生物降解有机物还包括动物尸体、农作物收割后秸秆等废弃物。

（3）重金属。化肥和农药中含有的锌、铜、铬、铅以及汞等金属。过多的重金属堆积在土壤中，最终通过地表径流和土壤渗透进入水生态系统。

（4）合成有机化合物。合成有机化合物虽然含量低，但是对于水生态系统完整性危害最大。大部分合成有机化合物来自农药。研究发现，一些合成有机化合物与新生儿生理缺陷、身体畸形、免疫系统缺陷和生殖障碍等问题有关。

2. 连通性

为农业开发目的，实施围湖造田或者为防洪目的建设节制闸，都造成了江湖阻隔。历史上，长江中下游地区的大多数湖泊均与长江相通，能够自由与长江保持水体交换，称为"通江湖泊"。江湖连通，形成长江中下游独特的江湖复合生态系统。20 世纪 50 年代以后，为扩大耕地，通过建闸和筑堤等工程措施，将湖泊与河流的水文联系控制或切断，以达到围湖造田的目的。20 世纪 80 年代后的围网养殖，也通过工程措施稳定湖泊水位。经过几十年的工程改造，原有 100 多个通江湖泊目前只剩下洞庭湖、鄱阳湖和石臼湖等个别湖泊还属通江湖泊。河湖阻隔导致湖泊面积萎缩，湿地退化。据统计，由于长江通江湖泊减少，长江中游地区湖泊总面积萎缩率超过 30%（杨桂山，等，2007）。中华人民共和国成立初期，湖北省有大小湖泊 1066 个，故誉为"千湖之省"。经过多年的建闸、筑堤、围垦，目前 1km² 以上湖泊只剩下 181 个，江汉湖群的面积由 8303km² 下降到 3210km²，减少了 61.3%。河湖阻隔后，水生动物迁徙受阻，产卵场、育肥场和索饵场消失，河湖洄游型鱼类物种多样性明显降低，湖泊定居型鱼类所占比例增加。但两种类型的鱼类总产量都呈下降趋势。河湖阻隔使湖泊成为封闭水体，水体置换缓慢，使多种湿地萎缩。加之上游污水排放和湖区大规模围网养殖污染，湖泊水质恶化，呈现富营养化趋势。

3. 生物

农业区施用的化肥通过农田径流注入河湖，给水体带来氮和磷，促使有害藻类和大型植物大量繁殖，其结果是减少了阳光辐照度，同时消耗氧气，改变了食物网结构，严重可导致鱼类死亡。蓝藻繁殖时，可释放出神经毒素和肝毒素，对人和牲畜都具有很强的毒性。河湖的过度捕捞使生物资源大幅衰退，不但鱼类捕获量减少，种类也明显下降，造成珍稀、特有物种面临濒危风险。在生物入侵方面，由于商业动机不恰当引进的物种，对低营养级产生强烈影响，造成土著物种消失，进而影响整个水生态系统结构。如克氏原螯虾（小龙虾）、福寿螺和白玉蜗牛等已经造成对水生态系统的危害。原产南美洲的凤眼莲（水葫芦）自 20 世纪初作为观赏植物引进我国。这种植物繁殖迅速，在其生活水面遮挡阳光，导致水下生物缺少光照死亡，改变了原有食物网结构。其残体腐烂耗氧，造成水体富营养化。同时，凤眼莲堵塞河道，影响水运，妨碍水力发电，成为南方地区严重的生物灾害。

1.6.4　矿业

矿业包括石油和天然气、煤炭、金属和非金属开采，还包括砂石料开采。采矿生产可以在淡水系统中进行，也可以在邻近地区进行。无论矿区所处何种位置，矿业生产对水生态系统的影响是非常严重的。由于开采工艺和提取方法都需要水，无疑对水文条件产生影响。无论采矿用水还是流经矿区的径流都会被污染，污染物包括采矿生产副产品或者采矿生产所需物质。地下开采会造成矿区塌陷，地面沉陷会引起地表水水系紊乱。开矿还会诱发滑坡、泥石流等地质灾害，阻塞河道，造成淤积。

1. 水体化学特性

化学物质来源分两类：一类是在矿物提取和提纯过程中产生的物质，这类物质的释放可能是短期暂时的；另一类是矿区退役后，暴露在大气中的废物堆积分解的化学浸出物，这类物质会造成长期持久影响，如酸性矿山废水。煤炭、金属和砂石开采都会产生酸性矿山废水。这种废水会对附近土壤和水体造成严重污染。它从 pH 值、铁沉淀和重金属这三个方面改变水体化学性质。金属和非金属开采产生的污染物包括铁、锰、铝、镉、铅等金属，也包括硫酸、硝酸盐和悬浮固体。黄金选矿过程中使用的氰化物和汞也会进入淡水系统。石油基化合物经常会污染油田附近的地下水。与采油相关的污染物包括碳氢化合物、重金属、氯化物和泥沙。输油管线或储油罐泄漏或破裂使石油进入地表水，然后污染土壤和地下水。

2. 河湖地貌形态特征

矿区地面沉陷对淡水系统构成严重威胁。据不完全统计，截至 2007 年，全国仅采煤造成的地面沉陷面积已达 63.3 万 hm²。我国东部潜水位较高的区域塌陷地已形成大面积的积水地和沼泽地，淮河流域煤矿塌陷导致水系格局的局部紊乱。中西部原本就很脆弱的生态系统在矿区开发的影响下，因水土流失、水资源枯竭、地下水疏干等问题，沙生植物枯死，植被覆盖率降低，土地风蚀和荒漠化程度加剧，生态环境进一步恶化。在西南部，矿业生产诱使滑坡、泥石流等地质灾害频发。河道采砂改变了河流地貌形态，增加了河流中的悬移质，从而改变了水流模式，使得地貌形态空间异质性下降。

3. 生物

矿区污染和生境改变是影响水生态系统的主要因素。污染可以分为致死性污染和亚致死性污染两类。致死性污染能引起生物个体以至种群死亡。亚致死性污染指个体行为方式、生理和繁殖能力发生变化。当栖息地条件发生变化，已经不适合一些敏感物种生存，其他耐受物种则可以占据敏感物种迁出后留出的空间。物种的更替和消失会引发群落结构和物种相互作用的变化。

尽管大部分金属在水体中含量低，但是对于水生生物仍然具有毒性。黄金开采所使用的汞能够在淡水中长期积蓄和浓缩。一旦生物组织有汞的积蓄，就可以遗传给后代，使后代产生厌食、嗜睡、肌肉运动失调以及视力障碍。淡水系统中发生原油泄漏，可使微生物群落结构发生变化，使优势群落从异养型群落变成自养型群落。原油污染还危害两栖动物、底栖动物、鱼类和哺乳动物。河道中采矿或陆上采矿径流导致水体浑浊，引起初级生产下降。食物减少可对水生生物食物网产生级联效应。不耐泥沙的物种失去下游生境，浅滩被淤积后，会进一步改变鱼类和无脊椎动物群落结构。

第 2 章
河湖生态模型

河湖生态系统结构、功能和过程，一直是水生态系统生态学的研究重点。30 多年来，各国学者提出了若干河湖生态系统结构、功能和过程的概念和模型，试图从河湖生态系统中抽象、概括出若干主要特征，建立非生命系统与生命系统之间的关系，增进对整个生态系统的理解。定量化的生态模型还可以对生态系统的变化进行预测。

2.1 河流生态系统研究框架

河流生态系统是一个复杂、开放、动态、非平衡和非线性系统，人们为认识它的客观规律，就需要遵循一种合理的研究思路，形成一个宏观的研究框架。这种主观设计的研究框架应尽可能接近客观存在（董哲仁，2008、2010）。

首先需要解决时空尺度问题。确定合理的研究尺度才能体现生态系统的完整性原则。本书采用的空间尺度为流域、河流廊道、河段、地貌单元和微栖息地（见 1.1.1 节）。其次，要设定河流生态系统的研究背景，不但要考虑自然系统这个大背景，还要考虑人类活动对于河流生态系统的巨大影响，研究自然力和人类活动双重作用与河流生态系统的正负反馈调节关系。最后，在诸多生态因子中，需要识别对于河流生态系统的结构与功能产生重要影响的生态因子，建立关键生态因子与生态过程相互作用的耦合关系。在设定了尺度、背景、关键生态因子的基础上，发展河流生态系统的科学范式，形成反映系统客观规律的概念和模型。认识自然规律的一个重要目的是为正确处理人与自然的关系提供理论基础。在上述范式、概念和模型的指导下，以人与自然和谐为目标，制定符合自然规律的流域可持续管理战略，研究保护和修复河流生态系统的工程技术。依此思路构建河流生态系统研究的理论框架（图 2.1-1）。

2.1.1 背景系统

河流生态系统的研究，不可能孤立地研究系统本身，需要考察其存在和演进的大背景。除了研究河流生态系统的自然背景，还要研究经济、社会背景。在生态学诞生后的几十年内，生态学家的兴趣一直集中于原始状态的河流，提出的许多概念和模型大多是针对"纯自然"河流。但是近百年来全球经济发展和人口增加导致水资源和水能资源大规模开

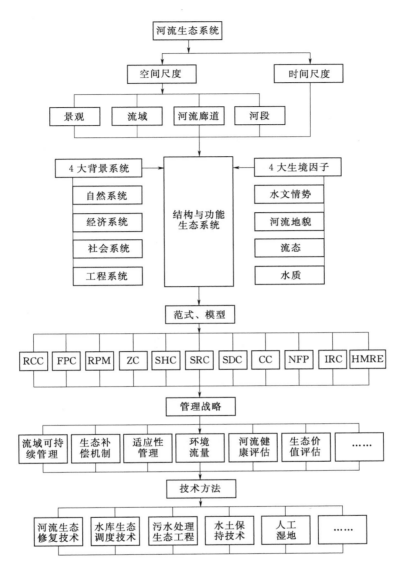

图 2.1-1　河流生态系统研究理论框架

发利用，城市化进程和水环境污染，已经极大地改变了河流的面貌。据统计，全世界大约有 60％的河流经过了人工改造，包括筑坝、筑堤和河道整治等。在我国，除西南和东北边远地区尚有几条未建枢纽工程的大河外，绝大多数的江河都已经不同程度被开发利用。如果继续墨守成规，拘泥于自然河流的研究，将会严重脱离客观现实。实际上，近年来生态学界已经把更多的注意力放在研究自然力和人类活动双重作用下的河流生态系统演变，促进水资源可持续利用和社会可持续发展。鉴于此，研究河流生态系统的大背景应该是：自然系统、经济系统、社会系统和工程系统。

1. 自然系统

水文循环是联系地球水圈、大气圈、岩石圈和生物圈的纽带，是生态系统物质循环的核心，是一切生命运动的基本保障。在太阳能驱动下的气候过程和水文循环推动了生物地球化学过程，为河流提供了丰富的营养物质，形成河流系统的食物网结构。在自然河流经历的数万以至数百万年的演变过程中，承受着多种自然力的作用，表现为各种干扰效应或称为胁迫。由于各种胁迫效应不同，河流演变呈现渐变和突变两种过程。渐变过程是由于地壳变化、气候变化以及土壤侵蚀、泥沙运动与淤积、河床冲蚀所致，引起地貌与河势的渐进变化。而地震、火山爆发、山体大型滑坡、飓风、大洪水等剧烈运动的冲击导致河流发生突变。对于这种突变，河流系统的响应或者恢复到原有状态，或者滑移到另外一种状态寻找新的动态平衡。

2. 经济系统

在庞大的经济系统中涉水的行业和部门繁多，诸如生活与工业供水、农业灌溉、水电、航运、渔业、养殖、林业、矿业、牧业、旅游等。无论哪一个部门对于水资源的过度开发利用，都会对河流生态系统造成胁迫（见 1.6 节）。在生境方面，从水、大气和土地三方面考察，涉及城市化、水体、土地和大气污染、超量取水、毁林、水土流失、荒漠化等诸多方面。在生物方面，因贸易、旅游等原因导致的生物入侵以及鱼类过度捕捞是使土著物种退化的直接原因。至于因温室气体排放导致全球气候变暖对于河流生态系统的影响，是一个大时间尺度复杂科学问题。如果进一步讨论对特定流域的影响，还存在科学认知能力限制及诸多不确定因素，故尚难有定论。但仅从近年全球出现的现象看，极端气象事件对于河流生态系统的胁迫，却是一个现实问题。

3. 社会系统

由于人类经济活动导致的河流生态系统退化，在一个由市场机制主导的经济系统中无法得到正确的反馈信息。企业主以追求利润为目的，缺乏生态保护的内在动力，更无法理智地调节自身的行为，这是由市场经济本质所决定的。由此，保护生态系统的任务就责无旁贷地落到了政府的肩上。人类改造自然河流的威力如此强大，以至一个国家的政治意愿和政策制定，竟成了河流生态系统性命攸关的大事。所以，河流的生态保护和修复，不能不依靠国家立法、水资源管理政策、资金走向以及流域战略规划这些重大社会因素。

4. 工程系统

严格讲，工程系统应归入经济系统。但是，人们为开发利用水资源采用工程手段对河流进行的改造，已经极大地改变了河流的水文情势和河流地貌特征，成为河流生态系统的重要胁迫因素，因此有理由将工程系统单独列出以突出其影响。所谓工程系统涉及水利、水电、航运、灌溉、给水、排水、交通、矿业等工程门类。

2.1.2　生态要素

水生态完整性（aquatic ecosystem integrity）是指水生态要素的完整性，从本质上讲是水生态系统结构与功能的完整性。水生态 5 大要素包括：水文情势、河湖地貌形态、连通性、水体物理化学特性和生物组成及交互作用。各生态要素交互作用，形成了完整的结构和功能。这些生态要素各具特征，对整个水生态系统产生重要影响。上述 5 大生态要素的特点分别是：水文情势时空变异性；河湖地貌形态空间异质性、河湖水系 3D 连通性；适宜生物生存的水体物理化学特性范围以及食物网结构和生物多样性（见 1.5 节）。

5 大生态要素之间相互作用、互为因果。首先，河流的动力学过程，包括泥沙输移、淤积以及侵蚀作用，改变着河流地貌特征。其次，河流地貌特征是水流运动的边界条件，又是河流水系连通性的物理保障。最后，水文条件的年周期丰枯变化，又使水力学条件呈现时间异质性特征，也使河流-河漫滩系统呈现淹没-干燥，动水-静水的空间异质性。栖息地多样性是物种多样性组合的基础。高度异质性的生境，为生物多样性提供了维系和发展的空间。

2.1.3　范式和模型

范式（paradigm）是现代科学哲学中一个很重要的概念。范式是科学群体所共同承认并运用的，由世界观、置信系统（belief system）以及一系列概念、方法和原理组成的体系。也可以理解范式是一种"大理论"，它为科学家提供研究路线和学科思路。在科学发展史中，随着人们对自然界认识的深化，各种科学范式也不断完善和革新。仅就生态学领域来说，传统意义上的以自然均衡理论为基础的平衡范式，逐步被多平衡及非平衡范式所补充或取代。

模型是人们对于客观存在的自然现象的简化或抽象，其目的在于探索规律，进行比较与评估，预测未来状况等。生态学涉及不同的尺度、格局、元素、因子，生态过程，生态系统又具易变性、开放性、非线性等复杂特征，因此生态学模型的发展往往是从概念模型发端，逐步向可以在计算机运算和分析的定量模型发展。

2.1.4　管理战略和技术研发

生态保护的实施取决于决策者的政治意愿。需要在科学范式和概念的指导下，制定正确的管理战略，其目的是维持经济发展、社会公平和生态保护三者的动态平衡。主要手段是通过立法、机制与体制改革，处理好两类关系，第一类是调整人与河流的关系，约束人类自身的行为，包括生态与环境保护立法、国家主体功能区划、生态功能区划、流域综合管理、河流污染控制、河流生态修复规划、环境流量保障、河流健康评估等。第二类是调整因经济发展和生态保护派生出来的人与人的关系，以体现社会公平理念。这包括生态补偿机制、社会公众参与机制以及水资源综合管理等。

水生态保护与修复需要有技术作为支撑。技术研发应遵循生态工程学、恢复生态学原理，具有先进性和实用性。相关技术的应用，应遵循因地制宜和经济合理的原则。近年来开发的河流生态修复技术、生物学污水处理技术以及人工湿地技术等都有长足发展。

2.2　河流生态模型概述

迄今为止，各国学者提出的较有影响的河流生态模型有多种，这些模型基于对不同自然区域内不同类型河流的调查，试图抽象概括河流生态系统生命要素与非生命要素之间的相关关系。多数模型是针对未被干扰的自然河流，少数模型考虑了人类活动因素。各种模型的尺度不同，从流域、景观、河流廊道到河段，其维数从顺河向一维到空间三维加上时间变量的四维。各个模型采用的非生命变量有不同侧重点，大体包括水文学、水力学、河流地貌学变量三类。生态系统结构主要研究水生生物的区域特征和演变、流域内物种多样性、食物网构成和随时间的变化、负反馈调节等。生态系统功能主要考虑了包括鱼类在内的生物群落对各种非生命因子的适应性，在外界环境驱动下的物种流动、物质循环、能量流动、信息流动的方式，生物生产量与栖息地质量的关系等。尽管这些模型各自有其局限性，但是它们提供了从不同角度理解河流生态系统的概念框架。以下简要介绍若干影响较大的模型，其中河流连续体概念和洪水脉冲两个模型影响较广，将做重点叙述。

2.2.1　河流连续体概念

Vannote R L（1980）提出的河流连续体概念（River Continuum Concept，RCC）是河流生态学发展史中试图描述沿整条河流生物群落结构和功能特征的首次尝试，影响深远。RCC 概念是针对北美温带森林覆盖并未被干扰的溪流，强调了河流生物群落的结构和功能与非生命环境的适应性（图 2.2 - 1）。RCC 描述了从源头到河口包括流量、流速、水温、纵坡降等水力因子梯度的连续性。生物群落为适应外界环境的连续变化，也相应沿河形成特有的"生物梯度"。这种生物梯度是可以识别的，表现为一定种类的物种按照上下游的顺序逐渐被其他物种代替。这样河段或整个水系的生物群落就以一种固定的模式相互连接起来。

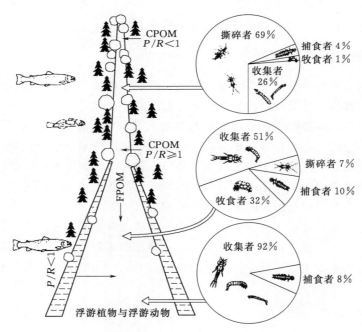

图 2.2 - 1　河流连续体概念示意图

P/R—光合作用率/呼吸作用率；CPOM—粗颗粒有机物，粒径 $d>1mm$；
FPOM—细颗粒有机物，粒径 $d<1mm$

RCC 模型分析了沿河水流和地貌条件变化引起的生产力变化，分析了沿河不同河段光合作用与呼吸作用的比率 P/R 变化（Photosynthesis/Respiration）。RCC 模型认为，溪流上游有森林覆盖，接收了大量木质残枝落叶成为营养物来源，加之因遮阴作用减少了自养生产，这样水生态系统的光合作用与呼吸作用的比率 $P/R<1$，反映上游河段呼吸作用起支配作用。在中游河段，河宽增大，水深较浅，光合作用增强，上游进入水流的木质残枝落叶作用相对减弱，$P/R>1$，说明水生生物能够从太阳能获得用于生长繁殖的净能量。在下游河段水深增加，加之水体浑浊，削弱了光合作用，初级生产明显减少。而上游漂流下来的木质残屑经过碎食者和收集者的加工，已经从粗颗粒有机物（CPOM）变成细颗粒有机物（FPOM），便于食植动物摄食，这导致下游河段 $P/R<1$。

RCC 模型认为，水生生物的不同形态和生理对策是适应不同河段食物构成和营养状况的结果，正是后者决定了水生生物的构成和分布状况。可以按照摄食类型，把水生生物区的无脊椎动物群落分为碎食者、收集者和刮食者（见 1.2.4 节）。碎食者从落叶、细菌和真菌中获得能量。它们在进食过程中进行物理粉碎，产生排泄物颗粒，使得粗颗粒有机物（CPOM）转化为细颗粒有机物（FPOM）。收集者通过收集、滤食、采集等方式，从 FPOM 中取食，其功能是通过进食过程，把 FPOM 变得更细。刮食者专门刮食底质上的藻类。根据不同的营养状况，不同的生物供食功能组占有优势地位。上游 $P/R<1$，以碎食者和刮食者为主；中游 $P/R>1$，以刮食者和收集者为主；下游 $P/R<1$，以收集者为主。鱼类群落沿河上中下游也显示出特有的顺序。上游鱼类种类较少，以冷水性鱼类群落为主，主要摄食以无脊椎动物为食的鱼类。中游以温水性的鱼类群落为主，其食物是以无脊椎动物为食的鱼类和食鱼的鱼类。下游河段鱼类群落的食物主要是以浮游生物为食的鱼类。综上所述，RCC 模型的意义在于提供了一种未被干扰的溪流参照体系，指出了河流顺河方向水力连续性和生物组分分布连续性的相关性。

RCC 模型问世后，一些河流的观察资料验证了这个理论，但是也有一些河流观测资料并不遵循这个理论，说明 RCC 模型的适用性还受到气候、地貌、水质、局地特征以及支流情况等多种因素限制。一些学者质疑 RCC，认为这个概念只强调了沿河流流向的河流特征，而忽视了沿河流侧向及沿河流垂向的生态过程。侧向的水文过程反映了洪水漫溢引起活跃的物质循环和能量传递关系。而水体的垂向运动反映地表水与地下水的交换过程，影响沿垂向的河底生物区的生态过程。另外，也有文章质疑 RCC 对于河流上下游的区域划分过于简单，认为应该更细致地划分生态区，比如纵向划分深潭-浅滩序列；沿侧向划分滨河带、水陆交错带等；沿垂向划分开敞水面区、河底生物区和深水区（profundal zone）。不同的生态区的生态功能应该有所区别。例如在河底生物区，可以认为光合作用与呼吸作用相比最小，而在无遮蔽清澈河流的开敞水面区，白天的光合作用要远远超过呼吸作用。也有文章认为 RCC 针对的未受人类活动干扰的河流，实际上，这样的"原始"的河流几乎不存在了。其后，为弥补 RCC 模型的局限性，进一步考虑了汛期洪水向河漫滩侧向漫溢所引起的生态过程，并且考虑了河流生态系统的时间特征。这包括 Ward 等（1989）将连续体概念进一步发展为具有纵向、横向、竖向和时间尺度的河流 4D 连续体；Junk 提出了洪水脉冲理论等。

2.2.2　洪水脉冲概念

Junk 基于在亚马孙河和密西西比河的长期观测和数据积累，于 1989 年提出了洪水脉冲概念（Flood Pulse Concept，FPC）。Junk 认为，洪水脉冲是河流-洪水滩区系统生物生存、生产力和交互作用的主要驱动力。如果说河流连续体概念重点描述顺河方向的生态过程，那么，洪水脉冲概念则更关注洪水期水体侧向漫溢到河漫滩产生的营养物质循环和能量传递的生态过程，同时还关注水文情势特别是水位涨落过程对于生物过程的影响。因此可以说，洪水脉冲概念是对河流连续体概念的补充和发展。

河漫滩是指与河道相邻的条带形平缓地面，其范围是洪水达到和超过漫滩流量侧向漫溢时水体覆盖的区域。河漫滩的地貌单元包括湖泊、水塘、沼泽、湿地和滩涂等。在生态学中河漫滩属于群落交错带（ecotone）（见 1.1.3 节）。河漫滩生物群落既具有滩区自身特征又兼有相邻的河流生物群落特征 ［图 2.2 - 2 （a）］。生物群落对于洪水脉冲的响应在很大程度上决定了滩区的生态系统结构。

1. 洪水脉冲的生态过程

在河流-河漫滩系统中，洪水上涨期间，河道的功能是水体、溶解物质和悬浮物质的输移通道，初级和次级生产过程主要发生在滩区。水位回落期间，河流又成了水生生物的避难所和种子散播通道。

（1）在枯水季节，主槽 A 水位为 h_1，在水位高程以上主要是沿岸陆生生物群落 L_1，主槽中生存着敞水区生物群落 O_1 和深水区生物群落 P_1。在 B 处存在着一个孤立的水塘属于静水区 ［图 2.2 - 2 （b）］。在我国南方地区，在河漫滩分布的静止水体如小型湖泊、池塘和洼地，生长着茂盛的水生植物，在水面以上枝叶光合作用强烈，其水下根部和有机腐烂物消耗大量溶解氧。这些因素导致这类静止水体经常处于缺氧状态，不利鱼类生长。

（2）汛期到来，水位上涨到漫滩水位 h_2，水体开始从主槽向滩区漫溢，在河流水体中以溶解或悬浮形式出现的有机物、无机物等物质 N_2 随水体涌入滩区。水塘 B 与河流连成一体成为动水区，参与物质交换和能量传输；沿岸陆生生物群落 L_2 向高程更高的陆地发展或者对淹没产生适应性；敞水区生物群落 O_2 有所发展，鱼类进入滩区 ［图 2.2 - 2 （c）］。

（3）当主槽达到洪峰水位 h_3 时，河水漫溢范围最大。敞水区生物群落 O_3 进一步扩大，深水区生物群落 P_3 发展到水塘 B。陆地栖息地被洪水淹没，大量生物残枝败叶发生腐烂和聚积；陆生生物或迁徙到未淹没地区，或对洪水产生适应性；水生生物或适应淹没环境，或迁徙到滩地；由于营养物质增加和生物物种变化，滩区的食物网结构重组；主河床与滩区水体之间光热及化学的异质性格局依时发生重组，此时初级生产量达到最大 ［图 2.2 - 2 （d）］。

（4）当水位回落，水体回归主槽，滩区水体携带陆生生物腐殖质（humus）H_4 进入河流主槽；水陆转换区的水位回落至干燥状态，遂被陆生生物所占领；鱼类向主槽洄游；大量的水鸟产生的营养物质搁浅并且汇集成为陆生生物的食物网组成部分；水生生物或者向相对持久的水塘、湿地迁徙，或者适应周期性的干旱条件；水塘 B 和湿地这些相对持久性的水体与河流主流逐渐隔离，发展为一种具有特殊物理、化学特征的生物栖息地 ［图 2.2 - 2 （e）］。

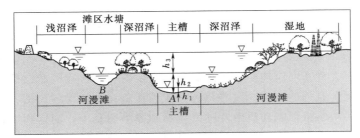

(a) 河流-河漫滩横断面

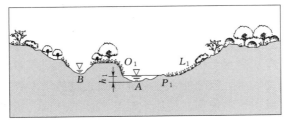

(b) 枯水位 h_1

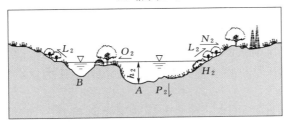

(c) 漫滩水位 h_2

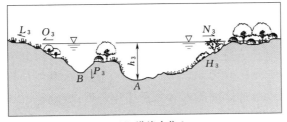

(d) 洪峰水位 h_3

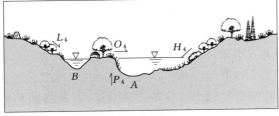

(e) 退水过程

图 2.2-2　洪水脉冲生态过程示意图

（注：竖向比例尺大于横向比例尺）

h_1—枯水水位；h_2—漫滩水位；h_3—洪峰水位；L—陆生生物群落；O—开放水面区生物群落；

P—深水区生物群落；N—河流营养物质；H—淹没陆生生物腐烂物质

2. 洪水脉冲的生态功能

（1）河流-滩区系统是有机物的高效利用系统。洪水脉冲把河流与滩区动态地联结起来，形成了河流-滩区系统有机物的高效利用系统，促进水生物种与陆生物种间的能量交换和物质循环，完善食物网结构，促进鱼类等生物量的提高。滩区淹没植物的茎叶、果实和种子是食植和杂食鱼类的食物；这些鱼类又成为食鱼物种如鹭鸶、鹳、苍鹭、水獭等动物的食物。淹没的植物根茎和残枝败叶被微生物和藻类所利用，而这些生物又成为小型鱼类或幼鱼的食物。洪水期迅速生长的昆虫也可成为某些鱼类的食物。在洪水回落后，滩区植物的生长仍然依靠洪水携带的营养物质和水生植物的分解物维持。

（2）洪水脉冲提高了河流-漫滩系统的动态连通性。其形成的河流-滩区系统是一种具有高度空间异质性的动态系统。在高水位下，滩区中的洼地、水塘和湖泊由水体储存系统变成了水体传输系统，即从静水系统发展为动水系统。这种动水系统为不同类型物种提供了避难所、栖息地和摄食场所。强烈的水流脉冲导致大量的淡水替换，即输移湖泊中的有机残骸堆积物，调节水域动植物种群。河流干流与滩区栖息地之间的连通性成了生物群落多样性的关键。洪水脉冲系统以随机的方式改变连通性的时空格局，从而形成高度异质性的栖息地特征。

当河流水位回落，河流与小型湖泊、洼地和水塘之间的连通性质量下降，河漫滩的水体停止运动，滞留在滩区的水体又恢复为静水状态，在较深的湖泊中出现温度分层现象和缺氧现象。同时陆生堆积有机物质被洪水淹没后腐烂，由于大量耗氧，最终可能导致某些鱼类死亡。

（3）洪水脉冲的信息流功能。洪水水位涨落也会引发不同的行为特点（behavioral trait），比如鸟类迁徙、鱼类洄游、涉禽的繁殖以及陆生无脊椎动物的繁殖和迁徙。每一条河流都携带着生物生命节律信息，河流本身就是一条信息流。在洪水期间洪水脉冲传递的信息更为丰富和强烈。观测资料表明，鱼类和其他一些水生生物依据水文情势的丰枯变化，完成产卵、孵化、生长、避难和迁徙等生命活动。在巴西 Pantanal 河许多鱼种适宜在洪水脉冲时节产卵（Wantzen K M，等，2002）。在澳大利亚墨累-达令河如果出现骤发洪水，当洪水脉冲与温度脉冲之间的耦合关系错位，即洪峰高水位时出现较低温度，或者洪水波谷低水位下出现较高温度，都会引发某些鱼类物种的产卵高峰（Acreman M C，2001）。另外，依据洪水信号，一些具有江湖洄游习性的鱼类或者在干流与支流洄游的鱼类，在洪水期进入湖泊或支流，随洪水消退回到干流。我国国家一级保护动物长江鲟（达氏鲟）主要在宜昌段干流和金沙江等处活动。长江鲟春季产卵，产卵场在金沙江下游至长江上游。汛期长江鲟则进入水质较清的支流活动（蒋固政，等，2001）。

（4）洪水脉冲提高了生物群落多样性。在河流滩区，水文情势的变化造成了自然栖息地结构的多样性，大量监测资料表明，横跨河流-滩区方向的栖息地结构多样性比沿河流主槽更为丰富。这样就为生物群落多样性创造了一个良好的条件。

3. 对洪水脉冲概念的质疑

FPC 提出后，不少学者对这个概念进行了实地观测验证和完善，包括在生物-地球-化学系统中 FPC 的作用机理；对于不同纬度地区 FPC 的适用性；古生态史对于流域生态系统演进的影响等。也有一些学者对 RCC 提出了质疑。Gala（2001）提出，尽管 FPC 强调了洪水漫溢和河漫滩的作用，补充完善了河流连续体概念，但是却弱化了顺流方向的主河道栖息地的重要地位，可能对从事河流修复的工程师造成误导。他统计了科罗拉多河、哥伦比亚河、密西西比河、多瑙河和莱茵河等 8 条河流，有 226 种土著种鱼类中的 61 种（占 27%），完全是在河流的主河道中完成其生命周期。他认为某些使用河漫滩栖息地的鱼类能很好地适应变化的环境，如温度、缺氧等，这些鱼类具有高度的繁殖潜力和特别的机动性。不幸的是，往往入侵鱼类具备这些特点。因此，应该警惕河流修复工程过于强调河漫滩作用而为外来入侵鱼类提供条件。

　　Gala 认为，大型河流鱼类栖息地需求，应该在流域尺度上按照不同的生命阶段进行描述和评估。单纯强调一种栖息地或某一种生命阶段都是危险的。Austen（1994）定义了结构依存性（structural guild）。举例来说，如果某一种鱼类在一个栖息地觅食，而另外一种鱼类在同一个栖息地产卵。用这种依存性可以理解在种群间功能的关系，进行种群结构的比较分析。不同的依存性可以成为评估河流生物完整性的重要尺度。表 2.2 - 1 给出了鱼类在不同生活史阶段对栖息地的需求。

表 2.2 - 1　　　　　　　　　　　　若干鱼类不同生活史阶段的栖息地

栖息地	卵	幼鱼	幼　体		成　鱼		
	产卵孵化	摄食生长	摄食生长	越冬	产卵孵化	摄食生长	越冬
主河道	○	○	○	○	○	○	○
支流	○	○					
河漫滩		○	○			○	

2.2.3　其他河流生态模型

　　1. 地带性概念

Huet 和 Illies 等早在 1954 年提出的地带性概念（zonation concept）是河流生态系统整体性描述的首次尝试。生物地带性概念的内涵是按照鱼类种群或大型无脊椎动物种群特征把河流划分成若干区域，地带性反映了不同区域水温和流速对于水生生物的影响。

　　2. 溪流水力学概念

Statzne 和 Higler（1986）提出的溪流水力学概念（Stream Hydraulics Concept，SHC）认为，溪流物种组合的变化是与溪流水力学条件变化（包括流速、水深、基质糙率和水面坡度等参数）密切联系的，这些参数又与地貌特征和水文条件密切相关。SHC分析了流速场随时间和空间发生的变化对生物区系特别是底栖无脊椎动物和藻类产生的影响。SHC 促进了其后生态水力学的研究和发展。

　　3. 资源螺旋线概念

Wallace 等（1977）提出的资源螺旋线概念（Spiralling Resource Concept，SRC）是对 RCC 理论的补充。SRC 详细描述了营养物质沿河流的输移循环过程。SRC 定义了一个营养物质向下游完成输移循环的空间维度，这就形成一种开口循环的螺旋线。螺旋线可以用单位长度 S 量测，S 的定义是当完成一个营养单元（如碳）循环的河流水流的平均距离。螺旋线长度 S 越短，说明营养物质利用效率越高，即在给定的河段内营养单元会多次进行再循环。螺旋线是下游传输率和保持力的函数。基于水流条件的传输率越高则螺旋线越长；保持力是在生态系统中营养物的再循环，包括树木残枝、漂石、大型植物河床以及沉积物等物理储藏、生物储藏作用。保持力越高则螺旋线尺度越短。一般来说，在森林覆盖的河流上游、河流两岸和河漫滩保持力都较高，对应的 S 较短。

4. 串联非连续体概念

串联非连续体概念（Serial Discontinuity Concept，SDC）是 Ward 和 Starford（1983）为完善 RCC 而提出的理论，意在考虑水坝对河流的生态影响。因为水坝引起了河流连续性的中断，导致河流生命和非生命参数的变化以及生态过程的变化，需要建立一种模型来评估这种胁迫效应。SDC 更适合描述梯级筑坝的河流，即用水库间不受水坝影响的自由河段串联连接若干水库（非连续体），形成所谓串联非连续体。SDC 定义了两组参数来评估水坝对于河流生态系统结构与功能的影响。一组参数称为"非连续性距离"，定义为水坝对于上下游影响范围的沿河距离，超过这个距离水坝的胁迫效应明显减弱，参数包括水文类和生物类；另一组参数为强度（intensity），定义为径流调节引起的参数绝对变化，表示为河流纵向同一断面上自然径流条件下的参数与人工径流调节的参数之差。这组参数反映水坝运行期内人工径流调节造成影响的强烈程度。SDC 也考虑了堤防阻止洪水向河漫滩漫溢的生态影响，以及径流调节削弱洪水脉冲的作用。在 SDC 中非生命因子包括营养物质的输移和水温等。

5. 河流生产力模型

河流生产力模型（River Productivity Model，RPM）是 Thorp 和 Delong（1994）提出的一种假设。RPM 针对有河漫滩的河流，重点考察河流侧向的物质和能量的交换过程。RPM 认为不仅河流本身传输营养物质，而且岸边带植物以及从陆地向河流的物质输入也都做出了贡献。生物群落的组分和次级生产力在河流的不同地点是不同的，这主要取决于当地栖息地状况和营养物质的供应方式。在近岸区域因栖息地多样性以及具有的有机物保持力，因此可以发现这些区域的大型无脊椎动物密度较高。

6. 流域概念

流域概念（catchment concepts）是 Frissel 等于 1986 年提出的，强调了河流与整个流域时空尺度的关系，并且建议了河流栖息地从河床直到池塘、浅滩和小型栖息地的分级框架。其后一些学者发展了流域概念，Gardiner（1991）和 Nainan（1992）认为在不同的空间和时间尺度下，综合的结构和功能特征是在不同的干扰情势下产生的。Petts（1994）进一步总结了河流生态系统的五项特征：①河流是一个三维结构；②它被水文条件和河流地貌条件所驱动；③由食物网形成了特定生态结构；④以螺旋线过程为特征；⑤河流是一个基于水流变化、泥沙运动、河床演变的系统。Townsend（1996）提出了在流域尺度上河流和河段的动态的分级框架概念，试图预测在流域范围内生态变量的空间与时间格局。比如预测在流域各部分的有机物质源，包括河流传输、河边输入、河床内源等；他还强调了动态环境中时间维度的重要性，像水流过程变化和洪水脉冲等这些依时性因子都会影响系统的结构与功能。

7. 自然水流范式

Poff 和 Allan 于 1997 年提出的自然水流范式（Nature Flow Paradigm，NFP）认为，

未被干扰的自然水流对于河流生态系统整体性和支持土著物种多样性具有关键意义。自然水流用 5 种水文因子表示：水量、频率、时机、延续时间和过程变化率。这些因子的组合不但表示水量，也可以描述整个水文过程。动态的水流条件对河流的营养物质输移转化以及泥沙运动产生重要影响，这些因素造就了河床-滩区系统的地貌特征和异质性，形成了与之匹配的自然栖息地。可以说，依靠大变幅的水流在河流系统内创造和维持了各种形态的栖息地。人类活动包括土地使用方式改变和水利工程，改变了自然水文过程，打破了水流与泥沙运动的平衡，还造成水流中断，水系阻隔，在不同尺度上改变了栖息地条件。

在河流生态修复工程中，可以把自然水流作为一种参照系统。如果定义了自然水流条件，就可以分析人类活动是改变了自然水流的哪些因子并借以反映人类活动的影响。如何基于自然水流确定环境水流是一个复杂的问题，但是绝对不可简单地按比例折减。因为生态系统过程是非线性的。比如，增加 50% 自然水流流量并不能增加 50% 的鱼类；一半平滩流量并不能淹没一半滩区等。在河流修复工程中，不可能完全恢复自然水流情势，需要各利益相关者的协商，确定合理、可行的目标。

8. 近岸保持力概念

Schiemer 等（2001）基于对奥地利境内多瑙河的研究，提出了近岸保持力概念（Inshore Retentivity Concept，IRC）。IRC 研究的对象是渠道化的或人工径流调节的河流。IRC 认为，近岸地貌与水文因子的交互作用创造了生物区地貌栖息地条件。河流沿线的沙洲、江心岛和河湾等地貌条件以及水文条件，决定了局部地区流速和温度分布格局，而流速和温度对于岸边物种的生态过程十分重要。IRC 认为河流的蜿蜒度和水体保持力是影响生物生产力的重要因素，有充分的证据说明河流浮游动物在具有良好保持力的近岸区域内繁殖，在水位升高、水体交换增强以后它们进入到河床。近岸保持力对鱼类的小型栖息地意义重大。幼鱼从临近的河道内产卵场漂流到近岸地区，幼鱼被限制在近岸的低流速区域。近岸区域的高度蜿蜒性提供了生物个体早期发育所需的动态小型栖息地，当主河道发生大水时近岸区域又成为幼鱼的避难所。近岸区域依靠增加浮游生物和具有较高温度，为幼鱼发育度过脆弱期和降低死亡率创造了条件。治河工程改变了沿岸群落交错带的结构性质，降低了主流与滩区的连通性，从而降低了近岸保持力。

2.2.4　小结

自 20 世纪 80 年代以来，为抽象表述河流生态系统的结构、功能和过程，科学家们通过不懈的努力，提出了多种河流生态模型。这些模型针对不同的河流类型，研究的空间尺度和维数不同，涉及的非生命变量不同，所描述的系统功能和结构各有侧重。对上述 10 种河流生态模型的综合分析见表 2.2-2。这些模型提出时都是以概念模型形式出现的，随后的研发工作则是遵循概念模型的原则，促使模型定量化，以便发挥模型的分析和预测功能，如自然水流范式，已经开发出数学模型和多种商业软件。上述模型有的经过现场观测数据的验证，而另一些模型还缺乏现场数据的支持。正因为如此，这些模型的可靠性一直存在着争议。

表 2.2 - 2　　　　　　　河流生态系统结构功能概念模型的综合分析

概念/模型	河流类型	尺度/维数	关键非生命变量	系统功能特征	系统结构特征
地带性概念	未干扰自然河流	顺河向	流速、温度	鱼类适应性、底栖动物对温度和流速的适应性	鱼类和底栖动物群区域
河流连续体概念	未干扰自然河流	顺河向	河流大小、能源、有机物、辐照度	有机物输移和转化	摄食群落功能转移
溪流水力学概念	温带的未干扰的自然河流	顺河向	流速、水深、河床糙率、水面坡降	底栖动物对水力学干扰的适应性	底栖动物群落区
资源螺旋线概念		顺河向	流速、自然保持力机制、营养限制	螺旋线	生物群落（食物网）
串联非连续体概念	受控制的河流或滩区	顺河向	水坝位置	有机物输移过程和生物多样性	功能性摄食群落比例向上游或下游变化
洪水脉冲理论	大型平原河流	侧向	洪水脉冲：洪水延时、频率、发生时机和洪峰。水质、河漫滩的尺寸和特征	增加生物生产力，营养物质在滩区的再循环	在河漫滩水-陆相的转化，栖息地和物种多样性
河流生产力模型	具有滩区的窄长型大河	侧向	岸区的类型和密度、保持力结构、近岸区流速	营养物质和泥沙输移转化	功能性取食群体的变化
流域概念	全流域	顺河向、侧向、垂直、时间	时间、空间尺度、非生命变量尺度	在流域尺度的营养循环	物种在流域尺度上的分布
自然水流范式	未被干扰自然河流	顺河向	水文参数：水量、频率、时机、延续时间、变化率	栖息地质量	物种变化
近岸保持力概念	筑坝和渠道化河流	顺河向、侧向	流速、温度、蜿蜒度	鱼类适应性	幼鱼生长和避难、浮游生物

　　由于河流生态系统的高度复杂性，河流生态模型的发展需要包括生态学、水文学、景观生态学、河流地貌学和生态水力学在内的多学科合作。河流生态模型还要密切跟踪生态学的最新进展。近年国际生态学界提出的生态系统的非平衡、非线性特征观点，似应融入河流生态模型研究。

2.3　河流生态系统结构功能整体性概念模型

2.3.1　概述

　　如上所述，迄今为止提出的河流生态系统结构功能概念模型，多数是建立某几种生境变量与生态系统结构功能的关系，反映了河流生态系统的某些局部特征。

　　Brierley G 和 Fryirs K（2008）在评论了现存的河流生态系统结构功能模型以后指出："至今还没有提供一个统一的、对于所有类型河流都适用的，反映自然条件和生物结构与功能相互关系的河流功能概念模型。进一步讲，现存模型往往缺乏对空间尺度和时间尺度的清晰定义，在这些时空尺度内，能够应用该模型并通过有限的数据检验其有效性。"他们还指出："关键问题是如何应用跨学科框架，明确回答在生态过程中，受到在时空变化的地理、地貌、水文、化学和生物等因素影响下的河流功能问题。"

　　实际上，河流生态系统是一个整体，生境要素不可能孤立地起作用，而是通过多种综合效应作用于生物系统，并与各种生物因子形成耦合关系。河流生态系统一旦形成，各生态要素不可分解成独立的要素孤立存在，这就是生态学中的生态系统完整性原则。现存概念模型大多局限于研究个别生境因子和局部生态功能，缺乏生态完整性理论高度。特别是这些概念模型大多关注生境因子中的水文和水力学因子，而对地貌学因子较少涉及。另外，这些概念模型多以未被干扰的自然河流为研究对象，对于人类活动的影响考虑不足。

　　为弥补现存概念模型的不足，作为一种积极的探索，董哲仁（2008、2010）建议了《河流生态系统结构功能整体性概念模型》（the Holistic Concept Model for Structure and Function of River Ecosystem，HCM），旨在整合和完善业已存在的若干概念模型，形成统一的反映生态系统整体性的河流结构功能概念模型。

　　河流生态系统结构功能整体性概念模型概括了河流生态系统结构与功能的主要特征。这个概念模型的核心组分是生物，以食物网、生物组成及交互作用、生物多样性和生活史等为变量。在模型中选择了水文情势、水力条件和地貌景观这 3 大类生境要素。建模的目的是建立生境要素与生物间的相关关系。模型也考虑了人类大规模活动的生态影响。

　　河流生态系统结构功能整体性概念模型由以下四个子模型构成：河流 4D 连续体子模型 4D-RCM；水文情势-河流生态过程耦合子模型 CMHE；水力条件-生物生活史特征适宜性子模型 SMHB；地貌景观空间异质性-生物群落多样性关联子模型 AMGB。图 2.3-1 表示了河流水文、水力和地貌等自然过程与生物过程的相关关系，标出了 4 个子模型在总体格局中所处的位置，同时标出了相关领域所对应的学科。

　　从河流生态系统边界以外输入的能量和物质主要有太阳能、水流、营养物质和泥沙。太阳能是植物光合作用的能源；营养物质是生态系统初级生产的原料；由降雨形成的地表和地下径流是物质流、物种流和信息流的载体（图 2.3-1 右下角）。

　　由于水流运动，引起地表侵蚀、泥沙输移和淤积。水沙运动是河流地貌形态变化的驱动力，由此形成了河型多样性、河流形态 3D 异质性和河湖水系 3D 连通性。河流地貌形态是河流动态栖息地的重要组分之一。河流地貌景观格局与生物的关系，通过地貌景观空间异质性-生物群落多样性关联子模型 AMGB 抽象概括（图 2.3-1 左上角和上部）。以河流地貌为边界条件，水体在河床中流动，形成每条河流独特的流态、流速、水位、水温和底质条件特征，而且这些特征随时间发生变化，成为河流栖息地主要特征之一。在河段尺度内，不同生物的生活史对于水力学条件存在特殊需求关系，用水力条件-生物生活史特征适宜子模型 SMHB 概括（图 2.3-1 中部）。水文过程是河流生态系统的驱动力。变化的水文情势是河流动态栖息地的重要组分之一。水文情势以流量、频率、出现时机、持续

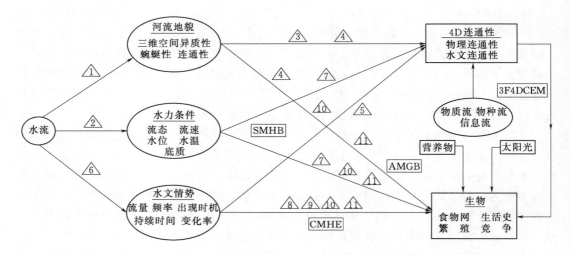

图 2.3-1　整体性概念模型结构图

时间和变化率为主要变量。水文情势与河流生态过程的关系用水文情势-河流生态过程耦合子模型 CMHE 概括（图 2.3-1 下部）。在生物与自然栖息地两大部分之间，通过物质流、物种流和信息流相连接，而物质流、物种流和信息流需要河流地貌与水文连通性作为物理保障得以实现。生物与自然栖息地两大组分之间的相关关系用河流 4D 连续体子模型 4D RCM 概括（图 2.3-1 右侧）。

2.3.2　河流 4D 连续体子模型

河流 4D 连续体子模型（4D River Continuum Model，4D RCM）反映了生物群落与河流水文、水力学条件的依存关系，描述了与水流沿河流 3D 的连续性相伴随的生物群落连续性以及生态系统结构功能的连续性。在 1.1.1 节中我们已经定义了河流的 4D 坐标系统，下面在这个坐标系统上讨论 4D 连续体子模型。4D RCM 模型是在 Vannote 提出的河流连续体概念以及其后一些学者研究成果基础上进行改进后提出的。4D RCM 模型把原有的河流内有机物输移连续性，扩展为物质流、物种流和信息流的 3D 连续性。4D RCM 包含以下三个概念：物质流、物种流和信息流的 3D 连续性；生物群落结构 3D 连续性；河流生态系统结构和功能的动态性。

1. 物质流、物种流和信息流的连续性

河流水体 3D 连续性是生态过程连续性基础。由于水体具有良好的可溶性和流动性，使河流成为生态系统营养物质输移、扩散的主通道。河流的纵向（Y 轴）流动把营养物质沿上中下游输送。汛期洪水的漫溢，又在横向（X 轴）把营养物质输送到河漫滩、湖泊和湿地。水位回落又带来淹没区的动植物腐殖质营养物。在河流的竖向（Z 轴）河水与地下水相互补给，同时沿竖向还进行着营养物质的输移转化。正因为如此，大多数河床底质内具有丰富的生物量。在上述三个方向营养物质的输移转化，使得河流上游与下游、水域与滩区及其地表与地下的生态过程相互关联（见 1.5.3 节）。

河流是信息流的通道。河流通过水位的消涨，流速以及水温的变化，为诸多的鱼类、底栖动物及着生藻类等生物传递着生命节律的信号。河流也是物种流的通道。河流既是洄游鱼类完成其整个生命周期的通道，也是植物种子通过漂流传播扩散的通道。

2. 河流生物群落结构连续性

生物群落随河流水流的连续性变化，呈现出连续性分布特征。尽管大型河流可能穿越不同的气候分区，同时河流沿线的纵坡有很大变化，但是沿河流的生物群落仍然遵循连续性分布的规律。这不仅反映在沿河流岸边植被的连续性分布，而且反映在水生动物、无脊椎动物、昆虫、两栖动物、水禽和哺乳动物等都遵循连续性分布的规律。这种连续性的产生是由于在河流生态系统长期的演替过程中，生物群落对于水域生境条件不断进行调整和适应，反映了生物群落与生境的适应性和相关性。

3. 河流生态系统结构和功能的动态性

河流生态系统存在着高度的可变性。在河流 4D 连续体子模型中，需要设定时间作为第 4 维度，以反映河流生态系统的动态特征。在较长的时间尺度中，由于气候变化、水文条件以及河流地貌特征的变化导致河流生态系统的演替。在较短的时间尺度中，随着水文条件的年周期变化导致河流流量的增减及水位的涨落，引起河流扩展和收缩，其连续性条件呈依时变化特征。

4. 人类活动影响

由于水资源的开发利用以及对河流的人工改造，造成河流水文、水力学和河道地貌特征的改变。水坝造成了河流纵向的非连续化，不仅对鱼类的洄游形成障碍，更重要的是改变了营养物质的输移条件（图 2.3－2）。水库形成以后，动水生境变成静水生境；泥沙在

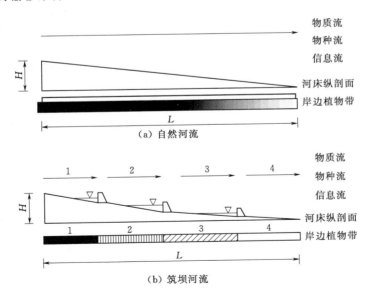

图 2.3－2　水坝对于河流连续性的影响示意图

1～4—各梯级水库编号；H—上下游高差；L—河段长度

库区淤积，阻拦了部分营养物，形成生态阻滞；清水下泄引起下游河道冲刷等。这些都会对栖息地条件和结构功能的连续性产生重大影响。图 2.3-2 表示梯级开发的河流，造成河流生境的碎片化，原来流淌的河流变成若干静止的人工湖，原本沿河连续分布的植被被分割为若干区域。大坝阻断了物质流、物质流和信息流的传输。另外，缩窄滩区建设的防洪堤防阻碍了汛期主流的侧向漫溢，使主流与河漫滩之间失去物质交换和物种流动条件。城市地面不透水铺设以及硬质河流护岸结构，阻隔了地表水与地下水的交换通道。总之，河流 3D 非连续化，不同程度上破坏了河流连续体的自然属性。

2.3.3 水文情势-河流生态过程耦合子模型

水文情势-河流生态过程耦合子模型（Coupling Model of Hydrological regime and Ecological process，CMHE）描述了水文情势对于河流生态系统的驱动力作用，也反映了生态过程对于水文情势变化的动态响应。

如上述，水文情势（hydrological regime）可以用 5 种要素描述，即流量、频率、出现时机、持续时间和水文条件变化率（见 1.5.1 节）。水文情势-河流生态过程耦合子模型反映水文过程和生态过程相互影响、相互调节的耦合关系。一方面，水文情势是河流生物群落重要的生境条件之一，水文情势影响生物群落结构以及生物种群之间的相互作用。另一方面，生态过程也调节着水文过程，包括流域尺度植被分布状况改变着蒸散发和产汇流过程，从而影响水文循环过程。

1. 水文情势要素的生物响应

各水文情势要素与生物过程存在着相关关系。水生生物群落对于流量过程、频率、出现时机、持续时间和水文条件变化率都产生明显的生物响应，这涉及物种的存活、鱼类产卵期与水文事件时机的契合、鱼类避难、鱼卵漂浮、种子扩散、植物对于淹没的耐受能力、土著物种存活、生物入侵等一系列生物过程（图 2.3-3）。在模型应用方面，通过调

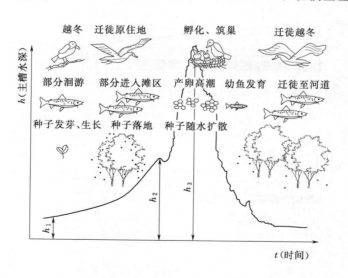

图 2.3-3 河流水文过程与鱼类、鸟类生活史及树种扩散的关系

h_1—枯水位；h_2—漫滩水位；h_3—洪峰水位

查、监测、统计分析，建立重点保护的指示物种与水文情势要素的相关关系，进而通过径流调节手段，部分恢复关键水文情势要素，达到生物多样性保护的目的。

2. 洪水脉冲的生态效应

洪水脉冲的生态效应表现在两个方面。一方面表现为洪水期河道内水体侧向漫溢到河漫滩产生的营养物质循环和能量传递的生态过程；也表现在洪水脉冲具有抑制河口咸潮入侵，为河口和近海岸带输送营养物质，维持河口湿地和近海生物生存的功能。另一方面洪水脉冲具有信息流功能。这是指洪水水位涨落引发不同的行为特点（behavioral trait），比如鸟类迁徙、鱼类洄游、涉禽的繁殖以及陆生无脊椎动物的繁殖和迁徙。洪水脉冲成为物种生命节律的信号（见 2.2.2 节）。

3. 水文情势塑造动态栖息地

河流年内周期性的丰枯变化，造成河流-河漫滩系统呈现干涸—枯水—涨水—侧向漫溢—河滩淹没这种时空变化特征，形成了丰富的栖息地类型。这种由水文情势塑造动态栖息地模式，不同程度满足生物生活史各个阶段的需求，从而影响了物种的分布和丰度，也促成了物种自然进化的差异。河流系统的生物过程对于水文情势的变化呈现明显动态响应，水生和部分陆生生物一旦适应了这种环境变化，就可以在洪涝或干旱这类看似恶劣的条件下存活和繁衍。水文情势在维持河流及河漫滩的生物群落多样性和生态系统整体性方面具有极其重要的作用。

4. 人类活动影响

兴建大坝水库的目的是通过调节天然径流在时间上丰枯不均，以满足防洪和兴利的需要，这导致了河流自然水文情势的改变（见 1.6.1 节）。

一方面，经过人工径流调节，使水文过程均一化，特别是洪水脉冲效应明显削弱。水文情势的变化改变了河流生物群落的生长条件和规律。另一方面，从水库中超量取水用于农业、工业和生活供水，引起大坝下泄流量大幅度下降，造成下游河段季节性干涸、断流，无法满足下游生物群落的基本需求，导致包括河滨植被退化和底栖生物大量死亡这样灾难性的生态后果。

2.3.4　水力条件-生物生活史特征适宜性子模型

水力条件-生物生活史特征适宜性子模型（Suitability Model of Hydraulic Conditions and Life History Traits of Biology, SMHB）描述了水力条件与生物生活史特征之间的适宜性。水力学条件可用流态、流速、水位、水温等指标度量。河流流态类型可分为缓流、急流、湍流、静水、回流等类型。生物生活史特征指的是生物年龄、生长和繁殖等发育阶段及其历时所反映的生物生活特点。鱼类的生活史可以划分为若干个不同的发育期，包括胚胎期、仔鱼期、稚鱼期、幼鱼期、成鱼期和衰老期，各发育期在形态构造、生态习性以及与环境的联系方面各具特点。多数底栖动物在生活史中都有一个或长或短的浮游幼体阶段。幼体漂浮在水层中生活，能随水流动，向远处扩散。藻类生活史类型比较复杂，包含营养生殖型、孢子生殖型、减数分裂型等。

水力条件-生物生活史特征适宜性子模型是基于如下几个基本准则：生物不同生活史特征的栖息地需求可根据水力学变量进行衡量；对于一定类型水力学条件的偏好能够用适

宜性指标进行表述；生物物种在生活史的不同阶段通过选择水力学条件变量更适宜的区域来对环境变化做出响应，适宜性较低的区域的利用频率降低。

1. 水力条件对生物生活史特征的影响

流态、流速、水位和水温等水力学条件指标对生物生活史特征产生综合影响。在急流中，溶解氧几乎饱和，喜氧的狭氧性鱼类通常喜欢急流的流态类型，而流速缓慢或静水池塘等水域中的鱼类往往是广氧性鱼类。鱼类溯游行为模式可分为三个区域：减速-休息区，休息-加速区，加速-休息区，因此，河道中需提供不同流态以符合其行为模式。对于不同的流态，比如从急流区到缓流区，鱼类的种类组成、体型和食性类型的变化比较明显。对中华鲟葛洲坝栖息地野外量测和数值模拟的研究成果表明，中华鲟最适宜的流速为1.3～1.5m/s，水深为9～12m（杨宇，2007）；对鲫鱼适宜生长水动力条件的试验研究表明，0.2m/s流速比较适宜鲫鱼的生长（刘稳，2009）。水流对于生物分布和迁移作用明显，河流可以把各种水生动物和它们的卵及幼体远距离传送。例如，在长江中上游天然产卵场产卵的四大家鱼的卵和幼鱼没有游泳能力，但它们能顺水流到江河下游，并在养料丰富的河漫滩及河湖口地区生长发育（孙儒泳，2001）。

鱼类的产卵时期受水温的影响显著，决定鱼的产卵期（及产卵洄游）的主要外界条件是水温及使鱼达到性成熟的热总量（孙儒泳，2001）。对于鱼类而言，水温对鱼类代谢反应速率起控制作用，从而成为影响鱼类活动和生长的重要环境变量。水温通过对鱼类代谢的影响，影响到鱼类的摄食活动、摄食强度以及对食物的消化吸收速率等生理机能。水温还通过对水域饵料生物的数量消长（季节和地区变化）的影响，通过食物网对鱼类的生长间接起作用。底栖动物的生存、发展、分布和数量变动除与底质、水温、盐度和营养条件有密切关系外，与流速、水深等水力学条件也密切相关。有调查表明，底栖动物的多样性随着流速、水深等栖息地条件多样性的增加而增加（王兆印，等，2007）。

生物生活史特征既受水力条件的制约，又具有对水力条件的适应性。对栖息环境适应的概念是生理生态学的核心。不同的生物生活史特征对水力条件表现出不同的适应性。一般而言，在河流上游，水流湍急，但其底质多卵石和砾石，植物可以固着，因此上游鱼类多为植食性鱼类。随着到中游，底质逐渐变为砂质，由于水流经常带走底砂，导致底栖植物难以生长，多数鱼类只好以其他动物为食料。到了下游，流速降低，底栖植物增多，植食性鱼类重新出现。

2. 模型的难点问题

水力条件-生物生活史特征适宜性子模型的核心问题，是建立不同生物生活史特征与水力条件之间的相关关系，这种相关关系可以表达为偏好曲线（preference curve）。图2.3-4为鲑鱼、鳟鱼稚鱼期的适宜性指标与流速、水深的偏好曲线，适宜性指标表示对象生物与水力学参数之间的适宜程度（Dunbar M J，等，2001）。通常情况下，偏好曲线主要通过对生物的生活史特征进行现场观察或通过资料分析建立。利用在不同水力条件下观察到的生物出现频率，就可以绘出对应不同水力学变量的偏好曲线。这种方法的难点是所收集到的数据局限于进行调查时的水力学变量变化范围，最适宜目标物种的水力条件可能没有出现或者仅仅部分出现。因此需要通过合理的数据调查及处理方法解决这个问题。另外，流态之外的其他因素也可能对生物生活史特征产生重要影响，比如光照、水质、食物、种群间相互作用等，应对这些因素进行综合分析，以全面了解生物生活史特征与水力条件之间的相关关系。

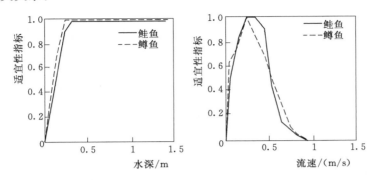

图 2.3-4　鲑鱼、鳟鱼稚鱼期的适宜性指标及水深和流速的偏好曲线

（据 Dunbar M J，等，2001）

3. 人类活动影响

对于河道的人工改造，诸如河道裁弯取直、河床断面几何规则化以及岸坡的硬质化等治河工程措施，改变了自然河流的水流边界条件，引起流场诸多水力因子的变化，使得水力条件不能满足生活史特征需求，可能导致河流生态系统结构功能的变化。尽管生物对于水力条件变化有一定的适应能力，但当变化过于剧烈时，生物将不能进行有效的自我调节，从而对其生长、繁殖等生活史特征构成胁迫。

2.3.5　地貌景观空间异质性-生物群落多样性关联子模型

地貌景观空间异质性-生物群落多样性关联子模型（Associated Model of spatial heterogeneity of Geomorphology and the diversity of Biocenose，AMGB）描述了河流地貌格局与生物群落多样性的相关关系，说明了河流地貌格局异质性对于栖息地结构的重要意义。

1. 地貌景观空间异质性与栖息地有效性

河流地貌空间异质性表现为：河型多样性和形态蜿蜒性；河流横断面地貌单元多样性；河流纵坡比降变化规律（见 1.5.2 节）。由于河流地貌是水力学边界条件，因而河流多样的地貌格局也确定了在河段尺度内河流的水力学变量，如流速、水深等的多样性。另外，河流形态也影响与植被相关的遮阴效应和水温效应。

河流形态的多样性决定了沿河栖息地的有效性、总量以及栖息地复杂性。实际上，一个区域的生境空间异质性和复杂性越高，就意味着创造了多样的小生境，允许更多的物种共存。河流的生物群落多样性与栖息地异质性存在着正相关响应。这种关系反映了生命系统与非生命系统之间的依存与耦合关系（董哲仁，2003）。栖息地格局直接或间接地影响着水域食物网、多度以及土著物种与外来物种的分布格局（Brierley G J，Fryirs K A，2005）。

栖息地有效性与河流流量及地貌特征的关系，可以表示为以下一般性函数：

$$S = F(Q, K_i) \quad (i=1, 2, 3, \cdots) \tag{2.3-1}$$

式中：S 为栖息地有效性指数；Q 为流量；K_i 为河道地貌特征参数，参见 1.1.2 节表 1.1-2。

2. 河流廊道的景观格局与生物群落多样性

景观格局（landscape pattern）指空间结构特征包括景观组成的多样性和空间配置，可用斑块、基底和廊道的空间分布特征表示。物种丰度（richness index）与景观格局特征可以表示为以下一般性函数：

$$G=F(k_1,k_2,k_3,k_4,k_5,k_6) \tag{2.3-2}$$

式中：G 为物种丰度；k_1 为生境多样性指数；k_2 为斑块面积；k_3 为演替阶段；k_4 为基底特征；k_5 为斑块间隔程度；k_6 为干扰。

景观格局分析方法将在 4.5 节介绍。

在河流廊道（river corridor）尺度的景观格局包括两个方面：一是水文和水力学因子时空分布及其变异性；二是地貌学意义上各种成分的空间配置及其复杂性。

3. 人类活动影响

大规模的治河工程使河流的地貌景观格局发生了不同程度的变化。自然河流被人工渠道化，蜿蜒性河流被裁弯取直成为折线或直线型河流；河流横断面改变成矩形、梯形等规则几何断面；侵占河漫滩用于房地产开发或用于农业和养殖业。无序的河道采砂生产活动，破坏了自然河流的栖息地结构。

2.3.6　小结

1. 结构功能整体性概念模型的特点

河流生态系统结构功能整体性概念模型是对现存的相关模型的整合与发展。主要有以下几点改进：①明确了水文情势、水力条件以及河流地貌景观是河流生境的三大要素，体现了生态系统的完整性原则；②建立了主要生境要素与生物多样性的相关关系；③改进了河流连续体的概念，按照描述河流生态功能的物质流、物种流和信息流的连续性重新予以定义；④提出了河流地貌景观格局复杂性与生物群落多样性的正相关关系原则；⑤克服原有模型大多以自然河流为对象的局限性，综合考虑了人类活动的干扰作用。

2. 诸生境因子的相互作用

河流水文情势、水力条件和地貌景观三者相互作用，互为因果。这表现在：①河流的动力学作用，包括泥沙输移、淤积以及侵蚀作用，改变着河流地貌景观；②水文情势的年周期变化，一方面使水力条件出现时间周期性变化特征，另一方面也使河流地貌景观在空间上呈现淹没—干燥，动水—静水的空间异质性特征；③河流地貌是河流水力学过程的边界条件。总之，三类因子是相互关联、不可分割的，同时，三类生境因子引起的生态响应也是综合的。正因为如此，在进行生态评估和分析时，4 种子模型应该作为一个整体综合应用。需要强调的是，生物群落对于生境变化的生态响应是非线性的，多因子影响结果不能进行线性叠加。

3. 对应尺度

4 种子模型分别对应不同的空间尺度。河流 4D 连续体子模型的尺度为河流廊道；水文情势-河流生态过程耦合子模型对应流域尺度；水力条件-生物生活史特征适宜性子模型适用于河段尺度；地貌景观空间异质性-生物群落多样性关联子模型适用于河流廊道及河段尺度。

4. 发展方向

开发和应用河流生态系统结构功能整体性概念模型的重点，应是模型定量化以及与信息技术的结合。

链接 2.3.1　赤水河地貌空间异质性对鱼类栖息地影响研究❶

河流生态系统结构功能整体性概念模型理论（董哲仁，2008、2010）认为，河流地貌空间异质性决定了河流栖息地的有效性、总量和质量。报告以赤水河为研究对象，通过现场勘察调查，生态水力学模拟计算，对比了蜿蜒性河段与顺直微弯河段鱼类栖息地适宜性特征，定量研究了河段尺度河流空间异质性与鱼类适宜栖息地的关系。

1. 研究区域概况

赤水河是长江上游右岸最大的一级支流，河流发源于云南省镇雄县赤水源镇银厂村，由西向东流至镇雄县大湾镇与西南的雨河汇合后称洛甸河，纳威信河、铜车河以后，始称赤水河，到仁怀市茅台镇转向西北流，至合江县城东汇入长江。赤水河干流全长 436.5km，总落差 1475m，平均比降 3.4‰。年输沙量为 718 万 t，含沙量 0.927kg/m³。选取模拟河段位于赤水市至河口的下游，该段河长 54km，天然落差 17.3m，平均比降 0.33‰。

研究区域选取赤水河下游段两个蜿蜒度不同的河段进行对比研究。两河段相距 1580m，均位于泸州市合江县先市镇。结合 Google Earth 影像资料，通过对两个河段蜿蜒度进行计算，河段（a）蜿蜒度 $\varepsilon_1=1.05$，河段（b）蜿蜒度 $\varepsilon_2=1.98$，基于河道平面形态分类标准，当蜿蜒度为 1.0～1.29 时，称为顺直微弯河道。1.3～3.0 属于蜿蜒型河道。因此，河段（a）为顺直微弯河道，河段（b）为蜿蜒型河道。河道基本形态参数见表 2.3-1。

表 2.3-1　　　　　　　　　　所模拟河段河道主要形态参数

河道类型	中心轴线长度/m	直线长度/m	蜿蜒度	平均河宽/m
顺直微弯河段	1583	1510	1.05	248
蜿蜒型河段	5625	2835	1.98	362

2. 模型基础数据分析

为探讨河段尺度河流空间异质性和水力条件多样性对鱼类栖息地质量影响，本文采用 River 2D 生态水力学软件作为模拟技术工具。

（1）指示物种选择及特性分析。食肉鱼类处在水生生物群落食物链的最顶层，对其他水生生物类群的存在和分布有着重要影响，能够反映生态系统的整体状况，不仅可以反映河流空间异质性对水生生态系统影响，还通过下行效应对水生生态系统的结构与功能进行调节，是河段尺度空间异质性影响预测与分析的主要对象。因此，食肉鱼类成为河流生态

---

❶ 引自王宏涛博士论文《蜿蜒型河流空间异质性和物种多样性相关关系研究——以赤水河为例》中国水科院 2017。

环境研究和评价应用最广泛的指标生物，也是所模拟河段尺度空间异质性的适宜指示物种。结合文献调查，赤水河鱼类共有 136 种，主要由鲤形目和鲇形目构成，鲤形目共 4 科 102 种，占总种数的 75%，鲇形目 4 科 20 种，占总种数的 14.7%。本节结合鱼类珍稀程度、生态位宽度、食性以及产卵特性，选取鲤形目鲤亚科的岩原鲤作为指示物种。岩原鲤（*Procypris rabaudi*，Tchang）又名岩鲤，属鲤亚科原鲤属，为长江中上游流域特有物种，主要分布于长江上游及其支流。但由于长江上游水体污染、过度捕捞以及流域水电建设引起的水力条件变化，岩原鲤的天然资源量大幅下降，被《中国濒危动物红皮书》列为濒危物种，并且列为国家二级珍稀鱼类保护物种。岩原鲤生态位宽度介于 2～3，营养级为 2.82，属于广食性鱼类；其主要食物成分为软体动物、摇蚊幼虫、蜉蝣目和毛翅目幼虫等，其次是硅藻类和高等植物碎片，偶尔也有少数浮游动植物。岩原鲤属于广温性鱼类，生活适应温度范围为 2～36℃，最适摄食生长温度 18～30℃，最佳摄食生长溶氧量 3mg/L 以上，正常活动及摄食生长的 pH 值范围为 6.5～8.8。岩原鲤在天然水体中常栖息于水流较缓而底层为砾石及岩石缝、深坑洞的江河水体中。

（2）鱼类适宜性曲线构建。结合长江上游珍稀特有鱼类国家级自然保护区鱼类调查结果，得出岩原鲤成鱼适宜流速为 1～1.6m/s，最适宜河道平均流速为 1.0～1.2m/s。由于岩原鲤产黏性卵，较高流速冲走黏附在底质上的鱼卵，选择 1.6m/s 作为流速上限，对应适宜度指数为 0。岩原鲤幼鱼的适宜水深为 0.15～13.4m，最适宜水深为 7.8～8.3m。考虑岩原鲤成鱼为底层鱼类，选择 0.3m 作为水深下限值，对应适宜度指数为 0，水深上限值确定为 13.4m。河道指数适宜性是鱼类对于河床基质和覆盖的适宜性反映，在无冰层及其他覆盖条件下，河道指数主要反映了河床底质组成情况。综合岩原鲤栖息及产卵场相关研究表明：岩原鲤栖息成鱼的最适宜底质类型为砾石（2～64mm）和卵石（64～256mm），偏好在细砾上产卵，其次为大卵石和粗沙，对于细沙（<2mm）与基岩（>512mm）的适宜性较差，因此，以砾石和卵石作为最适底质标准，对应河道指数为 5.3～6.1，以粗沙作为下限值，对应河道指数为 4，大卵石作为上限，对应河道指数 7.6，上限值和下限值对应的适宜度指数均为 0。岩原鲤成鱼适宜性曲线见图 2.3-5。

（3）河床地形数据采集。所模拟河段的河床地形数据分为水上地形和水下地形数据两部分，其中，所模拟河段设置了 22 个实测断面进行了水下地形测量。水上地形测量方面，蜿蜒河段全长 5625m，设置 18 个实测断面，顺直微弯河段全长 1583m，设置了 4 个实测断面。水上地形数据采用 Trimble GPS5800 的 RTK（Real-Time Kinematic）定位技术获取地形数据，它能够实时地提供测站点在指定坐标系中的三维定位结果。由于所模拟河段水深较大，故采用 SSH 型便携式超声波水深仪测量水深，并根据水上地形参照点进行数据转换，得到水下地形数据。

3. 模型建立

（1）参数率定及模型校核。模拟运行精度控制要求满足两个标准：①入流流量与出流流量变化率小于 1‰；②模型运行解析解变化率小于 10^{-5}；模拟成果要求满足实测值和模拟值误差不超过 3%。各断面布置 5 条测流垂线，各垂线之间间距依据河宽 6 等分确定。由各断面实测值和模拟值对比及误差分析可知，模型精度符合要求，模型参数选择较为

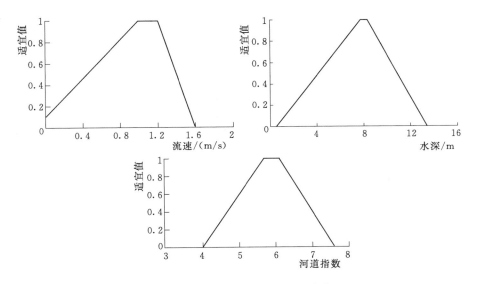

图 2.3-5　岩原鲤成鱼适宜性曲线

合理。

（2）网格剖分。蜿蜒型河段和顺直微弯型河段网格剖分基本信息见表 2.3-2。顺直微弯型河段和蜿蜒型河段网格覆盖图如图 2.3-6 所示。

表 2.3-2　　　　　　　　　　网 格 剖 分 基 本 数 据

河段名称	节点数量	网格数量	网格剖分质量 Q_I
蜿蜒型河段	3153	5858	0.457
顺直微弯型河段	1439	2605	0.476

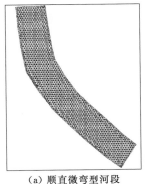
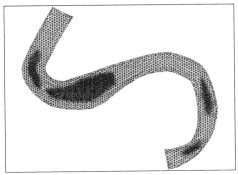

（a）顺直微弯型河段　　　　　　　（b）蜿蜒型河段

图 2.3-6　顺直微弯型河段和蜿蜒型河段网格剖分成果

（3）入流条件确定。为研究岩原鲤成鱼在不同季节栖息地分布及适宜性，选取四个时期（枯水期、平水期、丰水期和洪水期）的不同水文频率条件进行水力模拟和栖息地适宜性评价，见表 2.3-3。

（4）出流条件确定。结合赤水站实测水位-流量关系以及河床比降、河床形态特征、底质构成和河道植被生长情况推算顺直微弯型河段和蜿蜒型河段的出流断面水位-流量关系，并结合模型校核过程进行比对调整，得到出流断面水位-流量关系。

表 2.3-3　　　　　　　　　　　　　　　不同模拟工况下流量情况

编号	模拟时期	频率 P /%	流量 /(m³/s)	编号	模拟时期	频率 P /%	流量 /(m³/s)
1	枯水期	90	102.8	7	丰水期	90	406.2
2		50	136.8	8		50	540.4
3		10	176.4	9		10	697.1
4	平水期	90	230.7	10	洪水期	99	1925
5		50	306.9	11		50	3260
6		10	395.9	12		20	5020

4. 水力条件多样性分析

（1）水力模拟结果。以顺直微弯型河段和蜿蜒型河段为研究对象，对 2 种地貌类型、12 种水文过程下的 24 个模拟工况的流速和水深进行模拟计算，得到不同模拟工况下两种河段流速和水深分布情况。由不同流量工况水深和流速分布模拟结果，统计各流量工况下最大流速和水深情况，见表 2.3-4。

表 2.3-4　　　　　　　　　　　　各流量工况下最大流速及最大水深

流量工况 /(m³/s)	最大流速值/(m/s)		最大水深值/m	
	顺直微弯型河段	蜿蜒型河段	顺直微弯型河段	蜿蜒型河段
102.8	0.66	1.51	3.19	9.53
136.8	0.81	1.72	3.26	9.7
176.4	0.97	1.95	3.35	9.88
230.7	1.15	2.22	3.46	10.13
306.9	1.35	2.52	3.63	10.44
395.9	1.52	2.78	3.82	10.76
406.2	1.54	2.81	3.84	10.8
540.4	1.75	3.17	4.13	11.21
697.1	1.94	3.4	4.46	11.63
1925	2.76	3.89	6.94	14.04
3260	3.02	4.66	9.39	15.83
5020	3.16	5.65	12.24	17.08
最大/最小流量变化率	79.1%	73.3%	73.9%	44.2%

（2）最大流速对比分析。数据显示，相同流量工况下蜿蜒型河段最大流速均高于顺直微弯型河段。最大水深方面，含有深潭结构的天然河道水深远大于顺直微弯型河段。对比分析结果表明：蜿蜒度的提高使河道具备更加丰富的流速和水深条件，可以为适合不同流速和水深的生物提供有效的栖息地条件。从地貌格局上分析，由于蜿蜒型河段地貌空间异质性较强，具有深潭-浅潭、岛屿、汊道等多样化的地貌单元，为水力条件多样性的形成提供了有效的边界条件。

（3）水力条件波动性对比分析。由表 2.3-4 可知，对比最大流量（$Q=5020\text{m}^3/\text{s}$）和最小流量工况（$Q=102.8\text{m}^3/\text{s}$），蜿蜒型河段最大流速变化率比顺直微弯型河段较低，表明蜿蜒型河段对于水文径流过程具有更好的调节能力，蜿蜒程度高的河段对流速的调节能力更强。图 2.3-7 显示两种模拟河段流量与最大流速值均呈对数相关关系。

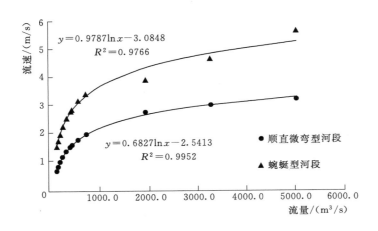

图 2.3-7　顺直微弯型河段和蜿蜒型河段最大流速与流量关系

由表 2.3-4 可知，对比最大流量（$Q=5020\text{m}^3/\text{s}$）和最小流量工况（$Q=102.8\text{ m}^3/\text{s}$），蜿蜒型河段最大水深变化率远低于顺直微弯型河段的水深变化率。在模拟流量范围内，蜿蜒型河段最大水深与流量呈对数关系，顺直微弯型河段水深和流量呈明显线性相关，说明在模拟流量范围内，深潭-浅滩结构对于河道水深具有更好的调节能力。

综合上述分析，河道蜿蜒性可以有效增加河段对于流速的调节能力，而深潭-浅滩结构有利于减小河道水深的波动，含有深潭-浅滩结构的蜿蜒型河段具有更加多样和稳定的水力条件。由于洪水期山区河流流量波动较大，稳定的水力条件可以为部分水生生物躲避洪水提供更多的机会，而含有深潭-浅滩结构的蜿蜒型河段可以在洪水期为水生生物提供有效的避难所。

5. 栖息地适宜性分析

（1）综合适宜性指数 *GHSI* 分析。栖息地适宜性指数（Habitat Suitability Indices，HSI）是栖息地模拟的重要指数，用于量化物种对栖息地的适宜程度。针对水深，可以算出各节点栖息地水深适宜性指标（Depth Habitat Suitability Index，DHSI）。针对流速，可以计算出各节点栖息地流速适宜性指标（Velocity Habitat Suitability Index，VHSI）。

针对河道指数，可以计算出各节点栖息地河道适宜性指标（Channel Habitat Suitability Index，CHSI）。$DHSI$、$VHSI$ 和 $CHSI$ 都是无量纲数值，取值范围 $0 \sim 1.0$。基于计算结果，可以分别绘制水深、流速和河道栖息地质量分区图。

栖息地适宜性综合指标（Global Habitat Suitability Index，GHSI），可以综合反映物种对水深、流速和河道等栖息地的适宜程度。为计算栖息地适宜性综合指标 $GHSI$，可以在计算网格的每个节点上计算 $DHSI$ 和 $VHSI$ 的几何平均数：

$$GHSI = \sqrt{DHSI \times VHSI \times CHSI} \qquad (2.3-3)$$

式中：$GHSI$ 为栖息地适宜性综合指标；$DHSI$ 为栖息地水深适宜性指标；$VHSI$ 为栖息地流速适宜性指标；$CHSI$ 为栖息地河道适宜性指标。

图 2.3-8 显示在 $Q = 540\text{m}^3/\text{s}$ 条件下，顺直微弯型河段和蜿蜒型河段栖息地综合适宜性指数 $GHSI$。分析 $GHSI$ 分布情况，低流量下（枯水季流量）两种模拟河段的最大 $GHSI$ 均偏低，适合岩原鲤的栖息位置大多分布在河道中心线附近和蜿蜒河段的深潭区域。基于河床底质分布情况，结合水力条件分析结论可知：枯水季河道水深较浅、流速较小，岸边区域无论是流速还是水深都难以满足岩原鲤栖息需求，由于深潭处可以为岩原鲤提供了足够的水深，深潭区域在低流量情况下表现出了良好的生境适宜性。低流量出现时间为包含冬季的枯水季，这表明深潭结构可以为岩原鲤提供适宜的越冬场所；随着流量增大，岩原鲤适宜栖息地逐渐偏离河道中心线，原有连续性较强的栖息地格局趋于破碎。

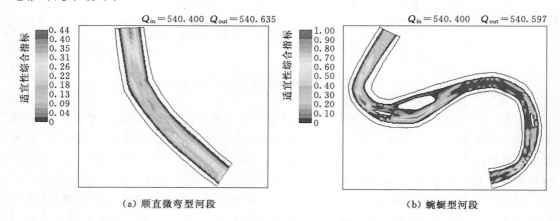

（a）顺直微弯型河段　　　　　　　　　　（b）蜿蜒型河段

图 2.3-8　$Q = 540\text{m}^3/\text{s}$ 综合适宜性指数

Q_{in}—入口处流量，Q_{out}—出口处流量，单位 m^3/s

对顺直微弯型河段和蜿蜒型河段 $GHSI$ 最大值进行统计（图 2.3-9）可知，各流量工况下蜿蜒型河段的最大 $GHSI$ 均高于顺直微弯型河段对应值，随流量递增而逐步增大，在丰水季流量条件下（$Q = 406.2 \sim 540.4\text{m}^3/\text{s}$）达到最大值条件（$GHSI = 1$），并在洪水期对应的流量条件下保持稳定。

顺直微弯型河段各工况下的 $GHSI$ 最大值在枯水季和平水季（$Q = 102.8 \sim 395.9\text{m}^3/\text{s}$）较高，在丰水季和洪水期（$Q > 395.9\text{m}^3/\text{s}$）有减小趋势，说明顺直微弯型河段在洪水期

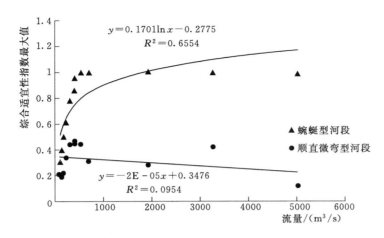

图 2.3-9　顺直微弯型河段和蜿蜒型河段综合适宜性指数 GHSI
最大值与流量相关关系

为岩原鲤提供栖息地质量普遍降低（表 2.3-5）。

表 2.3-5　　　　　　　　　河段最大综合适宜性指数 GHSI 对比

流量工况/(m³/s)	最大综合适宜性指数 GHSI		流量工况/(m³/s)	最大综合适宜性指数 GHSI	
	顺直微弯型河段	蜿蜒型河段		顺直微弯型河段	蜿蜒型河段
102.8	0.2	0.31	406.2	0.44	0.96
136.8	0.19	0.4	540.4	0.44	1
176.4	0.23	0.5	697.1	0.31	1
230.7	0.33	0.61	1925	0.28	1
306.9	0.44	0.78	3260	0.42	1
395.9	0.46	0.86	5020	0.12	0.99

蜿蜒型河段在丰水季和洪水期，相同流量工况下，蜿蜒型河段具有更为连续稳定的综合适宜性指数，在枯水季、平水季和丰水季适宜性较低的蜿蜒型河段汊道和江心洲周边在洪水期（Q 为 1925m³/s、3260m³/s、5020m³/s）有了明显提高，说明洪水期支流汊道和江心洲为鱼类躲避洪水不利影响提供适宜的栖息地。

（2）加权可利用栖息地面积分析。加权可利用栖息地面积（WUA）可以直观表征岩原鲤栖息地适宜性，结合 River 2D 模型对各工况流量下产卵场 WUA 的模拟结果，提取各工况流量下两种模拟河段 WUA 值和总栖息地面积 TA，以及加权可利用栖息地面积比例 AR 见表 2.3-6。为分析不同流量下栖息地面积变化，建立流量-加权可利用栖息地面积比例的相关曲线，见图 2.3-10。

1）顺直微弯型河段 WUA 随着流量增大先增加后减小，与其综合适宜性指数变化趋势相近，在平水季内流量 $Q=306.9$m³/s 时最大，所占总面积比例为 11.67%。蜿蜒型河段 WUA 呈现双峰形式，蜿蜒型河段在丰水季内 $Q=540.4$m³/s 达到最大值后降低，并在两年一遇洪水流量（$P=50\%$）$Q=3260\text{m}^3/\text{s}$ 有所提高，随后降低。WUA 占总面积比例为 10.40%。从岩原鲤与环境因子的适宜性曲线分析，岩原鲤产卵最适流速为 1.0～1.2m/s，随着流量不断增大，流速随之增加，造成该河段流速偏离岩原鲤产卵最适值，从而引起栖息地面积减小。

表 2.3-6　不同工况下顺直微弯型河段和蜿蜒型河段加权可利用栖息地面积对比表

时期	流量工况 /(m³/s)	顺直微弯型河段/m²		蜿蜒型河段/m²		加权可利用栖息地面积比例 AR/%	
		WUA	TA	WUA	TA	顺直微弯型河段	蜿蜒型河段
枯水季	102.8	19444	395387	78862	1922447	4.92	4.10
	136.8	25146	395387	95996	1922447	6.36	4.99
	176.4	31883	395387	112517	1922447	8.06	5.85
平水季	230.7	40216	395387	132938	1922447	10.17	6.92
	306.9	46160	395387	155148	1922447	11.67	8.07
	395.9	40730	395387	176293	1922447	10.30	9.17
丰水季	406.2	39415	395387	178619	1922447	9.97	9.29
	540.4	22310	395387	200017	1922447	5.64	10.40
	697.1	11671	395387	192418	1922447	2.95	10.01
洪水期	1925	4588	395387	143966	1922447	1.16	7.49
	3260	3655	395387	157023	1922447	0.92	8.17
	5020	266	395387	92500	1922447	0.07	4.81

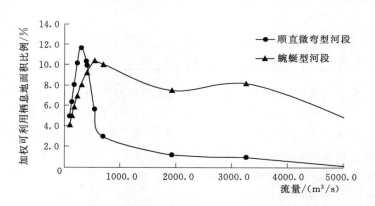

图 2.3-10　顺直微弯型河段和蜿蜒型河段流量-加权可利用
栖息地面积比例曲线

2）顺直微弯型河段在枯水季和平水季具有较好的栖息地适宜性，但在丰水季和洪水期难以为岩原鲤提供有效的栖息空间，2 年一遇洪水情况下（$Q=3260\text{m}^3/\text{s}$）加权可利用栖息地面积比例 AR 降至 0.92%，5 年一遇洪水（$Q=5040\text{m}^3/\text{s}$）AR 仅为 0.07%。其原因是顺直微弯型河段断面形态相似，地貌空间异质性较低，缺少多样性的水力条件，在洪水期流速的增大，单一的河床结构不能为鱼类提供躲避洪水的空间。

3）与顺直微弯型河段相比，蜿蜒型河段具有多样化的地貌结构单元，由于江心洲在枯水期出露面积大，造成枯水季低流量工况下 *WUA* 相对顺直微弯型河段较少。随着流量增大，其面积所占比例逐渐增加，江心洲形成的汊道可以在洪水期为鱼类提供躲避洪水冲击的庇护场所，江心洲周边也可以为鱼类提供理想的栖息场所。同时，江心洲生长了大量的植被，可以为鱼类提供丰富食源。

6. 小结

研究结果表明，河流蜿蜒性的提高可以有效增加河段对于流速的调节能力，而深潭-浅滩结构有利于减小河道水深的波动，地貌空间异质性较高的蜿蜒型河段具有更为稳定和多样化的水力条件。从综合适宜性指数 *GHSI* 最大值对比分析，顺直微弯型河段 *GHSI* 最大值较低，并在丰水期和洪水期具有明显降低情况，蜿蜒型河段 *GHSI* 最大值与流量呈现明显的对数相关关系，含有深潭-浅滩结构的蜿蜒型河段可以为岩原鲤提供更为适宜的栖息地条件；蜿蜒型河段加权可利用栖息地面积比例对流量过程呈双峰响应形态，在洪水期出现另一个波峰，表明蜿蜒型河段可以在洪水期为鱼类提供避难所。

2.4　湖泊生态系统模型

湖泊生态系统与河流不同，它是静水生态系统，其结构、功能和过程具有自身特点。湖泊生态系统模型的核心问题是建立湖泊生物要素与非生命要素之间的关系。湖泊生态系统的结构、功能和过程异常复杂，如果试图模拟所有生态现象，那将是不可能实现的任务。现实的方法只能是根据研究需要，确定有限目标，解决主要问题，以获得合理的结果。

2.4.1　概述

1. 建模目的

湖泊生态模型是依靠已有的信息数据对于湖泊生态系统进行定量分析和预测的工具。湖泊生态系统建模的目的，一是为湖泊管理服务。通过预测和情景分析，为污染控制、调度和生态修复等管理目标提供支持。二是研究目的。通过预测分析，揭示生态系统规律，包括多种因素作用下生态系统特征、群落构成、生产力以及生物-化学过程等，有助于加深对湖泊生态系统规律的理解。

2. 变量和数据

湖泊生态系统模型由一系列反映生物要素与非生命要素之间关系的方程式构成，这些关系式包含有大量变量。按照性质分类，这些变量可以分为生物类、物理类、化学类和地貌类。变量的单位可以用通量（fluxes）表示，即单位时间的质量或能量，如含沙量单位为 kg/s。在生态系统模型中，常采用下标缩写方法标记通量。通量 F_{ab} 标记表示：生态系统 a 层到 b 层的通量，如湖泊表层 W_s 到湖泊深层 W_d 的通量记做 F_{wswd}。变量也可以用单位面积的量值表示，如生物量（biomass）用 kg/m² 表示。湖泊生态模型的变量所代表的物质，不仅来源于湖泊本身，而且也源于湖泊所处流域。通过流域尺度的水文过程，水体挟带营养物、污染物、泥沙、植物残枝败叶和其他物质一起注入湖泊，这些物质极大地影响湖泊生态系统过程。反映特定湖泊特征的变量（包括数值和变率）称为湖泊特征变量（lake - specific variables），特征变量需要现场调查测定。例如反映湖泊规模（深度、面积），水文特征（如水力停留时间），水体中溶解物质或悬浮物质特征数据。这些数据是模型运行需要的输入数据。另一类数据称为通用变量（generic variables），通用变量是指模型中使用的且在大多数湖泊生态系统都具典型意义的变率和数值。

3. 模型校准

一旦准备好了包含特征变量和通用变量的方程组，模型还需要用特定的湖泊校准（calibration）。校准的目的是通过调整模型中的变量（参数），提高模型预测精度。模型校准时必须输入特定湖泊的实测特征变量数值，模型运行后，用输出的预测数据与现场实测进行比较，以校验模型的可靠性。经常出现的情况是，对于特定湖泊进行首次校核时，模型预测结果出现较大偏差。研究人员会试图发现错误在什么地方，如果可疑的错误被发现，就需要一次或多次调整校准变量（参数），直到获得误差较低的模型预测结果。需要指出的是，模型中包含有若干方程式，它们相互之间可能是互为抵触的。当结果出现较大偏差时，仅仅依靠调整参数的方法获得较好的预测结果，尚不能说明模型的正确性。需要从方程组的物理意义分析入手，论证建模的合理性。如果一种模型已经在一个或几个生态系统预测中应用并经过校验，再把这个模型用于状况类似的其他生态系统，并且不进行校准，如果预测结果合理，这就意味着模型获得确认（validation）。同时也说明后者生态特征与前者在总体上是类似的。这也提醒我们需要注意模型的应用范围。如果模型是在非常接近校准条件下运行，其预测结果会是良好的。如果预测湖泊状况失败，则说明预测对象与校准条件差别很大。

2.4.2　影响-负荷-敏感度模型

一个成熟的湖泊生态模型具有两个特点，一是模型简单易行，即用清晰、简单的方式描述生态系统的相关过程。尽管从数学角度考虑，建立复杂的生态系统模型是可能的，但是研究者应该避免用数学方法表达生态系统从细胞水平直到生物、群落和种群的所有关系。一般来说，合理的建模尺度以生态系统尺度为宜，并且选择有限的关键变量。二是需要的数据可在现场监测获得，具有可达性。

湖泊生态系统影响-负荷-敏感度模型（Effect - Load - Sensitivity，ELS）是一种定量模型，其基本特征是建立非生命物质输移过程与生物响应之间的关系。ELS模型是由Richard Vollenweider 首先提出的，故 ELS 模型也称为 Vollenweider 模型。ELS 模型的功能是输入营养物或污染物质量数据，通过模型计算分析，预测重要的生物状况指示值（bioindicator）。ELS 模型由 3 个子模型组成，按照计算流程顺序分别是：物质传输子模型、物质平衡子模型和非生物变量与生物指示变量关系子模型。

由于人类大规模活动如土地利用方式变化、水污染、水土流失以及种群类型变化等，对于湖泊生态系统都会产生影响。ELS 模型首先通过流域尺度的物质传输子模型，模拟营养物、污染物和泥沙在流域尺度上生成及传输过程。流域尺度的湖泊物质传输过程包括降雨、地表径流形成、入流和出流、点污染源物质排放和扩散、面污染源物质的扩散、营养物质输入、初级生产、颗粒物质运动等（图 2.4-1）。依靠传输子模型可以计算出湖泊营养负荷。

按照计算流程，下一步是建立水体富营养化模型（图 2.4-2）。它的功能是在湖泊尺度内，基于物质平衡原理计算出营养物质浓度。模型需区分水体中物质是溶解性的还是颗粒状的。颗粒状物质可以在水体中淤积或悬浮，而溶解物质则不能。水体中不同物质构成可以用分布系数表示。模型还需给出颗粒向深水沉降的沉降系数和再悬浮系数。通过建模，可以模拟泥沙颗粒从水体到淤积层的淤积过程；从淤积层返回水体的再悬浮过程；由

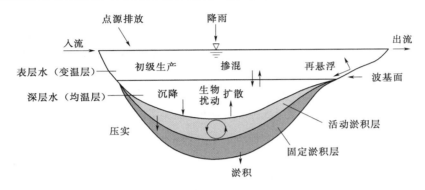

图 2.4-1　湖泊的物质传输过程

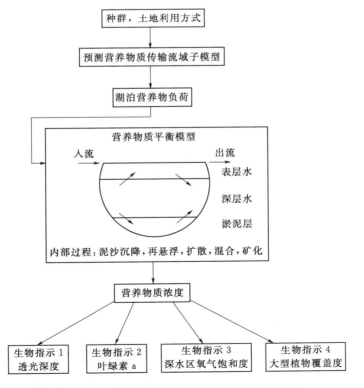

图 2.4-2　水体富营养化模型（ELS）原理示意

淤积层向水体扩散过程；水体在表层与深层间的混合以及有机物和无机物间相互转换过程。

计算流程的下一个步骤是建立非生物变量与生物状况关系的子模型，它是一种经验性的定量模型。建模的具体方法是建立营养物质浓度与生物状况指示值之间的经验性关系，通过这种关系可计算出一个或多个能够代表生物状况的指示值（bioindicator），诸如鱼类生产、藻类生物量、叶绿素 a、大型植物覆盖度、深水区氧气饱和度和透光深度等。需要通过大量调查统计，才能构造出非生物变量转化为生物信号（biotic signal）的经验关系式。

实际上，在湖泊管理实践中，非生物变量转化为生物信号（biotic signal）的经验性关系是十分有用的。比如依靠大量现场观测数据进行衰退分析构造出注入湖泊的磷浓度与浮游植物（用叶绿素 a 表示）之间的关系式。这种关系式不仅可以在 ELS 模型中应用，也可以用于湖泊管理。具体过程是依据管理目标，先确定可以接受的藻类生长水平（可以用叶绿素 a 表示），然后反推计算入湖磷浓度和允许入湖磷总量，同时可以计算水利调度方案。

应用 ELS 模型时，选择合适的尺度十分重要。每一种 ELS 模型都是针对一定尺度范围设计的。大尺度模型需要更多的数据支持，因涉及大量数据收集的可达性，会遇到不少困难。现实的方法是根据实际情况选择中等尺度为宜。ELS 模型具有很强的实用性，但是也存在局限性。首先，ELS 模型不能处理浮游藻类生物量的临时变化，因而不能考虑藻类生物量的峰值，只能用藻类生物量平均值。其次，初期开发的 ELS 模型没有考虑富营养湖泊中磷从泥沙逸出的分量即磷的内负荷。因为有些自养型湖泊，仅靠控制磷的外源方法是不合适的。

2.4.3　基于功能组的食物网模型

湖泊管理涉及生产力，群落构成，生物量等，需要建立基于功能组的食物网模型。所谓功能组是按照摄食习惯划分，具有相同摄食习惯的生物归并为同一功能组，如初级生产者、食植动物、食肉动物以及分解者等（见 1.3.3 节）。食物网建模的基本概念，涉及初级生产、次级生产、消费、代谢作用效率，层级内生物量转化，摄食选择和鱼类迁徙等。为建立食物网模型，需要对生物主要群体的数量和生物量进行测量。更精确的测量包括供食试验，确定某一种类型的消费者与一种或多种食物之间的关系。例如，肉食性鱼类既可消费植食性底栖动物，也可消费肉食性底栖动物。此外，还可以应用同位素追踪推断食物来源，定量评估多种食物对特定消费者生物量的不同贡献。通过食物网分析，可以显示能量从一个营养级向另一个营养级传递的效率。湖泊生态系统物种繁多，不可能都包含在模型中，而是需要选择指示生物（bioindicator）作为代表，这是因为指示生物蕴含着整个生态系统的特征。例如为模拟汞的生物富集，需要建立食物网模型，建模工作从顶级食肉动物中汞的富集着手。因为顶级食肉动物靠食物网扩展影响到较低层次的动物，一直影响到营养动力基础部分，即所谓"下行效应"。因此，基于功能组的食物网模型应体现营养级联概念。图 2.4-3 是典型湖泊食物网示意图，图中左列为湖滨带食物链，右列为湖泊敞水区食物链。

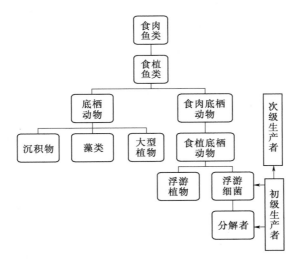

图 2.4-3　典型湖泊食物网示意图

第2篇

调查评价与生态要素
分析计算

第3章
河流湖泊调查与栖息地评价

河流湖泊调查分析是开展生态水利工程规划设计的基础性工作。河湖调查涉及水文、泥沙、地貌、水质、污染源和富营养化的调查方法。河湖生物调查包括标志性生物调查技术和数据质量控制方法。

河流栖息地评价是生态水利工程规划设计的重要组成部分。通过对栖息地现状以及人类活动影响调查，评价栖息地退化状况和发展趋势，进而分析栖息地退化原因，为生态修复规划的制定提供重要依据。

3.1 河流湖泊调查与分析

本节分别阐述了河流与湖泊调查方法，包括水文、泥沙、水质和地貌调查；相关参数的计算与评价方法。生物调查方面，重点介绍了采样点布设、采样技术以及数据处理方法。

3.1.1 河流调查与分析

河流调查内容包括流域社会经济调查（参见附表Ⅰ-2）、水资源开发利用情况、水文信息采集分析、泥沙测验和计算、水质状况监测与评价、河流地貌调查。

1. 地图测绘

河流生态修复规划需要收集和绘制的地图包括流域地图、规划区现状图、规划方案图和项目河段地形地貌图。流域地图是在流域尺度上，用于表征流域边界及特征，描述规划区位置以及流域土地利用方式等特征。规划区现状图反映规划区面积及地形地貌现状，基础设施和水利工程，河漫滩范围边界等现状。规划方案图用以说明规划总体布局，比选方案及最终方案，规划分区及河流分段，项目完成后面貌及效果。项目河段地形地貌图用于详细描述项目河段的地形地貌，工程布置，施工布置以及监测系统布置。表3.1-1列出了这四种地图的内容、用途和数据来源。

上述地图可以利用现有地图或用现有地图数据加工绘制，诸如地形图、遥感影像以及地理信息系统数据（GIS），必要时还要进行现场测绘。规划工作所需地图的精度取决于规划任务的类型，比如编制河漫滩植被修复规划时，就需要进行河漫滩洪水期淹没及地下

表 3.1－1　　　　　　　　　　　河流生态修复地图内容和用途

地图类型	地图内容	数据来源	用途
流域地图	流域边界及特征；土地利用方式；规划区位置	地形图；遥感影像数据；公共 GIS 数据库	土地利用方式分析及对水文条件和泥沙输移影响；景观格局分析
规划区现状图	规划区范围；地形地貌现状；现有基础设施和水利工程；河漫滩范围边界；土地产权	流域地图；地形地貌测绘；河道和植被调查	表示项目环境和约束条件；为水文分析、冲淤分析、水力学计算及地貌分析提供地形地貌数据
规划方案图	规划方案的总体布局，比选方案及最终方案；规划分区；河流分段；项目完成后面貌	利用规划区现状图，绘制比选和最终方案布置图和效果图	说明最终规划方案的总体布局，实施效果；河道及河漫滩修复后与现状地貌的关系
项目河段地形地貌图	河道平面图、河道和河漫滩横剖面图、河道纵剖面图	现场地面测绘；遥感影像数据	河床稳定性分析；岸坡稳定性分析；项目河段工程布置；施工布置；监测系统布置

水位变化观测分析，测绘较为详细的现场地貌图。地图的绘制方法，可以用 GIS 格式也可以用计算机 CAD 格式。现场地形测绘的范围，侧向应超过河漫滩的外边界，纵向应超出规划区上下游一定距离。河道纵向轮廓测绘，主要是河床纵坡降。河道横断面测绘包括河床和河漫滩以及河岸顶部及河床最深处高程。

2. 水文信息采集分析

水文信息资料是生态水利工程规划设计需要提供的基础资料。主要有两方面需求：一是提供典型年、月径流量过程数据，用于环境流计算、水库生态调度方案制定、河岸带植被恢复设计以及水文情势变化生物响应研究；二是提供设计洪水数据，用于生态水工建筑物设计，保证建筑物的防洪安全。

水文信息采集包括水位、流量、泥沙、降水、蒸发、水温、冰凌、水质和地下水等要素。为获取这些水文数据，在流域范围内布置一定数量的水文测站，形成水文站网。这些水文测站按照国家和行业技术标准对水文信息进行长期、系统的观测，同时对获取的信息进行整理。根据系列水文资料，利用统计学方法推求水文情势变化规律，进行水文频率计算，对未来水文现象作出概率意义上的预估，以满足规划设计需要。水文信息采集分析，属于工程水文学专业范畴，本书只扼要介绍若干基本概念，有关技术方法细节可参考相关技术规范（如 SL 338—2006，SL 443—2009）。

（1）降水观测。降水观测内容包括降雨、降雪、降雹的水量。降水量单位用 mm 表示。观测仪器包括传统的雨量计、虹吸式自记雨量计和翻斗式自记雨量计等。采用新技术的仪器有光学雨量计和雷达雨量计。雨量计观测降水量，需每日观测并采用定时分段观测，即依据不同季节按照相关技术标准确定段次，原则是多雨季节每日观测时段加密。降雨量的数据整理包括日、月降水量统计与校核，数据合理性检查。

（2）水位观测。水位是指河流、湖泊、水库等水体的自由表面离开固定基面的高程，单位以 m 计。我国统一采用黄海基面。水位观测数据，可直接为水利、防洪、排涝和航运设计服务，同时，水位数据也是推求流量和计算纵比降的基本资料。水位观测常用设备有水尺和自记水位计两类。水位观测频率依据相关技术规范，按照水位变幅确定。如水位变化缓慢（日变幅小于 0.12m），每日 8 时和 20 时各观测 1 次，称为二段制。水位日变幅加大，应依次加密，直至十二段制，当洪峰出现时还要加测。水位观测数据整理工作包括日平均水位、月平均水位和年平均水位计算。当日变幅缓慢时，可采用算术平均法计算。当日变幅较大时，则采用面积包围法，即将当日 $0\sim24h$ 内水位过程线所包围的面积，除以一日时间求得。根据逐日平均水位，可算出月平均水位和年平均水位及保证率水位。在刊发的水文年鉴中，均载有测站的日平均水位表，表中附有月、年平均水位，年及各月最高水位、最低水位和汛期水位过程线。

（3）流量测验。流量是单位时间内流过河流某一横断面的水量，以 m^3/s 计。流量是反映河流、湖泊、水库水体水量变化的基本数据，是河流最重要的水文特征值。流量是水文站用规定的测流方法进行测验取得实测数据，然后经过分析、计算而获得的数据。流量测验的原理是流量等于河道断面各点流速与单元面积乘积的积分值。

测流主要采用流速仪法。流速仪法原理是将河道断面划分为若干垂直条状部分，用测量方法实测并计算出各部分断面面积，用流速仪实测流速，然后计算出各部分断面面积内的平均流速，平均流速与部分断面面积的乘积即为部分流量，各部分流量之和即全断面流量。因此，测流工作包括横断面测量和流速测量两部分。

1）河道横断面测量。在横断面上布设一定数量的测深垂线，实测各条垂线上的水位高程并测量水深，用实测的水位高程减去水深，即得各测深垂线处的河底高程。目前常用全球定位系统（GPS）确定水位高程，这种方法方便快捷。水深可直接用测深杆、测深锤或测深铅鱼测量，也可以用超声波测深仪测量。另外，每年需要进行河道大断面测量，所谓大断面是将河道断面扩展到历年最高洪水位以上 $0.5\sim1.0m$ 的断面。它的用途是日常测流时不必实测断面，可直接借用，另外也用于研究测站断面变化。大断面测量常在枯水季节实施，汛前或汛后复测一次。

2）流速测量。一般采用流速仪法测量水流流速。传统的流速仪有旋杯式和旋桨式两种。流速仪法可分为积点法、积深法和积宽法，以积点法最为常用。积点法测速是指在断面各条垂线上将流速仪放至不同的水深点测速。测速垂线的数量及垂线上的测点布置依照相关技术规范确定。近年声学多普勒流速剖面仪（ADCP）推广应用广泛，它可以测量河流分层流速，还可以根据预先设定的计算单元计算出断面流量。

3）流量计算。流量计算方法有分析法、图解法和流速等值线法等，以分析法最为常用。分析法的具体步骤为：

a. 依据垂线上布点状况，用相关技术规范中的经验公式计算垂线上的平均流速 V_{mi}，$i=1、2、3、\cdots$。

b. 部分面积计算。因为断面上布置的测深垂线数目比测速垂线数目多，故首先计算相邻测深垂线间的断面面积。计算方法如下：考虑岸边情况特殊，距岸边第一条测深垂线与岸边构成三角形，按三角形面积公式计算，左右岸各一个，面积为 a_1 和 a_8（图 3.1-1）。其余相邻两条测深垂线间面积按照梯形公式计算，如 a_2、a_3、a_4、$\cdots$。然后，依据测速垂线分布情况，合并如 $A_1=a_1+a_2$；$A_2=a_3+a_4$。A_1，A_2，$\cdots$，称为部分面积。

c. 部分平均流速计算。岸边部分，如图 3.1-2 中的部分平均流速 V_1。

$$V_1=\alpha V_{m1} \tag{3.1-1}$$

式中：α 为岸边流速系数，其值视河岸坡度确定，斜坡 $\alpha=0.67\sim0.75$，一般取 0.70；陡

岸 $\alpha = 0.80 \sim 0.90$；死水边 $\alpha = 0.60$。

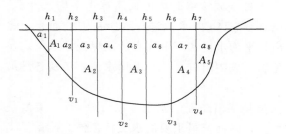

图 3.1-1　部分面积计算示意图
（据詹道江，2010）

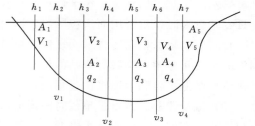

图 3.1-2　部分流量计算示意图
（据詹道江，2010）

中间部分，如图 3.1-2 中部分平均流速 V_2、V_3、V_4，为相邻两垂线平均流速的平均值，即

$$V_i = (V_{mi-1} + V_{mi})/2 \tag{3.1-2}$$

d. 部分流量计算。由各部分的部分平均流速与其对应的部分面积之乘积得到部分流量，如图 3.1-2 所示 q_1、q_2、$\cdots$。

$$q_i = V_i A_i \tag{3.1-3}$$

式中：q_i、V_i、A_i 分别为第 i 部分的流量、平均流速和断面面积。

e. 全断面流量计算。全断面流量 Q 等于各部分流量之和，即

$$Q = \sum_{i=1}^{n} q_i \tag{3.1-4}$$

（4）水文调查和水文遥感。目前收集水文资料的主要途径是测站定位观测，水文调查是对定位观测的补充，使水文资料更系统、完整，满足规划设计工作需要。水文调查的内容可分为：流域调查、洪水及暴雨调查、漫滩流量调查等。水文调查主要靠野外工作，辅以资料分析。如漫滩流量调查包括：测绘河段平面地形图和河道横断面图，现场勘测河流主槽和滩区地貌，调查行洪路线，查阅历年水文资料，进而推求漫滩流量。

近年遥感技术发展迅速，在水文调查等领域应用广泛。遥感技术可以进行定量分析，它与地理信息系统相结合，可以实现大范围的快速监测。利用水文遥感技术，可以进行以下方面调查：①流域调查。根据卫星影像可以准确查清流域范围、流域面积、流域覆盖类型、河长、河网密度、河流弯曲度等。②水资源调查。使用不同波段、不同类型的遥感资料，可以判读各类地表水如河流、湖泊、水库、沼泽、冰川、冻土和积雪的分布；还可以分析饱和土壤面积、含水层分布以及估算地下水储量。③水质监测。可以识别水污染类型，如热污染、油污染、工业或生活废水污染、农业污染以及悬移质泥沙、藻类繁殖等。④洪涝灾害监测。判读洪水淹没范围。⑤泥沙淤积监测。包括河口、湖泊、水库淤积以及河道演变。

3. 泥沙测验和计算

按照河流中泥沙的运动形式可分为悬移质和推移质（见 1.2.2 节）。本节重点介绍悬移质测验和计算方法。

常用含沙量和输沙率这两个定量指标来描述悬移质状况。含沙量的定义是单位体积浑

水内所含干沙的重量，用 C_s 表示，单位为 kg/m^3。输沙率的定义是单位时间流过河流某断面的干沙重量，用 Q_s 表示，单位为 kg/s。

（1）含沙量的测验。含沙量测验中使用采样器采集河流浑水水样。采样器有横式采样器和瓶式采样器。采得的水样经过体积量测、沉淀、过滤、烘干、称重等程序，就能得到一定体积浑水中的干沙重量。水样中的含沙量按下式计算：

$$C_s = W_s/V \qquad (3.1-5)$$

式中：C_s 为水样含沙量，g/L 或 kg/m^3；W_s 为水样中的干沙重量，g 或 kg；V 为水样体积，L 或 m^3。

除上述采样器外，近些年推广的同位素测沙仪具有实时、方便的优点。使用这种仪器不必采集水样，直接将探头布置在测点上，仪器即可显示数字和曲线，获得含沙量。

输沙率测验包括含沙量测定和流量测定两部分。流量测定方法如前述。为了反映悬移质在河床断面水流中的分布状况，需要在断面上布置一定数量的取样垂线，一般取样垂线数目不少于规范规定的流速仪测速垂线的一半。在每条垂线上的测点分布视水深而定，可有一点法、三点法、五点法等。

根据测点的水样，得出测点的含沙量后，可用流速加权计算垂线平均含沙量。五点法的垂线平均含沙量计算式为

$$C_{sm} = (C_{s0.0}V_{0.0} + 3C_{s0.2}V_{0.2} + 3C_{s0.6}V_{0.6} + 2C_{s0.8}V_{0.8} + C_{s1.0}V_{1.0})/10V_m \qquad (3.1-6)$$

三点法的计算式为

$$C_{sm} = (C_{s0.2}V_{0.2} + C_{s0.6}V_{0.6} + C_{s0.8}V_{0.8})/3V_m \qquad (3.1-7)$$

式中：C_{sm} 为垂线平均含沙量，kg/m^3；C_{sj} 为测点含沙量，下标 j 表示该点的相对水深，kg/m^3；V_j 为测点流速，下标 j 含义如上，m/s；V_m 为垂线平均流速，m/s。

根据各条垂线的平均含沙量 C_{smi}（i 为垂线序号），配合测流计算的部分流量，即可算出断面输沙率 Q_s 为

$$Q_s = \{C_{sm1}q_1 + C_{smn}q_n + [(C_{sm1} + C_{sm2})q_2 + \cdots + (C_{smn-1} + C_{smn})q_n]/2)\}/1000 \qquad (3.1-8)$$

式中：Q_s 为断面输沙率，t/s；q_i 为第 i 条垂线与第 $i-1$ 条垂线间的部分流量，m^3/s；C_{smi} 为第 i 条垂线的平均含沙量，kg/m^3。

断面平均含沙量为

$$C_s = 1000Q_s/Q \qquad (3.1-9)$$

式中：Q 为断面流量，m^3/s。

（2）单位含沙量。为简化输沙率测验工作，从实践中发现在断面稳定、主流摆动不大的前提下，能够找到断面某一条垂线的平均含沙量与断面平均含沙量之间具有稳定关系。这种具代表性的垂线测出的平均含沙量称为单位含沙量。应用多年实测资料，可以绘出断面平均含沙量与单位含沙量间的曲线。这样，就可以大大简化测验工作，即只测验有代表性垂线或测点的含沙量，查关系曲线即可得到断面平均含沙量。

（3）泥沙颗粒分析和级配曲线。泥沙颗粒分析的具体内容，是将有代表性的沙样按照颗粒大小分级，分别求出小于各级粒径泥沙重量百分数。将其成果绘在半对数纸上，即得到泥沙粒径分布曲线（图 3.1-3）。曲线以泥沙粒径为横坐标，以小于某一粒径的颗粒在沙样中所占重量百分数为纵坐标。由沙样的粒径分布曲线可以确定各种粒径泥沙颗粒在沙

样中所占比例，用以表示沙样组成状况。不同的代表粒径如 d_{50}、d_{75}、d_{90} 表示小于这一粒径的泥沙颗粒在沙样中所占重量比分别为 50%、75%、90%。例如，图 3.1-3 中左侧曲线 Ⅰ d_{75} 为 0.1mm，表示粒径小于 0.1mm 的颗粒在沙样中所占比例为 75%。曲线 Ⅱ d_{75} 为 0.035。

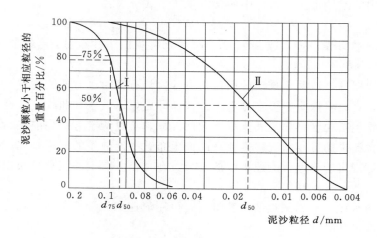

图 3.1-3　泥沙粒径分布曲线

4. 水质状况监测与评价

水质状况调查与监测的内容包括水体质量监测、沉积物污染调查和污染源调查。水体质量监测项目应符合《地表水环境质量标准》（GB 3838—2002）和《地表水资源质量评价技术规范》（SL 395）要求。沉积物污染调查包括河漫滩沉积物、河床沉积物及泥沙悬移质等，应按照《土壤环境质量标准》（GB 15618）的要求确定调查项目，其中泥沙测验与计算上文已讨论。污染源调查重点是开展入河排污口调查，必要时开展面源和内源调查。河流生态修复的水质评价的目的是评价水环境现状和变化趋势，为开展河流生态修复规划提供技术支持。

（1）水质监测。水质监测的任务包括：提供水质当前状况数据，判断水质是否符合国家规定的质量标准；确定水体污染物时空分布及迁移、转化规律；追踪污染物的来源；收集和积累长期监测资料，为制定规划提供依据。

水质监测站是定期采集实验室水样和对某些水质项目进行现场测定的基本单位。水质监测站网布置原则，应根据水质状况和变化趋势，选择合理位置使监测站能够获取有代表性的信息。由于监测成分浓度与流量密切相关，因此，水质监测站应尽可能与水文站结合设置。地表水采样断面和采样点布设应考虑以下原则：有大量废水排入河流的居民区、工业区的上下游；河口、湖泊、水库的主要出入口；河流干流、湖泊水库具有代表性断面；支流汇入干流的会合口。采样垂线的布置原则，主要考虑监测成分浓度分布的不均匀性，一般性准则见表 3.1-2。采样垂线上采样点的布设，取决于水深、水流状况和水质参数特性等因素，具体布置要求见表 3.1-3。采样频率要能反映水质时空变化规律。同一条河流应力求同步采样，以便反映监测成分的输移规律。在工业区和城市附近在汛前一次大雨和久旱后第一次大雨产流后，增加一次采样。

表 3.1-2　　　　　　　　　　水 质 采 样 垂 线 布 设

水面宽度/m	垂线数量	岸边有污染带	外侧垂线与岸边距离/m
<50	1 条（中泓处）	如一边有污染带，增设 1 条垂线	
50～100	左、中、右共 3 条		5～10
100～1000	左、中、右共 3 条	如一边有污染带，增设 1 条垂线	5～10
>1000	3～5 条	如一边有污染带，增设 1 条垂线	5～10

表 3.1-3　　　　　　　　　　垂 线 上 采 样 点 布 置

水深/m	采样点数	位　　　　　置
<5	1	水面以下 0.5m
5～10	2	分别为水面以下 0.5m，河底以上 0.5m
>10	3	分别为水面以下 0.5m，1/2 水深，河底以上 0.5m

（2）污染源调查。污染源调查的目的是通过对某一地区水体污染的来源进行调查，建立各类污染源档案，评估各类污染源对环境危害程度，进而确定该地区污染控制的重点对象和控制方法。

河流污染源调查的主要内容包括：①入河排污口调查。包括污水排放通道和排放路径；排污口位置及排入纳污水体的方式；污染物类型和排放量（表 3.1-4）。②水体污染源的环境状况调查。包括地理位置；气象、地形、地貌、植被状况。③社会经济和水资源利用状况。包括工业区、居民区、农业、养殖业的分布；人均水资源量以及生产、生活、生态用水量。④年度污水总量及其所含污染物成分和总量。⑤水污染危害。对于人群健康、生物生存的危害程度；污染事故发生时间、地点、原因及其后果。相关调查表格参见附表Ⅰ-3 工业企业废水排放及处理情况调查表、附表Ⅰ-4 城镇污水和垃圾收集、处理与排放情况调查表、附表Ⅰ-5 规模化养殖污染状况调查表、附表Ⅰ-6 农村生活污水、生活垃圾污染调查表、附表Ⅰ-7 种植业污染状况调查表。

表 3.1-4　　　　　　　　　　排 污 口 调 查 表

地市名称	企业名称	企业位置	所属行业	排污去向	入河排污口编号	水功能区编号	水功能区名称	废水排放量/(t/d)	污染物排放量/(kg/d)		
									污染物 1	污染物 2	污染物 3

（3）水质评价。水质评价是水环境质量评价的简称，是根据水的不同用途，选定评价参数，按照一定的质量标准和评价方法，对水体质量定性或定量评定的过程。其目的在于准确地反映水质的现状和变化趋势，为水资源的规划、管理、开发、利用和污染防治提供依据。河流生态修复工程的水质评价，应以维护河流廊道生态系统健康为侧重点。评价的相关项目应包括水温、浊度、pH 值、溶解氧、总磷、总氮、有毒有机化学品、重金属、生化需氧量、悬浮颗粒物等（见 1.2.3 节）。地表水水质评价的要点是：①评价标准。地表水环境质量标准应采用《地表水环境质量标准》（GB 3838—2002），地下水环境质量标

准应采用《地下水质量标准》（GB/T 14848—93）。②评价参数。水体使用功能不同、评价目的不同，评价参数的选择也有所不同。常见的评价参数有：感官物理性状参数（如温度、色度、浊度、悬浮物等）、氧平衡参数（如 DO、COD、BOD_5 等）、营养盐参数（如氨氮、硝酸盐氮、磷酸盐等）、毒物参数（如酚、氰化物、汞、砷、农药等）、微生物学参数（如细菌总数、大肠菌群等）。③评价方法。典型的评价方法包括单因子评价法、污染指数法、模糊数学评价法、层次分析法、人工神经网络评价法等。其中以单因子法简单、方便。具体方法是根据水域功能类别，选取相应类别标准，进行单因子评价，借以说明水质达标情况、超标项目和超标倍数。④单个断面水质评价。断面水质评价应包括单项水质项目水质类别评价、单项水质项目超标倍数评价、断面水质类别评价和断面主要超标项目评价 4 部分内容。单项水质项目水质类别应根据该项目实测浓度值与 GB 3838—2002 限值的比对结果确定。超标项目应计算超标倍数。水温、pH 值和溶解氧不计算超标倍数。断面水质类别应按所评价项目中水质最差项目的类别确定，列前三位的项目应为该断面的主要超标项目。⑤单个水功能区水质评价。对单个水功能区的水质评价应选择功能区内一个或多个有代表性的断面进行评价。主要包括单次水功能区达标评价、单次水功能区主要超标项目评价、年度水功能区达标评价、年度水功能区主要超标项目评价 4 部分。单次水功能区达标评价水质浓度代表值劣于管理目标类别对应标准限值的水质项目称为超标项目，应计算超标项目的超标倍数，水温、pH 值和溶解氧不计算超标倍数。将各超标项目按超标倍数由高至低排序，排序列前三位的超标项目为单次水功能区的主要超标项目。年度水功能区达标评价应在水功能区单次达标评价成果基础上进行，计算评价期内的达标次数和达标率。在评价年度内，达标率不小于 80% 的水功能区为年度达标水功能区。年度水功能区超标项目应根据水质项目年度的超标率确定。年度超标率大于 20% 的水质项目为年度水功能区超标项目。应将年度水功能区超标项目按超标率由高至低排序，排序列前三位的超标项目为年度水功能区主要超标项目。⑥流域及区域水质评价。流域及区域水质评价包括水功能区达标比例、各类水质类别比例、流域及区域的主要超标项目等内容。河流应按断面个数、功能区个数、河流长度三种口径进行评价。⑦评价结果。根据计算结果进行水质等级划分，说明水质达标情况，超标项目和超标倍数，提出评价结论。此外，还可用水质成果图来形象地反映水质状况。基本的水质成果图一般包括以下内容：流域位置图、水文地质状况图、污染源分布图、监测断面分布图、污染物含量等值线图和水体综合评价图等。

5. 河流地貌调查

河流地貌特征直接影响栖息地质量（见 1.1.2 节）。河流地貌调查内容包括河流地貌基本情况和河流地貌演变。

（1）调查技术。已经广泛应用的遥感技术可以获取多种河流地貌信息。在现场调查方面，除了常规的测量技术以外，使用三维激光扫描仪，可以快速获取河道地貌特征的海量激光点云数据。河底高程测量方面，使用船载多波束声呐探测仪具有快速、准确的优点。多波束声呐探测仪发射多束声波，这些声波在展开角度内向河底发射，发射一次波束就可以测量数倍水深范围的河段地形，这样就可以在短时间内绘制完成全断面地形。输出的三维水下地形图还能揭示河床地形的各种细节，如沙丘、沙垄等。

（2）河流地貌特征参数。河流地貌特征按照河流横断面、河流平面形态和河道纵剖面三维方向描述。其中河道横断面涉及尺寸、形状和输水效率。平面形态按照蜿蜒性河道、辫状河道和网状河道分别描述。其中蜿蜒性河段的平面形状可以用曲率半径 R、中心角 ϕ、河湾跨度（波长）L_m 和振幅 T_m 来表示。河段的弯曲程度可用弯曲率 B 表示。弯曲率 B 等于一个波峰的起始点和一个相邻波谷的终止点之间的曲线长度与这两点间直线距离的比值（图 3.1-4）。表 3.1-5 汇总了描述河道地貌特征的重要参数。

表 3.1-5　　　　　　　　　　　　河 道 地 貌 特 征 参 数

参　　数			定　　义
河道横断面	1. 尺寸	河道过流面积 C_c	漫滩水位下河道横断面面积，等于主槽平均水深与宽度之积，m^2
		河道宽度 w	河岸间的河道宽度，m
		河道平均深度 d	河床横断面各测量水深平均值
		湿周 W_p	水流与固体边界接触部分的周长，即过水河槽总长，m
	2. 形状	宽深比 w/d	河道宽度与平均水深之比
		河道不对称性 A^*	$A^* = (A_r - A_l)/C_c$，式中 A_r 和 A_l 分别为河道横断面中心线右侧和左侧面积，$C_c = A_r + A_l$
	3. 输水效率	水力半径 R	$R = C_c/W_p$，水力半径等于河道过流断面面积与湿周之比，m
		河床糙率 n	糙率又称粗糙系数，是衡量河道输水壁面粗糙状况的综合系数
河道平面形态	1. 蜿蜒型河道	弯曲率 B	弯曲率 B 等于蜿蜒河道波形的一个波峰的起始点和一个相邻波谷的终止点之间的曲线长度与这两点间直线距离的比值
		蜿蜒河道波长 L_m	相邻两个波峰或波谷点之间距离，m
		蜿蜒河道波形振幅 T_m	相邻两个弯道波形振幅，m
		曲率半径 R	河道弯曲的曲率半径，m
		中心角 φ	河道弧线中心角
	2. 辫状河道	辫状程度	河段内沙洲和江心洲总长度与河段总长度之比
	3. 网状河道	洲岛与主流的宽度比 ψ	$\psi = B_1/B_2$，式中 B_1 为洲岛宽度；B_2 为河道主流宽度
河道纵剖面		河段纵比降 i	$i = (h_1 - h_2)/L$，式中 h_1，h_2 分别为河段上下游河底两点高程；L 为河段长度

（3）河床基质调查。河流栖息地调查中，河床基质构成是不可或缺的内容。这是因为基质成分决定河床糙率，进而影响水力学特征（流速、水深及河宽）。此外，基质为鱼类提供微栖息地条件，因为有些鱼类需要特殊的基质产卵。

基质调查要点如下：①基质组成。基质类型按照几何尺寸大小分类。目前常采用修订的温特瓦基质类型分级标准（表 3.1-6），目前在鱼类栖息地调查中常采用这个标准，用它描述平均基质大小并测定优势基质。②卵石计数调查法。卵石计数调查法是一种快速调

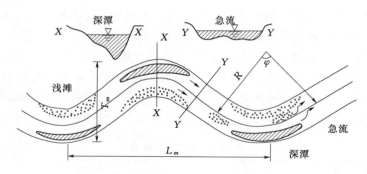

图 3.1-4　蜿蜒型河流特征参数

查法，而且能够有效提高调查的可重复性（Kondolf 和 Hardy，1994）。在可以涉水的砂砾石基质河段中，平面上连续布置 12 条 "Z" 字形断面，断面间距约为河宽的 2 倍，每个断面上布置 10 个采样点。这样河段基质的测量数据可以超过 100 个。调查者沿断面布线行走，在采样点停留，用携带的金属棒垂直插向河床采样点位置，对金属棒首次触及到的颗粒进行测量。如果是卵石或砾石，用卡尺测量其长宽高三轴中的中等尺寸轴长，称为中值直径。如果颗粒粒径小于 2mm，则测量粒径尺寸。如果金属棒首次触及的是细沙或淤泥则不需测量，记录位置即可。③测量数据处理。将河段卵石测量数据按照大小排列，计算对应累积粒度百分比，绘制在半对数纸上，即可得到卵石粒径-累积粒度百分比频率曲线。从频率曲线可以查出 50% 累积粒度百分比对应的中值直径，用这个中值直径表示河段的颗粒粒径平均值。④大颗粒基质被覆盖程度。大颗粒（巨砾、中砾、卵石、砂砾等）多被细沙、淤泥或黏土所覆盖，其覆盖程度对于底栖动物、越冬鱼类、鱼类产卵与孵化影响很大。一般用嵌入率反映大颗粒被细沙、淤泥或黏土覆盖状况。当覆盖率小于 5%，可以忽略不计。当覆盖率分别为 5%～25%、25%～50%、50%～75% 和大于 75% 时，对应的嵌入率等级分别为低、中、高、很高。

表 3.1-6　　　　　　　　　　　温特瓦基质类型分级标准

基质类型	粒径大小范围/mm	样品级别	基质类型	粒径大小范围/mm	样品级别
巨砾	>256	9	卵石	8～16	4
中巨砾	128～256	8	砾石	4～8	3
中砾	64～128	7	砂砾	2～4	2
大卵石	32～64	6	沙	0.06～2	1
中卵石	16～32	5	黏土和淤泥	<0.06	0

注　据 Mark 和 Nathalie，1999。

（4）河流演变调查。河流演变调查的目的是通过对河流历史演变过程的调查，掌握河流演变的发展趋向，以便采取必要的工程措施稳定河势。①通过收集、整理历史记录和现场调查，绘制历史河流形态平面图和典型横断面图。②调查由于建设大坝、堤防、船闸等建筑物，引起河流地貌形态的变化。③调查由于采砂、取土、疏浚等引起河流地貌形态的变化。

3.1.2 湖泊调查与分析

湖泊调查分析应包括以下方面：①湖泊流域自然环境（地理位置、地质地貌、气象气候、土地利用状况和自然资源）；②湖泊水环境特征（水文特征、水功能区划、水动力特征、大型水利工程）；③流域社会经济影响；④流域污染源状况调查（点源污染、面源污染、污染负荷量统计、入湖河流水质参数、入湖河流水文参数）。其中湖泊流域土地利用调查表见附表Ⅰ-1；社会经济状况调查表见附表Ⅰ-2。本节择要介绍水文地貌调查，污染源调查，湖泊富营养化评价。

1. 水文地貌调查

（1）基本情况。湖泊基本情况包括湖泊名称、湖泊类型、湖底高程、流域面积、流域多年平均降雨量、湖泊与河流连接状况、湖泊主要功能、水功能区、自然保护区和水利工程设施等项目，见表3.1-7。表3.1-7中，湖泊类型是按照湖泊的成因分为：冰川湖、构造湖、河成湖、滨海湖、火山口湖和岩溶湖6类。流域面积指流域周围分水线与入湖河口断面之间所包围的面积。河流连接状况指入湖河流和出湖河流状况，包括河流名称、多年平均径流量、河流水体与湖泊是单向还是双向连通。湖泊主要功能指资源功能（供水、灌溉、渔业等）和生态服务功能（调节、供给、支持、文化功能）。说明湖泊的功能区划定位以及是否属自然保护区。流域内水利设施建设，包括闸坝、堤防、围湖工程的规模和功能。

表 3.1-7　　　　　　　　　　　　湖泊基本情况调查表

湖泊名称	湖泊类型	湖底海拔高度/m	流域面积/km²	流域多年平均降雨量/mm	与湖泊连接河流			主要功能	水功能区	自然保护区	工程设施	
					名称	多年平均流量	连接方式				功能	规模
1	2	3	4	5	6	7	8	9	10	11	12	13

（2）湖泊水文地貌参数。湖泊地貌和水文条件是重要的生境要素。无论何种类型的湖泊，其地貌形态特征（表面积、容积、吹程、岸线发育系数、水下坡度）以及水文特征（水深、水力停留时间、水位波动）均对湖泊分层、藻类和鱼类生长、水禽栖息地以及湖滨带湿地规模产生重要影响。表3.1-8列出主要湖泊地貌及水文参数、定义和计算公式，还注明了这些参数在评估生态影响时的用途，参数计算公式参见1.3.2节。

2. 污染源调查

（1）点源污染调查。点源污染调查包括城镇工业废水、城镇生活源以及规模化养殖等。工业企业废水排放及处理情况调查表见附表Ⅰ-3；城镇污水和垃圾收集、处理与排放情况调查表见附表Ⅰ-4；规模化养殖污染状况调查表见附表Ⅰ-5。

表 3.1-8　　　　　　　　　　　湖泊地貌水文调查参数及其用途

序号	参数	定义/算式	用　途
1	表面积 A/m^2	由湖泊等深线图获得不同水深对应的表面积	决定风对水体扰动程度，影响湖泊分层和光照环境
2	容积 V/m^3	$V=\sum V_{ij}$，$V_{ij}=\dfrac{Z_j-Z_i}{2}A_{ij}$，式中 V_{ij} 为水深 Z_j 与 Z_i 之间的容积；A_{ij} 为等深线 Z_i 与 Z_j 间的表面积（参见图 1.3-1）	影响水资源供给和纳污能力
3	平均水深 $\overline{Z}/m$	$\overline{Z}=\dfrac{V}{A}$，式中 V 为总容积；A 为表面积	藻类生物量随 $\overline{Z}$ 增加而降低，鱼类捕获量也降低
4	相对水深比 $Z_{max}/\overline{Z}$	相对水深比 $Z_{max}/\overline{Z}$，式中 Z_{max} 为最大水深；$\overline{Z}$ 为平均水深	判断湖泊分层稳定性；判断湖盆形状
5	吹程 L_w/m	风力能够扰动的距离。取湖泊最大长度 L'；或等于（$L'+W$）/2，式中 L' 为湖泊最大长度；W 为湖泊最大宽度	判断温跃层深度指标之一
6	岸线发育系数 D_L	定义 D_L 为岸线长度与相同面积的圆形周长之比。$D_L=\dfrac{L_b'}{2\sqrt{\pi A}}$，式中 D_L 为岸线发育系数；L_b' 岸线长度；A 为湖泊表面积。圆形湖盆 $D_L=1$	D_L 高表示岸线不规则程度高，湖湾多，湖滨带开阔，能减轻风扰动，适于水禽和鱼类的湿地数量多
7	水下坡度 S	水下坡度 S 指湖泊横断面边坡比，用度数或百分数表示。$S=\dfrac{Z_{max}}{\sqrt{A/\pi}}$，式中 S 为水下坡度；Z_{max} 为最大水深；A 为表面积	影响湖滨带宽度；沉积物稳定性；大型植物生长条件；水禽、鱼类和底栖动物的适宜性
8	水力停留时间 T_s/a	水力停留时间 T_s 指流入湖泊的水量蓄满整个湖泊所需时间。$T_s=\overline{V}/Q_2$，式中 T_s 为水力停留时间，a；$\overline{V}$ 为多年平均水位下湖泊容积，m^3；Q_2 为多年平均出湖流量，m^3/a	涉及污染控制、水体流动性
9	水位波动平均值 /m	多年实测年水位波动平均值	水生植物与湿生植物交替生长条件
备注		水力停留时间 T_s 公式，忽略了蒸发、湖面降雨、与地下水互补等因素，是简单估算公式，计算结果需根据实测资料分析判定（见 1.3.2 节）	

（2）面源污染调查。面源污染调查主要包括农村生活垃圾和生活污水状况调查、种植业污染状况调查、畜禽散养调查、水产养殖及污染状况调查、水土流失污染调查、湖面干湿沉降污染负荷调查及旅游污染、城镇径流等其他面源污染负荷调查。其中农村生活污水、生活垃圾污染调查表见附表Ⅰ-6；种植业污染状况调查表见附表Ⅰ-7。

（3）内源污染调查。内源污染调查需明确湖泊内源污染的主要来源，如湖内航运、水产养殖、底泥释放、生物残体（蓝藻及水生植物残体等）等，分析内源污染负荷情况。

（4）变化趋势及原因分析。通过对历年点源污染、面源污染调查结果分析；历年污染负荷量统计；历年入湖河流水质参数统计；历年水污染控制和治污成效统计，分析湖泊水环境变化趋势，找出水环境恶化的主要原因。

3. 湖泊富营养化

所谓水体富营养化，通常是指湖泊、水库等封闭性或半封闭性水体内含有超量植物营养物质特别是含磷、氮的水体富集，促进藻类、固着生物和大型植物快速繁殖生长，导致生物结构和功能失衡，降低了生物多样性，增加了生物入侵的机会，造成鱼类死亡。发生水华时，氧气被大量消耗，同时还释放有害气体，使水质严重下降。

富营养化分为天然富营养化和人为富营养化两种，天然富营养化是湖泊演变的生长、发育、老化、消亡等自然过程，其过程漫长，常常需要以地质年代来描述。目前所指的富营养化主要指人为富营养化，人为富营养化则是因人为排放含营养物质的工业废水和生活污水所引起的水体富营养化现象，它演变的速度快，可在短期内使水体由贫营养状态变为富营养状态。

环境学将水体的营养状态划分为贫营养、中营养、富营养三种状态。贫营养是表示水体中营养物质浓度最低的一种状态。贫营养水体初级生产力水平最低，水体通常清澈透明，溶解氧含量一般比较高。与贫营养水体相反，富营养水体则具有很高的氮、磷物质浓度及初级生产力水平，水体透明度下降，溶解氧含量比较低，水体底层甚至出现缺氧情况，中营养则是指介于贫营养和富营养状态之间的过渡状态。有关湖泊富营养化评价方法，将在 7.1.3 节介绍。

3.1.3　河湖生物调查与分析

河湖生物调查与分析所获得的数据是生态系统结构、功能的基本资料。开展河湖生物调查可为河湖栖息地生态退化诊断、河湖水质评价、河湖主要胁迫因子识别工作提供数据支持。本节重点介绍大型底栖无脊椎动物、鱼类和浮游植物的调查方法，大型水生植物调查技术在 3.2.4 节中介绍。各种类型的生物调查其频率各不相同，调查监测频率见表 3.1－9。

表 3.1－9　　　　　　　　　　　生物和栖息地监测频率

项　　目	频　　率	项　　目	频　　率
大型无脊椎动物	适当年份 2 次	硅藻	适当年份 2 次
大型水生植物	适当年份 1 次	河流栖息地调查	每 6 年 1 次，年内 1 次

目前我国有关淡水生物调查监测的国家及行业技术标准亟待完善，实际工作需参照国内相关文献和国外相关标准。《欧盟水框架指令》（WFD）附录技术文件包括了一套较完整的生物调查监测技术规范，可以结合我国实际参照使用，见 Martin Griffiths 编著《欧洲生态和生物监测方法及黄河实践》。

1. 大型底栖无脊椎动物

这里所说的大型底栖无脊椎动物是指其生活史中全部或大部时间生活在河流底部基质上的水生无脊椎动物，主要包括扁形动物（涡虫）、环节动物（寡毛类和水蛭）、线形动物（线虫）、软体动物、甲壳动物和各类水生昆虫。大型底栖无脊椎动物是河流生物评价中最常用的生物类群，已被广泛应用于评价人类活动对河流生态系统的干扰和影响。

（1）大型无脊椎动物的采样点布置。在栖息地评价项目初始阶段进行生物本底调查，之后调查工作常态化，开展常规生物监测工作。为使监测工作具有可重复性，每次监测的生物样本采样点必须始终保持在原位。首先需要划定大型无脊椎动物采样区和调查区。布设的采样点覆盖在采样区内，采样区的自然特征具有典型性，能够代表调查区的主要特征。对于小型河流，调查区的长度是采样区再向两侧各延伸 7 倍于河宽的长度；对于大中型河流需将采样区两侧各向外延伸 50m（图 3.1-5）。为保证采样点具有代表性，采样点应避免布设在下列部位：靠近人工设施，如大坝、桥梁、堰或牲畜饮水区；紧靠河流交汇处的下游，或者水体未得到充分混合部位；靠近湖泊和水库的影响范围；疏浚河段或定期清除水草的河段。另外网状河流需在最大的自然河道中取样。

大型无脊椎动物采样点布置原则，主要是根据多种微栖息地分布状况布点。河床基质（粗沙、细沙、卵石、砂砾石、木质残骸等）是微栖息

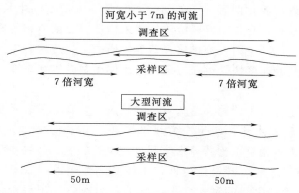

图 3.1-5　大型无脊椎动物采样区和调查区的划定

地的主要特征。采样点布置应针对多种微栖息地条件，依据不同基质在河段的分布情况，按不同基质面积比例布置采样点。英国 AQEM 技术标准规定每个大型无脊椎动物的样本应包含 20 个样品，这些样品的采样点的布置应覆盖超过 95% 基质类型。比如布置一个样本的 20 个采样点，粗沙和砾石基质面积占 55%，则在这种基质上布置 11 个采样点；木质残骸堆积区面积占 5%，则布置 1 个采样点（图 3.1-6）。

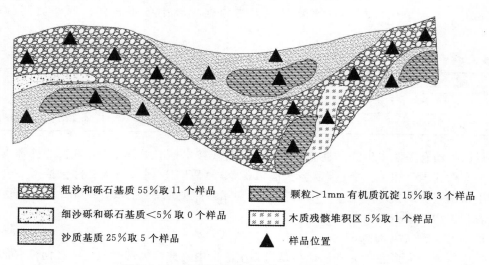

　　　　　　粗沙和砾石基质 55% 取 11 个样品　　　　　　颗粒>1mm 有机质沉淀 15% 取 3 个样品

　　　　　　细沙砾石基质<5% 取 0 个样品　　　　　　木质残骸堆积区 5% 取 1 个样品

　　　　　　沙质基质 25% 取 5 个样品　　　　　　▲　样品位置

图 3.1-6　大型无脊椎动物样本的采样点布置
（据 Martin Griffiths，2012，改绘）

（2）采样工具与设备。采集大型底栖动物标本的采样工具按河流深度的不同，可分为浅水型（针对深泓水深小于 1.5m 可涉水河流）和深水型（针对深泓水深大于 1.5m 不可

涉水河流)。具体的采样工具应按照研究目的和采样设计进行选择（表 3.1-10）。

表 3.1-10　　　　　　　　　大型底栖无脊椎动物调查采样工具

采样工具	规格大小	适用范围
索伯网	采样框尺寸 0.3m×0.3m 或 0.5m ×0.5m	适用于水深小于 30cm 的山溪型河流或河流浅水区
Hess 网	采样框的直径为 0.36m，高度为 0.45m	适用于水深小于 40cm 的山溪型河流或河流浅水区
彼得逊采泥器	采样框面积分为三种，即 $1/8m^2$、$1/16m^2$、$1/32m^2$	适用于采集以淤泥和细沙为主的软质生境
带网夹泥器	开口面积为 $1/6m^2$	适用于采集以淤泥和细沙为主的软基质生境中螺、蚌等较大型底栖动物，但仅限于河流下游水流较缓或河面开阔的样点
D 形网	底边约为 0.3m，半圆框半径约为 0.25m	通常适用于水深小于 1.5m 的水体，采样操作分为定面积采样法和定时采样法

注　据 Hauer 和 Lamberti，2007。

（3）采样和样品保存。采样前，要填写野外数据收集表，内容包括：采样点生境（小型地貌特征、基质）；水体特征（透明度、有无臭味）；水文（流量）；河滨带植被（覆盖度、类型）；河漫滩概况（开发状况、覆盖度、植被类型）等。大型底栖无脊椎动物调查野外记录表见附表 II-4。

调查人员从河段下游末端开始采样，逐步向上游移动。采样后要用清水清洗并清除大块杂质，对于发现的任何生物都要放到采样瓶里。把大型和珍稀生物（如大的蚌类）从样品中清除并放归自然。样品采集后，立即用福尔马林（4%的最终浓度）或浓度至少为95%的乙醇溶液固定。在采样瓶上贴上标记，置于整理箱中及时送到实验室。采集的大型底栖无脊椎动物样品，均应在受控条件下进行最佳的实验室处理。实验室处理包括生物的分样、拣选及鉴定。

（4）大型底栖无脊椎动物评价参数。

1）分类单元丰富度：通常以种水平的鉴定结果进行评估，也可按照设定的分类群进行评估，如属、科、目等。丰富度参数反映了生物类群的多样性。类群多样性增加，表明生态位空间、生境及食物资源足以支持多物种的生存和繁殖。

2）种类组成参数：由特性、关键种类及相对丰度描述。

3）耐受性/敏感性参数：表现类群对干扰的相对敏感性，包括污染耐受性种类及敏感性种类数量或组成百分比。

4）食物参数或营养动态：涉及功能性摄食类群，提供大型底栖动物类群中摄食策略均衡信息。

5）习性参数：指示大型底栖动物生存模式的参数。

2. **鱼类**

鱼类作为河流生态系统中的顶级捕食者，对整个生态系统的物质循环和能量流动起着重要作用。鱼类调查与监测是众多水质管理项目中不可或缺的组成部分。

（1）采样技术。采样点应选择人工景观较少的区域，并且尽可能与其他监测要素如水质、水文、地貌等监测点相一致。

一般采用电鱼法或撒网法采集。其中电鱼法既适用于浅水的溪流区域，也适用于较深水体的沿岸地带。遇到生境复杂的河流，可以混合使用这两种方法。采样过程中，需要制作标本的鱼类，每种可取 10～20 尾，珍稀、稀有鱼类以及当地特殊物种，可适当选取作为标本，其余的应全部放归自然。

（2）样品保存和鉴定。将鱼清洗后，首先测量体长和质量，然后用 5%～10% 甲醛溶液固定。对于个体较大的，需向腹腔注射适量固定液。标本必须按照正确方法进行标记，标记包含采样点位置数据、采集日期、采集人姓名、物种鉴定（野外鉴定的鱼类样品）、物种个体总数，以及样品鉴定编码及位点编号。实验室接收的所有样品，应当采用样品登记程序加以追踪。采集样品不仅需要鉴定到种或亚种，而且每个样品的质量、体长等特征参数都需进行统计。鱼类种类鉴定参照《中国淡水鱼类检索》。

（2）鱼类参数评价。《欧盟水框架指令》中鱼类参数分为 3 类（Martin Griffiths，2012）：①物种组成。要求鱼类监测记录所有物种。②年龄及大小分布。所有捕获的鱼都要测量体长和质量。通过分析鱼鳞和组织，评价鱼类样本年龄结构。③丰度。

鱼类野外采样生境记录表见附表Ⅱ-5；鱼类调查捕获记录表见附表Ⅱ-6；鱼类调查捕获统计表见附表Ⅱ-7。

3. 浮游植物

浮游植物是一个生态学概念，包括所有生活在水中以浮游方式生存的微小植物。通常浮游植物是指浮游藻类，而不包括细菌和其他植物。浮游植物能进行光合作用，是河流中主要初级生产者，对河流的营养结构非常重要。浮游植物对人类许多干扰行为较为敏感，如径流调节、生境变更、物种入侵以及由营养盐、金属和除草剂引起的污染，因而常被用来进行河流生态监测与评价。

（1）采样技术。采样断面应选择人工景观较少的区域，如遇桥墩等建筑物应在其上游 200m 处设采样断面。采集浮游植物定性和定量样品的工具有浮游生物网和采水器。浮游生物网一般分为 25 号（孔径 64μm）和 13 号（孔径 112μm）两种。采水器一般为有机玻璃采水器，容量为 1L、2.5L 和 5L。

采样调查分可涉水河流与不可涉水河流两种情况（孟伟，2011）。对于上下层混合较好的可涉水河流，在水面下 0.5m 左右水层直接取水 2L，或在下层加采一次，两次混合即可。对于不可涉水河流，浮游植物采样时根据水体的深度、透明度等因素采集不同水层样品。对于水深小于 2m 的河流，仅在 0.5m 深水层采集 2L 水样即可。对于水深小于 5m 的，可在水表面下 0.5m、1m、2m、3m 和 4m 五个水层采样并混合，取 2L 混合水样；对于水深大于 5m 的，按 3～6m 间距设置采样水层。

（2）样品的保存固定、沉淀和浓缩。定量样品应立即固定，按 1.5% 体积比例加入鲁哥氏液（30mL）固定，静置 24h 后虹吸到量杯中，继续沉降 24h，最后虹吸、定容到 30mL。

（3）种类的鉴定和定量分析。样品至少要区分到属，尽量鉴定到种，优势种应鉴定到种。可参考《中国淡水藻类——系统、分类及生态》《中国淡水藻志》等工具书进行分类。为进行定量分析，需按照公式计算浮游植物密度和生物量。

4. 调查数据的质量控制

调查数据质量控制应贯穿整个调查分析工作的全过程，包括采样点的布设、采样方法、采样时间与频率、样品的储存运输、样品的实验室分析处理、数据处理、总结评价等一系列调查分析过程。为了保证调查监测数据能准确反映河流生态环境的现状，要保证得到的数据具备五个特征：代表性、准确性、完整性、可比性和可溯源性。

（1）样品采集质量控制。根据河流的形态特征、水文、水质和水生生物的分布特点，确定合理的采样点设计方案及采集样品的类别和数量。在确定采样时间和地点的基础上，使用统一的采样器械和合理的采样方法，以保证采集样品具有代表性。样品采集后，正确填写样品标签，包括样品识别编码、日期、河流名称、采样位置及采集人姓名，将标签放入样品瓶，样品瓶外侧也应附相同信息标签。应当由精通生物鉴定和分类的生物学家检查样品，确保发现并记录所有种类。从采集到分析的时间段内，必须立即加入固定剂对样品加以保护。样品运输过程中应注意防震，避免日光照射，清点核对以防丢失。

（2）实验室分析质量控制。在实验室分析工作中，无法识别的标本、体型极小的标本以及地区新纪录，必须保留代表性凭证标本。凭证标本必须按照正确方法固定、标记，并保存于实验室。凭证标本应当由另一位合格的水生生物分类学者进行核查。将"已查验"字样和查验鉴定结果的分类学者的姓名，添加在每个凭证标本的标签上。完成处理（经过鉴定/查验）的样品可以在"样品登记"记录本上填写跟踪信息，以便跟踪每个样品的进展情况。每完成一步，及时更新样品登记日志（如接收、鉴定、查验、存档）。

（3）数据处理与资料汇编。进行系统、规范化的监测分析，对原始结果进行核查，发现问题应及时处理。原始资料检查内容包括样品采集、保存、运输、分析方法的选用。采样记录至最终检测报告及有关说明等原始记录，经检查审核后，应装订成册，以便保管备查。原始测试分析的报表或者电子数据分类整理，并按照统一资料记录格式整编成电子文档。

链接 3.1.1　瓯江生物调查❶

瓯江流域位于浙江省南部，流域面积 18100km²，干流长 384km，贯穿整个浙南山区，经温州注入东海。为开展河流生态修复工作，2009 年 9 月始开展生物调查，调查河段为瓯江玉溪水电站至开潭水电站河段，在调查河段内共布设 16 个采样点。调查生物类型包括鱼类、着生藻类、浮游生物和底栖生物。

（1）采样及分析方法。

1）鱼类：现场收集渔民渔获物，渔具为地笼和刺网。种类鉴定依据《中国淡水鱼类检索》。

2）着生藻类：对定性样品，采用天然基质法，即在采样河段内采集附有藻类的石块，用硬毛刷和蒸馏水将附着在石块上的藻类刷入瓶中，然后加 1% 鲁哥氏溶液固定保存。对定量样品，仅刷取石块上一定面积内的附着藻类，加 1% 鲁哥氏溶液固定保存，带回实验

---

❶ 摘自中国水利水电科学研究院环境所赵进勇等《瓯江水生态修复规划》2011。

室进行分类鉴定和计数。

3）浮游生物：将浮游生物网的网绳绑在竹竿一端，在水中慢慢拖动或在水中作倒"8"字形往复拖动捞取，网口不要露出水面，同时上下移动以捞取更多的种类。滤去网中的水，打开活塞开关，将网底部金属容器中的水样装入 50mL 水样瓶。定量样品用采水器采取不同水层水样，等量混合后取 1L 水样装入水样瓶。现场按不少于 1.5％加入鲁哥氏液固定。

4）底栖生物：采样工具选用 60 目的 D 形网，在每种生境上采集约 2～3min，采样完毕后，将各生境类型下采集到的样本合成一个大样本，倒入分样筛中，并随机在筛格上挑出 300 个体，将样品保存于 85％的酒精中。

（2）调查结果。

1）鱼类：渔获物隶属于 3 目 8 科 28 属 32 种，以鲤科为主，其他为鳅科、刺鳅科、鳢科、鲌科、塘鳢科、鰕虎鱼科和鲇科。

2）着生藻类：在 6 个采样点共采集到底栖硅藻 21 属 92 种，其中舟形藻属 21 种、菱形藻属 19 种、曲壳藻属 10 种、异极藻属 7 种、桥弯藻属和脆杆藻属各 5 种。

3）浮游生物：包括浮游藻类与浮游动物。共采集并鉴定到浮游藻类 58 属 123 种（属），分属 7 门。浮游甲壳动物共采集到 10 科 18 属 28 种，其中枝角类 6 科 9 属 13 种，常见种为象鼻溞和颈沟基溞；桡足类 4 科 9 属 15 种，常见种为中剑水蚤和温剑水蚤。原生动物共采集到 2 门 4 纲 12 目 20 科 32 属 66 种，其中肉足虫有 36 种，占总种数的 54.55％。轮虫共采集到 1 纲 2 目 12 科 20 属 45 种。臂尾轮属种类最多，有 8 种。

4）底栖动物：采集到 26 种，隶属 4 门 6 纲 15 科，其中水生昆虫 16 种，占 61.54％，软体动物 5 种，占 19.23％，环节动物 3 种，甲壳动物和其他类群各 1 种。综合各断面出现的种类组成信息来看，九龙湿地断面以中耐污种为主，如似瓶圆田螺、方形环棱螺、大脐圆扁螺、石蛭及米虾等，松荫溪断面和太平溪断面以敏感类群为主，如纹石蛾、似动蜉、宽基蜉及心突摇蚊等。

3.2　河流栖息地评价

河流生物栖息地评价是生态水利工程规划设计的重要组成部分。本节提出了多尺度栖息地评价内容总表；介绍了遥感影像分析方法，野外调查勘察方法，提出了河流栖息地综合评价指标体系。

3.2.1　概述

栖息地评价的目的是通过对栖息地的勘察与调查，掌握适宜栖息地数量与质量的变化，评价栖息地退化情况和趋势。通过调查分析土地利用方式变化、水资源利用、河道改造以及大坝堤防建设对于栖息地影响，进而评价栖息地退化的原因。栖息地评价成果为修复战略的制定、修复技术措施的选择以及重点修复项目的优先排序提供重要依据。

西方发达国家在栖息地评价方面已经积累了不少经验，一些国家已经制定了相应的技术法规和规范。美国《栖息地评估程序》HEP（Habitat Evaluation Procedure）和《栖息地适宜性指数》HSI（Habitat Suitability Index）是美国鱼类和野生动物服务协会颁布的（1980，2000）。它提供了 150 种栖息地适宜性指数（HSI）标准报告。HSI 模型方法认为在各项指数与栖息地质量之间具有正相关性。栖息地适宜性指数按照 0.0～1.0 范围确定。美国环境署（US EPA）提出的《快速生物评估草案》RBP（Rapid Bioassessment Protocol）是一种综合方法，涵盖了水生附着生物、两栖动物、鱼类及栖息地的评估方法。栖息地评估内容包括：①水体物理-化学参数；②自然状况定量特征，包括周围土地利用、溪流源头和特征、岸边植被状况、大型木质碎屑密度等；③溪流河道特征，包括宽度、流量、基质类型及尺寸。这种方法对于河道纵坡不同的河段采用不同的参数设置。美国陆军工程兵团（USACE）《河流地貌指数方法》HGM（Hydrogeomorphic）侧重于河流生态系统功能的评估。在这种方法中列出了河流湿地的 15 种功能，共分为 4 大类：水文（5种功能）；生物地理化学（4 种功能）；植物栖息地（2 种功能）；动物栖息地（4 种功能）。瑞典《岸边与河道环境细则》RCE（Riparian，Channel and Environmental Inventory）。RCE 是为评估农业景观下小型河流物理和生物状况的方法。这种模型假定：对于自然河道和岸边结构的干扰是河流生物结构和功能退化的主要原因。RCE 包含 16 项特征，包括岸边带结构，河流地貌特征以及二者的栖息地状况。RCE 记分分为 5 类，即优、良、中、差、劣。这种方法的优点是采用目测，可以进行快速勘察。澳大利亚《河流状况指数》ISC（Index of Stream Condition）。ISC 方法是澳大利亚的维多利亚州制定的分类系统，其基础是通过现状与原始状况比较进行健康评估。该方法强调对于影响河流健康的主要环境特征进行长期评估，以河流每 10～30km 为河段单位，每 5 年向政府和公众提交一次报告。评估内容包括 5 个方面，即水文、河流自然形态、岸边带、水质和水域生物。每一方面又划分若干参数，比如，水文类中，除了水文状况对比外，还包括流域内特有的因素，比如水电站泄流影响，城市化对于径流过程影响等。每一方面的最高分为 10 分，代表理想状态，总积分为 50 分。将河流健康状况划分为 5 个等级，按照总积分判定河流健康等级。英国环境署制定的《河流栖息地调查方法》RHS（River Habitat Survey）是一种快速评估栖息地的调查方法，注重河流形态、地貌特征、横断面形态等调查测量，强调河流生态系统的不可逆转性，适用于经过人工大规模改造的河流。2000 年颁布的《欧盟水框架指令》EU WFD（Water Framework Directive）是欧盟的重要法规之一。这部法规的指导原则是实施流域综合管理，保证水资源的可持续利用及水生态系统有效保护。这部法规为欧盟各成员国提出了共同的目标、原则、定义、政策和方法，并且提出了"在成员国开展河流生态状况评估的方法框架"。

上述各类调查评价方法给出了一般性原则框架，但是对于具体生态修复项目来说，还要根据规划设计需要，结合不同的生态水利工程类型和当地条件，因地制宜地制定项目的栖息地调查评价方案。调查评价方案包括评价目的、对象、调查与勘察方法、评价范围尺度和评价内容。

在栖息地调查技术方面，主要有两类方法：一类是应用遥感技术；另一类是野外调查。本节将分别予以介绍。

3.2.2 河流栖息地评价方案编制原则

栖息地评价方案应针对生态水利工程具体项目制定，具备针对性和可操作性特点，以满足规划设计需要。栖息地评价应有重点，取决于生态修复对象。河流栖息地调查评价是在多尺度上进行的，不同尺度的栖息地评价内容不同。需要建立河流栖息地参照系统，作为评价的准绳。

1. 法律法规指导作用

各类生态修复项目的目标不同，相关栖息地评价的重点也有所侧重。国家颁布的法律法规对制定生态修复项目的目标具有指导作用。

1988 年颁布的《中华人民共和国野生动物保护法》（分别于 2004 年、2009 年进行修订），是保护、拯救珍贵、濒危野生动物的法律。这项法律规定"国家对珍贵、濒危的野生动物实行重点保护。国家重点保护的野生动物分为一级保护野生动物和二级保护野生动物"，并要求制定重点保护的野生动物名录。在国家和地方重点保护野生动物的主要生息繁衍的地区和水域，划定自然保护区，加强对国家和地方重点保护野生动物及其生存环境的保护管理。该法还要求建设项目对国家或者地方重点保护野生动物的生存环境产生不利影响的，建设单位应当提交环境影响报告书并由环境保护部门审批。《国家重点保护野生动物名录》于 1989 年发布施行，其后于 1993 年、2003 年做了补充。1993 年经国务院批准，农业部发布《中华人民共和国水生野生动物保护实施条例》，对于水生野生动物保护和管理以及奖惩等事项做出规定。

1996 年国务院发布的《中华人民共和国野生植物保护条例》，其宗旨是"保护、发展和合理利用野生植物资源，保护生物多样性，维护生态平衡"，条例指出："保护的野生植物，是指原生地天然生长的珍贵植物和原生地天然生长并具有重要经济、科学研究、文化价值的濒危、稀有植物。"野生植物分为国家重点保护野生植物和地方重点保护野生植物。国家重点保护野生植物分为国家一级保护野生植物和国家二级保护野生植物。在国家重点保护野生植物物种和地方重点保护野生植物物种的天然集中分布区域，应当依照有关法律、行政法规的规定，建立自然保护区。"建设项目对国家重点保护野生植物和地方重点保护野生植物的生长环境产生不利影响的，建设单位提交的环境影响报告书中必须对此做出评价。""对生长受到威胁的国家重点保护野生植物和地方重点保护野生植物应当采取拯救措施，保护或者恢复其生长环境，必要时应当建立繁育基地、种质资源库或者采取迁地保护措施。"

1994 年实施的《中华人民共和国自然保护区条例》指出："自然保护区可以分为核心区、缓冲区和实验区。自然保护区内保存完好的天然状态的生态系统以及珍稀、濒危动植物的集中分布地，应该划为核心区，禁止任何单位和个人进入"，"核心区外围可以划出一定范围的缓冲区，只准进入从事科学研究观测活动。缓冲区外围划为实验区，可以进入从事科学实验、教学实习、参观考察、旅游以及驯化、繁殖珍稀、濒危野生动植物等活动。"

2003 年开始实施的《中华人民共和国环境影响评价法》，要求"必须客观、公开、公正、综合考虑规划或者建设项目实施后对各种环境因素及其所构成的生态系统可能造成的影响，为决策提供科学依据。"与水利水电工程环境影响评价有关的技术规范主要有：《环境影响评价技术导则》（总纲　大气环境　地面水环境）（HJ/T 2.1—2016）/《环境影响评价技术导则　水利水电工程》（HJ/T 88—2003）。

综上所述，生态修复项目的目标有不同类型，其栖息地评价的重点也有所侧重。①河湖生态系统修复项目。栖息地评价重点是河湖生态系统的完整性和可持续性。②濒危、珍稀和具经济价值物种保护项目。栖息地评价重点是在自然保护区范围内，以特定物种为指示物种开展栖息地评价。通过栖息地评价，寻求拯救濒危、珍稀物种措施。③工程建设环境影响评价项目。可以把濒危、珍稀和特有物种为作为指示物种，对其栖息地进行评价，进而预测工程建设对栖息地和保护物种的影响，寻求有效的物种保护措施。④自然风景区项目。项目具有明显的休闲旅游目标。栖息地评价的重点是生物群落多样性和景观多样性，以求通过自然栖息地修复，提升河湖自然遗产的文化功能。

2. 可操作性和可重复性

编制河流栖息地评价方案应遵循可操作性和可重复性原则。可操作性是指调查与勘察技术是可行的；信息来源有保证；调查的资料数据具有可达性。可重复性表示通过调查与勘察获得的数据可以用同样调查方法重新获得。重复性可用来测试采用的调查技术方法是否可靠。对于地貌勘察来说，地表地形、地貌和基质的测量，都有成熟技术可用，成果精度有一定保证。而生物调查监测涉及采样点布置、采样方法、频率、样本处理和统计方法多种因素，数据的随机性较大。因此，生物调查应严格按照相关技术标准、规范进行，还要建立质量控制系统，以保证成果数据质量。

3. 指示物种的选择

河流湖泊是数以百万计物种的栖息地，不可能针对所有物种评价栖息地，只能选择具有代表性的指示物种（indicator species），对其栖息地重点进行评价。所谓指示物种是其出现或不出现均可表示某种特定生境、群落和环境条件。指示物种可以选择关键物种（keystone species），这种物种能够用来评价某一生境或区域的利用度或生态平衡；或者选择保护伞物种（umbrella species），保护这种物种及其栖息地，可使大量同样依赖于相同栖息地的其他物种也能受到保护。一般来说，选择的物种大多处于食物网的顶层，这说明如果顶层的物种能够生存，说明食物网内大部分物种都能够生存，栖息地的适宜性就有了一定保证。在选择具体指示物种时，往往在鱼类和大型无脊椎动物中选择最适合的物种。一般情况下，岸边植物不适合做指示物种，原因是不少植物对于水体污染并不敏感。至于细菌、原生动物、真菌、青蛙、爬行动物和水鸟等都不适合做指示物种。

4. 不同调查尺度的评价内容

河流栖息地调查要素分为两类，一类是调查栖息地现状与历史状况；另一类是调查影响栖息地质量与数量的人类活动。前者是为了回答"栖息地是否退化以及退化程度"这个问题。后者是为了回答"哪些人类活动引起栖息地退化？什么是导致栖息地退化的关键胁迫因子"这个问题，也就是探求栖息地退化的外因。前者调查要素包括水文、河流地貌形态、水质和生物 4 大类。后者调查要素主要包括土地利用方式变化、水资源开发利用、水污染、水利水电工程（大坝、水电站、堤防）、航运、河道改造、采砂、矿业等。

河流栖息地调查评价是在多尺度上进行的。调查栖息地现状，可以在河流廊道、河段和栖息地单元尺度上进行。而调查栖息地退化的外因即人类活动影响，往往在更大的尺度上进行，比如评价土地利用、土地覆盖直接影响地表径流条件和土壤侵蚀；评价农业和养殖业产生的面源污染，都应在流域或集水区尺度上进行。表3.2-1列出了不同尺度栖息地的调查评价内容，表3.2-2列出了社会经济和工程设施调查内容。

表 3.2-1　　　　　　　　　　栖息地多尺度调查评价内容总表

尺度/要素		调查评价内容
流域	水文情势	地表与地下径流，多年平均流量，不同频率洪水流量，低流量频率
	土地覆盖	土地覆盖，植被面积，下垫面状况
	水土流失	土壤侵蚀，水土保持面积，土地利用和基础设施建设对水土流失的影响，包括坡耕地、牧业以及铁路、道路建设对土壤侵蚀作用
	泥沙输移	调查产沙区，含沙率，年降雨量，评价年径流量和泥沙总量变化
	面污染源	农业、养殖业、农村生活污水的面污染源控制
河流廊道	水库径流调节	调查分析径流调节引起水文情势变化，按照流量、频率、时机、延时和变化率5方面评价
	点污染源	污水处理率，水功能区达标率，工业废水和城市污水排放控制
	泥沙冲淤	由于筑坝造成库区淤积，下游冲刷作用
	河流形态	按照5种河型评价河型演变
	连通性	河流纵向连通性，河湖及水系连通性，闸坝等鱼类洄游障碍物数量
河段	水文情势变化	由于筑坝、蓄水、取水对水文情势的直接影响
	河流形态	河流蜿蜒性变化，河流渠道化及其影响
	河床地貌和基质	河床宽度、深度、基质结构的变化
	河势稳定性	分析河势演变，评价河势稳定性
	岸坡稳定性	滑坡、坍岸数量和位置，评价岸坡稳定性
	河滨带	河滨植被状况，进入溪流的木质残骸，植被遮阴效果，植物根系加固河岸作用
	河道、河漫滩及栖息地变化	河漫滩地貌，河漫滩被侵占情况包括农田、道路、建筑物等，堤防间距，统计河漫滩栖息地损失面积
	连通性	调查不透水岸坡防护结构和堤防布置，评价地表水与地下水连通性及河流侧向连通性
	水体物理化学特性	调查水温、水质，评价栖息地适宜性
栖息地单元	栖息地类型和数量	深潭-浅滩序列、地貌单元，评价栖息地适宜性
	水力学	调查分析流速、水深和流态等水力学参数，评价栖息地适宜性
	水质	水温、水质，评价污染物、营养状况以及富营养化
生物区系	单一物种	评价种群或物种状况，重点是濒危、珍稀物种
	多物种	评价群落或集群状况，重点保护群落或集群
	非土著物种	评价非土著物种现状、多度以及潜在影响

表 3.2 - 2　　　　　　　　　　社会经济和工程设施调查评价表

尺度/要素		调查评价内容
流域	水资源利用	流域地表地下水资源总量，总用水量变化、工业、农业、生活用水效率
	土地覆盖	评价城市化影响
河流廊道	大坝水库	调查大坝、水库位置，坝高、库容，径流调节方式，评价水文情势变化及对洄游鱼类影响
	水电站	调查电站形式（坝后式电站/引水式电站/径流式电站），装机容量，发电引水流量，径流调节形式，评价对水文情势变化和鱼类洄游影响
	梯级水电站	调查梯级布置，电站形式（坝后式电站/引水式电站/径流式电站），装机容量、梯级调度方式，评价水文情势变化及其影响，评价鱼类洄游阻隔
	堤防	通过调查堤防高程、防洪频率和堤防间距，评价河漫滩栖息地面积损失
河段	采砂生产	采砂生产位置、面积、生产规模，评价对栖息地质量影响
生物区系	生物资源	生物资源现状与风险

3.2.3　遥感影像分析

1. 概述

在河流栖息地评价中，需要利用大量具有空间位置、属性和时域特征的空间数据。空间数据的位置既可以根据大地参照系定义，如经纬度坐标，也可用空间上相邻或包含地物间相对位置来定义。空间数据的属性是指地物特征，可用定量或定性指标进行描述。空间数据的时域特征是指数据采集的时间或时段。空间数据的获取可以通过以下几种方式实现：①控制点测量；②多分辨率的遥感（Remote Sensing，RS）影像；③全球定位系统（Global Positioning System，GPS）；④统计数据；⑤历史资料；⑥实地调查；⑦实验数据等。空间数据的管理可以通过地理信息系统（Geographic Information System，GIS）来实现。所谓 3S 技术是指遥感、全球定位系统和地理信息系统。这三种技术的有机集成，可以实现各种空间信息的快速、准确的收集、处理和更新。在栖息地评价中，3S 技术是极有用的技术工具。

遥感是目前最可靠的数据快速收集手段。遥感影像分析是栖息地调查评价的重要手段。遥感技术在栖息地评价中的应用是多方面的。在水环境监测方面，通过对遥感影像的分析，可以获得水体的分布、水深、水温、泥沙、叶绿素和有机质等要素信息。在植被监测方面，可以有效地确定植被的分布、类型、长势等信息并对植被的生物量做出估算。在地貌监测方面，可以获得河流形态、河岸坍岸及滑坡、河漫滩形态和开发状况等多种信息。在土壤监测方面，可以识别和划分出土壤类型，制作土壤图，分析土壤的分布规律。遥感技术在对土地覆盖及土地利用变化的观测分析方面更具优势。

GIS 用于采集、存储、查询、分析和显示地理空间数据。GIS 可以将描述"在什么地方"的信息（空间位置）与描述"这是什么"的信息（属性信息）相关联。与纸质地图不同，应用 GIS 可以将多种不同类型不同内容的空间数据关联在一起进行管理、展示、分析。GIS 的主要功能体现在对空间数据的处理和分析能力。一方面，通过 GIS 本身的空间分析能力和统计工具，可以实现景观结构的空间特征和数量特征提取；另一方面，不同来源的空间数据，在 GIS 图层叠加分析功能的支持下，实现景观生态分类和适宜性评价。此外，不同来源的空间数据，结合 GIS 开发的专业模型，可以实现景观生态过程量化研究和动态模拟。正是这种强大的空间分析功能使得 GIS 在许多领域得到广泛应用。在自然资源管理领域，GIS 被用于土地利用规划、水资源规划、自然灾害评估、野生生物栖息地分析、河滨带监控和林木管理等方向。

GPS 提供特征地物的定位信息，用于遥感影像的几何校正，使遥感影像和地表地物实现空间匹配；GPS 为影像判读提供地表解译标志。同时，GPS 的实时动态信息也是 GIS 的建立以及数据更新的重要手段。

本节重点介绍应用遥感技术和 GIS 技术进行空间数据管理的相关方法。

2. 遥感数据获取和解译

遥感数据的获取途径可根据遥感平台的高度不同而分为航天、航空和地面三类，见表 3.2-3。遥感影像分析可以在流域尺度上为水文、地貌过程以及土地利用的时空变化提供信息。对于不同规模的河流，所采用的遥感影像种类也存在差别，见表 3.2-4。

表 3.2-3 遥感数据的不同获取途径

类别	遥感数据的获取途径	类别	遥感数据的获取途径
航天遥感	利用地球人造卫星等太空飞行器为平台	地面遥感	以高塔、车、船等为平台
航空遥感	利用飞机、飞艇、气球等为空中平台		

表 3.2-4 河流规模与遥感数据类别

河流规模	遥 感 数 据 类 别	所提供主要信息
大型河流（河宽≥200m）	卫星传感器测量	河道形态
中型河流（河宽 20～200m）	航空遥感影像或是大比例尺的航空相片（1：5000～1：25000）	河流系统的详细信息
小型河流（河宽≤20m）	传统的陆地遥感技术和大尺度的航空相片（1：2500 或更大）	河流系统的动态特征

为了对空间数据进行解译，需要通过以下步骤进行处理：建立景观类型分类体系、建立解译标志、遥感影像解译分类和局部处理。河流景观中的牛轭湖、小型湖泊湿地、沙洲、防洪堤等许多地貌单元形成了镶嵌格局，而这些地貌常被植被所掩盖。分辨这些特征需要通过土壤湿度与植被的变化获得。在获取河漫滩地貌特征数据时，应用彩色航空相片是一种很好的选择，这是因为由彩色航空相片能够获得有关土地覆盖的细小变化信息。另外，航空和航天遥感影像通常能够直观地反映河漫滩区域洪水淹没情况。传感器和遥感平台的选用通常取决于洪水的范围和空间分辨率、洪水发生时间、地表植被情况以及天气状况等。

3. 空间数据管理

栖息地评价需要收集的资料种类包括：水文气候特征、河流地貌、水质、生物群落以及社会经济文化背景、工程设施等。每种数据资料的表现形式包括文字、表格、图形及图像等。每种资料类型及过程又具有不同的空间尺度，如流域尺度、河流廊道尺度和河段尺度。同时，还需要收集不同历史时期的河流状况作为参照。由此可见，河流栖息地调查数据往往表现出多类别、多形式、多时空尺度的特点。因此，需要对河流栖息地评价获取的多源、多时段海量空间数据进行有效管理。GIS 是空间数据管理的有用工具。

河流栖息地空间数据库设计的主要步骤包括：需求分析；概念设计；逻辑设计；物理设计；数据库等步骤，如图 3.2－1 所示。空间数据库由图形、图像和遥感影像数据库组成。其中，图形数据库采用 GIS 的栅格和矢量两种基本数据格式。矢量数据格式包括点、线、面等基本特征要素，根据河流栖息地不同类型数据特点，采用不同的数据表达类型，比如各种水文、生物监测站点采用点图层，干流河道采用面图层，小支流河道、道路、堤防工程采用线图层，水闸采用点图层，生物栖息地采用面图层。在河流地貌数据管理方面，可利用 GIS 生成数字高程模型（Digital Elevation Model，DEM），DEM 是用一组有序数值阵列形式表示地面高程的一种实体地面模型，是数字地形模型（DTM）的一个分支。建立 DEM 的方法有多种，从数据源及采集方式的角度主要包括：①直接从地面测量，例如用 GPS、全站仪、野外测量等；②根据航空或航天影像，通过摄影测量途径获取，如立体坐标仪观测、空中三角测量、解析测图、数字摄影测量等；③从现有地形图上采集，如格网读点法、数字化仪手扶跟踪及扫描仪半自动采集，然后通过内插生成 DEM。

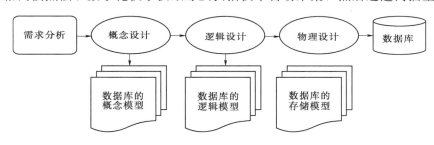

图 3.2－1　空间数据库设计步骤

4. 土地利用调查

土地利用方式变化是河流栖息地评价的重要背景信息。在流域尺度上，诸如城市化、工业化、农业开发、草场破坏，森林砍伐等土地利用方式变化，引起的径流变化、水污染、泥沙冲淤等现象，直接或间接影响河流栖息地。

遥感调查技术中，土地分类系统最为成熟。利用遥感土地分类技术进行河流景观分类，是栖息地评价中简单易行的方法。《中华人民共和国土地管理法》包括农用地、建设用地和未利用地三大类，对应的《土地利用现状分类》（GB/T 21010—2007）国家标准采用一级、二级两个层次的分类体系，其中一级类共分 12 个类别，包括：耕地、园地、林地、草地、商服用地、工矿仓储用地、住宅用地、公共管理与公共服务用地、特殊用地、交通运输用地、水域及水利设施用地、其他土地。二级类共分 56 个类别，将一级类中的水域及水利设施用地分为：河流水面、湖泊水面、水库水面、坑塘水面、沿海滩涂、内陆滩涂、沟渠、水工建筑用地、冰川及永久积雪。从中可以看出，河流水面仅属于二级类中的一个次级类别。需要强调的是，应用现有土地分类系统容易忽略江心洲、边滩、牛轭湖、季节性干河床和冲积扇等景观特征，而这些特征在河流廊道尺度下的栖息地营造中具有重要作用，所以需补充建立土地分类系统与河流地貌单元特征相结合的河流廊道尺度景观类型分类体系。为此，可将河流廊道景观类型分为耕地、有林地、疏林地、灌木林、草地、建设用地、水体、江心洲、边滩九大类别。景观类型分类体系见表 3.2－5。

表 3.2－5　　　　　　　　　　　河流廊道尺度景观类型分类体系

一　　级		二　　级		含　　义
编号	名称	编号	名称	
1	耕地	1－1	耕地	指无灌溉水源及设施，靠天然降水生长作物的耕地；有水源和浇灌设施，在一般年景下能正常灌溉的旱作物耕地；以种菜为主的耕地；正常轮作的休闲地和轮歇地
2	林地	2－1	有林地	指郁闭度＞30%的天然林和人工林。包括用材林、经济林、防护林等成片林地
		2－2	疏林地	郁闭度＜30%的稀疏林地
		2－3	灌木林	指郁闭度＞40%、高度在 2m 以下的灌木丛
3	草地	3－1	草地	城镇绿化草地、岸边草地
4	水体	4－1	水体	指天然形成或人工开挖的河流水域
5	边滩	5－1	边滩	天然卵石边滩、采砂废弃卵石岸边堆积体
6	江心洲	6－1	江心洲	采砂废弃卵石河中堆积体
7	建筑用地	7－1	建筑用地	指大、中、小城市、县镇以上建成区用地及农村居民点

3.2.4　野外调查勘察方法

　　野外调查勘察包括水文地貌勘察和水生生物调查两部分。3.1 节已经详细介绍了河流按照生态要素分类调查方法。本节重点讨论的野外调查勘察，以栖息地为调查对象，较之分类调查方法更具综合性。其中的踏勘调查方法，采用目测、估计方法，是一种快速、简易的调查技术。

　　进行野外调查勘察的目的有三个：一是调查河流栖息地现状，这些信息是评价栖息地是否退化和退化程度的主要依据。二是调查水生生物状况。目的是评价栖息地退化对生物区系的影响。三是调查人类活动包括建坝、筑堤、河漫滩开发、渠道化、采砂生产、航道疏浚、污染等状况，以便评价这些活动对栖息地的影响。

　　1. 水文地貌勘察技术

　　(1) 河流栖息地单元组成。河流栖息地是由不同单元构成的。小型河流栖息地的构成，一般按照水力学条件划分；大中型河流栖息地的构成，一般按照地貌单元划分（图 3.2－2）。这是因为在微栖息地尺度上，流速、水深等水力学因子是鱼类和其他水生生物的主要生境条件。而大中型河流在廊道或河段尺度上地貌的异质性和复杂性是物种多样性的基础。

　　小型河流栖息地划分为动水和静水两大类。山区溪流纵坡峭陡，多由急流-跌水序列构成；而平原区小型河流纵坡较为平缓，不同河段的流态不同，可以划分为层流和湍流两种流态。所谓层流是指水质点以平行而不相混杂的方式流动的流态。在纵坡平缓、流量稳定且河床断面形状变化不大的河流，可以观察到近似层流的流态。如果水流的质点轨迹紊乱，水质点互相混杂和碰撞的流态称为湍流。在自然河流中，流速较高且断面形状多变的河流大多属于湍流。小型河流中相对静水部分又划分为因水流冲刷形成的冲刷塘和人工筑

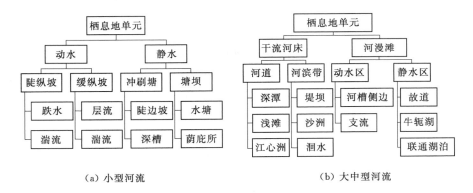

图 3.2 - 2　栖息地单元构成

堰形成的小型塘坝两种。

大中型河流栖息地按地貌划分为干流河床和河漫滩两组。干流河床包括河道和河滨带；河漫滩包括静水区和动水区。因为蜿蜒型河流的深潭-浅滩序列是众多鱼类和水生动物的重要栖息地，所以成为河流栖息地勘察和评价的重点。

把栖息地单元进一步分解的目的，是由于不少淡水物种有特殊的栖息地需求。某些物种必须寻找特定流速范围、水流漩涡、水温、庇护所、基质、pH 值等。而且在生命周期的不同阶段，物种有不同的生境条件要求。就鱼类而言，栖息地包括其完成全部生活史过程所必需的水域范围，如产卵场、索饵场、越冬场以及连接不同生活史阶段水域的洄游通道。有些昆虫在水中产卵，成年后才长出翼，它们通常会被局限在某个特定的河段内。大量的甲壳类物种占据一些临时池塘，度过生命周期中的干旱时期（见 1.2.4 节）。因此，如果栖息地评价项目以保护指示物种为目标，就需要具体掌握指示物种的生活习性，对于栖息地的特殊需求，诸如深潭、浅滩、池塘、沙洲、堰坝等，在进行河流栖息地调查评价时，需详细调查这些生境条件，包括数量、面积、质量等参数，以便评价特定栖息地是否退化，进一步建立起特定物种与栖息地条件的相关关系。

（2）勘察路线和采样断面。水文地貌勘察方法有两类：一类是沿河踏勘，主要记录栖息地外观；另一类是断面勘察，使用仪器测量横断面地貌特征。两种方法互相配合使用，获得河段水文地貌的全貌。

沿河踏勘是一种快速地面调查方法。通过沿河踏勘可以获得河流栖息地分布和数量的概况［图 3.2 - 3（a）］。勘察路线沿河大体"Z"字形布置，考虑深潭与浅滩分布特点，沿河拍照和记录。使用便携式 GPS 定位系统，赋予照片和文字记录坐标和高程。踏勘记录的内容包括：记录蜿蜒型河流深潭和浅滩数量、序列频率；记录水流状况（断流/季节性变化）、水体透明度、树木数量、植被覆盖度。测量河道弯曲度以及深潭和浅滩面积；调查基质构成；量测河漫滩宽度，记录河漫滩沿河被侵占状况。在社会经济方面，调查闸坝和堤防工程、河流渠化改造，取水、采砂情况以及排污口位置。沿河踏勘调查，具有快速、简易的特点，适用于中小型河流。小型河流踏勘记录表见附表 II - 1。

断面勘察是指沿河流主泓线，按一定间距布置勘察横断面，进行定点勘察测量。勘察断面的布置应与踏勘线路相协调，一般来说勘察断面间距不小于 10m［图 3.2 - 3（b）］。

为使地貌数据与水文数据相匹配，在水文测验断面上应同时布置有地貌勘察断面。实施地貌测量时，可采用三维激光扫描仪在现场进行快速测量，用这种仪器可以获得河道地貌特征海量激光点云数据，这种空间数据可用于地貌分析和地图绘制。实施水深测量时，除了使用测深杆、测深锤或测深铅鱼外，还可以使用超声波测深仪。断面勘察测量的内容是多方面的，在地貌方面，包括河道横断面形状、坍岸和滑坡、基质构成、河漫滩宽度及被侵占情况、小型地貌单元特征（江心洲、边滩、故道、牛轭湖、小型湖泊、水塘、洼地）。水文水质方面，应测量水深、流速、流量以及含沙率和主要水质指标。不需要在每个勘察断面实施水文测验和水质监测，一般只需在水文测验断面和水质采样断面上进行。植被方面，应调查植被构成（乔木、灌木、草），河漫滩覆盖率、乡土物种与外来物种。

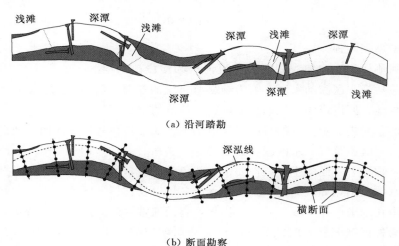

（a）沿河踏勘

（b）断面勘察

图 3.2-3　河流水文地貌勘察

对于有指示物种保护目标的评价项目，应按照指示物种的习性及生活史不同阶段的生境需求，按照上述栖息地构成分解（如深潭、浅滩等），需要在重点栖息地单元部位专门布置若干勘察断面，对其数量、面积、属性实施测量和调查。

2. 大型水生植物野外调查技术

水生生物调查方法已在 3.1.3 节分类做了介绍。本节重点讨论大型水生植物野外调查技术。所谓大型水生植物是生态学范畴上的类群，包括挺水植物、沉水扎根水生植物、浮叶扎根水生植物、漂浮植物等，是不同分类群植物长期适应水环境而形成的趋同适应的表现型。

河滨带植被调查选用的技术方法取决于调查目的。如果调查目的是为了解河滨带概况或进行河流健康评估，则可采取踏勘方法；如果为了进一步评价植物群落结构和功能，则需要采取样方调查法。一般来说，河流生态修复项目的栖息地评价，往往需要将踏勘法与样方调查法二者结合使用。

（1）踏勘法。踏勘法是沿河行走，使用便携式 GPS 定位，目测配合拍照，实时进行记录。如果河流长度较长，则选择有代表性的样带进行勘察。首先，用 GPS 对踏勘起始点定位，并在地图上标注，为下次调查做好准备，以保证调查重复性和数据可比性。样带的长度可以根据实际情况选择不小于 100m。一般来说，100m 沿河尺度足以包含河段全部植物群落。每个样区需要重复调查 3 次，以保证数据具有统计学意义。踏勘的内容包括河滨带宽度、植被类型（乔木、灌木、草本）、优势物种、物种分布及植物高度、覆盖度以及简单描述群落结构特征。河滨带踏勘陆生植物记录表见附表 Ⅱ-2。

（2）样方调查法。

1）河漫滩样方。如果河漫滩较宽，可沿踏勘路线布置若干河漫滩样方，与踏勘法相配合，收集更多的陆域植物信息。河漫滩样方的尺寸根据不同植物类型确定。以草本植物为主的植被，其样方尺寸可选 2m×2m 或 3m×3m。灌木群落的样方可选 4m×4m 或更大。乔木为主的植被样方要达到 10m×10m 或 20m×20m。

2）河流横断面样方。需要在采样河段布设一定数量沿横断面的样方（图 3.2-4）。样方顺河方向长度之和占采样河段长的比例应大于 5%。一个横断面上往往需要布设若干样方。在这些样方中，除了两岸附近的样方包含河滨带以外（如图 3.2-4 中的样方 1），大部分样方布设在开敞水面，如图 3.2-4 中所示的样方 2~样方 5。横断面样方调查重点是大型水生植物群落。样方尺寸一般可选 10m×10m，也可以采取优化方法确定样方尺寸。具体方法是如果样方的面积增大 1 倍，而物种数目急剧增大，则说明样方尺寸需要扩大。每个样方尽可能有一种为主的植物类型，如图 3.2-4 所示，各个样方中数量较多的植物分别是挺水植物、沉水扎根水生植物、浮叶扎根水生植物等。大型水生植物生长的深度，一般在水面以下 2~3m。在 3m 水深以下，由于光合作用微弱，少有大型植物生长（见 1.3 节），因此大型水生植物实际生长边界往往小于 3m（图 3.2-5）。

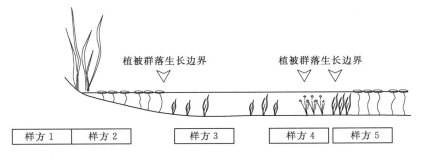

图 3.2-4　沿河流横断面布设的样方示意图

（3）采样和测量。横断面样方采样工作，可采取岸边作业和船上作业相结合的方式进行。为使样方定位，需在岸边设置基准桩。利用手持 GPS 定位系统记录基准点坐标。测量样方起点、终点与基准点的水平距离。用有刻度的测绳，测量大型水生植物在水下的最深深度。岸边作业需要鉴别在水面上观察到的物种类型。船上作业的路线是沿横断面行走，其作用除检查岸边作业成果以外，更要调查开敞水域的物种。船上作业可以用深水望远镜观察或者使用长柄笊子捞取样品。

横断面调查集中在样方中几种常见物种，诸如挺水植物如芦苇、香蒲等；沉水植物如龙须眼子菜、金鱼藻、苦草等；浮叶扎根植物，如荇菜、菱、睡莲、莼菜等；漂浮植物（free floating plants）如浮萍、满江红等。调查时对主要物种在样方内的个体数直接计数，然后计算物种多度。所谓多度（abundance）是指某一物种在某个地方或群落内的个体总数。河流横断面大型植物调查记录表见附表 Ⅱ-3。

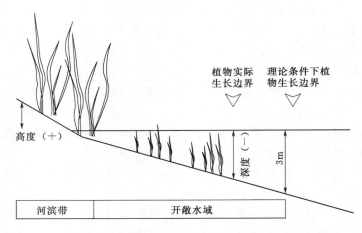

图 3.2-5 大型水生植物沿横断面的分布

野外调查中物种鉴别是关键，野外调查组应配备植物学专业人员。对于现场不能识别的物种可采集标本同时进行拍照，带回实验室鉴别。物种鉴别可供使用的图书资料有《中国植物志》等。

3.2.5 河流栖息地综合评价

1. 综合评价的目的

在河流栖息地调查的基础上，综合分析水文、地貌形态、水质、生物以及社会经济工程设施的调查信息，对河流栖息地进行综合评价。综合评价需要回答以下三个问题：①通过现状与参照系统比较，回答栖息地是否退化？退化程度如何？这就需要建立栖息地评价指标体系和参照系统。②栖息地退化如何影响生物区系？识别引起生物区系重大变化的关键生境因子是什么？这就需要建立栖息地生态要素变化-生物响应模型。③哪些人类活动引起栖息地退化？导致栖息地退化的关键胁迫因子是什么？这就需要建立关键胁迫因子的识别方法。回答了第一个问题，就可以初步明确是否需要开展河流生态修复行动以及栖息地修复项目的重点河段优先排序。回答第二个问题，就能初步明确对于那些有特定物种保护目标的栖息地修复项目，其重点修复的任务是什么。有了第三个问题的答案，就可以初步确定选择哪些有效的技术和管理措施去修复或加强栖息地，以及如何调整人们的行为保护栖息地（图 3.2-6）。

2. 河流栖息地评价指标体系

为使河流栖息地评价定量化，需要建立评价指标体系。表 3.2-6 是河流栖息地评价一般性指标表。实际上，这个指标体系是一个原则性框架，明确评价的类别和各项指标。由于具体项目的生态修复目标不同，选取的指标应有所区别。如果以生态完整性为修复目标，则选取的指标相对要宽泛，这种栖息地评价相当河流健康评价。如果以标志性生物（鱼类）为修复目标，或以保护濒危、珍稀、特有生物为修复目标，或以渔业资源为保护修复目标，则应根据目标物种的生活习性，生活史不同阶段的生境需求，围绕目标鱼类的产卵场、索饵场和越冬场的水文、水质、水温、地貌、连通性等方面选取指标。

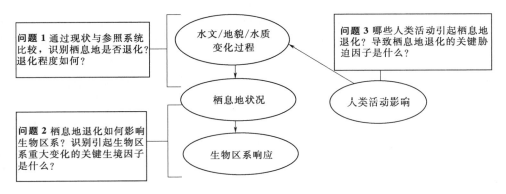

图 3.2-6　栖息地评价需要回答的 3 个问题

　　评价指标分为 5 大类，分别为水文特性 H、水质特性 Q、生物特性 B、地貌形态特性 G 和社会经济特性 S，将这 5 大类列入准则层。每一项准则层，又包含若干指标，分别列入指标层。指标的选取遵循重要性、可操作性以及独立性原则。实际工作中，每个评价项目需根据具体情况，因地制宜地选择其中若干评价指标制定评价方案。下面对表 3.2-6 中的各项指标逐一说明。

表 3.2-6　　　　　　　　　　河流栖息地评价一般性指标表

准则层	序号	指 标 层	准则层	序号	指 标 层
水文特性	1	月均流量改变因子 H_1	地貌形态特性	1	弯曲率 G_1
	2	年极值流量和持续时间改变因子 H_2		2	河型 G_2
	3	年极值流量的发生时机改变因子 H_3		3	深潭-浅滩序列 G_3
	4	高、低流量脉冲的频率和持续时间改变因子 H_4		4	纵向连续性 G_4
				5	侧向连通性 G_5
	5	日间流量变化因子和变化频率 H_5		6	垂向透水性 G_6
	6	最小生态需水量满足率 H_6		7	岸坡稳定性 G_7
	7	地下水埋深 H_7		8	河道稳定性 G_8
水质特性	1	水质类别 Q_1		9	悬移质输沙量变化率 G_9
	2	主要污染物浓度 Q_2		10	天然植被覆盖度 G_{10}
	3	水功能区水质达标率 Q_3		11	土壤侵蚀强度 G_{11}
	4	富营养化指数 Q_4		12	河岸带宽度 G_{12}
	5	纳污性能 Q_5	社会经济特性	1	水资源开发利用率 S_1
	6	水温 Q_6		2	灌溉水利用系数 S_2
	7	水温恢复距离 Q_7		3	万元工业增加值用水量 S_3
生物特性	1	物种多样性指数 B_1	其他		其他指标
	2	完整性指数 B_2			
	3	珍稀、濒危水生生物存活状况 B_3			
	4	外来物种威胁程度 B_4			

（1）水文特性。详细计算水文参数指标见 1.5.1 节中表 1.5－1 IHA 流量组分和水文参数。为了简化计算，本书将 IHA 法中的 5 类 33 个水文参数整合成了 5 项指标。指标的计算方法为：先采用变化范围法计算出与参照系统水文系列相比较每个水文参数的改变因子 σ，然后再分别计算每类水文参数改变因子的几何平均值。

1）月均流量改变因子 H_1。该指标为 1—12 月各月月均流量的改变因子的几何平均值。

2）年极值流量和持续时间改变因子 H_2。该指标为以下水文参数改变因子的几何平均值：年 1 日、3 日、7 日、30 日、90 日平均最小流量，年 1 日、3 日、7 日、30 日、90 日平均最大流量，零流量的天数，年 7 日平均最小流量/年平均流量。

3）年极值流量的发生时机改变因子 H_3。该指标为以下水文参数改变因子的几何平均值：年最大流量出现日期、年最小流量出现日期。

4）高、低流量脉冲的频率和持续时间改变因子 H_4。该指标为以下水文参数改变因子的几何平均值：年低流量的谷底数、年低流量的平均持续时间、年高流量的洪峰数、年高流量的平均持续时间。

5）日间流量变化因子和变化频率 H_5。该指标为以下水文参数改变因子的几何平均值：年均日间涨水率、年均日间落水率、每年涨落水次数。

6）最小生态需水量满足率 H_6。指河流的枯水期最小流量与河道的最小生态需水量的比值。目前，有多种最小生态需水量计算方法，本书建议采用重现期为 10 年的 7d 低流量均值 $Q_{7,10}$。

7）地下水埋深 H_7。指地表上某一点至浅层地下水水位之间的垂线距离。

（2）水质特性。

1）水质类别 Q_1。水质类别用于表征河流水体的质量。水质类别在全国各类河流可作为通用的指标使用。地表水环境质量标准基本项目 24 项，包括 COD、BOD、氨氮等。地表水环境质量评价应根据规定的水域功能类别，选取相应类别标准，进行单因子评价。

2）主要污染物浓度 Q_2。指水质监测断面主要污染物浓度的平均值。当水质类别指标不能准确表征河流的水质状况时，某污染物的浓度可说明其影响水质的真实程度。评价中常选择 TN/NP、浊度、电导率、pH 值等参数进行评价（见表 3.2－7）。

表 3.2－7　　　　　　　　　　　水质评价的一般测量参数

序号	测量参数	输入物质	潜 在 影 响
1	电导率	盐	损失敏感物种
2	TN/TP	氮、磷	富营养化、水华爆发
3	生化需氧量（BOD）	有机物	生物呼吸窒息，鱼类死亡
4	浊度	泥沙	生物栖息地变化，敏感性生物减少
5	悬浮物	泥沙	生物栖息地变化，敏感性生物减少
6	叶绿素	营养物	富营养化
7	pH 值	酸性污染物输入	敏感物种减少
8	金属、有机化合物	有毒物质	敏感物种减少

3）水功能区水质达标率 Q_3。水功能区水质达标率指某河段水功能区水质达到其水质目标的个数（河长、面积）占水功能区总数（总河长、总面积）的比例。水功能区水质达标率反映河流水质满足水资源开发利用和生态环境保护需要的状况。

4）富营养化指数 Q_4。富营养化指数是反应水体富营养化状况的评价指标，主要包括水体透明度、氮磷含量及比值、溶解氧含量及其时空分布、藻类生物量及种类组成、初级生物生产力等指标。

富营养化状况评价项目应包括：叶绿素 a(Chl-a)、总磷（TP）、总氮（TN）、透明度（SD）、高锰酸盐指数（COD_{Mn}），其中叶绿素 a 为必评项目。采用《地表水资源质量评价技术规程》（SL 395—2007）中的营养状态指数（EI）评价湖库营养状态（贫营养、中营养、富营养），其计算公式如下：

$$EI = \sum_{n=1}^{N} E_n / N \qquad (3.2-1)$$

式中：EI 为营养状态指数；E_n 为评价项目赋分值；N 为评价项目个数。

5）纳污性能 Q_5。纳污性能为某种污染物的年排放量与其纳污能力之比。纳污能力指在设计水文条件下，某种污染物满足水功能区水质目标要求所能容纳的该污染物的最大数量。水域纳污能力应按不同的水功能区确定计算方法。

6）水温 Q_6。指水体的温度。最重要的是水库的下泄水温，是指水库建成后下泄水体的最大、最小月均温度。

7）水温恢复距离 Q_7。水库工程建设运行后，下游水温恢复到满足下游敏感物种目标要求的天然温度的河段长度。下泄水温沿程变化与大坝泄流水温、流量以及沿程气象条件、河道特征、支流汇入情况等因素有关。

（3）地貌形态特性。详细计算河流地貌形态特性指标详见 3.1.1 节中表 3.1-5 河道地貌特征参数。为简化计算，选出以下指标作为评价参数。

1）弯曲率 G_1。指沿河流中线两点间的实际长度与其直线距离的比值，是河流的弯曲程度的度量。弯曲率是无量纲数值。弯曲率数据应是具体河段的测量结果，而不是整个河流不同河段的均值。弯曲率的表达式为

$$G_1 = L/D \qquad (3.2-2)$$

式中：L 为河流的实际长度；D 为河流两端的直线距离。

2）河型 G_2。按照顺直微弯型、蜿蜒型、辫状型、网状型和游荡型 5 类河型，评价演变趋势。

3）深潭-浅滩序列 G_3。蜿蜒型河流深潭-浅滩序列与参照系统对比，评价河道人工裁弯取直、断面几何规则化等渠道化工程，引起深潭-浅滩序列丧失，数量和面积减少。

4）纵向连续性 G_4。指顺水流方向连续性。评价鱼类洄游障碍物，包括闸坝等挡水建筑物的数量及类型。纵向连续性可以用下式表达：

$$G_2 = L/N \qquad (3.2-3)$$

式中：N 为鱼类洄游障碍物（如闸、坝等）；L 为河段长度。

也可以按照河道挡水建筑物上游流域面积占全流域的百分数来表征纵向连续性，其表达式如下：

$$G_2 = A_{up}/A \times 100\% \tag{3.2-4}$$

式中：A_{up} 为挡水建筑物隔断的上游流域面积；A 为流域面积。

5）侧向连通性 G_5。表征堤防等建筑物对河流侧向连通的约束状况。侧向连通性可用下式表达：

$$G_3 = \frac{A_1}{A_2} \times 100\% \tag{3.2-5}$$

式中：A_1 为现状洪水淹没面积；A_2 为自然洪水淹没面积。

6）垂向透水性 G_6。反映地表水与地下水间的水力联系被人为阻断，包括不透水岸坡防护，城市不透水铺设。按不透水衬砌或铺设所占面积比表示。

7）岸坡稳定性 G_7。岸坡稳定性与岸坡坡度和岸坡材料及其防护措施（包括植被条件）有关。其整体稳定性可用抗滑稳定安全系数表示，局部稳定性由表面土体抗侵蚀性度量。也可以通过现场调查来直观判断，定性分级。

8）河道稳定性 G_8。河道稳定性是指在现有气象、水文条件下，河流具有维持自身尺度、类型和剖面以保持动态平衡的能力。长期是指以既不淤积也不冲刷的方式输送水流及泥沙的能力。采用快速地貌评价方法，诊断标准包括原始河床质、河岸防护、切割度、缩窄度、河岸侵蚀、河岸坍岸、河岸淤积、河床演进阶段等，给各项标准赋值后综合评价河道稳定性等级。

9）悬移质输沙量变化率 G_9。与参照系统相比较，评价悬移质输沙量变化率。

10）天然植被覆盖度 G_{10}。指天然植物（包括叶、茎、枝）在单位面积内植物的垂直投影面积所占百分比，可以通过遥感监测方法获得。

11）土壤侵蚀强度 G_{11}。指地壳表层土壤在自然力（水力、风力、重力及冻融等）和人类活动综合作用下，单位面积、单位时段内被剥蚀并发生位移的土壤侵蚀量，用土壤侵蚀模数表示。可以通过遥感监测或土壤侵蚀监测的方法获得。我国发布了适用于大区域土壤侵蚀调查的土壤水力侵蚀强度分级标准（表 3.2-8）和划分土壤侵蚀强度等级标准（表 3.2-9）。

表 3.2-8　　　　　　　　　　土壤侵蚀强度分级标准

级别	平均侵蚀模数/[t/(km²·a)]	级别	平均侵蚀模数/[t/(km²·a)]
微　度	＜200，500，1000	强　烈	5000～8000
轻　度	200，500，1000～2500	极强烈	8000～15000
中　度	2500～5000	剧　烈	＞15000

注　引自《土壤侵蚀分类分级标准》（SL 190—2007）。

表 3.2-9　　划分土壤侵蚀强度等级标准［土壤侵蚀强度面蚀（片蚀）分级指标］

地　类		地　面　坡　度				
		5°～8°	8°～15°	15°～25°	25°～35°	＞35°
非耕地的林草覆盖度/%	65～75	轻度	轻度	轻度	中度	中度
	45～60	轻度	轻度	中度	中度	强烈
	30～45	轻度	中度	中度	强烈	极强烈
	＜30	中度	中度	强烈	极强烈	剧烈
坡耕地		轻度	中度	强烈	极强烈	剧烈

注　引自《土壤侵蚀分类分级标准》（SL 190—2007）。

12）河岸带宽度 G_{12}。指河滨植被缓冲带的宽度，中小河流可参考河流状况指数（Index of Stream Condition，ISC）中对河岸带宽度健康程度的分级建议，见表 3.2 – 10。

表 3.2 – 10　　　　　　　　　　　　河岸带宽度分级

植　被　缓　冲　带　宽　度		级别
宽度＜15m 的河流/m	宽度＞15m 的河流	
＞40	＞3 倍基流量河宽	4
30～≤40	1.5～≤3 倍基流量河宽	3
10～≤30	0.5～≤1.5 倍基流量河宽	2
5～≤10	0.25～≤0.5 倍基流量河宽	1
＜5	＜0.25 倍基流量河宽	0

（4）生物特性。评价对象以鱼类为主，重点是种类、丰度和年龄结构。其他生物评价，浮游生物重点评价组成和丰度；大型水生植物和沉水植物重点评价组成；底栖无脊椎动物重点评价多样性、组成和丰度。

1）物种多样性指数 B_1。表示物种的种类、组成和丰富程度。常用 Shannon – Wiener 多样性指数表示，该指数采用下式计算：

$$B_1 = -\sum_{i=1}^{n} Q_i \ln Q_i \qquad (3.2 - 6)$$

式中：B_1 为物种多样性指数；Q_i 为第 i 种个体数（n_i）占总个体数（N）的比例，即 $Q_i = n_i / N$。

2）完整性指数 B_2。生物完整性指数主要是从生物群落的组成和结构两个方面反映生态系统健康状况，是目前水生生态系统研究中应用最广泛的指标之一。通常评价鱼类种类结构（种类数、密度）、营养结构（杂食性鱼类、食昆虫鱼类和食鱼鱼类比例）、数量和体质状况（样本中的个体数量、天然杂交个体的数量比例、感染疾病和外形异常个体的数量比例）。

3）珍稀、濒危水生生物存活状况 B_3。指国家或地方相关名录确定保护的珍稀、濒危和特有生物在河流廊道中生存繁衍，物种存活质量与数量状况。根据具体情况，可分别采用以下两种方法进行评价。

定性评价法：以珍稀水生生物存在与否、存活质量与数量为主要考虑因素，采用专家判定法对存活状况进行评价，一般以珍稀水生生物数量增减作为定性判断依据。

定量评价法：通过珍稀水生生物特征期聚集河段的捕捞情况来定量反映其存活状况。特征期主要为成熟期、产卵期、洄游期。珍稀水生生物存活状况等于特征期聚集河段捕捞到的次数/捕捞期天数。

4）外来物种威胁程度 B_4。指在目标区域内是否出现外来物种、外来物种对本地土著生物和生态系统造成威胁的影响程度。应参照所在区域有严重影响的外来物种名录，调查当地有无所列物种，并且调查该物种在当地属于"固定"还是"出现"状况。根据外来物种调查表（见表 3.2 – 11）定性描述评价区域内外来物种入侵状况及威胁程度。

表 3.2-11 外 来 物 种 调 查 表

外来物种名称 （中文名）	学名	原产地	侵入方式	固定/出现	侵入区域	侵入面积	危害情况
动物							
植物							

（5）社会经济。

1）水资源开发利用率 S_1。水资源总量可用地表水资源量与地下水资源量之和减去重复量得到，计算公式如下：

$$W_r = Q_s + P_r - D \qquad (3.2-7)$$

式中：W_r 为水资源总量；Q_s 为河川径流量；P_r 为降雨入渗补给量；D 为重复量。各流域水资源量在全国水资源评价中都有明确的数值以备查用。

通过对流域内的各类生产、生活用水量进行全面调查，扣除重复利用量，就可以得到水资源开发利用量 W_u。水资源开发利用率 S_1 计算公式如下：

$$S_1 = W_u / W_r \qquad (3.2-8)$$

式中：S_1 为水资源开发利用率；W_r 为水资源总量；W_u 为水资源开发利用量。

2）灌溉水利用系数 S_2。灌溉的最终目的是满足作物的蒸腾需水要求，在灌溉过程中的渠系输水损失，棵间蒸发和深层渗漏均视为无效的水分消耗。因此灌溉水利用系数可以表述为渠系水利用率 $C_{渠系}$ 与田间水利用率 $C_{田间}$ 的乘积。

$$S_2 = C_{渠系} \cdot C_{田间} \qquad (3.2-9)$$

渠系水利用率 $C_{渠系}$ 是指在正常运行情况下一个完整的灌水周期中流出渠系进入田间的总水量与流入渠系的总水量之比值。

$$C_{渠系} = W_{田间} / W_{渠道} \qquad (3.2-10)$$

式中：$C_{渠系}$ 为渠系水利用效率；$W_{田间}$ 为正常运行情况下，在一个灌水周期中末级固定渠道输出的总水量，m^3，即由渠系进入田间的总水量；$W_{渠道}$ 为正常运行情况下，在一个灌水周期中干渠首引入的总水量，m^3。

灌区田间水利用率 $C_{田间}$ 是指灌入田间可被作物利用的水量与末级固定渠道放出水量的比值，可通过平均法或实测法确定。

3）万元工业增加值用水量 S_3。

万元工业增加值用水量（m^3/万元）＝工业用水量（m^3）/工业增加值（万元）

式中：工业用水量指工矿企业在生产过程中用于制造、加工、冷却（包括火电直流冷却）、空调、净化、洗涤等方面的用水，按新水取用量计，不包括企业内部的重复利用水量。

（6）其他指标。其他指标是特定的河流根据其具体情况需要增加的评价指标，如采砂率、底泥污染程度、河流断流概率等，根据指标属性归入水文、水质、地貌、生物或社会经济等门类。

3. 建立参照系统

评价河流栖息地状况，实际上是判断受到干扰的河流栖息地与自然河流栖息地的偏离程度。为此就需要定义一个河流参照系统。定义的参照系统是河流栖息地的理想状况。建立参照系统有 3 种方法。

第一种方法是依据时间序列，以河流自身的某种历史状况作为参照系统。一般认为，历史形成的自然河流有其天然合理性，人类大规模开发活动前的河流栖息地是健康的。如果能够重现人类大规模干扰前的河流栖息地，将会获得较为理想栖息地条件。具体方法是收集包括河流地貌、水文、水质以及生物相关的历史地图、文献、照片、在原位现场调查取证获得的数据，综合分析还原河流历史状况。

第二种方法是依据空间位置选择适当的参照系统。可以选择同一条河流的生态良好河段，以此河段的现状作为参照系统。另外也可以选择自然条件与规划河流相近的其他流域河流作为参照系统，按照上述原则确定栖息地的理想状态。

考虑到近百年的大规模开发和生产活动，在我国保持未受干扰的大型河流寥寥无几，所以，寻找完全理想化的参照系统是不切实际的。现实可行的方法是寻找受到较少的人工干扰，尚保持一定自然属性的河流或河段。参照系统河段大体能满足以下条件。①土地利用和地貌特征。城镇化程度较低，流域或子流域内森林植被较为完好；河流地貌保留一定程度的自然形态，如保留蜿蜒性、存在一定比例的天然岸坡；有较宽阔的河漫滩，保留有自然植被；河流无闸坝阻隔，保持了河流的纵向连续性和河湖连通性。②水文情势。水文情势没有较大的变化，重要水文因子的偏离程度不高。③物理化学条件。没有点源或面源污染，没有水体富营养化影响；水温接近自然状态；没有盐渍化迹象。④生物条件。没有由于引进养殖鱼类，甲壳类，贝类或其他种类的动植物而造成土著生物群落显著衰退现象。具体方法可利用遥感影像和现场勘察资料，综合分析获得参照系统数据。

第三种方法是综合方法。依据有限的历史资料并利用专家经验，参照类似流域数据，构造参照系统，也称为"最佳生态势"（best ecological potential）。就参照系统中的生物要素而言，某些指示物种出现或不出现，都可以表示某种特定的环境特征。其中对于某种环境要素响应最敏感的指示生物被监测检出，可以作为环境良好的标志，成为参照系统中生物要素指标。

在以上 3 种方法中，有一部分生态要素指标已经有国家和行业相关技术规范，对应有等级标准，这样就可以把最高等级标准作为参照系统的标准。如水质类别指标、富营养化指数指标、土壤侵蚀强度指标的分级标准可分别依据《地表水环境质量标准》（GB 3838—2002）、《地表水资源质量评价技术规程》（SL 395—2007）、《土壤侵蚀分类分级标准》（SL 190—2007）确定。

参照系统必须定量化。具体方法是参照表 3.2－6，拟定评价项目的河流栖息地评价指标表，然后按照上述方法给各项指标赋值，即得到参照系统生态要素指标表。

4. 栖息地现状与参照系统对比评价

把栖息地现状与参照系统进行对比，计算指标的偏离率，就可以大体理解栖息地是否退化、退化程度和导致退化的主要因素。具体步骤是：①按照评价项目的具体情况，参照表 3.2－6，拟定河流栖息地评价指标表。②通过遥感影像分析和野外调查，获取了河流栖息地的基础数据。③经过整理计算，完成栖息地生态要素现状指标表。④将生态要素现状指标表中的各生态要素与参照系统生态要素指标表对应指标逐项对比，计算出偏离率。所谓偏离率是指由于人类大规模经济开发活动，导致生态要素与此前的生态状况发生偏离的程度。⑤全面评价栖息地状况，识别偏差率高的指标项目，作为备选的栖息地修复重点。

　　另外一种方法是建立栖息地分级系统（董哲仁，2013）。具体方法是：①将栖息地状况分为优、良、中、差、劣 5 级；②完成参照系统各指标赋值，定义参照系统各项指标为"优"等级；③以优等指标的 85％、70％、55％、40％为量值定义良、中、差、劣 4 级指标；④按照调查监测的现状数据套进相应等级；⑤各准则层生态要素指标（如河流地貌）可用加权平均法获得；⑥栖息地现状-参照系统对比评价。

　　举例，图 3.2 - 7 表示栖息地现状-参照系统对比评价示意。河流地貌一项指标（如侧向连通性 G_5），因筑堤导致指标偏离，筑堤前为 G_5'，筑堤后为 G_5''，现状与参照系统对应指标偏离率 $\phi = (G_5'' - G_5')/G_5' = a\%$，等级为"良"；水体物理化学状态一项指标（如主要污染物浓度 Q_2），因水污染导致与参照系统相应指标偏离，偏离率 $\phi = b\%$。等级为"差"；水文情势（如最小生态需水量满足率 H_6），因超量取水，枯水季流量不足，造成与参照系统对应指标的偏离，偏离率 $\phi = c\%$，等级为"中"。如果准则层生态要素指标的加权平均值水质 Q 偏离率仍然最高，说明水体的物理化学状况与大规模开发活动前的状况相比发生了较大的变化。所以，来自水体物理化学方面的各类压力，有可能包含关键胁迫因子。需要说明的是，这里提出了一种可能性，并不具有必然性。这是因为环境压力和生物响应之间并不存在线性关系，例如水体营养物质富集达到 3 倍，造成水华爆发，但是不能推断蓝藻的生物量增加 3 倍。同样，在各环境要素之间，也不存在线性的可比性。尽管如此，在分析关键胁迫因子时，现状与理想参照系统的偏离程度仍然是一个重要参数，对偏离程度高或者生态等级低的环境要素要给予足够的重视。

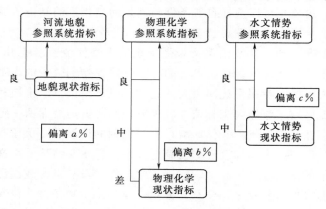

图 3.2-7　栖息地现状-参照系统对比评价

5. 生境压力-生物响应分析

　　生境压力-生物响应分析就是建立一种河流水生生物对于生境压力的响应关系。所谓生境压力是指生态要素的变化，具体表现为生态要素指标的变化。生境压力来源于人类经济开发建设活动导致的负面后果，如水污染、水土流失等。重大的生境压力会导致水生生物群的减少、退化以致灭绝。进行生境压力-生物响应分析的目的是识别关键胁迫因子（keystress factor），也就是说，在诸多生态因子中，识别出哪一种或哪几种因子是导致水生态系统退化的关键因素。在编制河流生态修复规划时，这些关键胁迫因子将列为重点修复对象。不同水生生物群对于不同类型压力的敏感性响应不同，这就需要在大量调查与监测数据基础上，按照统计学规律建立起相关关系。

　　现以营养物质在水体中的富集为例，讨论湖泊和水库中因环境压力导致水体生物种类和丰度变化的生境压力-生物响应关系（图 3.2 - 8）。由于人类活动使得大量的磷通过各种方式进入到水循环中，这些活动包括大量使用化肥、土壤侵蚀、生活污水和含磷工业废水的排放等。引起水体富营养化另一个原因是氮素富集。人类活动包括农业大量使用化肥，生活污水及生活垃圾的排放等，都成为水体氮素的主要来源。在人类活动作用下，氮、磷等营养物质在水体中富集，引起水体富营养化作用。由于氮、磷等营养物质不断补给，过量积聚，水体生产力提高，某些特征藻类（主要是蓝藻，绿藻）异常增殖，致使水质恶化。藻类的异常增殖，抑制了大型植物和底栖植物的生长，使水生态系统的结构发生破坏。根据对湖库调查的结果发现，所有处于富营养化状态中的湖库，其表征藻类生长的指标——叶绿素 a 都处于较高水平，水体透明度随藻类大量繁殖而显著下降。水深较大的湖库在藻类大量繁殖季节，水体表层因水生植物光合作用造成溶解氧过饱和，而深层水因藻类死亡耗氧导致缺氧，成为富营养化水体的典型征兆。另外，富营养化水体的溶解氧明显下降。由于藻类光合作用消耗水中的 CO_2，致使水中氢离子减少，pH 值升高。

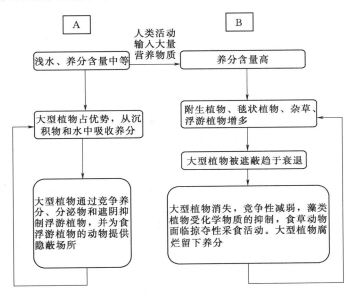

图 3.2-8　营养物质富集对水生生物影响机理示意图
A—中等营养的湖泊；B—因输入大量营养物质导致富营养化

　　除了水体的物理化学特征变化以外，其他生态要素包括水文情势变化和河流地貌形态变化，也对河流栖息地形成压力，相关内容在第 1 章已经做了讨论。在大量调查与监测数据的支持下，遵照统计学原理，同样可以建立起不同水生生物群对于水文情势变化和河流地貌形态诸因子的敏感性响应关系。表 3.2-12 汇总了部分生物群对各类压力的敏感响应关系。

　　6. 河流栖息地评价工作流程

　　河流栖息地评价工作流程如图 3.2-9 所示，背景框图标明对应的章节。河流栖息地评价报告文本包括以下内容：①任务、目标、相关法律法规、技术标准；②调查勘察技术方法和布局；③项目区概况；④调查勘察成果；⑤栖息地现状与参照系统对比评价；⑥生境压力-生物响应分析及关键胁迫因子识别；⑦提出生态修复重点、策略、技术选择、项目优先排序建议；⑧结论。

表 3.2－12　　　　　　　　　不同生物群对生境压力的敏感响应

压力来源	压力表现	大型植物	底栖植物	大型底栖无脊椎动物	鱼类
氮、磷等营养物质富集	水体中氮、磷等营养物质富集，藻类大量繁殖，水体溶解氧和透明度下降，影响其他植物生长	√	√		
有机物富集	有机物富集增加，生物群落结构改变			√	
酸化作用	工业废气与水汽结合形成酸雨，使水体酸性中和能力及 pH 值改变；生物群落和毒性协同作用改变		√	√	√
水温变化	水库低温水下泄；岸边植被减少引起遮阴作用减弱				√
农业面源污染	水体磷等营养物质富集，硅藻属生物			√	
工业点源污染	氮、磷营养物质，硅藻属生物			√	√
城市污水排放				√	√
水文条件变化	河道流量不能满足最低生态需水；水库径流调节引起水文情势变化；洪水脉冲作用减弱	√	√		√
河流地貌形态变化	河流连续性和连通性变化；河流渠道化；硬质护坡；河流裁弯取直；河床基质变化	√		√	√
闸坝	鱼类洄游通道受阻				
城市化	栖息地条件变化			√	√

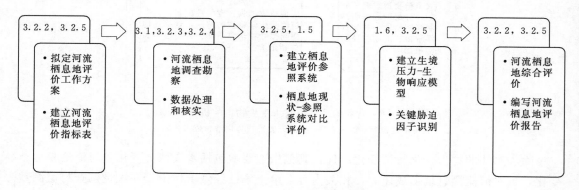

图 3.2－9　河流栖息地评价流程图

链接 3.2.1　水质生物学监测技术❶

近 30 余年发展起来的水质生物学监测技术（biological monitoring）是利用水环境中滋生的生物群落组成、结构等变化来评价、预测河湖水体水质状况的技术。水质生物学监测具有许多优点，它能够反映长期的污染效果，而理化监测只能代表取样期间的污染状

❶　Martin Griffiths 等编著．《欧洲生态和生物监测方法及黄河实践》，2012。

况；某些生物对于一些污染物非常敏感，能够监测到连精密仪器都无法监测的微量污染物质，而且某些生物能通过食物链将微量有毒物质予以富集并敏感测出；一种生物可以对多种污染物产生响应而表现出不同症状，便于综合评价。

水质生物学监测是针对指示生物开展的监测。所谓指示生物（indicator organism）是指对环境因子变化能产生特定响应而被用来指示某种环境特征的生物。河流湖泊重点的指示生物常用的有：底栖无脊椎动物、鱼类、浮游植物、底栖藻类等。其中底栖动物作为指示生物被广泛应用于溪流和河流的生物监测。底栖动物种类丰富，易于采集。常见的底栖动物有水栖寡毛类（水蚯蚓）、软体动物（螺、蚌、河蚬等）、水生昆虫（摇蚊幼虫、石蝇、蜉蝣、蜻蜓稚虫等）以及虾、蟹和水蛭等。不同种类底栖动物需要的环境不同，底栖动物种类组成能够反映不同的环境压力。某些指示物种的出现或不出现，都可以表示某种特定的环境特征。其中对于某种环境要素（如水体特定污染物）响应最敏感的指示生物如果被监测检出，可以作为水环境良好的标志。基于大量监测数据的统计规律，可以建立特定环境压力与底栖生物间的关系表。关系表中从最敏感的指示生物到耐受性最强的指示物种，可以反映不同水体由优到劣的水质状况。目前，基于底栖动物的生物监测方法有 50多种。

第4章
生态要素分析与计算

河流生物过程与非生物过程产生交互作用，形成了完整的生态过程。非生物过程包括水文过程、地貌过程和物理化学过程。生命支持系统的生态要素包括水文要素、水力学要素、景观要素、泥沙要素等。本章阐述了生态水文分析、环境水计算、生态水力学计算、河道演变数值分析以及景观格局分析的技术方法，为生态水利工程规划设计奠定了基础。

4.1 生态水文分析

生态水文学中通常用流量、频率、发生时机、延时和变化率5类变量反映水文情势，进而研究生物对水文变量的响应（见1.5.1节）。生态水文分析通常把年内流量过程划分为3个流量段，即基流、高流量和洪水脉冲流量，3个流量段具有不同的生态功能（见1.2.1节）。

基流是指低流量，其持续时间相对较长。基流是维持水生生物生存和维持栖息地的基本条件，也是推求生态基流的主要依据。本节将讨论低流量频率计算问题。

高流量是相对于基流而言，相当中等量级流量。高流量过程控制着包括侵蚀、泥沙输移和淤积在内的河流地貌过程。基于流量过程对河床形态影响能力的认识，高流量对应造床流量概念。所谓造床流量是能够长期维持河流形态的流量。本节将讨论推求造床流量的方法。

洪水脉冲流量是指高量级流量，延时较短。洪水脉冲对泥沙及营养物的输移起重要作用，也是影响河漫滩地貌构成的重要驱动力（见2.2.2节）。按照行洪能力设计堤防和河床断面时，需要先确定防洪标准和相应频率的洪水流量。本节将讨论洪水设计标准和设计洪水计算方法。

4.1.1 水文频率计算

水文统计的任务是研究和分析水文随机现象的统计变化特性，并以此为基础对水文现象未来可能的长期变化做出概率意义上的定量预估，以满足工程规划、施工和运行的需要。水文统计的具体方法是凭借较长时期观测的序列水文资料，推求水文情势变化规律，并以概率分布曲线表示出来。水文统计的重点任务是进行水文频率计算，内容包括分布线型及参数估计（詹道江，等，2010）。

在概率论中，对随机现象的观测或观察称为随机试验，随机试验的结果称为事件，事件一般是一个数值。如河流某断面处最大洪峰流量值。随机变量 X 是在随机试验中测量到的数值。水文现象中的随机变量一般是指某种水文特征值，如断面的年径流量、洪峰流量等。随机变量 X 可以取所有可能值中的任何一个值。例如 X 可能取 x_1、x_2、x_3、…，但是取某一个可能值的机会是不同的，机会有大有小。所以，随机变量的取值与其概率有一定的对应关系，将这种关系称为随机变量的概率分布。

事件 $X \geqslant x$ 的概率 $P(X \geqslant x)$ 随着随机变量的取值 x 而变化，所以 $P(X \geqslant x)$ 是 x 的函数，这个函数称为随机变量的概率分布函数，记为 $F(x)$，即

$$F(x) = P(X \geqslant x) \tag{4.1-1}$$

例如，设事件 X 为某断面洪峰流量，取一个可能值 $x = 16500\mathrm{m^3/s}$，经频率计算，推求出其概率 $P = 1\%$。其含义为洪峰流量大于或等于 $16500\mathrm{m^3/s}$ 的概率等于 1%，或表示为重现期为 100 年。

为便于理解水文频率计算方法，以下结合一个年径流量频率曲线实例予以说明，所谓年径流量是指年度内河流某断面通过的水量。

首先计算多年平均径流量 $\bar{x}$，$\bar{x}$ 是计算序列年径流量的算术平均值：

$$\bar{x} = \left(\sum_{i=1}^{n} x_i \right)/n \tag{4.1-2}$$

式中：n 为出现次数总和（样本容量）；x_i 为第 i 年径流量；$\bar{x}$ 为多年平均径流量。

定义频率分布函数 $F(x)$：

$$F(x) = P(X \geqslant x) \tag{4.1-3}$$

式中：P 为随机变量 X（本问题中为年径流量）大于或等于 x 时出现的频率。

在实测水文序列中，P 称为经验频率 P，P 可用下列公式计算：

$$P = m/(n+1) \tag{4.1-4}$$

式中：m 为年径流量大于或等于 x 的次数；n 为出现次数总和（样本容量）。

有时为便于理解，采用重现期 T（年）概念，对于暴雨洪水：

$$T = 1/P \tag{4.1-5}$$

比如 $P = 1\%$ 时，重现期 $T = 100$（年）。需要说明的是，水文现象一般没有固定的周期性，所谓百年一遇洪水，是指大于或等于这样量级的洪水在长时期平均可能发生一次，并非每隔 100 年必然遇上一次。在概率格纸上把各个指标点连接起来，就得到一条经验频率分布曲线，它是一条递增曲线。

在实际问题中，频率分布函数 $F(x)$ 不易确定，而且在实际工作中不一定需要得到完整的函数形式，而只需知道个别代表性的数值，能够说明随机变量的主要特征，就能满足规划设计工作需要。这种能够说明随机变量统计规律的某些特征数值，称为随机变量的统计参数。以上介绍的多年平均径流量 $\bar{x}$ 就是一种统计参数。此外还有变差系数 C_v 和偏态系数 C_s。所谓变差系数 C_v，也称离差系数，是衡量序列相对离差程度的一个参数。就水文现象而言，C_v 的大小反映河川径流多年变化情况。例如，南方雨水丰沛，丰水年和枯水年的年径流量变化幅度相对较小，所以，南方河流的 C_v 值一般比北方的要小。变差系数 C_v 是无因次的数，用小数表示，其计算式为

$$C_v = \sqrt{\frac{\sum\limits_{i=1}^{n} (K_i - 1)^2}{n - 1}} \tag{4.1-6}$$

式中：$K_i = x_i/\overline{x}$，$\overline{x}$ 为多年平均径流量；n 为出现次数总和（样本容量）。

另一个常用的统计参数为偏态系数 C_s。上述变差系数 C_v 只能反映河川径流系列的离散程度，但是不能反映系列在均值两边的对称程度。在水文统计中，主要采用偏态系数 C_s 作为衡量系列不对称（偏态）程度的参数，C_s 计算式为

$$C_s = \frac{\sum\limits_{i=1}^{n} (K_i - 1)^3}{(n - 3)C_v^3} \tag{4.1-7}$$

为描述水文情势变化规律，除了概率分布函数 $F(x)$ 以外，还用概率密度函数 $f(x)$ 表示。定义概率分布函数 $F(x)$ 的一阶导数为概率密度函数 $f(x)$，换言之，概率分布函数 $F(x)$ 是概率密度函数 $f(x)$ 的积分。

$$F(x) = P(X \geqslant x) = \int_x^\infty f(x)\mathrm{d}x \tag{4.1-8}$$

概率密度函数 $f(x)$ 的几何曲线称为概率密度曲线，连续型随机变量的分布函数在数学上有许多类型。按照我国相关规范，水文计算频率曲线的线型一般选用皮尔逊 Ⅲ 型曲线。皮尔逊 Ⅲ 型曲线是一条一端有限、一端无限的不对称单峰曲线（图 4.1-1）。其概率密度函数中包含的几个参数，都可以用总体的三个统计参数 EX、C_v、C_s 计算出来。皮尔逊 Ⅲ 型曲线的形状，主要取决于参数 C_s。如果按照式 (4.1-8)，用皮尔逊 Ⅲ 型曲线函数积分计算频率分布函数 $F(x)$ 会十分麻烦。为计算方便，通过变量转换，按照拟定的 C_s 进行积分，并且将成果制成专用表格，会使计算大为简化。简化的频率分布函数 $P(\varphi \geqslant \varphi_p)$ 用下式计算：

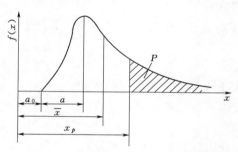

图 4.1-1　皮尔逊 Ⅲ 型概率密度曲线
（据詹道江，等，2010）

$$P(\varphi \geqslant \varphi_p) = \int_{\varphi_p}^\infty f(\varphi, C_s)\mathrm{d}\varphi \tag{4.1-9}$$

式中：φ 为标准化变量；C_s 为偏态系数。

只要假定一个 C_s，就可用式 (4.1-9) 积分求出 P 与 φ 之间关系，并且把各种 C_s、P 对应的 φ 制成专用表格［参见詹道江等主编《工程水文学》（第 4 版）］。利用该书附表 Ⅰ，可以查出不同频率 $P(\%)$ 和 C_s 值对应的 φ 值，然后，利用以下公式计算 K_p。

$$K_p = \varphi_p C_v + 1 \tag{4.1-10}$$

式中：$K_p = X_p/\overline{x}$，$\overline{x}$ 为多年平均径流量；C_v 为变差系数。

计算步骤是：根据假定的 C_s 值和 $P(\%)$，从专用表格中查出 φ 值，利用式

(4.1-10) 计算出 K_p，从而得到假定的频率 $P(\%)$ 对应的年径流量 X_p。

$$X_p = K_p \overline{x} \tag{4.1-11}$$

式中：$\overline{x}$ 为多年平均径流量。

【年径流量频率计算实例】　瓯江圩仁水文站有 29 年的年径流量资料，$n = 29$（年）。现在的任务是利用序列数据，构造年径流量概率分布曲线。有了年径流量概率分布曲线，就可以查询指定概率的年径流量值。比如查询 1% 概率（相当重现期 100 年）的年径流量值，以满足规划设计需要。具体计算步骤是先按实际观测数据绘制年径流量频率曲线，如图 4.1-2 圆点标出，它属于经验曲线。如果序列年数无限增多，频率趋于概率，就可以得到概率分布曲线。由于水文样本总是有限的，我们只能用有限的样本资料去构造概率分布曲线。我们根据实测水文序列可以计算出变差系数 C_v 和偏态系数 C_s 的经验值以及平均值 $\overline{x}$。我国规范规定皮尔逊 III 型曲线作为概率密度函数 $f(x)$ 曲线，现在根据 $\overline{x}$、C_v 和 C_s 的经验值，估计皮尔逊 III 型曲线中的参数，这项工作称为参数估计。参数估计方法有矩法、概率权重矩法、适线法等，我国在水文计算中通常采用适线法。所谓适线法实际是一种试算法。至此就可以绘出概率分布曲线，并且与图 4.1-2 中圆点标出的经验频率曲线比较，目测二者的拟合程度，然后进一步调整 C_v 和 C_s 值，直到拟合良好为止。靠绘图后目测曲线拟合程度的配线方法易受人为因素影响。实际上，近年已经开发了适用的水文频率计算软件，设定曲线偏差最小为目标函数，实施优化适线法估计参数，能够有效提高精度和效率。当前利用计算机可以方便地完成概率分布曲线的计算和绘制工作。

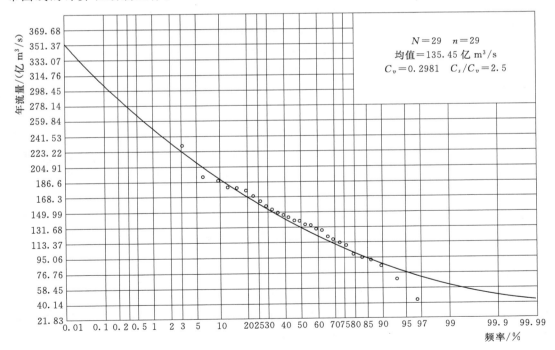

图 4.1-2　瓯江圩仁水文站年径流量频率曲线

4.1.2　设计洪水

1. 洪水设计标准

为防洪和兴利目的兴建的水利工程如大坝、堤防和灌溉工程等，在运行期间必然承受着洪水威胁，一旦工程受到破坏甚至失事，就会造成次生灾害和损失。生态水利工程建筑物，如鱼道和河道内永久建筑物，属于水工建筑物，都要确保防洪安全。即保证经历一定标准的大洪水，水工建筑物不会发生破坏。确定水工建筑物的防洪标准，既要保证防洪安全，也要考虑工程建设的经济合理性。为恰当选择设计洪水，我国颁发了国标《防洪标准》（GB 50201—94）。按照《防洪标准》，先根据工程规模、效益和在国民经济中的重要性，将水利水电枢纽工程分为 5 个等别。水利水电枢纽工程包括各种建筑物，按建筑物的作用和重要程度可分为永久建筑物和施工期临时建筑物，永久建筑物又分为主要建筑物和次要建筑物。这样，在工程枢纽的 5 个等别基础上，还按照水工建筑物的作用和重要性分为 5 个级别。在进行水工建筑物设计时，在正常运行条件下，根据建筑物级别选定一定频率洪水作为防洪标准，这种洪水称为设计洪水。在设计永久性水工建筑物时，除了考虑正常情况以外，还要考虑在运行期发生超过设计洪水的非正常情况。从安全出发，一旦出现超标洪水，不允许主要水工建筑物破坏，而允许次要建筑物损坏或失效。因此，除了确定正常运行情况下的设计洪水以外，还要确定校核洪水。有了水工建筑物的级别，根据技术标准，查表就可以确定包括设计洪水和校核洪水二者在内的防洪标准。举例说明，某大（2）型水库混凝土坝，查规范表格，工程等别为 Ⅱ 级，级别为 2 级，设计洪水标准按重现期表示为 50 年，按频率表示为 2%；校核洪水标准按重现期表示为 500 年，频率 0.2%。

《防洪标准》的另一项内容是确定与防洪保护要求有关的防洪区的防洪安全标准。防洪区的防洪安全标准，是依据防洪对象的重要性分级设定的。如城市防洪标准是依据城市社会经济地位的重要性分成 4 级，不同等级城市取用不同防洪标准。如 Ⅰ 级城市防洪标准为重现期大于等于 200 年（频率 5‰）。在进行堤防设计时，按照堤防保护区的防洪标准，确定堤防设计的设计洪水和校核洪水。

2. 设计洪水计算

确定了水工建筑物的设计洪水标准以后，就要通过水文频率分析方法，推求对应洪水标准频率的设计洪水。设计洪水包含 3 个要素，即洪峰流量、不同时段设计洪量和洪水过程线，其中设计洪量是指定时段内洪水总量 W_t。指定时段可采用 1d、3d、5d、7d、15d、30d 这样的固定时段，视流域大小而定，流域大，时段长。推求设计洪水的方法有两种，一种是由流量资料推求设计洪水，另一种是由暴雨资料推求设计洪水。本节简要介绍由流量资料推求设计洪水方法。

（1）洪峰流量频率计算方法。在 4.1.1 节介绍了水文频率计算方法，并以年径流量为随机变量 X 的频率分析为例说明。水文频率计算方法同样适用于推求洪峰流量频率，只不过随机变量 X 是洪峰流量 Q_m，计算方法与上述年径流量的频率分析相同。洪峰流量频率分析步骤如下：①对实测流量资料进行分析处理，包括对洪水资料可靠性、一致性和代表性审查。除了实测资料以外，还可以辅助以历史洪水调查，借以弥补实测资料序列较短的不足。历史洪水调查方法可以是居民访问，考察洪水碑记或洪水痕迹，查阅地方志和历史档案等。②在 n 年实测水文资料中，在每个水文年里找出一个最大洪峰流量 Q_m，用式（4.1-3）求出 n 年最大洪峰流量平均值 $\overline{Q_m}$，式中 $\overline{x}=\overline{Q_m}$。将 Q_m 由大到小顺序排列，形成 n 年最大洪峰流量 Q_m 序列。③按式（4.1-5）计算洪峰流量经验频率 P。在概率格纸上绘制最大洪峰流量 Q_m 经验频率曲线，它是一条递增曲线。然后用式（4.1-6）和式（4.1-7）分别计算变差系数 C_v 经验值和偏态系数 C_s 经验值。④建议选择皮尔逊 III 型曲线作为概率密度函数 $f(x)$。以 C_v 和 C_s 经验值为初始值，对于指定的频率 $P(\%)$，用专用表格查出 φ 值 [参见詹道江等主编《工程水文学》（第 4 版）附录表]。利用式（4.1-10）计算出 K_p，利用式（4.1-11）计算出假定频率 $P(\%)$ 所对应的最大洪峰流量 Q_m。注意，式（4.1-11）中的 $X_p=Q_m$。同法，再指定另外一个频率 $P(\%)$，可计算出对应的另一个 Q_m。以此类推，可得到一组 $P(\%)$ 和 Q_m，据此绘制一条最大洪峰流量 Q_m 概率曲线，目测这条概率曲线与经验频率曲线的弥合程度。⑤调整 C_s 和 C_v 值，绘制多条最大洪峰流量 Q_m 概率曲线，选择弥合良好的曲线为最终结果。⑥通过暴雨洪水关系分析、上下游洪水关系对照分析等手段，分析成果的合理性。

【洪峰流量概率计算实例】　根据 4.1.1 节介绍的水文频率计算方法，以瓯江圩仁水文站实测径流资料为例（资料长度为 29 年），利用适线法确定 $C_v=0.3626$，$C_s=0.9065$，并绘制洪峰流量频率曲线，如图 4.1-3 所示。进而可得该水文站相关频率对应的洪峰流量值，见表 4.1-1。

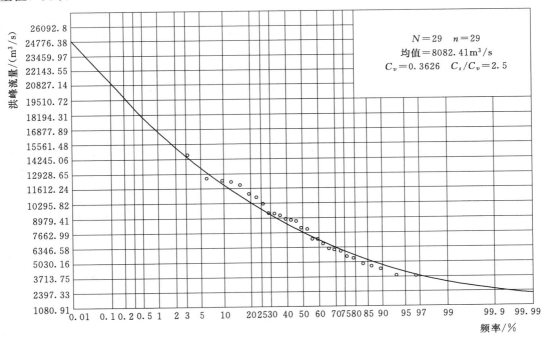

图 4.1-3　瓯江圩仁水文站洪峰流量频率曲线

表 4.1-1　　　　　　　　　　　　　瓯江不同频率的洪峰流量

频率 $P/\%$	0.1	1	2	5	10	20
洪峰流量 $Q/(\text{m}^3/\text{s})$	20973.64	16767.96	15416.17	13536.88	12009.26	10337.0

（2）洪水过程线的拟定。首先，要从历史曾发生的洪水过程线中选取典型洪水过程线。选择标准可考虑峰高量大者；或发生时机、洪峰次数具有代表性者；或对防洪较不利者。放大方法有同倍比放大法，即令典型洪水过程洪峰流量与洪水洪峰流量相等，并采用同一放大倍数 k_1 放大典型洪水过程线的流量坐标。放大倍数 k_1 为

$$k_1 = Q_{mp}/Q_{md} \tag{4.1-12}$$

式中：k_1 为放大倍数；Q_{mp} 为设计频率为 p 的设计洪峰流量；Q_{md} 为典型洪水过程的洪峰流量。

也可以令二者洪量相等计算放大倍数 k_2：

$$k_2 = W_{kp}/W_{kd} \tag{4.1-13}$$

式中：k_2 为放大系数；W_{kp} 为 t_k 时段的设计洪量；W_{kd} 为典型洪水过程 t_k 时段的洪量。

除同倍比放大法以外，还有同频率放大法。同频率放大法常用于有调洪功能的大中型水库设计。

4.1.3　低流量频率计算

河道内需要维持一定的最低流量，才能形成包括水深、流速及河宽在内的水文和水力学条件。最低流量也是维持必要的水温、溶解氧和纳污能力的基本条件，借以维系水生植物、鱼类、两栖动物和大型无脊椎动物的生存。因此，河流低流量频率是评价河流栖息地质量的重要要素之一。河流低流量频率通常以各年内特定连续日数的最小平均流量作为随机变量 X 进行频率分析。令 dQ_T 表示重现期为 T 年可能发生一次小于此值之连续 d 日最小流量均值。如 $7Q_{10}$ 表示重现期为 10 年的 7d 低流量均值。美国有超过半数的环保机构用 $7Q_{10}$ 作为水质管理的重要指标，$7Q_{10}$ 称为 10 年重现期 7d 低流量。

计算低流量频率仍然采用水文频率计算方法，只是概率分布函数的定义与上述计算年径流量或洪峰流量频率有所不同。低流量频率问题是研究事件 $X \leqslant x$ 的概率，而不是 $X \geqslant x$ 的概率。定义概率分布函数 $F(x)$ 为

$$F(x) = P(X \leqslant x) \tag{4.1-14}$$

式中：P 为随机变量 X 小于或等于 x 时出现的频率。随机变量 $x = dQ_T$，dQ_T 表示重现期为 T 年可能发生一次小于此值之连续 d 日最小流量均值。式（4.1-14）表示发生一次小于或等于 dQ_T 的连续 d 日最小流量均值的重现期是 T 年，频率 $P = 1/T$。

除概率分布函数的定义不同以外，低流量频率计算方法与上述年径流量的频率计算步骤相同。计算步骤如下：

（1）利用 n 年实测水文资料，逐年计算各水文年连续 d 天最低流量平均值 dQ_T，按照由小到大顺序排列，形成 n 年的 dQ_T 序列。注意排列顺序是由小到大，这与计算年径流量频率时有所不同。用下式计算 n 年 dQ_T 的平均值 $\overline{dQ_T}$（即 $\bar{x}$）。

$$\overline{dQ_T} = \left(\sum_{i=1}^{n} x_i\right)/n \tag{4.1-15}$$

式中：x_i 为各年 dQ_T 值；n 为水文系列实测年数。

（2）用下式计算连续 d 天最低流量平均值 dQ_T 的经验频率 P：

$$P = m/(n+1) \tag{4.1-16}$$

式中：m 为连续 d 天最低流量平均值 dQ_T 小于或等于某特定 dQ_T 值的年数；n 为实测水

文年数。将计算结果绘制在概率格纸上，得到 dQ_T 经验频率曲线，这种曲线不同于上文讨论的年径流量频率曲线（图 4.1-2），而是一条递增曲线。

（3）用下式计算变差系数 C_v 经验值：

$$C_v = \sqrt{\frac{\sum\limits_{i=1}^{n}(K_i-1)^2}{n-1}} \tag{4.1-17}$$

式中：$K_i = x_i/\overline{x}$，x_i 为各年 dQ_T 值，$\overline{x} = \overline{dQ_T}$；$n$ 为实测水文年数。

（4）用下式计算偏态系数 C_s 经验值：

$$C_s = \frac{\sum\limits_{i=1}^{n}(K_i-1)^3}{(n-3)C_v^3} \tag{4.1-18}$$

（5）建议选择皮尔逊Ⅲ型曲线作为概率密度函数 $f(x)$。以 C_v 和 C_s 经验值为初始值，对于指定的频率 $P(\%)$，用专用表格查出 φ_p 值［参见詹道江等主编《工程水文学》（第 4 版）附录表］。用下式计算 K_p：

$$K_p = \varphi_p C_v + 1 \tag{4.1-19}$$

式中：$K_p = X_p/\overline{x}$，$\overline{x} = \overline{dQ_T}$；$C_v$ 为变差系数。

（6）利用下式计算出假定频率 $P(\%)$ 所对应的 X_p（即 dQ_T）：

$$X_p = K_p \overline{x} \tag{4.1-20}$$

式中：$X_p = dQ_T$，$\overline{x} = \overline{dQ_T}$。

（7）同法，再指定另外一个频率 $P(\%)$，可计算出对应的另一个 X_p（即 dQ_T）。以此类推，可得到一组 $P(\%)$ 和 dQ_T 值，据此绘制一条 dQ_T 概率曲线，目测这条概率曲线与经验频率曲线的弥合程度。

（8）调整 C_s 和 C_v 值，绘制多条最小平均流量 dQ_T 概率曲线，选择弥合良好的曲线为最终结果。

如果中小型河流的水文系列较长，计算进行到第②步，绘制出 dQ_T 经验频率曲线，把这条曲线延伸和适当调整，就可以作为 dQ_T 概率曲线使用，而不必进行后面步骤的繁复计算。

【低流量频率分析算例】　瓯江水文站 $n=29$（年）的低流量频率分析结果见表 4.1-2。表中（2）栏是各水文年连续 7d 最低流量均值，在随机变量 dQ_T 符号中，$d=7$。将 dQ_T 按照由小到大顺序排列，形成 n 年的 dQ_T 序列。①用式（4.1-15）计算 $\overline{x}$，$\overline{x} = 34.7\mathrm{m^3/s}$。②用式（4.1-16）计算经验频率 P。序号 1 是序列中的 dQ_T 最小值，$dQ_T = 11.83\mathrm{m^3/s}$，（3）栏表示序列中 $dQ_T \leqslant 11.83\mathrm{m^3/s}$ 的年数，发现有 1 年发生此事件，即 $m=1$，$P=m/(n+1)=1/(29+1)=3.3\%$，填入（4）栏。序号 2 的 $dQ_T = 15.73\mathrm{m^3/s}$，在水文系列中 $dQ_T \leqslant 15.73\mathrm{m^3/s}$ 的年数为 2 年，即 $m=2$，$P=2/(29+1)=6.7\%$，填入（4）栏，余类推。③利用式（4.1-17）计算 C_v。$\sum\limits_{i=1}^{n}(K_i-1)^2 = 9.03$，见表中第（7）栏。

$$C_v = \sqrt{\frac{\sum\limits_{i=1}^{n}(K_i-1)^2}{n-1}} = \sqrt{\frac{9.03}{29-1}} = 0.5678。④用式（4.1-18）计算 C_s。\sum\limits_{i=1}^{n}(K_i-1)^3 =$$

8.4842，见第（8）栏。$C_s = \dfrac{\sum\limits_{i=1}^{n}(K_i-1)^3}{(n-3)C_v^3} = \dfrac{8.4842}{(29-3)\times 0.5678^3} = 1.78$。⑤选择皮尔逊Ⅲ型曲线作为概率密度函数 $f(x)$。以 C_v 和 C_s 经验值为初始值，用适线法绘制 dQ_T 概率曲线。⑥不断调整 C_s 和 C_v 值（最终定为 $C_v=0.5678$，$C_s=1.4195$），绘制多条 dQ_T 概率曲线，选择弥合良好的曲线为最终结果（图 4.1-4）。从图 4.1-4 可以查出 10 年重现期 7d 低流量 $7Q_{10}=18.33\text{m}^3/\text{s}$。

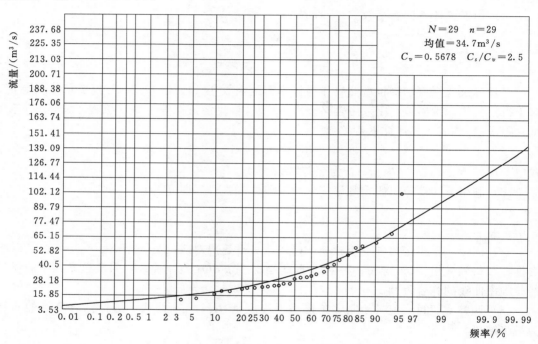

图 4.1-4 瓯江低流量频率曲线

表 4.1-2 低流量频率分析算例 $n=29$（年）

序号	从小到大排列的 x_i /(m³/s)	m	$P=m/(n+1)$ /%	$K_i=x_i/\overline{x}$	K_i-1	$(K_i-1)^2$	$(K_i-1)^3$
(1)	(2)	(3)	(4)	(5)	(6)	(7)	(8)
1	11.83	1	3.3	0.341	−0.659	0.434	−0.286
2	15.73	2	6.7	0.453	−0.547	0.298	−0.163
3	15.9	3	10	0.458	−0.541	0.293	−0.159
4	18.09	4	13.3	0.521	−0.478	0.229	−0.109
5	18.1	5	16.7	0.521	−0.478	0.228	−0.109
6	18.6	6	20	0.536	−0.464	0.215	−0.099
7	19.96	7	23.3	0.575	−0.424	0.1804	−0.076
8	21.01	8	26.7	0.605	−0.394	0.155	−0.061
9	22.34	9	30	0.644	−0.356	0.126	−0.045
10	25.43	10	33.3	0.733	−0.267	0.071	−0.019

序号	从小到大排列的 x_i /(m³/s)	m	$P=m/(n+1)$ /%	$K_i=x_i/\overline{x}$	K_i-1	$(K_i-1)^2$	$(K_i-1)^3$
(1)	(2)	(3)	(4)	(5)	(6)	(7)	(8)
11	25.54	11	36.7	0.736	−0.264	0.069	−0.018
12	25.64	12	40	0.739	−0.261	0.068	−0.017
13	27.11	13	43.3	0.781	−0.218	0.047	−0.010
14	27.21	14	46.7	0.784	−0.215	0.046	−0.010
15	29.23	15	50	0.842	−0.157	0.024	−0.003
16	29.79	16	53.3	0.858	−0.141	0.020	−0.002
17	30.37	17	56.7	0.875	−0.124	0.015	−0.001
18	30.57	18	60	0.881	−0.119	0.014	−0.001
19	34.16	19	63.3	0.984	−0.0156	0.0002	0.0002
20	39.7	20	66.7	1.144	0.144	0.020	0.002
21	40.23	21	70	1.159	0.159	0.025	0.004
22	41.39	22	73.3	1.192	0.192	0.037	0.007
23	46.39	23	76.7	1.336	0.336	0.113	0.038
24	50.9	24	80	1.467	0.466	0.217	0.101
25	55.93	25	83.3	1.612	0.611	0.374	0.228
26	56.1	26	86.7	1.617	0.616	0.380	0.234
27	56.66	27	90	1.633	0.632	0.400	0.253
28	68.78	28	93.3	1.982	0.981	0.964	0.946
29	103.7	29	96.7	2.989	1.988	3.953	7.859

4.1.4　造床流量

在河相学中，造床流量（channel forming discharge）是指能够长期维持河流形态的流量。造床流量的理论概念是：天然流量变化过程所形成的均衡河道形态，可以通过在河道中施放一个中等流量和相应含沙量塑造出来，这就是造床流量。决定河流形态的主要因素是泥沙的冲淤变化，除了输沙率以外，影响冲淤变化的主要水文要素是流量和延时。在本节叙述的 3 种流量段中，低流量虽然延时较长，但是流速小，输沙能力弱，对于河床冲淤影响不大。洪水脉冲过程虽然流速大，输沙能力强，但是延时短，况且发生年际大洪水的频率低，因此洪水对河流冲淤影响也不大。唯中等量级的高流量历时较长，流速较大，对于塑造河床形态作用最为明显。

造床流量是河道演变中最重要的变量，由它决定河流的平均形态。因此工程中常常依据这一流量设计河流的断面和平面形态，如河宽、水深、弯道形态等。造床流量是一个概念值，只能由物理概念或输沙理论推估。推求造床流量的方法有：①取平滩流量作为造床流量；②采用某一频率流量作为造床流量；③把有效输沙流量作为造床流量（邵学军，等，2013）。

实际工作中，常选取平滩流量作为造床流量。所谓平滩流量（bankfull discharge）是指水位与河漫滩齐平时对应的流量，该水位称为平滩水位。之所以选用平滩流量是因为河槽内水流对河床冲淤作用较大，而当洪水期水位上涨，水流漫滩后，滩区的水浅且湿周增加，水流受到植被阻力，流速较小，冲刷能力弱，塑造河床的作用较小。所以满槽水流状态是河床塑造作用最大的状态。进一步讲，平滩流量是主导流量，即在该流量下泥沙输移效率最高并且会引起河道地貌的调整。

要推求平滩流量，先要确定平滩水位。按平滩水位定义，取河床附近滩区高程作为平滩水位。平滩水位需要靠现场调查和测量判定。河漫滩区地形复杂，所以判定平滩水位还需要掌握一定方法。以下列出若干平滩水位判定方法：

（1）选择河势较为稳定的河段分析判定平滩水位，河段宽度约为河宽 20 倍，河段内布置若干断面（图 4.1-5）。

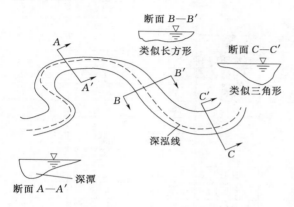

图 4.1-5　河道弯段浅滩顶部定为平滩水位

（2）在河道弯段凸岸浅滩部位，自水面向岸边倾斜延伸，顶部与河漫滩表面齐平，对应高程即为平滩水位。如图 4.1-4 弯段断面 $A—A'$ 凸岸浅滩 A' 处，和 $C—C'$ 凸岸浅滩 C' 处。

（3）在平滩水位岸边植被常呈现变化，平滩水位以下是水位变动区，植物往往相对稀少。而在平滩水位以上，则有灌草植物生长。另外，平滩水位上下植物种类也会有明显区别。

（4）河流地形在平滩水位高程上下呈现明显变化，由河槽倾斜岸坡变化为平坦滩地。

（5）基质材料的颗粒级配在平滩水位处发生变化。

（6）按照以上方法判定并测量各断面平滩水位高程，同时测量河段深泓线河床底部高程。以沿河距离为横坐标，高程为纵坐标，绘出河床底部纵坡线和平滩水位水面线，两条直线的间距即为水深。通过绘图，可以验证所判定平滩水位的合理性（图 4.1-6）。

判定出平滩水位，就可以推求平滩流量，其方法有多种。如果测量河段附近有水文站，则可以利用率定的水位-流量曲线，查出对应的平滩流量。如果没有相应资料，则可以选择具代表性的断面利用曼宁公式计算；或者选择更长的河段利用水力学计算软件计算。

采用某一频率流量或重现期作为造床流量的方法，不同研究者的结论不尽相同。研究表明，造床流量的重现期取决于流域大小以及包括基质在内的河道特性。Wol-

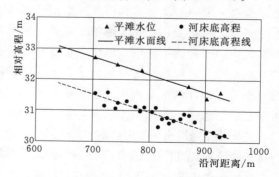

图 4.1-6　平滩水位与河床底高程实测点和拟合平滩水面线及河床底高程线

man 和 Leopold（1957）认为造床流量的重现期介于 1～2 年。Dury（1973）认为造床流量约为重现期为 1.58 年洪峰流量的 97%。Hey（1975）针对英国三条卵石基质的河流分析结果认为，造床流量约为重现期 1.5 年的洪峰流量。对具不透水基质河床、卵石小型河流而言，重现期为 0.5 年，而大型河流则超过 1.5 年。Leopold（1994）对美国 Colorado 和 Idaho 等河流测量结果显示，造床流量的重现期介于 1～2.5 年之间，据此，他建议将造床流量取为 1.5 年重现期的洪峰流量。

4.1.5　水文情势变化与生态响应关系

由于人类社会开发利用水资源以及水库人工径流调节，引起水文情势的变化。水文情势变化是水生态系统变化的驱动力。建立水文情势变化与生态响应关系，是制定环境水流标准以及兼顾生态保护水库调度方案的基础。

1. 量化水文过程的指标体系

自 20 世纪 80 年代，国外学者提出了多种量化自然水文过程的水文指标体系，其中以美国 Richter 等（1996）和 Mathews 等（2007）提出的 5 类 33 个水文改变指标（Indicators of Hydrological Alteration，IHA），澳大利亚 Growns 等（2000）的 7 类 91 个指标，欧洲 Fernandez（2008）依据欧盟水框架指令定义的 21 个河流水文改变指标和 Gao 等（2009）定义的 8 个广义指标（generalized indicator）最具代表性。为了从众多指标中寻找一种简单且各指标间相互独立的水文指标体系，Olden 等（2003）从 13 篇文献中共总结出 171 个水文指标，并采用主成分法对这些指标进行冗余分析和选择，研究发现 IHA 指标能够反映这 171 个水文指标所表征的大部分信息，IHA 指标体系因其简易性和适用性而在世界范围内得到广泛应用（Richter，等，2006；Hu，等，2008；Yang，等，2008）。本书 1.5.1 节曾介绍了 IHA 体系，其中水文过程的五类水文要素是指流量、频率、发生时间、持续时间和变化率，33 个变量指标见表 1.5-1。事实上，无论是 IHA 的指标体系还是其他的指标体系，普遍存在指标冗余现象。实际应用水文指标体系量化水文过程时，可根据当地河流水文过程的特点，依据指标选择代表性强、冗余度弱的原则，从众多指标体系中选择若干可能影响当地生态系统的指标构成新指标体系。

2. 水文情势变化与生态响应关系

水文要素控制着河流的生态过程。当自然水文过程发生改变后，河流生态系统将产生一系列的生态响应。表 4.1-3 总结了不同的水文要素发生改变可能产生的生态响应。

3. 水文过程改变程度评价

（1）变化幅度法。变化幅度法（Range of Variability Approach，RVA）由 Richter 等（1997）提出，是第一个广泛应用于水文过程改变评估的方法（Mathews，等，2007）。它以自然条件下的水文系列作为参考，采用 IHA 的 33 个水文指标统计该水文系列的特征，以每个参数均值以上、以下标准差的范围或者 25%～75% 的范围作为流量管理的目标。通过计算 IHA 的 33 个水文指标的水文改变因子，综合评价水文情势的改变程度。水文改变因子 σ 的计算公式为

$$\sigma = \frac{f_{observed} - f_{expected}}{f_{expected}} \qquad (4.1-21)$$

式中：$f_{observed}$ 为干扰后水文系列统计的水文参数值落在流量管理目标范围内的频率；$f_{expected}$ 为自然水文系列统计的水文参数值落在目标范围内的频率乘以干扰后水文系列的长度与自然水文系列长度的比值。

表 4.1-3　　　　　　　　水文指标体系及其生态影响（Richter，等，1996）

IHA 指标组	水文指标（33 个）	生 态 系 统 影 响
月平均流量	各月平均流量（共 12 个指标）	☆ 水生生物栖息地 ☆ 植物所需的土壤湿度 ☆ 陆生动物供水 ☆ 捕食者接近营巢地 ☆ 毛皮兽的食物和遮蔽所 ☆ 影响水体水温、溶解氧水平和光合作用
年极值流量的大小	年 1 日、3 日、7 日、30 日、90 日平均最小流量 年 1 日、3 日、7 日、30 日、90 日平均最大流量 零流量的天数 基流指数：年均 7 日最小流量/年平均流量 （共 12 个指标）	☆ 创造植物定植的场所 ☆ 植物土壤湿度压力 ☆ 动物体脱水 ☆ 植物厌氧性压力 ☆ 平衡竞争性、耐受性生物体 ☆ 通过生物和非生物因子构造水生生态系统 ☆ 塑造河渠地形和栖息地物理条件 ☆ 河流与河漫滩区的营养盐交换 ☆ 持续胁迫条件，如水生环境低氧和化学物质浓缩 ☆ 湖泊、池塘和洪泛区植物群落的分布 ☆ 持续高流量利于废弃物处理
年极值流量的出现时间	年最大流量出现日期 年最小流量出现日期 （共 2 个指标）	☆ 与生物体的生活周期兼容 ☆ 鱼类迁徙和产卵信号 ☆ 对生物体压力的可预见性与规避 ☆ 生活史策略和行为机制的进化
高、低流量的频率与持续时间	年低流量的谷底数 年低流量的平均持续时间 年高流量的洪峰数 年高流量的平均持续时间 （共 4 个指标）	☆ 植物土壤湿度压力的频率与大小 ☆ 洪泛区水生生物栖息的可能性 ☆ 河流与河漫滩区营养物质和有机物的交换 ☆ 土壤矿物质的可用性 ☆ 水鸟摄食、栖息和繁殖场所的通道 ☆ 影响床沙的输移、河道沉积物的结构
水流条件的变化率与频率	涨水率：连续日流量的增加量 落水率：连续日流量的减少量 每年涨落水次数（共 3 个指标）	☆ 植物干旱的压力（落水线） ☆ 生物体滞留在岛屿和河漫滩区上（涨水线） ☆ 对河边低移动性生物体的脱水压力

当 $|\sigma| \in [0.2, 0.5]$ 时，认为水文参数的改变中等；当 $|\sigma| \in [0, 0.2)$ 时，认为水文参数的改变小；当 $|\sigma| \in (0.5, +\infty)$ 时，认为水文参数的改变大。

（2）柱状图匹配法。

1）基本原理。柱状图匹配法（Histogram Matching Approach，HMA）由台湾学者 Shiau 等（2008）提出并首次应用于水文过程改变评估。其核心思想是，如果自然水文过程的 33 个水文指标值的分布与干扰后水文过程的这些指标值的分布很接近，则水文过程的改变较小。该方法采用离散的频率柱状图，而不是连续的概率分布函数描述水文指标值的分布，如图 4.1-7 所示。通过计算自然条件下水文指标的频率柱状图与干扰后水文指标的频率柱状图之间的统计距离，衡量水文过程的变化。

2）主要步骤：

• 确定自然条件下水文指标的分组个数。采用下式确定：

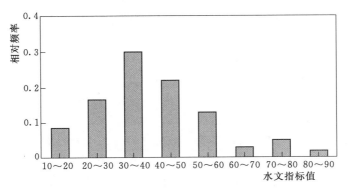

图 4.1-7　描述水文指标值分布的频率柱状图

$$n_c = \frac{r n^{1/3}}{2 r_{iq}} \qquad (4.1-22)$$

式中：n_c 为分组个数；r 为水文指标的最大值与最小值的差值；n 为自然水文系列的长度；r_{iq} 为水文指标 75％与 25％的差值。

- 计算自然条件下柱状图 H 与干扰后的柱状图 K 之间的二次距离。计算公式为

$$d_Q(H, K) = \sqrt{(|h-k|)^T A (|h-k|)} \qquad (4.1-23)$$

式中：h 和 k 为柱状图 H 和 K 的频率向量；$|h-k|$ 为频率向量的统计距离；$A = [a_{ij}]$ 为相似性矩阵，a_{ij} 为组 i 和组 j 的相似性，$a_{ij} \in (0, 1)$，采用下式计算：

$$a_{ij} = \left(1 - \frac{d_{ij}}{d_{\max}}\right)^\alpha \qquad (4.1-24)$$

式中：d_{ij} 为组 i 的平均值与组 j 的平均值差的绝对值；$d_{\max} = \max(d_{ij})$；α 为 $[1, +\infty)$ 的常数。

- 计算柱状图的相异度。计算公式为

$$D_Q = \frac{d_Q}{\max(d_Q)} \times 100\% \qquad (4.1-25)$$

式中：D_Q 为水文指标的柱状图相异度；d_Q 为水文指标的二次距离；$\max(d_Q)$ 为 d_Q 的最大值，通过下式计算：

$$\max(d_Q) = \sqrt{2 + 2\left(1 - \frac{1}{n_c - 1}\right)^\alpha} \qquad (4.1-26)$$

- 根据相异度 D_Q 评价水文指标的变化程度。评价标准与变化幅度法相同。

4. 评价水文过程改变程度的商业软件

目前，已经有一些商业软件可以直接评估河流水文过程的改变程度。例如，美国大自然保护协会（The Nature Conservancy，TNC）开发的水文改变指标软件（Indicators of Hydrologic Alteration Software，IHA），可以分别计算出人类干扰前后 33 个水文改变指标（见表 4.1-3）和 34 个环境水流组分指标值，并且能够依据变化幅度法计算每个指标的改变程度。IHA 软件可以通过以下网址免费下载使用：http://www.nature.org/initiatives/freshwater/conservationtools/。

此外，美国的国家水文评估工具（National Hydrologic Assessment Tool，NATHAT），可以根据 10 年以上（最好 25 年以上）的日均流量和日最大流量数据，计算

171 种水文指标的值，然后根据河流类型，从中选择 10 个主要指标评估水文过程的改变程度。NATHAT 软件及其应用说明可以从美国地质调查局的网站上免费下载，网址为：http：//www. fort. usgs. gov/Products/Software/NATHAT/。

　　需要指出，水文过程改变程度评估，一般均以受人类干扰前的自然水文过程作为参考状态，因此需要长序列的历史流量数据，因此，建议干扰前后的水文序列时间长度均在 20 年以上。

　　【丹江口水库水文过程改变评价算例】　以汉江丹江口水库为例，应用水文改变指标和变化幅度法评估了丹江口水库运行前后，汉江控制节点襄阳站（丹江口水库下游约 100km 处）水文过程的改变情况。丹江口水库运行前后 33 个 IHA 指标的值，见表 4.1 - 4。

表 4.1 - 4　　　　　　　　　　丹江口水库运行前后襄阳站水文改变指标的变化

水 文 改 变 指 标		运行前 （1946—1968 年）	运行后 （1969—2006 年）	改变 因子	改变 等级
月均流量/(m³/s)	1 月平均流量	380	807	−0.78	大
	2 月平均流量	411.5	851.5	−0.63	大
	3 月平均流量	612	753	−0.41	中
	4 月平均流量	933.5	898.5	0.19	小
	5 月平均流量	1125	1020	−0.33	中
	6 月平均流量	777	1108	−0.11	小
	7 月平均流量	1829	1400	−0.11	小
	8 月平均流量	1492	1470	0.64	大
	9 月平均流量	1469	1480	0.11	小
	10 月平均流量	1270	897	−0.33	中
	11 月平均流量	767	854	0.11	小
	12 月平均流量	503	802	−0.34	中
年极值流量的大小	年 1 日平均最小流量/(m³/s)	311	428	−0.26	中
	年 3 日平均最小流量/(m³/s)	325	478	−0.18	小
	年 7 日平均最小流量/(m³/s)	341	523	−0.41	中
	年 30 日平均最小流量/(m³/s)	352	564	−0.48	中
	年 90 日平均最小流量/(m³/s)	497	648	−0.33	中
	年 1 日平均最大流量/(m³/s)	12700	5740	−0.63	大
	年 3 日平均最大流量/(m³/s)	10320	4633	−0.70	大
	年 7 日平均最大流量/(m³/s)	8748	3797	−0.48	中
	年 30 日平均最大流量/(m³/s)	4310	2388	−0.63	大
	年 90 日平均最大流量/(m³/s)	2629	1755	−0.18	小
	零流量的天数/d	0	0	0	小
	年 7 日平均最小流量/年平均流量	0.27	0.45	−0.48	中

水　文　改　变　指　标		运行前 （1946—1968 年）	运行后 （1969—2006 年）	改变 因子	改变 等级
年极值流量的 出现时间	年极大流量的出现时间	234	223	−0.48	中
	年极小流量的出现时间	44	42	−0.14	小
高、低流量的频率 和持续时间	年低流量的谷底数	6	2	−0.78	大
	年低流量的平均持续时间/d	5.5	4.25	−0.46	中
	年高流量的洪峰数	3	2	−0.34	中
	年高流量的平均持续时间/d	10	6	−0.62	大
水流条件的变化率 与频率	日间涨水率/[m³/(s·d)]	75	41	−0.41	中
	日间落水率/[m³/(s·d)]	−42	−41	−0.03	小
	年涨落水次数	76	163	−0.93	大

注　表中数据由水利部、中国科学院水工程生态研究所蔡玉鹏博士提供。

由表 4.1−4 可见，丹江口水库的调度运行使得下游枯水期（11 月至次年 3 月）的流量增加，低流量过程的出现次数减少；汛期的洪峰流量明显降低（年 1 日、3 日、7 日、30 日、90 日最大流量）；但是，对年极大流量和年极小流量的出现时间改变较小。同时，丹江口水库调度还造成高流量过程的出现次数和平均持续时间减少，日上涨率明显降低，水文过程的涨落水次数显著增加。

根据上述评价结果以及各项水文指标所具有的生态学意义，推测丹江口水库调度对下游河流可能产生的生态效应为：枯水期流量增加，在一定程度上扩大了鱼类等水生生物的越冬场面积，但也降低了一些生物的生存压力，从而增大了外来物种入侵的风险。洪水期洪峰流量的减少，不利于滩槽连通、营养物质交换和物种交流，河道地形也可能因为缺乏大洪水的泛滥逐渐变窄变深，河流地貌多样性水平降低。高流量的洪峰数和持续时间降低，可能会对依靠涨落水过程作为繁殖或洄游信号的鱼类（如四大家鱼等）产生不利影响。年内频繁的涨落水变化，不利于为水生生物提供相对稳定的栖息地环境，从而可能造成生物多样性降低。

4.2　环境流计算

河流生物群落对水文情势具有很强的依赖性。由于人类对水资源的开发利用与调控，改变了自然水文情势，引起河流生态系统结构与功能发生了一系列变化，甚至导致水生态系统严重退化。为保护水生态系统，有必要在人类开发水资源的背景下，确定维持生态健康的基本水文条件。所谓"环境流"（environmental flow）由两部分组成，第一部分是维持河流生态系统处于某种程度健康状态所需的水文条件；第二部分是在不损害河流生态健康的前提下，为人类社会服务所需要的水文条件。制定环境流标准的目的，在于实现淡水资源的社会经济价值与生态价值间的平衡。

本节介绍了环境流发展沿革，阐述了环境流的理论要点，择要介绍了几种典型的环境流计算方法。

4.2.1　环境流概念

由于水资源大规模开发和水库径流调节，极大地改变了河流自然水文情势。水文情势的变化，改变了水生态系统的结构和功能。从 20 世纪 70 年代起，西方国家为加强河流生态保护和推进水资源综合管理（water resources integrated management），提出了环境流评价概念和方法，在其后 30 多年不断得到发展和完善。

1. 发展沿革

环境流的研究发轫于 20 世纪 70 年代初的美国。当时为执行环境保护新法规，也为适应大坝建设高潮中环境流评估的需求，美国一些州政府管理部门开始生态基流的研究和实践，其目标是定义河道中最小流量，以维持一些特定鱼类如鲑鱼生存和渔业生产。实际上，维持最低流量方法隐含着一个假设：尽管环境流没有设定明确的整体目标，可是，既然它能够保护目标物种种群，维持栖息地适宜性，那么它也能维持河流生物群落和生态系统。最低流量方法比较简单，如采用多年平均流量的 10% 作为最小流量。在其后的 30 多年，先后提出了一系列以水文条件为基础的环境流简易算法，这些方法因易于操作而得到广泛应用。诸如采用低流量频率分析法的 $7Q_{10}$ 法（10 年重现期连续 7 日低流量）和 10 年最枯月均流量法，维持这些控制性流量以保证河道最低生态基流。Tennant 方法是目前世界上广泛应用的方法。它是由美国学者 Tennant 和美国渔业野生动物协会于 1976 年共同开发的。这种方法考虑了水文学、水力学和生物学因素，采用河流年平均流量百分比作为河流推荐环境流量。在使用 Tennant 法时，需要注意该方法的建议值是根据美国 11 条河流的观测资料分析所得，将 Tennant 法用到其他河流时，要求具有类似气象和地貌条件，可是 Tennant 并没有给出相关准则，这样就需要在对不同基流水位下进行现场观测并进行校正。另外用 Tennant 法计算的数值应与其他方法成果对照，以判断其可信度。这些以水文条件为基础的环境流简易算法，容易理解，操作简便，可以得到环境流量的数值范围。但是，这些方法也有许多不足之处，主要是没有涉及水文变化-生态响应机理，所以其科学性受到质疑。

20 世纪 80 年代，继美国之后，澳大利亚、英国、新西兰和南非陆续开始了环境流的研究和实践。在此期间，栖息地评价方法（habitat rating methodology）得到发展。其中，湿周法产生于 20 世纪 80 年代初期，一般适用于宽浅型河道。这种方法假设实测的流量-湿周曲线的拐点是临界点，如果低于临界点对应的水位，流量减少时，水位会急剧下降，湿润栖息地数量也会随之急剧减少。由此推断，维持临界点水位的流量水平，就能维持一定数量的栖息地，并且适于鲑鱼的生长发育。湿周法已经把流量变化与栖息地有效性结合起来，可以认为它是栖息地评价方法的先驱。

栖息地评价方法的思路是根据鱼类生活史对水力条件需求（流速、水深等），制作适宜性曲线。通过水力学计算获得流场分布图，进而推求有效栖息地面积，同时确定有效栖息地对应的流量范围。评价结果通常以有效栖息地面积与河流流量关系曲线的形式表示。通过这条曲线，能够获得不同物种对应的适宜流量，作为确定环境流时的参考依据。应用最为广泛的栖息地评价方法是河流内流量增量法（Instream Flow Incremental Methodology，IFIM）。河流内流量增量法是由美国鱼类和野生动物服务中心（U. S. Fish and Wild-

life Service）首先提出的，目的在于确定某一关键鱼种如鲑鱼的最适宜栖息地条件（Rei-
ser 等，1989）。IFIM 方法不仅仅是一个评价方法，它还是一个解决问题的工具，包含了
很多分析方法和数学模型，目的在于确定人类活动如取水、筑坝或河道整治对水生物栖息
地的影响。尽管栖息地评价方法得到广泛的应用，但是对这种方法的质疑始终没有间断。
批评者认为，栖息地评价方法的环境参数仅采用水力学指标（流速、水位等）过于单一，
实际上河流地貌（蜿蜒性、河湖关系）、溶解氧、水温、食物供给、生物关系（竞争、捕
食）、营养等因素都对生物产生影响。另外，仅满足指示物种的环境需求，不一定满足整
个水生态系统的需求。总之，栖息地评价方法在体现生态系统完整性方面有所欠缺。

　　至 20 世纪 90 年代，在政策层面上，欧盟水框架指令（WFD）以法律形式实施环境
管理，规划所有欧盟国家水生态系统达到良好状况。在技术层面上，河道维护方法
（Channel Maintenance Approach）得到了发展和应用（Barinaga，1996；Gillilan，1997）。
河道维护法有几条基本假设：一是认为洪水过程是河流地貌演变的主要驱动力。二是河漫
滩植被斑块演替与河流地貌演变有明显的相关性。三是认为河漫滩植被斑块类型演替能够
反映河漫滩大多数物种的繁衍及生存变化。由此推断，通过建模分析，可以建立能够维持
植物斑块类型的洪水特征，具体给出洪水范围，为河流生态修复和水资源管理提供支持。
河道维护方法要建立两个模型，一个是生态模型，即地貌过程（如河道侧移、自然裁弯取
直）与河漫滩的植物斑块类型变化（植物物种）的关系模型。具体方法是通过长序列遥感
影像解译，分析河道演变过程与植物物种斑块演替关系。另一个是洪水与地貌演变关系模
型。通过长序列遥感影像解译，用回归分析建立河流地貌演替速度与对应的水文要素（如
洪峰流量、频率、时机、持续时间）关系，依时计算斑块的丰度变化（斑块占河漫滩面积
比重）。河道维护法在美国扬帕河的应用成为典型案例。该案例用 50 年序列 5 组航空遥感
影像计算河道演变速度，模拟了 500 年的河漫滩植物斑块演替过程，计算了 1938—1989
年的日平均流量，结论是如要保持河漫滩三叶杨成株斑块处于稳定状态，就需要保持洪峰
流量必要的持续天数。

　　Poff 和 Allan（1997）提出的自然水流范式（Nature Flow Paradigm，NFP）认为，
未被干扰的自然水流对于河流生态系统整体性和支持土著物种多样性具有关键意义。自然
水流用 5 种水文组分表示：水量、频率、时机、延续时间和过程变化率。一些学者还进一
步归纳总结了由于 5 种水文组分变化分别引起的生态响应的定性关系（见 1.5.1 节和
4.1.5 节）。由于一些学者质疑利用指示物种作为确定环境流的方法，认为能够满足个别
指示物种的水文条件，不一定能够满足河流生态系统的需求。因此，一些研究者建议采用
自然水流范式确定环境流，其理由是基于生态完整性理论，自然水流能够支持河流大部分
水生生物和河滨带植物。鉴于目前还不可能对所有生物群落的水文需求有完整的了解，在
有限的知识背景下，有理由假定自然水流模式是生态环境需求的理想指标。由此推理，如
果部分恢复自然径流模式，将会有利于河流生态系统的健康。自然水流范式理论诞生以
后，以生物为保护目标的环境流评价转向以河流生态系统为保护目标。在澳大利亚和南
非，这一概念很快被转化为环境流政策目标（Katopodis，2003）。但是，需要指出水文变
化-生态响应是一种非线性关系。举例来说，恢复 50% 的洪峰流量，并不能实现 50% 的输
沙；恢复 50% 的漫滩流量，并不能淹没 50% 的河漫滩。因此，单纯利用自然水流范式尚

不能有效预测环境流的生态效果。

至 21 世纪初,"基于生态保护目标的环境流计算方法"得到应用。这种方法是在识别评估生态保护与修复目标的基础上,制定环境流标准。一般来说,环境流评价针对多种生态保护与修复目标,包括水文和水质条件改善,泥沙输移平衡,岸坡稳定,连通性恢复,水生生物保护,河滨带植被保护以及更为全面的生态完整性保护。当然,针对某一条特定河流,这些生态要素并非同等重要。在进行环境流评价时,需要进行优先排序,当它们的环境流需求出现冲突时,首先要满足关键生态要素的需求。基于生态保护目标的环境流计算方法易于理解且具实用性,我国相关技术规范也采用了这种方法。这种方法的缺点是生态保护目标主要靠主观规定,没有考虑水文变化与生态响应的关联性,所以这种方法被质疑缺乏生态学基础。

进入 21 世纪后,环境流研究的重点放在建立水文变化-生态响应关系方面。最具代表性的工作当属 ELOHA 框架报告。ELOHA 框架是美国大自然协会(The Nature Conservancy,TNC)于 2010 年组织 19 位河流科学家完成的一份框架报告,称之为"水文变化的生态限度"(Ecological Limits of Hydrological Alteration,ELOHA)。ELOHA 框架总结了十多年基于水文变化-生态响应建立环境流的研究成果,提供了一种基于水文情势变化-生态响应定量关系,构建环境流标准的方法。所谓"水文变化的生态限度"的含义,是指以生态退化的底线限制水文情势改变程度。ELOHA 框架步骤包括两大部分。第一部分是科研过程,建立水文情势变化-生态响应定量关系;第二部分是决策过程,由各利益相关者评估论证,对环境流标准进行决策。在科研过程中,要求对河流按照水文情势特征进行分类,相同类型河流的水文-生态关系具有相似性。ELOHA 要求对开发前后水文情势变化进行分析,计算现状水文条件与基准水文条件的偏离程度。ELOHA 认为水文情势变化是生态响应的主要驱动因素,提出了水文情势变化预期生态响应的若干假定,总结了一套为建立水文-生态关系采用的生态指标。为建立水文-生态定量关系,需要建立大型水文、生物数据库,运用统计学方法(如回归分析)拟合水文-生态函数关系,绘制水文-生态关系曲线。在决策过程中,各利益相关者对水文变化引起的生态风险进行评估,认定可以接受的生态风险水平,再依据水文-生态曲线,确定环境流标准。基于水文变化-生态响应关系的 ELOHA 方法较以往方法有了很大的进步,成为环境流理论发展的重要方向。可是至今为止,科学界对于水文驱动与生态响应机理的认知还相当有限,ELOHA 方法还有待完善。在具体应用 ELOHA 时,常因掌握的水文、生物数据有限,使其推广受到一定限制。

2. 环境流理论要点

综合分析几十年环境流理论发展过程,可以归纳以下理论要点。

(1)环境流评价是水资源管理工具。环境流理论认为,在进行水资源综合配置时,对于人类社会需水与维持生态健康需水要通盘考虑。与其说环境流是一个科学概念,毋宁说它是一个管理工具。特定河流环境流的配置,是在诸如生活、工业、农业、生态等多种用水目标中,由决策者、管理者、用水户等各个利益相关者共同论证取得共识的结果,是一种社会选择。因此,不宜把环境流标准绝对化,对于任何一条特定河流,不存在"唯一的""正确的"环境流方案,否则会使环境流变成僵化概念而陷入认知误区。

（2）区分自然水流和径流调节水流。所谓自然水流是指人类大规模开发利用水资源或者径流调节之前的水流和水文情势。径流调节水流是指人类社会大规模取水和依靠水库径流调节的水流。径流调节不仅造成水量的减少，也改变了水文过程，比如在径流调节过程中，汛期削峰以及汛后水库蓄水造成下泄流量减少。此外，径流调节水流的水温和溶解氧也发生了变化。制定环境流标准时必须区分自然水流和径流调节水流。一些环境流计算方法是基于自然水流概念。

（3）建立参照系统。为制定环境流标准，需要建立水文条件参照系统，一般把大规模开发水资源、实施径流调节前的水文情势作为参照系统。这种参照系统接近自然水流状态。从理论上讲，建立参照系统的目的，是使环境流建立在客观存在的基础上，而不是建立在人们主观意愿的基础上。需要把现状水文情势与参照系统相比较，以判断现状水文情势偏离程度。二者不仅比较流量和流量过程，而是比较整体水文情势，具体可按照自然水流理论，比较具有生态学意义的流量、频率、延时、时机和变化率五种组分。例如，低流量的延时、洪水发生时机、日内或月内流量变化幅度等，都对鱼类产卵与洄游、河滨带和河漫滩植被生长等生物过程产生影响。这种方法比过去仅用流量和流量过程表示环境流更突显生态学意义。

（4）水文情势改变-生态响应关系是环境流理论发展方向。回顾几十年环境流理论研究进展，最关注的问题是：为达到预期的生态目标，需要恢复什么样的水文情势？近十年的研究表明，建立水文情势改变-生态响应的定量关系，是环境流理论发展的方向。通过调查、监测和统计学方法建立水文-生态关系，依靠这种关系，识别水文情势改变程度以及相应的生态退化程度。通过论证，判断何种生态状况是可以接受的，进而设计环境流标准。基于水文-生态关系的环境流理论，具有较为坚实的科学基础。

（5）适应性管理。水文-生态关系是非常复杂的自然现象，科学界对其规律的掌握远远不足，所以不能认为经过论证的环境流标准是唯一正确的，相反，需要在执行过程中不断调整完善。执行环境流方案的过程应该是一个适应性管理过程，即在执行过程中，持续进行水文、生态监测，详细分析水文、生态监测数据，评估改善水文条件后的生态效果，进一步修正环境流标准。

据统计，迄今为止，国际上有 200 多种环境流计算方法。如果归类的话，可以分为水文学法、水力学法、栖息地评价法、自然水流范式和水文-生态关系法，下面将择要予以介绍。

4.2.2 流量历时曲线分析法（FDC）

流量历时曲线分析法（Flow Duration Curve analysis，FDC）是通过河流低流量频率分析，确定环境流的方法。河流低流量频率分析，通常以各年内特定连续日数的最小平均流量作为随机变量 X 进行频率分析。令 dQ_T 表示重现期为 T 年可能发生一次，连续 d 日最小流量均值。如 $7Q_{10}$ 称为 10 年重现期 7 日低流量，表示重现期为 10 年，连续 7 日最小流量均值。Q_P 法是以天然月平均流量、月平均水位或径流量（Q）为基础，用每年最枯月排频，选择不同频率 P 的最枯月平均流量、月平均水位或径流量 Q 作为基本环境流的最小值。常采用的频率为 90% 或 95%，分别表示为 Q_{95} 和 Q_{90}。这些方法本书在 4.1.3 已经做过详细介绍。

流量历时曲线分析法的优点是便于操作，简单易行。$7Q_{10}$ 法适用于水量较小且开发程度较高的河流，同时具备至少 20 年的日均流量资料。应用 Q_P 法时，可根据流域特征和水文资料状况确定时间步长，可以用最枯旬、最枯日代替最枯月。

我国水利行业标准《河湖生态环境需水计算规范》（SL/Z 712—2014）采用 $7Q_{10}$ 法和 Q_P 法。美国有超过半数的环保机构用 $7Q_{10}$ 作为水质管理的重要指标。英国环境部采用流量历时曲线分析法（FDC）进行水资源配置。基于 4 项敏感的河流要素（自然特征、大型水生植物、渔业和大型无脊椎动物）设置了水资源限度。定义低流量为频率 95% 的流量 Q_{95}。

4.2.3　Tennant 法

Tennant 法又称 Montana 法，是目前世界上应用最广泛的方法。它是由美国学者 Tennant 和美国渔业野生动物协会于 1976 年共同开发的。Tennant 调查了美国西北部 3 个州 11 条溪流的 58 个断面的物理、生物和化学数据，以后又扩展到 21 个州。考虑了对于鱼类至关重要的 3 个因素：水面宽度、深度和流速。Tennant 用天然流量的多年平均流量的百分数作为基流（baseflow）标准，并且假设在特定河流中维持不同量级的基流，就能维持不同质量状况的鱼类栖息地，其状况从"最佳"（年平均流量 60%～100%）直到"严重退化"（年平均流量 10%）共 7 个等级（表 4.2-1）。Tennant 法考虑了流量年内季节性变化，因此把年度分为各 6 个月的两段，10 月至次年 3 月为枯水季，4—9 月为丰水季。据此，百分数比例有所调整。Tennant 法还设置了河流暴涨状态，以体现洪水脉冲效应，维持栖息地质量。

表 4.2-1　　　　　　　　　　　维持栖息地不同质量水平所需基流

流量分类/栖息地质量	年平均流量的百分比/%	
	10 月至次年 3 月	4—9 月
暴涨或最大	年平均流量的 200	
最佳	年平均流量的 60～100	
极好	40	60
非常好	30	50
好	20	40
中等或差	10	30
差或最小	10	10
严重退化	年平均流量的 0～10	

注　据 Tennant，1976。

Tennant 法的优点是快速、简便且所需数据不难满足。应用 Tennant 法需注意以下要点。

（1）Tennant 法计算基流的基准是自然水流。所谓自然水流是指大规模开发水资源以前的水流。在计算基流时，不但需要有足够长的水文序列，而且需要在长序列中选择合理的时段。具体讲，应该选择大规模开发前的水文序列，以反映自然水流状况。如果关注的河流因开发导致流量大幅减少，计算基流时采用包括变化后时段的水文序列，据此计算的年平均流量明显偏低，当然计算出的基流也会偏低。

（2）无论是枯水季还是丰水季，计算基流的基准都是天然流量的全年平均流量，而不是"同时段多年平均天然流量百分比"。

（3）Tennant 法适合小型河流，扩展到大中型河流时，需经论证和修订。

（4）需注意 Tennant 法提出的背景是根据北美温带水文气象条件，把全年划分为枯水季和丰水季，而且针对北美温带溪流的水文、地貌特征。如果用于我国，就需要通过调查、分析，对其进行校验、修正。或者初步确定基流标准，在执行后通过生物监测，分析改善栖息地质量的效果，然后调整原方案，反复这个过程，不断完善环境流方案。

（5）预期栖息地质量等级设定，应依据当地水资源禀赋条件通过论证确定。

4.2.4　湿周法

湿周法（Wetted Perimeter Method，WPM）已广泛应用多年，一般适用于宽浅型中小河道。首先定义"湿周"：过水断面上，水流与河床边界接触的长度称为湿周，湿周具有长度的量纲。湿周法的原理是采用湿周这样简单的水力参数作为栖息地指标，满足一些重要鱼类的洄游、产卵、索饵对流量的需求。具体步骤是，首先要在浅滩急流区域选定若干代表性断面，在每个断面上测量不同流量条件下的水深、流速和断面，计算流量，然后绘制湿周与流量的关系曲线。通常，湿周随着流量的增大而增加。然而，当流量超过某临界值后，即使流量发生较大幅度增加也只能导致湿周的微小变化，表现在曲线上是一个临界点。曲线上会有多个拐点，应选择斜率最大的拐点为临界点（图 4.2-1）。湿周法认为，临界点对应的流量条件适于鲑鱼的生长发育，因此选择临界点对应流量为环境流。我们可以从图 4.2-1 观察到，如果低于临界点对应的水位，流量减少时，湿周会急剧下降，随之湿润栖息地数量也会急剧减少。可见，保持不低于环境流量的流量水平，就能维持一定数量的栖息地。

需要指出，湿周法计算出的环境流数值与河道地貌形状关系密切，所以，采用湿周法需要配合一定的现场测量和勘察工作。另外，河流断面的选取应布置在蜿蜒型河道急流浅滩河段，因为这些部位对于流量变化较为敏感。与经验方法相比，湿周法考虑了生物栖息地水文需求以及在不同流量条件下栖息地的有效性。可以认为，该方法是更为复杂的栖息地评价方法的先驱。

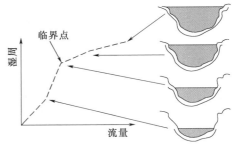

图 4.2-1　流量-湿周关系曲线

4.2.5　河流内流量增量法（IFIM）

河流内流量增量法（Instream Flow Incremental Methodology，IFIM）是栖息地评价法的一种，由美国鱼类和野生动物服务中心（U. S. Fish and Wildlife Service）在 20 世纪 70 年代首先提出。IFIM 开始应用于融雪溪流的鲑鱼保护，以后推广到其他地区和其他类型溪流，至今仍在全球被广泛应用。

IFIM 的目标是确定因人类活动导致水文情势变化对于栖息地的影响，它不仅考虑流量变化引起的栖息地变化，而且把这种关系与特定物种的栖息地需求相结合，以确定有效栖息地相关的流量范围。评价结果通常表示为有效栖息地面积与河流流量关系曲线，通过这条曲线，能够获得不同物种对应的适宜流量，作为确定环境流的参考依据。河流内流量增量法中"增量"的含义，可以理解为水文变量（如流量）增减变化对于栖息地的影响。

IFIM 方法是一套较为完整的方法框架，从研究工作组织和现状描述开始，直至获得最后结论，所有的工作均包括在 IFIM 方法之中。IFIM 也是一个解决问题的工具，它包含了很多分析方法和计算模型，以 IFIM 为框架，研发了商用软件包。IFIM 的核心部分是"自然栖息地模拟"软件-PHABSIM（Physical HABitat SIMulation）。PHABSIM 软件和说明书可以从美国地质调查局（U. S. Geological Survey）网站（http：//www. fort. usgs. gov/prod-ucts/software/phabsim/phabsim. asp）免费下载。

IFIM 研究对象按空间尺度分为大型栖息地（macrohabitat）和小型栖息地（micro-habitat）。大型栖息地适应大尺度的纵向变化，环境变量为水文、地形、地貌特征等。而小型栖息地则关注生物个体存在的环境，环境变量为水力学要素，如流速、流态、水深和底质等，详见表 4.2-2。

表 4.2-2　　　　　河流自然栖息地评价的尺度（Stewardson 和 Gippel，1997）

尺度	一般长度范围/km	重要水力学特征	描　　述
整体河段	＞100	水文，平均河道几何尺寸	延伸很长的河段，介于河流上下游交汇点之间
局部河段	10～≤100	深滩-浅滩和蜿蜒性	包括一个或多个深潭、浅滩或蜿蜒波段的河段
地貌单元	0.1～≤10	河床地形	沿河床纵剖面地形的高点和低点（如深槽、浅滩、跌水）
中型栖息地	0.01～≤0.1	底质，流速，水深	河流环境中典型生物群居住区
小型自然栖息地	0.001～≤0.01	流速，水深，河床剪应力，底质，湍流	单一物种存在的具体位置

PHABSIM 软件中有专门模拟小型栖息地加权可用面积 WUA（Weighted Useable Area）的计算机程序，模拟河流流量与某一鱼种不同生活阶段的自然栖息地之间关系。WUA 是表征可用栖息地的数量和质量的指标，WUA 计算是 PHABSIM 的核心内容。PHABSIM 模型包含一维水力学模型和栖息地模型，模型的计算过程如图 4.2-2。沿河布置若干断面，计算出断面的流速、水深等水力学参数 [图 4.2-2（a）]。基于调查和文献分析确定特定鱼类物种生活史阶段对流速、水深等生境因子的需求，绘制出单变量生境因子适宜度曲线 [图 4.2-2（b）]。依据适宜度曲线，计算出河流不同适宜度范围，进而求出栖息地加权可用面积 WUA [图 4.2-2（d）]。最后，绘制流量（Q）-加权可用面积（WUA）曲线 [图 4.2-2（c）]。

WUA 的计算公式为

$$\text{WUA} = \sum_{j=1}^{n} \left(A_j \prod S_{i,j} \right) \qquad (4.2-1)$$

式中：WUA 为栖息地加权可用面积；A_j 为条带单元面积；$S_{i,j}$ 为适宜性系数，下标 j 为单元面积编号，下标 i 为生境变量编号（流速、水深等）。栖息地适宜性系数 S_{ij} 表示生物体容忍不同生境变量 i（流速、水深等）的程度。将 S_{ij} 分配给各河流条带单元 A_j，计算鱼类栖息地加权可用面积 WUA［图 4.2 - 2（d）］。有了流量 Q - WUA 曲线，就可以比较自然水流与人工径流调节对于栖息地数量和质量的影响，也可以依据 Q - WUA 曲线制定改善水库调度方案。

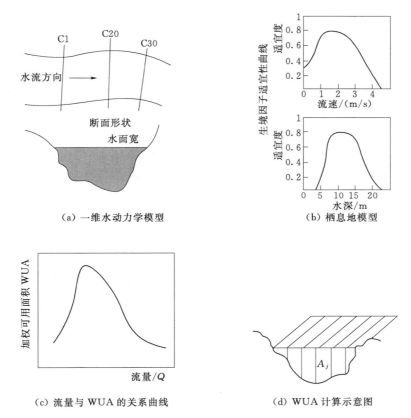

图 4.2 - 2　IFIM 法 WUA 计算和流量 - WUA 曲线

尽管 IFIM 得到了广泛的应用，但是对 IFIM 的质疑持续不断，主要有以下两点：IFIM 选择一二种物种作为目标物种，问题在于能够满足一二种物种需要的栖息地是否满足整个生物群落？其次是栖息地的适宜度与鱼类生物量之间是非线性关系，例如，保证 50％的适宜度不能保证恢复 50％的鱼类生物量，人们对这种复杂关系的认识还十分有限。

4.2.6　基于自然水流范式的环境流

在 1.5.1 节讨论了自然水流范式（NFP）。NEP 认为，未被干扰的自然水流情势对河流生态系统整体性和支持生物多样性具有关键意义。自然水流可以用 5 种水文组分表示：流量、频率、时机、延续时间和过程变化率。

自然水文过程有其天然合理性。河流的生物过程、地貌过程、物理化学过程均高度依赖于自然水文过程。尽管近百年由于人类活动干扰，河流的非生物过程发生了不同程度的改变，生物对此也表现出或主动逃避、或被动忍耐、或积极适应等多种反应，然而，考虑到生物在上万年甚至上亿年进化过程中形成的对特定水流条件的偏好性，至今，自然水流对于大多数生物仍然是理想的水文情势。

由于人类大规模取水以及水库径流调节，不仅改变了自然水流流量，也改变了水文情势。现在，如果试图完全恢复未被干扰的自然水流情势已经没有可能，但是，以自然水文情势为基准确定环境流，无疑对保护大多数生物、维持河流生态系统完整性都是合理的。许多环境流方法，都以自然水流作为参照系统，如上述 Tennant 法和下面介绍的 ELOHA 框架等。直接应用自然水流范式的环境流方法，具有代表性的有以下两种。

1. 自然水流敏感期模拟法

自然水流敏感期模拟法的思路是，既然现实总水量以及水文过程都发生了很大变化，无法完全恢复自然水流情势，但是可以选择对于生物群落至关重要的水文过程中的敏感期（如洪峰流量期、枯水季最低流量期、指示鱼类产卵期等），使敏感期流量接近自然水流情势量值，据此构造环境流。具体步骤如下：①选取人类大规模取水或径流调节前的典型年水文过程作为自然水流情势，比如我国一些地区可以选取 20 世纪 60—70 年代的水文记录。②按照自然水流范式理论提出的水文过程改变程度评价方法，计算干扰前后水文指标变化，评价现实水文情势与自然水文情势的偏离程度，其方法详见 4.1.5 节。③依据水文指标的偏离程度，预测水文指标出现较大偏离可能产生的生态响应，即评估水文情势偏离的生态学意义。④依据水文指标的偏离程度大小以及可能产生的生态响应，修改现实水文情势过程线。修改原则是，选择水文指标偏离程度高，而且具有较高生态敏感性的指标和时机。作为示例，图 4.2 - 3 表示环境流保持或接近自然水流的洪峰流量；维持枯水季最低流量；维持对指标物种生活史敏感期的流量等。尽管图中敏感期指标达到或接近自然水流的量值，但是相应持续时间减少，流量过程线的积分面积减少即全年总水量减少，反映了水资源开发的现实。

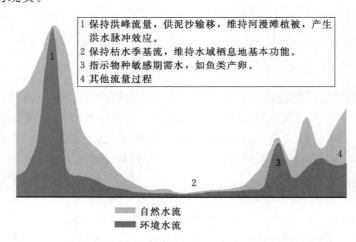

1 保持洪峰流量，供泥沙输移，维持河漫滩植被，产生洪水脉冲效应。
2 保持枯水季基流，维持水域栖息地基本功能。
3 指示物种敏感期需水，如鱼类产卵。
4 其他流量过程

自然水流
环境水流

图 4.2 - 3　自然水流敏感期模拟法

在 4.1.5 节丹江口水库算例中，首先计算了水库运行前后的 5 类水文组分指标，包括月均流量、年极值流量、年极值流量出现时间、高低流量的频率和持续时间、水流条件的变化率与频率，进而计算改变因子，评估改变等级。分析计算结果后指出，由于丹江口水库汛期通过调度削峰，汛期下泄洪峰流量明显减少，年极值最大流量明显降低。同时，高流量过程的出现次数和平均持续时间减少。另外，水库调度运行使得下游枯水期（11月至次年3月）的流量增加，低流量过程的出现次数减少。汛后水库蓄水，使得10月下泄月均流量明显减少。在此基础上分析水库调度对下游河流可能产生的生态效应，认为洪水期洪峰流量减少，不利于滩槽连通、营养物质交换和物种迁徙；因为缺乏高流量的造床作用，可能引起河床逐渐萎缩。高流量的洪峰数和持续时间降低，可能会对依靠水位涨落过程作为繁殖或洄游信号的鱼类（如四大家鱼等）产生不利影响。水库下游枯水期流量增加，低流量过程的出现次数减少，在一定程度上扩大了鱼类等水生生物的越冬场面积。依据水库运行前后水文指标偏离程度和预测的生态响应，为制定环境流方案奠定了基础。

2. 变化幅度法（RVA）

在4.1.5节已经介绍了变化幅度法（RVA）。它基于自然水文过程长序列，采用5类组分33个水文指标统计该水文系列特征。比较自然水流和改变后的水流，计算出水文变化指数（Indicators of Hydrologic Alteration，IHA），据此综合评价自然水流被干扰前后水文情势的改变程度。RVA也是构造环境流的重要方法。具体方法是以自然水流为基线，给出允许水文情势改变的幅度，拟定的环境流过程线应落在允许改变范围内。实际上，水文过程变化幅度给出了水资源可持续开发的边界。一旦水资源开发或径流调节引起的水文情势变化超越了这个边界，生态退化造成的损失价值会高于水资源开发获取的利益。所以，可以把这个边界称为水资源可持续开发边界。如图4.2-4所示，中间的曲线为自然水流的流量过程线，上下两条曲线分别为环境流的上限和下限边界。在高、低流量区，允许流量增大幅度为 $x\%$，允许减少幅度为 $y\%$。如何确定特定河流 x 和 y 的取值，需要对增减流量引发的生态响应进行风险评估。风险评估的准则是各利益相关者认为何种风险是可以接受的。例如有案例显示，通过流量减少对于河口渔业产量的影响评估，来确定流量减少幅度。

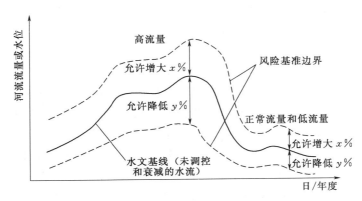

图 4.2-4　变化幅度法 RVA 示意图

对 RVA 的质疑者认为，水文情势变化与生态响应之间关系不是线性而是非线性的。因此，用 RVA 确定特定河流的环境流时，还需要持续开展生态监测，识别水文-生态关系，不断完善环境流标准。

4.2.7　ELOHA 框架

ELOHA 框架（Ecological Limits of Hydrological Alteration，ELOHA）全称"水文变化的生态限度"，它是美国大自然协会（The Nature Conservancy，TNC）于 2010 年组织 19 位河流科学家完成的一份框架报告。ELOHA 框架提供了一种通过建立水文情势变化与生态响应定量关系构建环境流标准的方法。

ELOHA 主要是针对因为从河流中大规模取水以及水库径流调节改变了自然水文情势的河流。通过应用 ELOHA 方法，建立特定河流水文情势变化与生态响应定量关系（简称水文-生态关系）。这种关系用于河流生态管理的两个方面：一方面，对于已经开发的河流，确定环境流标准，进而制定取水标准和改善水库调度方案，达到保护水生态系统的目的；另一方面，对规划中的大坝项目或其他水资源开发项目，预测大坝建设和河流开发后的生态响应，评估大坝及河流开发的生态影响，进而优化大坝、水库的规模以及梯级开发总体布置方案（Arthington A H，2012）。

1. 文献分析

ELOHA 框架总结归纳了以往环境流研究成果并加以发展。ELOHA 框架科学家小组收集了全球范围有关水文-生态关系 165 份文献，进行梳理分析，得到了以下认识：

（1）驱动因素。水文情势变化是生态响应的主要驱动因素，建立河流水文情势变化与生态响应定量关系，抓住了问题的关键。不少文献认为，探求水流情势变化与生态响应的较清晰的相关性是可能的。据统计分析，有 70% 的文献聚焦于人工径流调节影响，也有一些报告考虑了其他环境驱动因素，包括泥沙、温度以及泥沙与温度的综合作用。另外，文献分析指出，引起水文情势变化的原因多数是运用大坝、水库的径流调节，也有娱乐用水、抽取地下水等原因。

（2）生态指标。统计 165 份论文所采用的生态指标，有 145 篇采用河滨带植物群落变化；水域初级生产力；大型无脊椎动物；鱼类；鸟类；两栖动物这些生物变量作为生态指标。其中，鱼类是所有研究报告中采用最多的指示物种。一般来说，在流量减少的条件下，鱼类的响应是负面的。80% 论文报告称，当流量变化幅度超过 50%，则鱼类的生物多样性减少 50%。可见，鱼类是对于水文变化敏感的指示物种。

（3）两类水流。未被干扰河流的水文情势可以认为是自然水流状态，可选用作为参照系统。未被干扰河流的水文情势和已被干扰河流的水文情势（包括径流调节、上游超量取水等）是两种不同的水文类型。二者所引起的生态响应差别较大。

（4）水文情势组分理论。ELOHA 框架的基本方法之一，是应用水文情势组分理论，即把水文情势划分为 5 种具有生态学意义的组分（component）（流量、频率、时机、延时和变化率），每种组分再划分若干水文变量，建立每种组分与生态响应的对应关系（见 4.1.5 节）。

（5）小结。回顾现存文献普遍认为，通过监测、调查、文献分析和专家知识，发展河流的水文变化-生态响应定量关系是可能的。

2. 按河流类型分类

这里讨论的按河流类型分类是特指构建水文-生态关系时的分类。文献分析显示，相同类型河流水文情势变化引起的生态响应具有相似性。按河流类型分类的目的，首先是通过汇集相同类型河流数据建立数据库，强化水文-生态关系的统计学意义，其次，可以把水文-生态关系推广到相同类型的河流（河段）中去，用于确定环境流标准。一些案例显示，直接采用相同类型河流（河段）的水文-生态关系，可以减少许多工作量。如美国康涅狄格州制定水库调度方案时，就直接引用了其他州的水文-生态定量关系。

河流类型主要按水文情势特征和水流补给来源划分，如雨洪补给河流、融雪补给河流、地下水补给河流等。同类河流的生态响应就有许多相似之处。用于区分河流类型的参数包括：①水文。采用多年日径流序列进行水文统计计算，主要计算水文变化指数 IHA（Indicators of Hydrologic Alteration）（见 4.1.5 节）。②生态区。按照生态功能区进行河流分类，增加水生生物多样性指标。③水温。水库调度和大规模取水都改变了自然水流的水温情势，影响到生物群落结构和功能。④流域特征。流域特征包括流域面积、河流长度、地质、地貌、高程、气象、水质、土地覆盖度等。引入流域特征参数，可进一步强化水文-生态关系的统计学特征。

3. 基本假定

为构建水文-生态定量关系，要基于文献分析和专业判断，针对特定河流提出水文-生态关系基本假设。所谓基本假设就是提出一个水文-生态定性关系，提出基本假定命题以后，需要利用大量历史数据和监测数据，通过回归分析等统计学手段，拟合出水文-生态函数和曲线，形成水文-生态定量关系。

基本假设内容是水文改变如何影响包括生物、地貌、物理、化学等在内的生态过程。假设应回答以下问题：①生物要素，物种还是种群？②水文，水文量级还是水文事件？③时段，是月还是季？④位置，河流还是河段？⑤生态响应为何发生？如何发生？举例来说，以下假设包含了上述 5 个问题：夏季（时段）低流量（水文量级）减少了受控河段（位置）的基流，导致水温上升（为何发生）鲑鱼（生物物种）产卵下降（生态响应现象）。在总结相关文献的基础上，ELOHA 提出了对水文情势变化预期生态响应的部分假定（表 4.2-3）。在这些假设中，列出了对极端低流量、低流量、小洪水和高流量脉冲以及大洪水的预期生态响应，这些响应包括河道地貌维持、栖息地条件变化、连通性变化、生物群落和物种变化（包括无脊椎动物和鱼类等）、初级生产力变化、外来物种的入侵和清除等。ELOHA 假设仅是原则框架，对于特定的河流还要根据当地的自然条件、水文特征和监测资料具体确定。

表 4.2-3　　　　　　　　　　对水文变化预期生态响应假定

水文特征	预　期　生　态　响　应
极端低流量	仅有部分河漫滩植物生存。极端低流量水流的消耗，引起湿润的浅滩栖息地退化，在浅滩干涸后，深潭面积减小、深度降低，有效栖息地斑块之间的连通性破坏，水质恶化，导致无脊椎动物和鱼类多样性和生物量的迅速损失
低流量	低流量的消耗，引起栖息地面积减小，质量下降，导致次级生产力持续下降。持续的低流量导致出现浅水栖息地，引起物种丰度和生物量降低

水文特征	预 期 生 态 响 应
小洪水和高流量脉冲	提供鱼类迁徙和产卵的信号，为鱼类和水禽提供觅食机会。由于细沙充填河底空隙，引起底部无脊椎动物物种丰度减少
大洪水	维持河道的基本地貌形态，塑造河漫滩自然栖息地，输送岸边植物种子和果实，营养物质在河漫滩沉积，补给河漫滩地下水，从水域和河漫滩群落中清除入侵物种

4. 生态指标的选取

水文情势变化的生态响应是多方面的。在建立水文-生态关系时，选择关键的生态响应作为生态指标。选取生态指标时应考虑生态响应的时间尺度，使发生生态响应的时间尺度在人们可以掌握的范围内。比如一些物种如藻类和无脊椎动物，它们对环境变化的响应是迅速的；相反，河滨带树木的响应就要慢得多。对于水文情势变化的生态影响可以分为两类，一类是直接影响，另一类是间接影响。像对生物区的影响（如洪水发生时机和过程对鱼类产卵的影响）大多是直接影响。而水文情势变化对栖息地的影响则是一种间接影响，它是通过水沙运动引起河流地貌演变等一系列过程导致栖息地变化的结果。Poff（2010）总结了一套为建立水文-生态关系采用的生态指标（表 4.2-4）。表 4.2-4 中，响应类型包括响应方式、栖息地响应、响应速率、生物多样性、功能特性、生物水平和过程以及社会价值。对应以上响应类型，给出了具体的生态指标。

表 4.2-4　　建立水文-生态关系采用的生态指标 （据 Poff，2010）

响应类型	生 态 指 标
响应方式	对水流的直接响应（产卵、洄游）；对水流的间接响应（栖息地调整）
栖息地响应	栖息地变化（宽深比、湿周、水塘容积、河床基质）；径流调节后水质变化（泥沙输移、溶解氧、温度）；溪流内覆被变化（河岸下切、树根和木质残骸、倾倒树木、悬挂型植物）
响应速率	快速响应：适合小型生物，能快速繁殖；或者适合可移动生物。慢速响应：适合生命跨度较长的生物。短暂响应：树木种子传播；成鱼返回产卵场
生物多样性	藻类与水生植物；岸边植物；大型无脊椎动物；两栖动物；鱼类；陆生物种（节肢动物、鸟类、水边哺乳动物）等。综合度量准则：如物种多样性及生物完整性指标
功能特性	生产力；营养共位群（trophic guilds）；地貌形态；生物行为；生活史；栖息地需求；功能多样性和补充
生物水平和过程	遗传；个体（能量、生长率、行为轨迹）；种群（生物量、死亡率、多度、年龄分布）；群落（构成、优势物种、指示物种、物种丰度、组合结构）；生态系统功能（生产力、呼吸、营养结构复杂性）
社会价值	渔业生产；洁净水供水和其他经济价值；濒危动物保护；娱乐（水上运动、游泳、旅游）；独特文化及精神价值

5. 水文情势改变-生态响应关系

如上所述，水文情势改变-生态响应关系是指不断增加的人类活动压力引起水文情势改变导致生态状况下降的相关关系。水文-生态关系是建立环境流的基础。

（1）表述形式。描述水文-生态关系，可以建立下列 3 种函数关系：

$$E = f(\Delta Q) \tag{4.2-2}$$

式中：E 为生态特征；ΔQ 为与自然水流相比水文状况改变。

$$\Delta E = f(\Delta Q) \tag{4.2-3}$$

式中：ΔE 为相对于参考状态的生态特征变化；ΔQ 为与自然水流相比水文状况改变。

$$E = f(Q) \tag{4.2-4}$$

式中：E 为期望生态特征；Q 为水文参数。

上述 4.2.5 节介绍的软件 PHABSIM 采用的是后两种形式。

（2）水文-生态关系类型。水文-生态关系有 3 种类型，即线性、有阈值和非线性。如图 4.2-5 所示，横坐标为水文改变，纵坐标为生态状况。生态状况分别为优、良、中、差。其中"优"表示生物群落的结构与功能有轻微变化；"良"表示有中等变化；"中"表示有较大变化；"差"表示有严重退化。A 表示线性关系；B 表示有阈值；C 表示非线性关系。一般认为，水文-生态响应关系多为非线性。具有阈值的水文-生态关系，表示了一种突变形式。阈值标志着生态系统或有价值的生态要素已经超越弹性界限，反映系统崩溃或者出现一种不期望的生态状态。

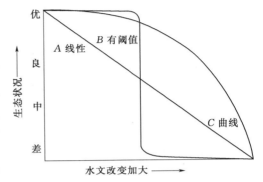

图 4.2-5　水文改变-生态响应关系示意图

（3）定量分析。需要建立水文和生物数据的大型数据库，通过选择参数、加工分析最终建立水文-生态关系。选择水文数据时，不需要使用自然水流范式理论提出的 5 种组分、33 个指标的全部数据，只需要选择其中部分数据构建水文-生态关系。选择水文数据的原则是：能够表现水文情势变化特征；对于水文情势变化具有敏感性；易于计算；与生态响应具有明显的关联性；无冗余。比如极端低流量、小洪水、高流量脉冲、大洪水，洪水发生时机、低流量持续时间等都是常用的参数。

建立水文-生态关系曲线常用的方法是回归分析。通过回归分析，可以拟合水文-生态函数曲线。回归分析的方法很多，包括一元线性回归，抛物线回归，可化成线性回归的曲线回归等。目前在 ELOHA 中常用分位数回归（quantile regression）和广义线性模型 GLM（Generalized Linear Modeling）。

需要指出，河流生态状况是许多因素影响的结果，水文情势因素固然重要，但是还有其他因素的作用。当前研究工作的一个焦点是采用统计技术，把水文改变的影响与其他环境压力区分开来，然后识别能够最佳表述生态对水文改变响应的水文和生态数据。

6. 环境流标准

所谓环境流标准（environmental flow criteria）是指基于生态保护目标，允许水文情势改变的程度或范围。实际上，制定环境流标准过程是生态风险评估过程。借助已经建立的特定河流水文-生态定量关系，可以说明水文情势改变所带来的生态系统衰退风险。水文情势改变程度越高，带来的生态风险越大。这就需要由决策者、科学家和各利益相关者共同进行风险评估并且做出判断，判定何种程度的生态风险是可以接受的。根据维持水资源开发与水生态保护相平衡的原则，确定可接受的生态风险程度，明确生态目标。利用水文-生态关系曲线，由生态目标求出相应的水文情势改变的程度或范围，制定环境流标准。这样，确定的生态目标通过水文-生态关系曲线转化成环境流标准。

链接 4.2.1　美国密歇根州环境流标准

　　美国密歇根州环境流标准项目的目标：在保证土著鱼类种群数量减少控制在可接受程度的前提下，确定夏季从河道中取水限度。图 4.2-6 表示已经构建的水文-生态曲线，曲线反映密歇根州河流夏季取水对鱼群结构的影响。横坐标表示从河道向外取水的百分数（0～1.0），反映水文状况变化；纵坐标表示土著鱼类种群数量保存百分数（0～1.0），反映生态响应。从图可以发现，当横坐标为零即不取水时，纵坐标为："1"，说明土著鱼种群保存完好，系统处于自然水流状态。随着取水比例加大，土著鱼种群保存数量明显减少，当取水比例达到 90% 时，鱼类种群几乎灭绝。技术咨询委员会提出了这条水文-生态关系曲线，阐明了取水流量加大引起的鱼类种群减少的风险，同时提出了生态目标建议。决策者、科学家和各利益相关者经过生态风险评估和专业判断达成共识，确定生态目标是保证土著鱼类种群维持在自然状态的 90%。基于水文-生态曲线，对应生态目标的环境流标准是夏季取水为自然水流的 40%。也就是说，河道起码要保持同期自然水流 60% 的流量，这就意味着如果取水超过环境流标准，就会导致 10% 以上的土著鱼种群消失。确定的环境流标准，由决策部门转化为政策和管理办法。由河流管理部门负责执行，相应制定水资源配置规划，制定全年取水计划。同时开展河流水文、生物监测，验证环境流标准，评估是否实现了预定的生态目标。

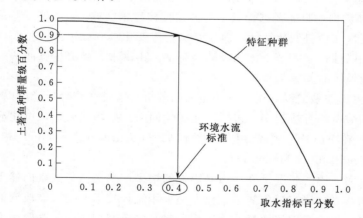

图 4.2-6　基于水流-生态曲线设定环境水流标准

　　7. ELOHA 框架步骤

　　ELOHA 框架步骤包括两大部分。第一部分是科研过程，建立水文情势变化-生态响应定量关系；第二部分是决策过程，依据水资源综合管理理念，由各利益相关者协商与论证，对环境流标准进行决策，实现水资源的社会经济价值与生态环境价值间的平衡（图 4.2-7）。

　　（1）科研过程。科研过程的目的是建立水文情势变化-生态响应定量关系，共有以下4 个步骤：

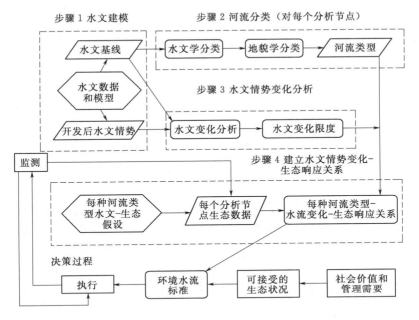

图 4.2 - 7　水文变化的生态限制（ELOHA）框架

(据 Poff 等，2010)

步骤 1 水文建模。定义未被干扰的水文状况为参照系统，或称水文基线。应用水文情势 5 组分理论，分别计算参照系统水文系列和开发后水文序列的水文参数频率曲线。水文组分的计算方法见 4.1 - 5 节，频率曲线计算方法见 4.1.1 节。

步骤 2 河流分类。按照水文情势 5 组分数据，结合河流地貌特征，识别河流类型（如雨洪补给河流、融雪补给河流、地下水补给河流等）。对于大中型河流，河流应以河段为单位进行分类，区分河流类型并沿着水流流向设立河段节点。对于梯级开发河流，每座大坝下泄方式各不相同，所以应以大坝为节点，分析河段的水文情势变化。

步骤 3 水文情势变化分析。对于同一类型河流，选择能够基本反映水文特征的一两种水文组分参数（如流量、水位、时机、延时等），将河流开发前后的水文组分频率曲线进行对照，分析每个节点开发前后水文情势变化，计算每个节点现状水文条件与基准水文条件的偏离程度，详见 4.1.5 节。

步骤 4 建立水文情势变化 - 生态响应关系。根据每种河流类型水文 - 生态假设（表 4.2 - 3），选择对应的有代表性的若干生态指标（如鱼类、无脊椎动物、河滨带植被等），这些生态指标能够大体反映河流的健康状况（表 4.2 - 4）。通过水文、水质、生物、地貌等相关资料收集，生物调查和监测以及专家知识，汇总成水文、生态数据库。分析每个节点的生态数据，解释水文情势变化引发的生态响应关系，通过统计学回归分析等手段，拟合水文 - 生物函数关系和曲线。

（2）决策过程。继科研过程之后是决策过程（图 4.2 - 7）。决策过程的目标是实现生态保护与水资源利用达到某种平衡。具体方法是通过科学家、决策者和管理者、水资源用户、社会公众团体等各利益相关者共同协商，确定环境流标准。

各利益相关者的首要任务是进行生态风险评估，采用的方法是风险基准（risk bench-mark）方法或称临界风险水平（critical risk level）。所谓风险基准，即现状水文情势与参照水文情势的允许偏差程度。允许偏差程度越高，则生态风险越大。各利益相关者需要评估针对有价值的生态资产或生态服务（如自然风景、生物多样性、渔场等），认定何种程度的生态风险是可以接受的，即何种程度的生态退化是可以接受的。根据水文-生态关系曲线，就可以确定环境流标准（图 4.2-6）。环境流标准可以是具体数值，也可以是一个数值范围（图 4.2-4）。

环境流标准的执行方式，包括制定取水限制政策；改善水库调度方案；制定水资源配置规划等。在执行过程中，应持续进行生态调查和监测，除了一般性监测以外，监测重点是生态指标相关对象。需要认真分析各个节点的水文和生态监测数据，用于验证或调整水文-生态关系，特别需要验证执行了环境流标准以后，生态状况是否达到预期目标。如果水文-生态关系进行了调整，就需要进一步修正环境流标准。如此多次反复进行的过程，使环境流标准逐步完善，这个过程就是所谓适应性管理过程（图 4.2-7）。

链接 4.2.2　美国马萨诸塞州环境流标准

早在 1987 年，为应对水量和水质问题，美国马萨诸塞州政府颁布了水管理法案（WMA），建立了取水许可制度系统。20 年后，经评估发现法案未能实现其预期目标，特别是没有注重保护河流生态系统。为此，环保团体呼吁开展环境流研究。经过长时间的辩论，2009 年州政府推出《马萨诸塞州可持续水管理倡议书》，建立了咨询委员会和技术委员会，组织了政府部门、供水商、水用户、农业、环保团体以及其他利益相关者的评估协调机制，由此展开了以 ELOHA 为指南的研发和管理工作。

1. 水文基础计算

采用美国地调局（USGS）开发的 Sustainable-Yield Estimator（SYE）系统，首先评价了没有径流调节的 1960—2000 年日径流水文序列，作为水文基线。对于没有水文测验记录的溪流，采取延时曲线回归法。又计算了 2000—2004 年现状流量过程线，模拟了因取水导致流量减少过程；模拟了部分河段地下水补给河流过程和水库蓄水过程。

技术委员会识别了四个季节性生物敏感期，重点关注鱼类群落和两栖动物生活史重要阶段对水流的需求。这四个敏感期是：①越冬和鲑鱼卵成熟期；②春季洪水；③育肥成熟期；④秋季鲑鱼产卵期。技术委员会认定，1 月、4 月、8 月和 10 月，足以反映 4 个生物敏感期，从而简化了工作。

利用国家水文数据库（NHD），绘制了 1395 个嵌套的次流域单元及河段。每一个次流域单元，用上述方法计算流量状况。另外评估井水抽取和地下水渗透流量。按照水文统计计算范围，计算了水文基线和 1 月、4 月、8 月和 10 月的现状水文中值。通过现状水文状况与基线水文状况相比较，计算了水文条件改变。

2. 建立水文改变-生态响应定量关系

应用了渔业和野生鱼类协会（FWFC）数据库的 669 个鱼类采样点数据，计算了所有采样点的水文变量。文献分析表明，对水文变化敏感的鱼类度量指数包括物种丰度、个体物种多度、按生活史物种分组多度。计算的环境变量包括采样点集水面积，湿地缓冲带盖度，不透水铺设百分数，梯级开发大坝密度（景观破碎化变量）。应用主成因分析法和斯皮尔曼等级相关法（Spearman rank correlation），可以减少环境变量数目。

采用分位数回归分析（quantile regression），拟合水文情势改变与生态响应关系曲线。图 4.2-8 表示采用分位数回归分析，拟合的鱼类群落多度与 8 月流量减少之间的关系曲线。横坐标表示抽取地下水导致 8 月中值流量减少百分数，纵坐标表示鱼类多度（每小时捕获数）。曲线显示，流量衰减与河鳟和黑鼻鲑的多度具有明显的相关性。流量衰减加大，则河鳟和黑鼻鲑的多度以及鱼类物种多度均减少。

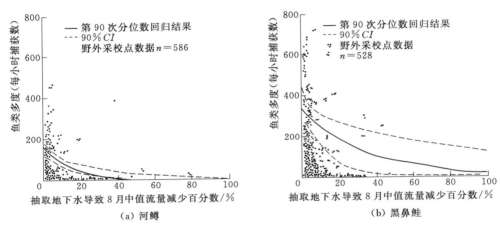

图 4.2-8 Massachusetts 州水文-生态关系曲线示意图
（8 月中值流量改变与鱼类多度的相关关系）
（分位数回归分析结果）

另外，还应用广义线性模型 GLM（Generalized Linear Modeling）进行分析，采用与流量变化敏感的 8 个化学和物理协变量，预测鱼类和野生动物群落的生态响应。其结果与分位数回归分析结果基本符合。图 4.2-9 表示拟合后的流量-生态关系，关系曲线显示由于抽取地下水引起 8 月流量中值改变，在其他变量（如下垫面条件）保持不变的前提下，如果流量减少 1%，会引起鱼类多度减少 0.9%。

3. 水文情势改变限度

根据上述科研成果，马萨诸塞州政府水资源管理部门于 2012 年提出了《水文情势改变限度报告》（草案）。基于流量变化-生态响应关系曲线，确定了流量改变导致鱼类多度变化的定量关系，至于允许水文情势有多大程度的改变，则需

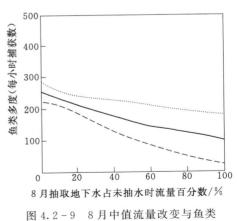

图 4.2-9 8 月中值流量改变与鱼类多度的相关关系
（广义线性模型计算结果）

要由决策者和利益相关者共同判断，即判断何种程度生态退化的风险是可以接受的。为此，建立了"水文情势改变限度"，把因取水造成流量减少的程度分为 5 级，称为"流量水平"（表 4.2－5），可以理解为对应的生态状况级别分别为优、良、中、差、劣五级。根据流量-生态曲线，各方认定 8 月减少 25％流量作为水文情势改变的底线，对应生态状况级别为"中"。换言之，如果流量减少超过 25％，那么生态系统退化状况（表现为鱼类多度和物种多样性）是不可接受的。除 8 月以外，根据计算分析结果，也给出了 10 月、次年 1 月和 4 月的水文改变限度。

表 4.2－5　　　　　　　　　　水文改变限度（美国马萨诸塞州）

流量水平	8 月流量水平流量改变范围（因抽取地下水）	按季节河流准则许可流量改变百分数（相对抽水前流量中值）			
		8 月	10 月	1 月	4 月
1	0～≤3％	3％	3％	3％	3％
2	3％～≤10％	10％	5％	3％	3％
3	10％～≤25％	25％	15％	10％	10％
4	25％～≤55％				
5	＞55％				

注　源自马萨诸塞州能源与环境事务行政办公室，2012。

为执行《水文情势改变限度报告》，水资源管理部门制定了新的取水许可制度，并设置监测系统，验证水生态系统保护的效果。

4.2.8　湖泊与湿地生态需水计算

1. 湖泊最低生态水位

（1）E_p 法，又称不同频率枯水月平均值法。如 E_{10} 指 90％保证率对应的最枯月平均水位。以长系列（$n \geqslant 30$ 年）天然月平均水位（E）为基础，用每年最枯月进行水文频率计算，选择不同频率 P 的最枯月平均水位作为环境流的最低水位值 E_p（见 4.1.1 节）。

（2）缺乏长系列水位资料的湖泊，可计算最近 10 年最枯月平均水位，作为最低生态水位值。

（3）生物空间法。基于湖泊各类生物对生存空间的需求来确定湖泊的生态水位。各类生物对生存空间的基本需求，包括鱼类产卵、洄游、种子漂流、水禽繁殖等，一般选用鱼类作为目标物种。具体方法是，首先计算各类生物对生存空间的基本需求所对应的水位过程，用下式计算：

$$E_{\min} = \text{Max}(E_{\min}^1, E_{\min}^2, \cdots, E_{\min}^n) \tag{4.2－5}$$

式中：$E_{\min}$ 为湖泊最低生态水位，m；$E_{\min}^i$ 为第 i 种生物所需湖泊最低生态水位，m。

2. 淡水湿地生态需水计算

淡水湿地是指从当地降雨、地表水、地下水等途径接受淡水的低洼地貌单元，包括水塘、沼泽、河滩洼地、牛轭湖和故道等。有些淡水湿地常年蓄水并生长着大量水生植物，有些淡水湿地在潮湿与干燥环境中交替转换，相应有水生生物、湿生植物以及陆生生物交替生长。

淡水湿地按照其补水路径不同可以划分为两种类型，一种是"河流滩区湿地"，这种湿地位于滩区内，由毗邻的河流在汛期漫滩后为其补水；另一种是"河流连通湿地"，它与河流直接连通并由河流补水。这种湿地上游常有水库和闸坝设施。这些水库闸坝运行，一方面会改变自然水流情势，对湿地生态系统产生压力；另一方面也为保护湿地提供了调控手段。

湿地生态需水是指为实现特定生态保护目标并维持湿地基本生态功能的需水。计算湿地生态需水量，首先要建立河流-湿地水文情势关系，然后建立湿地水文变化-生物响应关系模型，最后根据保护目标确定湿地生态需水。

（1）湿地水量平衡公式。湿地水量平衡关系是一个湿地水体输入与输出平衡关系式：

$$\Delta S(t)=P+Q_i+G_i-E-Q_o-G_o \qquad (4.2-6)$$

式中：$\Delta S(t)$ 为储存在湿地中的水量变化；P 为湿地范围内降雨量；Q_i 为流入湿地的地表水水量；G_i 为流入湿地的地下水水量；E 为湿地蒸散发水量；Q_o 为流出湿地的地表水水量；G_o 为湿地范围内土壤渗漏水量。

（2）建立河流-湿地水文定量关系。式（4.2-6）中 $\Delta S(t)$ 项反映了湿地的水文条件，除了表示为水量，也可以转换为湿地面积和水深。Q_i 和 G_i 两项反映了向湿地补水量值。通过式（4.2-6）可以建立起河流-湿地水文关系。式（4.2-6）可以按月均值计算，各月均值形成湿地全年水量变化过程；各月均值相加可以校核全年水量平衡。向湿地输入或输出水量季节性变化，引起湿地淹没面积和水深季节性变化。另外，水文年际变化，特别是枯水年或丰水年，也会引起湿地淹没面积和水深年际变化。

计算湿地生态需水时，可以采用4.2.6节所述变化幅度法（RVA），即用两条平行曲线表示水文变量上下限范围。RVA中水文变量可按照保护目标分别选择下列变量：湿地淹没面积、水深、季节性特征（固定性淹没、季节性淹没和短暂性淹没）、水位涨落速率、洪水大小和频率、枯水期持续时间等。

（3）RS、GIS 和 DEM 的应用。在计算湿地生态需水时，遥感（RS）、地理信息系统（GIS）和数字高程模型（DEM）是重要的技术工具（见3.2.3节）。通过对 RS 影像的分析，可以获得水体的分布、水深、水温、泥沙、叶绿素和有机质等要素信息。在植被监测方面，可以有效地确定植被的分布、类型、长势等信息并对植被的生物量做出估算。

针对河流连通湿地，可以利用河流水文序列和同期 RS 影像，建立河流流量与湿地淹没面积的定量关系，从而获得从小流量直到大洪水条件下，对应的湿地淹没面积以及湿地植被盖度，然后利用湿地水量平衡公式进行复核。

针对河流滩区湿地，除用上述方法建立流量-湿地面积关系以外，还可以建立"滩区淹没模型"，以获得更多的水文过程细节。首先，应用高分辨率 RS 影像和地面三维激光扫描仪，获得地面点的三维数据，构成河漫滩 DEM。在此基础上，采用水动力学模型（如 MAKE 21），计算洪水漫滩后在河漫滩的传播过程，包括洪水在有障碍物条件下水体流动路径、河漫滩淹没过程、湿地与主河道连接时机和持续时间、湿地淹没面积和水深。还可以进一步分析湿地季节性特征（固定性淹没、季节性淹没和短暂性淹没）、水位涨落速率、洪水大小和频率、枯水期持续时间、湿地植被变化等。

（4）湿地水文变化-生物响应关系。湿地水文变化引起湿地植物和生物群落的响应。所谓湿地水文变化,主要是指水位变化,除水位以外,也可以选用其他水文变量,诸如湿地与主河道连接时机和持续时间、水位涨落速率、枯水期持续时间等,这些变量都可以反映水文条件的适宜性。根据湿地生态保护或恢复目标(如特定生物资源、特定保护物种或群落),通过文献分析,现场调查监测,专家判断等方式,建立湿地水文变化-生物响应定量关系。

比如 McCosker(1993)研究了 4 种湿地植物的生态需水,他采用湿地水量平衡关系法,基于不同频率洪水,确定淹没这 4 种植物的河流流量过程。Briggs(1999)开发了以湿地水禽繁殖为标志的河流湿地管理指导原则,指出当地水禽完成繁殖过程,需要湿地最小淹没期为 5~10 个月。Peak(2011)提出了湿地"临界阈值"概念。临界阈值是基于生活史轨迹,耐受性、竞争优势以及植物特征分类,评估在没有发生洪水条件下,湿地植物能够坚持生存且具有恢复到基准状态能力的最大期限。Peak 还把包含河漫滩植物和动物种群的地貌-生态数据库与水文模型相连接,建立濒危或退化生物群落(鱼类、鸟类、哺乳动物、两栖动物、爬行动物等)与河流洪水的相关关系,进一步评估在不能满足生态需水的情况下,单个湿地及其生物多样性风险。

有了湿地水文变化-生物响应关系以及生态风险评估成果,管理者就可以判断多大的湿地水文变化的幅度是可以接受的,再按照变化幅度法(RVA)确定湿地需水的水文变化(如水位)范围。根据河流-湿地水文定量关系,就可以确定湿地生态需水河流流量(水位)范围。

(5)湿地生态需水计算和计划执行步骤。湿地生态需水计算和计划执行步骤如图 4.2-10 所示,主要步骤如下:①描述湿地水文和生态特征;②描述湿地开发状况,评估

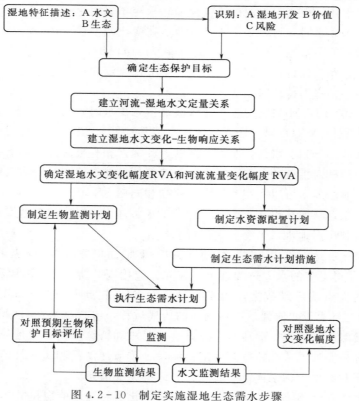

图 4.2-10　制定实施湿地生态需水步骤

湿地生态服务价值和面临风险；③确定湿地生态保护和管理目标；④建立河流-湿地水文定量关系并用水量平衡关系式进行校核；⑤建立湿地水文变化-生物响应关系；⑥根据湿地生态保护目标以及生态风险评估结果，确定湿地水文变化幅度 RVA 和河流流量变化幅度 RVA；⑦综合平衡生活供水、生产用水和生态需水，制定水资源配置计划；⑧运用水库、闸坝、引水渠道等调控手段，制定实现生态需水计划的管理措施和调度方案；⑨制定水文、生物监测方案，实施水文、生物监测；⑩按照适应性管理方法，分别对照湿地水文变化范围标准和生物保护目标进行评估，反馈评估结果，完善生态需水计划。

4.3　生态水力学计算

　　生物生活史特征与水力学条件之间存在着适宜性关系。特定生物对于一定类型水力条件的偏好，可以用栖息地适宜性指标表述。生态水力学计算包括两方面内容，首先是进行流场分析，获得河流流速、水深等物理变量的空间分布。其次，依据栖息地适宜性曲线，对栖息地质量分级，获得河流栖息地质量分区地图。

　　近年来，随着信息技术的快速发展，使用先进的 GIS、RS、GPS、DEM 以及高精度野外测量技术，可以获取地形地貌海量数据，加之生态水力学计算软件功能不断完善，目前，生态水力学模拟计算已经成为河流栖息地评价的重要工具。

　　水库水温分层现象，直接影响下泄水流的水温变化，对鱼类产卵等生物过程产生影响，本节专门介绍了水库水温计算方法。

4.3.1　概述

1. 生态水力学的内涵

　　生态水力学（ecohydraulics）是水力学与生态学融合形成的一门新兴交叉学科。1990年国际水利学研究协会（International Association for Hydraulic Research，IAHR）成立了生态水力学分会，成为生态水力学作为一门独立学科的标志。1992 年在挪威召开了第一届国际生态水力学研讨会。Nestler（2008）认为，"生态水力学的目标，是将水力学和生物学结合起来，改善和加强对水域物理化学变化的生态响应的分析和预测能力，支持水资源管理。"生态水力学的研究尺度是河段或称中等栖息地和微观栖息地。

　　研究表明，生物生活史特征与水力学条件之间存在着适宜性关系并符合下列原则：生物不同生活史特征对于栖息地需求可根据水力条件变量进行衡量；对于一定类型水力条件的偏好能够用适宜性指标进行表述；生物物种在生活史的不同阶段通过选择水力条件变量更适宜的区域来应对环境变化并做出响应。所谓水力学条件包括水流特征量（流速、流速梯度、流量、含沙量）、河道特征量（水深、基质类型和湿周）、无量纲量（弗劳德数、雷诺数）和复杂流态特征量。所谓生物生活史特征指的是生物年龄、生长、繁殖等发育阶段及其历时所反映的生物生活特点。就鱼类而言，其生活史可以划分为若干发育期，包括胚胎期、仔鱼期、稚鱼期、幼鱼期、成鱼期和衰老期，各发育期在形态构造、生态习性以及与环境的联系方面各具特点。

　　水力学条件各变量指标对生物生活史特征产生综合影响。在急流中，水中含氧量几近饱和，喜氧的狭氧性鱼类通常喜欢急流流态，而流速缓慢或静水池塘水域中的鱼类往往是广氧性鱼类。河流也提供不同流态以符合鱼类溯游行为模式。对于不同的流态，比如从急流区到缓流区，鱼类的种类组成、体型和食性类型都有明显变化。水流还具有传播鱼卵和幼体的功能，例如，在长江中上游天然产卵场产卵的四大家鱼的卵和幼鱼不具备游泳能力，但它们能顺水漂流到江河下游，并在养料丰富的洪泛区及河湖口地区生长发育。当然，水温对鱼类代谢反应速率起控制作用，从而成为影响鱼类活动和生长的重要环境变量。决定鱼的产卵期（以及产鱼洄游）的主要外界条件是水温和使鱼类达到性成熟的热总量。

水生生物反过来也对水动力产生影响。河流-河漫滩-湿地系统存在着不同类型的植被组合，这些植被通过茎、叶的阻挡作用加大了岸滩的糙率，降低了行洪能力，也导致污染物运移、泥沙沉积和河床演变规律发生变化。

人类大规模的治河工程和开发，包括河流渠道化、疏浚和采砂等，改变了河流蜿蜒性等特征，也改变了水流的边界条件，使水力学条件发生重大变化，可能导致栖息地减少或退化。水坝不但切断了洄游鱼类通道，而且造成水库水体的温度分层现象。很多鱼类对水温变化敏感，一些鱼类随着水温的升高产量增加，一些则下降。另外，高坝泄水时，高速水流与空气掺混，出现气体过饱和现象，导致水坝下游长距离河道的某些鱼类患有气泡病。

综上所述，生态水力学的任务在是河段的尺度上，建立起生物生活史特征与水力学条件的关系，研究水力学条件发生变化引起的生态响应，预测水生态系统的演替趋势，提出加强和改善栖息地的流场控制对策。

2. 研究进展

（1）水生生物栖息地模拟。生态水力学模拟的水生生物栖息地主要是中等栖息地（如河段的深潭-浅滩序列）和微观栖息地（如水生生物产卵等行为所利用的局部区域）。

早在 1982 年 Bovee 就提出了自然栖息地模拟模型：PHABSIM Model（Physical HABitat SIMulation）。用以描述目标物种在其某一生命阶段由于水流变化引起微栖息地变化的生态响应。采用一维水动力学模型计算，通过单变量的栖息地适宜性曲线转换成表征可用栖息地的数量和质量的指标——栖息地权重可利用面积，输出成果是栖息地权重可利用面积与流量的关系曲线（见 4.2.5 节）。Jorde（2000）在 PHABSIM 模型的基础上提出的 CASIMIR 模型，用基于模糊逻辑并结合专家知识的方法计算栖息地的适宜性。另外，Parasiewicz（2000）等开发了中等尺度的栖息地模拟模型（Meso - HABSIM），以解决 PHABSIM 在应用到更大尺度上栖息地模拟的缺陷。

我国的栖息地模拟研究起步较晚，主要是借鉴国外经验，在水动力模拟的基础上，采用单变量的适宜性评价准则，模拟某几种珍稀濒危水生生物栖息地，得出了有益的结论。

（2）生态水力学模型。生态水力学模型是在理解水动力、水质、生物和生态之间的动力学机制的基础上，尽可能接近生物过程和生态系统的实际特征，采用数字计算和经验规律相结合的方法建立的计算机模型。

生态水力学模型是水动力学模型和生态动力学模型的耦合模型。水动力学模型常采用数值解法。生态模型一般也采用类似水力学的空间均质的连续性方程，如水域多种群模型以及生命体运动方程等。为模拟自然界的空间异质性和许多生物过程如繁殖、捕食的非连续性，又不断有新的生态模型提出，如细胞自动化机器模式、基于个体模式、盒式模型等。

（3）流场控制技术。在生物监测和实验研究的基础上，可以得出生物体适宜生长—面临威胁—面临死亡这三种状态间相互转换的阈值，如适宜的水流条件和最差可接受的水流条件。人为造出一种特定的流场环境，使某些生物生长、增殖；或使某些生物增殖受到抑制，以此来帮助或诱导某些生物逃离危险环境，使濒危物种得到保护，这一措施称为生命体的流场控制技术。美国爱荷华州立大学水力研究所（IIHR）通过对鲑鱼生态水力学特性的系统实验研究，采用流场控制技术，诱导鲑鱼苗成功通过哥伦比亚河的 7 座大坝。我国采用流场控制技术，成功控制了钉螺随灌溉水流扩散，有效防止了血吸虫病在灌溉区流行（李大美，等，2001）。

3. 学科发展趋势

自 20 世纪 90 年代以来，生态水力学计算的发展趋势是：与 RS 技术和 GIS 密切结合，使用先进、高分辨率 RS 技术，结合快速、高精度野外测量勘察技术，获取海量数据。全部数据用 ArcGIS 加工，与计算软件连接，采取高效算法，通过生态水力学软件进行计算，依据计算结果对栖息地进行多方面评价。

在水生生物栖息地模拟研究方面，预计将朝着水动力模型的精细化、适宜性评价准则客观化、栖息地模拟尺度多元化的方向发展。

重视学科整合。除重视水力学因素对于生物的直接影响以外，还要重视水力学因素的间接影响。水流影响河床地貌的演化和沉积物的分布，影响河床岸坡植被的生长和生物的多样性，以及影响水质（溶解氧、营养盐的分布）、水体温度场、栖息地格局、水生生物的食物分布、含沙量等。因此，生态水力学的研究将进一步朝着学科整合和一体化方向发展。

在应用研究方面，诸如河流生态修复工程优化设计和项目有效性评估，鱼道设计、减轻高坝泄流过饱和气体对鱼类影响，控制水库下泄水温变化，防治水库湖泊的富营养化等，都会有新的进展。

4.3.2　生态水力学模型计算

1. 应用软件

目前常用的生态水力学应用软件有以下几种：生物栖息地模型 RIVER 2D，广泛应用于生态水力学计算和河流栖息地评价。自然栖息地模拟软件 PHABSIM（Physical HABitat SIMulation），已经在 4.2.5 节做过介绍。河流泥沙和栖息地二维模型 SRH2D（Sedimentation and River Hydraulics – Two Dimensions）是由美国垦务局（USBR）开发的软件，可以在 USBR 网站免费下载。SRH2D 软件可以模拟水深和流速的空间分布格局。这个软件还具有处理超高流量；枯水和丰水变化以及循环水流的能力。读者可以通过在 SRH2D 网站搜索更新的免费软件。与 SRH2D 配套的软件有：地表水模拟系统 SMS v.10（Surface – Water Modeling System），它是一个商业软件，具有很强的前后处理和绘图功能，通过接口与 SRH 连接。ArcGIS 是地理信息系统商业软件，具有强大的地图制作、空间数据管理、空间分析、空间信息整合能力，拥有空间可视化技术，能够灵活地将各类水流信息及分析结果展现在地图上。展现的形式包括各种等值线图、专题统计图等。Arc-GIS 平台包括若干软件，其中 ArcCatalog、ArcMap、Arctoolbox 适合水力学计算空间数据管理需求。数字高程模型（DEM）是用一组有序数值阵列形式表示地面高程的实体地面模型，用于河流地貌数据管理。

2. 地形数据

为进行二维生态水力学计算，需要输入地形数据。地表高程是控制水流流速、方向和泥沙输移的基本边界条件。按照时序的系列地形图，可以反映河势演变趋势。

（1）野外勘察测量。包含大量细节的高精度地形数据，是提高二维水力学模拟精度的前提。获得河流地形地貌数据，需要进行野外勘察测量。传统意义上的河流地面测量主要是横断面及纵断面测量。过去十几年测量勘察技术迅速发展，高精度地面测量成本已经大为降低。地面测量已经不再局限于横断面和纵坡测量，而是所有选定的拓扑点测量。地面测量可以选用多种技术，诸如：自动全能测量仪（robotic total station），实时动态定位技术（RTK GPS），陆基激光定位器（ground – based LIDAR），三维激光扫描仪，超声波测深仪，水下回声探测仪等。这些高精度仪器都配套有专业软件进行数据处理。为满足二维计算的高精度要求，还需要掌握拓扑点的布点密度准则，重点是捕捉地形突变、糙率变化的河床形状单元。布点准则为：①拓扑点密度 $P>3$ 个$/\text{m}^2$，用于地貌复杂区域，如基岩出露、卵石群、人工结构物、河床边缘等；②$P>0.5$ 个$/\text{m}^2$，用于地貌相对简单的形状单元，如河漫滩，深潭底部，平坦河床等；③测量布点范围应扩展，超过预定模型边界。另外，进行计算时输入的地形数据需包括糙率数据。

根据实践经验，河长小于 1km，河宽小于 100m 的河段采用地面测量，其勘察步骤为：首先，沿河踏勘，在模型范围内粗略布置交错网格；其次，在水面边缘和河床深泓线上选（布）点，深泓线高程数据除用于模型计算外，还将用于模型校验；随后，在地形地貌变化剧烈处，诸如基岩出露、卵石群、沙丘、圆木群、人工结构物等，选定加密拓扑点。对于河长达数十千米的河段，可以采取多种技术整合。比如采用机载激光定位器（Airborne lidar）作陆地勘察；水下回声探测仪（Bathymetric Echosounder）作水下勘察；实时动态定位技术（RTK GPS）用于勘察不可行船的浅滩。

（2）生成 DEM。DEM 是用地形测量数据生成地形图的有效工具，由 DEM 生成的高质量地形图是提高生态水力学模型计算精度的保障。许多水动力学模型（如 SMS），一般都设有接口，提供 DEM 生成工具。CAD 和 GIS 提供 DEM 编辑和管理功能。

用 DEM 生成地形图的步骤包括形象化、编辑、补充扩展和插补等。通常采用不规则三角形网格，它适合模拟陆地地形，也能适应模型边界的复杂形状。针对一些特殊区域，诸如洄水区、茂密植被河道、危险陡坎和跌水、深水潭以及水下回声探测仪不能到达位置，这些区域分辨率低，数据质量差，需要补充扩展数据。扩展方法包括补充野外勘察；在已知测点间插补；沿等高线踏勘判断确定。经过多次反复生成 DEM，最终产生令人满意的地形图。

3. 曼宁糙率系数

曼宁糙率系数简称曼宁糙率 n（Manning roughness）是反映渠道或天然河道壁面粗

糙状况的综合性系数。糙率 n 值越大，对应的阻力越大，在其他条件相同的情况下，通过的流量越小。糙率是一个无量纲经验参数，难以准确计算。糙率 n 值的选取正确与否，对计算结果影响较大，因此必须慎重选取。自然河道不同于明渠，其水流多为非均匀流。河床基质性质、自然河流的植被类型和结构、河流形态（蜿蜒度、断面、纵坡）、断面内有无阻水障碍物等因素，都对糙率产生影响。自然河流的糙率通常由实测确定。一般选择比较顺直、断面形状变化不大的河段，测量其流量和河段长度，并由实测水文资料推求平均断面面积、平均底坡或水面坡度，利用均匀流公式推求 n 值。在没有实测资料时，可根据河道具体情况适当选取糙率 n 值，见表 4.3-1。

表 4.3-1　　　　　　　　　　自 然 河 道 糙 率 n 值

河流类型和状况			最小值	正常值	最大值
1. 小型河流（洪水位水面宽度＜30m）	（1）平原河流	①清洁、顺直、无深潭-浅滩	0.025	0.030	0.033
		②同①，但石块和杂草多	0.030	0.035	0.040
		③清洁、弯曲、有深潭浅滩	0.033	0.040	0.045
		④同③，但有石块和杂草	0.035	0.045	0.050
		⑤同③，水深较浅，河底坡度多变，回流区较多	0.040	0.048	0.055
		⑥同④，但石块多	0.045	0.050	0.060
		⑦多杂草、有深潭、流动缓慢	0.050	0.070	0.080
		⑧多杂草、多深潭、林木滩地过洪	0.075	0.100	0.150
	（2）山区河流（河槽无草树、河岸较陡、过洪时淹没岸坡树丛）	①河底为砾石、卵石、间有孤石	0.030	0.040	0.050
		②河底为卵石和大孤石	0.040	0.050	0.070
2. 大型河流（洪水位水面宽度＜30m）	平原及山区河流	①断面较规则、整齐、无孤石或丛木	0.025		0.060
		②断面不规则整齐、床面粗糙	0.035		0.100
3. 汛期河滩漫流	（1）草地无树丛	①短草	0.025	0.030	0.035
		②长草	0.030	0.035	0.050
	（2）耕地	①未熟庄稼	0.020	0.030	0.040
		②已熟成行庄稼	0.025	0.035	0.045
		③已熟密植庄稼	0.030	0.040	0.050
	（3）矮树丛	①稀疏多杂草	0.035	0.050	0.070
		②夏季不茂密	0.040	0.060	0.080
		③夏季茂密	0.070	0.100	0.160
	（4）树木	①田地平整、干树无枝	0.030	0.040	0.050
		②同①，但干树多新枝	0.050	0.060	0.080
		③密林，树下植物少、洪水位在树枝下	0.080	0.100	0.120
		④同③，但洪水位淹没树枝	0.100	0.120	0.160

4. 模型校验

生态水力学模型计算成果需要校验，校验的方法是把计算值与现场实测值相比较，分析偏离程度和误差。

二维模型计算基本输出量，包括水面高程空间格局（Water Surface Elevation，WSE）；流速量值 v_{mag} 和方向 v_{dir}，也可以表示为流速分量 v_x，v_y。由这些基本输出量可以计算出其他水力学变量包括水深 h，弗劳德数 Fr 和剪力 τ。此外，还可以推算、评估所关注的生态环境问题，如发生侵蚀或淤积的可能性、评估满足特定物种生活阶段需求的自然栖息地质量，生物最佳迁徙路线等。

用于校验模型的指标，通常选取河流同一水流方向上的水面高程 WSE（或水深 h）和流速量值 v_{mag}。可操作的校验方法有：①水面高程（WSE）和流速量值（v_{mag}）观测值与计算值相比较偏离百分数统计值；②WSE（或 h）和 v_{mag} 的观测值与计算值的相关系数 r（或 r^2）；③WSE（或 h）和 v_{mag} 的观测值与计算值回归线坡度；④分析 WSE（或 h）和 v_{mag} 的相关断面格局，有助于识别空间关联性和误差来源；⑤h 和 v_{mag} 的拓扑空间图，比较水深与流速概率分布的共同性。

4.3.3　栖息地适宜性分析

栖息地适宜性分析是栖息地评价的一种重要方法。它是基于河段的水力学计算成果，即已经掌握了河段的流速、水深分布，依据栖息地适宜性曲线，把河段划分为不同适宜度级别的区域，获得河段内栖息地质量分区图。所谓栖息地适宜性曲线（Habitat Suitability Curve，HSC），需通过现场调查获得。需要在现场监测不同的流速、水深条件下，调查特定鱼类的多度，建立物理变量（流速、水深等）与生物变量（多度）的关系曲线，也可以建立物理变量-鱼类多度频率分布曲线，二者都可以反映特定鱼类物种生活史阶段对流速、水深等生境因子的需求。作为示例，图 4.3-1 为物理变量-生物多度柱状图，x 轴为物理变量（水深、流速等），y 轴为生物多度或频率，图中曲线呈正态分布。有了物理变量-鱼类多度关系曲线，下一步就可以靠专家经验确定栖息地的阈值，即最佳栖息地指标

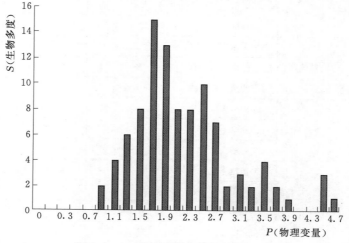

图 4.3-1　特定生物多度柱状图 PDF

和最差栖息地指标。高低阈值之间用曲线或直线连接，就构建了单变量栖息地适宜性曲线。对几种单变量栖息地适宜性曲线进行数学处理，就可以建立多变量的栖息地适宜性综合指标和相关曲线。

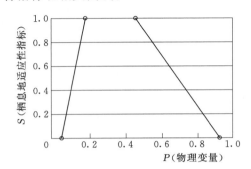

图 4.3-2　栖息地适宜性曲线 HSC

作为示例，图 4.3-2 表示栖息地适宜性曲线 HSC，横坐标 P 为物理变量（如流速、水深），纵坐标 S 为栖息地适宜性指标，取值 $0\sim1$，"1"表示栖息地质量最佳，是高限阈值。"0"表示栖息地质量最差，是低限阈值。高、低阈值端点简单用线段连接，由此构成分段函数。图中的曲线各段分别为：①阈值 1：当物理变量 $P=0.18\sim0.46$ 时，栖息地质量最佳，栖息地适宜性指标 $S=1.0$；②阈值 2：当物理变量 $P=0\sim0.045$，或 $P>0.91$ 时，栖息地不复存在，栖息地适宜性指标 $S=0$；③用直线连接两个阈值端点，就构造了栖息地适宜性曲线 HSC。由 HSC 图可以查出不同等级的栖息地对应的物理变量范围。

使用生态水力学模型计算输出数据（水深、流速），通过栖息地适宜性曲线 HSC，计算网格上每个节点适宜性指标。针对水深，可以算出各节点栖息地水深适宜性指标 $DHSI$（Depth Habitat Suitability Index）。针对流速，可以计算出各节点栖息地流速适宜性指标 $VHSI$（Velocity Habitat Suitability Index）。$DHSI$ 和 $VHSI$ 都是无量纲数值，取值范围 $0\sim1.0$。基于计算结果，可以分别绘制水深和流速的栖息地质量分区图。

为获得栖息地适宜性综合指标 $GHSI$，可以在计算网格的每个节点上计算 $DHSI$ 和 $VHSI$ 的几何平均数：

$$GHSI=\sqrt{DHSI\times VHSI}\qquad\qquad(4.3-1)$$

式中：$GHSI$ 为栖息地适宜性综合指标；$DHSI$ 为栖息地水深适宜性指标；$VHSI$ 为栖息地流速适宜性指标。例如，某节点 $DHSI=0.59$，$VHSI=0.74$，则 $GHSI=0.66$。

表 4.3-2 列出栖息地适宜性综合指标 $GHSI$ 分级标准，当 $GHSI=0$ 时，栖息地不复存在；$GHSI=0\sim0.2$ 时，为质量差栖息地；$GHSI=0.2\sim0.4$ 时，为低质量栖息地；$GHSI=0.4\sim0.6$ 时，为中等质量栖息地；$GHSI=0.6\sim1.0$ 时，为高质量栖息地。可以使用不同颜色标出栖息地质量等级，建议的图标颜色见表 4.3-2，用这种方法绘制栖息地质量分级彩色地图。在有些情况下，不需要质量分级，定义 $GHSI>0.4$，即为有效栖息地，据此统计栖息地面积。

表 4.3-2　　　　　　　栖息地适宜性综合指标 $GHSI$ 分级标准

$GHSI$	栖息地质量	图标颜色	$GHSI$	栖息地质量	图标颜色
0	不复存在	白/灰	$>0.4\sim\leqslant0.6$	中等质量	绿
$>0\sim\leqslant0.2$	质量差	红	$>0.6\sim\leqslant1.0$	高质量	蓝
$>0.2\sim\leqslant0.4$	质量低	黄			

最后，讨论流量变化与栖息地质量的关系。水力学过程是一个动态过程，进入特定河

段的水流，其流量始终处于变化中。不同流量条件下形成不同流场格局，包括水深和流速格局，由此就形成了栖息地的动态特征。进行生态水力学计算，需要计算不同流量条件下的水深和流速分布，进一步推算各节点栖息地适宜性综合指标 $GHSI$，据此评估不同流量水平下栖息地质量，绘制对应特定流量量值的栖息地质量分级彩色地图。作为一个案例，图 4.3-3 是一幅三维柱状图（原图为彩图），针对一条河段长 12.2km 的山区河流，选择的目标物种是彩虹鳟鱼，在融雪季节对应不同流量，计算栖息地适宜性综合指标 $GHSI$ 在河段内的特征。图中 Y 轴表示流量值，单位 m^3/s；X 轴为栖息地适宜性综合指标 $GHSI$，按照表 4.3-2 分级；Z 轴表示每种质量级栖息地（如 $GHSI=0.4\sim0.6$ 的栖息地）其面积占河段栖息地总面积的百分数。由图可以观察到，当发生超大流量（$Q=3000\sim6921m^3/s$），近 $40\%\sim70\%$ 的栖息地已经消失。而当中等流量 $Q=140\sim525m^3/s$ 发生时，中等质量和高质量的栖息地面积占多数。不同流量条件下栖息地质量评估，可以为修复栖息地水文条件提供支持。

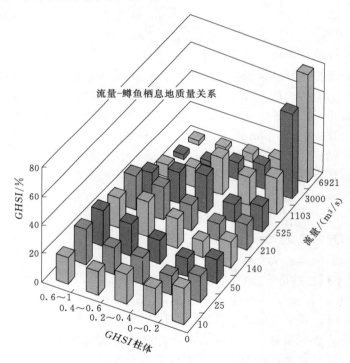

图 4.3-3　不同流量下栖息地质量评估

$GHSI$ 柱体—栖息地适应性综合指标排序；$GHSI\%$—各质量级别栖息地所占面积比

作为示例，图 4.3-4 显示计算的 Lower Yuba 河鲑鱼产卵栖息地质量地图。栖息地适宜性综合指标 $GHSI$ 按照高、中、低、差、无栖息地五档分级，以不同颜色分区。计算流量为 $830m^3/s$。为验证计算成果正确性，开展了以周为频率的产卵现场调查。发现的产卵位置用黑圆点标注在图上。可以发现，黑圆点绝大部分落在中、高质量的栖息地区域，罕见落在低质量以下区域。这个案例显示了计算与现场调查结果的吻合性。

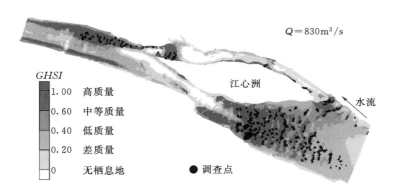

图 4.3-4　河流栖息地质量计算与调查对照图

（据 Moir 和 Pasternack，2008，改绘）

4.3.4　水库水温计算

水库水温计算是设计大坝分层取水结构的依据，也是开展兼顾生态保护水库调度的基础。水库水温计算，可以按照大坝温度控制设计的水温分布计算方法进行。目前在大坝温度控制设计中，确定水库水温分布的主要方法有三类：即经验公式方法、数值分析方法和综合类比方法。相关内容参见索丽生、刘宁主编《水工设计手册（第 2 版）》第 5 卷《混凝土坝》。国家能源局批准的能源行业标准《水电站分层取水进水口设计规范》（NB/T 35053—2015）中有相关内容。

1. 经验公式方法（朱伯芳，2002）

经验公式快捷简便，长期为工程界广泛应用。在工程初步设计阶段，可以用此对坝前水温的年变化过程进行估算。

水库温度 $T(y, \tau)$ 是水深 y 和时间 τ 的函数，可按下列方法计算：

任意深度的水温变化：

$$T(y, \tau) = T_m(y) + A(y)\cos\omega(\tau - \tau_0 - \varepsilon) \qquad (4.3-2)$$

任意深度的年平均水温：

$$T_m(y) = c + (T_s - c)e^{-\alpha y} \qquad (4.3-3)$$

水温相位差：

$$\varepsilon = d - fe^{-\gamma y} \qquad (4.3-4)$$

式中：y 为水深，m；τ 为时间，月；$\omega = 2\pi/P$ 为温度变化的圆频率，P 为温度变化的周期，12 个月；ε 为水深 y 处的水温滞后于气温的相位差，月；$T(y, \tau)$ 为水深 y 处在时间为 τ 时的温度，℃；$T_m(y)$ 为水深 y 处的年平均水温，℃；T_s 为表面年平均水温，℃；$A(y)$ 为水深 y 处的温度年变幅，℃；τ_0 为气温最高的时间，月。

对于一个具体水库来说，在设计阶段最好根据条件相近的水库实测水温来决定 c、d、f、a、g 等计算常数。在竣工以后，则可根据本水库的实测资料来决定这些常数。

（1）水温年变幅 $A(y)$。

1）表面水温年变幅 A_0。在一般地区，表面水温年变幅 A_0 与气温年变幅 A_a 相近，计

算中可取 $A_0 = A_a$。通常月平均气温以 7 月为最高，1 月为最低，因此，在一般地区，水库表面温度年变幅可按下式计算：

$$A_0 = (T_7 - T_1)/2 \qquad (4.3-5)$$

式中：T_7 和 T_1 分别为当地 7 月和 1 月的平均气温。

在寒冷地区，冬季月平均气温降至零下，由于水库表面结冰，表面水温维持零度，故此时表面水温年变幅 A_0 建议用下式计算：

$$A_0 = \frac{1}{2}(T_7 + \Delta T) = \frac{1}{2}T_7 + \Delta\alpha \qquad (4.3-6)$$

式中：$\Delta\alpha$ 为日照影响，据实测资料，$\Delta\alpha = 1 \sim 2℃$，一般可取平均值 $\Delta\alpha = 1.5℃$。例如，丰满水库实测 $\Delta\alpha = 1.3℃$；官厅水库实测 $\Delta\alpha = 1.9℃$。

2）任意深度的水温变幅 $A(y)$：

$$A(y) = A_0 \sum k_i e^{-\beta_i y} \qquad (4.3-7)$$

或

$$A(y) = A_0 e^{-\beta y^s} \qquad (4.3-8)$$

式中：k_i、β_i、β、s 均为由实测资料决定的常数；$\sum k_i = 1$；A_0 为表面水温年变幅，℃。

通过国内外大量水库实测资料分析，$A(y)/A_0$ 与水深 y 的关系，其平均值与 $e^{-0.018y}$ 很接近，因此任意深度 y 的水温年变幅可按下式计算：

$$A(y) = A_0 e^{-0.018y} \qquad (4.3-9)$$

（2）气温最高的时间 τ_0。气温通常以 7 月中旬为最高，故可取 $\tau_0 = 6.5$ 月。

（3）年平均水温 $T_m(y)$。

1）表面年平均水温 T_s。在一般地区（年平均气温 $T_{am} = 10 \sim 20℃$）和炎热地区（$T_{am} > 20℃$），冬季水库表面不结冰，表面年平均水温 T_s 可按下式估算：

$$T_s = T_{am} + \Delta b \qquad (4.3-10)$$

式中：T_s 为表面年平均水温，℃；T_{am} 为当地年平均气温，℃；Δb 为温度增量，主要由于日照影响引起。

从实测资料可知，在一般地区，$\Delta b = 2 \sim 4℃$，初步设计中可取 $\Delta b = 3℃$。在炎热地区，$\Delta b = 0 \sim 2℃$，初步设计中可取 $\Delta b = 1℃$。

在寒冷地区，冬季水库表面结冰，冰盖把上面零度以下的冷空气与水体隔开了，尽管月平均气温可降至零度以下，表面水温仍维持在零度左右，不与气温同步。在这种情况下，T_s 可改用下式估算：

$$T_s = T'_{am} + \Delta b \qquad (4.3-11)$$

$$T'_{am} = \frac{1}{12} \sum_{i=1}^{12} T_i \qquad (4.3-12)$$

其中

$$T_i = \begin{cases} T_{ai}, & T_{ai} \geqslant 0 \\ 0, & T_{ai} < 0 \end{cases} \qquad (4.3-13)$$

式中：T'_{am} 为修正年平均气温，℃；T_{ai} 为月平均气温，℃。

根据实测资料，在寒冷地区可取 $\Delta b = 2℃$。如丰满水库，$T'_{am} = 9.1℃$，取 $\Delta b = 2℃$，

$T_s = 9.1 + 2.0 = 11.1℃$，与实测值 11.5℃ 相近。

2）库底年平均水温 T_b。库底年平均水温主要应参照条件相近的已建水库的实测资料，用类比方法确定。如果没有可供类比的资料，在我国，对于深度在 50m 以上的水库，初步设计库底年平均水温可参考表 4.3 - 3 采用。

表 4.3 - 3　　　　　　　　　　库　底　水　温

气候条件	严寒 （东北）	寒冷 （华北、西北）	一般 （华东、华中、西南）	炎热 （华南）
$T_b/℃$	4～6	6～7	7～10	10～12

在多泥沙河流上，如有可能在水库中形成异重流，并且夏季高温浑水可沿库底直达坝前，则库底水温将有明显增高，对这种情况应进行专门的分析。

3）任意深度的年平均水温：

$$T_m(y) = c + (T_s - c)e^{-0.04y} \tag{4.3 - 14}$$

其中

$$c = (T_b - T_s g)/(1 - g), g = e^{-0.04H} \tag{4.3 - 15}$$

式中：H 为水库深度，m。

（4）水温变化的相位差 ε。根据大量实测资料的统计分析，可按下式计算水温变化的相位差：

$$\varepsilon = 2.15 - 1.30e^{-0.085y}（月） \tag{4.3 - 16}$$

式中：y 为水深，m。

【算例】　丰满水库，库深 $H = 70m$，当地气温资料见表 4.3 - 4。按式（4.3 - 12）算得修正年平均气温 $T'_{am} = 9.10℃$，取 $\Delta b = 2℃$，按式（4.3 - 11）算得表面年平均水温 $T_s = 11.10℃$。

表 4.3 - 4　　　　　　　　　　库　区　气　温　资　料

月份	1	2	3	4	5	6	7	8	9	10	11	12	年平均
月平均气温/℃	−16.4	−11.5	−4.0	5.8	14.4	20.4	23.8	22.0	15.8	7.0	−3.0	−13.5	5.1
修正月平均气温/℃	0	0	0	5.8	14.4	20.4	23.8	22.0	15.8	7.0	0	0	9.1

由表 4.3 - 3 取库底水温 $T_b = 6℃$，由式（4.3 - 14）得 $g = \exp(-0.04 \times 70) = 0.0608$，$c = 5.67$，$T_s - c = 11.10 - 5.67 = 5.43$，由式（4.3 - 3），得到任意深度的年平均水温如下：

$$T_m(y) = 5.67 + 5.43e^{-0.04y}$$

由表 4.3 - 4 得 $T_7 = 23.8℃$，取 $\Delta\alpha = 1.5℃$，由式（4.3 - 6），表面水温年变幅为 $A_0 = 13.4℃$。由式（4.3 - 7），得到任意深度水温年变幅为：

$$A(y) = 13.4e^{-0.018y}$$

算出任意深度的年平均水温后，水温相位差可按式（4.3 - 16）计算，各月任意深度的水温变化可按式（4.3 - 2）计算。

2. 数值分析方法

近似数值分析方法比经验公式方法更能反映水库水温变化规律，也能较为全面地考虑影响水温分布的主要因素（朱伯芳，2002；胡平，2011）。

采用一维模型来研究水库水温的分布规律，是一种行之有效的近似数值分析方法。

式（4.3-17）即为水库水温分析的一维问题的控制方程，给定初始条件和边界条件后，即可通过数值计算方法，编制计算软件求解。详细解法可参阅文献（丁宝瑛、胡平，等，1987）。

$$\frac{\partial T}{\partial \tau} = \left\{ \frac{1}{A} \left[(D_m + E) \frac{\partial A}{\partial y} + A \frac{\partial E}{\partial y} \right] - \nu \right\} \frac{\partial T}{\partial y} + (D_m + E) \frac{\partial^2 T}{\partial y^2} + \frac{q_i}{A} (T_i - T)$$

$$+ \frac{0.001(1-\beta)\phi_0}{c} e^{-k(y_s - y)} \left(\frac{1}{A} \frac{\partial A}{\partial y} + k \right) \tag{4.3-17}$$

数值分析方法可以通过相应的计算软件，考虑较多的影响因素，通过采集大量的基本计算数据，高速模拟计算各种水库不同时段的水温分布情况。例如中国水利水电科学研究院开发的《水库水温数值分析软件》（NAPRWT），该软件可以比较全面地考虑水库的形状、水文气象条件、水库运行条件、水库初始蓄水条件等四大要素来模拟计算水温。

【算例】　二滩水库水温实测与数值计算结果对比

二滩电站位于四川省攀枝花市境内，是雅砻江水电梯级开发的第四个梯级电站。挡水拱坝最大坝高 240m（高程 965～1205m），水库 1998 年汛期开始蓄水，坝前最大水深235m。观测资料表明，由于初期蓄水过程和上游残留的临时建筑物的影响，使得二滩水库在运行初期，坝前的淤积就达到 30m 以上，导致高程 1045m 以下库底水温增高。计算中模拟了二滩水库的初始蓄水情况，同时计算数据采用 2005 年实际观测记录的库区水文气象及水库运行资料（袁琼，2006）进行对比（图 4.3-5）。

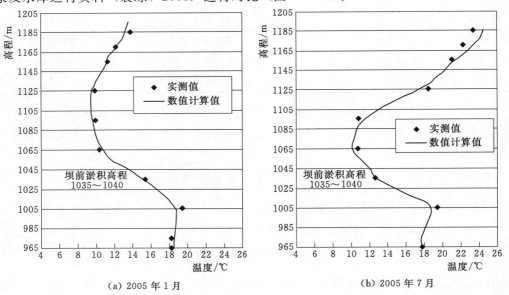

（a）2005 年 1 月　　　　　　　　　　（b）2005 年 7 月

图 4.3-5　二滩水库 2005 年水温实测与数值计算结果对比

（资料来源：《水工设计手册》第 5 卷《混凝土坝》）

4.4 河道演变数值分析

河流地貌多样性决定了栖息地多样性特征，是各类生物过程的物理基础。河流地貌形态多样性是在河道演变的长期过程中形成的。河道演变过程是泥沙在河流动力作用下被侵蚀、输移和淤积并且塑造河道及河漫滩的过程（见 1.2.2 节）。河道演变分析和预测是河流生态修复规划设计的重要内容。

4.4.1 泥沙数学模型概述

1. 实体模型和数学模型

自然河流泥沙运动是十分复杂的三维运动问题，人们要模拟自然河流水沙运动，需要借助水工模型试验和数值分析这两种手段实现。

我国重大的河道整治工程和大型水利水电工程，目前多开展水工模型试验进行论证。一些重大工程项目，如长江三峡工程和黄河小浪底工程，则并行采用实体模型（physical model）和数值模拟进行研究。

自然河流的水沙条件和河床都是不断变化的，这就要求实体模型的河床不仅可以被冲刷，还要求水流要按定量要求挟带泥沙，这种模型称为动床模型或全沙模型。动床模型需要满足以下相似率条件：重力相似；阻力相似；输沙量相似；输沙量沿程变化相似；输沙量连续相似。在实际试验工作中，这些相似条件难以得到充分满足，这样就需要满足主要相似条件，忽略一些相对次要因素，由此发展了若干变态模型，包括几何变态、时间变态和比降二次变态模型（胡春宏，等，2006）。

泥沙数学模型，采用有限差分法、有限元法或边界元法求解多个基本微分方程的数值解，这些方程包括水流连续方程、水流运动方程、悬移质扩散方程、悬移质河床变形方程、推移质不平衡输沙方程、推移质河床变形方程等。目前，水动力学-泥沙输移模型的发展更为突出。

相对实体模型来说，构造数学模型要简单些。因为实体模型需要模拟与现场相似的条件，增加了技术难度。另外，数学模型可以采用与原型相同的雷诺数（Re）、弗劳德数（Fr）以及相同的三维几何尺寸和地貌条件，而不需要像实体模型那样制作变态模型。数学模型的分类，可以按照时空条件分为一维、二维和三维模型；按照模拟对象可分为物理输移和化学输移；按照流态可以分为恒定流和非恒定流。

过去 30 余年，随着计算机技术和计算方法的快速发展，无论是泥沙数学模型研究还是软件研发都有了长足进步。数学模型可以解算广阔领域的问题，诸如河床淤积和侵蚀、河岸崩塌、建筑物附近局部冲刷、河流弯曲的形成与演变、污染物在泥沙上的附着与运动、床沙与悬移质的交换过程、滩涂淤积问题以及潮流和波浪的作用等。泥沙数值模拟与水工模型试验相比，具有成本低、效率高、功能强、方便用户、前后处理功能强、计算成果可视化程度高等多方面优势。在可预见的未来，泥沙数学模型势必成为工程应用和科学研究的主要工具。

2. 一维水沙数学模型

人们在建设各类涉水工程设施，如大坝、桥梁、码头、取水建筑物和防洪建筑物等，改变了自然河道的水沙过程和边界条件，会破坏原河段的输沙平衡条件，导致河道发生不同程度的冲淤变化及河道演变，进而引起生物栖息地特性变化。正确预报河床冲淤变化和河道演变，不仅是水利工程规划设计中的关键问题，也是河流生态修复工程规划设计的重要任务。

一维水沙数学模型是 20 世纪 80 年代最早发展起来的模型，以后在一维模型的基础上，陆续开发了 2D 和 3D 模型。本节简要介绍一维泥沙的基本方程组，目的是初步了解水沙数学模型的基本概念。

应用一维水沙数学模型时，先把所考察的长河段划分成若干短河段，计算各断面的平均水力、泥沙荷载以及上下两断面之间的平均冲淤厚度的沿程变化及因时变化。一维模型具有计算周期短、费用低的优势，特别在长时期河床冲淤计算方面得到了广泛的应用。我国三峡工程泥沙问题研究就曾运用一维水沙数学模型分别对坝上、坝下游进行长河段、长系列、多方案的河床变形计算。

挟沙水流运动中的水流、泥沙与河床是一个相互矛盾的整体，描述这种运动的基本方程组，是水沙数学模型的物理系统（谢鉴衡，等，1987；胡海明，等，1995）。建立基本方程的假定是：压力服从静水压力分布；水流、泥沙要素在全断面上均匀分布；含沙量较小；河床坡底较小。水流泥沙运动基本方程组包括：

水流连续方程：

$$\frac{\partial A}{\partial t} + \frac{\partial Q}{\partial x} = q_l \tag{4.4-1}$$

水流运动方程：

$$\frac{1}{A}\frac{\partial Q}{\partial t} + \frac{1}{A}\frac{\partial}{\partial x}(uQ) + g\frac{\partial z}{\partial x} + g\frac{|Q|Q}{A^2 C^2 R} = \frac{q_l}{A}(u_l - u) \tag{4.4-2}$$

悬移质扩散方程：

$$\frac{\partial(AS_k)}{\partial t} + \frac{\partial(QS_k)}{\partial x} = q_l S_l - \alpha \omega_k B(S_{*k} - S_k) \tag{4.4-3}$$

悬移质河床变形方程：

$$\gamma'\frac{\partial Z_{ok}}{\partial t} = \alpha \omega_k (S_k - S_{*k}) \tag{4.4-4}$$

推移质不平衡输沙方程：

$$\frac{\partial G_k}{\partial x} = -K_k(G_k - G_{*k}) \tag{4.4-5}$$

推移质河床变形方程：

$$\gamma' B\frac{\partial Z_{ok}}{\partial t} + \frac{\partial G_k}{\partial x} = 0 \tag{4.4-6}$$

以上式中：A 为过水断面面积；B 为河宽；Q 为流量；u 为断面平均流速；z 为水位；R 为水力半径；C 为谢才系数；g 为重力加速度；t、x 为时空坐标；S_k 为悬移质分组含沙量；S_{*k} 为悬移质分组挟沙力；ω_k 为泥沙沉速；G_k 为分组推移质输沙率；G_{*k} 为分组推移质平衡输沙率；k 为粒径组；α 为恢复饱和系数；γ' 为床沙干容重；K_k 为比例系数；Z_{0k} 为 k 粒径组泥沙引起的河床冲淤厚度；q_l、u_l 和 S_l 分别为侧向单宽流量、水流流速和悬移质含沙量。

式（4.4-1）～式（4.4-6）未知数多于方程数，需要补充方程方可求解，这些补充方程包括：

悬移质分组挟沙力：
$$S_{*k} = P_{s*} S_*\qquad\qquad\qquad (4.4-7)$$

分组推移质平衡输沙率：
$$G_{*k} = P_{G*} G_*\qquad\qquad\qquad (4.4-8)$$

悬移质挟沙力：
$$S_* = S_*(R, u, \omega, \cdots)\qquad\qquad\qquad (4.4-9)$$

推移质平衡输沙率：
$$G_* = G_*(R, u, \omega, Q, d, \cdots)\qquad\qquad\qquad (4.4-10)$$

悬移质挟沙力级配：
$$P_{s*} = P_{s*}(u, d, R, \cdots)\qquad\qquad\qquad (4.4-11)$$

推移质平衡输沙率级配：
$$P_{G*} = P_{G*}(u, d, R, \cdots)\qquad\qquad\qquad (4.4-12)$$

以上式中：P_{s*}、P_{G*} 分别为悬移质挟沙力级配和推移质平衡输沙率级配；S_* 和 G_* 分别为悬移质挟沙力和推移质平衡输沙率；S_{*k} 和 G_{*k} 分别为悬移质分组挟沙力和分组推移质平衡输沙率。

运用式（4.4-1）～式（4.4-12）进行河床变形计算，称为非恒定、非饱和（不平衡）全沙模型。实际应用时，可以根据具体情况来选择基本方程。对于卵石夹沙河床，河床级配宽，同一水流条件下粗细不同的颗粒所处的运动状态不同，需要同时考虑推移质和悬移质；当河床组成较粗，泥沙颗粒主要表现为推移质运动时，式（4.4-3）、式（4.4-4）、式（4.4-7）、式（4.4-9）和式（4.4-11）就可以忽略。对于细沙河床，床沙粒径较细，启动也可起悬，这时只需考虑悬移质，将方程式（4.4-5）、式（4.4-6）、式（4.4-8）、式（4.4-10）和式（4.4-12）忽略；当河段无支流时，方程式（4.4-1）、式（4.4-2）、式（4.4-3）可以得到简化；当研究的问题是长时间冲淤情况，水沙运动具有渐变性质，为简化计算，将非恒定流概化为梯形形式的恒定流，略去式（4.4-1）、式（4.4-2）和式（4.4-3）中的非恒定项；当含沙量较低时，由含沙量、水深变化引起的水体中沙量变化通常忽略不计，取 $\partial(h_s)/\partial t = 0$。

需要指出的是，方程式（4.4-1）～式（4.4-6）虽然都考虑了推移质和悬移质，但是实际上是把二者引起的河床变形分别计算，然后进行叠加。真实情况是悬移质与推移质运动并存，悬移质与沙质推移质总是处于交换状态，二者不可分割，而一维模型不能模拟这种现象。另外，把非恒定流概化为梯形式恒定流，也不符合实际情况。

一维模型的计算方法，可分为耦合解和非耦合解，前者将水流和泥沙方程式直接联立求解，后者则先解水流方程式再解泥沙方程式。两类计算方法又可分为非恒定流解和恒定流解。一维模型常用的数值方法有差分法、特征差分法和有限元法等。因为挟沙水流与可动河床的相互作用十分复杂，加之自然河道的不规则性，一维模型仍然有许多问题有待深入研究。一维泥沙数学模型的研究趋势是向非恒定、不平衡、非均匀沙和全沙方向发展。

3. 二维水沙数学模型

二维水沙数学模型主要包括常规模型与扩展模型两大类，后者通过考虑弯道环流作用扩展常规模型，适用于蜿蜒性河流，环流作用显著的河道。可通过四种方法扩展常规平面二维模型：动量交换系数法、附加弥散应力法、动量矩法和多模型联合法。其中，附加弥散应力法应用最广。二维模型可用于研究河势演变和局部工程布置。

4. 三维水沙数学模型

三维水沙数学模型与一维、二维数学模型相比功能更强，可模拟水流运动的分层特征，可以直接计算出平面和垂向的环流结构以及泥沙输移。其中，准三维模型在模拟天然河道浅水流动、泥沙运动时得到的结果与全三维模型的结果差异不显著，且准三维模型具有结构简单、计算量小的优点。正因为如此，使得 ECOMSED、EFDC 3D 这些准三维模型在 2000 年前后得到广泛的应用。全三维模型中，荷兰 Delft 系列和丹麦 DHE 系列的三维模型软件技术上已经相当成熟，具有广阔的应用前景。

4.4.2　国外典型泥沙数学模型及软件

我国在水沙运动基本理论研究方面取得了巨大成就，但是在软件研发方面，无论是开发模式、编程规范化、运算效率以及前后处理技术，还是软件商业化、通用化程度，与国际先进水平相比均存在着较大差距。欧美国家经过 20 多年的研发，泥沙模型商业软件有了巨大进步，技术日臻成熟。具体表现在模拟功能全；计算效率高；前后处理方便快捷；可视化程度高以及网格划分灵活，一批商业软件已经得到广泛的使用。其中荷兰的 Delft 系列（Delft 2D、Delft 3D）、丹麦的 DHE 系列软件（MIKE 11、MIKE 21、MIKE 3 等）美国的 CCHE 等软件，都是功能较齐全，界面友好、可视化程度高的商业软件。本节介绍了欧美国家若干典型泥沙数学模型及其商业软件的特点和功能，以期为我国用户引进国外先进软件提供有用技术信息（Papanicolaou A N，2008）。

1. 1D 泥沙模型和软件

自从 20 世纪 80 年代起，1D 模型就已经成功应用于工程和科研的实践。1D 模型大多采用有限差分法求解水流方程和泥沙物质连续方程。它能够计算特定河流的基本参数，包括流速、水位变化、泥沙荷载输移等。由于 1D 模型所需数据较少，计算成本低，所以时至今日，1D 模型仍然是十分有用的预测工具，特别是在河流生态规划论证中很具实用性。表 4.4 - 1 列出若干具有代表性的 1D 泥沙模型软件，并且标出模型特点以及软件版权、专利情况。

表 4.4 - 1　　　　　　　　　　　　　1D 泥 沙 模 型 软 件

模型名称	版本	最后修订时间	流态	河床冲淤	悬移质冲淤	泥沙级配	黏性淤积	冲淤交换过程	软件使用权限/语言		
									版权	专利	程序语言
HEC - 6	V4.2	2004	恒定流	√	√	√	—	√	PD	PD	F77
GSTARS	V3	2002	非恒定流	√	√	√	—	√	PD	PD	F90/95

模型名称	版本	最后修订时间	流态	河床冲淤	悬移质冲淤	泥沙级配	黏性淤积	冲淤交换过程	软件使用权限/语言		
									版权	专利	程序语言
EFDC 1D		2001	非恒定流	√	√	√	√	√	PD	PD	F77
3ST 1D		2004	非恒定流	√	√	√	—	√	C	P	F90
CHARIMA		1990	非恒定流	√	√	√	√	√	C	C	F77
FLUVIAL11		1984	非恒定流	√	√	√	√	√	C	P	FⅣ

注　C—版权；V—版本；P—专利；PD—免费使用软件；F—程序语言 FORTRAN。

表 4.4-1 所列模型软件分述如下：

（1）HEC-6（Hydraulic Engineering Center）。Thomas 于 1977 年开发，目前有 2004 年的 V4.2 版本。模型建立在直角坐标系上，采用有限差分法求解能量方程。曾计算加拿大 Saskatchewan 河 Gardiner 大坝河段水流、泥沙及河床淤积。

（2）GSTARS（Generalized Sediment Transport models for Alluvial River Simulation）。由 Molinas 和 Yang 于 1986 年开发，目前有 2002 年 V3 版本。曾计算密西西比河 26 号船闸和闸坝河段冲刷深度和河床地貌。

（3）EFDC（Environmental Fluid Dynamics Code）1D。由 Hamrick 于 2001 年开发，这种模型可以应用于河网。曾模拟华盛顿州 Duwamish 河的水流和泥沙输移。

（4）3ST（Steep Stream Sediment Transport）1D。由 Papanicolaou 于 2004 年开发，能够处理泥沙颗粒跳跃问题，模拟悬移质水流。它可以应用到山区深潭-浅滩序列河段。曾计算 Alec 河泥沙颗粒分布和推移质变化。

（5）CHARIMA。由 Holly 等人于 1990 年开发，能够预测河床变化，包括轮廓、宽度和侧向位移。曾计算密苏里河 Gavins Point 大坝河段河床变化。

（6）FLUVIAL11。由 Chang 于 1984 年开发。这种模型能够计算弯曲河道的次生流问题。曾经计算美国加州 San Lorenzo 河的水流和泥沙问题。

2．2D 泥沙模型和软件

自 20 世纪 90 年代起，泥沙模型研究从 1D 模型向 2D 模型转向。现在大部分 2D 模型可以应用到水利工程领域。目前国外开发的软件，具有数据输入方便和计算结果可视化的优点。这种功能使得 2D 模型更方便用户，便于推广。2D 模型分为宽度平均和深度平均两种。宽度平均模型可以计算河流、湖泊、河口水深的变化，河流平均水深量值和横断面流速。深度平均模型用有限差分法、有限元法或有限值法求解水流连续方程和水流运动方程以及泥沙平衡方程。表 4.4-2 列出现有典型 2D 模型，并且给出这些模型的水动力学和泥沙淤积输移特征，并且列出软件的版权、专利和使用权限。

表 4.4-2　　　　　　　　　　典型 2D 模型

模型名称	流态	河床冲淤	悬移质冲淤	泥沙级配	黏性淤积	冲淤交换过程	软件使用权限/语言		
							版权	专利	程序语言
SERATRA	非恒定流	√	√	—	√	平流-扩散	C	C/LD	FⅣ
SUTRENCH 2D	准恒定流	√	√	—	—	平流-扩散	C	LD	F90

续表

模型名称	流态	河床冲淤	悬移质冲淤	泥沙级配	黏性淤积	冲淤交换过程	软件使用权限/语言		
							版权	专利	程序语言
TABS-2	非恒定流	√	√	—	√	冲淤交换	C	C	F77
MOBED-2	非恒定流	√	√	√	—	冲淤交换	C	C	F77
ADCIRC 2D	非恒定流	√	√	—	√	平流-扩散	C/LD	C/LD	F90
MIKE 21	非恒定流	√	√	—	√	冲淤交换	C	P	F90
UNIBEST-TC	准恒定流	√	√	—	—	冲淤交换	C	LD	F90
USTARS	非恒定流	√	√	—	—	冲淤交换	P	P	F90
FAST 2D	非恒定流	√	√	—	—	冲淤交换	LD	P	F90
FLUVIAL 12	非恒定流	√	√	—	—	冲淤交换	C	P	F77
DELFT 2D	非恒定流	√	√	—	—	平流-扩散	C	LD	F90
CCHE 2D	非恒定流	√	√	√	—	平流-扩散	PD/C	LD	F77/F90

注　C—版权；V—版本；LD—有限散发；P—专利；PD—免费使用软件；F—程序语言 FORTRAN。

表 4.4-2 所列模型软件分述如下：

（1）SERATRA（Sediment and Radionulide Transport）。它是一个泥沙-污染有限元模型，由 Onishi 和 Wise 1982 年开发。模型包括平流-扩散方程包含泥沙和沙源项。模型能够预测集水区和溪流杀虫剂对于生物区短期或长期影响。曾经模拟乌克兰切尔诺贝利核电站爆炸事故后，与核辐射相关的 Pripyat 河和 Dnieper 河的水文地貌特征。

（2）SUTRENCH（Suspended Sediment Transport in Trenches）2D。由 van Rijn 和 Tank 开发的模拟水动力学/泥沙输移淤积的泥沙模型（1985）。模拟在准恒定流和风浪条件下，泥沙淤积和河床高程变化。模型求解平流-扩散方程，并考虑泥沙淤积的滞后系数。1998 年曾计算荷兰低地的泥沙输移过程以及河底高程变化。2002 年模拟里海的泥沙输移和滩涂开发。

（3）TABS-2。由美国水道试验站（USACE）1985 年开发的基于水动力学和泥沙冲淤关系的有限元程序。目前这个程序用 SMA V 9.0，在 Windows 界面运行。这个模型应用于河流、湖泊和河口。它包括以下几个部分：水动力学计算；冲淤计算；水质计算。2006 年计算阿拉斯加的黑湖水流和泥沙问题。

（4）MOBED-2（Mobile Bed）。它是模拟水流和泥沙的有限差分法模型，采用曲线坐标系统，由 Spasojevio 和 Holly（1990）开发。模型能够模拟水流和泥沙输移、自然水道（水库、河口、滩涂）底部平均高程。2006 年计算美国密苏里州建设浅水栖息地的不同方案的水力特征。

（5）ADCIRC（Advanced Circulation）2D。它是建立在曲线坐标系统上的水动力学和泥沙有限元模型，由 Luettich 等开发（1992）。可以模拟大尺度问题，计算美国东海岸河流水流和泥沙课题。

（6）MIKE 21。它是采用直角坐标系的差分法模型，由丹麦水力研究所（DHI）开发（1993），针对湖泊、河口和滩涂及开放海域，计算泄流或事故漫溢过程中溶解物或悬浮物的传输和淤积。系统包括 4 个主模块，分别是水动力模块、波浪模块、泥沙过程模块和环境水力学模块。水动力学模块和波浪模块包括绘制洪水期河漫滩地图及考虑洪水自然过程。泥沙过程模块用于模拟滩涂变化，泥沙传输。环境水力学模块用于模拟水质监测问题。曾计算荷兰、瑞典低地排水区损坏等问题。

（7）UNIBEST－TC（Uniform Beach Sediment Transport）。它是建立在直角坐标系统上的水动力学和泥沙差分法模型。假定沿滩涂方向具有一致的平均水流条件，计算与海岸线相垂直方向的波浪和水流运动的水动力学过程。曾经用于研究马来西亚滨海构筑物对滩涂影响。

（8）USTARS（Ansteady Sediment Transport Models for Alluvial River Simulation）。它是 GSTARS 的修订版，采用有限差分法在直角坐标系上求解水动力学方程和泥沙冲淤方程。能够计算在给定的水动力、地貌、泥沙以及人工约束条件下的河道几何特征。1997年计算台湾基隆河泥沙以及河床高程变化问题。

（9）FAST（Flow Analysis Simulation Tool）2D。1998 年由 Minh Duc 开发，是在曲线坐标系上求解的水动力学和泥沙输移淤积模型。可模拟冲淤河流的泥沙输移和地貌变化问题。曾经计算德国多瑙河巴伐利亚河段泥沙冲淤和河床高程变化。

（10）FLUVIAL 12。它是在曲线坐标系上求解的水动力学和泥沙输移淤积有限差分法模型（Chang 1998）。该模型为动床模型，能够模拟河床轮廓变化、宽度以及由于弯曲河段次生流作用，引起沙质河床再造。曾经模拟美国加利福尼亚州 SanDieguito 河水流和泥沙过程。

（11）DELFT 2D。由 Delft 水力学实验室开发的水动力学/泥沙输移淤积有限差分法模型，能够模拟波浪、水流和泥沙作用（Walstra，1998）。模型把水动力与依时计算出的河床底部地形变化相耦合。模型能够模拟床沙和悬移质交互运动，它还能够展示波浪运动的量级和方向。1998 年计算荷兰沿海低地排水区和沟壑的水流泥沙过程及河床高程变化。2004 年模拟莱茵河荷兰段河汊流场和泥沙冲淤过程。

（12）CCHE 2D。由密西西比大学工程系 Jia 和 Wang 开发的泥沙输移淤积有限元通用模型（1999），可采用三角形网格和四边形网格，用于河道、湖泊、河口、海洋水流及泥沙等输移物质的一维和二维计算。该模型曾模拟美国路易斯安那州红河水道 2 号闸坝大块石和水下堤防调查。

3. 3D 泥沙模型和软件

在实际工程应用时，当需要计算一些特殊水利工程的泥沙冲淤过程，需要求助 3D 泥沙模型。比如河湾次生流和其他复杂流态问题；河湾控导结构如丁坝产生负压梯度以及与边界脱流等现象；桥墩附近流态和冲淤问题等（Ruther 和 Olsen，2005）。随着计算机运算速度大幅提高，并行算法的发展以及数据存储技术，3D 模型越来越得到广泛应用。大部分 3D 模型都是采用有限差分法或有限元法求解水流连续方程、水动力学方程和泥沙平衡方程。表 4.4－3 列出国外现有典型 3D 泥沙模型。

表 4.4－3 所列模型软件分述如下：

（1）ECOMSED（Estuarine Coastal and Ocean Model SEDiment transport）。它是由 Blumbegerg 在 1987 年开发，2002 年有 V1.3 版本。综合水流、波浪和泥沙冲淤多因素，采用曲线坐标系的有限差分法三维模型。这个模型适用于如湖泊和海洋这种大型水体，计

表 4.4-3　　　　　　　　　　　　　　　典 型 3D 泥 沙 模 型

模型名称	版本	最后修订时间	流态	河床冲淤	悬移质冲淤	泥沙级配	黏性淤积	冲淤交换过程	软件使用权限/语言		
									版权	专利	程序语言
ECOMSED	V1.3	2002	非恒定流	√	√	—	√	冲淤交换	PD	PD	F77
RMA-10			非恒定流	√	√	—	√	冲淤交换	C	P	F77
GBTOXe			非恒定流	—	√	—	√	冲淤交换	NA	NA	F77
EFDC 3D			非恒定流	√	√	√	√	冲淤交换	PD	P	F77
ROMS	V1.7.2	2002	非恒定流	√	√	√	/	冲淤交换	LD	LD	F77
CH3D-SED			非恒定流	√	√	√	√	冲淤交换	C	C	F90
SSIIM	V2.0	2006	恒定流	√	√	√	/	平流-扩散	PD	P	C-Langua
MIKE 3			非恒定流	√	√	—	√	冲淤交换	C	P	F90
FAST 3D	V Beta-1.1	1998	非恒定流	√	√	—	√	冲淤交换	LD	LD	F90
DELFT 3D	V3.25.00	2005	非恒定流	√	√	√	√	冲淤交换	C	LD	F77
TELEMAC			非恒定流	√	√	—	√	冲淤交换	C	P	F90

注　C—版权；V—版本；LD—有限散发；P—专利；PD—免费使用软件；F—程序语言 FORTRAN。

算水压力分布和泥沙冲淤过程。2005 年应用该模型软件计算瑞典 Klaralven 河的泥沙问题。

（2）RMA-10（Resources Management Associates）。它是由 King 在 1988 年开发的有限元水动力学三维模型，可计算自由水面高程和水平流速分量。模型求解盐分、温度或悬浮质泥沙输移方程，得到这些量值的浓度及其分布。模型适合滩涂和湿地的水动力学问题，曾用于评估 Nisqually 河生态修复方案。

（3）GBTOXe（Green Bsy TOXic enhancement）。由 Bierman 在 1992 年开发，它是建立在直角坐标系上，采用有限差分法求解的三维泥沙模型。其功能是计算河流环境的泥沙输移和淤积过程。曾计算美国南加州 Savannah 河水库的泥沙问题。

（4）EFDC 3D（Environmental Fluid Dynamics）。由 Hamrick 在 1992 年开发，是一个建立在直角坐标系和曲线坐标系，用有限差分法求解的泥沙三维模型。它考虑垂直方向的水体运动和密度变化，应用于计算湖泊、浅水河口和滩涂水体垂直交换过程。这个模型也能够应用于预测水体中有毒物质含量和水质变量。目前，EFDC 3D 模型已经并入美国环保署（EPA）的流域模型软件 RASINS，后者还包含有陆地和溪流模型。RASINS 是一种开放源（open source）软件，可以自由使用。

（5）ROMS（Regional Ocean Modeling System）。它是 Song 和 Haidvogel 在 1994 年开发的模型，2002 年有 V1.7.2 版本。建立在正交曲线指标系，采用有限差分法求解。其功能是计算海洋自由表面运动以及表面波对海底作用。曾计算 Hudson 河口泥沙问题。

（6）CH3D-SED（Hydraulics 3D-SEDiment）。由 Spasojevic 和 Holl 在 1994 年开发，采用有限差分法求解的 3D 泥沙模型。在垂直方向，考虑床沙运动求解泥沙体积平衡方程，求解平流-扩散方程处理悬移质输移问题。曾经计算不同泥沙源对于 Erie 湖流域的河岸带影响。

（7）SSIIM（Sediment Simulation in Intakes with Multiblock Option）。由 Olsen 在

1994 年开发，2002 年有 V2.0 版本。它能够计算具有复杂河底地貌的动床泥沙输移问题，模拟蜿蜒型河流和造床过程，计算床沙和悬移质运动问题。模型进一步扩展应用于水利工程溢洪道水流模拟；计算河道水头损失；模拟河流蜿蜒性；模拟紊流；河流水质计算以及河流栖息地研究。

（8）MIKE 3。由丹麦水力研究所（DHI）开发（1993），具有自由水面的三维泥沙模型。它包括水质问题；与大气的热交换问题；重金属输移；富营养化；洪水过程以及滩涂排水过程。MIKE 3 能够处理各类要素的线性衰减问题，诸如溶解氧水平；在床沙与水柱交换过程中金属含量变化；以及泥沙输移、淤积和挟沙过程。曾用于计算美国俄勒冈州 Upper Klamath 湖和加州 Tampa 湾的泥沙过程和水质问题。

（9）FAST 3D（Flow Analysis Simulation Tool）。由 Landsberg 在 1998 年开发。该模型能够处理复杂地貌问题，计算床沙与悬移质不平衡输沙问题。模型还可模拟在单一流场内多种化学物质变化问题。

（10）DELFT 3D。由 Delft 水力学实验室在 1999 年开发，现有 2005 的 V3.25.00 版本，它是一个通过有限差分法求解的综合模型。DELFT 3D 包含若干子模块，模拟 6 个过程的时空变量，即水流、波浪、水质、地貌、泥沙输移以及生态过程。水动力学子模块能够模拟非恒定流。曾经模拟计算香港港口水流、泥沙输移和水质问题。

（11）TELEMAC。它是一个模拟具有自由水面边界条件的水动力学和泥沙输移问题的有限元模型，用于海岸带计算，也能够计算水质问题（Hervouet，2000）。曾模拟计算南太平洋秘鲁海域的水流及泥沙输移过程。

4. 模型选择

模型研发人员在构建不同类型的泥沙模型时，都需要对问题进行不同程度的简化。简化假设越少，则模型越复杂，而用户使用软件计算的费用相应要高。相反，简化假设越多，计算结果反映客观现象和过程的精度可能降低，存在着模拟真实性的风险。对于用户来说，如何选择合适的模型软件，就要根据工程问题的实际需要，明确模拟计算的目标，诸如计算水库的淤积问题、河床形态演变问题、滩涂的排水问题、水工建筑物周围的流场问题、湖泊床沙与悬移质交换问题、泥沙输移与污染物关系问题等，这些问题所需要的结果精度是不同的，计算的时空尺度也不同，这样，用户选择模型时需侧重模型解决特定工程问题的能力，而不必单纯追求模型的复杂性。用户还需要在模型功能与经济成本之间做出权衡，既要满足目标需要，也要具经济合理性。同时，选择计算模型软件时，还应该考虑输入数据的可达性，具有足够、适宜的系列数据去率定和验证模型。

4.4.3　河道演变及河型转化过程数值模拟

在 1.2.2 节讨论了河床演变过程以及不同河型间的相互转化。以往研究河道变形和河型转化问题时有两种方法：一种是试验方法，即开展泥沙模型试验，通过实验可以直观观察到概化条件下各种河型的形成和转化过程，从而探讨来水来沙条件对于最终动态平衡河型的影响；另一种是在长期原型观测资料统计分析基础上，结合水力学理论公式，引进若干假设，如极值条件假设，建立经验性或半经验性的河相关系。这两种方法都有其局限性。

近年来，随着泥沙数值模拟技术的进步，用计算机模拟河道演变过程已经有了一定进展（周刚，等，2010）。数值模拟的优点是可以输入原型河道的几何及来水来沙条件，进行一定时间段的模拟计算，定量地获得各种河型的形成和演变过程。数值模拟的难点在于识别和理解河道侧向变形和河道演变过程中的关键机理，诸如崩岸过程，崩岸产生的泥沙参与造床或随水流下泄过程。所用模型既能模拟水流、悬移质和推移质的输移、河床冲淤等过程，也能模拟河道演变中的相关机理，重现河道演变及河型转化过程。数值模拟的优势是可以改变来水来沙的初始条件和边界条件，模拟多种工况下的河道演变过程，从而解释不同来水来沙条件与最终河型的因果关系。例如，研究河湾河道演变过程时，可以采用 3D 模型模拟弯道的次生流和悬移质及床沙的运动过程，结合 2D 河岸崩岸模型，模拟河道横向变形过程。

4.5　景观格局分析

景观格局分析是生态规划的重要技术工具。本节介绍景观生态学的若干基本概念和方法，讨论景观格局分析方法及其在水利水电工程中的应用。

4.5.1　空间景观模式

1. 景观

这里讨论的"景观"（landscape）不同于一般意义上的风景或者通常所说的地貌概念，而是生态学意义的一种尺度，具有更深刻的内涵。生态学把生物圈划分为 11 个层次，依次是生物圈、生物群系、景观、生态系统、群落、种群、个体、组织、细胞、基因和分子，景观是在生态系统尺度之上的更大的尺度。在景观生态学（landscape ecology）中，把景观定义为由不同生态系统组成的地表综合体（Haber，2004）。

2. 景观格局

景观格局（landscape pattern）是指构成景观的生态系统或土地利用/土地覆被类型的形状、比例和空间配置（傅伯杰，等，2003）。它是景观异质性的具体体现，又是各种生态过程在不同尺度上作用的结果。

景观格局是在自然力和人类活动双重作用下形成的。地质构造运动、降雨、风力、日照、地表水流侵蚀和水沙运动等自然因素的长期作用，形成了大尺度的原始景观格局。而人类活动如牧业、种植业、养殖业的发展，特别是近代工业化、城市化进程，都大幅度改变着景观格局，导致土地利用方式的改变，草原、森林变成了农田，农田又演变成城镇或开发区，使原始景观格局发生了剧变。另外各种工程设施的建设，也改变了景观的空间配置。比如公路、铁路设施，对于野生动物的迁徙形成致命的障碍，不设鱼道的水坝成了洄游鱼类的屏障。另外，水库淹没土地后，陆地景观变成水域，丘陵变成岛屿，造成原有陆地景观的破碎化（fragmentization）。

景观的空间格局采用斑块-廊道-基底模式进行描述，借以对于不同景观进行识别、分析。

（1）斑块。斑块（patch）是景观中的基础单元，泛指与周围环境在外貌或性质上不同并具有一定内部均质性的空间单元。斑块可以是植物群落、湖泊、草地、农田和居民区等，各种斑块的性质、大小和形状都有许多区别。斑块对于景观格局的结构特征和生态功能具有基础性质。

（2）廊道。廊道（corridor）是指景观中与相邻两侧环境不同的线路或带状结构。常见的廊道包括河流、峡谷、农田中的人工渠道、运河、防护林带、道路、输电线等。

（3）基底。基底（matrix）是指景观中分布最广、连续性最大的背景结构，常见的有森林基底、草原基底、农田基底、城市用地基底等。

表 4.5－1 列出流域、河流廊道、河段和地貌单元等 4 种空间尺度的景观单元地貌类型。斑块、廊道和基底都是相对的概念，不仅在尺度上是相对的，而且在识别上也是相对的。比如在大型流域，斑块有森林、湖泊、水库、湿地、耕地、城市带、开发区等，而在中小型流域，斑块有湖泊、水库、池塘、洼地、村镇、居民点等。

表 4.5－1　　　　　　　　　　　　景观时空尺度与景观单元

空间尺度		自然演变时间尺度	人工干预时间尺度	景观单元		
				基底	斑块	廊道
流域	大型流域	$10^4 \sim 10^6$ 年	$10 \sim 10^2$ 年	草原、森林、湿地、沙漠、河口三角洲	森林、湖泊、水库、湿地、耕地、城市带、开发区	河流、峡谷、道路
	中小流域	$10^2 \sim 10^4$ 年	$10 \sim 10^2$ 年	森林、草地、荒漠耕地、牧场、滩涂	湖泊、水库、池塘、洼地、村镇、居民点	河流、小溪、道路、输电线路
河流廊道		$10^2 \sim 10^3$ 年	$1 \sim 10$ 年	两岸高地、河漫滩、森林	湿地、耕地、草灌、牛轭湖、江心岛、居民区、开发区、游览休闲区	干流、支流
河段		$1 \sim 10^2$ 年	$1 \sim 5$ 年	河漫滩、森林、湿地	深潭、浅滩、池塘、河漫滩水生植物区、村镇	河流、支流、河汊
地貌单元		$1 \sim 10$ 年	1 月～2 年	河漫滩、森林、灌丛	池塘、跌水、沙洲、堤坝、河床基底、古河道	支流、河汊、沟渠

由斑块、廊道和基底这些要素构成了三维空间的景观格局。景观格局可以用景观镶嵌体进行定量描述。如斑块的数量、大小、形状、空间位置和性质，基底的类型、下垫面性质等，都可以通过各种测量方式进行定量描述。

景观格局依所测定的空间和时间尺度变化而异。在景观生态学中，小尺度表示较小的研究面积或较短的时间间隔。大尺度则表示较大的研究面积和较大的时间间隔。小尺度具有较高的分辨率，大尺度则相反。不同的空间尺度对应着不同的时间尺度，较大的空间尺度对应较长的时间尺度。表 4.5－1 列出流域、河流廊道、河段和地貌单元等 4 种空间尺度及其对应的时间尺度。比如河流廊道自然演变时间尺度是 100～1000 年，人工干预时间尺度为 1～10 年；而河段自然演变和人工干预的时间尺度分别为 1～100 年和 1～5 年。在进行景观格局分析设计时，要结合研究对象的空间尺度确定研究时间尺度。比如进行河流廊道的景观分析，在研究河流演变过程时，起码需要几十年到上百年的时间间隔，才能掌握河流演变趋势。

在1.1.1节我们讨论过流域生态系统的嵌套层级结构（nested hierarchy structure），即某一级尺度的生态系统被更大尺度的生态系统所环绕。实际上，流域景观同样存在着嵌套层级结构，形成流域-河流廊道-河段-微栖息地这样多尺度的嵌套层级结构。河流廊道被流域景观所环绕，后者成为前者的基底，而流域又被更大尺度的区域所环绕。在不同尺度的景观之间存在着输入/输出关系。比如流域景观内发生的坡面侵蚀引起泥沙输移，成为物质输出源。泥沙对河流廊道是一种物质输入。泥沙输移和淤积过程在河流廊道尺度内成为地貌变化的驱动力。河流廊道作为河段尺度的外部环境，其地貌过程决定了河段尺度内河道的结构（诸如深潭、浅滩、沙洲）和河道规模，提供了多样的栖息地结构，成为物种多样性的物理基础。

3. 河流廊道

河流廊道（river corridor）是陆地生态景观中最重要的廊道之一，对于生态系统和人类社会都具有生命源泉的功能。河流廊道范围可以定义为河流及其两岸水陆交错区植被带，或者定义为河流及其某一洪水频率下的河漫滩带状区域。广义的河流廊道包括由河流连接的湖泊、水库、池塘、湿地、河汊、蓄滞洪区以及河口地区。河流廊道具有重要的生态功能。河流廊道是流域内各个斑块间的生态纽带，又是陆生与水生生物间的过渡带。河流廊道既是营养物质输送的通道，又是通过食物网能量传递的载体，也是通过水文过程传递生命信号的媒介，还是洄游鱼类等水生生物迁徙运动的通道。总之河流廊道在陆地景观格局中，具有不可替代的重要功能。

图4.5-1是河流景观斑块-廊道-基底格局示意图。图中分布有森林、草地和农田三种基底作为景观基础背景。河流廊道盘桓在森林、草地和农田基底之上，穿梭于池塘沼泽、植被树丛和居民村镇等斑块之间，使物质流、能量流、信息流和生物流能够顺畅通过。河流廊道在陆地景观中的作用犹如人体的动脉，成为流域生态系统的生命线。

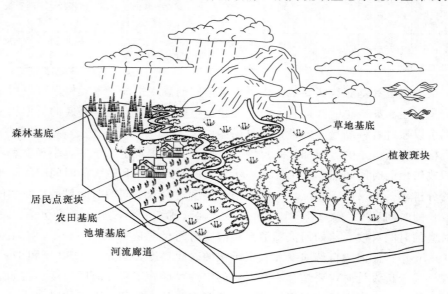

图4.5-1　河流景观斑块-廊道-基底格局示意图

4.5.2　景观空间异质性

空间异质性（spatial heterogeneity）是指某种生态学变量在空间分布上的不均匀性及其复杂程度（见 2.3.5 节）。空间异质性是空间斑块性（patchiness）和空间梯度（spatial gradient）的综合反映。空间斑块性分为生境斑块性和生物斑块性两类。生境斑块性的因子包括气象、水文、地貌、地质、土壤等因子的空间异质性特征。生物斑块性包括植被格局、繁殖格局、生物间相互作用、扩散过程等。空间梯度指沿某一方向景观特征变化的空间变化速率，在大尺度上可以是某一方向的海拔梯度，在小尺度上可以是斑块核心区至斑块边缘的梯度。也有学者把空间异质性按照两种组分定义，即系统特征及其变异性。系统特征包括具有生态意义的任何变量，如水文、气温、土壤养分、生物量等。变异性就是系统特征在空间和时间上的复杂性。

在空间尺度上河流景观的空间异质性表现为：顺水流方向，靠河流廊道连接上下游斑块。水流保持连续性，使洄游鱼类能够完成其生活史的迁徙活动，也能使泥沙和营养物质得到有效输移而不受到阻隔。在河流侧向水陆交错带兼有陆地和水域特征，分布有多样的水生、湿生和陆生植物，呈现出丰富的多样性特征。河流的横断面具有几何形状多样性特征，形成深槽、边滩、池塘和江心洲等多样结构，适于鸟类、禽类和两栖动物生存。河流廊道的平面形态具有蜿蜒性，形成深潭-浅滩序列。从时间尺度分析河流景观的空间异质性可以发现，河流景观随水文周期变化，反映了河流景观的动态特征（dynamics）。洪水季节形成洪水脉冲，淹没了河漫滩，营养物质被输移到水陆交错带，鱼类在主槽外找到了避难所和产卵场。洪水消退，大量腐殖质进入主槽顺流输移。总之，在河流景观的自然格局中，各个景观要素配置形成复杂结构，使河流景观在纵、横、深三维方向都具有多样性和复杂性。水文周期又导致河流景观随时序变化，形成河流景观的动态特征。

4.5.3　景观分类

景观分类是景观格局分析的基础。不同类型的景观是景观单元在地貌、地形、土壤、气候、水文、生物等因子综合作用下的产物。从遥感调查与解译来看，土地分类系统最为成熟。《中华人民共和国土地管理法》包括农用地、建设用地和未利用地三大类，对应的国家标准《土地利用现状分类》（GB/T 21010—2007）采用一级、二级两个层次的分类体系，其中一级类共分 12 个类别，包括：耕地、园地、林地、草地、商业服务用地、工矿仓储用地、住宅用地、公共管理与公共服务用地、特殊用地、交通运输用地、水域及水利设施用地、其他土地。二级类共分 56 个类别，其中，将一级类中的水域及水利设施用地分为：河流水面、湖泊水面、水库水面、坑塘水面、沿海滩涂、内陆滩涂、沟渠、水工建筑用地、冰川及永久积雪。从中可以看出，河流水面、湖泊水面和水库水面分别属于二级类中的一个次级类别。这样，应用现有土地分类系统容易忽略江心洲、边滩、牛轭湖、故道和冲积扇等景观单元，而这些景观单元在河流廊道尺度下的栖息地结构中具有重要地位。为进行河流廊道的景观分析，需要将土地分类系统进一步细化。具体方法是：综合考虑河流廊道形态、地貌单元特点和生物特征，结合土地利用现状以及遥感图像的可判程度，将河流廊道景观类型分为一级 7 类、二级 9 类（耕地、有林地、疏林地、灌木林、草地、水体、边滩、江心洲和建设用地 9 大类别）。景观类型分类体系见表 4.5 - 2。

表 4.5 - 2　　　　　　　　　河流廊道尺度景观类型分类体系

一级		二级		含　义
编号	名称	编号	名称	
1	耕地	1 - 1	耕地	指无灌溉水源及设施，靠天然降水生长作物的耕地；有水源和浇灌设施，在一般年景下能正常灌溉的旱作物耕地；以种菜为主的耕地，正常轮作的休闲地和轮歇地
2	林地	2 - 1	有林地	指郁闭度＞30%的天然林和人工林。包括用材林、经济林、防护林等成片林地
		2 - 2	疏林地	郁闭度＜30%的稀疏林地
		2 - 3	灌木林	指郁闭度＞40%、高度在 2m 以下的灌木丛
3	草地	3 - 1	草地	城镇绿化草地、岸边草地
4	水体	4 - 1	水体	指天然形成或人工开挖的河流水域
5	边滩	5 - 1	边滩	天然卵石边滩、采砂废弃卵石岸边堆积体
6	江心洲	6 - 1	江心洲	自然江心洲、河道采砂废弃卵石堆积体
7	建设用地	7 - 1	建设用地	指大、中、小城市、县镇以上建成区用地及农村居民点

4.5.4　景观格局分析方法

　　景观格局分析的目的是通过对于景观格局的识别来分析生态过程。所谓生态过程包括生物多样性、种群动态、动物行为、种子或生物体的传播、捕食者-猎物相互作用、群落演替、干扰传播、物质循环、能量流动等。因为生态过程相对较为隐含，而景观格局较为直观，可以用测量、调查或遥感、地理信息系统等技术工具记录和分析，如果能够建立起景观格局与生态过程之间的相关关系，那么，通过对于景观空间格局的分析，就可以认识生态过程并进行生态评价。

　　景观格局分析通常利用遥感影像实现。遥感技术的原理是利用遥感器从空中探测地面物体性质，它根据不同物体对波谱产生不同响应的原理，识别地面上各类地物。遥感数据相对于传统的图片资料有较高的时空分辨率和易于数据存储的优点。随着高性能的卫星遥感器、数码相机和摄像机的出现，可得到河谷、水系等流域地貌全景。中小河流的遥感数据甚至可通过手携式遥感器获取。空间数据的管理可以通过 GIS 实现。作为示例，图 4.5 - 2 为鄱阳湖湿地遥感图，反映出湖泊、入湖河流、湿地和植被的空间格局。

　　景观格局量化分析方法可分为三大类：①景观空间格局指数法；②空间统计学方法；③景观模型方法。这些分析方法为建立景观结构与功能过程的相互关系以及预测景观变化提供了有效手段。本节重点讨论较为

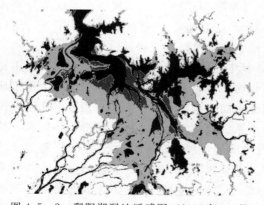

图 4.5 - 2　鄱阳湖湿地遥感图（2005 年 10 月）

常用的景观空间格局指数法。

景观空间格局指数是指能够高度浓缩景观格局信息，反映其结构组成和空间配置特征的简单定量指标。通过计算某些景观格局指数，不仅可以比较不同景观之间结构特征上的差异，也可以用来定量地描述景观空间结构随时间的变化。当前，景观空间格局指数的计算可通过由美国俄勒冈州立大学开发的 FRAGSTATS 软件进行，由于它可方便、快捷计算景观格局特征参数而被普遍应用。通过比较景观格局指数在时间维度的变化，是目前景观格局变化研究的主要方法之一。景观格局指数包括三个水平上的指数：①单个斑块水平；②由若干单个斑块组成的斑块类型水平；③包括若干斑块类型的整个景观镶嵌体水平。景观格局定量分析中的指数繁多，但在实际应用中，为广大研究者所普遍采用的也只有 10 余个。在河流廊道景观格局分析中，本着实用的原则，建议选取以下 7 种格局指数来进行河流廊道景观格局分析，分析各景观要素变化的空间结构规律，并据此对评价区域的景观异质性进行分析（表 4.5-3）。

表 4.5-3　　　　　　　　　　　　　河流廊道景观格局指数

类别	序号	景 观 格 局 指 数	
景观斑块	1	斑块密度 PD	patch density
	2	类型最大斑块指数 LPI	maximum patch index
景观形状	3	边缘密度 ED	edge density
	4	景观形状指数 LSI	landscape shape index
景观多样性	5	景观蔓延指数 CONTAG	landscape contagion index
	6	Shannon 景观多样性指数 SHDI	Shannon landscape diversity index
	7	Shannon 景观均匀度指数 SHEI	Shannon landscape evenness index

1. 景观斑块指数

（1）斑块密度 PD。斑块密度指单位公顷面积上的斑块数量，用于描绘景观类型的多样性程度。PD 越大，空间异质性程度也越高。当所有景观类型的总面积保持不变时，斑块密度可视为异质性指数。因为一种景观类型的斑块密度大，显然意味着其具有较高的空间异质性。

$$PD = n_i / A \qquad (4.5-1)$$

式中：n_i 为第 i 类景观类型的斑块数量或研究区域斑块总数；A 为研究区域总面积。

（2）类型最大斑块指数 LPI。类型最大斑块指数用来测定类型最大斑块面积在类型总面积中所占的比例。

$$LPI = \frac{\max\limits_{j=1}^{n}(a_{ij})}{A} \qquad (4.5-2)$$

式中：a_{ij} 为第 i 类景观类型第 j 个斑块面积；A 为第 i 类景观类型总面积。

2. 景观形状指数

（1）边缘密度 ED。景观中单位面积的边缘长度，反映景观的形状复杂程度，边缘密度的大小直接影响边缘效应及物种组成。

$$ED = \frac{1}{A}\sum_{i=1}^{m}\sum_{j=1}^{n}P_{ij} \tag{4.5-3}$$

式中：m 为研究范围内某一空间分辨率上景观要素类型总数；P_{ij} 为景观中第 i 类景观斑块与相邻第 j 类景观要素斑块间的边界长度；A 为区域总面积。

（2）景观形状指数 LSI。该指数表示景观空间的聚集程度，也可以表示景观形状的复杂程度。

$$LSI = e_i / \min(e_i) \tag{4.5-4}$$

式中：e_i 为景观中类型 i 的总边缘长度；$\min(e_i)$ 为景观类型 i 在总面积一定的情况下，聚集成一个简单紧凑的景观斑块后其最小的边缘长度。如果景观形状指数大，表明景观空间分布离散，景观形状不规则；如果景观形状指数小，则表明景观由几个简单大斑块聚集而成，景观形状规则。

3. 景观多样性指数

（1）景观蔓延度指数 $CONTAG$。$CONTAG$ 指标描述的是景观里不同拼块类型的团聚程度或延展趋势。由于该指标包含空间信息，是描述景观格局的最重要的指数之一。一般来说，高蔓延度值说明景观中的某种优势拼块类型形成了良好的连接性；反之，则表明景观是具有多种要素的密集格局。

$$CONTAG = \left[1 + \frac{\sum_{i=1}^{m}\sum_{k=1}^{m}\left[(P_i)\dfrac{g_{ik}}{\sum\limits_{k=1}^{m}g_{ik}}\right]\left[(\ln P_i)\dfrac{g_{ik}}{\sum\limits_{k=1}^{m}g_{ik}}\right]}{2\ln m}\right]/100 \tag{4.5-5}$$

式中：m 为斑块类型总数；P_i 为斑块类型 i 所占景观面积的比例；g_{ik} 为斑块类型 i 和 k 之间相邻的格网单元数。

（2）Shannon 景观多样性指数 $SHDI$（$SHDI \geqslant 0$）。$SHDI$ 是一种基于信息理论的测量指数，在生态学中应用很广泛。该指标能反映景观异质性，特别对景观中各景观类型非均衡分布状况较为敏感，即强调稀有景观类型对信息的贡献，这也是与其他多样性指数不同之处。在比较和分析不同景观或同一景观不同时期的多样性与异质性变化时，$SHDI$ 也是一个敏感指标。如在一个景观系统中，栖息地类型越丰富，其不定性的信息含量也越大，计算出的 $SHDI$ 值也就越高。景观生态学中的多样性与生态学中的物种多样性有紧密的联系，但并不是简单的正比关系，研究发现在同一景观中二者的关系一般呈正态分布。

$$SHDI = \sum_{i=1}^{m}(p_i \ln p_i) \tag{4.5-6}$$

式中：p_i 为景观类型 i 在景观中的面积比例；m 为景观类型总数。

（3）Shannon 景观均匀度指数 $SHEI$（$0 \leqslant SHEI \leqslant 1$）。$SHEI$ 是比较不同景观或同一景观不同时期多样性变化的重要指标。$SHEI = 0$ 表明景观仅由一种拼块组成，无多样性；$SHEI = 1$ 表明各拼块类型均匀分布，有最大多样性。

$$SHEI = -\sum_{i=1}^{m}p_i \ln p_i / \ln m \tag{4.5-7}$$

式中：p_i 为景观类型 i 在景观中的面积比例；m 为景观类型总数。

利用景观格局指数进行河流廊道尺度栖息地景观异质性分析流程图如图 4.5-3。首先要确定范围，然后根据研究目的收集遥感影像，并辅助以 DEM 数据、野外实地调查数据及其他相关数据，同时对遥感影像等数据进行预处理。基于土地利用分类系统，对研究区域进行景观分类，建立研究区域河流廊道尺度下的景观分类体系，然后利用 ENVI 软件对遥感图像进行解译分类，获得不同时期的景观类型图，用它作为景观格局空间特征分析和变化分析的基础。进行景观格局空间特征分析时，利用 ArcGIS 软件工具箱进行景观格局特征统计分析和景观要素面积转移分析。进行景观格局变化分析时，首先将景观类型矢量图在 ArcGIS 平台中转化为栅格格式文件，然后将栅格格式文件输入到 Fragstats 软件中，并设置各种景观指标，得出斑块类型水平和景观水平的分析结果，对景观斑块性质、景观形状指数和景观多样性进行分析。

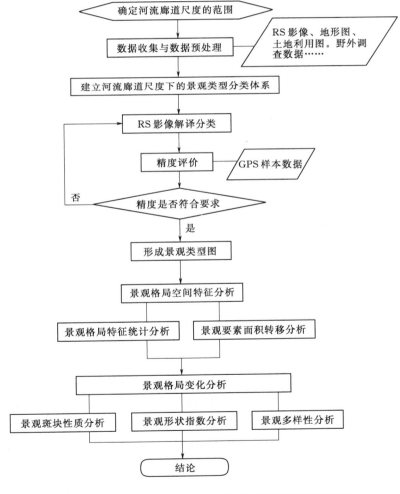

图 4.5-3　利用景观格局指数进行河流廊道尺度栖息地
景观异质性分析流程图

4.5.5　景观格局分析在水利水电工程中的应用

1. 流域生态系统演变分析

（1）流域土地覆被遥感监测分析。流域/区域的土地覆被分析，需要对比分析较大时间尺度的覆被 RS 数据，以掌握土地覆被的变化趋势。比如，可以按照 5～10 年的时间间隔，30 年以上的时间尺度，通过解译相关 RS 监测数据，同时结合收集历史上土地覆被数据和野外调查，综合分析土地覆被变化。具体技术流程包括：系统构建、数据采集与预处理、作业分区、野外采样、解译标志库构建、尺度分割、决策树构建、层次分类、生态参数合成等步骤。流域/区域土地覆被分类系统见表 4.5－4，表中划分一级 7 类，二级 28 类。土地覆被变化分析内容包括：识别研究区内土地覆被变化显著的子区域；按照时段分析不同覆被类型增减的变化幅度；按照时段分析土地覆被变化趋势，特别关注湿地/水域、森林、耕地和城镇面积的消长变化。

表 4.5－4　　　　　　　　　　　流域/区域土地覆被分类系统

编码	一级类	编码	二级类	编码	一级类	编码	二级类
1	森林	11	常绿阔叶林	4	草地	41	草甸
		12	落叶阔叶林			42	草原
		13	常绿针叶林			43	草丛
		14	落叶针叶林	5	耕地	51	水田
		15	针阔混交林			52	旱地
2	灌木	21	常绿灌木林			53	园地
		22	落叶灌木林	6	人工地表	61	居住地
3	湿地/水域	31	森林湿地			62	工业用地
		32	灌丛湿地			63	交通用地
		33	草本湿地	7	裸露地	71	稀疏植被
		34	湖泊			72	裸岩
		35	水库/水塘			73	裸土
		36	河流			74	沙漠/沙地
		37	运河/渠道			75	盐碱地

（2）水土流失遥感监测分析。流域/区域水土流失遥感监测分析的任务是利用地形图、土地覆被图和植被盖度图，按照不小于 30 年的时间尺度，参照《土壤侵蚀分类分级标准》（SL 190—2007），对研究区水土流失强度分级（表 4.5－5），进而进行水土流失变化趋势分析。分析内容包括：不同时期侵蚀面积增减状况，侵蚀面积占总面积的比例（微侵蚀不列入）；不同水土流失强度级别面积所占比例；各级侵蚀强度升降转化（如强度转化为中度），列出侵蚀强度转化矩阵；基于不同年代水土流失监测结果，通过土壤侵蚀强度各像元相减方法，得到不同时期土壤侵蚀强度变化图，进一步分析侵蚀强度变化趋势；根据侵蚀强度变化，划分恶化、不变、好转三类区域，确定分区位置和面积。

表 4.5 - 5 水土流失强度分级表

土地利用类型/坡度		<5°	5°～8°	8°～15°	15°～25°	25°～35°	>35°
耕地		微度	轻度	中度	强度	极强度	剧烈
非耕地林草覆盖度/%	<30	微度	中度	中度	强度	极强度	剧烈
	30～45	微度	轻度	中度	中度	强度	极强度
	45～60	微度	轻度	轻度	中度	中度	强度
	60～75	微度	轻度	轻度	轻度	中度	中度
	>75	微度	微度	微度	微度	微度	微度

（3）生态演变的社会经济驱动分析。自然力和人类活动是流域生态系统长期演变的双重驱动力。在人类活动方面，我国近 40 年的工业化和城市化进程，强烈影响了流域/区域生态系统过程，造成生态系统不同程度的退化。针对特定流域/区域生态系统演变格局，分析资源-人口-生态环境的依存与制约关系，具体分析人口与土地资源矛盾；产业发展与资源环境的矛盾；城镇化与自然生态格局的矛盾。在此基础上，识别社会经济驱动主导性因素。

2. 流域生态安全评价

（1）生态敏感性评价。生态敏感性是指流域/区域内发生生态问题的可能性和程度，以期反映人类活动产生的影响。各个地区典型生态问题各异，包括水土流失、荒漠化、石漠化、酸雨、地质灾害、草场退化、盐碱化、水污染、土壤污染、地下水超采、河流断流、湖泊干涸等。对于特定流域/区域，需要遴选若干典型生态问题，对每类生态问题分别进行评价。根据评价指标体系，划分敏感性等级，即不敏感、轻度敏感、中度敏感、敏感、极度敏感 5 等，进一步确定不同敏感等级子区域的具体位置和面积。对于各类生态问题分别赋予权重，构建生态敏感性综合评价体系，最后，进行生态敏感性综合评价。

（2）生态服务功能重要性综合评价。生态系统服务功能重要性评价的目的是明确生态系统服务功能类型及其空间格局。在 1.4.2 节已经讨论了水生态系统服务类型及其定量化评价方法，列出了包括供给、支持、调节、文化等 4 大类 16 项水生态系统服务功能（表 1.4 - 1）。对于特定的流域/区域，应选择若干项重点服务功能进行评价。根据生态系统结构、过程与生态服务功能之间的关系，分析生态系统的功能特征，按照单项生态服务功能对于流域/区域生态安全的重要程度，可分为极重要、重要、中等重要、一般重要 4 个等级。比如，水源涵养功能，按照水量平衡方程［式（1.2 - 2）］，评价流域/区域的水源涵养能力，并且按重要程度划分为上述 4 个等级，可以得到流域/区域水源涵养重要性空间分布格局图。又如，生物多样性功能，首先在重要保护物种方面，制定重要保护物种选择标准体系。选择标准所考虑因素包括：区域的特有性、珍稀濒危程度、商业价值、生态系统关键种、具有重要科学和文化价值。参照《国家重点保护野生动物名录》等法规标准；通过专家咨询，遴选出重要保护物种，绘制重要保护动物、重要保护植物的分布图。综合考虑重要保护动植物的栖息地分布以及保护区分布，分析得到该流域/区域生物多样性保护重要性空间格局。

最后，汇总所选择的若干单项重点生态服务功能（如水源涵养、水土保持、洪水调蓄、环境水流、栖息地保护、地下水补给、自然景观等）重要性空间分布图，然后进行叠置分析。具体方法是：认为单项服务功能极重要区就是全流域/区域生态服务"极重要"区，把各单项生态服务功能"极重要"区叠置，就得到流域/区域生态服务功能极重要区。余类推，可以得到重要、中等重要和一般区域，从而得到全流域/区域中不同重要程度的空间分布。计算各等级的面积、所占比例百分数、生态服务定量值等，进行生态服务功能综合评价。

　　3. 水电开发生态风险综合评价

　　水电开发生态风险是指由于水电站运行对流域/区域内种群、生态系统或整个景观的生态功能及其组分可能产生的不利影响，从而危及流域生态系统健康和安全（见 1.6.1 节）。水电开发生态风险综合评价是通过对特定流域关键生态因子的生态敏感度综合评估实现的（何大明、顾洪宾，2016）。生态风险综合评价的步骤如下。

　　（1）关键生态因子的识别与选择。按照自然保护和风险规避对象划分，关键生态因子包括：①陆生生态系统（关键动物、植物物种，重要栖息地）；②水生生态系统（关键鱼类物种、鱼类重要栖息地、关键水生植物）；③社会人文景观（民族、宗教、文物古迹、历史文化遗产、聚落环境等）；④重要自然景观和自然保护区；⑤地质灾害（大型滑坡、泥石流、地质断层）。根据《中华人民共和国野生动物保护法》《中华人民共和国野生植物保护条例》《中华人民共和国自然保护区条例》和《中华人民共和国环境影响评价法》等相关法律法规，识别和选择关键生态因子。

　　（2）构建关键生态因子数据库。关键生态因子数据库包括空间分布数据和属性数据。空间分布数据表示关键生态因子的空间分布状况，可以以点状（如鱼类"三场"）、线状（鱼类洄游通道）或面状（如植被类型）形式表示。属性数据则是关键生态因子本身特性的描述。

　　首先，通过收集遥感影像资料以及进行专家咨询等方式掌握基本数据。在此基础上，进行野外实地调查和勘察（见 3.1 节）。经数据录入、解译和计算机模拟等步骤，构建关键生态因子数据库。

　　（3）制定关键生态因子敏感度区划分级标准。如上所述，生态敏感性是指流域/区域内出现生态问题的可能性程度，以反映人类活动产生的影响。在水电开发生态风险综合评价中，可以应用这个方法评估水电开发对各关键生态因子的影响程度。生态敏感度划分为 5 个等级区划，即不敏感、轻度敏感、中度敏感、敏感和极度敏感。需要对每类关键生态因子制定具体的敏感度分级标准。制定分级标准时，首先要参照有关法律、法规和标准，如《国家重点保护野生动物名录》，并且结合生态因子的生态功能、分布、种群规模等，综合划定等级标准。各种关键生态因子敏感度分级准则如下：

　　1）关键生物物种敏感度分级。可以依据物种的保护等级和濒危程度，在确定物种的分布范围后，按照 5 级进行敏感度区划（下同）。

　　2）关键鱼类栖息地敏感度分级。依据鱼类的保护等级和濒危程度，进行敏感度区划。

　　3）关键植被群落敏感度分级。在数据收集和野外调查的基础上，掌握关键植被群落分布范围。按照物种丰富度、珍稀濒危植物物种数、植物物种保护级别、群落稀有性、水源涵养功能、水土保持功能等方面指标，构建敏感度分级指标体系。

　　4）对于自然保护区，依据保护区级别进行敏感度区划。重要自然景观按照景观资源的稀缺性、独特性、易损性和社会经济价值，构建敏感度分级指标系统。

5）社会人文景观敏感度分级。通过现场调查和专家咨询，构建关键社会人文景观敏感度分级指标体系。

6）地质灾害敏感度分级。依据滑坡、泥石流形成的地形、土体性质和降雨条件，制定地质灾害敏感度分级指标体系。

（4）构建水电开发数据库。收集、整理流域内已建、在建或规划的水电开发项目数据，包括电站空间位置、控制流域面积、水位以及对应的淹没范围（正常高水位、防洪限制水位、死水位）、库容（总库容、调节库容、死库容）、电站特性（坝高、坝型、装机容量、平均年发电量和电站调节方式）、流量（多年平均流量，不同频率下洪水流量）。可以利用数字高程模型 DEM 计算不同水位条件下的水库淹没范围。DEM 模型计算结果，可以用在规划阶段的不同坝高方案的生态响应；也可以用于水库生态调度的方案比选。

（5）流域生态敏感度综合评价。按照上述关键生态因子敏感度区划分级标准，绘制每一种关键生态因子敏感度空间分布图，如图 4.5－4 表示三江并流区植被类型敏感性分布图，图中颜色由深到浅，表示敏感度由低到高。有了各类关键生态因子敏感度空间分布图，就可以进行流域/区域生态敏感度综合评价。综合评价的方法是通过系统分析模型（如加权叠加法），集成各类关键生态因子的空间数据，生成流域/区域综合生态敏感度指数图层。采用加权叠加法作为分析方法，敏感度综合评价的步骤为：首先将关键生态因子空间分布数据与计算单元（网格）叠加，提取关键生态因子在网格上的分布，然后根据关键生态因子的敏感度确定其权重，进行加权空间叠加分析，最终生成流域/区域综合敏感度等级分布图（何大明，2016）。流域/区域综合敏感度评价结果，可以成为水电站梯级开发布局和规模论证的重要依据之一。

图 4.5－4　三江并流区植被类型敏感度分布图
（何大明，2016）

4. 河流生态修复项目数据库

利用 GIS 构建河流生态修复项目数据库。河流生态修复工程中需要收集的资料包括：自然社会经济及历史文化背景、气候和水文特征、地质和土壤特征、河流地貌、水质、生物多样性、生物栖息地特征及工程设施等。每种数据资料的表现形式包括文字、表格、图形及图像等。每种资料类型及过程又具有不同的空间尺度特点，如河段尺度、河流廊道尺度及流域尺度等。同时，不同历史时期的河流状况是河流生态修复工程的重要参照系统。所以河流生态状况调查数据往往表现出多类别、多形式、多时空尺度等特点。利用 GIS 技术可以把上述数据整合到一个 GIS 平台上。GIS 系统采用分层技术，即根据地图的植被覆盖、水文、地貌、水质、生物、工程设施、社会经济、自然景观、文化等特征，把它分成若干层，整张地图是所有图层叠加的结果。在与用户的交换过程中只处理涉及的图层，因此能够对用户的要求做出快速反应和处理。利用 GIS 采集、存储和分析功能，将各种零散数据进行整合，建立河流生态修复工程空间数据库，并根据展示要求进行专题图或综合图的制作。在河流地貌数据管理方面，在 GIS 平台上，可基于 DEM 数据利用三维仿真功能进行三维单点飞行、路径飞行、绕点飞行等河流生态修复工程的空间数据展示。

4.5.6　常用软件简介

3S 技术是指 RS、GPS 和 GIS（见 3.2.3 节）。近十余年，国内外 3S 商业软件技术突飞猛进，开发出多种功能强、方便用户、适应多种环境的软件。以下简要介绍在水利行业应用的若干常用软件，供用户选择时参考。

1. GIS 商业软件

目前常用的 GIS 软件可以简单分为需要付费的商业 GIS 软件和免费的开源 GIS 软件。

（1）商业 GIS 软件。

1）ArcGIS。ArcGIS 是由 ESRI（Environmental Systems Research Institute，Inc）研发的一套完整的 GIS 平台产品，具有强大的地图制作、空间数据管理、空间分析、空间信息整合、发布与共享的能力。该套产品目前主要包括 4 个平台，即 ArcGIS for Desktop、ArcGIS for Server、ArcGIS Online 和 ArcGIS for Developers。

在水利行业应用方面，ArcGIS 可以为防汛抗旱、水资源管理、水环境、水土保持、水库移民、农田水利、流域管理、水利数据中心建设等方面提供技术支持。ArcGIS 提供的数据模型产品——ArcHydro，专门用来为水利行业构建完善的空间数据模型。ArcHydro 模型基于 Geodatabase 的建模技术，能够描述各种水利对象、关系和规则，并提供了用于分析、模拟和管理数据的工具集。ArcGIS 拥有空间可视化技术，能够全面、灵活地将各类水资源信息及分析结果展现在地图上。展现的形式包括各种专题统计图、等值线图、水体和建筑物的三维模型、洪水风险图、洪水演进的动态模拟等。ArcGIS 具有空间分析能力，可将其与业务应用模型集成，预测水资源动态的发展趋势，为水资源管理提供科学依据。

近十年，ArcGIS 版本更新升级共 10 余种，当前 ArcGIS 的版本为 10.4，于 2016 年 2 月发布。

2）SuperMap GIS。SuperMap GIS 是北京超图软件股份有限公司开发，具有完全自主知识产权的大型地理信息系统软件平台。SuperMap GIS 系列产品分 GIS 平台软件、GIS 应用软件与 GIS 云服务三类。GIS 应用软件包括：SuperMap SGS（共享交换平台）、SuperMap FieldMapper（野外专业数据采集软件）等。在水利行业应用方面，开发有 SuperMap WaterMapper（超图水利专业野外调查系统）。

3）MapGIS。MapGIS 是由中地数码集团研制的具有完全自主知识产权的地理信息系统。中地数码依托 MapGIS 新一代空间信息软件，已经形成了"MapGIS 开发平台、工具产品和解决方案"于一体的产品体系。MapGIS K9 是新一代面向网络超大型分布式地理信息系统基础软件开发平台。实现了 2D、3D 一体化的动态管理、GIS 与遥感影像处理平台的无缝集成，使得 MapGIS K9 成为集 GIS、RS、GNSS 为一体的集成开发平台。在水利行业应用方面，水利信息共享服务平台实现基于统一门户的信息发布与用户访问控制，并预留与行业外部的互联互通接口。另外，在水利移动智能终端解决方案方面，依托 MapGIS Mobile 9 移动 GIS 开发平台，将地理位置数据、无线通信、移动计算、云 GIS 服务和更多水利专业信息资源进行整合，构建面向水利行业的移动基础应用服务，实现海量资源和服务共享。

4）MapInfo Pro。MapInfo Pro 是由美国 MapInfo 公司（后更名为 Pitney Bowes Software）开发的桌面端地理信息系统软件，方便用户建立、编辑、分析及管理空间信息。当前最新版本的 MapInfo Pro 为 V15.2，主要功能包括图层叠加、空间分析、矢量编辑、文字标注、SQL 查询，并提供 MapBasic 进行二次开发，以及 Geo PDF 工具，可将图层导出为 PDF 并显示图层属性及坐标信息。MapInfo Pro 是水生态保护与修复规划的有用技术工具。

（2）开源 GIS 软件。

1）GRASS GIS。GRASS GIS（Geographic Resources Analysis Support System，地理资源分析支持系统）是一个免费、开放源代码的地理信息系统，可用于处理栅格、拓扑矢量、影像和图表数据。GRASS 包括超过 350 个程序和工具，实现以下功能：①显示器和纸质地图及图像的打印显示；②操作栅格、矢量或点数据；③处理多光谱图像数据；④创建、管理和存储空间数据。GRASS 支持图形界面或文字界面。GRASS 可以与商用打印机、绘图仪、数字化仪或商用数据库交互使用。

2）QGIS。QGIS（原称 Quantum GIS）是一个由 QGIS 开发团队制作的桌面 GIS 软件。它提供数据的显示、编辑和分析功能。QGIS 由 Gary Sherman 于 2002 年开始开发，并于 2004 年成为开源地理空间基金会的一个孵化项目。版本 1.0 于 2009 年 1 月发布。QGIS 被一个活跃的志愿者开发团体持续维护，定期发布更新和错误修正。现在，开发者们已经将 QGIS 翻译为 31 种语言，在全世界的学术和专业环境中被广泛使用。

2. 遥感图像处理软件（PCI GEOMATICA）

（1）PCI 遥感图像处理软件。PCI GEOMATICA 是 PCI 公司将其旗下的四个主要产品系列。该系列产品尽可能多的满足各层次用户对遥感影像处理、摄影测量、GIS 空间分析、专业制图功能的需要，而且用户可以方便地在同一个应用界面下完成工作。

（2）ENVI 遥感图像处理平台。ENVI（The Environment for Visualizing Images）是美国 Exelis Visual Information Solutions 公司的旗舰产品。它是由遥感领域的科学家采用交互式数据语言 IDL（Interactive Data Language）开发的一套功能强大的遥感图像处理软件，具有快速、便捷、准确地从影像中提取信息的功能。

3. 景观结构数量化软件包（FRAGSTATS3.3）

FRAGSTATS3.3 软件包中所有指数计算都是基于景观斑块的面积、周长、数量和距离等几个基本指标进行。要求的输入主要是各种类型的栅格数据。计算的指数包括 3 个等级，即景观斑块、景观类型、景观整体以及连接关系。关注 8 个类别的景观特征，包括面积/密度/边界、形状、核心面积、隔离/邻近、对比、蔓延/散布、连通性和多样性（McGarigal，Marks，1993）。

第3篇

生态修复工程规划设计

第5章
水生态修复规划准则

本章阐述水生态修复规划编制准则，包括规划设计的时空尺度，水生态修复目标和指标，规划设计原则，流域生态修复工程优先排序以及技术选择工具箱。

5.1 规划设计的时空尺度

进行生态修复工程规划设计，首先要明确规划地域范围，即在不同的规划设计阶段采用的空间尺度。在时间尺度方面，要充分考虑生态系统演进的长期性。在空间尺度方面，应充分考虑自然地带与流域特点，在生态分区的基础上，划分规划单元，提出适合于不同生态分区特点的河流修复目标、原则和重点，因地制宜地制订规划。

5.1.1 时间尺度

规划现状基准年是指编制规划时所选用的社会经济发展、自然状况以及技术指标等现状基础数据的年份，其目的是保持现状基础数据的一致性。一般把具备较为完整的基础数据的年份确定为规划现状基准年。水生态修复规划应尽量保持与相关规划诸如流域综合规划、水资源保护规划等规划的协调衔接，与相关规划选取相同的现状基准年。规划水平年是指实现规划目标的年份。根据生态修复工程的项目规模和资金注入条件确定规划水平年。按照实际需要，可以分别确定近期目标和远期目标，划分为近期水平年和远期水平年。

确定生态修复规划的时间尺度，需要充分考虑水生态系统的演进过程。水生态修复是一个在人工适度干预下，生态系统自组织、自修复的过程。大量监测资料表明，形成一个新的、较为完善的生态系统需要有足够的时间。且不谈大江大河生态系统修复问题，即便一块人工湿地项目，如果形成一个完善的湿地生态系统，尚需要10～15年的时间。所以，确定河流生态系统的水平年，要充分考虑生态系统演进的长期性。急功近利的短期规划，势必导致工程项目的失败。

水生态修复工程在建设期结束后，还需要安排一个管理期，在此期间，实施生态管理，包括保育、养护、环保执法、监测和评估等。

5.1.2　空间尺度

1. 流域

所谓流域，在《水文学》中定义为地面分水线包围的汇集降落在其中的雨水流至出口的区域。在流域内进行着水文循环的完整动态过程。流域也是生态学最重要的空间单元之一，不少水生生物物种、种群常以流域或子流域分类划分。流域也是野生动物保护的重要空间单元，一些大型哺乳动物在流域内迁徙。一般来说，在规划阶段，水生态修复工程的规划范围应为流域或子流域，即在流域或子流域范围内，根据修复目标，统筹兼顾，通盘考虑，合理布置水生态修复工程项目，包括水土保持项目，清洁小流域项目，重点修复河段、湖泊和湿地；河湖水系连通项目；濒危、珍稀洄游鱼类恢复项目等。

2. 河流廊道

一般来说，在技术设计阶段，水生态修复工程的技术设计应在河流廊道范围内进行。河流廊道由三部分组成：河道、河漫滩和高地边缘过渡带（见 1.1.1 节）。河流廊道范围的划分，较为实用的方法是按照一定频率的洪水，用数字高程模型 DEM 绘出淹没范围，即可划分出河流廊道的侧向范围。一般可采用平滩流量作为计算洪水（见 4.1.4 节）。

河流廊道是流域内各缀块间的生态纽带，又是陆生与水生生物间的过渡带。河流廊道的基本生态功能，一是水生和部分陆生生物的基本栖息地；二是鱼类和其他生物及其种子的运动和传输通道；三是起过滤和阻隔作用；四是物质与能量的源与汇。河流廊道生态修复的目标，就是恢复这些基本生态功能。

3. 河段

在河流廊道中选择重点河段作为河流生态修复工程的建设区，即在河段范围内进行生态修复技术细部设计。

生物栖息地的加强与改善，是河段生态修复技术设计的主要内容。在河段范围内，通过栖息地适宜性分析，改善水力学条件，提高栖息地质量（见 4.3.3 节）。因此，在河段尺度上布置的生态修复工程项目，包括河道内栖息地恢复和加强项目；鱼类适宜产卵场、索饵场和越冬场的改善与加强项目；河滨带植被恢复或重建项目；河漫滩及湿地生态修复项目等。

5.1.3　生态分区与规划单元

我国疆域辽阔，自然地理条件变化十分明显。我国地貌总轮廓具有"三级阶梯"的显著特征，平均海拔分别在 4000m 以上、1000～2000m、500m 以下。降水量从东南沿海向西北内陆递减，各地区差别很大。这种地貌、气候特点对河流的影响非常显著。不同河流因地理位置、气候状况等自然条件不同，其水文、地貌、生物系统、主导生态功能等都存在着很大差别。不同的自然地带之间和流域之间，社会经济发展差异较大，水资源利用和水能开发程度参差不齐。河流生态修复规划应该充分考虑到这些自然地带与流域特点，在生态分区的基础上，划分规划单元，提出适合于不同生态分区特点的河流修复目标、原则和重点，因地制宜地制订规划。

1. 生态分区

生态功能区划是依据生态系统特征、受胁迫过程与效应、生态服务功能重要性及生态环境敏感性等分异规律而进行的地理空间分区。我国目前与水生态分区有关的文件有：

（1）《全国水资源分区》。我国各地自然地理、水资源赋存及生态环境状况差异显著，为便于水资源的科学调配与管理，制定了全国水资源分区。全国水资源分区有机结合了流域分区与行政分区，保持了流域分区与行政分区的组合性与完整性。全国按流域水系划分为 10 个水资源一级区；在一级区划分的基础上，按基本保持河流完整性的原则，划分为 80 个二级区；结合流域分区与行政区域，进一步划分为 214 个三级区。

（2）《全国重要江河湖泊水功能区划（2011—2030 年）》。依据《中华人民共和国水法》第三十二条规定，从 1999 年开始，水利部组织各流域管理机构和全国各省区开展水功能区划工作，至 2008 年全国 31 个省（直辖市、自治区）人民政府先后批复并实施了本辖区的水功能区划。2012 年，国务院批复了《全国重要江河湖泊水功能区划（2011—2030 年）》。

水功能区是指为满足水资源合理开发、利用、节约和保护的需求，根据水资源的自然条件和开发利用现状，按照水资源与水生态系统保护和经济社会发展要求，依其主导功能划定范围并执行相应水环境质量标准的水域。水功能区划是水资源开发利用与保护、水环境综合治理和水污染防治等工作的重要基础。水功能区划分采用两级体系。一级区划是宏观上解决水资源开发利用与保护的问题，主要协调地区间用水关系，长远考虑可持续发展的需求。二级区划主要确定水域功能类型及功能排序，协调不同用水行业间的关系。一级水功能区分四类，即保护区、保留区、开发利用区、缓冲区。二级水功能区将一级水功能区中的开发利用区具体划分为饮用水源、工业用水区、农业用水区、渔业用水区、景观娱乐用水区、过渡区、排污控制区 7 类。

（3）《全国生态功能区划》。2008 年环境保护部发布了《全国生态功能区划》，根据生态系统的自然属性和所具有的主导服务功能类型，将全国划分为生态调节、产品提供与人居保障 3 类生态功能一级区，依据生态功能重要性划分为水源涵养、土壤保持、防风固沙、生物多样性保护、洪水调蓄、农产品提供、林产品提供、大都市群和重点城镇群等生态功能二级区。

2. 河流修复规划单元

河流生态修复规划分为流域、河流廊道和河段三个层次。在制定生态修复规划时，还应在每个层次进一步划分若干规划单元。在同一规划单元内制定一致的河流修复目标、原则和重点。

在流域尺度上，编制黄河、长江、珠江等大江大河的流域生态修复规划，宜按照上、中、下游作为规划单元，其他河流可按流域整体进行规划。

河流廊道生态修复规划单元的划分，首先应参照全国水资源分区方法，采用水资源二级分区，即按照 80 个区划确定规划单元。举例来说，一条河流跨越两个水资源二级区，那么这条河流就划分为两个规划单元。除了水资源分区原则以外，还应参考《全国生态功能区划》的生态功能二级区的划分进行必要的调整。

在河段层次上，可根据生态服务功能进一步划分若干规划单元。如水土保持、生物多样性保护、洪水调蓄、农林牧渔业、城市休闲娱乐和宜居环境建设等功能。《水功能区管理办法》中的河湖单元划分和功能定位，对制定河段的生态修复目标具有指导作用。

无论是河流廊道还是河段，涉及的国家自然保护区和重要湿地，应在规划单元中保持其完整性。

5.2　水生态修复目标和指标

水生态修复目标应该建立在水生态状况评估的基础上。根据生态系统完整性原则，水生态状况的评价是对生态要素的评价，生态要素包括水文、地貌、水体物理化学特征、生物组成与结构 4 个方面。各生态要素需进一步分解为能够代表生态系统结构与功能的若干生态指标。需要建立水生态参照系统，即生态系统理想状态。根据现场调查监测数据，可以确定生态现状与参照系统的偏离程度，掌握水生态系统整体以及各生态要素的退化程度，明确水生态修复目标。根据水生态修复目标，通过建立的水生态状况分级系统，进一步把规划的生态指标定量化。

无论是河流还是湖泊，确定生态修复目标和指标的原理都是一样的。但是河流与湖泊的自然特征不同，因人类活动影响产生的后果也不同，本节重点讨论河流生态修复目标问题，至于湖泊修复问题将在第 7 章专门讨论。

5.2.1　水生态修复定义

水生态修复的定义是：水生态修复（aquatic ecological restoration）是指在充分发挥生态系统自修复功能的基础上，采取工程和非工程措施，促使水生态系统恢复到较为自然的状态，改善其生态完整性和可持续性的一种生态保护行动（董哲仁，2007）。

如上所述，由于我国快速的工业化、城镇化进程，以及对于水资源和水能资源的大规模开发，引起水文情势、河湖地貌形态和水质发生了重大变化，导致我国水生态系统发生严重退化，水生态修复已经成为我国重要而紧迫的战略任务（见 1.6 节）。

水生态修复的目标是促使河湖生态系统恢复到较为自然的状态。这是因为水生态系统的演进是不可逆转的，试图把已经退化的水生态系统完全恢复到原始生态状况是不现实的，而"重新创造"一个新的水生态系统更是不可能的。现实的目标是部分恢复水生态系统的结构、功能和过程，改善生态系统的完整性和可持续性。为实现水生态修复的目标，一方面，要采取适度的工程措施进行引导；另一方面，也要充分发挥自然界自修复功能，促进生态系统向健康方向演进。水生态修复采取的策略应是工程措施和非工程措施并重。这里所说的"非工程措施"，包括生态保护立法和执法、流域综合管理以及生态管理等。

5.2.2　河流生态系统现状描述和历史对比分析

1. 河流生态系统现状描述

河流生态系统现状是指规划现状基准年的河流生态状况，它是河流生态修复规划设计的依据，也是河流生态修复工程的起始状况。这项工作需要规划人员通过勘察、监测和资料收集，对以下 8 类问题进行描述：①社会经济及历史文化背景；②气候、水文特征；

③地质、土壤特征；④河流地貌；⑤水质；⑥生物多样性；⑦生物栖息地；⑧工程设施。每一门类包含若干分项。河流现状描述需要的资料见表 5.2-1，所列各分项又分别发生在不同尺度范围内。表 5.2-1 按照流域、河流廊道和河段三种尺度划分并列出不同尺度对应的分项。比如水土流失是在流域尺度内发生的；泥沙输移淤积以及河势变化是在河流廊道尺度内发生的；河流的蜿蜒性特征和深潭-浅滩序列是在河段尺度内显现的。有关河湖调查方法，已经在 3.1 节做了详细介绍。

表 5.2-1　　　　　　　　　　　　　　河 流 现 状 描 述 表

序号	类别	尺　　　　度		
		流　域	河 流 廊 道	河　段
1	社会经济及历史文化背景	国内生产总值 GDP，人均平均收入，土地利用方式变化，水资源和水电资源开发状况，自然保护区，自然遗产	自然景观，历史遗产，人文景观，重要湿地，人群健康状况	自然景观，历史文化遗产，人文景观，城镇化进程，旅游休闲功能需求，宜居环境
2	气候、水文特征	多年平均降雨量，多年平均气温，蒸发量，历史暴雨、洪水，风暴潮，年、季径流量，径流过程，地下水及与地表水的转化迁移	年、季径流量，径流过程，泥沙输移和淤积，地下水及与地表水的转化迁移，蒸散发	年、季径流量，径流过程，流速变化，水温，河道与河漫滩洪水脉冲过程，地表水和地下水的交换，蒸散发，空气湿度，泥沙与营养物输移
3	地质、土壤特征	流域地区地质构造，土壤侵蚀和水土保持	地表及次表面岩石及其他表层含水层，河床侵蚀	土壤化学和物理特征、渗透性、有机物含量，土体稳定性，土壤微型动物
4	河流地貌	河流与湖泊连通性、水网连通性，河流纵向连续性，河流河势变化及稳定性	河流纵坡，河流蜿蜒性特征（振幅、长度、曲率半径），河流水下地形	河道与河漫滩侧向连通性，河床材质透水性，河床横断面宽深比，急流与深潭比例，河漫滩地形，江心岛，城市水面面积比
5	水质	水质类别，水功能区水质达标状况	湖库富营养化指数，纳污性能	水质类别，污染源调查分析，污染控制
6	生物多样性	生态系统完整性和可持续性，物种完整性，遗传，土著物种状况	生物种群，物种多样性，珍稀鱼类生物存活状况，外来物种威胁程度、濒危物种风险	生物生产量、稳定性和繁殖活力，生物丰度、生产量、生长速率、寿命、繁殖活力，病害
7	生物栖息地	生态区划，自然保护区	鱼类栖息地状况，鱼类洄游通道，河漫滩植被覆盖程度	水温、水坝下游水温恢复距离，地貌单元多样性
8	工程设施	大型枢纽工程，调水工程	水库，闸坝，堤防，治河、航运、灌溉工程	闸坝、堤防、供水和灌溉设施，旅游休闲设施，文化教育设施

2. 历史对比分析

历史资料的收集主要集中在以下方面：①水文；②土地利用方式变化及城镇化进程；③水质；④植被格局；⑤生物多样性。

现状与历史状况的对比分析集中在以下几个方面：①土地利用方式的变化，包括城镇化影响；②水坝建设和治河工程影响；③水质变化；④水文情势变化，既包括水量的变化，也包括径流过程的变化；⑤河漫滩植被格局变化；⑥鱼类和水生生物的物种多样性变化；⑦栖息地和生物群落多样性变化。这些变化发生在不同的空间尺度上，其对河流生态系统的影响可能发生在更大的尺度上（表 5.2 - 2）。

表 5.2 - 2　　　　　　　　　　　　　　生态状况现状与历史对比

类别	尺　　度		
	流　域	河流廊道	河　段
人类活动	城镇化，水资源开发，水污染，水土流失，大型水库，跨流域调水工程	水污染，水电站和水库，治河工程和堤防，湖泊围垦，过度捕捞	水污染，治河工程和堤防，采砂，湖泊及河漫滩围垦，热电厂温排放
生态因子	水文情势变化，土地利用方式变化，土壤侵蚀	水文情势变化，河漫滩植被格局变化，生物多样性变化，水质变化，泥沙输移	水质变化，生物物种多样性变化，栖息地数量与质量变化

河流现状描述以及与历史状况的对比分析，是论证河流生态修复必要性的基础。通过现状与历史状况对比分析，可以识别河流生态系统的演进趋势，回答生态系统总体上是退化还是严重退化抑或基本维持动态平衡这样一些基本问题。如果河流生态系统退化到一定程度，即靠河流本身自修复能力已经无法恢复的情况下，那么河流生态修复就成为必然的选择。

5.2.3　河流生态状况分级系统

河流生态状况分级系统是河流生态修复目标定量化的有用工具。在这个系统中，定义未大规模开发的自然河流生态状况作为参照系统，是最佳理想状况。定义河流生态系统严重退化状况作为最坏状况，中间分成若干等级，据此构造分级体系表（董哲仁，2013）。

1. 指标矩阵

分级系统表分为要素层、指标层和等级层 3 个层次。生态要素包括生物质量、水文情势、物理化学和河流地貌形态 4 类。生态要素层下设若干生态指标，生态指标的数量，根据具体项目规模和数据可达性确定。生态指标下设 5 个等级，即优、良、中、差、劣。

首先，需要定义一个河流参照系统，参照系统是自然河流生态状况，可以近似认为水资源大规模开发前的河流生态状况是近自然状况。建立参照系统需要开展大量的基础工作，包括河流调查、生物调查，收集历史与现状数据资料，在大量数据支持下，按照统计学原理结合专家经验，确定各项指标值。有些指标如水质类指标有相关国家或行业标准，可以直接引用。建立参照系统的具体方法见 3.2.5 节。

在分级系统中，把参照系统状况定为"优"等级。然后，以河流生态系统严重退化状况作为最坏状况，定为"劣"等级，其表征是栖息地严重退化，生物群落多样性严重下降，甚至导致水生生物死亡。在"优"与"劣"之间又划分"良""中"和"差"3 级，形成优、良、中、差、劣 5 级系统。所谓生态状况"优"，表示生物质量、水文情势、地貌形态和物理化学等生态要素均达到理想状况。所谓"良"表示受人类活动影响，各生态要素均发生一定改变。所谓生态状况"中"，表示各生态要素均发生中等变化。所谓生态状况"差"，表示各生态要素均发生重大变化。所谓生态状况"劣"，表示各生态要素均发生严重变化,生物群落大部分缺失,生物大批死亡。

按照生态状况分级原则,构造生态状况指标赋值矩阵,其步骤如下:①按照上述构建河流生态状况参照系统方法,给"优"等级的各项生态指标赋值。②依据不同类别的生态要素特征,确定赋值准则。③以参照系统的理想标准值为基准,按照与理想标准值的偏离程度(变化率),将各生态指标分 5 个等级。生态指标与理想标准值的比值,是一个无量纲值,以 100 计分,"优"等级记为 100,其他等级依次递减,不同类别生态指标递减程度需符合赋值准则。这样就构造了生态状况指标赋值矩阵。

表 5.2-3 是一个河流生态状况指标赋值矩阵范例。该矩阵中,生态要素包括生物质量、水文情势、物理化学、河流地貌共 4 类。生态要素层下设 10 项生态指标。其中,生物要素下设丰度和生物量 2 项指标;水文情势要素下设生态基流和水文过程 2 项指标;物理化学要素下设水质、水温和一般状况 3 项指标;地貌形态要素下设连续性、连通性和河流形态 3 项指标。

采用矩阵下标表示法构造指标矩阵。表 5.2-3 中的 10 项指标分别用 a、b、c、d、e、f、g、h、i、j 表示。下标的标注方法如下:规定第一个下标表示要素层,令生物、水文、物理化学、河流地貌等 4 类要素层的下标编号分别为 m、n、o、p。规定第二个下标表示等级层,令等级层的优、良、中、差、劣的下标编号分别为 1、2、3、4、5。举例:指标 c_{n2} 中的 c 表示生态基流指标,第 1 个下标为 n,表示属水文要素类;第 2 个下标为 2,表示属于"良"等级。这样指标 c_{n2} 表示水文类要素,生态基流指标,等级为良。

对于生物质量类指标,评价物种可以有多种,包括浮游植物、大型水生植物、鱼类和底栖无脊椎动物等。在这种情况下,要素层下标 m 需要赋值,m=1,2,3,4。其中,规定浮游植物 m=1,大型水生植物 m=2,鱼类 m=3,底栖无脊椎动物 m=4。例如 b_{43} 则表示生物要素类,底栖无脊椎动物,生物量指标,等级为"中"。

多个评价物种的指标需经过数学方法处理得到生物质量的综合指标。按照以上规则即构造了一个指标矩阵,然后按照"优"等级折减方法,为所有指标赋值,形成河流生态状况分级系统(表 5.2-3)。用这种方法既能表示出指标所属生态要素类别,又可表示所属等级,矩阵格式也方便计算机存储运算。

表 5.2-3　　　　　　　　　　河流生态状况指标赋值矩阵

要素层			生物质量		水文情势		物理化学			河流地貌		
要素层编号			m		n		o			p		
指标层			丰度	生物量	生态基流	水文过程	一般状况	水质	水温	连续性	连通性	河流形态
指标			a_m	b_m	c_n	d_n	e_o	f_o	g_o	h_p	i_p	j_p
等级层	优	1	a_{m1}	b_{m1}	c_{n1}	d_{n1}	e_{o1}	f_{o1}	g_{o1}	h_{p1}	i_{p1}	j_{p1}
	良	2	a_{m2}	b_{m2}	c_{n2}	d_{n2}	e_{o2}	f_{o2}	g_{o2}	h_{p2}	i_{p2}	j_{p2}
	中	3	a_{m3}	b_{m3}	c_{n3}	d_{n3}	e_{o3}	f_{o3}	g_{o3}	h_{p3}	i_{p3}	j_{p3}
	差	4	a_{m4}	b_{m4}	c_{n4}	d_{n4}	e_{o4}	f_{o4}	g_{o4}	h_{p4}	i_{p4}	j_{p4}
	劣	5	a_{m5}	b_{m5}	c_{n5}	d_{n5}	e_{o5}	f_{o5}	g_{o5}	h_{p5}	i_{p5}	j_{p5}

2. 指标赋值准则

（1）生物质量。生物质量包括丰度（a_m）和生物量（b_m）2 项指标，可选择浮游植物（$m=1$）、大型水生植物（$m=2$）、鱼类（$m=3$）和底栖无脊椎动物（$m=4$）作为评价物种，其指标赋值准则分述如下：

1）浮游植物（$m=1$）。$a_{m1} \sim a_{m5}$，$b_{m1} \sim b_{m5}$——以植物物种的类别构成、藻类生长状况以及水体透明度等与受到大规模干扰前比较，以变化率为指标，划分 5 个等级。

2）大型水生植物（$m=2$）。$a_{m1} \sim a_{m5}$，$b_{m1} \sim b_{m5}$——大型水生植物类别构成及平均数量与参照系统比较，以变化率为指标，划分 5 个等级。

3）鱼类（$m=3$）。a_{m1}，b_{m1}——鱼类类别构成与参照系统几乎一致。所有特定类别的干扰敏感性物种都存在。鱼类群体年龄结构受人类活动干扰微小，物种的繁殖发育可顺利进行。

a_{m2}，b_{m2}——由于人类活动对水质和水文过程影响，鱼类的构成和数量与特定的生物群落相比发生了一定变化。鱼类群体的年龄结构受到干扰，个别物种的繁殖发育失败，某些鱼类的年龄段缺失。

a_{m3}，b_{m3}——由于人类活动对水质和水文过程影响，鱼类的构成和数量与特定的生物群落相比，发生了中等程度的变化。鱼类年龄结构受到干扰的迹象明显，个别鱼类物种消失或数量降低。

a_{m4}，b_{m4}——由于人类活动对水质和水文过程影响，鱼类的构成和数量与特定的生物群落相比，发生了重大变化。鱼类年龄结构受到严重干扰。

a_{m5}，b_{m5}——由于人类活动对水质和水文过程影响，大量鱼类死亡，渔业资源严重破坏，一些珍稀和特有鱼类物种消失或濒危。

4）底栖无脊椎动物（$m=4$）。$a_{m1} \sim a_{m5}$，$b_{m1} \sim b_{m5}$——底栖无脊椎动物丰度、种类组成、耐受性/非耐受性、食性和栖息地特征与参照系统相比较，以变化率为指标，划分 5 个等级。

（2）水文。$c_{n1} \sim c_{n5}$——生态基流的满足程度，划分 5 个等级。

$d_{n1} \sim d_{n5}$——若按水文过程表示，则与干扰前的自然流量过程相比；若按敏感生态需水表示，则敏感期内水流条件与具有生物目标的敏感生态需水相比。二者均以偏差率为指标，划分 5 个等级。

（3）物理化学。$e_{o1} \sim e_{o5}$——以规划区水功能区水质达标率为指标评估，划分 5 个等级。

$f_{o1} \sim f_{o5}$——以水环境质量标准和水污染物排放标准为依据，以污染物入河控制量、纳污能力、湖库富营养化指数为指标，划分 5 个等级。

$g_{o1} \sim g_{o5}$——结合敏感生物物种目标，水工建筑物下泄水流水温与自然水流水温的偏差率，划分 5 个等级。

（4）河流地貌。$h_{p1} \sim h_{p5}$——连续性指标。考虑营养物质、泥沙输移条件和鱼类洄游条件，以纵向连续性指数为指标，划分 5 个等级。

$i_{p1} \sim i_{p5}$——连通性指标。考虑滩区漫滩效应、河湖连接、水网连通条件，以河流横向连通性指数或河湖、水网连通性指数为指标，划分 5 个等级。

$j_{p1}\sim j_{p5}$——河流形态指标。与干扰前河流蜿蜒性、宽深比、岸坡结构和河流基质相比较，以变化率为指标划分 5 个等级。

3. 简易赋值方法

为简化计算，小型河流可以采用简易赋值方法。以参考系统值为基准，各生态要素的其他等级按照变化率 ϕ_i 折减，用以表示与参考系统的偏离程度，获得不同等级的指标。不同生态修复项目的变化率 ϕ_i 取值应根据当地自然条件、水资源开发程度以及水质现状具体确定。表 5.2-4 给出了生态状况等级划分参考值。举例，"中"等级的水文类指标值变化率 $\phi_i=60\%$；"良"等级地貌类指标值变化率 $\phi_i=80\%$，等等。

表 5.2-4　　　　　　　　　　生态指标变化率参考值

等级	生态指标变化率/%				等 级 描 述
	生物质量	水文情势	物理化学	地貌形态	
优	100	100	100	100	参照系统状况
良	70	80	90	80	由于人类活动影响，生态要素发生一定变化
中	50	60	70	60	由于人类活动影响，生态要素发生中等变化
差	30	40	50	40	由于人类活动影响，生态要素发生重大变化
劣	10	20	30	20	由于人类活动影响，生态要素发生严重变化。生物群落大部分缺失，生物大批死亡

4. 生态现状与参照系统对比分析

生态现状与历史状况的对比分析，是理解河流生态系统演替趋势的重要方法。利用河流生态状况分级系统，把现状调查数据填进分级表，然后与等级"优"的相应指标进行对比，就可以掌握该项生态指标与参照系统的偏离程度。举例，表 5.2-5 中，现状生态指标标记为▲，可以查出河流生态现状水体物理化学一般状况指标、水质、河流地貌形态 3 项指标均为"差"，水温指标为"良"，其余 6 项为"中"。分析指出，由于人类大规模活动，导致水环境污染和河流自然地貌条件发生较大改变，致使水质和地貌形态（蜿蜒性、连通性等）等指标发生较大偏离。

表 5.2-5　　　　　　　　　　生态修复指标定量化举例

要素层			生物质量		水文		物理化学			河流地貌		
要素层编号			m		n		o			p		
指标层			丰度	生物量	生态基流	水文过程	一般状况	水质	水温	连续性	连通性	河流形态
指标编号			a_m	b_m	c_n	d_n	e_o	f_o	g_o	h_p	i_p	j_p
等级层	优	1										
	良	2	★	★	★	★	★	★	▲	★	★	
	中	3	▲	▲	▲	▲				▲	▲	★
	差	4					▲	▲				▲
	劣	5										

注　★表示规划生态指标；▲表示现状生态指标。

5.2.4　河流生态修复目标定量化

1. 规划生态指标计算方法

规划生态指标是河流生态修复规划的预期值。河流生态修复目标应分解为水文、河流地貌形态、水体物理化学和生物群落多样性等 4 类若干规划生态指标。评估一个竣工的河流生态修复项目是否达到预定目标，需评估是否达到各项规划生态指标。规划生态指标是河流生态修复工程项目验收的依据。需要强调，生态指标应该是定量的，能够监测和评估。修复指标不能用抽象甚至夸张的语言代替。比如"实现人水和谐""打造生态河流"以及"水清、岸绿、流动、通畅""绿色、健康、美丽、宜居""龙脉、银河、仙境"等，这些表述都不适合作河流生态修复的指标。

利用河流生态状况分级系统，计算规划生态指标的步骤是：①把现状调查、监测获得的数据，填入生态状况分级系统表格中，所谓"对号入座"，明确生态现状分项等级位置。②在分析修复工程项目的可行性和制约因素基础上，论证生态指标升级的可能性和幅度。工程项目制约因素包括投入资金、技术可行性、自然条件约束（降雨、气温、水资源禀赋等）及社会因素约束（移民搬迁、居民意愿等）。③根据论证结论，将现状生态指标适度升级，成为规划生态指标。④计算规划生态指标数值 E_i，按照下式计算：

$$E_i = E_1 \phi_i \tag{5.2-1}$$

式中：E_i 为规划生态指标数值；E_1 为"优"等级生态指标赋值；ϕ_i 为生态指标变化率；下标 $i = 2, 3, 4, 5$，分别代表良、中、差、劣等级。

【举例】　如表 5.2-5 所示。表中，▲表示现状生态指标，★表示规划生态指标。该河流生态现状为：水体物理化学一般状况、水质、河流地貌形态 3 项指标均为"差"，水温指标为"良"，其余 6 项为"中"。通过论证，在现状基础上升级，把生态修复总体目标确定为"良"。其中生物丰度、生物量、生态基流、水文过程、连续性和连通性分别提升 1 个等级，均达到"良"。通过大力治污，水体物理化学一般状况、水质指标分别提升 2 个等级，跃升为"良"。水温保持"良"。河流地貌形态的修复受已建工程和征地移民等条件约束，上升 1 个级别达到"中"。确定规划生态指标等级后，即可按照式（5.2-1）计算规划生态指标数值。

2. 河流生态状况分级系统原理

河流生态系统在自然力和人类活动双重作用下长期处于演替过程中，河流生态系统的所有属性都是动态的。图 5.2-1 表示一条河流生态综合状况 C 随时间 t 的变化曲线。在人类对河流进行大规模开发改造以前，河流处于自然状况，认为河流生态系统结构与功能都是健康的，其状况表示为 C_0。由于人类活动干扰加上气候变化等自然因素的影响，生态系统发生明显退化。为遏制退化趋势，在 t_1 时刻开始进行河流生态修复规划并予以实施。在规划初期，先建立生态状况标尺如图右侧。首先，建立参照系统，把理想的自然状态 C_0 作为标尺的"优"等级。然后，以生态状况严重退化，水生生物死亡为最"差"等级，进而划分优、良、中、差、劣 5 个等级形成标尺。图中 t_1 时刻，河流生态状况处于"中"级下边缘。假设经论证，生态修复规划目标定为"良"，由"中"升级到"良"，生态综合状况差别为 ΔC_1。为缩短这个差距，需要采取一系列工程和非工程措施，这就是规划中的修复任务内容。由于诸多不确定因素作用，河流生态修复是一个不确定过程。通过监测可以掌握系统的演替趋势。如图 5.2-1 所示，生态状况可能有 3 种演替趋势，一种向良性方向发展，按照规划设想达到"良"等级如曲线 a_1；另一种可能是遏制了退化趋势，维持现状等级"中"如曲线 a_2；最后一种是继续恶化如曲线 a_3。

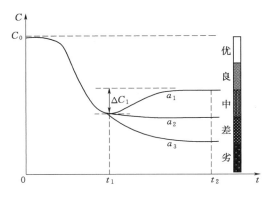

图 5.2-1　河流生态系统演替过程示意图

综上所述，制定生态状况分级系统的基本依据是设定参照系统，即"优"等级理想状况，这个状况界定为人类大规模开发水资源以前的近自然状况，是曾经客观存在的。以参照系统状况为基准划分若干等级，按照与理想状况的偏离程度确定各个等级对应的生态指标，同样具有客观物质基础。采用这样的策略，可以在一定程度上避免制定生态修复规划的主观随意性。

5.3　规划设计基本原则

水生态修复规划要遵循自然规律，尊重自然，顺应自然，保护自然。水生态修复还应遵循社会发展规律，实现社会、经济和生态环境协调发展。

5.3.1　协调发展原则

我国水资源短缺、水环境污染、水生态退化日趋严重，已经成为社会经济发展的瓶颈之一。水生态保护与修复，应该与水资源管理、水环境综合治理协调发展。具体落实在水生态修复规划编制上，水生态修复规划应服从流域综合规划、水资源保护规划并与其他相关规划协调与衔接。

水生态修复规划应服从流域综合规划。《中华人民共和国水法》规定："开发、利用、节约、保护水资源和防治水害，应当按照流域、区域统一制定规划。规划分为流域规划和区域规划。流域规划包括流域综合规划和流域专业规划；区域规划包括区域综合规划和区域专业规划。""流域范围内的区域规划应当服从流域规划，专业规划应当服从综合规划。"水生态修复规划属于水资源保护专业规划，应服从流域综合规划的基本原则和要求。流域水资源合理配置是流域综合规划的重要内容之一，其核心是科学地配置流域内生活用水、生产用水和生态用水，坚持水资源的可持续利用，促进社会、经济和生态环境协调发展。

水生态修复规划应服从水资源保护规划。《全国水资源保护规划》按照"以人为本""人水和谐"和"水量、水质、水生态"并重的原则，以水功能区为主线，建立、健全水资源保护与河湖健康保障体系。规划全面调查和科学评价了我国水资源保护现状和存在的主要问题；提出了我国今后一个时期水资源保护的战略目标和主要任务；针对近、远期保护目标，提出了包括水功能区排污总量控制方案、入河排污口布局与整治、饮用水源地保护、生态需水保障、水生态保护与修复、地下水保护、水资源保护监测以及水资源保护综合管理等规划措施；提出了重点流域区域综合治理措施规划；提出了规划项目、投资规模、近期重点实施安排以及保障措施。

水生态修复规划应与国务院批复的《全国重要江河湖泊水功能区划》（2011—2030年）相协调。水功能区是指为满足水资源合理开发、利用、节约和保护的需求，根据水资源的自然条件和开发利用现状，按照水资源与水生态系统保护和经济社会发展要求，依其主导功能划定范围并执行相应水环境质量标准的水域。水功能区划是水资源开发利用与保护、水环境综合治理和水污染防治等工作的重要基础。

水生态修复规划要与流域和区域防洪规划相协调。防洪规划确定了防护对象，治理目标和任务、防洪措施和实施方案，划定洪泛区、蓄滞洪区和防洪保护区的范围，规定蓄滞洪区的使用。水生态修复规划区的防洪标准要与防洪规划相一致。河漫滩的生态修复要结合洪泛区、蓄滞洪区防洪功能建设综合考虑。

水生态修复规划要与国土规划相衔接。国土规划确定了一个地区主要自然资源的开发规模、布局和步骤；确定人口、生产、城镇的合理布局，明确主要城镇的性质、规模及其相互关系；合理安排交通、通信、动力和水源等区域性重大基础设施；提出环境治理和保护的目标与对策。制定水生态修复规划，必须充分考虑规划区内土地利用的未来开发状况，确定河流生态修复的总体布局、规模和标准。

涉及的其他相关规划还有流域或区域水环境保护规划、水污染防治规划、城市市政建设规划、自然保护区规划、社会主义新农村建设规划等，所有这些规划，都需要统筹考虑，相互衔接。

5.3.2　生态完整性原则

水生态完整性是指水生态系统结构与功能的完整性。水生态要素包括水文情势、河湖地貌形态、水体物理化学特征和生物组成，各生态要素交互作用，形成了完整的结构并具备一定的生态功能。这些生态要素各具特征，对整个水生态系统产生重要影响。生态完整性强调生态系统的整体性，任何生态要素的退化都会影响整个生态系统的健康。

恢复水生态系统的完整性，是水生态修复的重要任务。这就意味着水生态修复应该是河湖生态系统的整体修复，修复任务应该是包括水文、水质、地貌和生物在内的全面改善。恢复水生态系统的完整性，其核心是恢复各生态要素的自然特征，即水文情势时空变异性；河湖地貌形态空间异质性、河湖水系三维连通性；适宜生物生存的水体物理化学特性范围以及食物网结构和生物多样性（见1.5节）。

在改善河流水文情势方面，不仅需要恢复水量，也需要恢复自然水文过程。由于人类社会对于水资源的开发利用，试图恢复到大规模开发以前的水文情势是不现实的，只能实现部分恢复。通过制定环境水流标准，优化配置水资源，合理安排生产、生活和生态用水，以满足生态用水需求。另外，通过模拟自然水文过程，改善大坝电站的调度方式，以适应鱼类和其他水生生物的繁殖生长需求。在修复河湖地貌形态空间异质性方面，恢复河流蜿蜒性，重建深潭-浅滩序列；恢复河流横断面的地貌单元多样性，包括恢复河槽断面几何非对称形状，河滨带和河漫滩的植被恢复和重建；行洪通道的清理及河漫滩各类地貌单元包括洼地、沼泽、湿地、故道和牛轭湖的恢复。在修复河湖水系三维连通性方面，通过工程措施和调度措施，促进上下游连续性；地表水与地下水连通性；河道与河漫滩连通性；河湖连通性和水网连通性；增加水体动力性。在适宜生物生存的水体物理化学特性范围方面，重点是通过源头治理、污染控制、水库调度、曝气、河岸遮阴等措施，使水温、溶解氧、营养物和其他水质指标满足本土种生物需求。在生物方面，除了重点保护珍稀、濒危和特有生物以外，还应创造条件，完善"二链并一网"的河湖食物网结构（见 1.5.5 节）。

如果忽视生态完整性修复，仅修复单一的生态要素（如保证生态基流），往往难以达到修复目标。对于一个具体项目，河湖生态系统的整体修复不等于面面俱到地修复全部生态要素，而应通过对水生态系统的全面评估和健康诊断，识别生态系统的主要问题，在重点生态要素上采取修复措施（见 5.2 节）。

5.3.3　自然化原则

一般认为，人类大规模开发活动前的河流状况接近自然状态，并称为自然河流。当然，这不是严格意义上"原始"状态的自然河流，只是为便于获取规划设计所需数据的一种界定概念。自然河流保留了原始河流大量的天然因素，成为特定条件下大量生物群落的适宜栖息地，从而构造成较为健康的水生态系统。人类社会大规模开发水资源和改造河流，包括对河流自然水文情势的改变和控制，对河流自然地貌形态的人工化改造，加之严重水污染等因素，成为水生态系统退化的主因。水生态修复的主要目标是恢复自然河流生态要素的自然特征。

河湖自然化的措施是多方面的。在改善水文条件方面，制定环境水流标准，改善水库调度方法，恢复自然水文情势的部分特征；在地貌修复方面，遵循生境多样性原理，恢复河流形态的蜿蜒性、空间异质性和连通性；在物理化学特征方面，通过防污治污等措施，满足生物群落的生存、繁殖要求；在生物方面，通过恢复河流自然栖息地的部分特征，促进生物多样性的恢复。

在这里，特别强调恢复自然河湖美学价值问题。如上所述，文化功能是水生态服务的四大功能之一，其中河湖的美学价值更是宝贵的自然遗产（见 1.4.1 节）。河湖的美学价值其实质是河湖的自然之美，其核心是河湖的生态之美。生态之美主要体现在生态景观多样性和生物群落多样性这两个基本要素上。千百年来人们对于河流湖泊的热爱，无论是高山飞瀑、峡谷激流、还是苍茫大江、潺潺小溪，其形态、流动、韵律、色彩、气息、声音无不引起人们的欢愉之情。至于江河湖泊所特有的"日出江花红胜火，春来江水绿如蓝"，"西塞山前白鹭飞，桃花流水鳜鱼肥。"所描述的丰富多彩的生物多样性更令人赞赏不已。当我国进入工业化、城市化的历史时期以后，大量人口生活在由混凝土、沥青、钢铁、塑料、玻璃、机械和电缆等这些人工材料构筑城市中，高度的人工化环境再加上污染、噪声、异味和堵车、拥挤，形成了大城市综合征。生活在高楼大厦丛林中的人们已经难于接触养育我们的泥土，看不到森林野草，听不到秋虫的鸣叫，城市居民对于自然的依恋心理愈发强烈。所幸在高度人工化的城里或城外，还有一条流淌着生命的河流或静谧蓝色的湖泊，几乎成了唯一的自然景观因子。这使人们对自然河湖寄托着无尽的期望。

但是事与愿违。快速的工业化、城市化进程，使水生态系统面临前所未有的困境。在几十年的建设中，自然江河湖泊被大规模人工化，导致河湖的美学价值遭到严重破坏。所谓人工化包括以下方面：①渠道化。蜿蜒曲折的天然河流裁弯取直，改造成直线或折线型的人工河道或人工河网；把自然河流的复杂断面变成梯形、弧形等几何规则断面；采用混凝土或浆砌块石等不透水材料做护坡护岸，使得岸坡植物不能生长。②园林化。一些城市河段被园林化改造，表征是引进名贵花草树木，堆砌外来山石，把城市河段设计成人工园林。还有沿河建造密集的亭台楼阁，水榭船坞。更有甚者，利用地方史穿凿附会，改变原有的河流地貌格局，建造所谓水城、码头，沿河修建牌楼、雕塑、寺庙、祠堂等"仿古"建筑物，这些密集建筑物把原本美丽的河流变成了一条假古董河流。③商业化。其表征是沿河建设繁华的商业区。建造茶楼酒肆，娱乐场所，码头驳岸，有仿古游船穿梭其间，灯红酒绿，丝竹悦耳。至于餐饮污水、垃圾污染、空气和噪声污染自不待言。严重者，侵占河漫滩行洪滞洪区，开发房地产，设置高尔夫球场等，不仅侵占了公共休闲空间，更成为违反《中华人民共和国防洪法》的违法行为。河湖人工化的后果，不但破坏了河湖自然栖息地，降低了生态服务功能，更使河湖的美学价值遭到破坏。

总之，恢复河湖自然特征和美学价值，就要去渠道化，去园林化，去商业化，实行河湖自然化，这应成为水生态修复的主要目标之一。

5.3.4　自修复原则

生态系统的自组织（self-organization）是指生态系统通过反馈作用，依照耗能最小原理使内部结构和生态过程建立、发展和进化的行为。自组织是生态系统的一种基本功能，它是对本质上不稳定和不均衡环境的自我重新组织。生态系统自组织功能表现为生态系统的自修复能力和系统的可持续性。

自组织的机理是物种的自然选择，也就是说某些与生态系统友好的物种，能够经受自然选择的考验，寻找到相应的能源与合适的环境条件。在这种情况下，生境就可以支持一个能具有足够数量并能进行繁殖的种群。自组织的驱动力来源于生态系统内部而不是外部。

生态系统的自组织功能对于生态工程学具有重要意义。国际著名生态学家H. T. Odum 认为："生态工程的本质是对自组织功能实施管理"（1989）。Mitsch（2004）认为："所谓自组织也就是自设计。"自组织、自设计理论的适用性还取决于具体条件，包括气候、水量、水质、土壤、地貌、水文特征等生态因子，也取决于生物的种类、密度、生物生产力、群落稳定性等多种因素。

生态工程设计是一种"指导性"设计。生态工程与传统水利工程具有本质区别。像设计大坝这样的水工建筑物是一种确定性的设计，大坝的几何特征、材料强度和应力应变都是在人的控制之中，建成的水工建筑物最终可以具备人们所期望的功能。河流修复工程设计与此不同，生态工程设计是一种指导性的辅助设计。在河流生态修复项目的规划设计阶段，很难预测未来河流的生物群落和物种状况。只有依靠生态系统自设计、自组织功能，由自然界选择合适的物种，形成合理的结构，从而最终完成和实现设计。成功的生态工程经验表明，人工与自然力的贡献各占一半。人工的适度良性干扰，是为生态系统自设计、自组织创造必要条件。像增强栖息地多样性这样的工程，仅仅是为生物群落多样性创造了必要条件（董哲仁，2003）。在工程实际中，修复退化的湖泊、湿地，提高了栖息地质量，进而吸引了大量水禽鸟类，丰富了生物群落多样性。说明"筑巢引凤"战略明显优于直接引进动植物方法。又如河流护坡护岸工程采用格宾石笼、块石挡土墙和石笼垫结构，无须种树种草，经过一两年时间，自然长出土著物种植被，既符合自然规律，又可降低工程造价。

河流生态修复战略中，有一种"无作为选择"（do nothing option），主要依靠河流生态系统自调节（self-adjust）和自组织功能，即人们尽可能不去干预，让系统按照其自身规律运行和恢复。遵循这种战略，管理者只施行最小限度的干预或者索性"无为而治"，也无须规划设计改善栖息地的特征和功能，这种方法经济成本不高，却可能收到事半功倍的效果。作为成功范例，我国从 20 世纪 90 年代推行的封山育林、退耕还林、退耕还湖、退耕还草等举措，已经取得了明显成效。资料表明，一些退耕和休牧的退化土地，在封育后经过 3~5 年，灌草植被已经恢复到 60% 以上。

根据自修复原则，需要加强水生态修复项目的监测和评估，按照适应性管理方法，不断调整修复策略，以实现生态修复的目标。

5.4　流域生态修复工程优先排序

流域生态修复工程包含若干修复项目，流域内干支流有大量的修复项目备选，但是由于受到资金、效益、技术可行性、水资源禀赋和土地利用等条件限制，只有部分甚至少量项目能够列入规划。因此需要制定流域生态修复工程优先排序规划。

5.4.1　优先排序规划

制定生态修复工程项目优先排序规划十分重要。首先，修复项目的先后顺序要符合生态修复规律。因为有些修复项目的成功取决于另一个项目的完成。例如，一个位于大坝上游洄游鱼类栖息地修复项目，取决于这个大坝的拆除或鱼道增建，障碍物处理项目就应优于其上游栖息地修复项目。其次，合理的修复项目排序，可以遴选生态效益高的项目，淘汰生态效益低的项目，使资金利用更为有效。最后，优先排序明确了项目的轻重缓急，流域内的重大生态修复工程可以分期实施。

流域或区域生态修复工程优先排序，要遵循科学的方法，既要反映生态修复的自然规律，又能符合资金合理使用的经济规律。优先排序方法有多种，可以采用简单计算方法，也可以采用计算机模型。

1. 修复工程类型、目标、指标

生态修复工程类型不同，采用的优先排序准则不同。所以，制定生态修复工程优先排序规划，首先要明确生态修复工程的类型、目标和指标。表 5.4-1 列出了几种生态修复工程的目标和考核指标。举例说明，表中"河流生态系统保护与修复"是一种全面、综合的修复工程，目标是河流生态系统完整性恢复，涉及的指标包括水文指标，水质指标，河流地貌形态指标，河势稳定性指标。表中"恢复和保护濒危洄游鱼类"修复工程，目标相对单纯，主要是恢复河流连通性，指标包括流域地形地貌指标；洄游障碍物指标；洄游鱼类及其洄游习性指标；指标数量相对较少。再如"风景旅游区生态保护与修复"工程，目标是"提升生态景观美学价值"，涉及的指标不但有生态服务指标，而且包括旅游经济指标，优先排序时还要权衡造价/效益关系。附带说明，表5.4-1中涉及的各类指标及计算方法，在本书的相关章节中都有阐述。例如，水文指标包括5种水文组分：水量、频率、时机、延续时间和过程变化率，共33项参数（详见4.2.6节）。栖息地评价指标包括水文特征、水质特征、生物特征、地貌形态特征和社会经济共6类，共34个参数（详见3.2.5节）。当然，在进行优先排序时，不需要采用全部指标，只需要选取带有标志性的部分指标，这样可以简化计算工作。

表 5.4-1　　　　　　　　　修复工程类型与目标、指标对照表

修复工程类型	修复项目优先排序规划	
	目　标	指　标
河流生态系统保护与修复	河流生态系统完整性恢复	水文指标，水质指标，河流地貌形态指标，河势稳定性指标
河道内栖息地修复与加强	恢复、加强水流与地貌多样化	深潭-浅滩序列指标，生物群落多样性指标，栖息地评价指标
河口、滩涂、海岸带保护与修复	在开发和污染背景下的生态保护与修复	海岸带红树林恢复指标，围海造陆区域生态修复及功能构建指标，沿海滩涂生态化综合开发与管护指标
湖泊水库湿地生态修复	富营养化治理，湖泊湿地生态退化防治	水质指标，水功能区指标，水文指标，生物指标
环境流	改善水文条件	水文指标，水力学指标，生物指标
恢复和保护濒危洄游鱼类	恢复河流连通性	洄游障碍物指标，洄游鱼类及其洄游习性指标，地形地貌指标
风景旅游区生态保护与修复	提高生态景观美学价值	生态服务指标，旅游经济指标
城市生态环境综合治理	提升宜居环境质量	水质指标，水功能区指标，工业废水和城镇污水、垃圾收集、处理与排放指标，河滨带、湖滨带植被指标
河流连通性修复	水资源合理配置，防洪减灾，生态改善	连通度指标，水力学指标，水文指标，生物指标

2. 时空尺度

在制定优先排序规划时，可以把生态修复工程分为3类，不同类型的工程规划尺度不同。第一类是河流生态系统完整性恢复，涉及水文、水质、地貌和生物多样性的全面保护与修复，应该在全流域范围内，对于各重点河段修复项目进行优先排序。第二类是专项修复工程，如河道内栖息地修复与加强项目、城市生态环境综合治理等，可以在流域范围或区域范围内，分别对不同河段和不同城镇项目进行优先排序。第三类是河流连通性恢复、濒危洄游鱼类保护与恢复等工程，因涉及水系、干支流关系，应该在流域范围对河流闸坝和其他障碍物的拆除、改建和改善调度项目进行优先排序。

编制优先排序规划，需要确定规划现状基准年和规划水平年。影响时间尺度的因素包括资金投入、项目规模、技术复杂性以及各个项目间的关联性。另外项目完成与实际效果还存在时间滞后现象。例如，鱼道工程或者鱼类洄游障碍物拆除项目，一般在项目完成后

即可见效。但是像河滨带植被修复项目就需要多年方可见效。在这种情况下，应在优先排序规划中说明项目全部效益达到所需的年限。

5.4.2　优先排序准则

编制生态修复工程优先排序规划，需要先确定优先排序准则。优先排序准则应根据工程性质、特征和自然禀赋等条件，因地制宜地确定。以下列举 5 项可供参考。

1. 有效性

如果一个修复项目能够促使生物多样性改善和提升；促进栖息地发生长期良性变化，栖息地面积得到恢复，质量能够持续改善；能够保护和恢复濒危鱼类或其他生物；而且项目成功的可能性较大；那么这个项目就应该取得优先地位。例如美国北部鲑鱼恢复计划优先排序，按照有效性（持久性、成功可能性、栖息地变化、鱼类丰度增加的可能性）原则编制。

2. 栖息地适宜性

在流域内会有诸多备选的栖息地修复项目。依据保护物种栖息地适宜性评估（见 3.2.5 节）结果，识别适宜性评分较高的栖息地项目。再应用历史资料数据，计算当前栖息地损失比例，得到可恢复的栖息地面积。显然，适宜性高且恢复面积大的项目，应该获得较高级别的排序。"生命周期模型"是更精确的栖息地适宜性评估方法（Reevel 等，1989）。这种方法针对特定保护鱼类，识别生命周期中，哪个生命阶段以及何种类型栖息地是这种鱼类生产力的瓶颈。这样，优先修复这类栖息地就是顺理成章的事。

3. 效益/投资分析

通过同类修复项目的效益/投资分析，效益高的项目应获得较高级别的排序。在效益分析方面，生态修复工程与传统水利工程不同，其效益估算比较复杂。生态修复工程效益主要体现为生态系统服务效益。在 1.4.2 节介绍了生态系统服务价值定量化方法，包括市场定价法、预防成本法、置换成本法、机会成本法等。

4. 自然保护区

依据《中华人民共和国自然保护区条例》的定义，国家级自然保护区是"对有代表性的自然生态系统、珍稀濒危野生动植物物种的天然集中分布区、有特殊意义的自然遗迹等保护对象所在的陆地、陆地水体或者海域，依法划出一定面积予以特殊保护和管理的区域"。截至 2016 年 5 月，已经批准设立的国家级自然保护区共 447 处，其中包含不少珍稀濒危野生水生生物及其栖息地。特别是长江上游珍稀、特有鱼类国家级自然保护区是一个地跨四川、贵州、云南、重庆四省（直辖市）的国家级自然保护区，范围大，保护目标明确。另外还设有专门针对白鱀豚、大鲵、鳄蜥和细鳞鲑等珍稀、特有水生动物保护的国家级自然保护区。在修复项目优先排序时，位于自然保护区的项目应予优先级别。

5. 预期物种多样性、鱼类生产力和栖息地面积

按照预期鱼类物种多样性增加值，从该项目受益的稀有、濒危物种数目，修复栖息地面积恢复程度等指标优先排序。也可以采用预期鱼类密度、渔业生产力提高、单位鱼类产量所需资金投入等生产力指标进行优先排序。

5.4.3　多准则优先排序法

1. 排序准则

按照相关法律法规和技术标准，结合规划流域的具体情况，参照 5.2.4 节内容，从中选择若干优先排序准则。作为示例，表 5.4-2 显示在流域范围内河道内栖息地修复与加强工程项目优先排序准则。共选择了 4 项准则：栖息地预期质量综合评价（见 3.2.5 节）；深潭-浅滩序列数量（见 3.1.1 节）；预期物种多样性评价（见 1.2.4 节）；预期恢复历史栖息地比例。

表 5.4-2　　　　　　　　　河道内栖息地修复与加强项目排序举例

准　　则	计分等级	准　　则	计分等级
1. 栖息地预期质量综合评价	$(PI)_1$	3. 预期物种多样性	$(PI)_3$
优	5	优	5
良	4	良	4
中	3	中	3
差	2	差	2
劣	1	劣	1
2. 深潭-浅滩序列数量	$(PI)_2$	4. 预期恢复历史栖息地比例/%	$(PI)_4$
5	5	80~100	5
4	4	50~80	4
3	3	20~50	3
2	2	10~20	2
1	1	0~10	1

2. 等级计分法

把每项准则的评价结果，划分成若干等级，按照不同等级计分。计分制可以选取 1~4、1~5 等。但是要求各项准则都选用相同的计分制。每个修复项目计分累计相加得到总分，也称优先排序指数 PI（Prioritization Index）。

$$PI = \sum_{i=1}^{n} (PI)_i \qquad (5.4-1)$$

式中：PI 为优先排序指数；$(PI)_i$ 为等级计分值；n 为准则数目。

实际上，各项计分代表各项准则的权重。在等级计分法中，对于权重有两种处理方法：一种是权重相同；另一种是突出重要的准则，预设较大的权重。

把计算结果 PI 值分为若干等级（如 5 级），分别代表排序最高、很高、高、中等和低。把排序分级标注在流域地图上，就得到流域生态修复工程项目优先排序分布图。最后，在优先排序的基础上，依靠专家判断和专业知识完成修复项目优先排序规划。

作为算例，表 5.4-2 中各项准则评价采用 5 级，计分制为 1~5。各计分累计相加得到总分，即优先排序指数 PI，最大可能 PI 值为 20。假设算例 4 项准则计分分别为 $(PI)_1=4$、$(PI)_2=3$、$(PI)_3=2$、$(PI)_4=4$，则 PI=13。在该算例中，为突出栖息地预期质量准则，可以把 $(PI)_1$ 扩大 2 倍处理，$(PI)_1 \times 2=8$，则 PI=17。这样就可以把预期栖息地质量较高的项目排到较为优先的位置。最后把排序等级划分为：最高（PI＞14），很高（PI＝9～14），高（PI＝7～9），中等（PI＝3～7），低（1～3）。

链接 5.4.1　多瑙河鱼类洄游连通性恢复规划

多瑙河是欧洲第二大河。它发源于德国西南部，自西向东流经 10 个国家，最后注入黑海。多瑙河全长 2850km，流域面积约 817000km²，河口年平均流量 6430m³/s，多年平均径流量 2030 亿 m³。多瑙河支流众多，形成了密集的水网，成为众多鱼类种群的栖息地。60 多年来，干流已建和在建水电站共 38 座，总装机容量 5023MW，水能开发利用率为 65%。加上船闸等通航建筑物，多瑙河干流共有 56 座鱼类洄游障碍物。在多瑙河的600 多条支流上也建设了大批水电站和其他建筑物，据统计，分布在多瑙河干流以及主要支流上（流域面积大于 4000km²）的鱼类障碍物和栖息地连通障碍物共 900 多座。

多瑙河干支流上的障碍物对于长距离洄游鱼类如鲟鱼、西鲱鱼造成十分不利的影响。这些鱼类从黑海溯流而上，洄游数千公里到达多瑙河及其支流的上游地区产卵，但是中途遇到阻隔，特别是位于中游—下游交界处的铁门水电站影响甚大。对于中等距离洄游鱼类（大于 200km）如鲷鱼、乌鲹、小体鲟、赤梢鱼属、马鲅、软口鱼属、哲罗鱼和鳕鱼，由于障碍物阻隔，洄游也受到相当程度的影响。

多瑙河生态状况不能满足欧盟水框架指令（WFD）的环境要求，拆除鱼类洄游障碍物和设施是改善河流鱼类种群生态健康的关键，恢复流域连通性成为最主要的生态修复行动。多瑙河国际合作委员会（ICDDR）与流域各国合作，完成了多瑙河流域管理规划（DRBMP）。由于河道洄游障碍物数量大，而资金、土地、技术等资源有限，这就需要对于大量的障碍物进行优先排序，按照轻重缓急进行遴选，以此为基础制定连通性恢复行动计划，成为 DRBMP 的一个组成部分。优先排序采取改良的多准则多权重分级计分系统，用优先排序指数 PI 表示（Schmuts 和 Trautweis，2009）。

为保证连通性恢复工程的生态效果，建立了 5 种准则，反映洄游鱼类的特殊需求（表5.4-3）。这 5 项准则分别是：①洄游鱼类栖息地准则。恢复河流连通性首先要满足长距离洄游鱼类在干流洄游，其次满足长距离洄游鱼类在支流洄游，然后满足中等距离洄游鱼类洄游需求，至于短距离洄游鱼类则排序最后。②第一障碍物准则。鱼类从黑海溯源向多瑙河干流及其支流上游洄游产卵，多瑙河干流是长距离洄游鱼类的主要通道。所以位于多瑙河干流的河道障碍物，应给予较高排序。如果河道有多座障碍物，则处于靠下游位置的障碍物应获得比靠上游障碍物相对较高的排序。显然，最高级别的排序给予多瑙河干流最下游的障碍物，这是因为只有最下游的障碍物清除了，对于其上游的栖息地，无论对于长距离洄游还是中等距离洄游鱼类才能有效。③距河口距离准则。障碍物距离河口越近排序越高；反之排序等级越低。④重新连通栖息地长度准则。恢复连通后较长的河流栖息地赋予较高计分，具体按照河段尺度划分等级。⑤保护区准则。如果障碍物位于欧洲保护自然2000 网范围内（European Natura 2000 Network），就会赋予较高的权重。每项准则都划分为若干计分等级。按照改良的多准则多权重分级计分方法，每个障碍物的优先排序指数PI 按照下式计算：

$$PI = M(1 + F + D + L + P) \tag{5.4-2}$$

式中：M 为洄游鱼类栖息地计分；F 为第一障碍物计分；D 为距河口距离计分；L 为重新连通栖息地长度计分；P 为保护区计分。

表 5.4-3　　　　　　　　　多瑙河鱼类洄游障碍物排序准则和计分分级

	准　则	计分		准　则	计分
1	洄游鱼类栖息地准则	M	3	河段距河口距离准则	D
	在多瑙河干流长距离洄游	4		河口上游第一河段	3
	在多瑙河支流长距离洄游	2		河口上游第二河段	2
	中等距离洄游栖息地	1		河口上游第三河段	1
	短距离洄游（河源）	0		河口上游第三河段的上游	0
2	是否位于多瑙河干流？是否河段内第一障碍物？	F	4	重新连通栖息地长度准则（括号内数值针对多瑙河干流）	L
	在多瑙河干流，是	2		>50km，（>100km）	2
	是	1		20~50km，（40~100km）	1
			5	<20km，（<40km）	0
				保护区准则（Natura，2000）	P
	不是	0		是	1
				不是	0

　　式（5.4-3）体现了改良的多准则多权重分级计分系统的设计原则。首先，为恢复连通性遴选出 5 项准则，但是 5 项准则并非是并列的，其中洄游鱼类栖息地准则是最重要的准则，高于其他 4 项。反映在公式中，洄游栖息地计分 M 是基础值，其他 4 项表示为权重。这种算法能够保证在干流阻隔长距离洄游鱼类的障碍物 PI 值高于支流，也高于妨碍中等距离洄游鱼类障碍物的 PI 值。其次，在各项准则中计分分级不同，使不同准则的权重有所区别。即 $M = 0 \sim 4$；$F = 0 \sim 2$；$D = 0 \sim 3$；$L = 0 \sim 2$；$P = 0 \sim 1$。按照式（5.4-2）计算，PI 的最大可能值是 36，最小值为 0（位于河源）。把 PI 值分为 5 级，即最高（PI>13），很高（PI=10~12），高（PI=7~9），中等（PI=4~6），低（1~3）。在流域地图上标出每个障碍物的 PI 值，就可以清楚了解多瑙河连通性恢复项目的优先排序。处于多瑙河下游的障碍物获得最高排序，PI>20，妨碍长距离洄游鱼类的障碍物排序也较高（PI=8~10）。在长距离洄游鱼类障碍物中，位于德国巴伐利亚州河段障碍物较奥地利 PI 高，这是因为前者的重新连通栖息地长度较长（L 值），而且位于欧洲自然保护 2000 网内（P 值）。支流障碍物距河口较近的 PI 值明显高于靠上游的障碍物。总体上，流域内 671 处参与排序障碍物中，有 29 处为最优先排序，99 处获得中等排序，543 处获得低等级排序。另外还有超过 1/4 障碍物目前没有参与恢复连通性排序（PI=0），这些障碍物或位于河源或位于人工渠道。流域内关键问题是位于多瑙河干流中游—下游间的铁门水电站 Ⅰ级、Ⅱ级（Ⅰ级水电站坝高 60.6m，库容 27.7 亿 m³，装机容量 205 万 kW；Ⅱ级水电站水头 8m，装机容量 43.2 万 kW），因其阻隔作用使多瑙河最重要的鲟鱼沦为濒危物种，成为流域内最严重的生态胁迫，直接影响了区域的渔业生产。多瑙河流域管理规划

（DRBMP）要求下一步开展铁门水电站大坝改建可行性规划，目标是允许洄游鱼类特别是鲟鱼能够自由洄游。

优先排序提供了一种指导性意见，至于在什么位置以及什么时候开展连通性恢复工程，那将取决于建设鱼道或者拆除障碍物的技术可能性；也涉及投资和国家生态修复规划。2015 年多瑙河流域国家确定的 108 项帮助洄游鱼类项目开工建设。在欧盟水框架指令 WFD 第二期（2021 年）和第三期（2027 年）期间，将对 600 余项目进行权衡，其中一些洄游障碍物由于技术问题和不成比例的造价问题将不被拆除。

5.5　河湖生态修复措施和技术工具箱

在确定了河湖生态修复的目标、任务和优先排序以后，规划工作下一个任务是选择适宜的技术和措施。本节列出可供选择的河湖生态修复工程措施和非工程措施名录。在选择这些措施时，工程措施与非工程措施应相互补充，相得益彰。需注意各类措施的应用条件，坚持因地制宜的原则。采取的各类工程措施要相互配套，具有技术整合性。通过优化比选，充分论证方案的技术可行性和经济合理性。在后面的章节中将详细介绍主要工程技术方法。

5.5.1　河流生态修复技术工具箱

河流生态修复技术包括水文、水质、地貌植被、连通性、洄游鱼类保护和动植物保护等 6 大类，表 5.5-1 为河流生态修复技术工具箱，列出了各项技术的要点和原理。

表 5.5-1　　　　　　　　　　　河流生态修复技术工具箱

分类	技　术	技　术　要　点	原理/法规
水文	河道生态基流维持	通过调控手段维持河道生态基流	环境流计算；自然水流范式；水文情势变化生态响应模型
	兼顾生态保护的水库调度	建立指示物种，改善水库调度规则，按照环境流标准下泄水流	环境流计算；自然水流范式；恢复下游鱼类生存繁殖条件；最优化方法；适应性管理方法
	梯级水电站联合调度	兼顾生态保护的梯级水电站联合调度	梯级开发的生态累积效应
	水库分层取水	分层取水保持自然水温	水库水温计算；恢复鱼类产卵水温条件
	污染防控闸坝群联合调度	基于时空变量的闸坝群联合调度	考虑河道水污染扩散时空变化与水文条件的耦合
	应急生态补水	特枯年份对重要湖泊、湿地实施补水	湖泊、湿地生态水位阈值
	地下水补水	对长期超采地下水地区实施补水	地下水采补平衡
水质	污染控制	①入河污染物总量控制；②排污口控制；③跨境断面水质监测管理；④水功能区达标	水污染防治和管理
	流域面源污染控制	养殖业管理；农村厕所改建和垃圾处理；高污染小型企业治理	面源污染控制

续表

分类	技 术		技 术 要 点	原理/法规
水质	清洁小流域		小流域水土保持、环境整治、生态保护综合治理	生态系统完整性
	人工湿地		表面流人工湿地、潜流人工湿地、复合流人工湿地	生态系统自设计、自组织原则
	稳定塘技术		好氧塘、兼性塘、厌氧塘、曝气塘	利用自然净化能力，通过生物综合作用，使有机污染物降解
	合并净化槽技术		厌氧/好氧工艺（A/O水处理技术）。解决分散户厕所、生活污水处理问题	好氧处理前，增加厌氧生物处理过程。同时去除碳水化合物和氨氮
	土壤渗滤技术		在人工控制条件下，污水通过土壤-微生物-植物的生态系统，进行物理、化学、生物化学的净化过程，使污水净化，实现污水二级、三级深度处理	土壤颗粒间孔隙截留、过滤作用；土壤表面的生物膜分解作用；植物根部吸收作用；土壤颗粒吸附固磷
地貌植被	河流蜿蜒性恢复		深潭-浅滩序列；多级小型跌水序列	河流形态多样性-生物多样性正相关关系
	岸线管理		清除滩区建筑物、道路、设施；退田还河；拓展堤距，恢复滩区原貌；挖沙管理	贯彻《防洪法》保障行洪；生态红线
	生态型护岸		石笼、土工合成材料、植物梢料、生态型挡土墙、植物纤维垫	保持岸坡稳定，防止坍岸、崩岸；适于鱼类产卵；维持地表水地下水交换条件
	河滨带保护		利用本地物种植被重建，植被配置；重建河滨带栖息地；增加遮រ功能	建立缓冲带，减少外源污染负荷
	河道内栖息地修复与加强		砾石群；掩蔽圆木；叠木支撑；堰坝；挑流丁坝	形成多样化地貌和水流条件；二链并一网食物网结构；避难所；遮蔽物
连通性	河湖连通性		恢复河湖连通通道；拆除闸坝；改善闸坝调度计划	改善湖泊水文条件；缩短水体置换周期；恢复洄游鱼类通道
	水系连通性		恢复水系连通通道；拆除闸坝；改善闸坝调度计划	增加水动力，促进物种流、信息流、物质流的流动
	河道侧向连通性		扩展堤距，恢复滩区湿地、水塘	漫滩流量、水位；洪水脉冲理论
洄游鱼类保护	溯河洄游过鱼设施	鱼道	①槽式鱼道；②池式鱼道	满足鱼类习性的水力学条件；消能设施改变流态
		仿自然通道	绕过障碍物并模仿自然河流形态的鱼道	不仅提供洄游通道，而且提供适宜栖息地
		鱼闸	由闸室和上下游闸门组成。闸门操作分诱鱼阶段、充水阶段、驱鱼阶段、过渡阶段	类似船闸原理
		升鱼机	用水槽作为输送装置置于水底，安装有关闭或翻转的闸门，用水流引导鱼类进出	符合鱼类习性的水力学条件
	降河洄游	物理屏蔽	水轮机前设置筛网阻止鱼类进入，辅助通道引导鱼类进入下游河道	符合鱼类习性的水力学条件
		行为屏蔽	气泡幕、声屏、光屏、水力栅栏等屏蔽	控制鱼群分布，防止进入水轮机室
		旁路通道	利用加速水流，把鱼引入辅助通道	符合鱼类习性的水力学条件

续表

分类	技术	技 术 要 点	原理/法规
洄游鱼类保护	增殖放流	对野生亲本捕捞、运输、驯养、人工繁殖和苗种培养、苗种标记，实施放流	需研究对种群遗传多样性的影响
	迁地保护	主要环节：引种、驯养、繁育和野化	需研究对种群遗传多样性的影响
动植物保护	重要湿地保护	建立湿地自然保护区；防止湿地退化；保护生物多样性，杜绝非法捕杀行为；防止水源污染	中国国际重要湿地保护名录，国家级、省级湿地自然保护区
	濒危、珍稀、特有物种保护	保护野生动物的主要生息繁衍的地区和水域，划定自然保护区，加强野生动物及栖息地保护管理，保护野生植物的生长条件	《中华人民共和国野生动物保护法》《中华人民共和国水生野生动物保护实施条例》《中华人民共和国野生植物保护条例》
	鱼类越冬场、产卵场、索饵场的保护和改善	布置卵石或圆木结构，圆木群结构，植被覆盖，利于产卵的砾石，恢复河道复蜿蜒型，开辟新的河漫滩栖息地	鱼类生活史环境需求；生境多样性
	生物监测系统建设	①监测设施，传输系统，处理系统，发布系统；②采样技术；实验室处理；生物参数评价；数据处理质量控制	监测网络系统技术；相关生物监测技术标准

5.5.2　湖泊生态修复技术工具箱

　　湖泊生态修复技术包括物理控制、化学控制、生物控制、水文控制和地貌与植被 5 大类，表 5.5-2 为湖泊生态修复技术工具箱，列出了各项技术的要点、原理及可能产生的风险。

表 5.5-2　　　　　　　　　　　　湖泊生态修复技术工具箱

分类	技术	技术描述	原 理	风 险
物理控制	曝气或增氧	①用机械方法向不同深度底层水体补充空气或氧气；②抽取底层水体，曝气后再排入底层	①有氧环境促进磷的沉淀；②减少可溶性 Fe、Mn、NH_3^+ 和 P 的产生	①可能干扰各分层鱼类群落；②成本高
	水力循环	用机械方法或压缩空气，增加水动力	破坏热分层，减少藻类表面堆积；干扰某些藻类生长；改善鱼类栖息地	可能对下游有不利影响
	疏浚	①干式挖掘；②湿式挖掘；③水力绞吸	针对内污染源为主的湖泊，将污染区域的沉积物移出脱水，控制藻类过度生长	破坏沉积层，污染环境；可能摧毁鱼类群落和底栖动物；疏浚物污染
	机械移出	机械打捞藻类、收割沉水植物、挺水植物、漂浮植物	移出藻类及营养物质	收集的藻类需脱水等后处理；成本较高
化学控制	生物化学处理	①除藻剂（如硫酸铜）；②磷钝化剂（液体或粉状铝盐、铁盐、钙盐）	①控制目标藻类增长；②降低水柱中的磷浓度	对非目标物种的影响
	底泥氧化	添加 pH 值调节剂、氧化剂、黏结剂	氧化表层底泥，减少内源磷释放，改变水柱的氮磷比	影响底栖生物；长期效果不确定

续表

分类	技术	技术描述	原理	风险
生物控制	生物操纵	①强化牧食作用；②去除底层捕食鱼类	①通过生物组成操纵，增强对藻类的牧食作用；②减少底层鱼类扰动和排泄作用	①可能引入外来物种；②对底层鱼类难以控制
	水生植物竞争	①水生植物竞争营养物质，限制藻类生长；②浮叶植物产生遮光效应；③产生化学抑制剂	①重建有根植物主导的生态系统；②大型维管束植物易于管理和收割	可能造成维管束植物泛滥；降低溶解氧水平对非目标物种产生影响
	外来入侵物种控制	预防（国家口岸检查拦截、船舶压载水置换）；管理（及早发现和根除）；扩散控制（机械控制、化学控制、生物控制、生境管理）	重视国际协议和国家立法的作用。遵循早发现，早预防，早根除的原则，预防与控制及缓解相结合	
水文控制	前置库和湿地	河流入湖前设置前置库和湿地	减少入湖污染物，净化水体	
	选择性排水	选择性排泄某一层或某一区域污染水体	抽排低氧或高污染的底层水体；改变温跃层；改变水体热容量	可能影响某些鱼类生境；可能影响下游水质
	水位控制	降低特定水域水位	降低水位，底泥暴露，促进底泥氧化、干化和压缩	可能影响湿地连通性；可能影响越冬两栖动物
	稀释	引入水质较好水体，稀释营养物质	在不削减营养负荷的情况下，稀释可以降低营养物浓度	不能根本解决污染源问题
地貌与植被	湖滨带	利用本地物种植被重建，植被配置	建立缓冲带，减少外源污染负荷；重建湖滨带栖息地	
	截污槽	截断污水，防止汇入湖内	减少外源污染，降低营养负荷	
	生态型护坡	石笼、土工合成材料、植物梢料、生态型挡土墙、植物纤维垫	保持岸坡稳定，防止坍岸、崩岸；适于鱼类产卵；维持地表水与地下水交换条件	
	河湖连通	恢复河湖连通通道；拆除闸门；改善闸门调度计划	改善湖泊水文条件；缩短水体置换周期；恢复洄游鱼类通道	污染转移；外来入侵物种；病原体进入
	湖泊面积恢复	退田还湖，退渔还湖，清除湖滨非法建筑物和其他设施	恢复湖泊自然面貌	

5.5.3　河湖生态修复非工程措施工具箱

河湖生态修复非工程措施包括管理制度、体制机制、监测评估和能力建设 4 大类，见表 5.5 - 3。

表 5.5 - 3　　　　　　　河湖生态修复非工程措施工具箱

管理制度			机制体制			监测评估		能力建设			
生态保护管理制度	保护区划定与管理	环境执法监督	河长制和管理机构	跨部门协调机制	公众参与机制	监测网络建设和管理	评价方法和数据共享	人员培训	跨学科科研合作	知识传播普及	信息化建设

　　管理制度建设方面，包括法制和制度建设及执法监督。制定和完善不同层次的水生态保护与修复的法律、法规和部门规章，促使水生态修复行动走上法制轨道。对于水土保持和小流域治理、自然保护区划定和管理、重要湿地划定和保护、生态修复建设和管理、水利工程建设环境影响评价、水环境与水生态保护以及水景观建设等，都应制定完善相应的法规和规章。当前，要充分重视河道岸线管理工作。在生态修复规划和其他相关规划中，要确定河道的岸线和堤线，确定河道管理的控制线。堤线布置应留出足够的河道宽度，既可蓄滞洪水，又可保护河漫滩栖息地。严格禁止任何侵占河湖滩区的非法行为，如房地产开发、兴建旅游设施、开发耕地、修建道路。要清除滩区违法建筑物，退田还湖、退渔还湖、退田还河、退渔还河。严格管理采砂生产，防止河道采砂影响河势稳定以及破坏栖息地。保护和恢复河漫滩湿地、水塘和植被。

　　在体制机制改革与创新方面，首先要提倡水资源综合管理。所谓"水资源综合管理"（Integrated Water Resources Management，IWRM），是指以公平的方式，在不损害重要生态系统可持续性的条件下，促进水、土及相关资源的协调开发和管理，以使经济和社会财富最大化。水资源综合管理强调以流域为单元管理水资源。在流域内以水文循环为脉络，在各个水文环节的实行综合管理。这包括上中下游和左右岸、河流径流与土壤水、地表水与地下水、水量与水质、土地利用与水管理等的综合管理。水资源综合管理是力图在经济发展（economy）、社会公平（equity）和环境保护（environment）这三者（3E）间寻求平衡。其中"经济和社会财富的最大化"的核心是提高水资源的利用效率，实行最严格的水资源管理制度，大力推行全面节水。社会公平的目标是保障所有人都能获得生存所需要的足量的、安全的饮用水的基本权利，高度关注贫困人口和儿童的饮水安全问题。"不损害重要生态系统可持续性"的原则，主要是限定河湖的开发程度，加强污染控制，保护生物多样性，维护河湖健康和可持续性。

　　要建立河湖生态环境保护的共同参与机制。河湖生态修复必然涉及各个政府部门，包括经济计划、水利、水电、环保、国土、林业、农业、交通、城建和旅游等部门。在处理开发与保护、不同开发目标之间利益冲突时，需要建立解决矛盾的协调机制和评价体系。在河湖的管理者、开发者及社会公众之间达成河湖健康标准共识。

　　水环境治理和生态保护关系到流域环境质量和人居环境，与全流域居民的切身利益息息相关。需要扩大公众参与的范围和深度，保障公众的知情权、参与权、表达权和监督权。参与方式包括向社会发布河湖环境与生态状况公报；公布河湖生态修复规划征求公众意见；通过问卷调查了解社会公众对于人居环境的满意程度；面向社会公众，召开环境立法、规划、立项等各类听证会和咨询会，接受公众的监督。广泛传播促进人与自然和谐的先进理念，建立河流湖泊博物馆、展览室，对社会公众特别是青少年开展热爱自然、保护生态的科普教育。推动当地居民和青少年开展保护生态环境的志愿者行动。

　　由于水生态系统是一个动态系统，只有掌握系统的变化过程，才能把握系统的演进方向，进行适应性管理。因此，生态系统的监测与评估要贯穿于河湖生态系统修复的全过程。自生态修复项目立项之初，就应该着手建立生态监测系统。生态修复建设过程中的监测与评估是鉴别规划措施是否适合特定河湖生态系统的依据。项目建成后的监测与评估是评价生态修复工程有效性的基础。河湖生态系统修复规划应包括建立长期生态监测与评估的规划，不仅包括监测网络布置、监测项目、仪器设备和方法，也应包括人员和管理费用概算。

在能力建设方面，有计划地开展管理人员的技术培训，掌握岗位技能。针对生态修复的重大课题，开展跨学科的科学研究。加强信息化建设，应用信息技术，包括网络、遥感、地理信息系统和全球定位系统，实现生态系统的实时监测和预警。

5.6　效益成本分析

以最低的投入获得最大的生态效益，是生态水利工程经济合理性的理想目标。论证生态水利工程项目的经济合理性，以及对生态水利工程项目优先排序，都需要进行效益/成本分析。效益-成本分析的计算公式是：

$$B_u = b/C \qquad\qquad (5.6-1)$$

式中：B_u 为单位成本效益；b 为效益；C 为总成本。

生态水利工程的效益/成本评估分析比传统水利工程要复杂。究其原因，一是生态效益评估有相当难度；二是生态工程成本的构成复杂。

生态效益主要是指生态系统服务效益。在 1.4.2 节介绍了生态系统服务价值定量化方法，列出了预防成本法、享受定价法、机会成本法、旅行费用法、置换成本法和要素收益法等 6 种方法，可以应用这些方法对间接利用价值进行评估。这些方法适用于不同类型的生态服务，比如旅行费用法适用于自然景区的价值评估。表 5.6-1 列出不同评估方法的适用对象。

表 5.6-1　　　　　　　　　　不同效益/成本评估方法适用项目举例

方法名称	适用项目	评估方法
预防成本法	堤防后靠、滩区恢复项目	用蓄滞洪区丧失引起灾害造成损失评估
享受定价法	生态环境改善人居环境	地价提升，用享受优质的生态环境服务，消费者的支付意愿评估
机会成本法	调整水电开发规划	为保护水生态放弃了水电开发方案，河流水电开发的机会成本（即最大发电效益）就是这条河流生态系统服务价值
旅行费用法	公园及旅游风景区	通过人们的旅游消费行为来对生态服务和产品进行价值评估
置换成本法	湿地保护与修复	假设该湿地遭受破坏，导致水质净化服务功能损坏，引起水质下降。为提高水质需增添替代的污水处理厂深度处理设备，用设备增加、安装和运行费用来评价湿地的净化水质服务价值
要素收益法	水质改善项目、连通性恢复项目	单项要素引起收益增加，如改善水质提高旅游区收入

需要说明，评估对象的生态系统服务常是多功能的，同时涉及多种过程。比如湖泊生态系统服务包括初级生产、栖息地、供水、渔业、涵养水分、蓄滞洪等多种服务和产品，在进行定量评估时需要分项评估，最后相加获得总价值。也可以只计算明显、清晰的服务价值，然后相加获得主要价值。显然，两种结果会有较大差别。

式（5.6-1）中总成本 C 包括财务执行成本和机会成本两部分。其中财务执行成本是指设计费、固定资产购置费、建设费、运行维护费以及监测费等。机会成本是指为了保护生态环境，把某种资源用于生态保护而放弃了其他用途所造成的损失。在无市场价格的情况下，可以按所放弃的资源用途最大收入计算机会成本。例如为恢复洄游鱼类通道拆除水电站，鱼类保护项目的机会成本就是水电站的发电效益。又例如在改善水库调度方案项目中，要求在鱼类产卵期加大下泄流量，这种调度造成水电站弃水，机会成本可以按照水电站发电量损失计算。

在进行工程项目多种方案比选时，需要对效益-成本关系进行综合分析。如何体现投入最小化和生态效益最大化原则？人们自然会想到用式（5.6-1）计算单位成本的产出效益，选择单位成本效益 B_u 高的方案。事实上问题并非如此简单。一个生态水利工程项目，除了效益-成本关系之外，还受制于投资规模、决策者行政意愿和施工条件等多种约束。往往需要在综合分析、全面权衡的基础上，选择相对经济合理的方案。简单的评估方法是：在成本相同或相近的方案中，选择生态效益高的方案；在生态效益相同或相近的方案中，选择成本低的方案。绘制成本-生态效益曲线也是一种比选的简易方法。

【算例】　人工湿地项目效益/成本分析算例

某人工湿地建设项目，共提出规模不同的 8 种方案，以湿地面积计量效益产出 b，并分别计算出总成本 C 见表 5.6-2。绘制总成本 C-效益 b 曲线（图 5.6-1）。图中将单位成本产出相对较低的点连接起来，该曲线形成一条边界线，各方案的坐标点均落在这条曲线上或曲线左侧，距离边界线较远，则单位成本效益较高。比较规模相近的方案，如方案Ⅲ和方案Ⅶ，效益均为 4hm² 而总成本分别为 190 万元和 174 万元，显然方案Ⅶ优于方案Ⅲ。方案Ⅳ和方案Ⅵ总成本相近，但是前者效益高具有相对优势。方案的最终取舍还要考虑投资规模、施工条件和投资者意愿等多种因素，经综合论证后决策。

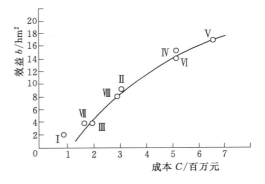

图 5.6-1　总成本 C-产出效益 b 关系曲线

表 5.6-2　　　　　　　　　　人工湿地单位成本效益算例

效　益	方　案							
	Ⅰ	Ⅱ	Ⅲ	Ⅳ	Ⅴ	Ⅵ	Ⅶ	Ⅷ
总成本 C/百万元	0.80	3.10	1.90	5.32	6.77	5.36	1.74	2.90
效益 b/hm²	2	9	4	15	17	14	4	8
单位成本效益 B_u/(hm²/百万元)	2.50	2.90	2.10	2.82	2.51	2.61	2.30	2.76

5.7　规划文本框架

水生态修复工程规划内容一般包括 8 个部分：生态系统现状调查与综合评价；规划目标、任务和定量考核指标；重点工程项目；重点工程设计；管理措施；成本效益分析和风险分析；监测与评估以及实施效果分析及保障措施。表 5.7－1 列出规划章节及其内容要点。为便于使用，该表还列出各部分编制内容对应的本书章节。

表 5.7－1　　　　　　　　　　　　　规划章节及其内容要点

序号	规划章节	内　　容	本书章节
1	生态系统现状调查与综合评价	①野外调查和历史资料收集整理，内容分为社会经济、水文气象、水质、地貌和生物 5 大类；②建立评价体系和评价准则；③建立水生态状况参照系统；④通过现状与历史状况的对比，分析生态系统演变趋势，对水生态系统综合评价；⑤识别关键胁迫因子；⑥明确社会经济发展对生态保护与修复的需求	第 3 章
2	规划目标、任务和定量考核指标	①法律依据及与相关规划关系；②确定规划现状基准年，规划水平年；确定生态分区与规划单元；③建立水生态状况分级系统，分析水生态系统及各生态要素的退化程度；④明确规划总体目标、近期和远期目标；⑤明确主要任务；⑥通过水生态状况分级系统确定生态定量考核指标	5.1 节，5.2 节，5.3 节，第 6～9 章
3	重点工程项目	①工程项目优化排序；②确定重点工程项目（如河湖生态系统修复、洄游鱼类保护、环境流恢复、连通性修复、水污染控制和湖泊富营养化控制、兼顾生态保护的水库调度方案、湿地保护等）；③确定重点工程主要参数	5.4 节，5.5 节
4	重点工程设计	①生态要素计算分析（生态水文分析、环境流计算、生态水力学计算、河道演变数值分析、景观格局分析）；②工程设计	第 4 章
5	管理措施	①管理制度；②体制机制；③监测评估；④能力建设	5.5.3 节
6	成本效益分析和风险分析	①投资概算；②成本效益分析；③风险分析	5.6 节
7	监测与评估	①水生态监测系统设计；②采样方法和数据处理；③评估准则和方法	3.2 节，第 11 章
8	实施效果分析及保障措施	实施效果：①生态服务定量评估；②水资源保护和管理评估。保障措施：①组织协调；②投资保障；③技术支撑；④严格管理落实目标考核；⑤信息公开，公众参与	5.6 节，第 11 章

第6章
河流廊道自然化工程

　　河流廊道的地貌单元包括河道、河滨带和河漫滩。由于人类活动对河流的干扰和改造，极大改变了河流的自然面貌，削弱了河流廊道的生态功能，也使大量生物栖息地遭受损失。河流廊道自然化工程是通过工程措施和管理措施，使已经人工化、渠道化的河流廊道恢复原有的自然特征和生态功能。本章介绍河道自然化修复设计方法；用活体植物和天然材料构建自然型岸坡防护技术；河道内栖息地改善技术；河漫滩与河滨带生态修复设计方法。

6.1　河流廊道自然化设计概要

　　河流廊道是陆地生态系统最重要的廊道，具有重要的生态学意义。河流廊道的地貌单元包括河道、河滨带和河漫滩（见1.1.2节）。由于不同规模的洪水对应不同的淹没范围，所以河漫滩范围是变动的。狭义的河漫滩范围是指河流水位超过了漫滩水位，洪水开始漫溢后所淹没的滩区范围，这样定义的河漫滩往往比较狭小。广义的河漫滩范围是当出现指定频率的洪水所对应的淹没区域，比如10年一遇洪水对应的淹没范围。这种定义的河漫滩对河道生态修复规划设计工作较为方便。河流廊道具有重要的生态功能。蜿蜒型河道形成了复杂多样的地貌和水流条件，为生物群落提供了多样的栖息地，支持生物群落多样性（见1.1.3节）。

6.1.1　河道管理理念的演变

　　人类对河流的开发利用，经历了漫长的历史过程。追溯至数千年前的远古，防洪是人类对河道的最早治理目标。主要依靠筑堤、疏浚、开辟蓄滞洪区等措施，保证洪泛区居民生命财产安全。以后为发展灌溉、航运事业，疏浚航道，筑坝拦水，建设灌区，极大促进了农业和交通运输业的发展。近百年来，经济技术迅猛发展，为防洪、发电的目的，建设大型水坝、水库和水电站，取得了巨大的经济利益。但是，在河流开发利用的同时，也极大改变了河流的自然面貌。

　　近60多年来，我国对河道的管理，大体经历了以下几个发展阶段：①防洪建设。重点是治河工程建设，造成自然河流渠道化。②开发利用。主要是筑坝建水库，发展供水、灌溉、发电事业。另外，开发滩区，缩窄河道、裁弯取直进行房屋建设和道路建设；侵占河道，与河争地发展种植及养殖业。③防污治污。随着我国经济快速发展，水污染成为影响我国可持续发展的最严重环境问题之一，防污治污成为河道管理的重点。④生态保护与修复。随着科学技术发展，人们认识到河流不仅是人类生存发展的命脉，也是数以百万计物种的栖息地；河流不仅具备经济功能，更具有重要的生态功能；人类对于河流生态系统的损害，更是对人类自身长远利益的损害。对于河道的管理，从单纯开发利用发展到对河流生态系统的保护与修复；从对水资源的掠夺式占有，发展到追求人与河流和谐相处；在河道治理技术方面，从河道的渠道化、人工化转变为河道自然化。这一切说明人们对河流的认识有了质的飞跃。现代的河道治理技术，不仅保障河流的防洪、供水、灌溉、航运、发电等社会经济功能，更要恢复河流的自然属性，保障河流的生态功能。实现河流自然化成为现代河道管理的核心。

6.1.2　人类活动对河道的干扰

治河工程包括河道整治工程和堤防工程，这两类工程对自然河道都造成了不同程度的干扰（见1.6.1节）。

（1）河道整治工程。通过河道疏浚和改造，确保行洪通畅。河道整治工程包括河道顺直改造、断面形状规则化和岸坡防护工程。在河流平面形态上，通过裁弯取直和顺直化改造，把蜿蜒型河道改造成直线型或折线型河道。在河流横断面上，把形状多样的河道断面改造成梯形、槽形或矩形等几何规则断面。为防止冲刷坍岸，在岸坡采取混凝土或干砌块石不透水护坡。通过这样的整治工程，具有较高空间异质性的自然河流变成了渠道化的河流。一旦河道实施了裁弯取直改造，深潭-浅滩序列消失，地貌空间异质性明显下降，生境条件变得单调化。具体表现为顺直河道缺乏营养物的储存场所，水流平顺，流速分布沿河单一。几何形状规则的河道断面，缺乏合适的遮阴条件及鱼类隐蔽物，水温日内波动幅度大。渠道化的河流栖息地数量减少，鱼类物种多样性下降。另外，岸坡防护采用混凝土或干砌块石不透水护坡结构，其负面效应是截断了地表水与地下水的交换通道，使河流垂向连通性受阻（见1.5.3节）。其结果一是妨碍了地下水补给；二是造成土壤动物和底栖动物丰度降低。

（2）堤防工程。自20世纪50年代以来，我国堤防加固、改造工程从未间断，现存的堤防是几十年不断加固改造的历史产物。在这个漫长的过程中，河流的自然属性不断被削弱，人工化倾向不断强化，堤防的生态负面影响逐渐显现。首先是堤距缩短，河漫滩大部分被挤占，被改造为农田，同时修建道路、开发房地产及建设旅游设施。河漫滩被挤占的结果，一方面，削弱了河漫滩滞洪功能，增大了洪水风险；另一方面，堤距缩窄也限制了河流侧向连通性，从而削弱了洪水脉冲的生态过程。一旦河流被堤防约束在缩窄的河道以内，就失去了汛期洪水侧向漫溢机会，使河漫滩本地大型水生植物成活率下降，鱼类失去产卵场和避难所，给外来物种入侵以可乘之机。另外，堤防迎水面采用混凝土或浆砌块石等不透水砌护结构，又限制了河流垂向连通性，阻隔了地表水与地下水的交换通道，同时也使土壤动物和底栖动物丰度降低。

6.1.3　河道自然化工程沿革

　　早在 20 世纪 50 年代德国正式创立了"近自然河道治理工程学"，提出河道的整治要符合植物化和生命化的原理。阿尔卑斯山区相关国家，诸如德国、瑞士、奥地利等国，在河川生态工程建设方面积累了丰富的经验。这些国家制定的河川治理方案，注重发挥河流生态系统的整体功能；注重河流在三维空间内植物分布、动物迁徙和生态过程中相互制约与相互影响的作用；注重河流作为生态景观和基因库的作用。1962 年著名生态学家 H. T. Odum 提出将生态系统自组织行为（self‐organizing activities）运用到工程之中。他首次提出"生态工程"（Ecological Engineering）一词，旨在促进生态学与工程学相结合。1971 年 Schlueter 认为近自然治理（near nature control）的目标，首先要满足人类对河流利用的要求，同时要维护或创造河溪的生态多样性。1985 年 Holzmann 把河岸植被视为具有多种小生态环境的多层结构，强调生态多样性在生态治理的重要性，注重工程治理与自然景观的和谐。同年，Rossoll 指出，近自然治理的思想应该以维护河溪中尽可能高的生物生产力为基础。到了 1989 年 Pabst 则强调溪流的自然特性要依靠自然力去恢复。1992 年 Hohmann 从维护河溪生态系统平衡的观点出发，认为近自然河流治理要减轻人为活动对河流的压力，维持河流环境多样性、物种多样性及其河流生态系统平衡，并逐渐恢复自然状况。1989 年 Mitsch 等对于"生态工程学"（Ecological Engineering）给出定义，1993 年美国科学院主办的生态工程研讨会中根据 Mitsch 的建议，对"生态工程学"定义为："生态工程学是可持续生态系统的设计方法，它将人类社会与自然环境相结合并使双方受益。"1991 年在瑞典 Lund，1996 年在丹麦 Silkeborg 先后召开了两次"低地溪流恢复研讨会"。河川的生态工程在德国称为"河川生态自然工程"；日本称为"近自然工事"或"多自然型建设工法"；美国称为"自然河道设计技术"（natural channel design techniques）。一些国家已经颁布了相关的技术规范和标准。

　　在河道自然化工程实践方面，早期开展的莱茵河"鲑鱼——2000 计划"和美国基西米河生态修复工程，堪称经典案例。

链接 6.1.1　"鲑鱼——2000 计划"

　　20 世纪 80 年代开始莱茵河的治理，为河流的生态工程技术提供了宝贵的经验。莱茵河是欧洲的大河，流域面积 18.5 万 km^2，河流总长 1320km。流域内有瑞士、德国、法国、比利时和荷兰等 9 国。第二次世界大战后莱茵河沿岸国家工业急剧发展，造成污染不断蔓延，污染主要来源于工业污染和生活污染。到 70 年代污染风险加大，大量未经处理的有机废水倾入莱茵河，导致莱茵河水溶解氧含量不断降低，生物物种减少，标志性生物——鲑鱼开始死亡。1986 年，在莱茵河上游史威查豪尔（Schweizerhalle）发生了一场大火，有 10t 杀虫剂随水流进入莱茵河，造成鲑鱼和小型动物大量死亡，其影响达 500 多 km，直达莱茵河下游。事故如此突然和巨大，无疑对莱茵河如同雪上加霜。社会舆论哗然，立即成了公众关注的焦点。莱茵河保护国际委员会（ICPR）于 1987 年提出了莱茵河行动计划，得到了莱茵河流域各国和"欧共体"的一致支持。这个计划的鲜明特点是以生态系统恢复作为莱茵河重建的主要指标。主攻目标是：到 2000 年鲑鱼重返莱茵河，所以将这个河流治理的长远规划命名为："鲑鱼——2000 计划"。这个规划详细提出了要使生物群落重返莱茵河及其支流所需要提供的条件，治理总目标是莱茵河要成为"一个完整的生态系统骨干"。沿岸各国投入了数百亿美元用于治污和生态系统建设。到 1995 年，对行动计划的执行进行了检查。报告指出，工业生产的环境安全标准已经在严格执行；建设了大量的湿地、恢复森林植被，建立了完善的监测系统。到 2000 年莱茵河全面实现了预定目标，沿河森林茂密，湿地发育，水质清澈洁净。鲑鱼已经从河口洄游到上游——瑞士一带产卵，鱼类、鸟类和两栖动物重返莱茵河。

链接 6.1.2 美国基西米河修复工程

美国基西米河（Kissimmee）的生态恢复工程是美国迄今为止规模最大的河流恢复工程。它按照生态系统整体恢复理念设计。基西米河位于佛罗里达州中部，由基西米湖流出，向南注入美国第二大淡水湖——奥基乔比湖，全长 166km，流域面积 7800km²。历史上的基西米河地貌形态多样，河流纵坡 0.00007，是一条辫状蜿蜒型河流。从横断面形状看，无论是冲刷河段或是淤积河段，河流横断面都具有多样的形状。在蜿蜒段内侧形成浅滩或深潭及泥沼等，这些深潭和泥沼内的大量有机淤积物成为生物良好的生境条件。河道与河漫滩之间具有良好的水流侧向连通性。河漫滩是鱼类和无脊椎动物良好的栖息地，是产卵、觅食和幼鱼成长的场所。原有自然河流提供的湿地生境，其能力可支持 300 多种鱼类和野生动物种群栖息。但是，1962—1971 年期间，为促进佛罗里达州农业的发展，在基西米河流上兴建了一批水利工程。工程包括挖掘了一条 90km 长的 C-38 号泄洪运河以代替天然河流。运河为直线型，横断面为梯形，尺寸为深 9m、宽 64～105m。运河设计过流能力为 672m³/s。另外，建设了 6 座水闸以控制水流。同时，大约 2/3 的洪泛区湿地进行了排水改造。这样，直线型的人工运河取代了原来具有蜿蜒性的自然河道。连续的基西米河就被分割为若干非连续的梯级水库，同时，农田面积的扩大造成湿地面积的缩小。科学家们从 1976—1983 年，进行了历时 7 年的研究。在此基础上就水利工程对基西米河生态系统的影响进行了重新评估并且提出了规划报告。评估结果认为水利工程对生物栖息地造成了严重破坏。规划报告提出的工程任务是重建自然河道和恢复自然水文过程，将恢复包括宽叶林沼泽地、草地和湿地等多种生物栖息地，最终目的是恢复洪泛平原的整个生态系统。第一期工程方案包括连续回填 C-38 号运河共 38km，拆除 2 座水闸，重新开挖 14km 原有河道。同时重新连接 24km 原有河流，恢复 35000hm² 原有洪泛区，实施新的水源取水制度，恢复季节性水流波动和重建类似自然河流的水文条件。2001 年 6 月恢复了河流的联通性，随着自然河流的恢复，水流在干旱季节流入弯曲的主河道，在多雨季节则溢流进入洪泛区。恢复的河流能够季节性地淹没洪泛区，恢复了基西米河湿地。这些措施已经导致河道洪泛区栖息地物理、化学和生物的重大变化，提高了溶解氧水平，改善了鱼类生存条件。重建宽叶林沼泽栖息地，使水禽和水鸟可以充分利用洪泛区湿地。在 21 世纪前 10 年开展了第二期工程，重新开挖 14.4km 的河道和恢复 300 多种野生生物的栖息地。恢复 10360hm² 的洪泛区和沼泽地，过滤营养物质，为奥基乔比湖和下游河口及沼泽地生态系统提供优质水体。监测结果表明，原有自然河道中过度繁殖的植物得到控制，新沙洲有所发展，创造了多样的栖息地，水中溶解氧水平得到提高，水质有了明显改善。恢复了洪泛区阔叶林沼泽地，扩大了死水区。许多已经匿迹的鸟类又重新返回基西米河。科学家已证实该地区鸟类数量增长了 3 倍。

6.1.4　河流廊道修复的目标和任务

河流廊道修复的总目标是实现自然化，即通过适度的工程措施，使已经人工化、渠道化的河流廊道恢复原有的自然特征。河流廊道自然化既不是原有河流的完全复原，更不是创造一条新的河流，而是恢复河流廊道的自然属性和主要生态特征。

1. 生态功能与社会功能一体化

河流廊道修复是河道和滩区综合治理工程，实施生态功能恢复与社会功能加强的一体化治理。这里所说的生态功能包括供给功能（淡水供应、水生生物资源、纤维和燃料）；支持功能（生物栖息地、初级生产、养分循环）；调节功能（水文情势、水分涵养及洪水调节、水体净化、调节气候）和文化功能（美学与艺术、运动、休闲、娱乐、精神生活与科研教育）（见 1.4 节）。社会功能方面，主要是清除行洪障碍物，保障行洪、排涝通道的通畅。完善蓄滞洪区，堤防加固达标，确保防洪安全。通航河道要通过生态型疏浚，保障航道安全。河道治理也需保证河道的输水输沙能力，完善输水、供水、灌溉功能，河流廊道的自然景观是宝贵的自然遗产。河流蜿蜒的形态，灵动活泼的水流，五色斑斓的河滨带，生机勃勃的鸟类、水禽和鱼类，使得每一条河流都具有高度的美学价值，给人带来无与伦比的愉悦和享受。充分发挥河流的美学价值，是河流廊道自然化的重要目标之一。河流廊道不仅具有旅游观光的社会经济价值，也是当地居民休憩、垂钓、娱乐以及划船、游泳、漂流等水上运动的公共空间。沿河布置的绿色步道或自行车道，更是天然绿色运动场。

2. 河流地貌 3D 结构自然化修复

在河流廊道尺度上的地貌结构，可以按照 3D 进行分析。这 3D 分别表示为河流平面形态、河道纵坡和河道横断面（见 1.1 节）。地貌修复的基本原则是恢复河流廊道自然特征，增强地貌的空间异质性和复杂性。

（1）平面形态。自然河流的平面形态表现为蜿蜒性、多样性以及河道与河漫滩之间的连通性。河道修复设计需将裁弯取直的河道重新恢复其蜿蜒性。

（2）河道纵坡。由于自然河流具有深潭-浅滩交错分布的特点，河道纵坡呈现出沿程变化的特征。另外，为保持河道泥沙冲淤平衡，经过试验分析后，可调整河道纵坡增加水动力以提高河道输沙能力。

（3）河道断面。渠道化的河段需要恢复多样的非几何对称断面，另外，采用可透水、多孔的护岸工程结构，保证地表水与地下水交换通道，并利于鱼类产卵。

通过景观要素的合理配置，使河流在纵、横、深三维方向都具有丰富的景观异质性，形成浅滩与深潭交错，急流与缓流相间，河滩舒展开阔，河湖水网连通，植被错落有致，水流消长自如的景观空间格局。

3. 河流廊道修复的任务

河流廊道自然化工程规划设计包括下列任务：①河道纵坡、河道平面形态和断面设计；②自然型河道护岸工程设计；③岸坡稳定性校核分析；④河道内栖息地加强工程设计；⑤河滨带植被重建设计；⑥河漫滩修复设计。本章将分别介绍这些技术方法。

图 6.1-1 表示修复一条渠道化河流设计工作的内容和部位。如图 6.1-1 所示，这条河流已经被改造成直线型河流。在自然化设计中，首先需要根据河段上下游衔接以及水动力条件确定纵坡；参照原来河流蜿蜒性形态再经过计算分析确定蜿蜒性参数、断面宽高比和断面形状；确定开挖线和深潭与浅滩断面开挖深度；进行河道基质设计，铺设河床卵石；在河道顶冲部位布置岸坡防护结构；布置控导结构（丁坝），在洪水时减缓流速为鱼类和其他水生动物提供庇护所，平时形成静水区，创造多样的生境；根据鱼类习性设计河道内栖息地工程，铺设大卵石和大漂石，形成湍流；沿河滨带设计乔灌草多层次的植被；河湾带湿地恢复或重建。

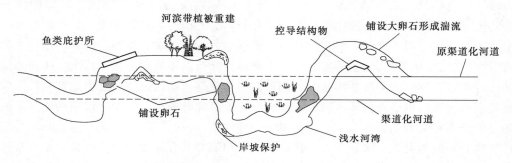

图 6.1-1 渠道化河流的综合治理

6.1.5 基本设计方法

1. 流域尺度上确定重点修复河段

在流域尺度上，通过 RS 图像历史与现状的对比分析，评价河道发展演变的过程和趋势。通过分析流域降水与气候变化；水资源开发利用状况；土地利用方式变化；水土保持作用；泥沙冲淤变化等多因素，分析河道演变的成因。通过河道人工干扰前后变化，评价对水生生物群落的影响。综合自然条件变化和人类活动影响，根据河流廊道生态系统退化程度，确定重点修复河段并进行优先排序（见 5.4 节）。

2. 自然河道设计方法

自然河道设计与明渠设计有很大不同。明渠水力学设计以明渠均匀流理论为基础，假定水流是恒定流，流量沿程不变，无支流汇入或分出；明渠为长直的棱柱形渠道，糙率沿程不变；纵坡为正坡。对于自然河流而言，其断面形状、几何尺寸、纵坡、糙率沿程都会发生变化，难以形成均匀流。所以自然河流很难用水力学传统方法进行计算，何况自然河流还有泥沙输移和河道演变过程，再加上植被、障碍物对水流影响，更增加了计算难度。实际上，自然河流的河道设计目前多采用经验方法，近年探索使用数值分析方法。这些方法归结为类比法、水文-地貌经验公式法和河道演变数值分析。

（1）类比法。类比法有两种类型，一种是建立参照河段。参照河流可以选在待修复河段的上下游，也可以选在具有类似地貌特征的其他流域。参照河段与待修复河段具有相似的水文、水力学和泥沙特征，河床及河岸材料粒径也具有相似性。特别是参照河段的自然形态未遭受人工改造且河势稳定。另一种是参照目标河段的历史状况，通过文献分析、遥感信息解读和野外勘探取样等手段，重现河段未被改造的蜿蜒地貌形态。有了可以类比的河段，就可以结合待修复河段的具体地形、地貌、纵坡和水文特征，以类比河段为模板设计河道地貌参数。在此基础上，利用水力学数值分析软件进行计算校验（见4.3节）。

（2）水文-地貌经验公式法。河流地貌过程是一个动态过程（见1.2.2节）。在长期演变过程中，河流径流、泥沙输移与地貌形态三者形成某种相对平衡状态。河流流量与河流地貌形态特征具有明显的相关关系。河流地貌特征是对特定河流水文、泥沙过程的响应。因此，可以通过河流地貌特征野外调查（见3.1.1节），收集对应的水文情势数据，运用统计学方法建立水文-地貌经验关系式。前人已经建立了若干经验关系式，具体应用时需要根据当地水文、地貌调查数据，确定公式各项参数。同样，初步确定各项参数以后，还需要利用水力学数值分析软件进行计算校验和调整（见4.3节）。

（3）河道演变数值分析。近年来，采用数值分析方法模拟河床演变过程已经有了长足发展，在4.4节已经做了介绍。目前开发的商业软件，能够模拟动床的泥沙输移、淤积过程，预测河床形态变化，包括河床轮廓、河宽变化、弯曲河段次生流作用引起沙质河床再造以及河道侧向位移。例如 SSIIM 软件（Sediment Simulation in Intakes with Multiblock Option），它能够计算具有复杂河底地貌的动床泥沙输移问题，模拟蜿蜒型河流和造床过程，计算床沙和悬移质运动问题以及河流栖息地评价。在河道生态修复工程设计中，利用河道演变数值分析技术，模拟在河道现状基础上增加控导工程（如丁坝）后河道演变过程，检验恢复蜿蜒性的效果。利用河道演变数值分析技术，还可以预测设计方案的河道泥沙输移和淤积过程，评价河势稳定性。需要指出的是，河道演变数值分析需要有足够的泥沙和地貌数据支持，并且需要对模型进行校验和调整。

6.2　河道自然化修复设计

河道自然化修复设计，应包括纵剖面、平面形态和横断面设计，本节将逐一予以介绍。鉴于城市河道的特殊性，单独设一小节讨论。

6.2.1　河道纵剖面设计

如果不考虑河流基准面在长时间尺度内会发生的变化，河流总坡降是一个常数。但是由于流域地形和河流形态特征不同，河流的纵坡降沿程是不均匀的。河段的纵坡降决定了水流能量、泥沙输移以及地貌变化等。如河段坡降太小，有可能产生泥沙淤积问题；如河段坡降太陡，可能导致河床下切问题。因此，根据修复河段的蜿蜒度变化和泥沙冲淤关系，需要调整、确定修复河段坡降。

在不同尺度上，河道纵剖面显现的地貌特征不同，尺度越小，显现的地形地貌的细节越多。而尺度越大，越能反映河流演变的趋势。如图 6.2-1 所示，在局部河段尺度

（reach），纵剖面能反映河床地貌特征（如深潭、浅滩和江心洲等），也包含人工建筑物信息（如堰、闸和桥梁等）。在整体河段尺度（segment），能够反映水库蓄水引起的景观变化和泥沙淤积，可以获取河流总体下切侵蚀或淤积信息。在流域尺度，河流纵剖面反映河流的总坡降，总坡降将根据河流基准面（海平面、湖平面）的变化和地壳上升速度进行调整。

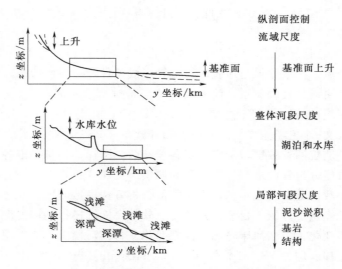

图 6.2-1 基于不同尺度的河流纵剖面控制

确定河段坡降有如下途径：

（1）如果在修复工程附近存在一段天然河道，并且具有近似的流量和泥沙特征，可以参考该河段进行修复设计。

（2）根据待修复河段附近的河谷坡降和蜿蜒度确定河道坡降。

不同尺度下的纵剖面测量方法也不相同，在流域尺度下，可以从大比例尺地形图上获得纵剖面资料。但对于修复工程，应沿河道进行实地测量。测量点的选择要满足下面几方面的要求：选择横断面上深泓位置作为测量点；测量范围要扩展到待修复河段的上下游；要包括深潭、浅滩和工程结构，详见 3.1.1 节。

6.2.2 蜿蜒型河道平面形态设计

河道蜿蜒性修复设计包括河道平面形态设计、断面设计、河床基质材料设计，本节介绍平面形态设计问题。

1. 水文-地貌经验关系式

蜿蜒型河道的河道宽度、深度、坡降和平面形态是相互关联的变量。这些变量的量值取决于河流流量和径流模式、泥沙含量以及河床基质与河岸材料等因素。

一般认为，水文过程的关键变量是平滩流量 Q_b。所谓平滩流量（bankfull discharge）是指水位与河漫滩齐平时对应的流量（见 4.1.4 节）。可以认为，平滩流量就是造床流量，在该流量作用下泥沙输移效率最高并且会引起河道地貌的调整，平滩流量对塑造河床形态具有明显作用。换言之，平滩流量 Q_b 决定河流的平均形态。基于这种认识，生态工程中

常依据 Q_b 设计河流的断面和河道平面形态，如河宽、水深以及弯道形态等。早在 20 世纪 50 年代，一些学者通过大量河段样本调查分析，运用统计学方法，建议了若干平滩流量 Q_b 与河流地貌参数之间的经验关系式，其通式用幂函数表示：

$$W = \phi_1 Q_b^{n_1} \tag{6.2-1}$$

$$D = \phi_2 Q_b^{n_2} \tag{6.2-2}$$

$$S = \phi_3 Q_b^{n_3} \tag{6.2-3}$$

式中：W 为河段平均宽度，m；D 为河床平均深度，m；S 为河段平均纵坡；Q_b 为平滩流量，m^3/s；ϕ_1，ϕ_2，ϕ_3，n_1，n_2，n_3 为统计系数。

一般认为，这些公式中，宽度公式可信度较高，深度其次，纵坡可信度最低。另外，学者还建议了计算蜿蜒波波长 L_m，弯曲曲率半径 R_c，弯曲弧线长度 Z 等参数的经验公式。在其后的几十年里，不少学者以通式为基础，依据当地河流的调查分析，提出了各项系数值，这些系数将在下面分别介绍。

需要指出的是，这些公式是根据特定河段样本数据统计归纳的经验公式，如果把这种经验关系式推广到别的流域，就需要论证水文、泥沙、河床材料的相似条件。即使具备应用条件，也需要结合本地的具体情况进行验证和校验，采用适宜的系数。

2. 蜿蜒型河道平面形态参数计算

设计蜿蜒型河道，首先需要确定河道的主泓线。反映蜿蜒型河道主泓线特征的地貌参数包括：蜿蜒波形波长 L_m，蜿蜒河道波形振幅 A_m，曲率半径 R_c，中心角 θ，半波弯曲弧线长度 Z（各参数定义见表 6.2-1，参见图 6.2-2）。计算蜿蜒型河道参数常采用水文地貌经验关系公式。用蜿蜒波形波长 L_m 与平滩流量 Q_b 之间关系式，可以计算蜿蜒波形波长 L_m，其中平滩流量 Q_b 的计算方法见 4.1.4 节。用 L_m 与河道平滩宽度 W 间关系经验公式，可以计算河道平滩宽度 W。用曲率半径 R_c 与 L_m 间关系经验公式，可以计算曲率半径 R_c。计算出平面形态参数后，即可用试画法绘出河道主泓线。

表 6.2-1　　　　　　　　　　蜿蜒型河道平面形态参数

形态	参　　数	定　　义
平面形态	蜿蜒波形波长 L_m	相邻两个波峰或波谷点之间距离/m
	蜿蜒河道波形振幅 A_m	相邻两个弯道波形振幅/m
	曲率半径 R_c	河道弯曲的曲率半径/m
	中心角 θ	河道弧线中心角
	半波弯曲弧线长度 Z	半波弯曲弧线长度/m
断面形状	平均深度 D_m	断面面积/河道平均宽度 W/m
	深槽深度 D_{max}	最大深槽断面处深槽深度/m
	河道平滩宽度 W	平滩流量下河道宽度/m
	拐点断面河道宽度 W_i	拐点断面 A—A′ 河道宽度/m
	最大深槽断面河道宽度 W_p	最大深槽断面 B—B′ 河道宽度/m
	弯曲顶点断面河道宽度 W_a	弯曲顶点断面 C—C′ 河道宽度/m

（1）蜿蜒波形波长 L_m 与平滩流量 Q_b 间关系经验公式：

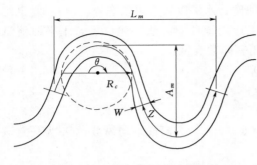

图 6.2-2　蜿蜒性河道地貌参数

$$L_m = aQ_b^{k_1} \qquad (6.2-4)$$

式中：Q_b 为平滩流量，$\mathrm{m^3/s}$；L_m 为蜿蜒波形波长，m；a，k_1 为系数，为河流调查统计参数，见表 6.2-2。

（2）蜿蜒波形波长 L_m 与河道平滩宽度 W 间关系经验公式：

$$L_m = k_2 W \qquad (6.2-5)$$

式中：L_m 为蜿蜒波形波长，m；W 为河道平滩宽度，m；k_2 为系数，见表 6.2-3。

表 6.2-2　　　　　　　　式 (6.2-4) 系数 a 和 k_1

序号	a	k_1	作　者	年份
1	54.3	0.5	Bravard P	2009
2	61.21	0.467	Ackers 和 Char	1973
3	38	0.467	Nunnally 和 Shields	1985

表 6.2-3　　　　　　　　式 (6.2-5) 系数 k_2

序号	k_2	作　者	年份	河流样本
1	11.26~12.47	Soar 和 Thorne	2001	438
2	11	William J. Mitsch	2004	
3	12.4	Newbury 和 Gaboury	1993	

（3）曲率半径 R_c 经验公式。

1）Mitsch（2004）建议的公式：

$$R_c = L_m/5 \qquad (6.2-6)$$

式中：L_m 为蜿蜒波形波长，m；R_c 为曲率半径，m。

观察图 6.2-2，如果蜿蜒波形采用交错的上下两个半圆，则 $R_c = L_m/4$，说明式 (6.2-6) 表示的弧线中，两个半圆之间还有直线段相连，直线段正是浅滩的位置。

令式 (6.2-5) 中 $k_2 = 11$，代入式 (6.2-6) 可得：

$$R_c = 2.2W \qquad (6.2-7)$$

式中：R_c 为曲率半径，m；W 为河道平滩宽度，m。

2）Newbury（1993）建议公式：

$$R_c = (1.9 \sim 2.3)W \qquad (6.2-8)$$

3）美国陆军工程兵团（USACE，1994）建议的公式：

$$R_c = (1.5 \sim 4.5)W \qquad (6.2-9)$$

（4）半波弯曲弧线长度 Z 经验公式。半波弯曲弧线长度 Z 约等于相邻两个浅滩的曲线距离（图 6.2-2）。Z 与河床基质粒径、河道纵坡、河道宽度有关。一些学者根据野外调查结果用统计方法给出 Z 与河道平滩宽度 W 的关系式：

$$Z = k_3 W \qquad (6.2-10)$$

式中：Z 为半波弯曲弧线长度，m；W 为河道平滩宽度，m；k_3 为系数，见表 6.2-4，其中岩基河床纵坡为 $0.001 \sim 0.014$。

表 6.2-4　　　　　　　　　式 (6.2-10) 系数 k_3

序号	k_3	河床基质	作者（年份）	河流样本
1	$3 \sim 10$	砂砾石河床（$d_{50} > 3$mm）	Keller (1978)，Hey (1986)	
2	6	岩基河床	Keller (1978)，Hey (1986)	
3	$4 \sim 10$	砂砾石河床（$d_{50} > 3$mm）	Hey (1986)	62

【算例】　假设一条砂砾石河床的蜿蜒型河流，平滩流量 $Q_b = 50\text{m}^3/\text{s}$，各项系数取值分别为：$a = 54.3$，$k_1 = 0.5$，$k_2 = 12.47$，$k_3 = 10$，计算蜿蜒型平面形态参数。

(1) 根据式 (6.2-4)，蜿蜒波形波长 $L_m = aQ_b^{k_1} = 54.3 \times 50^{0.5} = 383.96\text{m}$。

(2) 根据式 (6.2-5)，河道平滩宽度 $W = L_m/k_2 = 383.96/12.47 = 30.79\text{m}$。

(3) 根据式 (6.2-6)，曲率半径 $R_c = L_m/5 = 383.96/5 = 76.79\text{m}$。

(4) 根据式 (6.2-10)，半波弯曲弧线长度 $Z = k_3W = 10 \times 30.79 = 307.9\text{m}$。

计算出蜿蜒型形态各项参数以后，就可以以图 6.2-2 为模板，绘制蜿蜒型河道主泓线。

6.2.3　自然型河道断面设计

1. 河道断面设计原则

自然河流的断面具有多样性特征，大部分河流断面是非对称的，深浅不一，形状各异。在空间分布上，河道断面形状沿河变化，而非千篇一律。特别是蜿蜒型河流，形成了深潭-浅滩序列交错布置格局。上文已经论述，河床河流断面多样性是河流生物多样性的重要支撑（见 1.1.2 节，1.5.2 节）。经过人工改造的河流，往往采取梯形、槽型等几何对称断面，而且沿河形状保持不变。这种改造后的河道无疑损害了栖息地的多样性，导致河流生态系统不同程度的退化（见 1.6.1 节）。河道断面设计应以自然化为指导原则，同时也应保证河道的行洪功能。

图 6.2-3 示意渠道化河道蜿蜒性修复断面设计。图 6.2-3（a）是用调查数据复原的原自然河流的断面图。图 6.2-3（b）表示历史上人工渠道化改造的河道标准断面图。可以看到，其断面为梯形，河床边坡用混凝土衬砌，岸坡无植物生长。景观受到很大破坏。图 6.2-3（c）是河道蜿蜒性修复后的断面。河宽不变，采用复式断面，低水位时水流在深槽流动，深槽以上平台可以布置休闲绿道和场地。汛期水位超过深槽，水流漫溢，促进河滨带水生生物生长。通过开挖形成不对称的深潭断面。岸坡采用干砌块石护坡，配置以乡土植物为主的植物。保留原有管理道路。图 6.2-3（d）是理想断面。所谓理想断面是指如果空间有可能，则可以扩展河宽，扩大河漫滩，并采用复式断面，开挖形成不对称的深潭断面。汛期和非汛期随水位变化形成动态的栖息地特征。优化配置水生植物和乔灌草结合的岸坡植物，形成更为自然化的景观。

河道断面设计原则如下：①河道断面应能确保行洪需要，特别是设有堤防的河道，应保证在设计洪水作用下行洪安全。②尽可能采用接近自然河道的几何非对称断面，即使采

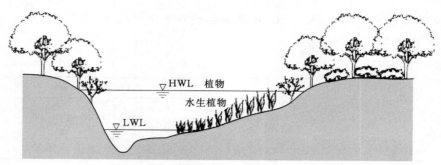

（a）原自然河流断面

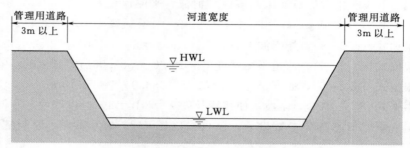

（b）渠道化混凝土衬砌标准断面

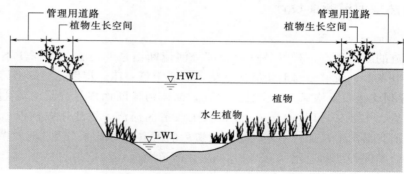

（c）修复后断面

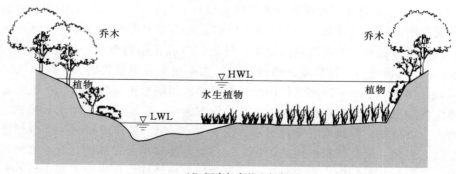

（d）河床加宽的理想断面

图 6.2-3　渠道化河道蜿蜒性修复断面设计示意

（据杨海军、李永祥，2005，改绘）

HWL—高水位；LWL—低水位

取对称断面也应采取复式断面。③选择适宜的断面宽深比,防止淤积或冲刷。④蜿蜒型河道布局设计,应符合深潭-浅滩序列规律,形成缓流与急流相间,深潭与浅滩交错的格局。⑤根据河流允许流速选择河床材料类型和粒径。⑥断面设计应与河滨带植被恢复或重建综合考虑。⑦通过历史文献分析和野外调查获得数据资料是断面设计的重要依据。

2.断面宽深比

河流断面的宽深比是一个控制性指标。适宜的宽深比具有较高的过流能力,还可以防止泥沙冲淤。断面宽深比与河床基质材料和河岸材料类型有关,不同类型材料如砂砾石、砂、泥沙-黏土、泥炭对应的宽深比见表 6.2-5。河岸植被具有护岸作用,有植被的岸坡可将表 6.2-5 中宽深比值降低 22%。

表 6.2-5　　　　　　　　　河床基质和河岸材料对宽深比的影响

材料种类	自然河道宽深比	改造后河道宽深比
砂砾石	17.6	5.6
砂	22.3	4.0
泥沙-黏土	6.2	3.4
泥炭	3.1	2.0

注　National River Authority, 1994。

蜿蜒型河流断面宽深比沿河变化,这是由于深潭-浅滩序列格局造成的。如图6.2-4,蜿蜒型河道 X—X 断面为深潭断面,具有窄深特征,宽深比相对较小;Y—Y 断面为浅滩断面,具有宽浅特征,宽深比相对较大。河道经过疏浚治理后,改变了自然断面形状,如

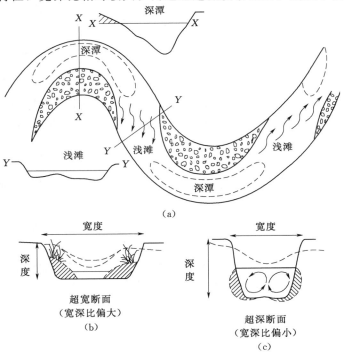

图 6.2-4　蜿蜒型河流河道断面宽深比

(据 Andrew Brookes,F. Douglas shields J R,1996,改绘)

图 6.2-4 所示。图 6.2-4（b）表示浅滩断面经过疏浚后，宽度过大，宽深比偏高，其后果是流速下降，导致河床淤积。图 6.2-4（c）表示深潭断面经过疏浚后，深度过大，即宽深比偏低。其后果是断面环流发展，引起河床的冲刷，可能导致坍岸和局部失稳。所以，河道疏浚设计应尽可能以稳定的自然河道为模板，选择适宜的宽深比。

深潭与急流交错的格局对于河流泥沙输移也具有重要意义。深潭作为底流区，其功能是使泥沙在这里储存起来。而在洪水期间，泥沙则被急流搬运到下游邻近的深潭中。在深潭中的泥沙逐渐集中在内侧一岸（凸岸）形成沙洲，这又进一步加强了深潭与急流交错的格局形态，这导致对外侧一岸（凹岸）的冲刷加剧，蜿蜒性的进一步发展。

3. 断面尺寸

早在 1953 年，Leopold 和 Maddock 就根据美国西南部河流调查和统计，建议了用幂函数表示的河宽与流量的经验关系式，其后一些学者对公式参数进行了建议和补充。平滩流量 Q_b 与平滩宽度间的关系式如下：

$$W = aQ_b^{k_4} \tag{6.2-11}$$

式中：Q_b 为平滩流量，m^3/s；a，k_4 为统计参数，见表 6.2-6。

表 6.2-6　　　　　　　　　　　统计参数 a 和 k_4

河床材料	河　　道	样本数	a	k_4
沙质河床	沙质河床河道	58	4.24	0.5
砾质河床	北美砾质河床河道	94	3.68	0.5
	英国砾质河床河道	86	2.99	0.5
	树或灌木的覆盖率<50%，或草皮（英国河流）	36	3.70	0.5
	树或灌木的覆盖率>50%（英国河流）	43	2.46	0.5

实际上，式（6.2-11）是把式（6.2-1）进一步细化，按照河床基质材料和植被条件具体给出参数 a 和 k_4 值。而上文 6.2.2 节结合式（6.2-4）和式（6.2-5）建立了 W 与 Q_b 间关系。读者计算 W 值时，可以用两种方法同时计算，相互对照最终选择适宜的 W 值。

4. 深潭-浅滩序列格局特征

自然蜿蜒型河流地貌格局与河流水动力交互作用，形成了深潭与浅滩交错，缓流与湍流相间的景观格局。

深潭具有以下特征：①深潭位于蜿蜒河道的顶点，水深相对较深，流速缓慢；②断面形状多为非对称，通常比浅滩断面狭窄 25% 左右；③深潭河床由松散砂砾石构成，当流量较小时显露出砂砾石浅滩及沙洲；④深潭周期性被泥沙充填，特别是当上游河岸因侵蚀崩塌形成的大量泥沙输移到下游时，泥沙会充满深潭。但当下次洪水到来后，泥沙又会被冲刷到下游邻近的深潭中，原有深潭得到恢复；⑤深潭对于大型植物和鱼类至为重要。深潭面积占栖息地总面积的 50% 左右。当水流通过河流弯曲段时，深潭底部的水体和部分基底材料随环流运动到水面，环流作用可为深潭内的漂浮生物和底栖生物提供生存条件。对于鱼类而言，深潭-浅滩序列具有多种功能，深潭里有木质残骸和其他有机颗粒可供食用，所以深潭里鱼类生物量最大。卵石和砾石河床具有匀称的深潭-浅滩序列，粗颗粒泥沙分布在浅滩内，细颗粒泥沙分布在深潭中，不同的基质环境适合不同物种生存。⑥纵坡比降较高的山区溪流也有深潭依次分布格局，但是没有浅滩分布，水体从一个深潭到下一个深潭之间靠跌水衔接，形成深潭-跌水-深潭系列，这种格局有利水体曝气，增加水体中的溶解氧。

浅滩具有以下特征：①浅滩段起点位于蜿蜒河流的弯段末端，其长度取决于纵坡，纵坡越大浅滩段越短。浅滩段河道横断面形状大体是对称的。②浅滩段水深较浅，流速相对较高，枯水期表现出紊流特征。③浅滩河床是由粗糙而密实的卵石构成。修复时可在浅滩段布置大卵石，其目的是在枯水季节水流冲击大卵石形成紊流。④浅滩地貌是一个动态过程。洪水过后，浅滩段河床被上游冲刷下来的泥沙所充满。这些多余的泥沙将由随后的洪水输移到下游的深潭中。⑤浅滩段占河流栖息地的 $30\%\sim40\%$。幼鱼喜欢浅滩环境，因为在这里可以找到昆虫和其他无脊椎动物作为食物。浅滩段水深较浅，存在更多的湍流，有利于增加水体中的溶解氧。砾石基质的浅滩有更多新鲜的溶解氧，是许多鱼类的产卵场。贝类等滤食动物生活在浅滩能够找到丰富的食物供应。粗颗粒泥沙分布在浅滩内，成为许多小型动物的庇护所。

5. 深潭与浅滩断面参数计算

计算蜿蜒型河道断面参数，首先需根据蜿蜒河段宽度的沿程变化进行分类，然后按经验公式确定河道断面几何尺寸。Brice（1975）把蜿蜒型河道断面分为三种类型：等河宽蜿蜒模式（T_e 型）；有边滩蜿蜒模式（T_b 型）；有边滩和深槽的蜿蜒模式（T_c 型）。

（1）T_e 型：沿蜿蜒河道宽度变化很小，其典型特征表现为宽深比小，河岸抗侵蚀能力强，河床材料为细颗粒（砂或粉砂），推移质含量少，低流速，河流能量低。

（2）T_b 型：弯曲段河宽大于过渡段，边滩发育但深槽少。其典型特征表现为中度宽深比，河岸抗侵蚀能力一般，河床材料为中等粒径（砂和砾石），推移质含量中等，流速和河流能量不高。

（3）T_c 型：弯曲段河宽远大于过渡段，边滩发育，深槽分布广。其典型特征表现为宽深比较大，河岸抗侵蚀能力弱，河床材料为中等粒径或粗颗粒（砂、砾石或鹅卵石），推移质含量高，流速和河流能量较高。

在实际工程设计中，当蜿蜒度大于 1.2 时，河道断面的几何参数一般可按照下列经验公式计算（图 6.2-5）：

弯曲顶点：
$$\frac{W_a}{W_i} = 1.05 T_e + 0.30 T_b + 0.44 T_c \pm u \qquad (6.2-12)$$

深槽：
$$\frac{W_p}{W_i} = 0.95 T_e + 0.20 T_b + 0.14 T_c \pm u \qquad (6.2-13)$$

式中：W_a 为弯曲顶点河道宽度（$C—C'$ 断面）；W_i 为拐点断面河道宽度（$A—A'$ 断面）；W_p 为最大深槽断面河道宽度（$B—B'$ 断面）；T_e、T_b、T_c 为系数，上述三种蜿蜒模式，T_e 均等于 1.0。T_e 型蜿蜒模式：$T_b = 0.0$，$T_c = 0.0$；T_b 型蜿蜒模式：$T_b = 1.0$，$T_c = 0.0$；T_c 型蜿蜒模式：$T_b = T_c = 1.0$。u 为河宽变化偏差 u，查表 6.2-7 确定。实际计算时，假设河道拐点断面宽度 W_i 近似等于平滩宽度 W，由此计算出 W_a 和 W_p。

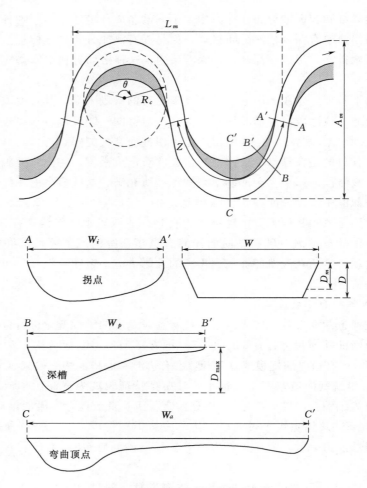

图 6.2 - 5　蜿蜒型河道断面参数

表 6.2 - 7　　　　　　　不同置信度条件下沿蜿蜒河段河宽变化的偏差 u

置信度/%	W_a/W_i 公式	W_p/W_i 公式
99	0.07	0.17
95	0.05	0.12
90	0.04	0.10

弯曲段最大深槽的深度上限可以按照下列公式进行估算：

$$\frac{D_{\max}}{D_m} = 1.5 + 4.5 \left(\frac{R_c}{W_i}\right)^{-1} \tag{6.2-14}$$

式中：$D_{\max}$ 为最大深槽断面处深度，m；D_m 为平均深度，m；R_c 为曲率半径，m；W_i 为拐点断面河道宽度，m。

对于不允许摆动的河段，要在深槽河段进行边坡抗滑稳定分析，以保证河岸的整体稳定。

【算例】　已知一条砂砾石河床，T_c 型蜿蜒模式，平滩流量 $Q_b = 50\text{m}^3/\text{s}$，曲率半

径 $R_c = 76.79\text{m}$，式 (6.2-11) 各项系数取值分别为：$a = 3.68$，$k_4 = 0.5$，宽深比 17.6，求各断面参数。

（1）平滩宽度 W：

$$W = aQ_b^{k_4} = 3.68 \times 50^{0.5} = 26.02\text{m}$$

（2）弯曲顶点：

$$\frac{W_a}{W_i} = 1.05T_e + 0.30T_b + 0.44T_c \pm u$$

$$= 1.05 \times 1.0 + 0.30 \times 1.0 + 0.44 \times 1.0 + 0.07$$

$$= 1.86$$

令 $W_i = W$，$W_a = 26.02 \times 1.86 = 48.39\text{m}$

（3）深槽：

$$\frac{W_p}{W_i} = 0.95T_e + 0.20T_b + 0.14T_c \pm u$$

$$= 0.95 \times 1.0 + 0.20 \times 1.0 + 0.14 \times 1.0 + 0.17$$

$$= 1.46$$

令 $W_i = W$，$W_p = 26.02 \times 1.46 = 38.0\text{m}$

（4）平均深度：

$$D_m = W/17.6 = 26.02/17.6 = 1.48\text{m}$$

（5）最大深槽断面处深度 $D_{\max}$：

$$\frac{D_{\max}}{D_m} = 1.5 + 4.5 \left(\frac{R_c}{W_i}\right)^{-1}$$

$$\frac{D_{\max}}{D_m} = 1.5 + 4.5 \left(\frac{76.79}{26.02}\right)^{-1} = 3.02$$

$$D_{\max} = 1.48 \times 3.02 = 4.48\text{m}$$

6. 河床基质铺设

一般来说，待修复河道的河床需铺设基质材料，特别是当目标河段位于水库大坝下游，由于水库拦水拦沙，使得下游河道的来沙（包括悬移质和推移质）大幅减少。这种情况下，重新铺设河床基质材料就显得更有必要了。铺设河床基质设计需要掌握的原则是：①具有足够的稳定性，保持河道泥沙冲淤平衡。竣工后经长期运行，河段纵坡和横断面都不会发生重大变化。②提高河流栖息地质量，为保护物种提供良好的栖息地条件。③提高美学价值，创造优美的水景观环境。

基质铺设设计的一般步骤是：①调查评估河床基质现状（见 3.1.1 节），包括河床材料构成、材料类型（卵石、砂砾石、沙质土、砂黏土、淤泥等）、河床材料特征（粒径、角状、嵌入程度等）。②调查河段基质的历史状况和发生的变化，如渠道化、泥沙淤积、建筑垃圾倾倒。调查评估河床稳定性和河势稳定性，主要是河段的冲刷和淤积状况。③选择同一流域未被干扰的河段，其河床稳定且河道地貌具有多样性特征。比照参照河段设计基质材料类型、级配。④列出目标河段生物种群清单，明确保护物种及其栖息地需求。按照物种的生活习性，选择适宜的基质构建相关栖息地，如鱼类产卵栖息地、滤食动物栖息地以及水禽自由漫步的鹅卵石条件。⑤当地砂卵石资源评估。包括化学成分、粒径、级配、资源规模以及开发可能性等。⑥明确河段的修复目标。需要回答：是修复特定指示物种栖息地？还是保持河床泥沙冲淤平衡？或提高美学价值，改善人居环境？规划者需做出选择。

深潭-浅滩序列是自然蜿蜒性河流的主要特征，深潭与浅滩的基质有所不同。如上所述，深潭的基质是颗粒较细的泥沙，浅滩河床是由粗糙而密实的卵石构成。修复时，浅滩急流段宜铺设砂砾石和卵石。铺设材料以混合型的砂砾石为主，其中具有尖角的砂砾石占有相当比例，这样有利于砂砾石之间互相咬合。在急流河段布置大卵石、大漂石可以形成一系列小型堰坝成为鱼梁，创造鱼类适宜栖息地。需注意鱼梁高度不宜超过 30cm，以不影响鱼类局部洄游。在浅滩铺设基质材料的厚度，要求浅滩相对高出平均纵坡线，使得在纵剖面上，形成深潭-浅滩地形起伏的纵断面（图 6.2-1）。

6.2.4　城市河道修复设计

城市河道修复有其特殊性。这是因为城市建筑林立，道路纵横，各类管线密集，使河道修复设计布置空间受到很大限制。当然，如果是城市新区规划，如同一张白纸，完全可以按照河道自然化的标准设计。即使是城市郊区，空间相对也要大些。但是对于多数人口密集的市区实现自然化要求存在相当的困难。在这种情况下，需要因地制宜地采取措施，利用有限的空间增添更多的自然因素，实现一定程度的自然化目标。

1. 城市河道现状

我国大中城市的河道大多经历过自 20 世纪 50 年代开始的河道改造，具体表现为缩窄河床侵占河漫滩用于工业民用建筑；水面被覆盖成为地下河道，地表用于市政建设；排洪河道沦落为排污通道；河道渠道化，裁弯取直，大量使用混凝土或块石护坡，植物消失，景观破坏；沿河建闸，连通性破坏，加之调度不当，造成河流水动力不足。近 30 年来，城市工业发展迅速，工业排放废水总量失控，加之生活污水处理达标率低，导致河流污染严重，特别是黑臭水体，严重破坏了环境，直接影响居民健康。近十几年来，在城市繁荣的背景下，城市河道又遭到商业化的破坏，不仅加重了餐饮污染，更破坏了河流自然景观。这些人为活动造成对城市河道生态系统的重大威胁。

2. 城市河道设计要点

城市河道的治理目标是统筹河道的行洪、排涝、景观与休闲等多种功能，利用有限的城市空间，增添、恢复更多的自然因素，避免渠道化、商业化和园林化，使充满活力的河流成为城市的生态廊道，使生活在闹市中的市民能够享受田园风光和野趣，创造绿色生态的宜居环境。

城市河道治理规划设计要点如下：

（1）城市河道治理规划要与城市总体规划和城市功能定位一致，并与防洪规划、水污染防治规划、城市交通规划、绿化规划和各类管线建设规划相协调。

（2）明确城市河道功能定位，确定河流空间总体布局，形成河道-湖泊-湿地连通的河流廊道完整系统。在河流廊道系统中布置景观节点，形成各具特色的自然景观。

（3）防洪排涝、防污治污、生态保护修复和自然景观修复一体化的综合治理。河道整治应满足城市防洪规划的要求，对堤防稳定性进行复核，对堤防安全隐患进行加固处理。实现污水的深度处理，完善污水处理管网建设，治理黑臭水体，实行雨污分流，实现水功能区达标。

（4）恢复城市水面。主要是恢复河湖改造前的水面，把改造成地下涵管的河道恢复成地面河道，以及恢复原有的湖泊湿地。需要按照当地水资源禀赋，统筹规划生活、生产、生态和景观用水，论证确定河湖水面面积占城市国土面积的适宜比例。恢复水面势必增加蒸发损失，因此对于水资源短缺地区，恢复水面应持谨慎态度，需要经过充分论证确定方案。

（5）采用多样化的河道断面。根据现场空间可能性，布置自然断面或非几何对称断面。可以采用复式断面，以便在非汛期利用更多的河滨带空间布置绿化带和休闲场所。同时，沿岸布置亲水平台和栈道等亲水设施。

（6）采用活植物及其他辅助材料构筑河湖堤岸护岸结构，实现稳定边坡、减少水土流失和改善栖息地等多重目标。选择可以迅速生长新根且具耐水性能的木本植物。采用生态型岸坡防护结构，诸如生态型挡土墙、植物纤维垫、土工织物扁袋、块石与植物混合结构等。

（7）植物修复设计。以乡土植物为主，经论证适量引进观赏植物，防止生物入侵。选择具有净化水体功能的植物如芦苇、菖蒲等植物。按照不同频率洪水水位，确定乔灌草各类植物搭配分区。植物搭配需主次分明，富于四季变化，营造充满活力的自然气息。

（8）通盘考虑道路、交通、停车场布置。特别注意绿色步道和自行车道的沿河、沿湖布置，把景观节点和休闲林地串联起来。

（9）提高水动力性。通过疏浚通畅河道；拆除失去功能的闸坝；改善闸坝群调度方式以提高水动力性。在小型河流局部河段，可用水面推流器强化水体流动，保持紊流区流态，增加溶解氧含量，抑制藻细胞生长速率，防止水华发生。需要指出，目前不少缺水的北方城市采取橡胶坝蓄水，试图增加水面面积，提高景观效果，但是总体看是弊大于利。首先，橡胶坝降低了水体流动性，夏季容易引发水华。其次，几米高的橡胶坝阻断了短途洄游鱼类的通道。一般认为，超过 30cm 的河道障碍物都会对于鱼类洄游造成阻碍。再者，静水的溶解氧低，会降低水生生物的生物量。

3. 城市河道断面设计

（1）仿自然断面。城市河道自然化断面设计的关键是如何在周围现有道路、管线、建筑物的约束下，对原有渠道化河道断面进行改造，尽可能增加自然因素，又不降低防洪功能，达到仿自然的目标。

【工程案例】　北京北护城河修复工程

北京北护城河修复工程如图 6.2 - 6 所示。原有河道已经完全渠道化，平面形态呈直线形，断面为矩形。两岸为直立式混凝土挡墙，全断面用预制混凝土板砌护。经过多年运行加之冻融循环破坏，混凝土挡墙和混凝土板钢筋外露，部分河段挡墙发生倾斜变形。硬质护坡无法生长植物，栖息地遭到破坏。笔直的河流和缺乏绿色的岸坡使得景观极为单调乏味。直立式挡墙亲水性低，且有一定危险。但是由于附近是二环路和设施，河道扩展空间和拆除挡墙新建均无可能。河道自然化设计因地制宜，采取了以下技术措施：①岸线布置上尽可能宜弯则弯，适度提高了蜿蜒度。②拆除河底混凝土板。③拆除常水位以上直立式挡墙上部混凝土，改善了视觉效果。④新建挡墙与旧挡墙平行设置，二者联合受力，满足抗滑、抗倾翻稳定要求。新挡墙顶部与常水位持平。新老挡墙间设连接构件，缝隙间形成种植槽，种植水生植物。⑤原挡墙以上铺设土质缓坡直到堤顶，汛期水边线与土质边坡直接衔接，汛期形成"浅水湾"，增加了行洪断面。⑥微地形调整。拆除堤坡的"二平台"（戗道），用铺设的弧线土坡覆盖，改善了景观效果。土层植乔灌草植物，实现了水边向堤顶的绿色过度。⑦在缓坡设置透水的绿色步道。⑧水边设置亲水平台和滨水栈道。

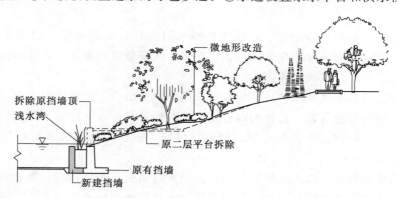

图 6.2-6（一）　城市自然化河道断面
（据北京市水利规划设计研究院邓卓智，改绘）

　　图 6.2-7 是北京北护城河修复的另一个河段断面。原有浆砌石护坡保留，用疏浚淤泥覆盖，表层进行营养土、腐殖土改良或铺设种植土。常水位以上铺设 100% 过筛种植土。回填土上种植灌木和小乔木，铺设连柴柳栅栏、柳枝护坡等遮挡浆砌石护坡。覆土下部设置格栅石笼起抗滑和防护作用。格栅石笼下部与土体接触部位铺设土工无纺布作反滤层，防止石笼下部土层在波浪、水流和渗流作用下发生冲刷侵蚀破坏，保证防护结构的整体和局部稳定。土工无纺布应满足保土性、透水性和防堵性三方面要求，详见《土工合成材料应用技术规范》（GB 50290—98）。沿水边线铺设生态袋护岸。生态袋用聚丙烯材料制成，袋内装土，可形成坡度任意变化的岸坡，在生态袋上播种黑麦草、高羊茅等草种，长势良好，郁闭度达到 95% 以上。生态袋护岸为水生动物如鱼类、青蛙螺蛳、蚌等提供了栖息地。该河段内，原来河道两侧设有步道，高程较高缺乏亲水功能。自然化设计的步道贯穿在岸坡中，迂回曲折，高程降低在常水位附近，拉近了人与水面的距离。步道采用

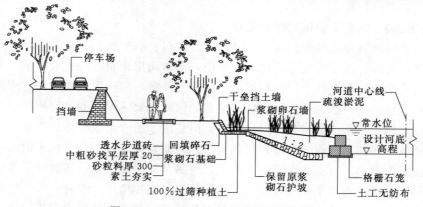

图 6.2-7（二）　城市自然化河道断面
（据北京市水利规划设计研究院邓卓智，改绘）

透水砖、嵌草青石板、汀步石等透水路面，透水性能好，雨后不积水，也能提高行走趣味。河段内布设的亲水平台和滨水栈道，均为钢筋混凝土结构，在其上采用透水铺装，钢筋混凝土结构预留排水孔，使平台面和栈道面不积水。

（2）复式断面。复式断面可以充分利用河道空间。水位在非汛期常水位以下时，水流控制在下部深槽中，可以利用上部较缓边坡布置休闲设施。护岸结构可有多种选择，应根据地形地貌、造价分析综合评估确定。护岸材料尽可能采用天然材料，包括活植物、木材、块石、卵石和当地表土。护岸结构一般是组合式结构，比如铅丝笼加植物，混凝土块体加木材和植物，块石加木材和植物等。图 6.2-8 显示了一个复式断面的工程案例。下部为深槽，在非汛期常水位下水流控制在深槽内，深槽用抛石护脚。与深槽边坡衔接为 1：3 缓坡，用植物卷技术种植植物，缓坡以上为平坦滩地，可以布置亲水平台、栈道、绿色步道和休闲空地。滩地外侧陡坡为混凝土挡土墙，挡土墙内侧临水面布置石笼垫，石笼垫表面做覆土处理，内种植物插条。植物生长以后起固土作用，并形成多样的自然景观。

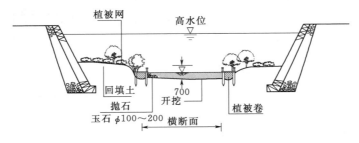

图 6.2-8　复式断面实例（单位：mm）

（3）覆土工法。对于已经渠道化的城市中小型河流，一般情况下不太可能拆除混凝土或浆砌块石等硬质衬砌，比较现实的方法是把开挖、疏浚的土方铺设在硬质衬砌上面，以创造植物生长条件，构建自然河岸景观环境，这种技术称为覆土工法。覆土工法既可以改善生态环境，创造栖息地条件，促进近岸的食物网发育和生物多样性，也可以有效改变原来单调乏味的景观，形成自然的绿色宜居环境。从功能上分析，防洪安全主要靠覆土下面的硬质衬砌承担，植被可以起固土防止冲刷的作用。覆土结构类型有：①利用原有表土。当地表土内含乡土植物根或种子，可望较快恢复植被，发挥固土作用。②移植草皮。移植矮草草皮，可在施工后即可发挥耐冲功能，其后任其自然演替，发生植物物种更替。③覆土上用卵石类材料覆盖，目的在于提高抗冲刷能力。④填缝型覆土。在铅丝笼或石笼垫的块石缝隙中填土，以促进植物生长。覆土坡度的确定，如果原有护坡坡度 1：1.5～1：2.0，则覆土坡度一般缓于 1：3.0。覆土厚度应考虑植物成活性，满足不同植物物种生长对土壤厚度的要求，详见表 6.2-8。

表 6.2-8　　　　　　　　　　不同植物所需土层厚度

植物	矮草	草坪	小灌木	大灌木	浅根性乔木	深根性乔木
土层厚度/cm	15	30	45	60	90	150

当地表土对植物生长至关重要。开挖表土厚度 20cm 左右，可以包含大部分种子。在

施工过程中，要分层开挖表土，每层表土要在指定位置存放，铺设时按照顺序运送到铺设位置（图 6.2 - 9）。填土时需进行碾压。采集表土的季节以秋冬为宜，在冬季表土里的种子会冬眠。为防止表土在冬季受风力和水侵蚀，可将表土装袋存放。铺设表土季节以春季为宜，有利种子发芽生长。如果用疏浚开挖的沙质土做覆土，需要论证植物的适应性，必要时需添加黏土和腐殖土进行改良。在洪水期水位上升较快或者升降频繁，覆土有被冲走的风险，可能导致工程受损。在竣工初期，植物扎根尚浅，固土能力不足，也容易被水流冲走。针对这些情况，需要采取防护措施。覆土加固措施包括：①纵向铺设纤维地毯，以提高抗冲能力。②在覆土坡脚设置块石铅丝笼，增加抗滑稳定性和抗冲性。③处理好常水位附近的水边线，可以用抛石、石笼、木桩、枝条栅栏等材料加固。水边线设计要避免直线而采用连续弯曲线型，一是有利植物生长，二是提高景观美学价值。

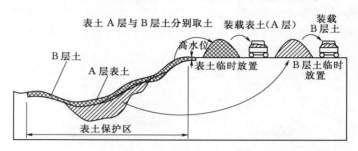

图 6.2 - 9　表土的开挖与存放
（据杨海军、李永祥，2005）

　　图 6.2 - 10 显示覆土工法案例，该工程在原有混凝土护坡和挡土墙的基础上，利用河道疏挖的土方回填到岸坡并夯实。表层回填种植土，厚度大于 1m。回填土上种植灌木和小乔木，用连柴栅栏、柳枝栅栏构筑植物护坡，用以遮挡混凝土硬质衬砌。堤顶附近铺设麻椰毯具有水土保持功能，还能增强土壤肥力。在坡脚布置铅丝笼填装卵石，下部用厚铅丝笼护底。铅丝笼起防止冲刷及土体滑坡作用。在土体与铅丝笼边界以及不同土体接触部位均用无纺布做反滤层。

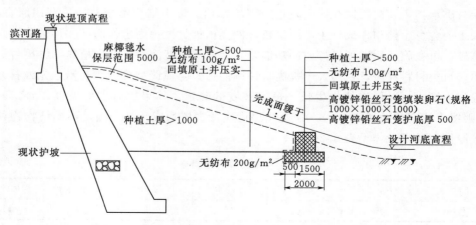

图 6.2 - 10　覆土工法案例（单位：mm）
（据北京市水利规划设计院邓卓智，改绘）

（4）亲水平台和滨水栈道。河湖沿岸的亲水平台和滨水栈道，能够拉近人与河湖水面的距离，给人们融入大自然提供便利。亲水平台和栈道适合设置在小型河流城市河段、湖泊和湿地，属环境景观滨水工程构筑物。亲水平台和滨水栈道一般布置在景观节点，考虑周围水流、水深、植物、遮阴、风向、阳光等多种环境因素，还要考虑方便休憩和拍照。设计平台面或栈道面高程要考虑周边河底高程和常水位水深，周边常水位水深一般不超过70cm，平台面或栈道面高程一般高出常水位50cm以上。平台面或栈道面高程应与附近道路高程衔接。值得注意的是，城郊丘陵山区溪流汛期水位暴涨暴落，在附近景区设置亲水平台和滨水栈道要十分慎重。一是平台面或栈道面高程要考虑汛期水位特点。二是对构筑物基础抗冲稳定进行复核。丘陵山区溪流水电站常为日调节运行，日水位波动较大，汛期时有弃水发生，在其下游景区设置亲水平台和滨水栈道要考虑水位波动因素。亲水平台、滨水栈道、钓鱼台、游船码头和景观平台细部设计，可参考中国建筑标准设计研究院编《国家建筑标准设计图集　环境景观　滨水工程》（10J012—4）。

6.2.5　河岸稳定性分析

1. 河岸失稳型式

河道岸坡的稳定性分析需要考虑两方面因素，一是水流作用导致河床和坡脚冲刷侵蚀（局部失稳）；二是岸坡的整体失稳。水流冲刷侵蚀导致河床和坡脚土体局部失稳并随水流逐渐流向下游，丧失对岸坡上部土体的支撑作用。岸坡土体在重力、渗流荷载作用下，如其强度不足，则将发生整体失稳，失稳型式表现为滑动和崩塌等。失稳土体在坡脚堆积，形成新的河道断面形态，或暂时维持在一个新的稳定状态。这一相对稳定的断面将可能继续受水流冲刷侵蚀作用，进入新一轮的失稳-相对稳定演变过程。

河道岸坡冲刷既可发生在表面上处于河势稳定的河道中，也可发生在那些不稳定的河道中。稳定河道虽然在长期的演变过程中，基本形态和平均尺寸没有什么变化，但也会经历某种局部的冲刷和淤积，尤其是蜿蜒河道。河岸坡脚及河床是否会发生冲刷侵蚀主要决定于冲刷力是否超过抗冲力，其抗冲力主要取决于土或泥沙的物理化学组成及力学性质，一般用临界剪应力表示，如水流作用在河床或坡面的剪应力小于临界剪应力，则一般不会发生侵蚀作用，河道断面维持在一个相对稳定状态；反之，则可能导致河床和坡脚侵蚀，表现为河床下切或河岸蚀退，造成局部失稳，进而导致河岸整体稳定性的降低。

几乎在任何时候河岸都可能发生整体失稳，即大体积滑动和崩塌破坏，特别是当河岸发生强烈的河床和坡脚冲刷，或在河岸上突然加载。河岸整体稳定性主要取决于河道断面型式和土体的物理力学特性，具体为抗剪强度（有效黏聚力 c'、有效内摩擦角 φ'）或抗拉强度。绝大多数河岸的失稳发生在大雨或高水位期间及水位消落不久，图 6.2-11 为几种典型的河岸失稳型式示意图（R. W. Hemphill，等，2000）。河岸滑动失稳之前，一般在顶部地表会出现拉裂缝，拉裂缝深度通常只占岸坡总深度的较小部分。河岸的典型失稳型式分述如下。

（1）浅层滑动。浅层滑动［图 6.2-11（a）］一般发生在河岸角度比较平缓的无黏性土岸坡，滑动面大致与坡面平行。

（2）平面滑动。河岸沿平面或平缓的曲线面发生滑动［图 6.2-11（b）］，一般发生在土质为无黏性土或已经产生比较深的拉裂缝的河岸 [图 6.2-11 (c)]。

（3）深层圆弧滑动。这种类型的滑动一般发生在河岸较陡、高度为中等，且河岸为黏性土的地方。在某些情况下（尤其是河岸土质比较均匀的地方），滑坡沿圆弧面发生 [图 6.2-11 (d)]，而在另一些情况下，滑坡面的形状也许包含对数螺线形或平截面 [图 6.2-11 (e)]。后一种类型比较常见，在发生这种滑坡的地方，软弱土层决定着滑坡面的实际形状。如与岸坡总高度相比潜在拉裂缝深度比较大（大于 30%），滑坡面形状将呈现为平面型滑动 [图 6.2-11 (b)]。弯曲河段的凹岸受水流冲刷作用，可能引起延伸到坡顶的

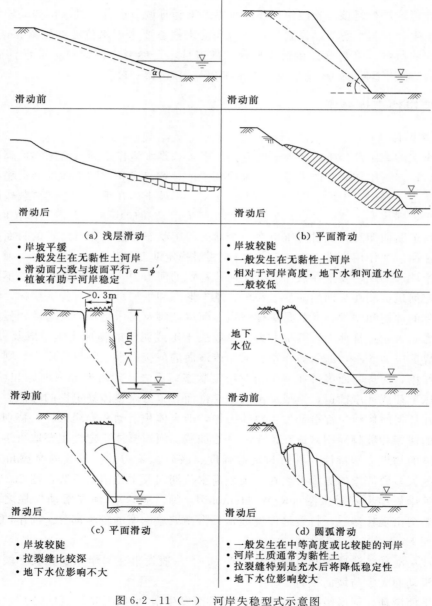

图 6.2-11 （一）　河岸失稳型式示意图

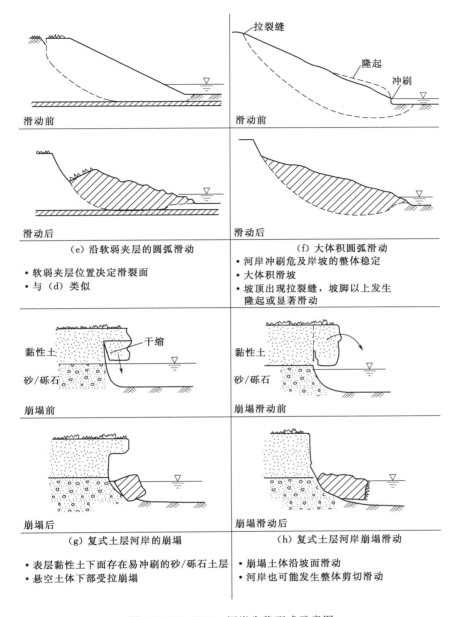

图 6.2-11（二）　河岸失稳型式示意图

大体积滑坡［图 6.2-11（f）］。在天然河岸及建有防洪堤的河岸均有可能发生圆弧滑动。

（4）复合式崩塌滑动。较低的河岸一般会受到比较频繁的水流冲刷作用，河岸发生下切从而在上部形成悬空土体，因受拉、剪切作用发生崩塌和滑动［图 6.2-11（g）和（h）］。

2. 分析方法

在上述多数河岸滑动型式中，河岸土体的抗剪强度决定是否会发生滑坡。河岸几何型态、土层构成及其土体强度决定滑动型式。在土体强度方面，孔隙水压力起着重要作用。孔隙水压力增加，土体有效应力就会降低，抗剪强度和抵抗变形能力降低。在某些极端情况下，受持续或瞬时渗流作用，土体可能完全饱和，孔隙水压力增大，使有效应力减小为零，完全失去抗剪强度。河岸在波浪和水位波动而承受瞬时冲击荷载情况下，可能会发生这一情况，土体即发生液化作用。

　　河岸稳定性分析可采用刚体极限平衡分析方法的条分法，即首先假定岸坡土体存在若干可能的剪切面或滑裂面，然后将滑裂面以上土体分成若干土条，对作用于各土条上的力进行力与力矩的平衡分析，求出在极限平衡状态下土体稳定的安全系数，并通过一定数量的试算，找出最危险滑裂面位置及相应的最小安全系数。根据土条分界面上条间力的考虑方式不同，条分法又细分为瑞典圆弧法、简化毕肖普法、简布法、斯宾塞法、摩根斯坦-普莱斯法、萨尔玛法等，前两种方法适合圆弧滑裂面，后四种方法适合任意滑裂面，这几种条分法的主要区别在于对土条之间作用力的假定以及所满足的力或力矩平衡条件等方面，对于一般河流生态修复工程的岸坡稳定分析，可采用相对比较简单的瑞典圆弧法或简布法。

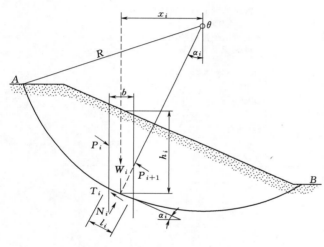

图 6.2 - 12　土条受力分析示意图

　　下面以瑞典圆弧法为例，说明条分法的基本原理和计算步骤。瑞典圆弧法保守地假定土条之间作用力大小相等，方向相反，因而在稳定分析中可以不考虑土条两侧的作用力，安全系数定义为每一土条在滑裂面上所能提供的抗滑力矩之和与外荷载及滑动土体在滑裂面上所产生的滑动力矩和之比。图 6.2 - 12 表示一均质土坡及其中任意土条 i 上的作用力。土条高度为 h_i，宽度为 b_i，W_i 为其本身的自重；P_i 及 P_{i+1} 为作用于土条两侧的条间力合力，其方向和土条底部平行；N_i 及 T_i 分别为作用于土条底部的总法向反力和切向阻力；土条底部的坡脚为 α_i，长为 l_i，R 则为滑裂面圆弧的半径。根据莫尔库仑准则，土条 i 滑裂面上的平均抗剪强度为

$$\tau_{fi} = c_i + \sigma_i \tan\varphi_i \tag{6.2-15}$$

式中：σ_i 为法向总应力；c_i 为土的黏聚力；φ_i 为土的内摩擦角。

　　根据两个力矩和之比可得岸坡的安全系数如下：

$$F_s = \frac{\sum(c_i l_i + W_i \cos\alpha_i \tan\varphi_i)}{\sum W_i \sin\alpha_i} \tag{6.2-16}$$

　　当岸坡土体内有地下水渗流作用时，土体中存在渗透压力，必须考虑它对岸坡稳定性的影响，其抗滑稳定安全系数可用下式计算：

$$F_s = \frac{\sum[c_i' l_i + (W_i \cos\alpha_i - u_i l_i)\tan\varphi_i']}{\sum W_i \sin\alpha_i} \tag{6.2-17}$$

式中：c_i' 为有效黏聚力；φ_i' 有效内摩擦角；u_i 为孔隙应力。

如图 6.2-13 所示，在滑动土体中任取一土条 i，如果将土和水一起作为脱离体来分析，土条重量 W_i 就等于 $b_i(\gamma h_{1i} + \gamma_m h_{2i})$，其中 γ 为土的湿容重，γ_m 为饱和容重；在土条两侧及底部都作用有渗透水压力。对于一般的河道岸坡，土体通常均已固结，由附加荷重引起的孔隙应力均已消散，土条底部的孔隙应力 u_i 也就是渗透水压力。如果经过土条底部中心点 M 的等势线与地下水面交于 N，则

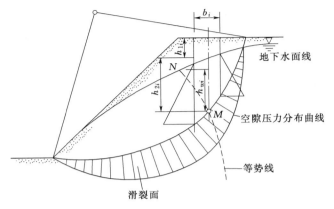

图 6.2-13　渗流对岸坡稳定的影响

$$u_i = \gamma_w h_{ui} \quad (6.2-18)$$

式中：γ_w 为水的容重；h_{ui} 为 MN 的垂直距离。

若地下水面或浸润线与滑裂面接近水平，或土条取得很薄，土条两侧的渗透水压力接近相等，可相互抵消。将上述结果代入式（6.2-17），又因 $l_i = \dfrac{b_i}{\cos\alpha_i}$，得到有渗流水作用下的岸坡抗滑稳定安全系数表达式为

$$F_s = \frac{\sum c_i' l_i + \sum b_i\left(\gamma h_{1i} + \gamma_m h_{2i} - \gamma_w \dfrac{h_{ui}}{\cos^2\alpha_i}\right)\cos\alpha_i \tan\varphi_i'}{\sum b_i(\gamma h_{1i} + \gamma_m h_{2i})\sin\alpha_i} \quad (6.2-19)$$

上述介绍以圆弧滑裂面为例，对于平面滑动［图 6.2-11（c）］和因存在软弱带而发生的复合圆弧滑动［图 6.2-11（e）］，也可以采用上述方法和公式进行稳定分析，但其滑裂面则为平面或圆弧与平面的组合。在岸坡稳定性分析中，需根据岸坡几何形状和土层组成条件，假定初始滑裂面，包括滑裂面位置和形状，并选择相应的条分法（瑞典圆弧法、简化毕肖普法、简布法、斯宾塞法、摩根斯坦-普莱斯法、沙尔玛法等）进行计算。因为滑裂面是任意假定的，需要经过多次试算，才能搜索到最危险滑裂面位置。

对于复合式河岸崩塌滑动问题［图 6.2-11（g）和（h）］，悬空土体因受拉、剪切作用，并受干缩裂缝的影响，可能发生受拉崩塌，上述条分法并不适用于此类岸坡的稳定分析。实际上，对于任何过陡、坡脚淘刷严重的河岸，依赖抗拉效应保持稳定是不可持续的，没有必要再进行稳定分析。

目前国内外有很多边坡稳定分析软件可以进行河道岸坡稳定分析，例如中国水利水电科学研究院陈祖煜院士开发的 STAB 土质边坡稳定分析软件、加拿大 Geo-slope 公司的 SLOPE/W、加拿大 Rockscience 公司的 Slide 软件等，均包括上述 6 种方法，这些软件中也采用了不同优化手段，搜索最危险滑裂面位置及其对应的最小安全系数（极值）。但在使用这些软件时必须注意，对于复杂的存在不同土层的岸坡，往往出现多个安全系数极值区的问题，不可能通过优化步骤一次就求出整个计算区域的最优点，只能先对简单的局部区域和边界，进行局部优化，再通过对这些局部最优点的比较，判断出整个区域的最优

点，确定最小安全系数，合理判断岸坡稳定状态。

6.3　自然型岸坡防护技术

河道岸坡防护的目的是防止水流对岸坡的冲刷、侵蚀，保证岸坡的稳定性。自然型河道护岸技术是在传统的护岸技术基础上，利用活体植物和天然材料作为护岸材料，不但能够满足护岸要求，而且能提供良好的栖息地条件，改善自然景观。

6.3.1　天然植物护岸

1. 维护自然河岸

岸坡植被系统可降低土壤孔隙压力，吸收土壤水分。同时，植物根系能提高土体的抗剪强度，增强土体的黏结力，从而使土体结构趋于坚固和稳定。植被系统具有固土护岸，降低流速，减轻冲刷的功能，同时为鱼类、水禽和昆虫等动物提供栖息地。自然生长的芦苇一般生活在纵坡较缓和流速较低的部位。河道行洪时芦苇卧倒覆盖河岸，其茎和叶随水漂曳，有降低流速和护岸的功能。通航河道岸边芦苇有降低航行波的功能。有数据显示当芦苇地在横断面宽度达到8m时，航船的航行波能量可削减60%～80%。水边柳树生长茂盛，河道行洪时，其枝叶顺流倒伏降低流速。柳树发达的根系对土壤有很强的束缚作用，能保持岸坡稳定。河道和河漫滩生长的竹子，有明显消能和降低流速的功能，在高程较高的滩地上生长的竹林能有效降低流速，数据显示较河槽流速降低60%～70%，说明竹林有明显的防冲刷护岸功能。

如果河道地形地貌、地质、水流和天然植被条件允许，河岸不需要做人工护坡工程，而采取维护现有天然植被的方法，充分发挥生态系统自设计、自组织功能，达到维持岸坡稳定和保育栖息地的目的。下列河道部位可以考虑不做岸坡人工防护工程：①坚硬完整岩石裸露的山脚；②河道凹岸缓流部位；③高程较高的河滨带；④天然植物茂盛，可以发挥防冲刷作用；⑤Ｖ形河谷。通过野外调查与评估，划分出不进行人工护岸的河段并列入规划。

目前，在很多河道整治工程中，为了营造园林景观，广泛采用在堤坡种植草皮的工程方案。需要指出，园林绿化草皮或根系浅的植物只适于浅层土体的防护，不适合河道岸坡的侵蚀防护。因此，需要结合工程区本土物种的调查，选择适宜的本土物种做岸坡植被，并引入少量观赏植物和水质净化功能强的植物，增强自然审美情趣，改善水质。在植物物种选择中，必须根据河流生态修复目标，选择与目标要求功能相一致的多种本土物种。

2. 芦苇和柳树的种植

（1）功能。河岸芦苇茎叶可使洪水减速，地下茎可固土，减少洪水冲刷。芦苇地是鸟类、鱼类和水生昆虫类的栖息地。生长在河岸上的矮干柳树群，其发达的根部具有固土功能，减轻水流冲刷。柳树的遮阴作用，使繁茂的柳林成为鱼类和昆虫的良好栖息地。汛期柳树枝条能够降低流速，成为鱼类的庇护所。

（2）适用范围。芦苇适合生长在流速较缓，断面边坡较缓的河岸以及水位变动不大的湖沼。种植芦苇的边坡缓于1：3，水深30cm左右，距地下水40cm为宜。种植地的表土为含细沙约 80% 的土质，易于成活生长。

柳树适宜河流缓流河段以及凹岸等不易受冲刷部位。地表高出平均水位 0.3～2.0m 为宜，3.0m 左右是高度上限。常年泡水会使根部腐烂。适宜土壤包括细沙、粗沙、砾石等混合土壤，不同品种柳树也有所区别。土壤需有透气性，有利根部生长。

（3）施工要点。芦苇的栽培方法有直接播种、整株种植、种地下茎、种茎干和芦苇含根土壤种植法等。

柳树种植用插条方法。一般在秋季柳树落叶后采集插条（母枝），在冬季将插条捆成把埋在土中保持，春季在河岸插条。截取直径 1～3cm，长 30cm 左右柳枝，埋入地下长度达到 25cm 以上，露出地面约 5cm。树枝与树枝的间隔 50cm 左右。埋入方法有洞埋和沟埋两种。

（4）维护管理。芦苇种植后在尚未形成群体以前，有可能被水流冲刷，需要采取防护措施。可提前用植被网覆盖表层或用砾石覆盖地表。对于已经长成的芦苇，夏季要分区收割，每年轮换。收割时留存芦苇的茎要高出水面，可起呼吸管作用。冬季要割掉已干枯的芦苇。

生长在水边的柳树生命力旺盛，插条后不需要专门维护。当柳树株高超过 1m 时，将树干截断，不久萌芽枝就可在截断处茂盛长出来，在短期内形成密集的树丛。

3. 联排条捆

（1）构造。联排条捆是由木桩、联排条捆和竖条捆组合而成的结构。木桩采用小头直径 12cm、长 2.5m 的松木原木。条捆直径 15cm，长 2m，采用橡树、枸树、柞木等富于韧性的树枝，用 12 号铅丝每隔 15cm 扎绑而成。竖条捆是用长约 1.2m，小头直径为 6mm 的柳枝制作，柳枝选用发芽前的枝条。将木桩沿水边线按照 0.6～1.0m 的间隔打入土中，打入深度约 1.5m 左右，桩木露出河床约 1m。用 12 号铅丝将联排条捆绑在木桩上，在其背后铺设柳枝竖条捆，然后在竖条捆背后填入 30cm 厚的砾石粗沙作为反滤层（图 6.3－1）。

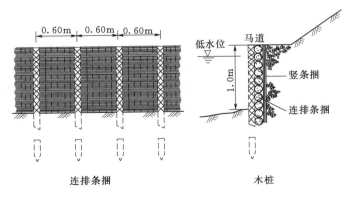

图 6.3－1　联排条捆

（2）功能。联排条捆是整体、多孔结构，既可护岸，也可以把雨水排入河道。柳树群成长迅速，繁茂的柳树群成为良好的栖息地。

（3）适用范围。适宜在水深 1.0m 左右的水边，桩木的寿命为 2～6 年，故有赖于柳树根系长成后发挥护岸作用。

（4）维护管理。如果柳树生长过度阻碍水流，需要截枝。截枝长度需考虑植物生存条件而定。连排条捆可能腐烂，若柳树已扎根成活，则由其根系发挥护岸的作用。桩木腐烂后，如有必要应施行修补。

4. 植物纤维垫

（1）构造。植物纤维垫一般采用椰壳纤维、黄麻、木棉、芦苇、稻草等天然植物纤维制成（也可应用土工格栅进行加筋），可结合植物一起应用于河道岸坡防护工程，如图6.3-2所示。防护结构下层为混有草种的腐殖土，植物纤维垫可用活木桩固定，并覆盖一层表土，在表土层内撒播种子，并穿过纤维垫扦插活枝条。

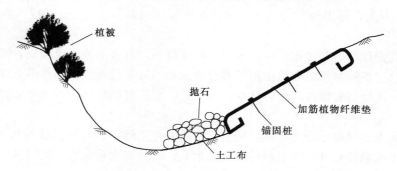

图 6.3-2　植物纤维垫岸坡防护结构

（2）功能。植物纤维腐烂后能促进腐殖质的形成，增加土壤肥力。草籽发芽生长后通过纤维垫的孔眼穿出形成抗冲结构体。插条也会在适宜的气候、水力条件下繁殖生长，最终形成的植被覆盖层可营造出多样性的栖息地环境，并增强自然景观效果。这种结构结合了植物纤维垫防冲固土和植物根系固土的功能，比普通草皮护坡具有更高的抗冲蚀能力。它不仅可以有效减小土壤侵蚀，增强岸坡稳定性，而且还可起到减缓流速，促进泥沙淤积的作用。

（3）适用范围。适用于水流相对平缓、水位变化不太频繁、岸坡坡度缓于 1∶2 的中小型河流。

（4）设计要点。①制订植被计划时应考虑到植物纤维降解和植被生长之间的关系，应保证织物降解时间大于形成植被覆盖所需的时间。②植物纤维垫厚度一般为 2～8mm，撕裂强度大于 10kN/m，经过紫外线照射后，强度下降不超过 5%，经过酸碱化学作用后强度下降不超过 15%；最大允许等效孔径（φ_{95}）可参考表 6.3-1，结合实际情况选取。③草种应选择多种本土草种；扦插的活枝条长度约为 0.5～0.6m，直径 10～25mm；活木桩长度约为 0.5～0.6m，直径 50～60mm。

（5）施工要点。首先将坡面整平，并均匀铺设 20cm 厚的混有草种的腐殖土，轻微碾压，然后自下而上铺设植物纤维垫，使其与坡面土体保持完全接触。利用木桩固定植物纤维垫，并根据现场情况放置块石（直径 10～15cm）压重。然后在表面覆盖薄层土，并立即喷播草种、肥料、稳定剂和水的混合物，密切观察水位变化情况，防止冲刷侵蚀，最后再扦插活植物枝条。植物纤维垫末端可使用土工合成材料和块石平缓过渡到下面的岸坡防护结构，顶端应留有余量。

表 6.3 - 1　　　　　　　　　　　　植物纤维垫设计参数

土壤特性	岸坡坡度	最大允许等效孔径 φ_{95}		
		播种时间距发芽期时间很短	播种时间距发芽时间在 2 个月内	播种时间距发芽时间超过 2 个月
黏性土	$<40°$	—	—	—
	$>40°$	—	$4d_{85}$	$2d_{85}$
无黏性土	$<35°$	$8d_{85}$	$4d_{85}$	$2d_{85}$
	$>35°$	$4d_{85}$	$2d_{85}$	d_{85}

注　d_{85} 表示被保护土的特征粒径，即小于该粒径的土质量占总质量的 85%。

5. 植物梢料

（1）构造。利用植物的活枝条或梢料，按照规则结构型式，做成梢料排、梢料层、梢料捆如图 6.3 - 3 所示。植物梢料用于河道岸坡侵蚀防护，是一种古老的岸坡防护生态工程技术，在我国有悠久的历史（周魁一，2002）。

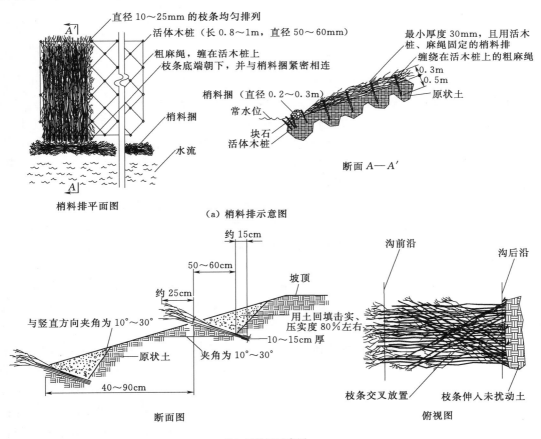

图 6.3 - 3 （一）　利用植物梢料进行岸坡防护的结构示意图

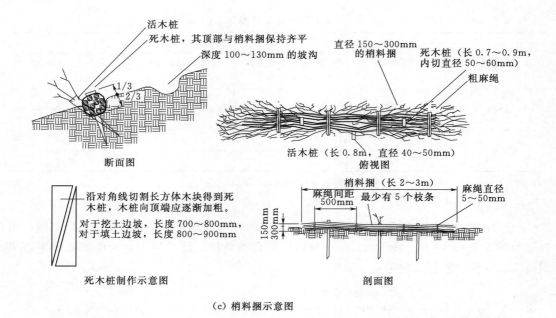

图 6.3-3（二）　利用植物梢料进行岸坡防护的结构示意图

（2）功能。这类结构不仅可促使河水泥沙淤积，有效减小河岸侵蚀，为河岸提供直接的保护层，而且能较快形成植被覆盖层，恢复河岸植被，形成自然景观。

（3）施工要点。梢料材料一般利用长 2～3m、直径为 10～25mm 的活植物枝条加工而成，枝条必须足够柔软以适应边坡表面的不平整性。梢料要用活木桩（长 0.8～1m，直径 50～60mm）或粗麻绳（直径 5～30mm）固定，可用少量块石（直径约 20cm）压重。梢料排、梢料层和梢料捆的施工要点如下：

1）梢料排施工一般在植物休眠季节（通常是秋冬季）进行。把梢料排的下缘锚定在沟渠内，并使用由活枝条加工而成的梢料捆（直径 0.2～0.3m）以与岸线平行的方向放置，并布置若干块石，借以保护梢料排下缘免受水流冲刷破坏。用麻绳把梢料排缠绕在木桩上，使枝条尽可能贴紧岸坡。夯击活木桩，打进枝条间的土壤中，拉紧麻绳把枝条压到土坡上。梢料捆和枝条施工完成后，将土置于梢料捆顶端，使其顶部稍微露出。用松土填满枝条之间的空隙，并轻微夯实以促进生根。如需要多段梢料排，应进行有效搭接。搭接处枝条要叠放，并用多根麻绳加固，如图 6.3-3（a）所示。

2）梢料层施工时，首先要将活体枝条（长 0.8～1.0m、直径 10～25mm）置于填土土层之间或埋置于开挖沟渠内。从边坡的底部开始，依次向上进行施工。可用上层开挖的土料对下层进行回填，依次进行。梢料层安放层面应该稍微倾斜（水平角 10°～30°）。枝条以与岸线正交的形式安放，并使其顶端朝外，其后端应插入未扰动土 20cm 左右。在枝条上部进行回填，并适当压实。根据坡角、场地和土壤条件及在边坡上的位置差别，梢料层水平层间距保持在 40～90cm 之间，下半部分比上半部分排列紧密，最下端可用梢料捆（直径 20～30cm）或纤维卷等进行防护，并用土工布将梢料捆包裹，土工布要留出多余长度，并延伸至下面护岸结构，如图 6.3-3（b）所示。

3）梢料捆施工时，枝条用粗麻绳绑成直径为150～300mm的捆，从边坡底部开始，沿着等高线开挖一条轮廓稍小于枝条捆尺寸的沟。整捆枝条的顶部应均匀错开。把梢料捆放于沟内后，将死木桩直接插进捆内，其间隔约为600～900mm，木桩的顶端应与梢料捆保持齐平。沿河岸向上以规则的间隔开挖沟渠，沿着梢料捆两边填埋一些湿土并夯实[图6.3-3（c）]。为防止植被发育充分并发挥侵蚀防护功能前水流的淘刷侵蚀，梢料捆可与植物纤维垫组合应用。

6. 土工织物扁袋

（1）构造。土工织物扁袋是把天然材料或合成材料织物，在工程现场展平后，上面填土，然后把土工织物向坡内反卷，包裹填土制作形成。土工织物扁袋水平放置，在岸坡上呈阶梯状排列，土体包含草种、碎石、腐殖土等材料。在上下层扁袋之间放置活枝条。土工织物扁袋下部邻近水边线处采用石笼、抛石等护脚，防止冲刷和滑坡（图6.3-4）。

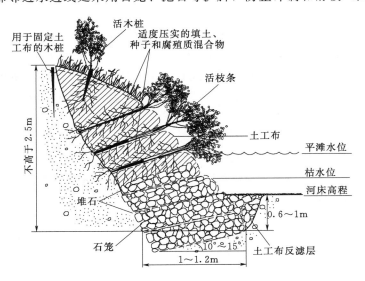

图 6.3-4　土工织物扁袋示意图

（2）功能。扁袋土体内掺杂植物种子，生长发育后形成植被覆盖。上下扁袋层之间的活枝条发育后，其顶端枝叶可降低流速和冲蚀能量，并可最终形成自然型外观，提供多样性栖息地环境。土体内部的根系具有土体加筋功能，可发挥固土作用。在冲刷较严重的坡脚部位，采用石笼或抛石可保持岸坡稳定。

（3）适用范围。土工织物扁袋主要适用于较陡岸坡，能起到侵蚀防护和增加边坡整体稳定性的作用。与常规的灌木植被防护技术相比，可抵御相对较高的流速。土工袋具有较好的挠曲性，能适应坡面的局部变形，形成阶梯坡状，因此特别适用于岸坡坡度不均匀的部位。

（4）施工要点。①工程施工中，首先将边坡大致整平并铺设反滤层，使其与坡面紧密接触。适当开挖坡脚河床，然后安装石笼，并与水平面保持一定角度。扁袋施工时，先铺设底层土工布，随后将腐殖土和碎石的混合物放置其上，植物种子掺杂在较上部位的土体中，然后用土工织物包裹。土工织物至少要搭接20cm，然后在上面放置插条，并用上层扁袋压实。按此工序依次向上进行施工，最终形成阶梯状坡面结构。施工过程中应严格控制土工织物的搭接及与其他防护构件过渡连接的质量，并尽量减少对岸边原生植被的扰动。施工应选择在插条冬眠期及枯水位期间进行，并尽量避开鱼类的产卵期和迁徙期。②石笼或抛石护脚应延伸到最大冲刷深度，其顶部应高出枯水位。石笼的孔眼为编织成的六边形结构，所采用铁丝的直径在 3mm 左右，铁丝经过镀锌处理后，应用 PVC 加以包裹，以防止紫外线照射并增强铁丝的抗磨损属性。石笼内填充块石的粒径宜取为石笼孔径的 1.5～2.0 倍。③扁袋采用自然材料（如黄麻、椰子壳纤维垫）或合成纤维制成的织造或无纺土工布（孔径 2～5mm，厚度 2～3mm）做成，可为单层或双层，内装卵石（粒径 30～50mm）、不规则小碎石（粒径小于 10mm）、腐殖土及植物种子等材料。土工布回包后形成的扁袋高度一般介于 20～50cm，可以水平放置，也可与水平方向呈 10°～15°夹角，沿岸坡纵向搭接长度 50～100cm。必要时用长 50cm 左右的楔形木桩固定扁袋。岸坡面上应铺设土工布或碎石作为反滤层。对应不同水位，可以分别选择不同的反滤措施。土工布应满足反滤准则要求。④土工袋中的植物种子应包括多种本地物种，并至少包括一种生长速度较快的植物物种。上下层扁袋之间的插条长度约为 1.5～3.0m，直径约为 10～25mm，插条的粗端应插入土体中 10～20cm，其长度的 75% 应被扁袋覆盖。插条的物种种类和直径大小应具有多样性，插条间距为 5～10cm，插条方向应与水流方向垂直或向下游稍微倾斜。

7. 植被卷

（1）构造。用管状植物纤维织成的网或尼龙网做成圆筒状，中间填充椰子纤维等植物纤维，称为植被卷。在植物卷中栽植植物（如菖蒲），形成植被后能够发挥固土防冲作用以及防止土体下滑（图 6.3-5）。

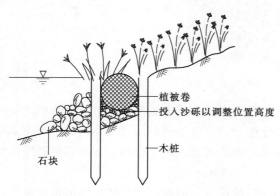

图 6.3-5　植物卷护坡

（2）功能。植被卷内填充的植物纤维，成为栽植植物生长的基质，能促进植物生长。植被卷在水下部分，其空隙可作为水生生物的栖息地。植被卷可弯曲变形，适合构造曲折变化的岸线。在常年不淹水部位，经过几年运行，植物纤维已经分解并被植物吸收，栽植的植物成活并在河岸扎根，形成的植被具备护岸功能。

（3）适用范围。流速较缓的小型河流，冲刷力不高的河段。

（4）施工要点。①植被卷设置高度，以高出夏季平均水位 5cm 左右为宜。②根据流速和冲刷状况，选择用木桩、石块或麻绳固定植被卷方案。

6.3.2　石笼类护岸

1. 铅丝笼

（1）构造。铅丝笼是用铅丝编成六边形网目的圆筒状笼子，笼中填块石或卵石，置于岸坡上用以护岸的构件。

（2）功能。铅丝笼具有柔性，能够适应地基轻微沉陷。其多孔性特征使得水下部分成为鱼类和贝类的栖息地。铅丝笼内填土后可以种植植物，形成近自然景观。

（3）适用范围。铅丝笼用途广泛。坡面坡度适用范围 1∶1～1∶2。优先考虑易于获取卵石材料的河段。为防止铅丝严重锈蚀，以下河段不宜使用铅丝笼：pH 值<5 的河段；氯离子浓度达 450mg/L 以上河段；土壤为黑色有机质混合土壤。

（4）材料。①铅丝笼：用铅丝编成的直径 45～60cm 的圆筒形笼子，铅丝直径，临时性工程用 10 号（3.2mm），永久性工程用 8 号（4mm）。②石块：应尽量选择不规则的块石或卵石。③木桩：为阻止最下端铅丝笼下滑的木桩，细端直径约 9cm，长约 1.5m。④反滤层：石笼与岸坡土体间必须设置碎石或土工布反滤层，避免水流或波浪对岸坡土体的淘刷侵蚀。碎石反滤层的粒径一般在 20～30mm 之间选取。若用土工布作为反滤材料，土工布之间的搭接长度不小于 30cm。在铺设、拖拉土工布及放置石笼时，要避免损伤土工布。⑤施工现场的混凝土弃渣和块体，可用作石笼填石，实现废物利用。

（5）施工。①横向铺设的石笼下部需打阻滑木桩；竖向铺设的石笼下部不需打阻滑木桩，在冲刷时可自然滑落，前端平伸河床 2～4m 起护脚作用。②先铺反滤材料再安装铅丝笼，选用的反滤材料可使植物根扎入。③在铅丝笼表面覆土，覆土宜采用当地表土。覆土厚度约 10cm，但考虑笼内之空隙要加厚 30%～50%，覆土时只需在表面散布，不需夯实。在石块间隙中充填表土。春季在石块间隙土壤中用插条方法种植柳树。截取直径 1～3cm，长 30cm 左右柳枝，埋入土中长度达 25cm 以上，露出地面约 5cm。树枝与树枝间隔 50cm 左右。④护岸的坡度线要尽量圆滑，上下游坡度线要连接顺畅。

（6）维护管理。一般来说，铅丝的耐久性为 10～15 年。有工程案例显示，铅丝笼施工 20 年后，虽然铅丝笼的铅丝已断裂，但是由于泥沙淤积加之柳树等植物生长繁茂，岸坡仍能保持稳定。如果柳树生长过于繁茂可能阻水，则需要剪枝。

2. 石笼垫

（1）构造。石笼垫是由块石、铁丝编成的扁方形笼状构件，铺设在岸坡上抵抗水流冲刷。常用尺寸为长（4m，5m，6m）×宽（2m）×厚（17cm，23cm，30cm）。石笼垫底面设置反滤层，表层覆土，石缝中插种植物活枝条，也可在覆土上撒播草种。坡脚处通常设置一单层石笼墙，为石笼垫提供支承并能抵抗坡脚处的水流冲刷。石笼墙通常由长方形石笼排列而成，其在河床下面的埋设深度根据冲刷深度确定，如图 6.3－6 所示。

（2）功能。石笼垫属柔性结构，整体性和挠曲性均好，能适应岸坡出现的局部沉陷。与抛石比较，能够抵御更高的流速，抗冲刷性好，石笼垫内外透水性良好。块石间的空隙能为鱼类、贝类及其他水生生物提供多样栖息地。在石块间间插枝条，生长出的植被能减缓水流冲击，并能促进泥沙淤积，最终形成近自然景观。

（3）适用范围。石笼垫具有护坡、护脚和护河底的作用，适用于高流速、冲蚀严重、

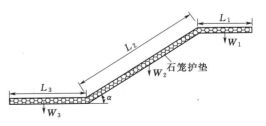

图 6.3－6　石笼垫稳定分析计算简图
[引自《水工设计手册（第 2 版）》第 3 卷]

岸坡渗水多的缓坡河岸。在雨量丰沛或地下水位高的河岸区域可利用其多孔性排水。

（4）设计要点。石笼垫在坡脚处水平铺设长度 L_3 主要与该处最大冲刷深度 Z 和石笼垫沿坡面抗滑稳定性两个因素有关。即水平段的铺设长度应大于或等于坡脚处最大冲刷深度的 $1.5 \sim 2.0$ 倍，并满足石笼垫沿坡面的抗滑稳定系数不小于 1.5 的要求，取二者大值为水平铺设长度。

1）计算坡脚处最大冲刷深度 Z，详见《堤防工程设计规范》（GB 50286—2013）。

2）石笼垫抗滑稳定分析。石笼垫护坡不允许在自重作用下沿坡面发生滑动，要求抗滑稳定安全系数 $F_s \geqslant 1.5$，F_s 根据静力平衡条件计算如下式：

$$F_s = \frac{L_1 + L_2\cos\alpha + L_3}{L_2\sin\alpha} f_{cs} \geqslant 1.5 \qquad (6.3-1)$$

其中

$$\cos\alpha = \frac{m}{\sqrt{1+m^2}}$$

$$\sin\alpha = \frac{1}{\sqrt{1+m^2}}$$

$$f_{cs} = \tan\theta$$

式中：L_1、L_2、L_3 分别为石笼垫堤顶段、斜坡段、水平段长度，m，见图 6.3-6；α 为岸坡角度；m 为岸坡坡比；f_{cs} 为石笼垫与边坡之间的摩擦系数；θ 为坡土的内摩擦角。

3）石笼垫厚度的确定。石笼垫厚度主要由水力特性确定，一般为 $17 \sim 30$ cm，水力特性考虑两个因素：流速；波浪高度及岸坡倾角，二者计算结果取大值。

a. 水流冲刷影响：

$$D = 0.035 \frac{0.75 V_c^2}{0.06 K_s 2g} \qquad (6.3-2)$$

其中

$$K_s = \sqrt{1-(\sin\alpha/\sin\varphi)^2}$$

$$\sin\alpha = \frac{1}{\sqrt{1+m^2}}$$

式中：D 为石笼垫厚度，m；V_c 为平均流速，m/s；g 为重力加速度，$g = 9.81$ m/s^2；K_s 为坡度参数；α 为岸坡角度；m 为岸坡坡比；φ 为石笼垫内填石内摩擦角。

b. 考虑波浪高度及岸坡影响：

$\tan\alpha \geqslant \dfrac{1}{3}$ 时　　　　　　　　　$D \geqslant \dfrac{H_s\cos\alpha}{2}$ 　　　　　　　　$(6.3-3)$

$\tan\alpha < \dfrac{1}{3}$ 时　　　　　　　　　$D \geqslant \dfrac{H_s \sqrt[3]{\tan\alpha}}{4}$ 　　　　　　　$(6.3-4)$

式中：D 为石笼垫厚度，m；H_s 为波浪设计高度，m；α 为岸坡角度。

（5）施工要点。

1）石笼内部的石块应尽量选择不规则的块石或卵石。根据不同的应用类型，块石粒径的取值范围可参考表 6.3-2。

表 6.3 - 2　　　　　　　　　　　石笼内块石粒径参考值

石笼类型	最小粒径/cm	最大粒径/cm
构成石笼墙的方形石笼	15	30
17cm 厚的石笼垫	7.5	12
23cm 厚的石笼垫	7.5	15
30cm 厚的石笼垫	7.5	20

2）长方形石笼及石笼垫如图 6.3 - 7 所示，具体尺寸应结合现场情况确定。石笼的孔眼为六边形网目结构，使用的钢丝为镀锌、镀 5％铝-锌合金、镀 10％铝-锌合金镀层钢丝。按照《工程用机编钢丝网及组合体》（YB/T 4190—2018），其技术要求如下：抗拉强度达到 350～500N/mm^2；伸长率不低于 10％；镀层重量及公差见表 6.3 - 3。

表 6.3 - 3　　　　　　　　　　　镀 层 重 量 及 公 差 表

名称	钢丝直径/mm	公差/mm	最低镀层重量/(g/m^2)
绞边钢丝	2.20	0.05	215
网格钢丝	2.00	0.05	215
边端钢丝	2.70	0.06	245

3）石笼垫与岸坡土体间应设置碎石或土工布反滤层，避免淘刷侵蚀。碎石粒径一般在 20～30mm 选取。

4）石笼墙施工时，应将施工区域的河水排干，在河床坡脚处开挖放置石笼墙的沟渠，沟渠应紧靠坡脚线并与坡面平缓过渡。坡面应整平，避免存在突起或凹坑，防止损害反滤层。顺着岸坡自下而上铺设石笼。向石笼中放置石块时，抛投高度不应超过 1m。应使石块之间紧密接触，最上层的石块应均匀平顺放置，以免产生顶部

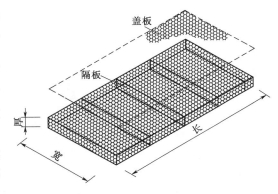

图 6.3 - 7　石笼垫结构示意图

凸起现象。一个石笼单元的石块放置完毕后，应将顶盖盖好，并用铁丝将其捆绑牢固。石笼表面应做覆土处理。

5）在石笼上进行插条（多用柳枝），促进植物生长。植物插条长度一般为 0.5～0.6m，直径 10～30mm。种植深度应达到反滤层下面 10～20cm，露出地面约 5cm，与坡面基本垂直。

3．抛石

（1）功能。抛石护脚是平顺坡护岸下部固基的主要方法，也是处理崩岸险工的一种常见、优先选用的措施（董哲仁，1998）。抛石护脚具有就地取材、施工简单的特点，其护脚固基作用显著。抛石群的石块有许多间隙，可成为鱼类以及其他水生生物的栖息地或避难所。

（2）适用范围。在水深和流速较大以及水流顶冲部位，通常采用抛石护岸。抛石方法也是崩岸险工处理的主要手段。

（3）设计要点。

1）抛石护脚范围的确定。在深泓逼进河岸段，抛石应延伸到深泓线，并满足河岸最大冲刷深度的要求。从岸坡的抗滑稳定考虑，应使冲刷坑底与岸边连线保持较缓的坡度，并使抛石深入河床并有所延伸，这样可使抛石护脚附近免受冲刷。在主流逼近凹岸的河段，抛石范围应超过冲坑最深部位（图 6.3-8）。在水流平顺段，抛石上部应达到原坡度 1:3～1:4 的缓坡处。抛石护脚工程的顶部平台，一般应高出枯水位 0.5～1.0m。

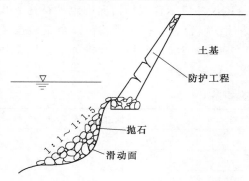

图 6.3-8　抛石护脚示意图

2）抛石粒径的选择。因抛石部位水流条件不同，所需抛石粒径大小应有所不同。从抗冲稳定性考虑，可选以下经验公式计算抛石粒径：

$$d=\frac{v^3}{27.4(\cos\theta)^{3/2}\sqrt{h}} \tag{6.3-5}$$

式中：d 为抛石等容球体直径；h 为抛石处水深；v 为垂线平均流速，$v=q/h$，q 为单宽流量；θ 为边坡坡度。在河道严重弯曲段若考虑环流作用，可将 d 值增加 5%～15%，以策安全。资料显示，湖北荆江大堤护岸工程，岸坡 1:2，水深超过 20m，垂线平均流速 2.5～4.5m/s，利用粒径 0.2～0.45m 的块石抛石，竣工后岸坡保持稳定。

3）抛石堆积厚度和稳定性坡度要求。抛石堆积厚度应不小于抛石粒径的 2 倍，水深流急处为 3～4 倍。一般厚度可为 0.6～1.0m，重要堤段 0.8～1.0m。抛石护岸坡度，枯水位以下可根据具体情况控制在 1:1.5～1:4。

4）抛石区反滤层设置。抛石区如果不设反滤层，容易发生抛石下部被冲刷导致抛石下沉崩塌现象。可采用砂砾料反滤层，也可采用土工合成材料，依据技术标准设计。

（4）施工要点。

1）抛石落距定位估算。施工时抛石落点不易掌握，常有部分块石散落河床各处，造成浪费。根据实测数据和分析研究，可用以下经验公式估算抛石位移：

$$L=\frac{kHV}{W^{\frac{1}{6}}} \tag{6.3-6}$$

式中：L 为抛石位移，m；H 为平均水深，m；V 为水面流速，m/s；W 为块石重量，kg；k 为系数，一般取 0.8～0.9。河湾抛石受环流影响，其落点略偏向河心。群体抛石落点在横向呈扇面分布，小石块落在下游偏河心一方，大石块落在上游偏凹岸一方。据此估算分析，就可设计抛石船定位和抛石施工程序。

2）通常由上游向下游抛石，可先抛小碎石块，然后在其下游抛大石块，以求发挥碎石垫底作用。考虑弯道环流作用，可采用抛石船靠岸侧先抛小碎石，另一侧抛大石块。

3）抛石护脚应在枯水期组织实施，事先设计好抛石船位置，按照规定的顺序抛石。

4）施工前、后均应进行水下抛护断面测量。施工过程中，按时记录施工河段水位、流速，检验抛石位移和高程，不符合要求者及时补充。

6.3.3 木材-块石类护岸

1. 木框块石护坡

（1）构造。木框块石护坡是由未处理过的原木相互交错形成的箱形结构，在其中充填碎石和土壤，并扞插活枝条，构成重力式挡土结构。木框分为单坡木框和双坡木框两种。二者区别在于，前者靠近坡面一侧柱木为垂直方向，后者为斜向，如图 6.3-9 所示。木框块石护坡高度一般不超过 2m，长度不超过 6m。

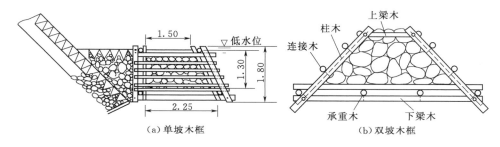

图 6.3-9 木框挡土墙（单位：m）

（2）功能。用于陡峭岸坡的防护工程，可减缓水流冲刷，促进泥沙淤积，快速形成植被覆盖层，营造自然型景观，为昆虫等动物提供栖息地。枝条发育后的根系具有土体加筋功能。木框块石护坡水下部分空隙多，成为鱼类、贝类多样化栖息地。

（3）适用范围。木框块石护坡主要应用于陡峭岸坡。与石笼类构件相比，木框块石护坡的柔性要低，所以易沉陷的坡面土体不宜采用此种结构。

（4）材料。采用原木直径为 0.1～0.15m，长 1.5～4.4m，回填石块粒径 15cm 以上。植物插条直径应为 10～60mm，并且应有足够长度插入木框墙后面的土壤中。绑扎铅丝用 12 号铅丝（2.4mm）。

（5）设计施工要点。①木框块石挡土墙结构，需对木框块石结构的抗倾倒稳定性进行计算分析，并核算结构基础的承载能力。②单坡木框建议尺寸：上宽 1～2.5m，下宽 1.8～3.3m，高 1～1.75m。③施工顺序：首先，单坡木框结构施工前要对坡脚进行开挖，使木框墙的踵部位置比趾部位置挖深 15～30cm，以使木框架的顶部能靠在河岸上。其次组装木框，用钢筋或耙钉把主柱和斜柱与连接木上中下共 3 层、横梁共 2 层连接固定。在两端加一根中梁，形成框架。底部设托板木，其上铺设底料。最后，在木框挡土墙中填充碎石，高度达到平均枯水位。在木框挡土墙内铺设块石时，应避免块石从原木间隙漏掉，可将粒径大的石块放置在边缘处，由外向内填充石块，粒径逐渐变小。总体上块石大小混合，可以增强咬合力，提高整体性。在木框与坡面之间的楔形空间用沙土回填夯实。框内平均枯水位以上用表土或种植土回填，并埋设植物活枝条。枝条应埋深至河岸的未扰动土体，交替放置土层和枝条层，土体适度压实。④木框块石结构本身不具备抗滑功能，所以在具有滑坡风险部位应增设抗滑桩。图 6.3-10 为木框块石挡土墙的河床剖面图。

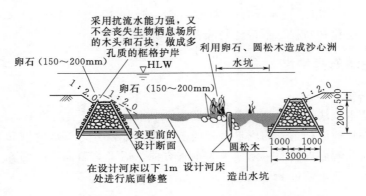

图 6.3-10　木框块石挡土墙的河床剖面图（单位：mm）

（6）维护管理。①完全浸泡水中不接触空气的木材不会腐烂。②木材和金属部件如发生腐烂损坏，应更换和修补。③因结构物空隙多，易挂水草和污物，需要及时清理以保持美观。

2. 木工沉排

（1）构造。木工沉排是由井字形原木框架内填卵石或块石的结构物。木工沉排构造如下：将原木组装成 2m 间隔的井字形框架，下部铺设一排原木栅栏。在井字形框架内铺设石料，将这样的单元叠放数层构成木工沉排（图 6.3-11）。

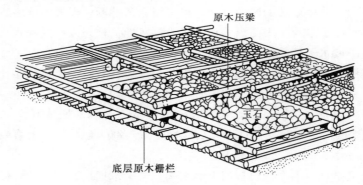

图 6.3-11　木工沉排

（2）功能。木工沉排具有较强的抗冲刷性能，能够抵抗水流的曳引力。木工沉排为多孔结构可为鱼类和其他水生生物提供栖息条件。

（3）适用范围。用于河道坡面防冲护脚以及防止河底泥沙淘冲。选取技术方案时还要考虑当地河道获取石料的条件，以满足经济合理性要求。木工沉排宜常年在水下环境工作，木材不易腐烂。如果经常露出水面，特别是时干时湿的环境，容易导致木材腐烂。在这种情况下，应选择其他方案如混凝土构件。

（4）材料。①木材：可选松树原木或杉树原木的剥皮材，做井字形框架和底部栅栏材料。框架用材长 2.4m，小头直径 12cm；栅栏用材长 2.3m，小头直径 9cm。②石料：直径约 30cm 的卵石。石料大小要根据水流曳引力计算。③组装框架连接用钢筋 $\phi16$mm，绑扎栅栏用 12 号铅丝。

（5）施工要点。①施工期间应采取围堰截流和排水等方法，保持现场干燥或低水位。②将栅栏下部河底整平，在河底与栅栏间用砂石填实。③在水流湍急部位，块石有可能被水流冲走，应在木工沉排上部设置原木制作的压梁约束块石。也可以选择大块石或混凝土块覆盖表面。④在水流淘冲作用严重、河底有下降趋势的部位，需要开挖到冲刷深度以下，然后抛石护脚；或者增加木工沉排长度伸进河床，以预防淘冲作用。

6.3.4　多孔透水混凝土构件

1. 铰接混凝土块护岸

（1）构造。铰接混凝土块护坡是一种连锁型预制混凝土块铺面结构，由多组标准的预制混凝土块用钢缆或聚酯缆绳连接，或通过混凝土块相互咬合连接构成。结构底面铺设土工布或碎石作反滤层和垫层（图 6.3-12）。

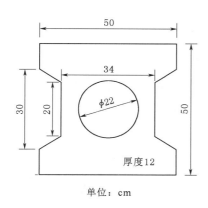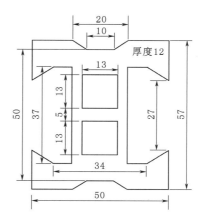

图 6.3-12　两种混凝土自锁块结构示意图（单位：cm）

（2）功能。铰接混凝土块护坡整体性强，施工效率高，防冲刷效果好。混凝土块为空心构件，其孔洞面积率满足充填表土或砾石材料的要求。这种具有多孔和透水特点的结构，允许植物生长发育，能够改善岸坡栖息地条件，提升自然景观效果。

（3）适用范围。铰接混凝土块适用于流速较高和风浪淘刷侵蚀严重、坡面相对平整的河道岸坡。

（4）材料。混凝土标号可选用 C20，混凝土最大水灰比为 0.55，坍落度 3～5cm，掺 20%～30%粉煤灰和 0.5%的减水剂，以降低用水量和水泥用量。为了提高混凝土耐久性，宜掺用引水剂，控制新拌混凝土含气量。考虑到混凝土制品碱性大而不利于植物生长等因素，在混凝土搅拌时可加入适量的醋酸木质纤维，醋酸用于中和混凝土的碱性。木质纤维在保证混凝土碱性降低的情况下增加构件强度，经过一段时间后，木质纤维开始分解产生酸类物质对混凝土碱性再次中和，并形成微孔通道。

（5）施工要点。①浇筑预制混凝土块时宜采用钢模，并用平板振捣器振实，以确保混凝土浇筑质量。钢模的尺寸应比设计图周边缩小 2mm，以防止制出的预制块嵌入困难。预制块的龄期至少满 14d 后方可铺设。②首先将边坡整平，在最下缘应建浆砌石挡墙。在坡面上铺设反滤层，可选用土工布或碎石。土工布搭接长度不少于 20cm。被保护土为粉砂或细砂时还需设置垫层，以防止岸坡土颗粒流失，然后自下而上铺设混凝土块。③混凝土块的预留孔中宜充填乡土植物种子、腐殖土、卵石（粒径 30～50mm）和肥料等材料组成的混合物，也可同时扦插长度为 0.3～0.4m、直径 10～25mm 的插条。④铰接混凝土块空隙间种植或自然发育形成的适宜植物类型为本土矮草，应避免种植灌木和乔木，以免其根系生长造成铰接混凝土块被顶破。

2. 生态砖和鱼巢砖

（1）构造。生态砖和鱼巢砖具有类似的结构型式，常将二者组合应用。生态砖是由水泥和粗骨料胶结而成的无砂大孔隙混凝土制成的块体，并在块体孔隙中充填腐殖土、种子、缓释肥料和保水剂等混合材料，为植物生长提供有利条件。

鱼巢砖用普通混凝土制成，在其底部可充填少量卵石、棕榈皮等，以作为鱼卵的载体。鱼巢砖上下咬合排列成一个整体。前、左、右三个面留有进口，顶部敞开。生态砖和鱼巢砖底部需铺设反滤层，以防止发生土壤侵蚀。可选用能满足反滤准则及植物生长需求的土工织物作为反滤材料（图 6.3－13）。

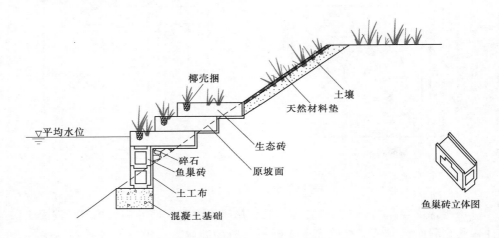

图 6.3－13　生态砖与鱼巢砖构件护岸

（2）功能。生态砖和鱼巢砖具有抵御河道岸坡侵蚀的功能，而且还能够为鱼类提供产卵栖息地。植物根系通过砖块孔隙扎根到土体中，能提高土体整体稳定性。促进形成自然景观。

（3）适用范围。生态砖和鱼巢砖经常组合应用，适用于水流冲刷严重，水位变动频繁，而且稳定性要求较高的河段和特殊结构的防护，如桥墩处和景观要求较高的城市河段岸坡防护。

（4）材料。生态砖混凝土：粗骨料可以选用碎石、卵石、碎砖块、碎混凝土块等材料，粗骨料粒径应介于 5～40mm，水泥通常采用普通硅酸盐水泥。生态砖的抗压强度主要取决于灰骨比、骨料种类、粒径、振捣程度等，一般为 6.0～15.0MPa。如果在冬期进行施工，可适当加入早强剂。有报告显示，在鱼巢砖内填入当地大小混合的卵石，有助于吸引不同类型的鱼类进入鱼巢砖内产卵。

（5）设计要点。图 6.3-13 显示生态砖与鱼巢砖组合使用的河道断面。在最下部用混凝土基础护脚，预防淘冲。混凝土基础上面，自下而上叠放鱼巢砖，高度至多年平均水位。鱼巢砖与岸坡土体接触部分，设置土工布作反滤层。鱼巢砖与岸坡之间的楔形空间用碎石填充。鱼巢砖上面叠放生态砖，块体孔隙中充填腐殖土、种子、缓释肥料和保水剂等混合材料并设置植被卷（如椰壳捆）。在岸坡顶部坡面铺设植物纤维垫。

6.3.5　半干砌石

（1）构造。在岸坡施工现场浇筑混凝土格栅，在其上放置卵石或块石。石料间的空隙一半用混凝土填筑，一半填入土壤、插枝植物（如柳枝），如图 6.3-14 所示。

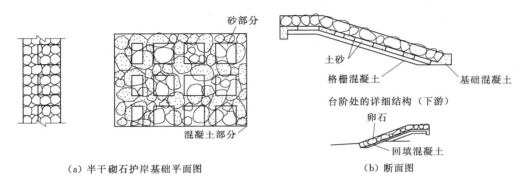

（a）半干砌石护岸基础平面图　　　　　　　（b）断面图

图 6.3-14　半干砌石结构

（2）功能。半干砌石既具浆砌石结构的优点，整体性强能够抗冲刷，又具干砌石结构的优点，空隙多可以填土生长植物，为鱼类和昆虫栖息创造条件，同时营造自然景观，避免浆砌石结构的单调化。

（3）施工要点。在岸坡平整坡面后，首先浇筑混凝土基础或铺设巨石用于护脚。在坡面铺设土工合成材料做反滤层。然后按一定的宽高尺寸把泡沫塑料和胶合板固定在坡面上作为模板，在现场浇筑混凝土格栅。在混凝土凝固前放置卵石或块石，石料靠自重陷入混凝土中黏结，即用所谓"坐浆法"固定石料。使用的石料粒径与现场的卵石相似，放置石料时应紧密嵌入，使得石块之间相互咬合。较大的石料放置在下面，以此类推。下部水边线力求弯曲自然。在格栅位置的石料间空隙填入土壤，以备插枝。格栅位置以外的石料空隙填筑混凝土。

6.3.6　组合式护岸结构

在实际护岸工程设计中，常把各种护岸技术综合应用，形成组合式护岸结构。设计者应根据工程现场流速、水深、冲刷、滑坡风险、材料来源等多种因素，因地制宜地设计组合结构。上述 4 大类护坡技术中的单项技术，都有明确的应用范围。木框沉排及混凝土框架沉排，适合于河底防护，抵御淘冲。抛石、铅丝笼和混凝土块体适合护脚工程。石笼垫抗冲性能好且有一定柔性适应坡面变形，用于流速较高的坡面。木框块石护坡主要应用于陡峭岸坡，防止水流冲刷。铰接混凝土块适用于流速较高和风浪淘刷侵蚀严重、坡面相对平整的河道岸坡。联排条捆适宜在水边线的浅水区，其作用除本身抗冲刷以外，更能促进插枝植物生长发挥护岸作用。植物纤维垫主要适用于水流相对平缓、水位变化不太频繁、岸坡坡度缓于 1∶2 的中小型河流。土工织物扁袋具有较好的挠曲性，能适应坡面的局部变形，适用于岸坡坡度不均匀的部位。植被卷可弯曲变形，适合构造曲折变化的岸线，用于流速较缓的冲刷力不高的小型河流。近年来，活植物枝条已经成为护坡工程重要的建筑材料。利用块石、混凝土构件结构的空隙，用插条方法种植柳树和以及种植芦苇等植物，发挥植物固土防冲作用。这些技术已经得到了广泛推广。

　　各种护岸技术可以灵活整合成多种组合结构。图 6.3 - 15 显示几种组合式护岸结构，图 6.3 - 15（a）采用木工沉排，用于河底防护；铅丝笼用于坡面防护；坡面上部采用联排条捆，既能防冲刷又可促进植物生长。图 6.3 - 15（b）显示的组合结构，在河底邻近坡脚处砌巨石防止冲刷，用混凝土块体护脚，在坡面呈阶梯状布置箱式铅丝笼护坡，铅丝笼块石间隙扦插植物。图 6.3 - 15（c）显示在河底砌巨石护脚，枯水季节巨石露出水面能增加景观效果。用石笼垫护脚、护坡。在缓坡上覆土种植矮草和灌木。图 6.3 - 15（d）显示在坡脚铺垫毛石，并用混凝土块体护脚。常水位以下坡面用铅丝笼防冲，常水位以上坡面覆土并铺设植物纤维垫。常水位附近种植芦苇，上部扦插柳树。图 6.3 - 15（e）显示用混凝土块体防护坡脚，沿水边线铺设土工织物扁袋，栽培水生植物，同时利用扁袋的绕曲性能形成弯曲的水边线，提升景观美学价值。坡面采用混凝土框格，框格中覆土种植矮草和灌木。

　　【工程案例】　组合式护岸结构工程实例（Miller，1997）

　　图 6.3 - 16 和图 6.3 - 17 显示的组合结构，需要进行冲刷侵蚀分析和抗滑稳定计算。岸坡坡度 1∶3，岸坡防护结构由阶梯式土壤扁袋、砂砾石反滤层、块石护脚、植物种植组合而成。块石护脚基础的功能是防止淘冲以及保证抗滑稳定，块石护脚向河床内延伸，深度应达到预计水流淘冲深度。砂砾石反滤层布置在防护结构与岸坡之间，其功能是当水位急剧下降时，可通过砂砾石层排水。

　　采用可以生物降解的椰壳纤维织物垫材料，用两层椰壳纤维织物垫包裹土壤形成扁袋，高约 50cm。现场施工时，将两层织物垫展平后上面填土，然后把织物垫向坡内反卷包裹填土形成扁袋。扁袋水平铺设，在岸坡上呈阶梯状。扁袋之间需重叠搭接。外层为纤维缠绕的较厚椰壳纤维织物垫，网孔约 6mm。这层织物垫抗剪强度高，其功能是保持护岸结构的整体性。内层织物垫是用聚丙烯网连接的椰壳纤维无纺布，其功能是防止细小泥沙颗粒被水流带走引起管涌。扁袋的作用是促进坡面植物生长。整个坡面均进行植物培育。植物配置需进行现场植物群落调查，在此基础上确定不同植物物种沿河岸分布的高程范围。坡面顶部附近，播撒草籽到扁袋上层织物垫下面的土壤表层。坡面中部用套管在扁袋内土壤中种植乔木和灌木。坡面下部用插条法将活枝条穿过织物垫种植，并使上部枝叶露在坡面。据估计，椰壳纤维织物垫的预期寿命为 5～7 年，在此期间坡面植物已经生长茂盛，足以发挥护坡作用。长成植物的根系具有固土作用，暴露的茎叶具有减缓流速、抵御冲刷的功能。该项目区种植 40 种植物 30000 株。第一年河岸监测表明，植物成活率高生长良好。在整个现场监测期间，遇有两次洪水事件，均未观察到扁袋或块石护脚基础发生重要损坏。在块石护脚基础与第一层扁袋的交界面上发现有冲刷现象。

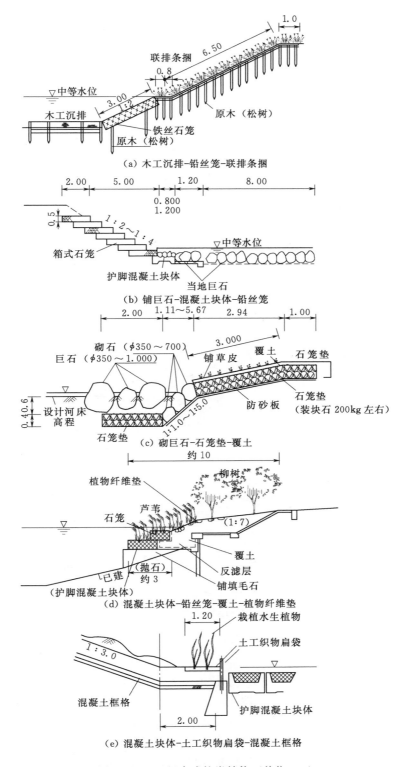

图 6.3-15 组合式护岸结构（单位：m）

（据杨海军、李永祥改绘，2005）

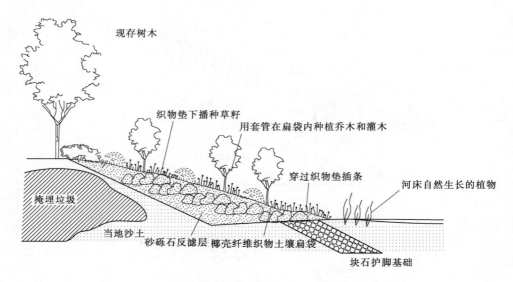

图 6.3 - 16　块石护脚-砂砾石反滤层-阶梯式土壤扁袋-
植物种植组合护岸结构

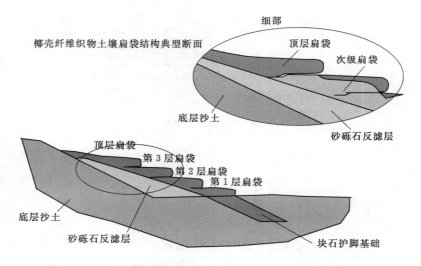

图 6.3 - 17　椰壳纤维织物土壤扁袋-块石护脚-砂砾石反滤层-
护岸结构断面细部

6.3.7　反滤层设计

　　如前所述，河道岸坡防护技术的一个技术关键是采用土工布或碎石作为反滤层和垫层，防止河道岸坡土体颗粒在水流、波浪或坡面渗流的作用下通过防护面层空隙流失发生侵蚀破坏，导致防护结构整体丧失稳定性。传统的碎石反滤技术相对比较成熟，在此不再赘述，本节只讨论应用广泛的土工织物滤层设计问题。

　　土工织物滤层的设计应综合考虑被保护土的性质、滤层材料的性质、渗透水流的特性和被保护土与滤层的系统特性，并遵循四条准则：保土性准则、透水性准则、防堵性准则和强度准则。

（1）保土性准则。土工织物的孔径必须满足一定的要求，防止被保护土土粒随水流流失。一般按土工织物有效孔径与土的特征粒径之间关系表征，土工织物有效孔径应符合下式：

$$O_{95} \leqslant n d_{85} \tag{6.3-7}$$

式中：O_{95} 为土工织物的等效孔径，mm；d_{85} 为被保护土的特征粒径，即土中小于该粒径的土质量占总质量的 85%，采用试样中最小的 d_{85}，mm；n 为与被保护土的类型、级配、织物品种和状态有关的经验系数，按表 6.3-4 采用。当预计土工织物连同其下部被保护土体可能产生一定位移时，n 值应采用 0.5。土的不均匀系数 C_u，应按下式计算：

$$C_u = \frac{d_{60}}{d_{10}} \tag{6.3-8}$$

式中：d_{60}、d_{10} 分别为小于该粒径的土质量占总土质量的 60% 和 10%。

表 6.3-4　　　　　　　　　　　建议的经验系数 n 取值

被保护土细粒 （$d \leqslant 0.075$mm）含量	土的不均匀系数或土工织物类型		n 值
≤50%	$2 \geqslant C_u \geqslant 0$		1
	$4 \geqslant C_u > 2$		$0.5 C_u$
	$8 > C_u > 4$		$8/C_u$
>50%	有纺织物	$O_{95} \leqslant 0.3$mm	1
	无纺织物		1.8

（2）透水性准则。土工织物的渗透系数应大于土的渗透系数（具有适宜的透水能力），保证渗流水通畅排走。可首先利用式（6.3-9）和式（6.3-10）计算出土工织物提供的透水率 ψ_a 和要求的透水率 ψ_r，然后利用式（6.3-11）进行判定。

$$\psi_a = \frac{k_v}{\delta} \tag{6.3-9}$$

$$\psi_r = \frac{q}{\Delta h A} \tag{6.3-10}$$

$$\psi_a \geqslant F_s \psi_r \tag{6.3-11}$$

式中：k_v 为土工织物的垂直渗透系数，cm/s；δ 为土工织物厚度，cm；q 为流量，cm^3/s；Δh 为土工织物两侧水头差，cm；A 为土工织物过水面积，cm^2；F_s 为安全系数，应不小于 3。

（3）防堵性准则。土工织物应具有高孔隙率，且分布均匀，适宜水流通过，多数孔径应足够大，允许较细的土颗粒通过，防止被细粒土堵塞失效。土工织物防堵性要求其孔径符合以下条件：

1）当被保护土级配良好、水力梯度低、流态稳定、维修费用小且不发生淤堵时：

$$O_{95} \geqslant 3 d_{15} \tag{6.3-12}$$

式中：d_{15} 为被保护土的特征粒径，mm，即小于该粒径的土质量占总土质量的 15%。

2)．当被保护土易发生管涌、具有分散性、水力梯度高、流态复杂、维修费用大时，若被保护土的渗透系数 $k_s \geqslant 10^{-5}$ cm/s：

$$GR \leqslant 3 \qquad\qquad (6.3-13)$$

式中：GR 为梯度比，指水流垂直通过土工织物与 25mm 厚土层的水力梯度与通过上覆 50mm 厚土层的水力梯度的比值。

若被保护土的渗透系数 $k_s < 10^{-5}$ cm/s，需应用现场土料进行长期淤堵试验，观察其淤堵情况。

（4）强度准则。土工织物应具有足够的强度，以抵御施工干扰破坏。上述准则中有 3 个与被保护土的粒径有关，因此土的级配是设计的基础数据。

在河流生态修复工程的设计中，除了对土工织物的保土性、透水性、防堵性及强度有所要求外，对于土工织物的可栽种性或可扎根性也有所要求。土工织物的可植根性是由许多不同因素决定的，它不仅与土工织物的等效孔径、厚度、构造等特性有关，而且还与使用地点的气候条件、降水、土壤湿度、养分含量等因素相关。从防堵性、渗透性和可植根性等方面综合考虑，一般选用等效孔径较大的土工织物。

6.4　河道内栖息地改善工程

河道内栖息地（in-stream habitat）是指具有生物个体和种群赖以生存的物理化学特征的河流区域。河道内栖息地根据空间尺度可大致分为宏观栖息地（macro-habitat）、中观栖息地（meso-habitat）和微观栖息地（micro-habitat）3 种类型。宏观栖息地指河流系统本身，可能达到数千千米；中观栖息地主要指河段范围，尺度范围为几十米到 1km 左右；微观栖息地主要指尺度为几米甚至更小的微栖息地结构。本节以中观和微观栖息地为对象，介绍小型河流栖息地修复加强技术。所谓小型河流可以定义为在漫滩水位时河宽 $W < 12$m 的河流（Roni P，2013）。

河流生物群落的时空变化是对生境因子变化的响应，生境因子包括水质、溶解氧、水温、流速、流态、流量、底质、食物供给、通道、避难所等，这些因子将影响水生生物的繁殖、发育和生存。在 2.3.5 节曾经阐述了河流地貌景观空间异质性——生物群落多样性关联子模型，指出河流形态的多样性决定了沿河栖息地的有效性、总量以及栖息地复杂性。河流的生境空间异质性和复杂性越高，就意味着创造了多样的小生境，允许更多的物种共存。河流的生物群落多样性与栖息地异质性存在着正相关响应。根据这个原理，在河流生态修复工程中，可以设置河道内栖息地改善结构，用以调整这些生态因子的时空变化。所谓河道内栖息地改善结构（instream habitat improvement structure）主要指利用木材、块石、适宜植物以及其他生态工程材料在河道内局部区域构筑的特殊结构，这类结构可通过调节水流及其与河床或岸坡岩土体的相互作用而在河道内形成多样性地貌和水流条件，例如水的深度、流速、急流、缓流、湍流、深潭、浅滩等水流条件，创造避难所、遮蔽物、通道等物理条件，从而增强鱼类和其他水生生物栖息地功能，促使生物群落多样性的提高。河道内栖息地改善结构可以分为以下几类：砾石群、树墩构筑物、挑流丁坝和堰坝。至于改善栖息地质量的岸坡防护结构已经在 6.3 节做过介绍，不再赘述。

6.4.1　卵石群

卵石群是最常见的河道内遮蔽物。水流通过卵石群时，受到扰动消耗能量，使河段局部流速下降，卵石周围形成冲坑。在河道内布置的单块卵石（巨砾）或卵石群有助于创建具有多样性特征的水深、底质和流速条件；卵石是很好的掩蔽物，其背后的局部区域是生物避难和休息场所；卵石还有助于形成相对较大的水深、湍流以及流速梯度，曝气作用有助于增加溶解氧。这些条件对很多生物都非常有益，包括水生昆虫、鱼类、两栖动物、哺乳动物和鸟类等。除鱼类之外，卵石所形成的微栖息地也能为其他水生生物提供庇护所或繁殖栖息地，比如，卵石的下游面流速比较低，河流中的石娥、飞蟒蛄、石蝇等动物均喜欢吸附在此处（图 6.4-1）。

图 6.4-1　卵石区流场及生物栖息示意图

在卵石群的设计中，不仅要考虑栖息地改善问题，同时还要考虑淘刷、河岸稳定等水力学和泥沙问题。如果细颗粒泥沙含量很高，卵石下游的冲坑很可能被淤积。在设计中应细致分析卵石自身的稳定问题；泥沙淤积所造成的卵石被掩埋等问题。如果河流存在主槽摆动倾向，会因主槽偏离而使卵石群丧失栖息地功能。当卵石群安放在相对较高的河床位置时，最可能引起洄水问题。因此，设计中应对可能出现的淘刷、淤积、洪水和河岸侵蚀等问题进行分析。

卵石群的栖息地加强功能能否得到充分发挥，取决于诸多因素，例如河道坡降、河床底质条件、泥沙组成和水动力学等问题等。卵石群一般比较适合于顺直、稳定和宽浅的河道，而不宜在细砂河床上布置，否则会在卵石附近产生河床淘刷现象，并可能导致卵石失稳后沉入冲坑。设计中可以参考类似河段的资料来确定卵石的直径、间距、卵石与河岸的距离、卵石密度、卵石排列模式和方向，并预测可能产生的效果。图 6.4-2 为卵石群的几种典型排列示意图。排列型式包括三角形、钻石形、排形、半圆形和交叉形。在平滩断面上，卵石所阻断的过流区域不应超过 1/3。一个卵石群一般包括 3～7 块卵石，取决于河道规模。卵石群之间的间距一般介于 3～3.5m 之间。卵石要尽量靠近主河槽，如深泓线两侧各 1/4 的范围，以便保证枯水期仍能发挥其功能。

图 6.4-3 显示了一种卵石群连续 V 形布置方案。左侧上游第一块卵石用坐浆法施工，即在混凝土凝固前靠卵石重力与混凝土紧密结合，成为这组卵石群的基石。在第一块卵石下游布置一对卵石，然后布置一组由 3 块卵石组成的上游 V 形卵石群，再由 4 块小卵石以链条状连接下游 V 形卵石群，形成 V 形组—链条—V 形组布局。卵石间弯曲的缝隙，提供了一条低流速流路，如虚线所示。根据监测数据发现，这条低流速轨迹成为一些物种喜爱的通道。

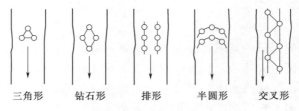

三角形　　　钻石形　　　排形　　　半圆形　　　交叉形

卵石群合组型式

图 6.4-2　卵石群在平面排列示意图

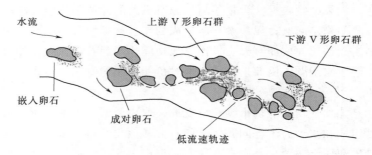

图 6.4-3　V 形卵石群布局

6.4.2　树墩和原木构筑物

1. 半原木掩蔽物

半原木掩蔽结构是河底的架空结构，在河道中顺长设置，为鳟鱼和其他鱼类提供掩蔽物（图 6.4-4）。用直径 20～30cm 的原木顺长劈开制成半原木，下部用方木支撑，方木间隔为 150cm。用钢筋把半原木和支撑方木连接并锚固在河底砂砾石层中。半原木掩蔽结构与水流平行或稍有角度布置，并且毗邻主泓线。一般来说，半原木掩蔽结构布置在浅滩湍流区域，但是要求下部有足够的水深，能使掩蔽结构处于淹没状态。

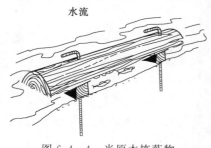

图 6.4-4　半原木掩蔽物

2. 鱼类避难所

用原木、木桩和块石构筑的掩蔽物，为鱼类提供了遮阴环境，也成为鱼类躲避食肉鱼类和高速水流的避难所（图 6.4-5）。这种结构设置在水面上下并伸进河床。由原木或半原木搭建的平台靠木桩或钢筋混凝土桩支撑，木桩或钢筋混凝土桩牢固地夯入河底。在缓坡河道断面，支撑桩长度不小于2m。为提高结构的耐久性，可用混凝土基础护脚。平台上放置块石和土壤，在土壤表层播撒草籽或在块石缝隙中插枝。其目的是增加结构物自重以防被水流冲走，也可提高景观美学价值，并且为岸坡植物重建提供机会。避难所结构下部岸坡放置大卵石防止基础冲刷，以稳固平台结构。鱼类避难所设置在河道外弯

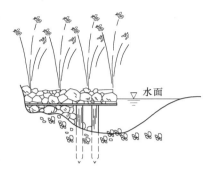

图 6.4-5　鱼类避难所结构

道，与河道控导构筑物和堰坝联合作用。控导构筑物应布置在对岸，以改善避难所结构下面水流流态，并且防止淤积。在低水位条件下，河岸掩蔽物下面要有一定水深，这是因为如果原木平台始终处于水下，则木材的耐久性要高得多。在高水位情况下，掩蔽物结构会成为行洪障碍物，同时存在掩蔽物被洪水冲走的风险，这就需要在设计中周密分析评估。

3. 树墩护岸

树墩护岸结构能够控导水流，保护岸坡抵御水流冲刷；形成多样的水力学条件，为鱼类和其他水生生物提供栖息地。树墩护岸结构使用的自然材料提供了坚实表面，有利水生植物生长，也有利于营造自然景观。在 1.5.5 节讨论过山区溪流树木的残枝败叶和木质残骸是水生生物和大型无脊椎动物重要的食物来源，河流完整食物网就是所谓"二链并一网"的食物网结构。置于河道中的树墩结构，就是按照这种自然法则，利用树墩和木质残骸增加水生生物的食物来源，完善溪流食物网。

树墩护岸结构一般布置在受水流顶冲比较严重的弯道外侧，树根盘正对上游水流流向。树墩结构设置高程在漫滩水位附近，树根盘的 1/3～1/2 处于漫滩水位以下（图 6.4-6）。一般而言，树墩根部的直径为 25～60cm，树干长度为 3～4m，联成一排使用。树墩下部布置若干枕木，方向与其垂直。树墩与枕木用钢筋连接，钢筋下部牢固锚入河底（图 6.4-7）。如需要，可在树墩上部布置若干横向原木，用钢筋与树墩连接，以增加结构的整体性。在枕木上部布置大卵石或漂石作为压重并起基础护脚作用。树墩护岸结构以上布置土工布或椰子壳纤维垫包裹的直径 10～15cm 碎石和砾石作反滤层。反滤层以上沿岸坡布置土工织物扁袋，即用土工布和植物纤维垫包裹表土和开挖土混合物。每 30cm 在包裹土层之间扦插 15 枝处于休眠期的活枝条，并用表层土覆盖，充分洒水和压实。在土壤表层播撒乡土种草籽或利用表土内原有的草籽。

树墩护岸结构施工方法有两种，一种是插入法，使用施工机械把树干端部削尖后插入坡脚土体，为方便施工，树根盘一端可适当向上倾斜。这种方法对原土体和植被的干扰小，费用较低。另一种是开挖法，其施工步骤见图 6.4-8。首先依据树墩尺寸开挖岸坡，然后进行枕木施工。枕木要与河岸平行放置，并埋入开挖沟内，沟底要位于河床以下，然后把树墩与枕木垂直安放。在树干上钻孔，用钢筋把树墩和枕木固定在一起，钢筋下部牢

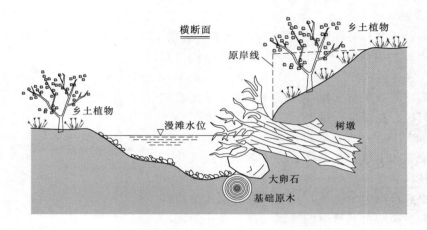

图 6.4 - 6　树墩护岸横断面图

（据 Dave Rosgen，1996，改绘）

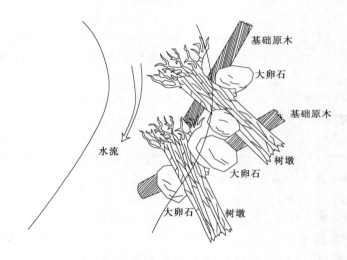

图 6.4 - 7　树墩护岸平面图

（据 Dave Rosgen，1996，改绘）

固锚固在河床内。最靠近树墩上部表面放置土工布或椰子壳纤维垫包裹的碎石和砾石制作的反滤层。树墩安装完成后，将开挖的岸坡回填至原地表高程。为保证回填土能够抵御水流侵蚀并尽快恢复植被，可用土工布或植物纤维垫包裹土体，逐层进行施工，在相邻的包裹土层之间扦插活枝条。

6.4.3　挑流丁坝

1. 功能

在传统意义上，挑流丁坝是防洪护岸构筑物。挑流丁坝能改变洪水方向，防止洪水直接冲刷岸坡造成破坏，也具有维持航道的功能。在生态工程中，挑流丁坝被赋予新的使命，成为河道内栖息地加强工程的重要构筑物（杨海军、李永祥，2005）。除了原有的功

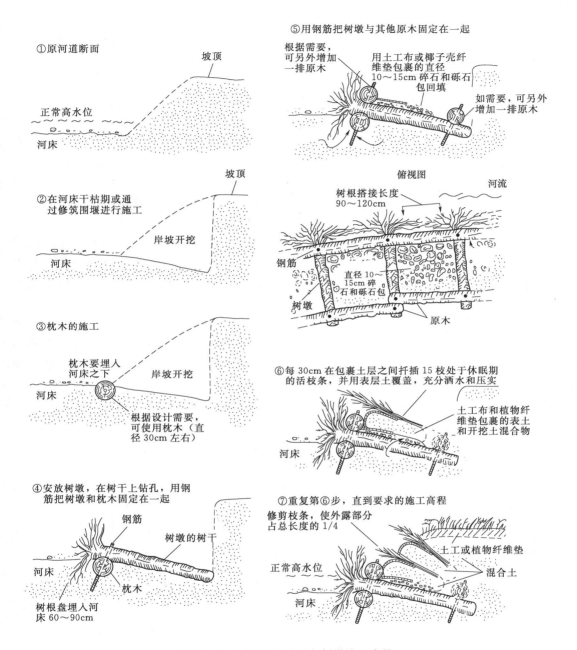

①原河道断面

坡顶

正常高水位

河床

②在河床干枯期或通过修筑围堰进行施工

坡顶

岸坡开挖

河床

③枕木的施工

枕木要埋入河床之下

岸坡开挖

河床

根据设计需要，可使用枕木（直径30cm左右）

④安放树墩，在树干上钻孔，用钢筋把树墩和枕木固定在一起

钢筋

树墩的树干

河床

枕木

树根盘埋入河床60～90cm

⑤用钢筋把树墩与其他原木固定在一起

根据需要，可另外增加一排原木

用土工布或椰子壳纤维垫包裹的直径10～15cm碎石和砾石包回填

如需要，可另外增加一排原木

俯视图

河流

树根搭接长度90～120cm

钢筋

直径10～15cm碎石和砾石包

树墩

原木

⑥每30cm在包裹土层之间扦插15枝处于休眠期的活枝条，并用表层土覆盖，充分洒水和压实

土工布和植物纤维垫包裹的表土和开挖土混合物

河床

⑦重复第⑥步，直到要求的施工高程

修剪枝条，使外露部分占总长度的1/4

土工或植物纤维垫

正常高水位

混合土

河床

图 6.4-8　利用开挖法进行树墩施工步骤

能之外，挑流丁坝能够调节水流的流速和水深，增加水力学条件的多样性，创造多样化的栖息地。挑流丁坝还能促使冲刷或淤积，形成微地形，特别在河道修复工程中，通过丁坝诱导，河流经多年演变形成河湾以及深潭-浅滩序列。洪水期，丁坝能够减缓流速，为鱼类和其他水生生物提供避难所，平时能够形成静水或低流速区域，创造丰富的流态。连续布置的丁坝之间易产生泥沙淤积，为柳树等植物生长创造了条件，丁坝间形成的静水水

面，利于芦苇等挺水植物生长。丁坝位置的空间变化，使生长的植被斑块形态多样，自然景观色调更丰富。正因如此，城郊河流的挑流丁坝附近常成为居民休憩游玩和欣赏自然的场地。

2. 丁坝的布置

挑流丁坝一般布置在河道纵坡较缓，河道较宽且水流平缓的河段。通常沿河道两岸交错布置，也可以成对布置在顺直河段的两岸（图 6.4-9）。迄今为止，挑流丁坝还没有严格的设计准则和通用标准。挑流丁坝布置方案和具体尺寸，应通过论证或参考类似工程经验确定，有条件的工程可以开展水力学模型试验。当然也可以参照现有文献的案例数据，但是这些案例中，因河道条件不同，有时参数的差别较大。有文献提出，上下游两个挑流丁坝的间距至少应达到 7 倍河道平滩宽度；丁坝向河道中心伸展缩窄河宽，缩窄后河道宽度约为原宽度的 70%～80%；挑流丁坝顶部高程不超过低水位的 0.15～0.3m，且顶部高程必须低于平滩水位或河岸顶面，以确保汛期洪

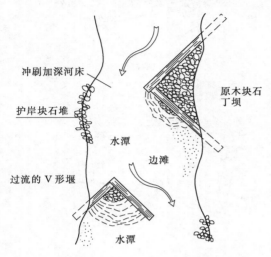

图 6.4-9　原木框-块石导流丁坝布置图

水能顺利通过，洪水中的树枝等杂物不至于被阻挡而堆积，否则很容易造成洪水位异常抬高导致严重的河岸淘刷侵蚀。也有文献指出，丁坝的长度为河宽的 1/10 以内；高度为洪水水深的 0.2～0.3 左右。还有文献认为，丁坝的长度起码达到河宽的 1/2，才能发挥创造栖息地的作用。挑流丁坝轴线与河岸夹角，其上游面与河岸夹角一般在 30°左右，以确保水流以适宜流速流向主槽；其下游面与河岸夹角约 60°，以确保洪水期间漫过丁坝的水流流向主槽，从而避免冲刷该侧河岸。另有文献称，挑流丁坝方向与水流的夹角，上、下游均采用 45°。为防止丁坝被冲刷，可在挑流丁坝的上下游端与河岸交接部位堆放块石，并设置反滤层。

3. 丁坝的种类

传统意义上的丁坝按照坝顶高程与水位的关系，可分为淹没和非淹没式两种。按照功能划分可以分为控导型和治导型两种。在生态工程中，按照功能分可以分为栖息地改善的丁坝、调节河势的丁坝等。本节按照结构材料性质，将丁坝分为原木框-块石丁坝、块石丁坝和混凝土块体丁坝，下面分别予以介绍。

（1）原木框-块石丁坝。原木框-块石丁坝是由原木制作的三角形框架内放置块石构成。图 6.4-9 显示了原木框-块石丁坝结构平面布置图。图中上游布置三角形原木框-块石导流丁坝。经丁坝挑流，水流转向对岸，对岸河床底部被淘冲逐渐形成水潭。为防止对岸的岸坡冲刷破坏，在对岸偏下游部位堆放块石以防护坡脚。丁坝原木下游毗邻部位形成水潭，其下游与边滩衔接。图中下游右岸布置有 V 形堰，为原木框-块石结构。堰顶高程低于上游丁坝，顶部常年过流。V 形堰的作用是进一步缩窄水流，同时挑流使主流导向

左岸。左岸靠下游侧堆放块石以防护坡脚。V 形堰本身的下游方，形成近于静水的水潭。如上述通过多次挑流，使水流呈现紊动的复杂流态，形成了多样化的水力条件，为鱼类及其他水生动物创造了多样化的栖息地。

图 6.4-10 显示原木框-块石丁坝结构。丁坝施工时，首先要平整场地，为原木就位做准备。用钢索和锚筋将原木牢固锚固在河床或岸坡，根据原木受力状况和河床地质条件，计算确定锚固深度。根据水深和丁坝顶部高程，确定叠放原木的层数，各层原木用锚筋或钢索连接固定以保证结构的整体性。挑流丁坝上游端或外层的块石直径要满足抗冲稳定性要求，一般可按照当地河床中最大砾石直径的 1.5 倍确定。上游端大块石至少应有两排，选用有棱角的块石并交错码放，互相咬合。如果当地缺少大直径块石，可采用石笼或圆木框结构修建丁坝。

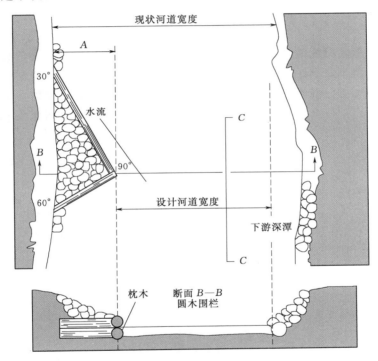

图 6.4-10　原木框-块石丁坝结构图

（2）块石丁坝。块石丁坝是用毛石干砌或浆砌的不透水丁坝，一般适用于砂砾石河床且流速相对较高的河段。块石丁坝施工方法有干砌、浆砌和混合法 3 种。其中混合法是指丁坝表面用浆砌，内部填料用干砌。为防止河床砂砾石被水流冲刷流失，应在河床砂砾石表面铺设土工布反滤层。另外，在丁坝坝根部位块石缝隙中填土，用插枝方法种植柳树等乔木，即可发挥柳树根部固土作用，也可营造多样的自然景观。块石丁坝头部流态复杂，流速较高，需要采取相应措施加固。这些措施包括丁坝头部用粒径较大的块石；使块石相互咬合连接紧密；丁坝头部砌筑平整，减少表面凹凸起伏；用水泥砂浆灌缝、勾缝，以增强整体性；逐渐降低丁坝头部纵断面的高度，减少垂直流的影响（图 6.4-11）。有的工程在丁坝头部用木工沉排或铅丝笼护脚。

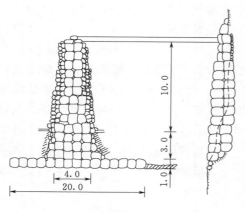

图 6.4-11　块石丁坝（单位：m）

（3）混凝土块体丁坝。构筑丁坝用的混凝土预制块，其尺寸按照抗冲稳定性设计，也可以按照现场河段最大粒径砾石的 1.5 倍确定。混凝土预制块应制成不规则形状，以利于相互咬合加强整体性。丁坝伸入河道部分，可采用 Y 形预制块，目的是利用预制块之间的大孔隙可以形成鱼巢。图 6.4-12 显示混凝土块体、块石及石笼组合的丁坝结构。结构按照整体设计，即使丁坝结构与护坡结构有机结合，丁坝是护坡结构向河道中心方向的延伸。该案例中，丁坝顶部高程在平均水位以下，年内大部分时间处于淹没状态。丁坝的施工过程如下：河道土体坡面平整后铺垫碎石或铺设土工布作为反滤层，其上铺设混凝土板块，然后安放混凝土预制块，坡脚用浆砌块石保护。混凝土预制块从丁坝根部向河道中心方向延伸，丁坝最前端采用铅丝笼防冲刷。混凝土预制块的水中部分用抛石和当地材料覆盖，水上部分覆盖当地表土，利用乡土草籽培育草本植物。另外，在表土上扦插柳树，培育芦苇生长。

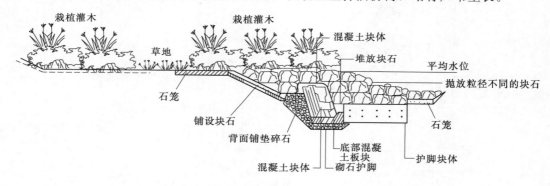

图 6.4-12　混凝土块体-铅丝笼组合式丁坝
（据杨海军、李永祥，2005，改绘）

6.4.4　堰

生态工程的堰（weir）是利用天然块石（卵石）在小型河流上建造的跨河构筑物。堰的功能是创造异质性强的地貌特征，形成多样的水力学条件，改善鱼类和其他水生生物栖息地。此外，堰还具有减轻水流冲刷，保护岸坡的功能。

堰的设计以自然溪流的跌水-深潭地貌为模板。山区溪流自然形成的跌水-深潭地貌具有多种功能。首先，跌水-深潭具有曝氧作用，可有效增加水体的溶解氧。通过跌水-深潭的水流受到强烈扰动，具有显著的消能作用。同时跌水-深潭形成多样的水力学条件，能够满足不同生物的需求。跌水-深潭的固体表面有利于苔藓、地衣和藻类生长，这些自养生物作为初级生产者在食物网中成为异养生物的食物。特别是数量巨大的硅藻是溪流大型无脊椎动物最重要的食物来源（见 1.2.4 节）。

堰作为一种重要的栖息地加强结构，其作用主要表现在 5 个方面：①上游的静水区和下游的深潭周边区域有利于有机质的沉淀，为无脊椎动物提供营养；②因靠近河岸区域的水位有不同程度的提高，从而增加了河岸遮蔽；③堰下游所形成的深潭有助于鱼类等生物的滞留，在洪水期和枯水期为鱼类提供了避难所；④深潭平流层是适宜的产卵栖息地；⑤枯水季堰能够缩窄水流，以保证生物存活的最低水深。

堰一般布置在纵坡陡峭、狭窄而顺直的溪流上，具体部位设在溪流从陡峭到平缓，纵坡发生变化的河段。在这样的河段设置堰，一是可以用多级小型跌水方式调节纵坡；二是发挥堰消能作用；三是创造多样化的水力学条件；四是营造自然景观。

堰应满足鱼类游泳通过的需求，高度不能超过 30cm。其原因是鱼类跳跃能力有限。表 6.4-1 显示了台湾石宾鱼类跳跃隔板的观测数据。

表 6.4-1　　　　　台湾石宾鱼类跳跃通过隔板通过率与水位关系

水位差 Δh/cm	通过率/%	水位差 Δh/cm	通过率/%
27	34	45	10
35	32	55	

堰的溢洪口应设在河流主泓线附近，保持自然河道的洪水路径。堰的上游侧铺设块石形成倒坡，既有利于堰的稳定，也能引导水流平稳通过堰顶。堰的下游侧河床应铺设卵石，可起消能作用，减少对岸坡侵蚀。在较大的溪流上设计堰时，要注意避免出现水流翻滚现象，防止在强水流作用下对游泳者造成伤害。

构筑堰的材料包括：块石、卵石、原木、铅丝笼等。具有纹理和粗糙表面的块石和卵石，是无脊椎动物的理想避难所。块石或卵石砌筑物的设计，外观线条力求流畅，以提高景观美学价值。筑堰块石直径应满足抗冲要求，建议按照启动条件计算块石直径（Costa，1983）。

$$D_{\min} = 3.4V^{2.05} \qquad (6.4-1)$$

式中：$D_{\min}$ 为块石的最小直径，cm；V 为断面平均流速，m/s。在工程应用中，建议按照 $D_{50} = 2D_{\min}$ 和 $D_{100} = 1.5D_{50}$ 筛选筑堰材料。

如果当地溪流河床缺乏大粒径块石或卵石，可以选择铅丝笼构件。为弥补铅丝笼结构外观欠佳的缺点，可填充表土扦插植物，增加植物覆盖。原木是一种天然材料，既是生物栖息地，又能提供木屑残渣，经数量巨大的碎食者、收集者和各种真菌和细菌破碎、冲击后转化成为细颗粒有机物，成为初级食肉动物的食物来源（见 1.5.5 节）。一般在溪流上构筑堰时，采用原木材料。根据原木尺寸、水深、河宽等条件，可选择单根或多根原木组合。

根据不同的地形地质条件，堰可以选择不同结构型式，在平面上呈 Ⅰ 字形、Ｊ 字形、Ｖ 字形、Ｕ 形或 Ｗ 形等。

（1）Ｗ 形堰。图 6.4-13 显示 Ｗ 形堰结构示意图。堰顶面使用较大尺寸块石，满足抗冲稳定性要求。下游面较大块石之间间距约 20cm，以便形成低流速的鱼道。堰上游面坡度 1:4 左右，下游面坡度 1:10~1:20，以保证鱼类能够顺利通过。堰的最低部分应位于河槽的中心。块石要延伸到河槽顶部，以保护岸坡。堰中部设置豁口作为溢洪口，汛

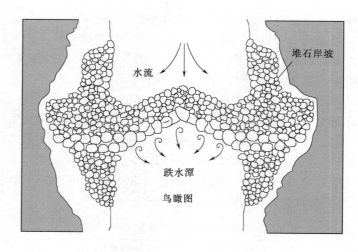

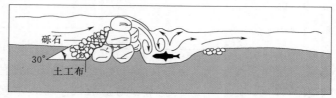

图 6.4-13　W 形堰结构示意图

期引导洪水进入主泓线。堰主体采用较大尺寸块石，大块石上游侧铺设块石，既有利于堰的稳定，也能引导水流平稳通过堰顶。上游堆放块石与大块石之间铺设土工布。堰构筑后次年，堰的上游侧出现泥沙淤积，以后便趋于稳定。

（2）圆木堰。在沙质河床中，不适宜采用砾石材料构筑堰，可以应用大型圆木作为构筑材料，如图 6.4-14 所示。圆木堰的高度以不超过 0.3m 为宜，以便于鱼类通过。左右两根圆木做成隼接头再用钢构件锚固连接。用圆木桩或钢桩固定圆木，并用大块石压重，桩埋入沙层的深度应大于 1.5m。应在圆木的上游面铺设土工织物作为反滤材料，以控制水流侵蚀和圆木底部的河床淘刷，土工织物在河床材料中的埋设深度应不小于 1m。

【工程案例】 英国 Inchewan Burn 河用卵石跌水-深潭结构改造衬砌河床❶

英国 Inchewan Burn 河是 Tay 河的一条支流，河流纵坡陡峭，汛期洪水暴涨，对流经的 Birnam 村构成威胁。上游河段穿过茂密森林，保持着河流自然特征，即多级跌水-深潭地貌结构，是鱼类产卵栖息地。20 世纪 70 年代，Birnam 村附近建设了 A9 公路以及爱丁堡至因弗尼斯铁路。Inchewan Burn 河有 100m 因公路桥建设而进行了加固改造。加固工程包括：用石笼垫和混凝土加固河底，形成粗糙的堰和陡坡；右岸为顺河直立混凝土挡土墙；左岸是顺河直立 3 排铅丝笼。工程竣工后，经运行监测表明河道加固工程是失败的。主要表现在该河段成了大西洋鲑鱼洄游的障碍，而大西洋鲑鱼正是 Tay SAC 河的重要标志。加固工程形成的陡峭纵坡以及河床底部石笼垫加固工程，限制了鱼类进入上游 3km

---

❶　引自 The centre of river restoration UK，Manual of river restoration techniques。

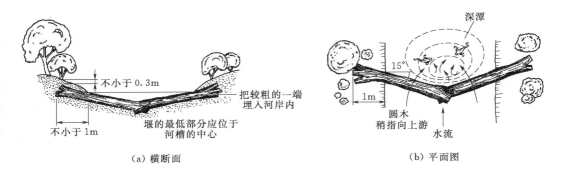

（a）横断面　　　　　　　　　　（b）平面图

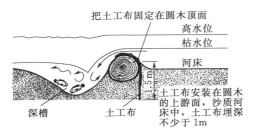

（c）纵剖面

图 6.4－14　圆木堰

长的产卵栖息地。因此，Inchewan Burn 河的 Birnam 河段亟待修复。

　　河道修复设计基于一种简单的理念，即利用河段陡峭的坡度（7%），力求复制上游河床地貌结构，即构造跌水-深潭系列。设计要点是控制河段内跌水-深潭数量以及跌水间距离，仿照上游地貌和级配铺设卵石（图 6.4－15）。

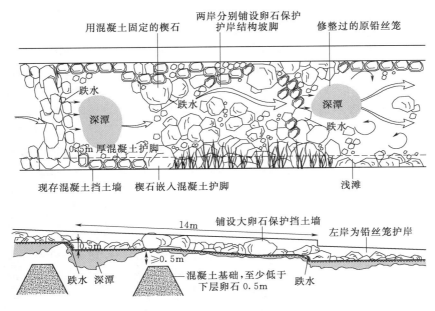

图 6.4－15　英国 Inchewan Burn 河跌水-深潭工程

（据 The centre of river restoration UK，2009，改绘）

工程于 2006 年开工，选择枯水季施工。首先，清除河底的石笼垫和混凝土，拆除的块石运送到下游备用。所需大卵石材料来源于当地料场。选择最大卵石（重达 0.5t）用做楔石，这是模仿上游跌水-深潭地貌中的大卵石尺寸。较小卵石放置在楔石后面，互相咬合固定。由于纵坡陡，流速较高，这就要求楔石不能产生位移，为此需要浇筑混凝土基础平台。混凝土铺设在跌水下部河底，在卵石以下至少 0.5m。在卵石和混凝土基础平台上钻孔，然后用树脂和锚杆把卵石固定。右岸现存直立混凝土挡土墙仍保留，增加浇筑 0.5m 宽的护脚混凝土。左岸铅丝笼挡土墙仍然保留，铺设坡脚卵石。该工程于当年竣工。

2007 年 10 月观察到鲑鱼、鳟鱼和棕鳟游泳通过重建的河段。修复工程也极大提升了河段的美学价值，人们沿着河边的步道欣赏河流自然景观。2009 年 Stirling 大学观测并比较了上游自然地貌河段与修复河段的栖息地水力参数和鱼类密度，发现已经成功地修复了水力学条件，鲑鱼和棕鳟幼鱼已在河段建群。修复方案获得成功的原因，得益于设计理念的革新，就是说按照上游自然河道地貌为模板，进行河道修复设计。

6.5　河漫滩与河滨带生态修复

河漫滩既是行洪通道，也是重要的水生生物栖息地。河滨带是水体边缘与河岸岸坡交汇的水陆交错带，具有多种生态功能。由于人类大规模开发和侵占，导致河漫滩与河滨带萎缩和水生态系统退化。河漫滩与河滨带修复的主要任务是确保行洪安全，加强岸线管理和划定水域岸线保护红线；重建河漫滩栖息地，恢复缓冲带功能，重建河滨带植被。

6.5.1　概述

1. 河漫滩与河滨带的退化萎缩

河滨带是河流水体边缘与河岸岸坡交汇的水陆交错带。这种水域与陆域交错的空间格局，使河滨带具有高度空间异质性特征，加之水文条件季节性变化，使河滨带极富生物多样性。河滨带的生态功能包括植物根系加固河岸；滞留泥沙、遮阴以降低水温；残枝败叶进入河道供给有机物。河滨带还是河道的缓冲带，其功能是通过拦截、过滤作用阻止细沙进入河道，通过植物拦截和净化作用，对城镇和农田排水进行部分降解（见 1.1.3 节）。

河漫滩是指与河道相邻的条带形平缓地面，其范围是洪水漫滩流量通过时水体覆盖的区域。从实用角度出发，如制定生态修复规划，河漫滩的范围可以定义为某种频率洪水淹没的区域，如 20 年一遇洪水淹没区域。河漫滩是汛期行洪通道，一些大型河流在河漫滩设置了蓄滞洪区。保障防洪安全是河漫滩的首要功能。河漫滩包含大量小型地貌单元，诸如沙洲、自然堤、沙脊、故道和牛轭湖等。许多河漫滩还分布有稳定或半稳定的水体，包括水塘、沼泽、小型湖泊和湿地。此外，还有大量常年湿润的洼地。由于河漫滩地貌多样性和水文情势动态性，形成了宽幅的栖息地。季节性洪水是河漫滩生态系统的主要驱动力。汛期洪水超过漫滩水位向两侧漫溢，为河漫滩生物群落带来了大量营养物。洪水消退时，又把淹没区的枯枝落叶和腐殖质带入主槽。当洪水消退时，河漫滩上还分布着大量与外界相对隔绝，但能保持稳定水体的小区域，如水塘、湿地、小型湖泊等，这些稳定水体对于鱼类等水生动物都具有促进种群繁殖的功能（见1.1.3节）。

由于人类大规模活动干扰，造成了河漫滩与河滨带的退化萎缩。这表现在通过缩窄堤距，河道裁弯取直等工程措施，加大了对河漫滩的挤占与开发。这些开发活动包括：挤占河漫滩发展种植及养殖业、房地产开发、码头等临水建筑物、道路和游乐设施；无序地挖沙生产，破坏了河道自然底质结构和影响河势。另外，城镇污水与农田排水排入河漫滩，造成水体和土壤不同程度的污染。河漫滩的退化萎缩，不但加大了洪水风险，而且破坏了河漫滩与河滨带的栖息地，导致水生态系统的退化。

2. 调查与评估

规划河漫滩与河滨带修复项目，需要做好前期的调查与评估。调查内容包括现状与历史状况。现状调查内容包括河漫滩与河滨带的地形地貌、水文信息；水资源开发利用情况；泥沙测验和计算；水质状况监测与评价，方法详见3.1.1节。生物调查包括大型底栖无脊椎动物、鱼类、浮游植物和大型水生植物的调查，方法详见3.1.3节。历史状况调查主要靠收集地图、遥感影像资料，掌握河漫滩空间格局的演变过程，特别是河漫滩退化萎缩过程。收集河滨带植被以及河漫滩生物群落历史状况资料，借以评价河漫滩与河滨带生态系统演变和退化状况。

河漫滩与河滨带受人类活动影响情况调查，是评价河漫滩与河滨带生态状况的基础。本书建议的调查内容分地貌形态、水文气象、水环境、生物和工程设施5项要素，下设12个项目，22个科目，见表6.5-1。

表6.5-1　　　　　　　　　人类活动对河漫滩与河滨带干扰调查表

要素	项目	编号	调查科目	开发/改造/干扰	指　标
地貌形态	河漫滩	1	挤占河漫滩范围	农田、道路、房地产开发	宽度、面积，开发类型
		2	景观多样性	滩区开发和水文情势变化	洲滩、湿地、沼泽、水塘的数量、面积、连通性
		3	鱼类栖息地	滩区开发	"三场"减少数量、面积
		4	采砂生产	影响河势和底质结构	范围、水下地形变化
		5	矿区塌陷	滩区地貌变化出现水塘洼地	塌陷范围、面积、新增水面数量、面积
	河滨带	6	植被	人为损害	覆盖度、物种组成和密度
		7	缓冲带功能	截污、拦沙作用削弱	缓冲带完整性
		8	岸坡稳定	植被破坏造成岸坡滑塌	滑塌范围、纵深
水文气象	气象	9	降雨、蒸发、气温		多年平均降雨量、多年平均蒸发量、多年平均气温
	径流	10	年、月径流系列		年、月径流值，径流年际变化及年内变化特性
	洪水	11	洪水序列		历史洪水调查，实测洪水系列，洪水成因、发生时间、洪水组成

要素	项目	编号	调查科目	开发/改造/干扰	指　标
水环境	污染源	12	点污染源、面污染源	水环境恶化	附表Ⅰ-3、附表Ⅰ-4、附表Ⅰ-6、附表Ⅰ-7
	水产养殖	13	规模化养殖污染	水环境恶化	附表Ⅰ-5
生物	滩区植被	14	滩区植被	滩区开发,人为损坏	植被覆盖比例,物种组成和密度
	生物群落	15	特有物种、乡土物种、保护物种	滩区开发,捕捞,生物入侵	鱼类的物种组成、年龄及大小分布、丰度
	生物资源	16	鱼类、其他生物资源	捕捞、采集	鱼类类型、年龄及大小分布、丰度
工程设施	防洪	17	堤防		堤防等级、高程、宽度、两侧边坡,堤顶路况、两侧护坡工程,迎水侧滩涂,堤防险工段、崩(坍)岸段现状及治理
		18	防洪标准		河段的防洪标准、防洪设计水位、主要特征水位及相应流量
		19	河道治理		河道疏浚、整治、清障、控导的现状和效果
	综合利用	20	航运及码头	占用岸线	航道等级、航道保证水位、最小航运流量、各类码头数量,码头前沿长度(占用岸线长度)
		21	跨河建筑物	占用岸线	三级以上公路桥梁、铁路桥、重要输气、输电等跨河管线数量、规模、占用岸线长度
		22	供水与排水	占用岸线	取水口、排水口数量,引、排水工程规模、占用岸线长度

在历史状况调查的基础上,以大规模开发改造河漫滩前的历史状况作为参照系,建立河漫滩生态状况分级系统(见5.2.3节)。分级系统的指标可以根据项目数据的可达性从表6.5-1中选取,其中河漫滩面积、河滨带植被两项需保留,指标采用河漫滩面积、宽度,河滨带植被覆盖度、物种组成和密度等。将现状指标与参照系统指标比较,可以掌握现状指标与历史状况的偏离程度,对于河漫滩与河滨带生态状况退化做出定量评估,方法详见5.2节。

3. 生态修复目标

河漫滩与河滨带修复目标是通过管理措施和工程措施,恢复河漫滩的规模和功能,首先保障行洪安全,同时恢复生态系统的结构、功能和过程。

管理措施是指通过严格执行《中华人民共和国防洪法》《中华人民共和国环境保护法》等法律,加强法律法规建设,划定水域岸线生态保护红线,明确河漫滩的所有权和管理权,建立健全管理机构和管理办法。依法清除河漫滩行洪障碍物,依法清除各类建筑物、道路、游乐设施,退田还河,退渔还河。

在生态保护方面,通过河滨带植被重建,恢复河滨带植被固岸、遮阴、缓冲等生态功能；通过河漫滩栖息地重建，包括开挖河道侧槽；连通现有的卵石坑、凹陷区、水塘等形成低流速通道，创造新的鱼类栖息地。

6.5.2　水域岸线保护红线[1]

1. 生态保护红线

《中华人民共和国环境保护法》和《中华人民共和国国家安全法》均提出"国家完善生态环境保护制度体系，加大生态建设和环境保护力度，划定生态保护红线""在重点生态功能区、生态环境敏感区和脆弱区等区域划定生态保护红线"，从法律层面提出了划定生态保护红线的要求。

水生态空间保护红线需依据国家法律法规并基于生态空间评估，进行合理划定，其目的是实现水生态空间合理开发利用和保护，保障国土空间均衡，经济社会可持续发展，维护生态系统良性循环。

水生态空间（aquatic ecosystem space）是指水文-生态过程发生的物理空间（physical space）。广义的水生态空间包括河流、湖泊、水库、运河、渠道、湿地、水塘等水域以及水源涵养、水土保持和蓄滞洪区所涉及的区域。水域岸线是水生态空间最重要的组成部分。

水生态保护红线（aquatic ecosystem protection red line）是指水生态空间范围内具有特殊重要生态功能，必须强制性保护的核心生态区域。

水域岸线保护红线（water front protection red line）是指具有重要行洪功能和重要生态功能，必须强制性保护的岸线区域。

2. 水域岸线

（1）岸线管理的重要性。随着我国经济社会的不断发展和城市化进程的加快，河漫滩的开发活动和临水建筑物建设日益加剧。特别是我国东部的长江中下游地区、淮河中下游地区、珠江三角洲地区和城市河段等经济发达、人口稠密、土地资源紧缺地区，对河漫滩的开发利用强度不断上升。长期以来，由于河流湖泊岸线范围不明，功能界定不清，管理缺乏依据，部分河段岸线开发无序和过度开发严重，对河道湖泊行蓄洪带来不利影响，也严重破坏了河流生态环境。岸线管理是河漫滩保护和修复的重要举措。依据法律法规正确划定岸线，确权划界，依法拆除行洪障碍和非法建筑设施，依法审查开发项目和临水建筑物，是河漫滩保护的主要内容。

（2）岸线控制线。岸线控制线（water front limit line）是指沿河流水流方向和湖泊沿岸周边，为加强岸线资源的保护和合理开发而划定的管理控制线。岸线控制线包括临水控制线和外缘控制线。水域范围是指河道两岸临水控制线所围成的区域。岸线范围是指外缘控制线和临水控制线之间的带状区域。

临水控制线是指为保障河道行洪安全、稳定河势和维护河流健康的基本要求，在河岸的临水一侧顺水流方向划定的管理控制线。临水控制线的划定分为下列情况：

1）长江、珠江、太湖流域等南方河流水量充沛，径流年际变化相对较小，河道岸线

---

[1]　据水利部水利水电规划设计总院，2017。

滩涂经常行洪，根据河道行洪安全要求，河道临水控制线采用设计洪水位与堤防的交线划定。对于无堤防河段，采用设计洪水位与河岸自然高地的交线划定。

2）黄河、海河、淮河、松花江等北方河流，径流年际变化较大，部分河道滩涂岸线多年不行洪，当地群众常年在滩区从事生产活动，但是遇有大洪水时仍然是行洪重要通道。河道临水控制线采用平滩水位或中水整治流量相应水位与岸边交线划定。对河势不稳定河段考虑河道冲淤变化及影响，适当留有余地。

3）对山区丘陵区河道，洪水涨落较快，岸坡较陡，临水控制线可按一定重现期（如2年或5年一遇）洪水位水边线并留有适当的河宽确定。

4）对已规划确定河道整治或航道整治工程的岸线，应考虑规划方案实施的要求划定。

外缘控制线的划定分为下列情况：

1）对已建有堤防工程的河段，一般在工程建设时已划定堤防工程的管理范围，外缘控制线可采用已划定的堤防工程管理范围的外缘线。对于部分未划定堤防管理范围的河段，可参照《堤防工程设计管理规范》（SL 173）及地方有关规定，根据不同级别的堤防合理划定。

2）对无堤防的河道可采用河道设计洪水位淹没范围或1949年以后最高洪水位与岸边交界线作为外缘控制线。

3）已规划建设防洪工程、水资源利用与保护工程、生态环境保护工程的河段，应根据工程建设规划要求，预留工程建设用地，并在此基础上划定岸线控制线。

3. 水域岸线保护红线

在水域岸线中识别具有重要行洪功能和重要生态功能必须强制性保护的岸线区域，作为水域岸线保护红线区。对于水域岸线保护红线区以外的岸线区，也要根据相关法律法规，合理划定，确权划界，严格管理，保障行洪安全和生态安全。

（1）水域岸线保护红线划定原则如下：

1）对已开展水功能区划分的河湖，将水功能区划中确定的保护区、饮用水源区涉及的水域及对应的岸线划为水域岸线保护红线区。

2）根据岸线资源的自然和社会经济功能属性以及不同要求，开展岸线功能评价，把对流域防洪安全、水资源保护、水生态保护、珍稀濒危物种保护及独特自然人文景观保护等至关重要而禁止开发利用的岸线区及其水域划为水域岸线保护红线区。

3）对应国家和省级保护区（自然保护区、风景名胜区、森林公园、地质公园、自然文化遗产等）；或因滩涂开发利用对于防洪和生态保护具有重要负面影响的岸线区划为水域岸线保护红线区。

4）依据《河道采砂规划编制规程》（SL 423—2008）确定禁采区范围，将其涉及的水域和对应的岸线划为水域岸线保护红线区。

（2）确定红线边界的技术方法如下：

1）河势变化和生态环境特征评估。通过生态水文计算（见4.1节），河道演变分析（见4.4节）评估河势稳定性；通过现场调查、监测，评估生态功能重要性和生态敏感性。

2）区域叠加。利用GIS系统将下列区域：水功能保护区和饮用水源区；国家和省级保护区（自然保护区、风景名胜区、森林公园、地质公园、自然文化遗产等）确定的保护区；河道采砂规划确定的禁采区；经评估对流域防洪安全、水资源保护、水生态保护、珍稀濒危物种保护及独特自然人文景观保护至关重要而禁止开发利用的岸线区，将这些区域进行叠加，形成叠加图件。

3）图斑聚合处理。将叠加图层进行图斑聚合处理，把相对聚集或邻近图斑聚合为相对完整连片的图斑或水系廊道，并合理扣除独立破碎斑块。对于仍然破碎的红线，可根据土地调查结果数据，结合相应现场调查结果，用人机交互方式补充勾绘红线边界。

4）边界处理。与各类规划、区划空间边界及土地利用现状相衔接；与相邻行政区域水生态保护红线相衔接。

5）水域岸线保护红线图件应在 GIS 软件下数字化成图，采用地图学规范方法表示。

4．勘界定标

(1) 勘定边界。依据确定的水域岸线保护红线分布图，收集红线附近现有的平面控制点坐标、控制点网图，明确水域岸线保护红线区块边界走向和实地拐点坐标，勘定水域岸线保护红线边界。

(2) 选定界桩位置，完成界桩埋设，完成水域岸线保护红线勘测定界图。

(3) 设立统一规范的标识标牌。

6.5.3　河漫滩生态修复

1．重建河漫滩栖息地

人类活动对河滨带和河漫滩的开发，破坏了河流廊道自然形态，造成大量栖息地丧失。重建河漫滩栖息地有两种方法，一种是开挖河道侧槽 (side channel)，重建低流速的鱼类栖息地。另一种是利用河漫滩现有的卵石坑、凹陷区、水塘和洞水区，通过相互连通及与主河道连通，达到增加鱼类栖息地的目的。

河道侧槽分为两种类型：一种是在河道开挖侧槽。侧槽上下游均与主河道连通，侧槽水流取决于主河道的水文状况，可在侧槽首尾建设闸门控制侧槽水流，也可以在侧槽上游构筑石梁或混凝土槛控制水流并防止泥沙进入侧槽。侧槽与现存或新开挖的河道旁侧池塘 (off-channel pond)、湿地连接，提高了栖息地的水文保证率。另一种是侧槽修建在地下水水位较高的河漫滩，开挖的侧槽仅在其下游尾部与主河道连接。一般情况下侧槽内能够维持稳定的水流和水温。侧槽纵坡较缓，仿照天然河道铺设卵石，侧槽的地貌形态可以设计成蜿蜒性的深潭浅滩序列。河道侧槽可为多种鱼类提供优质产卵场和索饵场。监测表明，河道侧槽中大型无脊椎动物多样性、鱼类密度与主河道相比均有提高。

利用河漫滩现有的卵石坑、凹陷区、水塘和洞水区，通过相互连通及与主河道连通，达到重建鱼类栖息地的目的。施工方法除了开挖、爆破以外，还可以利用丁坝控导结构，形成深潭、水塘等地貌单元。这些低流速栖息地能够成为多种鱼类的索饵场，这些部位也为食鱼鱼类提供避难所。

2．河漫滩防洪林构建

河漫滩的植被构建，首先需满足行洪要求。《中华人民共和国防洪法》规定："禁止在行洪河道内种植阻碍行洪的林木和高秆作物。""禁止在河道、湖泊管理范围内建设妨碍行洪的建筑物、构筑物，倾倒垃圾、渣土，从事影响河势稳定、危害河岸堤防安全和其他妨碍河道行洪的活动。"如上所述,岸坡植被具有固土护岸,降低流速,减轻冲刷的功能,同时为鱼类、水禽和昆虫等动物提供栖息地(见 6.3.1 节)。《中华人民共和国防洪法》规定:"护堤护岸的林木,由河道、湖泊管理机构组织营造和管理。护堤护岸林木,不得任意砍伐。采伐护堤护岸林木的,须经河道、湖泊管理机构同意后,依法办理采伐许可手续,并完成规定的更新补种任务。"河漫滩植被构建设计,在优先满足防洪安全的前提下,根据河漫滩的不同区位,采取乔灌草相结合方法,合理配置植物,布置多样化的植物分布格局,既能形成多样化的生境条件,又能创造居民亲近自然,休闲运动的临水空间。

【工程案例】 匈牙利多瑙河防洪林❶

多瑙河的特点是冬季或融雪期易出现洪水冲破冰层形成冰凌,冰凌容易对堤防形成冲击或侵蚀。同时,未融化的河段因冰凌流入,形成冰塞堵塞河道妨碍河水流动,致使河槽内形成冰坝而壅高水位引发洪水。为防止凌汛灾害,多瑙河防洪工程均设置防洪林。防洪林设计的前提是确保汛期设计洪水断面。防洪林是从临水侧堤脚线算起宽约 10m 的林带,防洪林的作用是对冰凌破坏堤防起缓冲作用。

图 6.5-1 显示匈牙利布达佩斯南部多瑙河防洪林的布置图。出于堤防安全考虑,堤防顶部其坡面禁止种植乔木和灌木。堤防两侧临水坡脚和背水坡脚均设置宽度 10～20m 的保护带,保护带的坡度一般为 1:20。其功能主要有三项:一是堤防护脚;二是在冰雪融化期为临水侧水流顺畅提供必要的空间;三是为汛期巡视提供空间。按照规定,在坡面和保护带种草,防止临水侧坡面和保护带受水流侵蚀。从保护带边缘到河漫滩边缘植树,形成约 10m 宽的防洪林带。布置防洪林的目的,一是当河道结冰破裂后,使冰凌阻塞河道的范围集中在河流主槽;二是让冰凌只在防洪林范围内流动,防止冰凌对堤防冲击和侵蚀。冰凌形成的冰塞仅停留在防洪林的间隙,水流可以在未植树的保护带流动。反之,如果不种植防洪林,整个河道将堆满浮冰,河水因冰坝壅水引发洪水。

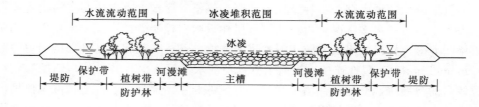

图 6.5-1 多瑙河防洪林

图 6.5-2 显示了堤防与防洪林相对关系细部。可以观察到在设计洪水位下,防洪林处于半淹没状态,阻止冰凌向堤防运动。图 6.5-3 显示多瑙河防洪林种植方案,共有 4 种类型,分别是灌木环绕乔木型;灌木混栽型;灌木居多型;乔木＋枝繁柳树型。其中,图 6.5-3(d)表示匈牙利布达佩斯南部的多瑙河防洪林的布置方案。从堤防临水侧坡脚开始布置 10～20m 的保护带,坡度为 1:20,其上植草。其次,在 30～40m 的宽度内间隔 10m 种植枝繁的柳树。在其外侧种植乔木,宽度 15m。再在其外侧即靠近主槽部位,以 1.0～1.5m 的间隔种植灌木。多瑙河防洪林的布置随河漫滩宽度和河流弯曲等地形因

---

❶ 刘蒨,译。

素变化，以显示自然景观特征。多瑙河河漫滩宽阔，所建堤防距离主槽数十至数百米。已经开辟河漫滩为草地、林地、公园或运动场，成为居民喜爱的亲近自然的空间。

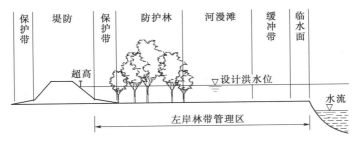

图 6.5-2　堤防与防洪林关系

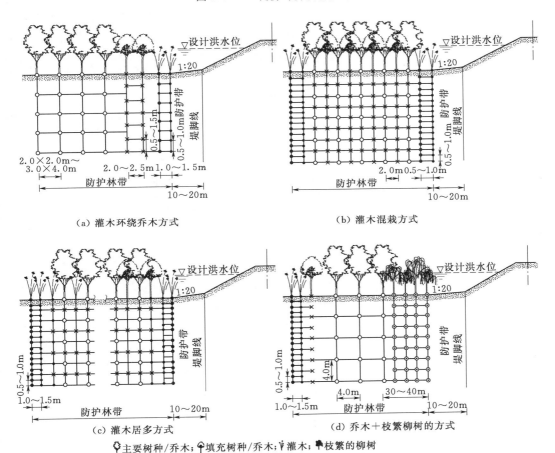

（a）灌木环绕乔木方式　　　　　　　　（b）灌木混栽方式

（c）灌木居多方式　　　　　　　　（d）乔木+枝繁柳树的方式

🌳主要树种/乔木；🌱填充树种/乔木；🌿灌木；🌿枝繁的柳树

图 6.5-3　防洪林种植方案

　　为确保堤防安全，在上述堤防临水侧和背水侧设置的保护带内，禁止设置建筑物，只允许在堤顶和戗道建设道路。为防止管涌，在堤防临水侧 60m 和背水侧 110m 的范围内，未经许可禁止在表土开洞或挖土。堤顶、堤防坡面和保护带内禁止植树，要求植草护坡。

6.5.4 河滨缓冲带修复

河滨带是河道水流与陆域的衔接带，对于来自流域的污染负荷，河滨带发挥缓冲带的重要作用。

1. 缓冲带结构

从流域管理角度出发，可以把河滨带视为河滨缓冲带（riparian buffer strips）。与宽阔的河漫滩不同，缓冲带是沿河道的狭窄条带。因为直接涉及河流水质问题，所以人们更注重对缓冲带的管理和改善。

缓冲带的结构，一般为岸边草地与乔木、灌木相结合的形式。欧洲推荐了若干类型自然或近自然植被组合式缓冲带（图6.5-4）。图6.5-4中第1类表示岸坡附近区域不施化肥的狭长缓冲带。第2类表示岸坡附近区域不施化肥且具有适宜植物的缓冲带，植物包括2a—农作物；2b—灌木；2c—草；2d—树林。第3类表示岸坡附近区域不施化肥，具有适宜地貌元素的缓冲带，包括3a—生长草本植物的缓坡沼泽缓冲带；3b—生长水生植物的水域缓冲带；3c—自然芦苇缓冲带；3d—生长树林的缓坡沼泽缓冲带。在美国大多数农区流域的州推荐分为3个分区的缓冲带，见图6.5-5。缓冲带从农田或牧场向主槽方向分为3个分区即：①草地过滤缓冲带（径流控制）；②经营林（managed forest）即幼龄林缓冲带；③成熟林缓冲带。

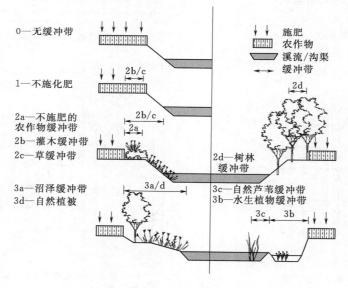

图 6.5-4 欧洲河滨缓冲带多种结构示意图
（据 Hefting M，2003，改绘）

2. 缓冲带功能

缓冲带具有以下重要生态功能：

（1）过滤和净化水质功能。缓冲带植被通过过滤、渗透、吸收、滞留、沉淀等作用使流入河道的城镇污水和农田排水的污染物毒性减弱。研究表明，缓冲带植被平均污染物去

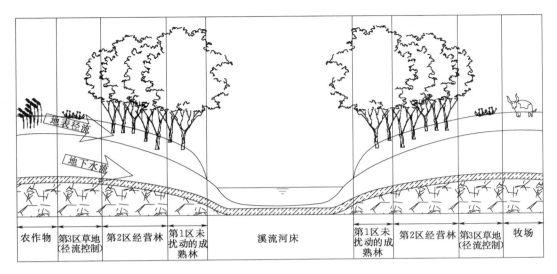

图 6.5-5 美国部分州推荐的河滨缓冲带分区图

(据 Lawrance R，2001)

除率约为：悬浮固体物为 70%，重金属为 20%~50%，营养盐为 10%~30%（Belt 等，1992）。缓冲带生长的水生植物如菖蒲、芦苇、菰等植物，既能从水中吸收无机盐类营养物，吸附和富集重金属和其他有害物质，而且这些植物茎和根系还是以生物膜形式附着的大量微生物的良好介质，进一步提高了净化水体的功能。大量研究表明，河滨生态系统能够有效地减少地表水和地下水氮和磷的聚集。从机理分析，有 3 种生物过程可以去除氮：①植物摄取和储存；②微生物固定、储存土壤中的有机氮；③由微生物通过反硝化作用（denitrification）、硝化作用（nitrification）和氨化作用（DNRA）把氮转化为气态氮。图 6.5-6 显示缓冲带的水文过程、营养物质转化过程和营养负荷环境压力间的关系。

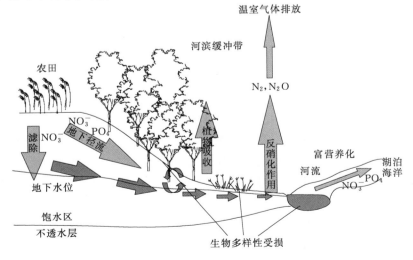

图 6.5-6 缓冲带污染物去除机理示意图

（2）防止冲刷、固土护岸。报告显示，芦苇和菖蒲等植物护岸，植被覆盖率达 30% 以上时，能承受小雨冲刷；植被覆盖率达 80% 时，能承受暴雨冲刷（潘纪荣，等，2006）。研究表明在南方湿润地区，河岸地表采取乔灌草植物措施覆盖一年后，无明显水土流失现象出现。由于植物群落根系密集、纵横交错地盘踞在土体中，能够增加土体的坚固和稳定性。根系吸收土壤水分，降低土壤孔隙压力，增强土壤颗粒间的黏聚力，提高土体的抗剪强度，抵御洪水、风力、船行波对岸坡造成的波浪冲刷，稳定河道边坡（韩玉玲，等，2009）。例如，禾草、豆科植物和小灌木在地下 0.75～1.5m 深处的根系有明显土壤加强作用，其根系的锚固作用可影响到地下更深的岩土层。而且根的直径越细，其提高抗拉强度的作用越大（潘树林，等，2005）。

（3）树冠遮阴作用。河流两岸树冠的遮阴作用，是维系河道水生生物的重要因素（见 1.1.3 节和 1.2.3 节）。树冠遮阴作用能降低水温，保持河水中的溶解氧。如上所述，溶解氧是水生生物生存的基本条件之一，如果鱼类和其他水生生物长期暴露在 DO 浓度为 2mg/L 或更低的条件下时则会死亡。此外，树冠遮阴作用可抑制河道大型水生植物的光合作用和代谢作用，有助于去除河道中茂密的大型水生植物。有报告显示，溪流表面遮阴率 S_n 与河道大型水生生物生物量 B 之间有明显的相关关系。遮阴率 S_n（shading rate）定义为遮阴的水面光强度与无遮阴水面光强度之比。报告显示，采取适中的遮阴方案，将光强度减少一半，即 $S_n \approx 0.5$ 是适宜的，对应的大型水生植物生物量（干重）$B \approx 300\text{g/m}^2$（Dawson，1979）。另外，茂密树冠散落的残枝败叶、木质碎屑，是水生生物的食物来源（见 1.5.5 节）。

（4）调节功能和美学价值。河滨带植被具有调节局地气候功能。河滨带多样的植物群落和蜿蜒曲折的河岸环境，具有很高的美学价值，成为居民户外运动和休闲的理想场地，也是人们接近大自然的亲水空间。

3. 缓冲带面临的问题

由于人类活动，缓冲带面临下列问题：

（1）由于砍伐和管理不善等原因，河滨带植被受到破坏，导致岸坡侵蚀加剧，部分栖息地丧失。

（2）岸坡侵蚀和坍塌。由于植被破坏，固土作用减弱，引起岸坡侵蚀和坍塌。

（3）挖土、填土、倾倒建筑垃圾以及建设临水建筑物，缩窄了河道，影响水流运动及河势稳定。

（4）放牧活动。牲畜破坏植被并妨碍植物再生，动物粪便引进杂草。

（5）由于倾倒生活、园艺垃圾以及砍伐乡土物种，引进害虫和杂草。

（6）灌溉排水中化肥、农药以及动物粪便造成水质污染。

（7）娱乐活动。高速游艇引起波浪，加剧对岸坡侵蚀。

（8）河滨带植被建设采用城市绿地模式，不但成本和养护费用高，而且削弱了乡土物种净化水体的功能。

（9）河滨带人工种植植物种类较少，对乡土植物保护不足，存在外来物种入侵风险。

6.5.5　河滨带植被重建设计

植被重建是河滨带生态修复的一项重要任务。植被重建要遵循自然化原则，形成近自然景观。河滨带植被重建设计包括植物调查；植物种类选择；植物配置与群落构建；植物群落营造以及河滨带植物群落评价。有关河滨带植物调查已在 6.5.1 节中介绍。有关利用活体植物和天然材料作为护岸材料的自然型岸坡防护技术已在 6.3 节讨论。本节重点介绍植物种类选择、植物配置与群落构建以及河滨带植物群落评价方法。

1. 植物种类选择

（1）植物种类选择原则。河滨带植被重建需优先选择乡土植物。所谓乡土植物是指当地固有的且广泛分布的物种。乡土植物适应当地土壤气候条件，成活率高，病虫害少，维护成本低，有利于维持生物物种多样性和生态平衡。与此相反，某些外来物种具有超强的环境适应性和竞争力，加之缺乏天敌，使其得以蔓延生长，形成失控局面，如凤眼莲、喜旱莲子草等。所以，要优先选择乡土植物，慎重引进外来物种。

选择植物种类的原则是依据河滨带的主体功能，选择具有相应功能的植物（韩玉玲，等，2009）。如上所述，河滨带的主体功能是护岸固堤；水土保持；过滤净化水体；遮阴作用以及提高景观美学价值。因此，要优先选择具有这些功能的植物。柳树自古就是我国河流岸坡广泛种植的植物，利用柳树活枝条固堤护岸是我国传统防洪技术。柳树具有耐水、喜水、成活率高的特点，其发育的根系固土作用显著，还为鱼类产卵、避难提供条件。柳枝顺应水流，护岸功能强。柳树品种繁多，适合在河流不同高程和不同部位生存。至于柳树婀娜多姿的形态更是河流自然景观的象征。几千年来，河边柳树成为诗词歌赋经久不衰的吟唱主题。"杨柳岸晓风残月"，体现了岸边柳树群落高度的美学价值。

针对不同恶劣环境，选择抗逆性强的植物，有利植物成活生长。如平原河道，汛期退水缓慢，植物淹没时间较长，这就需要选择耐水淹的植物，如水杉、池杉等。山地丘陵区溪流水位暴涨暴落，土层薄且贫瘠，需选择耐贫瘠植物，如构树、盐肤木等。沿海地区河道土壤含盐量高，需选择耐盐性强的植物，如木麻黄、海滨木槿等。在北方风沙大的沙质河滨带，可选择具有防风固沙作用的沙棘、紫穗槐、白蜡等。在常水位以上的部位易受干旱影响，可选择耐旱植物如合欢、野桐等。

要区分河滨带植被重建与园林绿化的差别。前者以恢复河滨带生态系统结构与功能为目标，选择符合河滨带主体功能的植物物种，恢复自然景观。人们在自然化的河滨带休闲度假，获得亲近大自然的野趣。而后者以满足人们旅游休闲需求为目标，绿化美化环境，营造人工观赏景观，因而更多选择观赏性植物物种。

选择河滨带植物要遵循经济适用原则，注意选择当地容易获取种子和苗木，发芽力强，育苗容易，抗病虫害能力强，造价便宜的植物，以降低植物养护成本，争取达到种植初期少养护，植物生长期免养护的目标。

（2）植物选择应适应河道主体功能。河道具有行洪排涝、航运、灌溉供水、自然景观等多种功能。不同流域和地区的河流都具有多种功能，但是，一般有起主导作用的主体功能。因此，选择植物时，要优先选择适应河道主体功能的物种。

行洪排涝河道对植物的要求是不阻碍河道泄洪，抗冲性能好。这种河道汛期水流湍急，应防止植物阻流，造成植物连根拔起，导致岸坡坍塌、滑坡等。因此，应选择抗冲性强的中小型植物，而且植物茎秆、枝条具有一定柔韧性，例如选择低矮柳树、木芙蓉等。

航运河道的特点是行船产生船行波，船行波传播到岸坡时，波浪沿着岸坡爬升破碎，使岸坡受到较大的冲击。在船行波频繁作用下，岸坡受到淘刷会引起坍塌。在通航河道岸坡常水位以下，宜选择耐湿树种和水生草本植物，如池杉、水松、香蒲以及菖蒲等。利用植物消浪作用减少船行波对岸坡的直接冲击。

为保证灌溉供水河道满足《农田灌溉水质标准》（GB 5084—2005）规定，河滨带植物宜选择具有去除污染物能力的物种，如水葱、池杉、芦竹、薏苡等植物，利用其吸收、吸附和降解作用降低水体的污染物含量。

对生态景观河道，在满足固土护坡、降解污染物含量的基本要求前提下，可以选择观赏性较强的植物，增强自然景观效果。如木槿、乌桕、蓝果树、白杜、美人蕉等植物，既有固土护坡功能又具观赏价值。其他物种如黄菖蒲、睡莲、荇菜等，可以选择用于构建优美的水景观。

（3）不同水位的植物选择。河流岸坡土壤含水率随水位变化呈现规律性变化。据此，应依据不同水位高程选择岸坡植物种类。从岸坡顶部（堤顶）向下共划分 3 个高程区间：岸坡顶部（堤顶）到设计洪水位；设计洪水位到常水位；常水位以下区间。各区间植物类型分别为中生植物、湿生植物、水生植物，其中水生植物又区分为沉水植物、浮叶植物和挺水植物（图 6.5 - 7）。

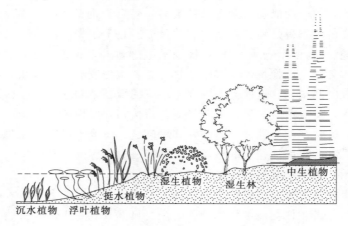

图 6.5 - 7　河滨带不同高程的植物类型

堤顶至设计洪水位区间，是营造河道景观的重点。此区间内土壤含水率相对较低，夏季遇有旱情存在干旱威胁。配置的植物以中生植物为主，树种以当地能够自然形成片林景观的物种为主。选择的植物应既具景观效果又有一定耐旱能力，如樟树、栾树、冬青等。物种类型丰富多样，四季色彩变化多姿。

设计洪水位至常水位区间，是固土护岸的重点部位。汛期岸坡受洪水侵蚀和冲刷，枯水季岸坡裸露，因此宜选择根系发达、抗冲能力强的物种，如低矮柳树、枫杨、荻、假俭草。需根据立地条件和气候特点设计植物群落。立地条件较好的地段可采用乔灌草结合方式，土壤条件较差的地段采用灌草结合方式。接近常水位线的部位以耐水湿生植物为主，上部选择中生植物但能短时间耐水淹。这一区间以多年生草本、灌木和中小型乔木为主。需要注意的是，为满足行洪要求，设计洪水位以下应避免种植阻碍行洪的高大乔木。有挡土墙的河岸，挡土墙附近不宜种植侧根粗大的乔木，以免破坏土体和结构物。

常水位以下区间主要配置水生植物，也可以适当种植耐淹的乔木，如池杉、水松等。这个区间是发挥植物净化水体功能的重点部位。沿河道常水位向河道内方向，依次配置挺水植物、浮叶植物、沉水植物（图 6.5 - 7）。常水位以下，土壤含水率长期处于饱和状态。据此，宜选择具有良好净化功能的挺水植物，如芦苇、蒲草、荸荠、水芹、荷花、香蒲、慈姑等。挺水植物种类的株高需形成梯次，以营造良好的景观效果。浮叶植物有睡莲、王莲、菱、荇菜等。有景观建设要求的河道，可以种植观叶、观花植物，如黄菖蒲、水葱等。

另外，在已经用混凝土硬化处理的岸坡和堤防迎水坡，在不能拆除的情况下，为减轻对景观的负面影响，可采用覆盖、隐蔽手法，如在岸坡顶部或堤顶种植中华常春藤、云南黄馨、紫藤等物种。这种方法对隐蔽垂直挡土墙护岸结构效果更为明显。

2. 植物配置与群落构建

构建健康的河滨带植物群落，是发挥植物生态功能的重要措施，为此需要进行河滨带植物群落设计（韩玉玲，等，2009）。

（1）植物种类配置原则：

1）乔灌草相结合原则。乔灌草相结合的复层结构既有草本植物速生、覆盖率高的优点，又能发挥灌木和乔木植株冠幅大、根系深的优势，综合发挥固土护坡、减轻污染负荷以及遮阴的作用，优势互补，相得益彰。

2）物种互利共生原则。选择的植物应在空间和生态位上具有一定的差异性，避免种间激烈竞争，保证群落稳定。物种生态位既表现该物种与其他物种的联系，也反映了它们与环境相互作用的情况。河滨带植物群落构建，是依据生态位原理，把适宜的物种引入，填补空白生态位，使原有群落的生态位趋于饱和，这不仅可以抵抗病虫害和生物入侵，而且可以增强群落稳定性，增加物种多样性。河滨带选用的植物种类应在植物群落中具有亲和力，既不会被群落物种所抑制，也不会抑制其他植物种类的正常生长。

3）常绿树种与落叶树种混交原则。常绿树种与落叶树种混交可以形成明显的季节变化，避免冬季河滨带色彩单调，提高河滨带景观的美学价值。林下光环境的季节变化有利于提高林下生物多样性。

4）深根系植物与浅根系植物相结合原则。这种结合可形成地下根系立体结构，不仅可以有效发挥植物固土护坡、水土保持功能，还能提高土层营养利用率。需要指出，防止在堤防护坡种植主根粗壮植物，避免植物根部对堤防产生破坏。

（2）植物布置方式和种植密度。河滨带植被重建，要坚持自然化原则，以自然状态河漫滩的植物群落为模板，营造近自然的植被景观。近自然植被构建不同于城市园林绿化，要避免后者植物种类单调，植物布置整齐划一以及修剪造型的人工造景方法。所谓近自然植被构建是指选择以乡土植物为主体的植物种类，不同植物的合理配置，种植密度的稀疏，都应仿照自然植被布局。比如不同的乔木树种可采取株间或行间混交；灌木随机布置在乔木株间或行间；草本植物播撒在整个河滨带。

植物种植的株行、株距，因植物的大小不同而有所差异，也与立地条件密切相关。种植密度应略高于公园和道路，以便更快发挥固土护坡作用。一般来说，如按照规则布置，乔木株行距为 2m×2m～4m×4m，灌木株行距 1m×1m～2m×2m。小型灌木的株行距可以适当减小。如按照近自然方法布置，主要控制种植密度。乔木种植密度一般不低于 600 株/hm²，灌木一般不低于 1800 株/hm²（韩玉玲，等，2009）。

3. 河滨带植物群落评价

参照 5.2.3 节阐述的河流生态状况分级系统原理，构建河滨带植物群落评价指标体系。表 6.5-2 显示建议的河滨带植物群落评价指标赋值矩阵。该系统分为要素层、指标层和等级层。生态层要素包括群落结构、生态效益、群落稳定性 3 项，生态要素层下设 9 项生态指标，其中，群落结构要素下设群落层次、植被盖度、物种多样性 3 项指标；生态效益要素下设土壤侵蚀模数、污染物去除率、景观优美度 3 项指标；群落稳定性要素下设病害发生率、虫害发生率、植物保存率 3 项指标。在分级系统中，把理想植被生态状况定为"优"等级，把植被严重退化状况作为最坏状况，定为"劣"等级。在"优"与"劣"之间又划分"良""中"和"差"3 级，形成优、良、中、差、劣 5 级系统。分值范围 0～100 无量纲。定义优为 90～100，良为 80～90，中为 60～80，差为 40～60，劣为 40 以下。

表 6.5-2　　　　　　　　　　　河滨带植物群落评价指标赋值矩阵

要素层		群落结构			生态效益			群落稳定性		
要素层编号		m			n			k		
指标层		群落层次	植被盖度	物种多样性	土壤侵蚀模数	污染物去除率	景观优美度	病害发生率	虫害发生率	植物保存率
指标		a_m	b_m	c_m	d_n	e_n	f_n	g_k	h_k	i_k
等级层	优　1	a_{m1}	b_{m1}	c_{m1}	d_{n1}	e_{n1}	f_{n1}	g_{k1}	h_{k1}	i_{k1}
	良　2	a_{m2}	b_{m2}	c_{m2}	d_{n2}	e_{n2}	f_{n2}	g_{k2}	h_{k2}	i_{k2}
	中　3	a_{m3}	b_{m3}	c_{m3}	d_{n3}	e_{n3}	f_{n3}	g_{k3}	h_{k3}	i_{k3}
	差　4	a_{m4}	b_{m4}	c_{m4}	d_{n4}	e_{n4}	f_{n4}	g_{k4}	h_{k4}	i_{k4}
	劣　5	a_{m5}	b_{m5}	c_{m5}	d_{n5}	e_{n5}	f_{n5}	g_{k5}	h_{k5}	i_{k5}

采用矩阵下标表示法构造指标矩阵。表 6.5-2 中的 9 项指标分别用 a、b、c、d、e、f、g、h、i 表示。下标的标注方法如下：规定第一个下标表示要素层，令群落结构、生态效益、群落稳定性等 3 类要素层的下标编号分别为 m、n、k。规定第二个下标表示等级层，令等级层的优、良、中、差、劣的下标编号分别为 1、2、3、4、5。举例：指标 b_{m2} 为植被盖度指标，第 1 个下标为 m 表示属群落结构要素类；第 2 个下标为 2，表示属于"良"等级。可见指标 b_{m2} 表示群落结构要素类，植被盖度指标，等级为良。

指标赋值准则如下：

（1）群落层次 a_m。具有乔灌草的复层植物结构分值取 80～100；仅有乔灌或灌草结构分值取 60～80；仅有灌木或草本分值取 60 以下。

（2）植被盖度 b_m。植被盖度 80% 以上分值取 90～100；盖度 60%～80% 分值取 80～90；盖度 40%～60% 分值取 60～80；30%～40% 分值取 40～60；低于 30% 分值取 0。

（3）物种多样性 c_m。采用 Shannon 多样性指数公式（见 1.2.4 节）：

$$H = -\sum_{i=1}^{s} \left(\frac{n_i}{N}\right) \ln\left(\frac{n_i}{N}\right) \qquad (6.5-1)$$

式中：n_i 为 i 种的个体数；N 为群落的总个体数；s 为总种数。

当 $H>2.0$ 时，物种多样性 c_m 分值取 100；当 $H=1.0\sim2.0$ 时，c_m 分值取 $80\sim100$；当 $H=0.5\sim1.0$ 时，c_m 分值取 $60\sim80$；当 $H=0.2\sim0.5$ 时，c_m 分值取 $20\sim60$；当 $H<0.2$ 时，c_m 分值取 0。

（4）土壤侵蚀模数 d_n。当土壤侵蚀模数为 $1500t/(km^2 \cdot a)$ 时，分值取 0；当土壤侵蚀模数为 0 时，分值取 100。用内插法确定其他分值。

（5）污染物去除率 e_n。污染物去除率 e_n 用下式计算：

$$e_n=(n+p)/2\%　　　　　　　　　　　(6.5-2)$$

式中：n 为 TN 去除率，%；p 为 TP 去除率，%。

当 $e_n>30\%$ 时，分值取 100；当 $e_n=0$ 时，分值取 0；其余按内插法取值。

（6）景观优美度 f_n。靠定性判断，景观非常优美分值取 $90\sim100$，景观优美取 $80\sim90$，景观一般取 $60\sim80$，景观差取 $40\sim60$，景观很差为 40 以下。

（7）病害发生率 g_k。植物病害发生面积占全部面积的比例，此指标为逆指标。当植物无病害分值取 100；当植物病害发生率大于 10% 时分值取 0，其余用内插法确定。

（8）虫害发生率 h_k。植物虫害发生面积占全部面积的比例，此指标为逆指标。当植物无虫害分值取 100；当植物虫害发生率大于 10% 时分值取 0，其余用内插法确定。

（9）植物保存率 i_k。植物保存率 100% 时分值取 100；植物保存率小于 60% 分值取 0；其余用内插法确定。

计算出指标分值后，在每一要素层内计算指标算术平均值，据此评判各要素的等级。然后计算 3 类要素层指标算术平均值，据此评判河滨带植物群落评价等级。

链接 6.5.1　南昌市赣东大堤滨水空间营造[❶]

南昌市赣江大堤防洪标准为百年一遇洪水，堤顶高程 25m。赣东大堤岸线全长约 8km，总设计面积约为 130hm²。该项工程借助美丽的赣江江景，巧妙地利用丰富的岸线，充分展示江南水城的生态优势和人文优势。工程设计理念是自然性、亲水性和功能性相结合。

赣东大堤滨水空间设计，按照"三大空间、三大片区"格局进行三维立体营造。因为赣东大堤防洪标准高，堤顶距江面有近 10m 的高差，造成滨水空间与城市相割裂，亲水性严重不足。为适应这种局面，公共滨水空间采取竖向分级设计。依据对应的洪水频率，分为 16m、19m、22m 标高三大景观平台，打造多层次滨水立体空间，达到不同水位标高的景观效果，以满足市民活动多种需求。其中 16m 标高为亲水平台，平均每年淹没 94.4d，营造"可淹没的"亲水休闲场地，布置与节点广场结合贯通的景观步道。19m 标高为休闲平台，平均每年淹没 12.45d，为丰水期景观空间。节点设置景观广场，并以滨江绿道串联。22m 标高为活动广场，位于百年一遇水位标高之上。设置特色活动场地、商业休闲场所，布置自行车道、滨河步道，文化墙和滨河休闲广场，是市民活动主要区

---

❶ 南昌市水务局罗建华提供。

域。25m 标高为堤顶空间，城市广场与商业休闲相结合，布置自行车道、滨江慢行步道和林荫休闲广场（图 6.5-8）。

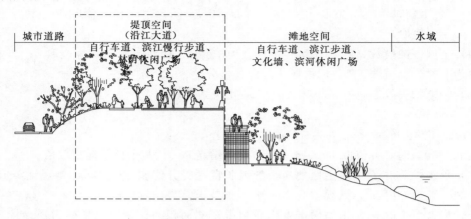

城市道路　|　堤顶空间（沿江大道）自行车道、滨江慢行步道、林荫休闲广场　|　滩地空间　自行车道、滨江步道、文化墙、滨河休闲广场　|　水域

图 6.5-8　滨江空间竖向分级

在平面布置方面，与城市背景结合，将平面布局分为 3 大片区：文化创意片区、城市生活片区、大桥湿地片区。

1. 文化创意片区

原状基本没有绿地，堤外腹地十分狭窄，且防洪堤距江面落差较大。该段以南昌老城区为背景，北端有南昌标志性建筑滕王阁，景观规划设计旨在以滕王阁为片区坐标，打造文化创意片区。通过大型文化主题浮雕、攀岩墙等灵动的活动设施的植入，在有限的空间内充分利用腹地，衬托滕王阁周边区域的文化氛围。景观内容包括创意文化长廊、滨江广场。该段防汛墙高差较大，运用有限的腹地空间设置自行车坡道，形成堤顶自行车道与滩地自行车道的对接口，相互连通。

2. 城市生活片区

该段周边以老城中心为背景，打造城市生活功能。主要景观内容包括：①滨江露天剧场。结合南昌大桥下较为富裕的腹地地形，打造滨江露天剧场。层级式的草坪阶梯既是看台，又是开放型城市空间；滨江剧场既是观景平台，又是市民活动大舞台。②创意文化园。利用老厂房改建，打造成为集咖啡茶室、广场、活动空间为一体的创意公园。③揽江广场（图 6.5-9）。重要路口节点设置滨水活动广场。层级式的广场空间提供丰富的滨水体验和开阔视野。标志性的景观棚架-揽江顶，聚焦视线，成为广场地标性场地。④活力运动区。结合市民需求，设置儿童乐园、活力篮球场、江景餐吧。布置堤顶儿童活动空间，用弧形流畅的线条，结合沙滩与绿化，提供市民滨江亲子活动场所。

3. 大桥湿地片区

该段现场原状杂草和湿地植物长势良好，是设计范围内一个最大的亲水绿地。该段设计因地制宜地保留现状场地条件，打造成为城市生态湿地公园。

在总体功能设计定位中，分为"两大空间，六片区"进行打造。"两大空间"是：①堤顶空间：现状有标高 26m 左右的堤顶道路。改造后的堤顶空间将成为交通过渡空间、连续的滨江自行车道、滨江慢行观景步道和林荫休闲活动场地。②滩地空间：赣东大堤风

图 6.5-9 揽江广场效果图

光带堤外全线分为 16m、19m、22m 三大平台。该段堤外腹地空间大，可利用多级防汛设施设置分层的滨水景观空间，成为层次丰富的"水岸舞台"。"六片区"分别为：堤顶空间趣味游园区、景观广场区。滩地空间有活力沙滩区、阳光草坪区、草滩栈道区和林荫休闲区。

以上三大片区总体交通布置包括自行车道、步行道、防汛通道和停车场。滨江自行车道与步行道：全线设置连续的自行车滨江绿道系统与步行系统，贯穿整个风光带。在堤顶 22m、19m 高程平台分别设置一条独立贯穿整个片区的自行车道，并能在局部节点进行贯通；自行车道与步行道自成体系，互为贯通，人行与车行分流。防汛通道布置：堤顶快速路设置 7m 宽连续的防汛通道，同时也是堤顶机动车临时通道。停车场布置：合理配置停车场，泊车数量原则上根据具体商业开发规模强度以及经营状况确定，满足游园的基本需求，配置足量的停车位。

第 7 章
湖泊与湿地生态修复工程

　　湖泊生态系统与河流相比，其结构、功能和过程有许多不同的特征（见 1.3 节）。湖泊的演化不仅受自然力影响，也极大地受到人类活动的胁迫，主要问题包括：由于入湖氮、磷和其他污染物大幅增加，湖泊水质急剧下降，导致大量湖泊处于富营养水平；湖泊围垦使湖泊面积及容积严重减少，大量栖息地丧失；湖泊生物资源退化，生物多样性下降；湖泊与江河的水力连通性受到阻隔，生态功能降低。湖泊生态修复目标主要包括：湖泊富营养化治理；水体污染控制；水文地貌条件修复以及生物多样性维持。

　　水库是靠筑坝蓄水形成的人工湖泊，水库的许多生态特征与湖泊类似。二者的重大区别在于水库的水文条件由水库调度确定，而湖泊则受自然水文情势控制。另外，水库的湖滨带一般较湖泊狭窄，这是因为水库大多建在山区丘陵地区所致。水库受到的外界主要胁迫作用是泥沙淤积和水体污染。因水体污染引起的水库富营养化防治问题，可以参照湖泊生态修复方法。

　　湿地具有保持水源、净化水质、调洪蓄水、储碳固碳、调节气候、保护生物多样性等多种生态服务功能，被誉为地球之肾。由于人类活动对湿地的侵占和污染，导致湿地面临萎缩和生态系统退化。湿地修复与重建工程规划设计的基本原则是充分发挥生态系统自设计、自修复功能，实施最低人工干预，实现生态修复目标。

　　湿地公园是湿地保护的一种方式。湿地公园以湿地生态保护为核心，兼有科普宣教、旅游休闲等多种功能。湿地公园规划的重点是处理好保护与利用的关系，既要保证实现湿地生态保护的主体目标，又能开发利用湿地的生态服务功能，营造人与自然和谐的自然景观。

　　人工湿地是一种由人工建造和调控的湿地系统。人工湿地一般由人工基质和生长在其上的水生植物组成，形成基质-植物-微生物生态系统。当污水通过该系统时，污染物质和营养物质被系统吸收、转化或分解，从而使水体得到净化。

7.1　湖泊生态修复工程

　　在对湖泊生态系统调查与评价的基础上，识别湖泊的主要胁迫因子，有针对性地制定生态修复目标。对于大多数湖泊来说，生态修复的关键任务是降低来自流域外部的污染负荷，只有当污染负荷削减到预定的目标值，才能创造出控制富营养化的前提条件。在此基础上，在湖泊内采取物理、化学、生物等技术措施控制内污染源。同时，修复湖滨带，从恢复地貌、重建植被、维持生物多样性等方面入手，改善湖泊生态系统的结构和功能。

7.1.1　湖泊调查评价与修复目标

1. 我国湖泊面临的重大压力

伴随着我国的经济发展，几十年来湖泊的开发利用规模空前，对湖泊生态系统形成了重大压力，这表现为：①水污染严重，富营养化加剧。随着湖泊流域和周边地区人口增长和经济高速发展，污水废水直接排放入湖，加之围网养殖和农业面源污染，导致入湖氮、磷和其他有机污染物不断增加，湖泊水质急剧下降，富营养化成为湖泊头等生态问题。②过度捕捞和生物入侵。过度捕捞引起湖泊生物资源退化，生物多样性下降。集中表现在鱼类资源种类减少、数量大幅度下降。高等水生维管束植物与底栖生物分布范围缩小，而浮游藻类大量繁殖聚集形成生态灾害。水生态系统结构破坏引起外来物种入侵。③湖泊围垦、建闸、筑堤导致湖泊萎缩，湿地退化，不但丧失大量栖息地，而且造成调蓄能力下降，加重流域洪水风险。④工程设施建设，导致湖泊与江河水力联系阻隔，鱼类洄游受阻，产卵场、越冬场和索饵场消失。河湖阻隔使湖泊成为封闭水体，水体置换缓慢，湿地萎缩。⑤湖滨带开发和非法占用，导致湖滨带功能显著下降。周边新城、开发区建设以及开辟旅游、娱乐设施，非法侵占湖滨带，引起湖滨带结构遭到严重破坏，栖息地大量丧失。⑥西部地区湖泊总体呈萎缩消亡态势。近几十年受气候变化和冰川快速消融等因素影响，西部地区湖泊水量和面积呈明显波动变化，总体呈萎缩态势，不少湖泊甚至干涸消失。以上湖泊生态系统受到的外界压力，引发出一系列生态响应，这些生态响应及可能导致的后果见表 7.1-1。

表 7.1-1　　　　　　　　　　　湖泊生态响应及可能后果

序号	生 态 响 应	可 能 后 果
1	藻类水华	透明度大幅降低，藻毒素增加，大量消耗溶解氧，栖息地被破坏，危及人体健康
2	水草疯长	漂浮植物和挺水植物覆盖水面，有机沉积物增加，大量消耗溶解氧，栖息地受损
3	有毒有害物质	农药、化肥、养殖场废物、重金属进入湖泊，破坏栖息地，危及人体健康
4	病原体	过量的细菌、病毒及其他病原体进入湖泊，危及水生生物和人体健康
5	非藻类色度和浊度	水色改变，悬浮颗粒增多，透明度大幅下降，水上娱乐功能下降
6	厌氧	产生氨氮、硫化氢、甲烷气体，栖息地受损
7	酸化	pH 值下降，水质恶化，栖息地遭到破坏
8	生物种群破坏	捕食关系失衡，生物入侵严重，土著鱼类栖息地受损，渔业资源破坏
9	淤积加速	湖泊容积减少，底泥变质，底栖生物遭受破坏
10	动物泛滥	蚊虫孳生，水禽粪便污染，游泳者瘙痒
11	水功能下降	因水质恶化和富营养化，水体功能下降甚至丧失

注　据李小平，2013。

2. 湖泊调查

湖泊调查是开展湖泊生态修复的基础工作，包括以下方面：①湖泊流域自然环境（地理位置、地质地貌、气象气候、土地利用状况和自然资源）；②湖泊水环境特征（水文特征、水功能区划、水动力特征、大型水利工程）；③流域社会经济影响；④流域污染源状况调查（点源污染、面源污染、污染负荷量统计、入湖河流水质参数、入湖河流水文参数）。在 3.1.2 节已经详细介绍了湖泊水文地貌调查和污染源调查并附有一系列调查表格可供使用。湖泊生物调查也在 3.1.3 节做了介绍。

3. 富营养化评价

所谓富营养化是指含有超量植物营养素特别是含磷、氮的水体富集，促进藻类、固着生物和大型植物快速繁殖，导致生物的结构和功能失衡（见 1.3 节）。简单判断富营养化的方法是：如果下列一种或多种现象出现时，就有可能发生了严重的富营养化。①水生植物妨碍水体利用；②有毒藻类大规模繁殖扩散；③散发有害气味；④水体高度浑浊；⑤溶解氧耗尽导致鱼类死亡。

发达国家对湖泊富营养化的防治始于 20 世纪 70 年代。主要方法是废水污水处理去除磷、氮；确定水功能区划；按照水功能定位，制定排放标准，降低排放负荷等，这些方法一直延续至今。评价准则采用的指标以水体物理化学指标为主，可以简称为物理化学指标法。经济合作与发展组织（OECD）富营养化合作计划发布了水体营养状态标准。

近十多年来，随着湖泊生态学的发展，认识到仅考虑湖泊的资源功能是有局限性的，应把湖泊生态修复的目标定位为修复湖泊生态系统的结构和功能。科学家们认为采取物理化学指标方法建立富营养化评估准则，尚不足以反映营养负荷对生态系统结构与功能的影响，也不能反映营养负荷增加受到若干因素的调节，包括湖泊大小、深度、水体更换速率、分层格局、掺混以及气候变化等。基于这种认识，湖泊富营养化评估准则转向生态系统方法，即建立营养负荷与生态系统结构、功能关系模型。按照压力-响应模型概念，外界对于湖泊生态系统的压力包括营养物排放、废污水排放、超量取水、有毒有害物质、酸化、生物入侵以及气候变化等。湖泊对这些压力的生态响应表现为结构和功能的变化。把湖泊生态要素指标作为评价指标，包括物种丰度、生物群落构成、种群规模、营养状况、生物量等；水体物理化学指标包括溶解氧、总磷（TP）和其他水质参数。

（1）基于物理化学指标的湖泊营养状态评价准则。经合组织（OECD）富营养化合作计划发布的标准，把营养状况分级，分别为寡营养、贫营养、中营养、富营养和超富营养等 5 级。对应的物理化学指标包括平均总磷浓度、年均叶绿素 a 浓度、最大叶绿素 a 浓度、平均塞氏盘深度、最小塞氏盘深度，见表 7.1-2。

表 7.1-2　　　　　　　　水体营养状态评价标准（OECD）

营养状态	平均总磷浓度 TP/$(\mu g/L)$	平均叶绿素 a 浓度 Chl-a/$(\mu g/L)$	最大叶绿素 a 浓度 Chl-a/$(\mu g/L)$	平均塞氏盘深度 SD/m	最小塞氏盘深度 SD/m
寡营养	<4	<1	<2.5	>12	>6
贫营养	4～10	1～2.5	2.5～8	12～6	6～3
中营养	10～35	2.5～8	8～25	6～3	3～1.5
富营养	35～100	8～25	25～75	3～1.5	1.5～0.7
超富营养	>100	>25	>75	<1.5	<0.7

（2）基于生态要素的湖泊生态状况评价。生态系统方法需要遴选出反映结构和功能变化的指标。由于不同自然环境下的湖泊特征千差万别，结构和功能指标的选取应按照因地制宜的原则，选择具有代表性的指标。表 7.1-3 汇集了部分国家和地区基于生物要素的湖泊生态状况评价准则。从表 7.1-3 中可以看出，指示生物包括浮游植物、大型植物、底栖无脊椎动物和鱼类 4 种。生物指标包括丰度、生物量、种群规模、生物构成、叶绿素等。物理化学指标包括总磷、溶解氧和其他水质指标。建立的压力-响应模型关系包括不同鱼类群落的溶解氧阈值；底栖无脊椎动物生物量与水体化学指标间关系模型；大型植物群落与湖泊生态状况关系模型；鱼类种群规模与总磷的关系模型等。

表 7.1-3 基于生物要素状况的湖泊生态状况评价准则

生物	国家/地区	说　明
浮游植物	美国	EPA 湖泊分级体系，采用浮游植物丰度、叶绿素浓度、塞氏盘深度指标
	欧洲　丹麦 英国　挪威	建立浮游植物构成与硅藻类浮游生物营养状况关系，单个物种对 TP 的适宜条件
大型植物	美国	EPA 湖泊与水库生物评价和生物指标体系，采用水下大型植物（7 种生物监测要素之一），用于评价美国湖泊状况。湖泊评价采用栖息地和生物综合计分的相加指数法
	欧洲　丹麦　英国 挪威　德国　挪威 爱尔兰	欧盟水框架指令（WFD）采用大型植物初步分级方法，用于评价湖泊生态状况
底栖无脊椎动物	加拿大	根据 26 个湖泊资料总结的底栖无脊椎动物生物量与水体化学及湖泊形态关系经验模型
	俄罗斯	俄罗斯拉多加湖建立底栖动物生物量年分布和变化与湖泊水体总磷变化之间关系模型
鱼类	欧洲	针对欧洲湖泊 48 种生态类型分级系统，采用 28 个水质变量，3 种鱼类参数（鱼类群落、鱼类生物量、食鱼鱼类-浮游动物食性鱼类生物量之比）
	英国　欧洲 美国　加拿大	建立溶解氧浓度阈值与鱼类群落关系的分级标准［英国标准（鲑鱼）：溶解氧 >8mg/L；非鲑鱼：>6mg/L；耐受力强的鲤科鱼类：>1mg/L］。美国 EPA、欧洲内陆渔业咨询委员会（EIFAC）、加拿大国家研究委员会（NRCC）都制定了类似分级标准，不过阈值略有不同
	荷兰	选择 3 种鱼类群落（鲈鱼类型、梭鱼-鲈鱼类型、梭鱼-鲈鱼-鲤科类型），建立种群规模（所有鱼类种群规模、鲈鱼种群规模、梭鱼种群规模、鲤科种群规模）与夏季平均总磷（TP）的关系
	罗马尼亚	基于鱼类生态学特征和溶解氧敏感性的分级系统

注　Cardoso A C，2009。

4. 水文地貌评价

在人类活动影响下，水文地貌变化主要表现在以下 4 个方面：①水文水动力特征变化。包括湖泊水量、表面积和水深变化；水文情势变化；水力停留时间变化。②连通性变化和渠道化。包括江湖连通性、地表水与地下水连通性的破坏。③对湖滨带侵占和干扰。包括建筑、道路、农田、养殖业、旅游设施对湖滨带及滩区的侵占和破坏。④泥沙冲淤。引起湖底淤积，岸线侵蚀。有关水文地貌变化压力和指标见表 7.1-4。

表 7.1-4　　　　　　　　　　　水文地貌变化压力和指标

压　力	指　标
水资源开发	以下参数与参照系统值的变化率：表面积 A（m^2）、容积 V（m^3）、平均水深 $\overline{z}$（m）、相对水深比 $Z_{max}/\overline{z}$、岸线发育系数 D_L、水下坡度 S、水力停留时间 T_s（a）
渠道化	湖滨带硬质护坡长度百分数、无植被覆盖湖滨带面积百分数
闸坝	闸坝数量/km、位置、鱼类洄游通道损失百分数
江湖阻隔	历史与现状连通特征变化，包括连通方向、延时、换水周期
采砂	采砂面积/湖滨面积、栖息地损失百分数
建筑、道路、旅游设施	建筑物侵占湖滨带和滩区面积百分数、建筑数量/km、湖滨带道路切割面积、鱼类产卵场与育肥场损失百分数、湖滨带大型植物面积损失百分数
农田和养殖业	农田侵占湖滨带和滩区面积百分数、养殖业侵占湖滨带和滩区面积百分数
泥沙	湖底泥沙淤积体积变化百分数、底栖动物栖息地损失百分数、湖岸侵蚀长度变化

注　参数定义参见 3.1.2 节的表 3.1-8。

5. 外来入侵物种评价

外来入侵物种（Invasive Alien Species，IAS）是湖泊物种濒危和灭绝的主要原因之一。外来物种的传播途径分为有意引进和无意引进两种。有意引进包括：湖泊水产养殖；放养外来物种用于公园和旅游景点观赏；湖滨带种植外来物种。无意引进包括：从水族馆、关养容器或运输箱柜逃逸；通过船舶和其他运输工具引进；旅游携带外来动植物；通过引水渠道和调水运河传播。

与河流不同，湖泊生态系统通常具有很强的地域性，湖泊内生存着独特的本土生物群落。由于湖泊环境相对封闭，一旦外来物种入侵，这些本地物种无法迁徙到湖泊流域以外的区域躲避。外来入侵物种通过捕食、杂交、寄生和竞争直接导致本地物种的丰度下降以及各个层面上生物多样性退化或丧失，包括基因、种群、物种、群落以及生境等层面。外来入侵物种还影响湖泊的生态要素，包括水文、物理化学、地貌、连通性和生物构成。对外来物种威胁进行评价是湖泊生态修复的重要任务，它有助于确定不同外来物种的相对影响，以确定控制管理策略。

实用的外来入侵物种评价准则是对外来入侵物种的威胁程度进行评价。评价内容分为以下 4 类：①评价外来入侵物种多年空间扩散范围。空间范围越大，物种丰度和密度越高，遭受入侵的生境种类就越多，外来入侵物种造成危害就越大。应优先考虑阻止新来的外来物种建群，及早消除小范围但是正在扩展的物种。②评价外来入侵物种对于本地种群、群落和生态系统带来的影响，特别是评估特有、珍稀、濒危物种损失或受到威胁程度。评估外来入侵物种影响，要与特定保护区的管理目标一致。③评估外来入侵物种进一步向外扩散的可能性以及可能遭受入侵的新区域的重要性。④评价控制外来入侵物种的难度。外来入侵物种的扩散越难控制，它所造成的危害可能越大。所以早发现、早预防、早根除是有效的策略。如果外来物种一旦扎根开始繁殖，基本上就很难根除，所以优先考虑早期可以控制或消除的外来物种。

6. 湖泊生态状况分级系统和生态修复目标定量化

在水质评价、富营养化评价、水文地貌评价、生物多样性评价及外来入侵物种评价的基础上，构建湖泊生态状况分级系统。在这个系统中，定义未被大规模开发改造或没有被污染的自然湖泊生态状况作为最佳理想状况，以湖泊生态系统严重退化状况作为最坏状况，中间分成若干等级，构造分级系统表。分级系统表分为要素层、指标层和等级层三个层次。生态要素包括水质、富营养化、水文地貌、生物 4 类。生态要素层下设若干生态指标，生态指标的数量，根据具体项目规模和数据可达性确定。生态指标下设 5 个等级，即优、良、中、差、劣。要素层水质一项，可依据水功能区划的水体功能定位选择指标。要素层富营养化项可以直接按照营养状态分级选择指标（表 7.1 - 2）。要素层水文地貌项，按照水动力特征、水文情势变化、连通性变化及湖滨带侵占、泥沙冲淤等设置 4 项指标（表 7.1 - 4）。要素层生物项，基于当地生物状况，参照表 7.1 - 3 选择指标。本书在5.2.3 节已经对构建河流生态状况分级系统方法做了详细阐述，建立湖泊生态状况分级系统时，可以按照河流生态状况分级系统构建方法进行，只需要把要素层、指标层和等级层换成湖泊对应的要素、指标就可以了。

利用湖泊生态状况分级系统，可以实现湖泊生态修复目标定量化。计算规划生态指标的步骤是：①把现状调查、监测获得的数据，填入生态状况分级系统表格中，所谓"对号入座"，明确生态现状分项等级位置。②在分析修复工程项目的可行性和制约因素基础上，论证生态指标升级的可能性和幅度。工程项目制约因素包括投入资金、技术可行性、自然条件约束（降雨、气温、水资源禀赋等）及社会因素约束（移民搬迁、居民意愿等）。③根据论证结论，将现状生态指标适度升级，成为规划生态指标。本书 5.2.4 节就河流生态修复目标定量化方法有详细阐述，可以按照河流的方法完成湖泊生态修复目标定量化。

7. 湖泊生态修复目标

湖泊生态修复目标的制定建立在湖泊生态要素调查分析的基础之上。通过调查分析，识别造成湖泊生态系统退化的主要原因，有针对性地制定湖泊生态修复目标。

湖泊生态修复目标主要包括：①湖泊富营养化治理；②水体污染控制；③水文地貌条件的修复；④生物多样性维持。

8. 湖泊生态修复规划内容

湖泊生态修复工程规划内容包括 7 个部分：①生态系统现状调查与综合评价；②规划目标、任务和定量考核指标；③重点工程项目、重点工程设计；④管理措施；⑤成本效益分析和风险分析；⑥监测与评估；⑦实施效果分析及保障措施。

7.1.2　湖泊流域污染控制

对于大多数湖泊来说，生态修复的首要任务是降低来自流域的外部营养负荷，只有当营养负荷削减到预定的目标值，才能创造出控制富营养化的前提条件。在此基础上，再针对湖泊富营养化症状，在湖泊内采取物理、化学、生物等技术措施，同时，修复湖滨带，实现生态重建，通过这一系列综合治理措施，促使湖泊转变到长期良好的生态状态。简言之，湖泊生态修复需要先控源截污，然后再进行生态修复。

1. 水功能区划

不同的水体功能定位，既确定了不同水质标准要求，也确定了富营养化湖泊的治理目标。

　　水功能区是指为满足水资源合理开发、利用、节约和保护的需求，根据水资源的自然禀赋和开发利用现状，按照水资源可持续利用及生态保护的要求，依其主导功能划定范围并执行相应水环境质量标准的水域。水功能区划采用两级体系。一级区划是宏观上解决水资源开发、利用和保护的问题，长远考虑可持续发展的需求。二级区划主要确定水域功能类型及功能排序，协调不同用水行业的关系。一级水功能区分四类，即保护区、保留区、开发利用区、缓冲区。二级水功能区将一级水功能区中开发利用区具体划分为饮用水源区、工业用水区、农业用水区、渔业用水区、景观娱乐用水区、过渡区、排污控制区七类。依据《中华人民共和国水法》，从1999年开始，水利部组织全国水功能区划工作，至2008年，全国31个省（直辖市、自治区）人民政府先后批复了本辖区的水功能区划。2012年国务院批复了《全国重要江河湖泊水功能区划（2011—2030年）》。

　　依据不同的水体功能定位，提出了不同的水质要求。对集中式供水水源地的水质要求最高，按照国家标准为Ⅱ类以上。渔业养殖要求水质标准为Ⅲ类，而景观水体的水质标准为Ⅴ类。

　　根据水功能区划，明确了水体水质标准，由此制定水质保护和恢复目标，进一步确定污染源控制和入湖营养负荷削减方案，这是湖泊治理的前提条件。

　　2. 湖泊富营养化原因的诊断分析

　　湖泊富营养化原因的诊断分析是制定富营养化控制方案的基础性工作。其工作步骤是：首先开展流域社会经济、土地利用调查，重点查明流域内不同类型的污染源分布和主要污染物；然后计算不同类型污染物排放量；根据下垫面数据以及污水入湖路径，模拟计算产汇流及污染物入河量；考虑污染物沿河变化，计算污染物入湖量；最后根据以上结果，计算分析流域各类污染源的贡献率。

　　(1) 污染源调查。污染源调查包括：①点源污染调查（包括城镇工业废水、城镇生活源以及规模化养殖等）；②面源污染调查（包括农村生活垃圾和生活污水状况调查、种植业污染状况调查、畜禽散养调查、水产养殖及污染状况调查、水土流失污染调查、湖面干湿沉降污染负荷调查及旅游污染、城镇径流等其他面源污染负荷调查）；③内源污染调查（包括沉积物、藻类、水生植物、水生动物、湖内养殖、湖内旅游及船舶）。调查项目和调查内容见表7.1-5。有关湖泊污染调查方法见本书3.1.2节，调查表格见本书附表。

　　通过对历年点源污染和面源污染调查结果分析、历年污染负荷量统计、历年入湖河流水质参数统计、历年水污染控制和治污成效统计，分析湖泊水环境变化趋势。

表7.1-5　　　　　　　　　　　　　湖泊流域污染源调查

分类	调查项目	调查内容
点源	工业废水 生活污水	排放方式，处理现状，悬浮物，化学需氧量，总磷，总氮，pH值，溶解氧，五日生化需氧量
面源	地表径流	污水和污染排放量及评价
	种植业	种植规模，作物类型，化肥用量，处理现状
	养殖业	养殖规模及方式，粪便处理方式
	干湿沉降	沉降量

分类	调查项目	调 查 内 容
内源	沉积物	总磷，总氮，有机质，pH 值，氧化还原电位
	藻类	类型，生物量，Chl-a，水生植物覆盖率
	水生植物	类型，生物量，覆盖率，衰亡规律
	水生动物	类型，生物量，死亡规律
	湖内养殖	养殖类型与规模，投饵情况
	旅游与船舶	规模，船内污染物收集及处理设施

注　金相灿，2013。

（2）不同类型污染源负荷排放量计算。

1）点源污染。针对工业污染源，利用实测法或估算法计算出废水排放总量，再根据实测法、物料平衡法或单位负荷法计算出工业废水中某污染物的排放量。

对于城镇生活污水，参考《第一次全国污染源普查城镇生活源产排污系数手册》，查出湖泊流域所涉及行政区的人口产污系数，乘以实际人口数，得到排放量。

2）面源污染。

农田径流。由平均施肥量折算纯氮、纯磷施用量，参考国内外污染物排放计算参数，取 N、P 和 COD 污染物流失量系数 [kg/（亩·a）]，COD 污染物流失量系数参考值取 25 kg/（亩·a）。

城市径流。①浓度法。根据地表径流水量水质同步监测数据，计算污染负荷。②统计法。通过分析大量实测数据，用统计方法直接建立污染负荷与影响因子相关关系。③模型计算。对污染过程进行数值模拟。

农村生活污水。参考《第一次全国污染源普查城镇生活源产排污系数手册》，查出湖泊流域所涉及行政区农村人口人均污水产生量及人均 COD、TN、TP 排放系数，计算出村落污水总排放量及村落 COD、TN、TP 排放量。综合日本、荷兰及国内若干研究结果，金相灿（2013）建议参考值为：农村居民每年排放的污染物中氮为 0.99kg/（人·a），磷为 0.2kg/（人·a），COD_{Cr} 为 23kg/（人·a）。

畜禽养殖。根据环保部提供的排泄系数计算。

旅游污染。在调查旅游设施及类型的基础上，计算年产生污水量、年污水处理量以及年污水直接排放量。

（3）流域污染物入湖路径方式及入湖量。湖泊流域产生的污染物进入湖泊有多种方式。一类是直接入湖，包括直接向湖泊排放的排污口、附近村落直接排放、降雨过程中周围农田及养殖场地表径流汇入、岸边废弃物、投饵、湖区降水、降尘。另一类是间接入湖，包括两种形式：一种是流域产生的污染物经地表径流，汇入支流、干流，然后入湖。另一种是污染物通过地表渗入地下水，再通过地下水层入湖。

根据地形和下垫面数据以及污水入湖路径，模拟计算产汇流及污染物入河量；考虑污染物沿河变化，计算污染物入湖量。

入湖污染负荷除地表和地下径流携带以外，还应包括湖面降水污染物和湖面降尘污染

物。各类污染负荷的计算公式如下列。地表或地下径流入湖污染负荷 W_1 的计算公式为

$$W_1 = \sum_{i=1}^{n} Q_i C / 1000 \qquad (7.1-1)$$

式中：W_1 为通过地表或地下径流入湖的年污染物量，kg/a；Q_i 为入湖年径流量；C 为地表或地下径流污染物平均浓度，mg/L；n 为入湖河流条数。

湖面降水入湖污染负荷 W_2 计算公式为

$$W_2 = PCA \qquad (7.1-2)$$

式中：W_2 为降水污染负荷量，kg；P 为降水量，mm；C 为湖面面积，km^2；A 为降水中污染物浓度，mg/L。

湖面降尘入湖污染负荷 W_3 计算公式为

$$W_3 = \frac{1}{n} A \sum_{i=1}^{n} \frac{L_i}{A_i} C_i \qquad (7.1-3)$$

式中：W_3 为湖面年降尘污染物量，kg/a；n 为采样器个数；L_i 为第 i 个采样器采集到的年降尘量，kg；A_i 为第 i 个采样器的底面积，m^2；C_i 为第 i 个采样器降尘中污染物含量，kg/kg；A 为湖面面积，m^2。

（4）流域内不同类型污染源的贡献率分析。为分析入湖主要污染物来源，需要具体分析各类污染源对于主要污染指标的贡献率，这些指标包括化学需氧量（COD_{Cr}）、总氮（TN）、总磷（TP）。分析各类污染源的贡献率见表 7.1-6。在分析各类污染源贡献率的基础上，确定主要污染源，进而明确控制排放和综合治理的主要目标。

表 7.1-6　　　　　　　　　　　　　　各类污染源的贡献率

污染源	化学需氧量（COD_{Cr}）		总氮（TN）		总磷（TP）	
	排放量/t	比重/%	排放量/t	比重/%	排放量/t	比重/%
工业废水						
生活污水						
农业面源						
水产养殖						
其他						

7.1.3　湖泊内富营养化控制技术

湖泊内富营养化控制技术包括湖泊污染内负荷控制、除藻技术、城市景观水体水质维护技术、湖泊生态系统构建技术等。

1. 湖泊污染内负荷控制

（1）底泥环保疏浚技术。湖泊疏浚是削减湖泊内污染负荷的重要技术措施。湖泊疏浚包括干式挖掘、湿式挖掘和水力绞吸等方法。干式挖掘是将水抽干，使用推土机和刮泥机等疏浚设备疏挖，大多用于小型湖泊。湿式挖掘应用较为广泛，采用抓斗式清淤、泵吸式清淤、普通绞吸式清淤、斗轮式清淤等。近年来，底泥环保疏浚技术已经得到广泛应用。所谓底泥环保疏浚是指采取工程措施对水体中的污染底泥进行疏挖，以减少底泥中污染物

向水体释放，为水生态系统的恢复创造条件，是一种重污染底泥的异位修复技术。底泥环保疏浚是利用专用疏浚设备，清除湖泊水库的污染底泥，并且通过管道将底泥输送到堆料场进行安全处置。与传统意义上以增加水体容积为目的的工程疏浚不同，环保疏浚技术的目标是以污染底泥有效去除和水质改善，促进湖泊生态修复。在技术上要求精确清除严重污染的底泥层，施工过程中采取严格措施尽量避免颗粒物再悬浮和扩散，底泥输送到堆料场后根据底泥特征采取环保措施进行处置。

1) 调查与测试。作为疏浚工程的基础工作，需开展湖泊底泥疏浚工程勘察。一般可采用高精度回声探测仪测量水深，采用高精度水下地形测量仪器（如多波束测深系统）测量水下地形地貌，包括水深、淤泥深度和平面坐标，查清底泥分布范围和厚度，确定底泥蓄积量。在此基础上，确定疏浚范围，划分疏浚作业区并计算疏浚工程量。此外，还要开展堆料场勘察和调查，为底泥存放堆场选址。开展输送路线调查和勘察，确定疏浚施工工艺流程。

根据污染程度，从垂直方向底泥一般分为污染底泥层、污染过渡层和正常湖泥层。用人工或机械方式对污染底泥进行采样，以测定底泥的化学成分和物理力学性质。需按照底泥厚度与污染程度进行分层取样。对底泥样品进行污染物化学指标测定。主要分析内容包括有机质（OM）、总磷（TP）、总氮（TN）等营养盐和汞（Hg）、砷（As）、铅（Pb）、铜（Cu）、铬（Cr）、镉（Cd）等指标。根据流域污染特征，还需要增加特征性有毒有害有机物（如多环芳烃、多氯联苯、有机氯、有机磷等）。表层样品加测 pH 值、氧化还原电位（Eh）以及锰（Mn）、亚铁（Fe^{2+}）、氨氮（NH_3-N）等还原性物质含量。通过现场及室内土工试验测定疏浚底泥物理力学特性指标。根据底泥中污染物类型和含量情况，大致可以将污染底泥分为三类：①高氮、磷污染底泥；②重金属污染底泥；③有毒有害有机污染底泥。

2) 技术要求。针对以上三类底泥，需制定不同的技术要求：①高氮、磷污染底泥，环保疏浚前需制定必要的环境监测方案，对全湖底泥污染状况进行鉴别和勘测，确定该类底泥的疏浚区域、面积、深度。考虑到因扰动产生的污染底泥再悬浮、泥浆输送过程中各种泄漏问题，应采取相应的防污染扩散的保护措施。底泥堆场应采取隔离措施防止污染物质渗透而产生二次污染。采用绞吸挖泥船等泵类设备清淤时，堆场余水需进行收集处理，处理后余水需达到《污水综合排放标准》（GB 8978—1996）中规定的二级排放标准。疏浚后的底泥经过脱水干化处理后，可用于农田、菜地、果园基肥，或用于道路、土建基土等。②重金属及有毒有害有机污染底泥，环保疏浚前应当采取严格的环境监测措施。除高氮、磷污染底泥所必须注意的问题外，还应综合考虑以下问题：堆场污泥余水下渗污染地下水问题；污泥中有害物质扩散及污染问题；底泥和堆场再利用中潜在的生态风险防范等。疏浚时应采用先进的低扰动高效底泥疏浚技术。在运输过程中应采取严格的防泄漏措施，以避免重金属及有毒有害有机污染细颗粒物的扩散。在底泥输送过程中，对于含有易挥发性污染物的底泥应采取必要的防护措施，全程密闭输送。堆场应建在远离人类活动、不易发生地质灾害、远离水体的区域，同时要避免在地下水丰富的区域选址，以免对周围环境产生危害。堆场应采取严格的防渗措施及建造必要的防冲刷设施；对于有毒有害有机污染底泥，还要建造必要的防臭设施。同时，应设置明显的安全警示标志。余水经集中收集处理后水质应达到《污水综合排放标准》（GB 8978—1996）中规定的二级排放标准。脱水后底泥应迅速进行安全填埋或无害化处理处置，处理后底泥的毒性浸出值低于《危险废物鉴别标准 浸出毒性鉴别》（GB 5085.3—2007）中的相应规定。在可能的情况下，无害化处理技术应与底泥综合利用相结合，但是不得用于农作物种植。疏浚后应采取必要的土壤修复对堆场进行快速恢复。

3）控制指标的选取：①底泥营养盐含量。工程区水体达到相应地表水质标准或水体功能区划所要求水质的氮、磷含量。②底泥重金属生态风险工程区重金属污染底泥的疏浚控制值为重金属潜在生态风险指数不小于 300。③底泥厚度。根据工程区底泥分布特征和疏浚工程的施工技术条件确定。

4）环保疏浚范围的确定。疏浚范围确定的步骤：运用疏浚控制指标对工程区进行评判，同时结合水质功能区划确定。具体步骤如下：对工程区底泥中 TN、TP 含量进行空间插值分析，确定 TN 含量大于等于高氮、磷污染底泥疏浚氮、磷控制值的区域；对工程区底泥中重金属生态风险指数进行分析，确定重金属生态风险指数不小于 300 的区域。对使用 TN 含量、TP 含量、重金属生态风险指数所控制区域进行叠加，控制指标为 TN 含量、TP 含量和重金属生态风险指数的所控制区域的并集。

5）疏浚深度确定。高氮、磷污染底泥环保疏浚深度确定。采用分层释放速率法，具体步骤为：①对各分层底泥中 TN 含量、TP 含量进行测定，了解 TN、TP 含量随底泥深度的垂直变化特征，重点考虑 TN、TP 含量较高的底泥层；②进行氮、磷吸附-解吸实验，了解各分层底泥氮、磷释放风险大小，找出氮、磷吸附-解吸平衡浓度大于上覆水中相应氮、磷浓度的底泥层；③确定 TN、TP 含量高，并且释放氮、磷风险大的底泥层作为疏浚层，相应的底泥厚度作为疏浚深度。

重金属污染底泥环保疏浚深度确定。采用分层-生态风险指数法，分为两个步骤：①对污染底泥进行分层；②根据重金属潜在生态风险指数，确定不同层次的底泥释放风险，确定重金属污染底泥所处层次，从而确定重金属污染底泥疏浚深度。

复合污染底泥环保疏浚深度确定。疏浚深度应综合考虑，取二者中深度较深者作为复合污染区的疏浚深度。

环保疏浚要求疏浚设备有较高的施工精度。我国目前环保疏浚工程要求定位精度控制在 20cm，挖泥深度精度控制在 15cm 以内。

6）疏浚设备选择。对于高氮、磷污染底泥，一般选用环保绞吸挖泥船，也可选用气力泵船等环保疏浚设备，气力泵船的特点是可获得高浓度泥浆，并可采取管路输送方式。对于含重金属污染底泥，一般选用环保绞吸挖泥船，也可选用气力泵船和环保抓斗挖泥船等疏浚设备；对于含有毒有害有机物的污染底泥，宜选用环保抓斗挖泥船。

（2）原位覆盖技术。原位覆盖技术是利用一些具有阻隔作用的材料覆盖在污染底泥上，把底泥污染物与上面水体分隔开，降低污染物向水体释放的能力。覆盖物还能够稳固污染底泥，防止其再悬浮或迁移；覆盖层中的有机颗粒还具有吸附作用，可以削减底泥污染物进入上层水体。覆盖物质的选择十分关键。对于覆盖物质的要求，首先是安全性，不产生二次污染，同时廉价经济，施工便利，能够实现对污染底泥的有效覆盖。覆盖厚度与覆盖材料性质、污染物类型及环境因子有关，一般为 0.3～1.5m。

（3）原位钝化技术。污染底泥原位钝化技术是采用对污染物具有钝化作用的人工或天然物质，使底泥中的污染物惰性化相对稳定在底泥中，减少污染物向水体释放，达到截断内源污染的目的。其工作原理为：①加入的钝化剂在沉降过程中络合并沉淀水体中的磷；②络合底泥表面的磷，阻止磷从底泥释放；③钝化层形成后，能够压实浮泥层，控制底泥颗粒悬浮；④改变底泥—水界面的氧化还原电位。钝化剂的选择是该技术的关键。要求其具有安全性，不会产生二次污染，能够有效钝化污染物，经济合理，施工便捷。目前国际上常用的钝化剂为液体或粉状铝盐、铁盐和钙盐。原位钝化技术的风险是大量使用铝盐、铁盐和钙盐，可能产生其他生态问题；底泥上形成的覆盖层容易遭到破坏；在湖底施工技术难度较大，成本较高。

2. 除藻技术

（1）机械除藻。通过机械或人工打捞直接去除水华蓝藻，对控制蓝藻污染作用明显。这种技术在云南滇池应用取得成效。近年来，我国科研人员又研发了若干除藻设备以提高除藻效率。实践经验表明，在水华暴发前期加大机械除藻量，对控制后期水华暴发作用更为明显（金相灿，2013）。

（2）生物控藻技术。

1）鱼类控藻技术。鱼类控藻技术属于非经典生物操纵技术，它是应用滤食性鱼类（如鲢、鳙）对于蓝藻的直接摄食来控制蓝藻，大幅降低水体中的藻毒素含量，达到降低叶绿素浓度和提高透明度的目的。鱼类控藻技术在武汉东湖治理蓝藻水华获得成功。

2）贝类控藻技术。大型双壳贝类是自然水体中重要的底栖动物。利用贝类强大的滤水滤食功能，可以改善水质和防止赤潮和水华发生。贝类控藻技术是利用当地的贝、蚬等底栖动物，在湖区进行规模化养殖，配合其他除藻措施，能够有效去除蓝藻，使悬浮物浓度和叶绿素 a 浓度都有所下降，达到提高透明度、保护水生高等植物的目的（秦伯强，2011）。

（3）絮凝除藻技术。絮凝除藻技术是指向湖泊水体中投放黏土，通过絮凝作用沉降水华。这种技术一般在水华大面积暴发湖泊区域作为应急措施应用。黏土由多种矿物质及杂质组成，具有来源充足，安全性高，施工方便等优点。但是，在实际应用上，存在的主要问题是黏土投放量过大，国外报道一般投放量为 400mg/L 左右。由于黏土容易在水中泛起，造成细颗粒悬浮，使实际应用受到限制。有报道显示，我国研发人员通过黏土改性，大幅减少黏土投放量，已经取得初步成果。

3. 城市景观水体水质维护技术

城市景观水体主要包括城市湖泊、河道以及公园中人工水池、喷泉等水体。城市景观水体水质应符合 GB 3838 中Ⅲ～Ⅳ类地表水水体和 GB/T 18921 中景观水体水质相关规定。景观水体的水质维护技术，主要包括物理法、化学法、生物-生化法及水生态修复法，见表 7.1-7。

4. 湖泊生态系统构建技术

一个以水生高等植物为主，多种植物并存，具有高度生物多样性的健康湖泊生态系统，具备净化水体提高水质的生态功能。通过恢复湖泊水生高等植物群落，优化生态系统结构，构建健康的湖泊生态系统，是湖泊富营养化控制的重要措施。

表 7.1-7　　　　　　　　　　　城市景观水体水质维护技术汇总表

技术类别	技术名称	特　　　点
物理法	引水换水法	依靠稀释和替换作用降低污染物浓度，一般适用于小型景观水体
	循环过滤法	通过设置配套过滤、提水及管道设施，实现水质保护。缺点是耗电量较大，且受过滤规模限制，一般适用于小型景观水体
	人工曝气富氧和水力循环法	通过设置人工曝气装置和设施，促进水体循环流动，消除防止热分层，抑制水体水质恶化
	疏浚清淤法	宜选用环保型清淤疏浚方法，去除景观水体内源污染
	机械除藻法	利用机械收藻设备收集水面浮藻，再进行脱干处理
化学法	凝聚沉淀法	处理对象为水中悬浮物、胶体杂质和藻类。具有投资少、操作和维修方便及效果好等优点
	加药气浮法	可有效去除水中悬浮物、藻类、固体杂质和磷酸盐等，增加水中溶解氧，易于操作和维护
	光催化降解法	水中加入一定量的光敏半导体材料，利用太阳能净化污水
生物-生化法	膜生物反应器	用微滤膜或超滤膜处理进水并曝气，可去除氨氮，消减藻类赖以生存的氮源
	PBB 法	原位修复技术，向水体中增氧和定期接种微生物，可有效去除硝酸盐
	生物滤沟法	将传统的砂石过滤与湿地相结合的组合处理方法。采用多级跌水曝气，有效控制出水氨氮值
	生物接触氧化法	将细菌、真菌类微生物和原生动物等附着在填料或载体上繁殖形成生物膜，与污水接触时，有机物、氮磷等作为营养物质被微生物分解摄取。具有处理效率高、水力停留时间短、占地面积小、容积负荷大、管理运行方便等特点
水生态修复法	生物浮床技术	模拟适合水生植物和微生物生长环境，在水体中利用人工栽培设施种植水生生物，构建适合微生物生长的栖息地，利用植物吸收、微生物分解等多重作用净化水质
	生物栅修复技术	将生物膜技术与水生植物相结合，形成复合式生态系统，用以扩大生物附着表面积
	人工湿地技术	利用基质、微生物、植物形成的复合生态系统，通过过滤、吸附、沉淀、离子交换、植物吸收和微生物分解等实现水体净化。具有建造运行费用低、易于维护、处理效果好等优点，但占地面积大，运行参数不精确、易受病虫害影响
	水生植物净化技术	通过种植水生植物、利用植物对无机盐的吸收转化和积累，并经过人工定期打捞回收，可有效去除氮磷，抑制藻类生长

　　沉水植物如苦草、狐尾藻、金鱼藻、菹草等是湖泊生态系统结构的重要组成部分，是控制营养物质循环，维持湖泊生物多样性的重要因素之一。沉水植物可以稳定和改善基质，增加溶解氧，吸附悬浮物，抑制藻类生长，提高水体透明度。我国长江中下游冲积平原湖泊和云贵高原湖泊，沉水植物的消失是导致严重的藻型富营养化的主要原因之一。因此，在湖泊生态修复工程中提高沉水植物的覆盖度是一项重要任务。图 7.1-1 显示荷兰84 个浅水湖泊藻类生物量（用叶绿素 a 浓度表示）、TP 与沉水植物覆盖度的相互关系。可以看出沉水植物覆盖度较高时（20%～30%或 30%以上），即使 TP 浓度很高，藻类也难有过度生长的空间。许多监测资料显示，当沉水植物覆盖度超过 20%时，湖泊的透明度开始有所改善。恢复沉水植物群落，需要考虑制约沉水植物生长的生境因子，诸如水温、光照、pH 值、营养盐、溶解氧和基质。沉水植物适宜生长温度为 15～30℃，对低温

有较好的适应性。光照条件直接影响沉水植物的光合作用，当湖底光照强度不足入射光的 1％时，沉水植物不能生长（见 1.3.3 节）。多数沉水植物对 pH 值的耐受范围为 4～12，适应范围为 6～10。基质是沉水植物根系的固定点，又是所需矿物质元素的主要来源，选择沉水植物需要充分考虑基质特征。

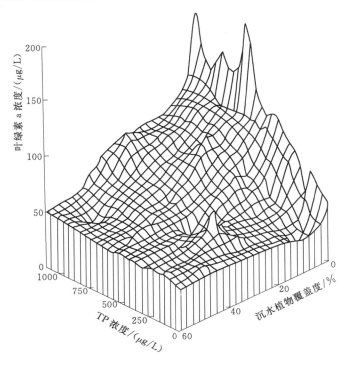

图 7.1-1　荷兰 84 个浅水湖泊藻类生物量、TP 与沉水植物
覆盖度的相互关系

（李小平，2013）

浮叶植物如菱、荇菜、睡莲、王莲等是水生高等植物恢复的先锋型植物，去除氮、磷的作用显著，浮叶植物还能遏制沉积物再悬浮，具有改善水质的综合功能。挺水植物如芦苇、蒲草、荸荠、水芹、荷花、香蒲、慈姑等是湖滨带主要植物，具有去除氮、磷，改善水质的功能。在生态修复工程中，促进挺水植物群落恢复，有利于湖滨带至敞水区植物的连续性布局，形成完整的生态结构。以挺水植物为主体的湖滨带植物群落，构成了湖泊的缓冲带，阻止和吸附污染物直接进入敞水区。

7.1.4　湖滨带生态修复

湖滨带是湖泊水-陆交错带，是陆生生态系统与水生生态系统间的过渡带，其范围是历史最高水位线和最低水位线之间的水位变幅区。在湖泊管理中，其范围可适当扩大，即分别向陆域方向和水域方向延伸一定距离。

湖滨带处于水陆交错带，具有多样的栖息地条件，加之水深较浅，阳光透射强，能够支持茂密的生物群落，导致湖滨带生物物种数量相对较多。湖滨带除了生长浮游植物以外，还生长着另外两种自养生物：大型水生植物和固着生物。作为初级生产者，这些生物产生了巨大的生物量。在食物网中，食植动物或牧食动物消费了大量的初级生产。初级食肉动物如浮游动物以牧食较小食植动物为生。高级食肉动物包括大中型鱼类、水禽和水生哺乳动物，它们以浮游动物为食，成为食物网的顶层。实际上，湖滨带的巨大生产力还吸引了众多陆生物种和鸟类，到湖滨带寻找丰富的食物（见 1.3.5 节）。湖滨带又是湖泊的缓冲带，其水-土壤（沉积物）-植物系统的过滤、渗透、吸收、滞留、沉积等物理、化学和生物作用，具有控制、减少来自流域地表径流中的污染物的功能，成为保护湖泊水体的天然生态屏障。

　　在自然界与人类活动的双重作用下，湖滨带受到了不同程度的破坏，表现为生态功能下降，生物多样性下降，生态系统退化。湖滨带生态修复的主要任务，一是清除非法侵占湖滨带的建筑、设施、道路、农田、鱼塘，取缔非法挖沙生产，恢复湖滨带地貌特征。二是控源截污，截断流域污染物入湖通道，重建缓冲带结构。三是湖滨带植被恢复和重建。

　　本节主要讨论湖滨带调查与评估方法；湖滨带生态修复总体设计原则；湖滨带生态修复技术。

　　1. 调查与评价

　　湖滨带调查与评价包括自然状况调查和人类活动干扰调查。有关水文地貌调查和污染源调查见 3.1.2 节；生物调查见 3.1.3 节。

　　人类活动干扰包括侵占湖滨带（围垦、耕种、房屋设施、道路以及挖沙生产等）；污水汇入（农业、水产养殖、禽畜养殖、生活污水、垃圾、旅游等）；以及生物入侵和船舶等。自然界干扰包括泥沙淤积、特大洪水、风浪、自然径流减少。这两类干扰导致水文、地貌、水质、基质、生物多样性、景观、河湖连通性以及岸坡稳定性的变化，人为与自然干扰对湖滨带的影响相关关系见表 7.1-8。

表 7.1-8　　　　　　　　　　人为与自然干扰对湖滨带的影响

序号	干　扰		响　应							
			地貌形态	水位	水面面积	水质/基质	生物多样性	植被/景观	河湖连通性	岸坡稳定性
1	人为干扰	围垦	★	★	★		★	★	★	
2		农田				★	★	★	★	
3		房屋设施				★	★	★		
4		道路				★	★	★		
5		挖沙	★	★	★		★	★		★
6		禽畜养殖				★	★			
7		生活污水				★				
8		生物资源				★	★			
9		旅游				★				★
10		船舶				★				★
11		生物入侵					★			

序号	干　扰		响　应							
			地貌形态	水位	水面面积	水质/基质	生物多样性	植被/景观	河湖连通性	岸坡稳定性
12	自然干扰	泥沙淤积		★	★	★				
13		大洪水	★	★	★					★
14		风浪								★
15		径流减少		★	★		★			

开展湖滨带生态评价,需要建立湖滨带参照系统。所谓参照系统是指大规模人类活动前的湖滨带生态状况。通过历史资料分析、现场调研,掌握大规模人类活动前湖滨带的水文、地貌、水质、生物多样性等状况。对比现状与历史状况,计算出包括生境因子和生物因子在内的重要生态因子的变化率。根据各生态因子的不同变化率,可以分析变化率较高的关键生态因子。根据表 7.1-8 外界干扰因子与响应关系,分析不同干扰因子对关键生态因子的贡献大小,识别湖滨带退化的主要外因,从而确定湖滨带生态修复的主要目标。

2. 湖滨带生态修复原则

(1) 生态功能定位与分区。生态功能定位与分区是湖滨带生态修复设计的基础。总体上,湖滨带主要生态功能包括:生物多样性保护;缓冲带功能;岸坡稳定功能;景观美学功能;经济供给功能。对于具体的大中型湖泊而言,湖滨带不同区域的主体生态功能各有侧重。在湖泊生态修复工程设计中,为突出湖滨带不同区域的修复重点,需要进行生态功能定位和分区。根据规划湖泊的历史与现状特征分析,明确湖滨带不同区域预期恢复的主体生态功能,据此划分主体生态功能分区。每个区域除一种主体功能外,还可划分多种非主体功能。在进行生态修复设计中,以主体生态功能修复为重点,同时也应兼顾其他类型的生态功能修复。

1) 生物多样性保护区。具备下列条件的区域,可以划为生物多样性保护功能区:①湖滨坡度较缓、变幅带较宽的区域;②湖滨地形变化丰富、湖湾发育度高的区域;③水鸟、鱼类、两栖和爬行动物类比较丰富的区域。根据保护的对象,生物多样性保护区可进一步细化为:湖泊鱼类栖息地、湖泊底栖动物栖息地、水鸟栖息地、两栖和爬行动物栖息地、小型哺乳动物栖息地等保护区域;湖滨生境复杂的区域也可以单独划定。

2) 缓冲带功能区。湖滨带通过过滤、渗透、吸收、滞留、沉积等物理、化学和生物作用改善水质以及控制、降低流域污染物进入湖泊敞水区。同时,湖滨带也可通过营养竞争、化感作用等抑制湖泊水华藻类,改善湖体水质。富营养化严重的湖泊以及水华暴发风险较高的区域,可划定为缓冲带功能区。

3) 岸坡稳定功能区。湖滨带植被具有降低风浪冲刷,固岸、消浪的功能,能够降低风浪对湖岸的侵蚀,提高岸坡稳定性。凡湖滨带坡度较陡、风浪、地质、船舶等综合因素导致岸坡侵蚀潜在风险较高的区域;由于岸坡地貌、风浪、地质等原因,局部岸坡有滑坡、崩岸发生的区域,划为护岸功能区。

4) 景观美学功能区。湖泊特有优美的自然景观和时空变化性，使其具有高度的美学价值，体现了湖泊的文化、科学、教育、休闲的重要生态服务功能。依据历史和现状分析，可适当划分景观美学功能区。应严格控制景观美学功能区的范围，其面积一般不超过湖滨区域的 10%。可适当布置少量亲水构筑物和观鸟平台，但是要尽量减少其他建筑物和娱乐休闲设施，以维持湖滨带的自然景观。

5) 植物资源利用区。湖滨带内植物资源利用价值高、且生长旺盛的区域，可划定为植物资源利用区。应严格控制植物资源利用区的面积，以维持湖泊的自然功能。

(2) 生态修复目标和任务。湖滨带修复是湖泊生态修复工程的组成部分，湖滨带生态修复设计原则服从湖泊修复的总体原则，见 7.1.1 节。湖滨带生态修复设计应从湖泊整体修复出发，按照自然化原则，以人类大规模活动干扰前的状态为参照系，恢复湖滨带的生态功能。

针对湖滨带退化现状，生态修复的主要任务包括：

1) 加强岸线管理。湖泊岸线是一种生态保护红线（见 6.5.2 节）。依法划定岸线，确权划界，制定管理办法，建立管理机构，严格执法，清除湖滨带内各类非法建筑物和道路、退田还湖，退渔还湖，取缔非法采砂活动。

2) 湖滨带地貌形态恢复。针对湖滨带被侵占的现状，对照参照系统的湖滨带地形地貌，制定湖滨带地貌设计方案。湖泊地形地貌参数见 3.1.2 节表 3.1-7。就湖滨带而言，要特别关注岸线发育系数 D_L、水下坡度 S、吹程 L_w 以及湖滨带宽度。岸线发育系数 D_L 定义为岸线长度与相同面积的圆形周长之比，D_L 值越高则表示岸线不规则程度越高，意味着湖湾多，湖滨带开阔，能减轻风扰动，适于水禽和鱼类的湿地数量多。水下坡度 S 是指湖泊横断面边坡比，用度数或百分数表示。水下坡度 S 影响湖滨带宽度、沉积物稳定性、大型植物生长条件以及水禽、鱼类和底栖动物的适宜性条件。吹程 L_w，定义为风力能够扰动的距离。取湖泊最大长度 L'；或等于 $(L'+W)/2$，式中 L' 为湖泊最大长度，W 为湖泊最大宽度。

3) 缓冲带加强措施。采取物理方法，用截污沟、截污管道或箱涵等措施截污，截断流域污染物入湖通道，成为缓冲带的外缘防线。

4) 湖滨带植被重建。根据历史与现状分析，重建湖滨带植被。优先选用乡土种，乔灌草相结合，提高植物物种多样性，形成完善的缓冲带结构。

5) 水土保持，固岸护坡，维持岸坡稳定性。对于陡边坡和已经发生滑坡、崩岸的地段，进行岸坡稳定性计算和复核，布置护坡和挡土墙结构。同时，采用生态型护坡结构，以创造栖息地条件。

6) 自然景观营造。在景观美学功能区营造自然景观，创造人们亲水环境，使湖泊成为休闲、运动、科学、教育的公共空间，充分发挥湖泊的美学和文化功能。

(3) 湖滨带生态修复指标。湖滨带生态修复目标定量化，需建立湖滨带生态修复的指标体系。表 7.1-9 是建议的指标体系，具体指标可以根据项目特点制定。表 7.1-9 共分 6 类修复目标，下分 24 项具体指标，指标按照现状值和规划目标值两栏填写。目标值的确定原则是从现状出发，参考参照系统的历史状况，根据湖滨带主体功能定位和相关技术规范确定。

表 7.1-9　　　　　　　　　　　湖滨带生态修复指标表

修复目标	岸线管理					湖滨带地形地貌修复					湖滨带植被重建					缓冲带加强			岸坡稳定			自然景观营造		
修复指标	农田	鱼塘	建筑物	采砂	道路	修复面积	平均宽度	岸线发育系数	水下坡度	景观连通性指数	植被盖度	植被物种数	植被平均生物量	生物多样性指数	特有物种保护	截污沟	截污管道	截污箱涵	生态型护岸结构	生态型挡墙	其他护岸结构	绿道和休闲设施	亲水设施	文化教育设施
现状值																								
目标值																								

注　景观连通性指数的定义为：为防止景观破碎化，每 10km 湖滨带被人工构筑物中断（>100m）不应超过 2 处，中断处应尽量通过宽度大于 30m 的绿色廊道连接。

3. 湖滨带生态修复技术

（1）湖滨带植被修复。湖滨带植被修复技术与河滨带有许多相似之处，可参照 6.5.5 节。以下仅讨论湖滨带若干特有问题。

根据湖滨带坡度，可以把湖滨带分为缓坡型和陡坡型湖滨带两类。一般认为，缓坡型湖滨带平均坡度小于 20°，陡坡型湖滨带平均坡度大于 20°。陡坡型湖滨带地势较陡，山体直接进入湖区，湖滨带宽度较窄，主要修复任务是水土保持。植被修复重点是陆生植被，应选择固土功能强的植物，以控制水流侵蚀。缓坡型湖滨带较为宽阔，可以按照不同水位分区选择植物种类，也可以依据主体功能区划分选择具有相应功能的植物。

依据不同水位选择植物种类。按照水位分为 3 个区段：Ⅰ 区段：从岸坡顶部（堤顶）向下到高水位；Ⅱ 区段：从高水位到常水位；Ⅲ 区段：常水位以下。Ⅲ 区段再划分 3 个高程区间，各区间植物类型根据水深依次为中生植物、湿生植物、水生植物，其中水生植物依次为挺水植物、浮叶植物和沉水植物。一般来说，挺水植物设计在常水位 1m 水深以内的区域，浮叶植物设计在常水位 0～2m 水深的区域，沉水植物设计在常水位 0.5～3m 水深的区域。

依据湖滨带主体功能分区，选择具有相应功能的植物物种。①对于以岸坡稳定为主体功能的湖滨带区域，固土护岸的重点部位在 Ⅱ 区段。Ⅱ 区段是水位变动区，汛期岸坡受洪水侵蚀和冲刷，枯水季岸坡裸露，因此宜选择根系发达、抗冲能力强的物种，如低矮柳树、枫杨、荻、假俭草等。其中柳树具有耐水、喜水、成活率高的特点，其发育的根系固土作用显著，另外，也可以利用柳树活枝条固堤护岸。柳树品种繁多，适合在湖滨带不同高程和不同部位生存。②对于以改善水质为主体功能的区域，重点区域在 Ⅲ 区段，宜选择具有良好净化功能的挺水植物，如芦苇、蒲草、莕荠、水芹、荷花、香蒲、慈姑等。浮叶植物有：睡莲、王莲、菱、荇菜等。③自然景观营造区的植物配置重点在 Ⅰ 区段。此区段内土壤含水率相对较低，夏季遇有旱情存在干旱威胁。因此选择的植物应既具景观效果又有一定耐旱能力的物种，如樟树、栾树、冬青等。在不同区段还可以选择观赏性较强的植物，增强自然景观效果。如木槿、乌桕、蓝果树、白杜、美人蕉等植物，既有固土护坡功能又具观赏价值。其他物种如黄菖蒲、睡莲、荇菜等，都可以用于构建优美的水景观。④在湖泊富营养化控制中，提高沉水植物的覆盖度是一项有效的技术措施。如苦草、狐尾藻、金鱼藻、菹草等沉水植物可以稳定和改善基质，增加溶解氧，吸附悬浮物，抑制藻类生长，提高水体透明度，具有特殊的生态功能。

（2）湖滨带动植物群落配置。

1）生态恢复阶段分期。恢复初期，首先筛选耐污性强、去除 N、P 能力强、生态位较宽的先锋植物物种，以适应初期的生境环境，补充缺失植物带，初步构建水生植物序列。恢复中期，植物配置以填补空白生态位为主，对群落结构进行优化，使原有群落逐渐稳定。恢复后期，应充分考虑湖滨带动物—植物整体生态系统的完整性，全面恢复鱼类、底栖动物、水鸟、昆虫、两栖和爬行动物和大型水生植物等生物群落，保育和维护湖滨带生物多样性。

2）动植物群落优化配置。通过生境控制、人工捕捞收割、谨慎引入竞争种等，调整各种群组成的比例和数量以及种群的平面布局，以优化种群稳定性。通过调整水位、食物补充、人工招引和野化放归、恢复自然边坡以及布置生态型护坡、鱼巢砖等栖息地营造技术，促进湖滨带动物群落优化配置。

3）湖滨带特有物种恢复。收集、分析历史资料和动植物保护名录，识别湖滨带珍稀、濒危、特有物种。查明影响该物种变化的主导生境因子，通过物种筛选、生境营造、人工培育、野外放归等措施，恢复湖滨带的特有物种。

（3）湖滨带地貌修复与改造。针对湖滨带被侵占与破坏的现状，恢复与改造湖滨带地貌，以满足生物需求。地貌修复与改造以湖滨带原有状态及其发育特征为参考，尽量减少工程措施。地貌修复与改造的主要任务包括：拆除侵占物、地形平整及基底重建、底泥疏浚及覆盖。侵占物拆除是指拆除侵占湖滨带的鱼塘、房屋等构筑物，退渔还湖，退房还湖。地形平整是指根据水生生物生存需求对地形进行整理，包括不合理的沟谷、凸脊、坑塘等平整和改造；以及植被重建区地表植物清理。上述底泥疏浚及覆盖技术已经在 7.1.3 节讨论，不再赘述。以下列举 2 项典型基底改造技术。

1）鱼塘基底改造。鱼塘型湖滨带是指在湖滨带建有大面积鱼塘，导致水质严重恶化、生态系统受损。鱼塘型湖滨带的修复方法，一般是改造成多塘湿地。将鱼塘的塘埂拆除至水面以下而仅保留塘基，上部石料与塘埂内的土料混合后，就地抛填在塘埂两侧形成斜坡，以恢复原来缓坡地形。水面以下部分应每间隔一定距离将塘基清除，使塘内外土层沟通，塘基呈散落状分布，同时覆土覆盖鱼塘污染底泥。针对基质污染较重、底泥较厚的鱼塘，应对污染底泥先进行清淤，再拆除塘基，防止退塘时淤泥再悬浮，污染湖泊水质。植物修复方面，可根据鱼塘水深、水位波动条件，种植挺水、浮叶、沉水植物。

2）村落基底改造。①清除民房人工填筑的直立砌石基础，就近抛填在湖滨区，使湖滨带滩地恢复成原有平缓渐变的自然岸坡；②将宅基按自然坡比拆除至水面以下，上部石料与宅基内的土料混合后，就地抛填在宅基外侧，形成斜坡（图 7.1-2）。

（4）自然型护岸结构。湖泊岸坡防护的目的是防止风浪对岸坡冲刷和侵蚀，保证岸坡的稳定性。自然型护岸技术是在传统护岸技术的基础上，混合使用人工材料和自然材料，特别是利用活体植物材料，开发出一系列既能满足护岸要求，又能提供良好栖息地条件，还能改善自然景观的护岸结构。本书 6.3 节自然型岸坡防护技术，介绍了多种河道岸坡自然型防护技术，这些技术完全适用于湖滨带岸坡防护，不再赘述。

针对湖滨带外侧土地已被使用的情况，护岸布置可分为路堤型和与农田连接型。

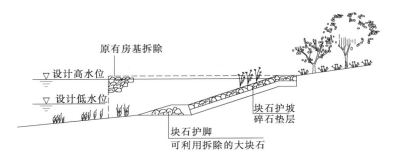

图 7.1-2　房基拆除型湖滨带护岸示意图

1）路堤型湖滨带护岸。为满足路基的稳定要求，一般需构建直立式挡墙或路堤斜坡护面结构；在坡脚抛置块石、石笼或人工预制块体；采用多孔结构和天然植物、植物纤维垫等生态型护岸型式，护坡结构与土壤接触面设置反滤层（图 7.1-3）。

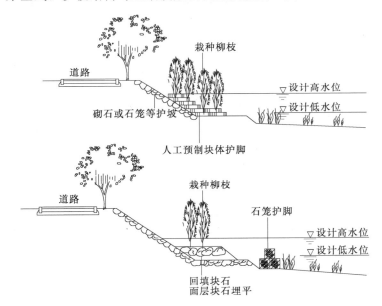

图 7.1-3　路堤型湖滨带护岸示意图

2）与农田连接的湖滨带护岸。与农田连接的缓坡型湖滨带，根据水位变幅区的冲刷情况，布置生态型护坡，并设置植物绿篱带以降低人类活动的干扰。对于陡坡型湖滨带，宜在水位变幅区及其附近区域设置砌石、石笼等具有植物生长条件的多空隙护坡结构，并在坡脚位置抛石护脚。护坡结构与土壤接触面设置反滤层（图 7.1-4）。

（5）景观设计。湖泊是大自然赐给人类的宝贵遗产，具有高度的美学价值。湖泊景观设计应遵循自然化原则。所谓自然化就是恢复湖泊的自然地形地貌和水文条件，维持湖泊生物多样性。同时，尽量减轻人类开发活动干扰，避免湖泊人工化、园林化、商业化倾向，保持湖泊的自然风貌。

明确湖泊在河流-湖泊-湿地流域总体格局中的空间景观定位，保持湖泊景观与河流廊道和湿地景观的有机融合，形成既联系又各具特色的自然景观格局。

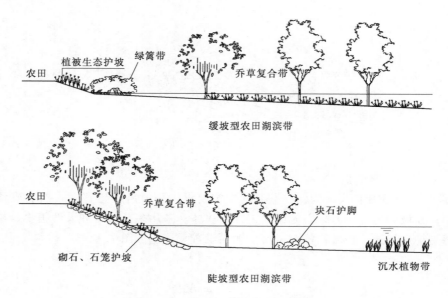

图 7.1-4　农田型湖滨带护岸示意图

保持或恢复湖泊的地貌特征，主要是恢复湖湾地貌和湖滨带宽度。岸线发育系数反映湖泊地貌的空间异质性，岸线发育系数越高，表示湖湾越发育、数量越多。湖湾区风力较缓，地貌相对复杂，边滩湿地发育，成为鱼类和水禽的适宜栖息地。正因为如此，湖湾成为湖泊景观中最优美的精华区域，应重点保护和恢复。恢复湖滨带宽度是另一个重点任务。宽阔的湖滨带不但缓冲作用明显，而且为乔灌草植物错落有致布置提供了空间。

植被恢复以乡土植物为主，注重植物的功能性，经论证适量引进观赏植物。按照不同水位，确定乔灌草各类植物搭配分区。植物搭配需主次分明，富于四季变化，营造充满活力的自然气息。采用自然型护岸结构，增添岸坡绿色，避免采用单调的传统混凝土或浆砌块石护岸结构。

尽量减少商业设施和建筑物，避免对自然景观的破坏及环境污染。创造人们亲近自然、休闲运动的条件，通盘考虑道路、交通、停车场布置。特别要重视环湖绿色步道和自行车道的沿湖布置。在景观美学功能区，适当布置亲水平台、栈道以及观鸟台和小型自然博物馆等文化教育设施。

7.2　湿地修复与重建工程

湿地具有保持水源、净化水质、调洪蓄水、储碳固碳、调节气候、保护生物多样性等多种不可替代的生态服务功能，被誉为地球之肾。湿地是水域与陆地间过渡带，正处于二者边缘区，生境异质性强，适于多种类型生物生长，优于陆地或水域。在生物地球化学循环过程中，扮演生物源、生物库和运转者三重角色。

湿地生态系统具有多种类型的生态服务功能。在调节功能方面，包括蓄水保水、调蓄洪水、净化水体、控制污染、调节局地气候等功能。在生物地球化学循环中，具有养分输入与输出转换，调节二氧化碳、甲烷排放功能。在支持功能方面，水陆交错带特有的边缘效应，生境异质性强，提供的多样化栖息地，对于物种资源保护，维持生物多样性，具有不可替代的重要作用。在供给功能方面，提供淡水、食品和药品等。在文化功能方面，湿地蕴含着巨大的美学价值，提供休闲、运动、旅游服务以及教育、科学发展平台（见 1.4 节）。由于人类活动对湿地的侵占和污染，湿地面临萎缩和生态退化的威胁，湿地修复与重建是人类对自然界的一种补偿。湿地修复与重建工程规划设计的基本原则是充分发挥生态系统自设计、自修复功能，实施最低人工干预，达到生态修复目标。

7.2.1　概述

1. 湿地定义

湿地定义分为广义湿地和狭义湿地两种。为国际所公认的广义湿地定义，当属 1971 年签署的《关于特别是作为水禽栖息地的国际重要湿地公约》（简称《湿地公约》）给出的定义："天然或人工、永久或暂时的沼泽地、泥炭地和水域地带、静止或流动的水域，淡水、半咸水和咸水水体，包括低潮时水深不超过 6m 的海域。"

狭义湿地定义有多种，其中 1979 年美国鱼类与野生动物保护协会的湿地定义为："陆地与水域交汇处，水位接近或处于地表面，或有浅层积水，至少具备以下一至几个特征：①至少周期性地以水生植物为植物优势种；②底层土主要是湿土；③在每年的生长季节，底层有时被水淹没。"狭义湿地的各种定义具有以下共同点，即定义中都涉及水文、土壤和湿生植物三要素，具体是水深，一般认为水深 2m 是湖泊与湿地水深的界限；湿生或水生植物占优势；土壤为水生土。本节讨论的湿地是指狭义上的湿地。

2. 对湿地生态系统的胁迫

国家林业局从 1995—2003 年历时 9 年开展了全国湿地资源调查工作，对全国 31 个省（自治区、直辖市）面积超过 1km² 的湖泊、沼泽、河流、滨海湿地、库塘进行全面调查。调查结果显示，调查范围内的湿地总面积为 38.49 万 km²，其中河流湿地面积为 8.20 万 km²，占全国湿地面积 21.32%；湖泊湿地面积为 8.35 万 km²，占 21.7%；滨海湿地面积为 5.94 万 km²，占 15.44%；沼泽湿地面积为 13.70 万 km²，占 35.6%；库塘湿地面积 2.29 万 km²，占 5.94%。

据遥感监测表明，20 世纪 80 年代后期以来，全国水体和湿地生态系统面积呈现持续减少态势。20 世纪 80 年代后期至 2000 年，全国水体和湿地生态系统总面积净减少 2615km²，主要集中在我国东北地区。2000—2005 年全国水体和湿地生态系统面积净减少 446km²，主要集中在我国华北和东北地区。洞庭湖在短短 50 年的时间内，开展了大规模围垦，湖泊被围垦 1700 余 km²，洞庭湖的湖面积由 1949 年的 4350km²，到 20 世纪末萎缩为 2625km²，湖面积减少了 39.6%，其中变化最为剧烈的时期是新中国成立后的 20 年间。值得关注的是，我国东部沿海地区滩涂及河口湿地，受到当地经济快速发展和城市扩张的影响，在过去的几十年中面积减少了 50%。

从生态胁迫的原因分析，对于湖泊湿地的胁迫，源于围湖造田，缩小了水面积；农业化肥、农药经由灌溉排水进入湖泊湿地；畜禽和水产养殖、过度捕捞和高强度渔业开发等人类活动。对于河流湿地的胁迫，源于水库的人工径流调节改变了自然水文情势，影响湿地的水文过程；裁弯取直破坏了河湾湿地结构；农田、建筑物、道路和游乐设施等对河漫滩的侵占，以及缩短左右岸堤防的堤距，大幅度减少了河漫滩湿地面积；采砂生产破坏了河床底质结构，影响河势走向，也破坏了河滨带湿地。

3. 全国规划

21 世纪初，国务院批准了《全国湿地保护工程规划》（2002—2030 年）。规划要求加强对水资源的合理调配和管理，对退化湿地全面恢复和治理，使丧失的湿地面积得到较大恢复，湿地生态系统进入良性状态。规划到 2030 年使 90％以上天然湿地得到有效保护。开展湿地恢复和综合治理工程，包括退耕还湖、滩涂区修复与重建、退牧休牧、育林还草、恢复天然植被及水禽栖息地以及沿海退化红树林恢复。

《全国湿地保护工程规划》是开展湿地生态保护、修复和重建的指导性文件。这个规划提出了湿地保护的任务，包括恢复丧失的湿地面积；综合治理，遏制湿地生态系统退化；恢复湿地植被，完善湿地生态系统等。在这个规划的指导下，具体项目规划设计的内容是湿地调查与评估；确定修复目标和任务；选择适宜的保护与修复技术。

截至 2013 年，全国共建立 550 多个湿地类型自然保护区和 400 多个湿地公园，其中 41 块湿地被指定为国际重要湿地。

黄河河口三角洲湿地属暖温带原生湿地生态系统。1992 年国务院批准建立黄河三角洲国家级自然保护区。保护区面积 15.3 万 hm²，其中核心区 5.8 万 hm²，以保护新生湿地生态系统和珍稀、濒危鸟类为主。2013 年被正式列入国际重要湿地名录。

江西鄱阳湖国家级自然保护区位于江西省北部，总面积 2.24 万 hm²，保护区属内陆型湿地，1992 年列入国际重要湿地名录。它属于保护野生动物类型的自然保护区。现有鸟类 310 种，其中珍稀、濒危鸟类的种类多，数量大。主要保护对象是白鹤、东方白鹳、鸿雁等珍稀候鸟及其越冬地。

扎龙湿地位于黑龙江省松嫩平原西部乌裕尔河下游，占地面积 21 万 hm²，1987 年国务院批准为国家级自然保护区，属湿地生态系统类型的自然保护区，1992 年被列入世界重要湿地名录。扎龙湿地是我国建立的第一个水禽自然保护区。区内鸟类 248 种，其中国家一、二级保护鸟类 35 种。全世界分布 15 种鹤，在扎龙湿地有丹顶鹤、白枕鹤、白鹤、白头鹤、蓑羽鹤、灰鹤 6 种，故有"鹤乡"之称。

7.2.2　湿地调查

湿地调查内容与技术方法与河流、湖泊调查类似，可参阅 3.1 节和 3.2 节，本节侧重讨论湿地特有的调查内容。

（1）湿地概况。湿地概况调查包括湿地类型（河流湿地、湖泊湿地、沼泽湿地、滨海湿地和库塘湿地）；海拔、经纬度；集水面积（地表水集水面积）；周边土地利用情况（村庄、城镇、开发区、农田、养殖业、森林、牧场）；对外交通等（表 7.2-1）。

（2）水文地貌调查。水文调查包括降水、蒸散发、高水位、常水位、洪水淹没频率。地表水和地下水交互作用，包括以下几种情况（图 7.2-1）：①湿地地表水位高于陆地地下水位，湿地靠地表水补水；②湿地地表水位低于陆地地下水位，地下水入流湿地；③湿

表 7.2－1　　　　　　　　　　　湿地概况表

类型					地理		面积		周边土地利用								对外交通		其他
河流湿地	湖泊湿地	沼泽湿地	滨海湿地	库塘湿地	海拔	经纬度	湿地	集水区	农田	森林	牧场	村庄	城镇	开发区	家禽家畜	淡水养殖	公路	铁路	

地地表水位与周围地下水位齐平，或湿地周边地下水位不等，既有入流也有出流；④地下水穿过湿地，而不到达地表直接流入湿地。

地形地貌调查包括与河湖连通性（常年性连通/间歇性连通；贯穿式连通/注入式单向连通/排水式单向连通；自流式/水泵抽排）。

（3）土壤调查。湿地土壤调查中，特别要重视水生土调查。湿地土壤一般称为水生土（hydric soil），它是湿地生态系统的重要组成部分。美国农业自然资源保护机构（NRCS）将水生土定义为："在水分饱和状态下形成的，在生长季有足够的水淹时间使其上部能够形成厌氧条件的土壤。"水生土长期经历了洪水过程，并且处于厌氧环境中，其颜色多呈黑色。湿地土壤可以分为矿质土壤和有机土壤两种（表 7.2－2）。水生土具有适宜的化学成分，足以支持湿地的生态过

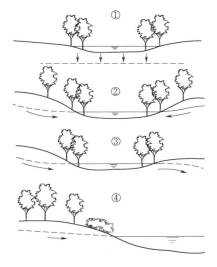

图 7.2－1　湿地与地下水交互作用

程。例如矿物水生土比非水生土含有较高的有机碳（organic carbon）。这种土壤能够促进诸如反硝化、沼气生产等湿地过程。另外，水生土在长期形成过程中，建立了自己的"种子库"，成为修复或重建湿地宝贵的本地物种资源。所以，在湿地修复或重建工程中，充分利用当地的水生土，达到生态系统自设计的目的。

（4）水质调查。水质调查包括水质评价；污染源调查；水功能区达标率。其中，水质评价参见 3.1.1 节，水功能区达标率参见 7.1.2 节。污染源调查包括：①点源污染调查。主要包括城镇工业废水、城镇生活污水以及规模化养殖等。工业企业废水排放及处理情况调查表见附表Ⅰ－3；城镇污水和垃圾收集、处理与排放情况调查表见附表Ⅰ－4；规模化养殖污染状况调查表见附表Ⅰ－5。②面源污染调查。主要包括农村生活垃圾和生活污水状况调查、种植业污染状况调查、畜禽散养调查、水产养殖及污染状况调查、水土流失污染调查、干湿沉降污染负荷调查及旅游污染、城镇径流等其他面源污染负荷调查。其中农村生活污水、生活垃圾污染调查表见附表Ⅰ－6；种植业污染状况调查表见附表Ⅰ－7。③内源污染调查。内源污染调查需明确湿地内源污染的主要来源，例如水产养殖、底泥释放、生物残体（蓝藻及水生植物残体等）等，分析内源污染负荷情况。④变化趋势及原因分析。通过对历年点源污染、面源污染调查结果分析；历年污染负荷量统计；历年入湖河流水质参数统计；历年水污染控制和治污成效统计，分析湿地水环境变化趋势，找出水环境恶化的主要原因。

表 7.2 - 2　　　　　　　　　　　湿地水文和土壤调查

要　素	说　明		单位
降水	多年平均		mm
蒸散发	多年平均		mm
水位	常水位		m
	高水位		m
蓄水量	常水位		m³
	高水位		m³
洪水淹没	洪水位		m
	频率		
年干枯时间	季节性干枯		d
	常年性/间歇性		d
与河湖连通性	贯穿式连通		m³/s
	注入式单向连通		m³/s
	排水式单向连通		m³/s
	自流/水泵抽排		m³/s
与地下水交互作用	湿地为地下水补水		m³/s
	地下水入流湿地		m³/s
	入流/出流		m³/s
	地下水直接补水		m³/s
与地表水交互作用	河流季节性补水		m³/s
	水泵补水		m³/s
土壤	水生土	矿质	
		有机	
	非水生土		

（5）生物调查。湿地的生物调查重点是植物调查。湿地特殊的水文和土壤条件，支持了具有丰富多样性的生物系统。湿地植物群落的格局是对水文条件变化的响应，依据植物与水位关系可以分为以下 5 种类型：

1）湿生植物。其生长环境为大部分时间地表无积水，土壤处于饱和或过饱和状态，如垂柳、枫杨等。

2）挺水植物。植物根部没在水中，茎叶大部分挺于水面以上，如芦苇、菖蒲、荻等。

3）浮水植物。植物体漂浮在水面以上，其中一些植物的根部着生在水底沉积物中，如睡莲、萍蓬草等。

4）沉水植物。植物体完全没于水中，有些仅在花期将花伸出水面，如金鱼藻、黑藻等。

5）漂浮植物。植物体漂浮在水面，根部悬浮在水中，群居而生，随风浪漂移，如浮萍等。

生物调查内容和指标包括植物类型、分布范围、对应水位高程范围、多度、盖度、频度等。除了水生植物之外，还应调查湿地外围的陆生植物包括乔木、灌木和草本植物。

湿地动物包括鸟类、鱼类、两栖类、昆虫等，其中种类繁多的鸟类是湿地的一大特色。湿地的鸟类分为候鸟和留鸟，通常留鸟在鸟类中占多数。要注意调查项目湿地是否在候鸟的迁徙路线上，是否是候鸟的停歇地和中转站，以便在更大的景观尺度上对项目湿地功能进行定位。湿地开阔的水面上集中的鸟类一般是游禽（如天鹅、野鸭等）和涉禽（如白鹭、灰鹤等），主要分布在周期性过水滩地。湿地周边树木生长着攀禽（如杜鹃、啄木鸟等）以及鸣禽如画眉等。

7.2.3　湿地修复目标和原则

1. 湿地修复的 3 种策略

湿地生态修复是针对湿地被侵占导致萎缩以及因各类胁迫作用导致生态功能退化这两类问题。为补偿湿地萎缩和功能受损，提出了 3 种类型的修复策略，即湿地修复、湿地重建和湿地扩大。

（1）湿地修复（wetland restoration）。著名生态学家 Mitsch（2004）给出的定义是："湿地修复是指将湿地由人类活动干扰或改变的状态，恢复到原有曾经存在的状态。"他还指出："湿地可能已经退化或水文条件已经发生变化，因此，湿地修复会涉及重建水文条件和重建原有植物群落。"

（2）湿地重建（wetland creation）。湿地重建是指人工将原来的河滨高地（upland）或浅水区改造成湿地。湿地重建既是对历史上湿地损失的补偿，也是对工程项目不可避免导致湿地损失的补偿，如高速公路、铁路建设等基础设施建设、沿海滩涂排水充填造地以及其他经批准的商业用途。相关法律规章规定了因工程项目导致湿地损失的补偿办法，以实现所谓"占补平衡"。补偿政策的关键是新建湿地与原有湿地的面积比，即所谓替换率，替换率是湿地补偿的定量控制。为补偿目的而重建的湿地，也称"替代湿地"（replacement wetland）。还有一类新建湿地以净化水体为目的，属于污染控制生物技术，这类人工湿地（constructed wetland）不属于这里讨论的重建湿地。人工湿地将在 7.4 节讨论。

（3）湿地扩大（wetland enhancement）。是指靠人工扩大现存湿地面积或增加现存湿地一项或多项功能。这种策略较为稳妥，成本可能较低。因为现存湿地的生态状况可观测，可评估，在现存湿地基础上，只要有适宜的水文条件支持，扩大的湿地就有可能实现预定生态目标。

2. 湿地修复设计原则

（1）遵循生态系统自设计、自组织原则。湿地自设计、自组织功能是指湿地系统以环境为依据，以自己的方式挑选物种和群落，通过持续的自然演替存活下来并趋于完善，最终形成健康的湿地生态系统。无论是湿地恢复、重建，还是扩大，都应遵循自设计、自组织原则，实施最低人工干预，充分发挥系统自修复功能，实现修复目标。具体措施包括尽可能利用自然力（降水、气温）修复植被；利用乡土种和当地种子库建立植物群落；利用当地水生土建立适宜生境；利用河流天然落差实现湿地与河湖之间自流补水。这里所说的自然演替是指在相对短的时间尺度内，靠生态系统本身的功能，使得生物群落多样性增加，物种均匀性提高，不存在某一物种占优势的情况出现，生态系统结构得到持续改善。

（2）设计自然化，避免人工化。尽量减少水闸、橡胶坝、扬水站等工程措施。引水渠采用自然边坡，如需护岸则采用生态型护岸结构。引水渠采用多样化断面，避免采用矩形、梯形、弓形等几何规则断面。维持与湿地连通河流的蜿蜒形态，避免人工裁弯取直。提高湿地岸线发育系数 D_L。

（3）重点恢复湿地生态功能。湿地修复的重点是恢复湿地生态功能，而不是湿地景观修复，前者是本质的，后者是显性的。湿地的主要生态功能包括：①生物多样性维持；②为鱼类、鸟类和两栖动物提供多样化的栖息地；③蓄水保水、调蓄洪水、调节局地气候；④水体净化功能；⑤美学价值和文化功能，包括休闲、运动、旅游、教育、科学等。具体项目湿地的生态功能可能有多种，但必须明确修复一种主要功能，兼顾其他功能。明确了主要功能，就确定了主要修复任务，进而选择适宜的修复技术。

（4）最低工程成本和最低维护成本。利用生态系统自修复规律修复湿地，本身就是降低工程成本的重要途径。减少工程设施以及利用乡土物种和当地水生土等方法，都可以节省工程成本。如果人工设施过多，工程建成后的维护费用将是一项沉重的负担。工程设计内容应包括项目完成后的管理养护计划。应充分发挥湿地生态系统自组织功能，主要依靠湿地系统自身运行、演替，保持生态健康状态。人工管护作为辅助手段只在项目开展初期实施，诸如间歇性锄草等。

（5）多尺度景观背景下的规划设计。设计工作应在多景观尺度背景下进行，如果仅在项目湿地尺度上进行设计，将会产生一定局限性。这里所说的景观尺度是指湿地尺度、湿地集水区尺度、河段和湖泊尺度、流域尺度。在项目湿地尺度上，进行植物配置和栖息地改善工程设计；在湿地集水区尺度上评估污染水体汇入影响以及当地水生土利用可行性；在河段和湖泊尺度上，进行湿地与河湖连通设计，以及湿地与地表水、地下水交互作用论证；在流域尺度上，通过水资源配置论证，进行湿地补水设计。

链接 7.2.1 美国大沼泽地生态修复

大沼泽地修复工程是美国历史上规模最大的生态修复项目。2000 年美国国会通过大沼泽地修复综合规划，规划预算 82 亿美元，历时 30 年。目前，这个项目正在按计划执行中。

1. 概况

大沼泽地（Everglades）位于美国佛罗里达州南部，北起奥基乔比湖（Lake Okeechobee），南至佛罗里达湾（Florida Bay）。该地区是石灰石底质的浅水盆地，以 4cm/km 微坡度向南倾斜。该地区降水充沛，平均年降水量 1000～1650mm。在佛罗里达州城市及农业开发之前，从奥基乔比湖下泄的湖水在长约 160km、宽约 97km 的佛罗里达南部盆地以 0.8km/d 流速缓缓流入佛罗里达湾，形成了大沼泽地。

大沼泽地现有面积 10000km² （历史上 4.4515 万 km²），覆盖了佛罗里达州南部大部分土地，是美国大陆最大的亚热带荒原。经过几个世纪的发展，历史上的湿地已被划分为农业区、水源保护区、城市开发区和生物多样性保护区等类型。现今的大沼泽地主要包括洛克萨哈奇国家野生动物保护区（Loxahatchee National Wildlife Refuge）、水源保护区、大柏树国家保护区（Big Cypress National Preserve）、大沼泽地国家公园（Everglades National Park）和佛罗里达湾（Florida Bay）几个部分。

大沼泽地具有河流、湖泊、池塘、沼泽、树岛、森林、泥沼和红树林沼泽等多种地貌结构，覆盖着美国水松、柳树、湿地松和红树林。另外有 650km² 较干燥地区覆盖着松科树木，有 6200km² 生长着高大的热带柏科树木的沼泽，还有 810km² 的红树林，2100km² 生长着大量水草的海湾。大沼泽地有着极为丰富的野生动物资源，为超过 350 种的鸟类提供了栖息地，其中，涉禽如白鹭、鹭、玫瑰红琵鹭和朱鹮鹳；滨鸟和水鸟如燕鸥、鸻、秧鸡和鹬；食肉猛禽包括猫头鹰、隼和鹗；还有许多种类的鸣禽。大沼泽地为濒临灭绝的物种提供了栖息地，如海牛、佛罗里达豹、鹳、美洲鳄和数种海龟。

联合国教科文组织和湿地公约将其列为世界上最重要的三个湿地之一。大沼泽地国家公园于 1993 年 12 月被列入濒危的世界遗产名录。

2. 人类活动影响

自 19 世纪以来，随着佛罗里达人口的迅速增长，对大沼泽地的开发大幅度加剧。在 1920 年代，北部有 27% 的区域被开发为农业区，现在，历史上大沼泽地 50% 面积已被开发成农业区或城镇。为了发展农业，自 19 世纪开展沼泽地排水工程，19 世纪 80 年代开始建造人工运河，1905—1910 年期间进行了一系列排水疏浚工程。雨水从该地区排出，注入大西洋或改道流向农场与城市。湿地开发工程使得紧邻奥基乔比湖南面约 3100km² 的土地得到灌溉，并改造成种植甘蔗、蔬菜和饲料的耕地。大沼泽地的水文条件极大地受到人类活动的影响，导致水质、水量、水资源分布和水文过程时机都发生重大变化。

历史上水流由基西米河（Kissimmee）注入奥基乔比湖后，进入大沼泽地。由于 20 世纪排水造地，建设运河和泵站群，农业和城镇耗水增加，水系结构发生了巨大变化。现在大量的水向东注入大西洋，向西注入墨西哥湾，而进入大沼泽地的水量则大幅减少。大沼泽地修复规划要求恢复历史水文格局，令水流通过大沼泽地，进入佛罗里达湾和南部（图 7.2 - 2）。

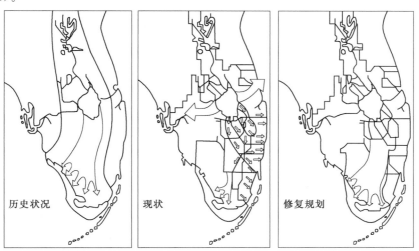

图 7.2 - 2　美国大沼泽地水文格局变化

为防止南佛罗里达发生洪涝灾害，1930—1937 年在奥基乔比湖南部修建了长达106km 的胡佛堤（Hoover Dike），并以法律形式确定了奥基乔比湖水深应当在 4.3～5.2m，此外，修建了穿过克卢萨哈奇河（Caloosahatchee）的大运河，其宽度 24m，深 1.8m。当湖面水位上升时，超量湖水可通过运河下泄。堤坝和运河建成后，甘蔗产量一度飙升，城镇人口迅速增长。但是，胡佛堤建成后的 20 世纪 30 年代便发生了严重干旱，由于无法得到奥基乔比湖和运河水补给，大沼泽地变得极其干旱，引发了迈阿密地区的海水入侵地下水等生态问题。原本通过大沼泽地的自然河流被大规模改造，诸多运河、堤坝和道路建设，在河道中设置了多重障碍，阻断了大沼泽地赖以生存的自然河流。

尽管湿地改造成农田发展农业的计划获得了成功，但是随之而来的负面生态影响却不断显现。这表现为运河和农田切断了大沼泽地其他区域与奥基乔比湖的连通。自然径流变化导致自然栖息地急剧退化，大沼泽地生长了有毒的水藻，形成高浓度的有机汞。疯长的水草开始成片地取代湿地特有的植物群。农田退水中的化肥污染了大沼泽地和湖泊的水体。洪水淹没了野生动物的进食地和筑巢地。外来物种的引进也造成了生物入侵威胁。湿地面积大幅度减少，大约有一半的原始自然沼泽地遭到毁坏。一系列人类活动导致大量鱼类和珍稀动物的死亡，仅涉禽就减少了 90%。

3. 大沼泽地修复综合规划（CERP）

保护大沼泽地生态系统的努力可以追溯到 20 世纪中叶，特别是自然资源保护主义者 Douglas M.S 和 Coe E.F 卓有成效的工作促进了大沼泽地保护工作。政府有关如何扭转该地区生态破坏的讨论始于 20 世纪 70 年代初，最初在州政府层次，在 1990 年后提升至联邦政府层次。2000 年美国国会通过大沼泽地修复综合规划（Comprehensive Everglades Restoration Plan，CERP），该修复规划预算 82 亿美元，规划耗时超过 30 年。这项规划要求模仿自然过程，改善大沼泽地的水文条件，修复大沼泽地生态系统。预期成果包括：改善包括大沼泽地国家公园在内的南佛罗里达超过 240 万英亩的生态系统（约 9712 km²）；改善奥基乔比湖的健康状况；恢复基西米河自然状态；保证农业用水和满足南佛罗里达不断增长人口的淡水供应；改善流域水质；强化地区防洪安全；维持旅游业赢利。

4. 分项规划

（1）调整供水规划（MWD）。调整供水规划（MWD）是大沼泽地修复综合规划 CERP 的项目之一。历史上，每年超过 17 亿 m³ 的水向南流入大沼泽地湿地国家公园，而规划前每年只有 9.84 亿 m³ 的水流流入。大沼泽地水源的急剧减少，导致大沼泽地国家公园生态系统的严重退化。MWD 的目标是到 2010 年每年增加 12.3 亿 m³ 水量修复生态系统。针对南佛罗里达城镇人口增长形势，CERP 的对策是开辟新水源满足供水需求。MWD 还包括改变供水路线，为东北鲨鱼泥沼区供水；提高附近农业区和城镇的防洪能力，提高防洪标准。

（2）大沼泽地核心项目规划（CEPP）。大沼泽地核心项目规划（Central Everglades Planning Project，CEPP）于 2015 年 8 月提交国会批准，2016 年 9 月美国众议院和参议院授权 CEPP 法案。CEPP 的目标是通过改善北部河口、中心大沼泽地以及大沼泽地国家公园的水量、水文过程时机以及水资源配置，修复栖息地和生态功能。CEPP 整合了 6 项蓄水、输水部门的规划成为统一完整规划。CEPP 提出的水资源管理原则表述为：为修复大沼泽地生态系统，"规划水流以合适的水量、合格的水质、按照正确的配置方案输送到遍及南佛罗里达正确的地方。"

（3）湿地修复规划。2014 年国会授权的比斯坎湾（Biscayne Bay）滨海湿地规划，规定为滨海湿地补水，改善比斯坎湾国家公园和比斯坎湾的生态系统。美国农业部支持湿地恢复，为私人业主和原住民部落提供财务和技术支持。保护土地致力于粮食生产、恢复和加强湿地，改善野生动物栖息地。

（4）自然水文条件修复规划。Picayune 海滨修复规划包括：迁移 48 英里运河和 260 英里道路，这些基础设施阻隔和影响了自然径流。计划建设 3 座大型泵站以改变水流流向，并且保障相邻开发区防洪安全，设置防洪水位监测系统。

（5）自然径流恢复。为增加从奥基乔比湖，通过中心大沼泽地，最后注入佛罗里达湾的水量，采取了一系列措施，包括拆除阻隔中心大沼泽地与大沼泽地国家公园之间 41 号高速公路的部分路段而代之以桥梁，便于水流从中心大沼泽地流入大沼泽地国家公园。下一步计划将允许更多水从北向南流动，横穿更广阔地带并为大沼泽地国家公园的深水栖息地补水。

（6）河流回归自然。基西米河（Kissimmee River）修复计划是将渠道化河道恢复为自然蜿蜒型河道，以及恢复河漫滩存储洪水能力。水流沿基西米河缓慢注入奥基乔比湖，减缓湖泊水位上升速度。

7.2.4 河流湿地生态修复技术

1. 湿地布置模式

重建一块湿地，首先需要研究湿地空间布置，其核心问题是解决湿地与地表水和地下水的交互作用，也就是湿地的补水和排水问题。

自然形成的河流湿地，其运行方式是依据年度水文情势变化，季节性为湿地补水。图 7.2 - 3（a）显示了一种地下水位较高的自然河流湿地补水过程。在非汛期，湿地靠陆地地下水补给，湿地水位高于河流常水位，湿地通过土壤渗透向河流补水。在汛期河水水位上涨，当水位超过漫滩水位后，水流漫溢越过自然堤向湿地补水。湿地开始蓄水并逐步达到高水位。在汛后，洪水消退，水流归槽，湿地内泥沙、化学物质和腐殖质在河漫滩淤积和保存。这种自然湿地运行的主要特点是湿地补水的季节性。如果图 7.2 - 3（a）案例换一种情景，地下水位较低，非汛期没有补水水源，湿地主要靠汛期洪水补水，这时就会出现旱季湿地水位逐渐下降，甚至出现干涸的情况。特别是遇有枯水年份或当年降水较少，湿地干涸的风险会更大。

根据湿地补水方式，湿地布置可有以下几种模式：

（1）自流补水湿地模式。仿照自然湿地的补水模式布置自流补水湿地，如图 7.2 - 3（b）所示。图中显示按照季节性补水设计的重建湿地。开挖的湿地位于河流一侧，用引水渠和退水渠与河道连接。引水渠和退水渠与湿地分别在入口和出口衔接。根据湿地容积、河流年水位变化过程线计算湿地入口和出口的底板高程。当河道水位高于湿地入口底板高程，水体自流进入湿地补水。当湿地蓄水完成，水位超过出口底板高程，则水流从出口底板漫溢进入退水渠。退水渠的出口可以设在河道，也可以设在河漫滩。出口设置在河道内

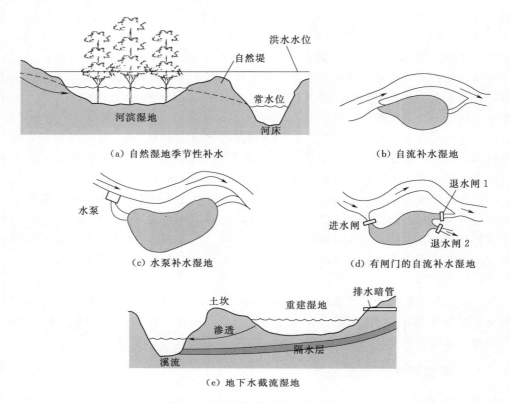

图 7.2-3　河滨湿地的空间布置

方案，能够使水体在河道一侧形成闭路循环，可节约水资源，这对缺水地区是很合适的。但是，如果当地洪水流量较大，遇有洪水时，退水渠水位受河道高水位顶托排水不畅，导致湿地水位上涨，可能对湿地产生破坏或产生大量的泥沙淤积。为避免这种情况发生，可将退水渠的出口布置在河漫滩，可以保护湿地免受破坏和淤积。引水渠和退水渠断面根据湿地蓄水量、补水时间和地形，通过水力学计算确定。自流补水湿地模式的优点是靠自然落差实现补水，注水和排水靠进出口底板高程控制。由于不设水泵等设备，工程造价和运行成本较低。缺点是补水保证率较低，湿地存在间歇式干涸的风险。如果项目现场的地下水水位较高，能够在非汛期为湿地补水，那么自流补水湿地也是一种不错的选项。

（2）有闸门的自流补水湿地模式。为有效控制湿地水位，防止湿地被洪水破坏，可选择闸门控制的自流补水模式［图 7.2-3（d）］。这种模式是在自流补水模式基础上，在河道引水渠进口以及退水渠出口分别增设闸门。湿地退水渠出口为双孔，其中一孔与河道衔接，另一孔直接连接河漫滩，用于汛期向河漫滩排水。渠道出口处，均应做好底板护坦，以防止水流冲刷。闸门运行方式依据河道水位变化确定。在非汛期，引水闸和退水闸均开启，在河道一侧形成水流循环。在汛期，河道水位上涨，当湿地水位已经达到预定蓄水水位，关闭引水渠闸门，防止洪水涌入湿地造成破坏。同时，关闭退水闸与河道衔接的闸门，防止水流倒灌进入湿地。开启与河漫滩衔接的闸门，将水流排到河漫滩。闸门控制的自流补水湿地模式的优点是能够有效防止洪水破坏，但是与自流补水湿地模式比较，工程造价有所增加。

（3）水泵补水湿地模式。为维持湿地必要的水文条件，可以选择水泵抽水模式。水泵抽水模式可以弥补自流补水模式的不足，特别是在旱季河道水位较低，无法向湿地自流补水，通过水泵从河道抽水，经进水渠向湿地补水 [图 7.2 - 3 （c）]。与自流补水模式相比，水泵补水模式提高了湿地水文保证率，降低湿地干涸风险。如果水泵补水模式与闸门控制模式结合，还能降低汛期洪水破坏湿地风险。当然，水泵补水模式的缺点是提高了工程造价和运行成本。一般来说，水泵补水模式适合水资源相对匮乏，河流多年平均流量较小的地区。

（4）地下水截流湿地模式。在地下水位相对较高地区，采用地下水截流湿地模式，有利于湿地维持期望的水位条件。图 7.2 - 3 （e）显示一块重建的河流湿地，湿地高程高于河道高程，在非汛期湿地通过渗透向河道补水。除此之外，河道还有支流汇入和地表径流的汇流方式。湿地高程位于不透水层以上，湿地接收的地下水属于表层水。为保证湿地有足够的水量，在湿地集水区范围内埋设透水的排水管网，收集浅层地下水注入湿地。这种模式不但有效地汇集浅层地下水，而且对于位于农业区的河流，还具有水质净化功能。这是因为排水暗管收集来自农田含高富集化学物质排水，注入湿地后，湿地生长的芦苇、菖蒲等水生植物，具有吸收氮磷等营养物质的功能。湿地作为河道的前置池，形成了面源污染控制屏障。地下水截流湿地模式属于自流型补水，只需一次性工程投资建设暗管系统，其维护运行费用低，在地下水位相对较高地区不失为一种合理的选择。

2. 维持适宜的水文条件

修复或重建一块湿地的关键是创造和维持一个适宜的水文条件，具体体现为创造和维持一定的水位条件，为此需要寻找稳定可靠的水源。地下水与地表水比较，选择地下水更为适宜。一般来说，地下水具有可预测性，受季节影响较小，可以在干旱季节为湿地补水，能防止湿地水位过低，也能降低湿地干涸风险。而靠河流给湿地补水，往往受季节性影响，在干旱季节补水保证率下降。一些水位变幅较大的河流，干旱季节水位大幅下降，湿地自流补水难以为继。在水资源匮乏地区，在干旱年份为保证生活供水，即使抽水补水也会受到限制。值得注意的是，靠地表径流或小型河流单一水源补水的孤立湿地，因为补水保证率低，水体流动性差，容易变成蚊虫孳生的积水池塘，反而给人居环境带来负面影响，因此，要尽量避免规划这类湿地。

为维持湿地的基本生态功能，需要进行湿地生态需水计算。湿地生态需水是指为实现特定生态保护目标并维持湿地基本生态功能的需水。计算湿地生态需水量，首先要建立河流-湿地水文情势关系，然后建立湿地水文变化-生物响应关系模型，最后根据保护目标确定湿地生态需水。简单方法是按湿地水量平衡公式计算，详见 4.2.8 节。需要指出，与任何供水工程一样，在湿地设计中，也应确定湿地项目的补水保证率。这就意味着在干旱季节的一定时段内允许湿地出现低水位，达不到湿地生态需水要求。注意到本地乡土种湿生植物和水生植物对干旱等恶劣环境具有一定抗逆性，能够靠自身力度过困难期并能自我恢复。而且有些湿地适应了湿润与干旱环境的交替转换，相应有水生生物、湿生植物以及陆生生物交替生长。如果盲目提高补水保证率而增加诸如抽水、蓄水、闸坝等工程设施，导致工程造价和运行成本全部上涨，那将是不经济的设计方案。

在河道外侧河滨带开挖形成的湿地，无论是河道原有堤防还是湿地挖方填筑的堤岸，都需要布置引水渠穿过堤岸结构并且设置控制装置（图 7.2 - 4）。对于中小规模的湿地来说，控制装置应尽可能小型灵活，结构简单，手动操作，不但工程造价低，而且运行维护成本低。控制装置形式多样，有竖管式、叠梁插板式、组合式以及翻板式。图 7.2 - 4 (a) 显示竖管式结构，由简单的圆形竖管和水平补水管组成。竖管顶端高程即取水高程，需经论证确定。图 7.2 - 4 (b) 表示叠梁插板竖管结构，手动的叠梁插板可以调节进水水位，以适应河道水位变化。图 7.2 - 4 (c) 显示叠梁插板竖管的改良结构，即在竖管顶上加盖，防止人为损坏。图 7.2 - 5 为小型翻板式取水结构，翻板固定在两侧轮盘上，通过齿轮传动调节翻板角度以控制水位。

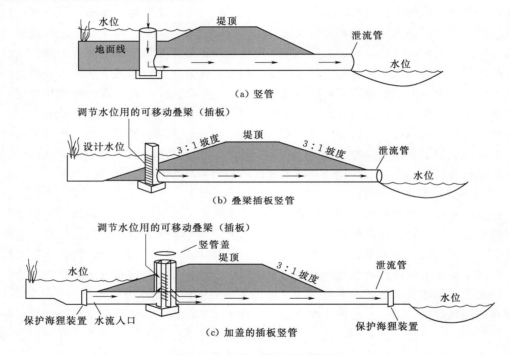

图 7.2 - 4　引水渠小型控制装置

（据 Mitsch，2004，改绘）

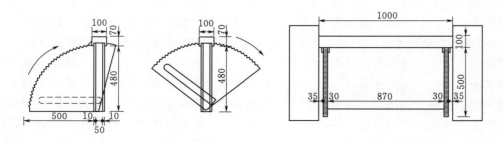

图 7.2 - 5　小型翻板式取水结构（单位：mm）

（据成玉宁，2012）

3. 土壤选择

自然湿地土壤称为水生土。水生土处于生物、水体和气体的界面，在水分、营养物质、沉淀物、污染物、温室气体的运移过程中具有独特作用。水生土长期处于过湿状态，生物残体难以充分分解，使得土壤中积累了大量养分，尤其是泥炭土，其有机质养分含量很高。水生土长期处于水下或周期性洪水泛滥过程中，水体中的营养物质沉淀在土壤表层，增加了土壤肥力。所以说水生土是储存和提供营养物质的"营养库"。多年形成的水生土，足以支持湿地植被和整个生态系统。一般来说，水生土中已经建立了湿地植物的种子库，成为湿地的重要生物资源。因此，恢复、重建或扩大湿地，都要充分利用当地的水生土。在为新建湿地选址时，要选择在水生土上构筑湿地；在原有湿地基础上扩大湿地时，宜用挖方的水生土构筑堤岸。

4. 植被修复

利用当地乡土物种是植物修复的最佳策略。乡土植物适应当地土壤气候条件，成活率高，病虫害少，维护成本低，有利于维持生物物种多样性和生态平衡。如前所述，水生土包含的种子库，为利用乡土种提供了生物资源。所谓种子库（seed bank）是指埋藏在土壤中休眠状态长达一个生长季以上的全部植物种子。观测资料显示，由种子库中的种子萌发形成的植被比人工植被更接近原有植被状态，有利于向原有植被方向恢复。需要指出，不同类型湿地植被形成的种子库有很大区别。一般来说，丰水-枯水周期变化较为明显的湿地土壤中包含大量的一年生植物种子库，可以利用这些种子库进行湿地修复或重建。但是那些持续保持高水位的湿地中，种子库相对匮乏。水位较为稳定的湿地土壤中种子库一般发展不好。

植被修复有两种方法，一种方法是自然方法，即按照自然过程包括种子库的种子萌发生长，湿地系统以自己的方式挑选物种和群落，通过持续的演替，最终成活下来并逐步形成完整的湿地生态系统。用这种方法修复或重建的湿地称为"自设计湿地"（self-design wetlands），意指靠生态系统自设计、自组织功能形成的湿地。选择这种方法重建或修复的湿地，仅在项目开始时提供一些人工帮助，例如选择性锄草。另一种方法靠人工引进若干植物物种，引进物种可能成活也可能失败，这些物种就成为这块湿地的成功或失败的指示物种。用这种方法修复或重建的湿地称为"设计湿地"（designer wetland），意指由人为设计的湿地。"设计湿地"方法认为，通过适当的工程措施和植物重建，可以加快湿地的恢复或重建过程。这种理论认为植物的生活史（种子的传播、生长、定居过程）是重要因子，可以通过强化物种的生活史来加快湿地的恢复。强化的措施主要指采用人工播种、种植幼苗、种植成树等。比较两种方法，显然自设计湿地的工程成本和维护费用比设计湿地要低，对于湿地的演替方向也有一定的预测性。但是，在有些情况下，设计湿地方法也有其优势。具体表现为，为了实现湿地的某些预期的主要功能，如景观功能，就需要引进一些观赏植物；而强化污染控制功能，就要引进一些具有水体净化功能的植物。

Reinatz（1993）的研究发现，重建湿地初期引进多种物种，可以保证湿地长期的多样性和丰度。如果靠自然建群，可能会出现单一物种（如香蒲、芦苇）覆盖度高的局面。著名生态学家 Mitsch（2005）认为，在一块重建的湿地上种植或不种植植物都无关紧要，最终环境将决定植物的存活和分布。他比较了外界环境基本相同的两块湿地，一块人工种植植物，一块没有种植植物，用对比方法来观察两块湿地的重建过程。在开始几年这两块湿地差别不大，随后出现差异，但是最终两块湿地发育得几乎一样。说明湿地具有自设计功能和自恢复功能，至于是否种植植物仅仅在发育过程中产生影响，但是对于最终结果不起主要作用。需要指出的是，湿地重建或修复需要 15～20 年的时间。

在植物配置方面，根据水深划分植物类型，依次为中生植物、湿生植物、水生植物，其中水生植物依次为挺水植物、浮叶植物和沉水植物。一般来说，挺水植物设计在常水位 1m 水深以内的区域，浮叶植物设计在常水位 0～2m 水深的区域，沉水植物设计在常水位 0.5～3m 水深的区域。

依据湿地主体功能，选择具有相应功能的植物。对于以改善水质为主体功能的湿地，宜选择具有良好净化功能的挺水植物，如芦苇、蒲草、荸荠、水芹、荷花、香蒲、慈姑等。浮叶植物有睡莲、王莲、菱、荇菜等。以营造自然景观为主体功能的湿地，可以选择如樟树、栾树、木槿、乌桕、蓝果树、白杜、美人蕉等植物。植物配置技术可参见 6.5.5 节和 7.1.4 节。

【工程案例】　荷兰围垦区湿地重建[1]

荷兰的围海造田工程举世闻名。围海造田工程以须德海（Zuiderzee）工程为标志，工程内容是建造 30km 的堤坝将须德海"脖颈"合拢，形成内海，再从 Ijssel 河向内海引入淡水，使其淡水化。随后形成了 5 片总计 20.6 万 hm²（309 万亩）的圩地用于农业，其余部分为湖泊、河流水面。这项计划始于 1918 年，1932 年堤坝工程实现合拢。其后开展了大规模的堤防和排水系统的建设。按照规划，5 片垦区的规模从 2.4 万到 4 万 hm² 不等。这项工程对荷兰的农业发展、市镇建设和自然保护起了巨大的促进作用。

荷兰围垦区的生态建设经历了几个阶段。始于 20 世纪 30 年代开发的第 1、2 号垦区（Wieringermeer 垦区和东北圩地）是农业垦区。垦区发展目标是增加粮食生产和提供就业机会。20 世纪 50 年代开始的第 3 号垦区——东芙莱沃兰德垦区（Eastern flevoland）以发展城镇为主，城镇人口规模在 10 万左右。同时，由于社会的环保意识的提高，开始注重自然环境建设，创建了自然保护区。这里以扩展森林为主，特别是沿着湖泊种植成片的森林。主要树木有：柳树、白杨、橡树、山毛榉树、岑树等。建设中充分考虑了居民的休闲需求，建设了林地池塘、夜餐空地、骑马小路、自行车路、步行小路等，使得这些森林成了理想的休闲空间。而 1968—1996 年开发的第 4 号垦区——南芙莱沃兰德垦区，则已经把生态建设摆在重要位置上。土地规划为，1/2 土地用于农业，1/4 用于城镇开发，余下 1/4 是自然区域，包括森林和河湖水面。规划中为自然生态的成长留下足够的空间，其面积达 1 万多 hm²。

第 3、4 号垦区，专门进行了生态系统设计。所谓生态系统设计是依据生态系统自身的自然演替规律，建立自然保护区，运用技术手段，创造一种环境，使各类特定的动植物能够共生，从而组成特定的生物群落，以培育特定的湿地生态系统。人们要做的事情，主要是为珍禽鸟类和其他动物提供栖息地、避难所和繁殖产卵条件。自然保护区建设的重点是海拔低的地区，这里主要是开垦后遗留的湖泊和沼泽，水面面积达 5600hm²。地形地貌

---

[1]　引自董哲仁，荷兰围垦区生态重建的启示，中国水利，2003 第 11A 期。

包括湖泊、沼泽、芦苇荡和柳树群。这些沼泽为动物提供丰富的食品，很快就成了留鸟、候鸟和水禽的栖息地，白鹅、黑雁、琵鹭、鹭鸶。麻鸭、苍鹭、紫鹭、银鹭，夜鹭等鸟类都聚集在沼泽带。鹭鸶群专门飞到这里定居。特别是豪思特沃尔德（Horsterwold）自然保护区，其开发计划就是完全排除人为干扰，不采取人工种植方法，完全靠生态系统自然演替，在该区的核心地带形成一片面积为 4000hm^2 的野生区，成为荷兰最大的阔叶森林。

最令国际生态学界关注的是在第 5 围垦区——玛克旺德（Markerwaard）垦区。早在 1975 年，这个垦区的堤防工程就已经完成，建立了排水系统而且持续抽水，新土地已经显现 20 多年。但是由于荷兰政府资金筹措等方面的原因，垦区的开发工作迟迟没有开展。可是，经过 20 多年的生态系统自然演替，这一片曾是荒芜的土地，已经成为植物繁茂、动物门类众多的自然野生区，面积达 4.1 万 hm^2。笔者在这里考察时，看到各类乔木发育、灌木丛生高可没人，时有鹭鸶在沼泽中起落捕鱼，成群的鸟类盘旋飞翔。荷兰政府准备把这片垦区作为国家自然保护区，不再用于农业开发。

荷兰围垦区湿地建设经验告诉我们，依据生态系统自然演替规律，靠生态系统自身的发育，不需要种植植物，经过若干年时间，同样可以建设一个健康的湿地生态系统。

7.3　湿地公园规划概要

我国湿地公园的定位是以湿地生态保护为核心，兼顾科普宣教、旅游休闲的湿地区域。湿地公园规划的重点是处理好保护与利用的关系，既要保证实现湿地生态保护的主体目标，又能开发利用湿地的生态服务功能，营造人与自然和谐的自然景观。

7.3.1　概述

1. 湿地公园定义和内涵

湿地公园是基于生态保护原则对湿地实施可持续管理和利用的自然空间。国家林业局发布的《国家湿地公园建设规范》（LY/T 1755—2008）中对湿地公园定义为："湿地公园是拥有一定规模和范围，以湿地景观为主体，以湿地生态系统保护为核心，兼顾湿地生态系统服务功能展示、科普宣教和湿地合理利用示范，蕴含一定文化美学价值，可供人们进行科学研究和生态旅游，予以特殊保护和管理的湿地区域。""国家湿地公园的面积应在 20hm^2 以上；国家湿地公园的湿地面积一般应占总面积的 60％以上；国家湿地公园的建筑设施、人文景观及整体风格应与湿地景观及周围的自然环境相协调。国家湿地公园的湿地生态系统应具有一定的代表性，可以是受到人类活动影响的自然湿地或人工湿地。"

一般来说，湿地公园具备以下特征：

（1）湿地景观具有一定规模，湿地景观占公园主体。

（2）具有较完好的湿地生态结构和典型生态服务功能，维持系统内生物多样性和适宜自然栖息地。

（3）在湿地保护的基础上，兼有科普、休憩旅游、科学教育等多种功能。

2. 中西湿地公园定位异同

我国湿地公园的定位与发达国家有很大的不同。发达国家的国家湿地公园是自然保护区的一种形式，均属自然湿地。其规模大，面积广，管理目标要求保持湿地自然状态，避免和尽量消除人工干扰。如上述建于 1947 年的美国大沼泽地国家公园，面积 6070km²。2000 年美国国会授权的大沼泽地修复综合规划（CERP），历时 30 年，目标是恢复大沼泽地历史水文情势，减轻或消除人类活动干扰，恢复其自然状态（见链接 7.2.1）。我国湿地公园绝大部分位于城市区域，是城市公园的一种类型，受土地利用限制，规模一般不大。除了自然湿地以外，一些湿地公园是经过农田、鱼塘、荒地改造后的人工湿地。在功能定位上，我国湿地公园除了湿地保护与发达国家一致以外，还加入休憩旅游、科普文化等功能。基于这些功能定位，湿地公园就势必引入诸多人工元素，包括为解决湿地水源建设闸坝、渠道等设施；建设休憩旅游餐饮设施；建设科普文化建筑物；建设游览和运动道路等。这些建筑设施的兴建，无疑加重了对湿地的干扰。尽管在湿地公园定位上中西存在差异，但是总体看，以生态保护为目标的湿地公园建设，反映了我国生态保护意识的提高，是社会进步的一个标志。

3. 湿地公园建设中存在的问题

近年来，全国各地建设湿地公园的积极性高涨，湿地公园遍地开花。但是，因对湿地公园理念理解存在差异，湿地公园建设良莠不齐。一些湿地公园偏离了生态保护的初衷而出现一些问题。对这些偏向如果不能及时纠正，势必造成资金浪费和自然资源损失。

（1）湿地公园设置的本意是保护湿地而不是开发利用湿地。湿地公园不同于一般城市公园，肩负有湿地生态系统保护的重任。湿地公园建设的核心任务是湿地生态系统保护和修复，而不是一般城市公园营造。

（2）良好的湿地公园规划是基于对生态系统结构、功能和过程的理解，以及对湿地水文条件、湿地土壤状况和植被演替过程全面调查和评价分析，在分析确定关键胁迫因子基础上，制定合理修复计划。但是，当下一些项目忽视现场生态要素的调查勘测，缺少水文、土壤、植被保护和修复措施，使湿地保护修复流于形式，湿地公园有名无实。

（3）园林化、人工化、渠道化倾向。众所周知，城市园林设计以满足社会公众休闲、运动、娱乐需要为目标，采取人工造景手法，营造城市宜居环境。湿地公园设计不能照搬园林设计方法，不能按城市园林模式造景，包括堆砌土山，布置山石，建造亭台楼阁，引进大量观赏植物，压缩湿地面积，扩大草坪面积等。湿地公园也不应改变河流蜿蜒形态，人工裁弯取直，也不宜采用不透水混凝土或浆砌块石护岸，导致河流渠道化。

（4）一些地方的湿地公园以盈利为目标，商业化倾向严重。建设大量娱乐、餐饮、服务设施，或密集建设码头水榭、仿古建筑，导致湿地景观破碎化，对湿地形成更大的环境压力，冲淡了湿地公园主题。

（5）缺乏可持续性。或因水文设计不当；或因污染控制不力；或因引进植物不当导致生物入侵；或因管理养护不到位，种种原因都会引起湿地建成后几年发生严重退化或产生富营养化，造成工程失败。

7.3.2　湿地公园规划要点

湿地公园是以湿地保护为主题的特殊景观环境，保护和恢复湿地的生态功能是湿地公园营造的首要任务。因此，湿地公园规划，首先是湿地保护和恢复规划。有关湿地保护和恢复规划问题，包括湿地修复目标和原则以及河流湿地生态修复技术，已经在 7.2 节进行了讨论。由于湿地公园定位还包括科普教育以及休憩旅游功能，因此湿地公园规划还应考虑使用功能设计和景观空间设计两个部分，这两部分内容属于人们对湿地的利用范畴。

1. 湿地保护类型

我国对生态公园的定位要求湿地公园具有一定代表性，即生态系统的典型性。因此需要对项目场地的湿地进行分类。不同类型的湿地公园应采取不同的保护与修复措施。

（1）按湿地类型分类。按照湿地类型分类，有河流湿地、湖泊湿地、沼泽湿地、滨海湿地和库塘湿地。

（2）按地带性植被特征分类。湿地植被有别于其他类型植被，是湿地生态系统的重要标志。不同气候地理区域的湿地植被类型及构成具有明显的差异性。例如我国华南沿海红树林湿地、华东淡水湖泊湿地、黄河河口三角洲暖温带原生湿地等。

（3）按典型动物栖息地分类。生物栖息地按照生物类型区分，可分为鱼类栖息地、鸟类栖息地和两栖动物栖息地。按照景观构成区分，可分为沼泽栖息地、岛屿栖息地、乔木栖息地和灌木栖息地等。

2. 生态保护与使用功能分区格局

湿地公园应按照生态保护和使用功能分区，一般分为核心区、缓冲区和使用功能区。生态保护是湿地公园的主题，故设湿地保护核心区。核心区外设置隔离设施，实行封闭式管理。核心区的外围设置缓冲区。缓冲区位于核心区与使用功能区之间，通过物理隔离方式降低游客活动对湿地的干扰，包括水污染、噪声污染、固体废弃物、踩踏干扰等。缓冲带还通过过滤、渗透、吸收、滞留、沉积等物理、化学和生物作用改善水质，以及控制和降低流域污染物进入核心区。缓冲区外围设置使用功能区。功能区可以进一步细分为旅游休憩区、景观观赏、湿地科普展示区、湿地探索活动区、植物观赏、野营度假区、湿地渔业体验区等（图 7.3-1）。要详细规划各个分区的面积比例和空间布局。首先应按湿地公园的技术标准，保证核心区的面积。功能区的空间布局尽可能减少对核心区的干扰。像湿地探索这类游客量大、园内交通和人流噪声大、服务设施集中的项目，宜布置在远离核心区位置。景观观赏及游览等活动，干扰相对较少，可以布置在湿地附近。

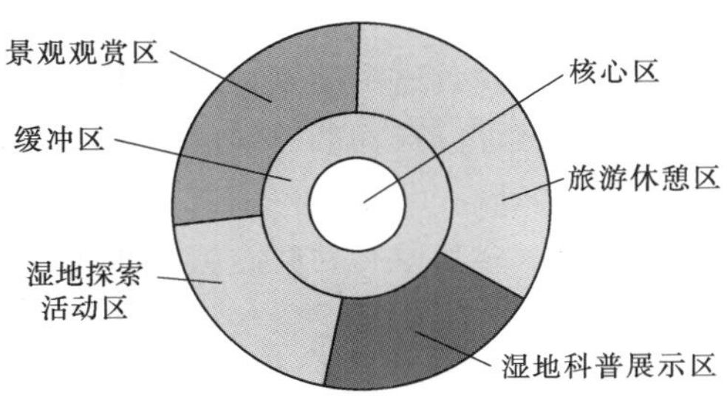

图 7.3-1　保护-功能分区格局示意图

3. 文化功能规划

湿地公园的文化功能主要体现在湿地自然科普展示、当地历史遗存以及民俗文化展示体验等。要深度挖掘当地历史遗存和民俗文化。对地方历史遗存，包括古井、古桥、古堰、古渠等古代水利设施，应遵循"整旧如旧"的原则，妥善修葺保护。民间的农耕和渔业大型手工工具和场地，以及涉水民族风俗情景可以安排参与式民俗文化体验活动。与水有关的传统图案、图腾装饰；以及吟诵湿地景观的诗词歌赋，如诗经中脍炙人口的名句："蒹葭苍苍，白露为霜，所谓伊人，在水一方"等，可用碑刻、雕塑、楹联匾额、建筑装饰等方式展示。这些文化展示，应与周围自然景观协调，布置得当，和谐有序，不宜密集布置冲淡自然景观主题。同时，不宜建设仿古亭台楼阁、水榭码头等建筑，这种建筑不但破坏自然景观，而且会对生态系统形成胁迫。民俗文化体验活动场地应远离核心保护区，避免对湿地的干扰。

4. 湿地公园管理规划

湿地公园管理规划的重点是游憩冲击最小化。《游憩生态学》作者，生态学家 David Cole（1998）指出，"原野地的游憩使用迅速增加，随之而来的是人类的干扰和原野地自然生境的退化。""我们必须考虑游憩生态冲击的重要性以及原野地游憩管理者在平衡原野地开发和保护中的责任。"就湿地公园而言，公园的设计、管理必须重视游憩活动对生态系统的冲击和干扰，通过公园规划设计和管理措施，力求游憩冲击最小化。

游憩活动对固定性自然要素如土壤、植被等冲击行为主要是践踏、露营等，践踏引起土壤压实、板结、大孔隙丧失和渗透率下降，水土流失增加，土壤支持植物生命能力下降。土壤条件的巨大变化会导致外来物种入侵。严重践踏会导致植物直接死亡。游憩活动对移动自然要素诸如水、动物等的冲击行为主要是污染、干扰、捕杀等。人类干扰会导致野生动物在生理、行为、繁殖、数量水平、种群构成和多样性等方面发生变化。资料显示，如果鸟类巢穴受到游憩冲击，即使在冬天游憩活动大幅减少时，场地内的鸟类数量仍然减少。对于鱼类的影响主要是来自水体富营养化和污染。游船摇摆对植物的机械扰动，机油、汽油混合物漂浮水面，导致某些鱼类不能呼吸到足够的氧气。餐饮污染和固体垃圾丢弃对湿地水质造成影响。

游客管理是降低游憩冲击的重要措施。游客管理主要措施包括：①限制使用。限制使用标准基于游憩场地的承载力评价，根据游憩冲击引起的变化可接受极限确定。如果没有超过确定的冲击极限，就认为游憩地是可持续利用的。一旦建立了使用限制，就面临游客分配问题。对于需求量远大于限制量的情况下，可以采取预约方式。限制使用可依时变化，比如节假日限制，平时不限制。②分散使用。对于广受欢迎的游览道路、局部区域，采取监控方法设置进入定额，当满额时疏导游客到其他地方旅游。可以利用手机导航技术，实时提供可以选择的路线，分散游客人流。这种方法可以增大群体间的距离，避免集中使用特定区域。③限制停留时间。对于游客高度集中的区域和展室，可设定停留时间，这样可接待更多的游客并防止拥挤现象发生。④低冲击旅游教育。通过网络、手机、大屏幕电视、广播、指南等手段传播生态保护理念和普及相关知识；提倡绿色旅游行动；建立和执行严格的管理制度和奖罚制度。

7.3.3　生态空间格局构建

1. 景观格局分析

湿地公园的定位就决定了其空间格局以生态保护为主，同时兼顾使用功能。基于这种认识，湿地公园的空间格局构建应以景观生态学为理论基础。

景观格局（landscape pattern）是指构成景观的生态系统或土地利用/土地覆被类型的形状、比例和空间配置（傅伯杰，等，2003）。它是景观异质性的具体体现。景观的空间格局采用斑块-廊道-基底模式进行描述，借以对于不同景观进行识别、分析。由斑块、廊道和基底这些要素构成了三维空间的景观格局。斑块、廊道和基底都是相对的概念，不仅在尺度上是相对的，而且在识别上也是相对的。景观格局依所测定的空间和时间尺度变化而异。在景观生态学中，小尺度表示较小的研究面积或较短的时间间隔。不同的空间尺度对应着不同的时间尺度（见 4.5 节）。就我国湿地公园而言，湿地景观应属地貌单元尺度，基底可以是湿地周围的面积较大的草地，湿地镶嵌其中。斑块包括沼泽、池塘、树林、灌丛、稻田、跌水、沙洲、岛屿、堤坝以及其他人工构筑物。廊道包括支流、河汊、沟渠、狭长植被带、园路通道等。对于那些湿地水面相对较大的湿地，也可以把水面作为基底，而树林、灌丛、湖中岛、边滩、沙洲、堤坝等作为斑块。需要指出，在湿地景观中，水体廊道（包括支流、河汊、沟渠等）具有重要的生态功能。水体廊道是各个斑块间的生态纽带，既是水体和营养物质输送的通道，又是食物网能量传递的载体，还是洄游鱼类等水生生物迁徙运动的通道，具有不可替代的重要作用。湿地公园景观时间尺度，自然演变尺度为 1～10 年，人工干预尺度为 1 个月～2 年。景观格局分析的目的是通过对于景观格局的识别来分析生态过程。通过对于景观空间格局的分析，就可以认识生态过程并进行生态评价。

湿地公园生态空间格局构建的核心是提高湿地公园的空间异质性。所谓空间异质性（spatial heterogeneity）是指某种生态学变量在空间分布上的不均匀性及其复杂程度（见 4.5.2 节）。空间异质性是空间斑块性（patchiness）和空间梯度（gradient）的综合反映。空间斑块性分为生境斑块性和生物斑块性两类。生境斑块性的因子包括气象、水文、地貌、地质、土壤等因子的空间异质性特征。生物斑块性包括植被格局、繁殖格局、生物间相互作用、扩散过程等。空间梯度指沿某一方向景观特征变化的空间变化速率，在小尺度上可以是斑块核心区至斑块边缘的梯度。

景观格局量化分析方法常用景观空间格局指数法。景观空间格局指数是指能够高度浓缩景观格局信息，反映其结构组成和空间配置特征的简单定量指标。就湿地公园而言，建议计算下列指标：①斑块密度（PD）。斑块密度指单位公顷面积上的斑块数量，用于描绘景观类型的多样性程度。PD 越大，空间异质性程度也越高。②最大斑块指数（LPI）。最大斑块指数用来测定最大的斑块在整个景观中所占的比例，它有助于确定景观的基质或优势类型，其变化反映了人类活动的方向和强度。③边缘密度（ED）。边缘密度是指景观中单位面积的边缘长度，反映景观的形状复杂程度，边缘密度的大小直接影响边缘效应及物种组成。④景观形状指数（LSI）。该指数表示景观空间的聚集程度，也可以表示景观形状的复杂程度。⑤景观蔓延度指数（CONTAG）。描述景观里不同拼块类型的团聚程度或延展趋势。一般来说，高蔓延度值说明景观中的某种优势拼块类型形成了良好的连接性。⑥Shannon景观多样性指数 SHDI。该指标是一个敏感指标。如在一个景观系统中，栖息地类型越丰富，计算出的 SHDI 值也就越高（表 7.3-1）。在 4.5.4 节详细介绍了这些景观空间格局指数计算公式和推荐应用软件，读者可以查阅使用。

2. 景观格局调整与优化

景观格局调整的目的是提高湿地景观的异质性。提高湿地公园的空间异质性，应基于对于景观格局对生态过程影响方式和影响机理的深刻理解，不能简单依靠景观格局指数确定。首先要明确优化目标，选择若干与项目湿地关系相关性强的景观格局系数，然后计算景观格局系数，评价现有景观格局。经过调整景观要素后，再次计算、评价调整后的景观

表 7.3 - 1　　　　　　　　　　　　湿地景观格局指数

类别	景观格局指数	定　义	内　涵
景观斑块	斑块密度 PD	斑块密度指单位公顷面积上的斑块数量	用于描绘景观类型的多样性程度。PD 越大，空间异质性程度也越高
	最大斑块指数 LPI	最大斑块指数用来测定最大的斑块在整个景观中所占的比例	有助于确定景观的基质或优势类型
景观形状	边缘密度 ED	景观中单位面积的边缘长度	反映景观的形状复杂程度
	景观形状指数 LSI	景观空间的聚集程度	反映景观形状的复杂程度
景观多样性	景观蔓延度指数 CONT-AG	景观里不同拼块类型的团聚程度或延展趋势	高蔓延值说明景观中的某种优势拼块类型形成了良好的连接性
	Shannon 景观多样性指数 SHDI	一种基于信息理论的测量指数，反映景观异质性	一个景观系统中，栖息地类型越丰富，计算出的 SHDI 值也就越高

格局方案，比较前后两个方案的景观格局指数，分析景观格局影响生态过程机理，评估生态要素调整的功效，经过多种方案比选，最终获得若干备选的景观格局优化方案。一般来说，景观作为生态、经济和社会功能的载体，不同格局会产生不同生态、社会、经济效益，景观格局优化应将多种功能综合考虑，达到多目标综合最优。就湿地公园而言，除了生态效益以外，还有科普教育、休憩旅游、科学文化等多种社会效益。因此，湿地公园景观格局还要综合多种功能最终确定。

可以通过工程措施调整斑块-廊道-基底总体格局，提高湿地公园的空间异质性。针对现场状况，可以通过增加斑块类型、调整斑块布置、改变斑块形态、增加相邻斑块的大小对比度、增加相邻斑块之间连接度等措施优化湿地景观空间异质性（成玉宁，等，2012），具体方法见表 7.3 - 2。

表 7.3 - 2　　　　　　　　　　提高湿地空间异质性的措施

景观要素调整	工　程　措　施
增加湿地斑块类型	恢复和增加水塘、岛屿、沼泽、池塘、树林、灌丛、稻田、跌水、沙洲、堤坝等斑块类型
调整斑块布局	适当合并陆地与水面，以自然方式布置湿地植物群落
改变斑块形态	通过挖填方，提高岸线曲折度，提高岸线发育系数 D_L
增加相邻斑块间大小对比度	调整水面与陆地对比度，调整湖面与池塘对比度，大陆地域与小岛对比度
增加相同类型斑块间连接度	开挖河道增加水体连通性，增加植被斑块连通性
水体廊道连接	开挖沟渠、支汊，增加湿地斑块之间的连通性

7.3.4　湿地公园营造技术

湿地公园不同于一般城市公园，应遵循自然化原则设计。所谓自然化就是恢复湿地的自然地形地貌和水文条件，维持湖泊生物多样性，同时尽量减轻人类开发活动干扰，避免湿地人工化、园林化、商业化倾向，保持湿地的自然风貌。

本节重点介绍湿地自然景观营造、植被营造和鸟类栖息地营造技术，有关鱼类栖息地营造技术可参阅 6.4 节。

1. 湿地自然景观营造

首先，要明确湿地在河流-湖泊-湿地流域总体格局中的空间景观定位，保持湿地景观与河流廊道景观的有机融合，形成既联系又各具特色的自然景观格局。

（1）营造蜿蜒曲折的湖泊湿地岸线。岸线发育系数反映湖泊地貌的空间异质性，岸线发育系数越高，表示湖湾越发育、数量越多。湖湾是鱼类和水禽的适宜栖息地，生活着水禽、鸟类、鱼类和两栖动物。正因为如此，湖湾成为湿地景观中最优美的精华区域，成为营造重点，详见 7.1 节。

（2）营造多种地貌单元组成的复杂湿地横断面。在湿地原基底地形基础上进行适度调整，营造地形起伏多变的岸坡，形成多种地貌单元，构成形态复杂的湿地横断面。如图 7.3-2 所示。随着水位变化，形成敞水区、湖心岛、水生植物区、灌木湿地、林木区、持久暴露湿地、沼泽湿地等多种地貌单元。在植被方面，形成陆生植物、湿生植物、挺水植物、浮水植物、沉水植物和漂浮植物多层次植被形态。这些地貌单元不但提供了丰富多样的栖息地，而且形成了随季节变化的空间多层次的自然景观。

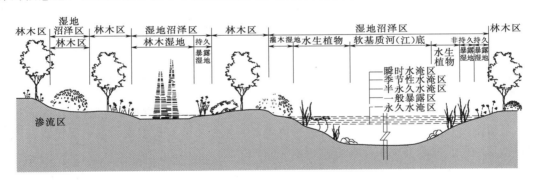

图 7.3-2　多种地貌单元构成的湿地横断面

（3）场地标高调整。为弥补湿地地形低洼平坦，竖向变化小的先天不足，可利用湿地挖方填筑堤岸，也可以用于增加部分场地标高。利用原洪泛区场地，土壤一般为水生土，肥力高而且包含有种子库，是宝贵的自然资源。充分利用水生土既可降低造价，也有利于生态系统修复。

（4）基底改造。湿地岸坡营造应根据原有场地基底进行必要的改造，地形地貌改造以自然湿地形态为参考。地貌修复与改造的主要任务包括：拆除侵占物、地形平整及基底重建。侵占物拆除是指拆除场地鱼塘、房屋等构筑物。地形平整是指根据水生生物生存需求对地形进行整理，包括不合理的沟谷、凸脊、坑塘等平整和改造；以及植被重建区地表植物清理。鱼塘基底改造和民房宅基基底改造技术详见 7.1.4 节。针对边坡较高、坡度较大的地形，可以采取复式断面，增加戗台，形成斜坡-戗台-斜坡结构，斜坡处构筑生态型挡墙，戗台便于植物栽植，技术细节参照 6.2.4 节。

（5）营造蜿蜒性河道。连接湿地斑块之间的河道，应具蜿蜒性特征，形成深潭-浅滩序列，不但能提供多样栖息地，而且能够展现蜿蜒曲线的自然之美。有关河道纵剖面设计、蜿蜒型河道平面形态设计、自然型河道断面设计方法，详见 6.2.2 节。河道岸坡防护的目的是防止水流对岸坡的冲刷、侵蚀，保证岸坡的稳定性。需要进行堤防和护岸的稳定性校核计算，详见 6.2.5 节。

（6）自然型护岸技术。自然型河道、湖泊护岸技术是在传统的护岸技术基础上，利用活体植物作为护岸材料，不但能够满足护岸要求，而且能提供良好的栖息地条件，改善自然景观。自然型护岸技术详见 6.3 节。

2. 四季变化的植被营造

依据不同高程和水位选择植物种类。植物类型根据高程依次为中生植物、湿生植物、水生植物，其中水生植物依次为挺水植物、浮叶植物和沉水植物。一般来说，挺水植物设计在常水位 1m 水深以内的区域，浮叶植物设计在常水位 0～2m 水深区域，沉水植物设计在常水位 0.5～3m 水深区域。植被恢复以乡土植物为主，适当引进观赏植物。按照不同水位，确定乔灌草各类植物搭配分区。

与其他景观相比，湿地景观有明显的季节差异。根据场地所处气候带，合理配置植物种类，使湿地四季色彩变化，营造充满活力的自然气息。为保证冬季常绿，可增加乡土常绿乔灌木的种植。湿地是鸟类和两栖动物的栖息地，随季节变化，动物种类发生周期性变化。为显示物种季节差异性，可适当引进游禽、涉禽等水禽和其他动物。植被营造技术详见 7.1.4 节。

3. 鸟类栖息地营造

湿地鸟类分为留鸟和候鸟。留鸟是指不随季节迁徙，终生生活在出生地的鸟类。候鸟是指随季节南北迁徙的鸟类。湿地公园营造鸟类栖息地方式有：

（1）游禽栖息地。营造深水区域，平均深度 0.8～1.2m，供游禽类栖息。堤岸为缓坡，栽植芦苇和灌木丛，另保留一部分裸露滩涂。水面中心可设置安全岛，提供隐蔽的繁殖与栖息场所。安全岛保留滩涂和种植水生植物（图 7.3-3）。

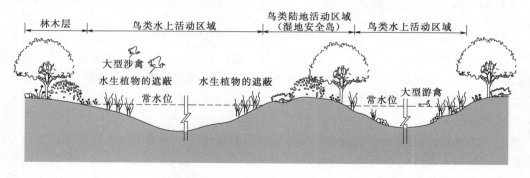

图 7.3-3　鸟类栖息地营造示意图
（据成玉宁，2012，改绘）

（2）涉禽栖息地。营造浅水区，栽植荷花、菱角和芡实等水生植物，吸引涉禽类在此栖息。

（3）候鸟栖息地。候鸟喜栖树种包括水杉、池杉、柏树、女贞、冬青、樟树、棕榈、榆树、乌桕、桑树、桃树、樱桃等，其中挂果树种可为候鸟提供食源。候鸟厌栖植物包括意杨、皂荚等。在湿地公园水域一侧，尽量不种植高大乔木，保证鸟类的飞翔空间和大型鸟类的起降距离。

滨海滩涂和湖泊、水库和河流滩区，水面宽阔，成为春秋季节大量候鸟的停留站。例如，江西鄱阳湖国家级自然保护区，主要保护对象是白鹤等珍稀候鸟及其越冬地。黄河三角洲国家级自然保护区是东北亚内陆和环西太平洋鸟类迁徙重要的"中转站"、越冬地和繁殖地。

（4）鸟类饵料。在园内水域提供充足鸟类饵料。在条件具备的公园，栽植挂果树木；养殖本地小型鱼类并轮番晒塘，为鸟类提供食源。

（5）水动力条件。保持鸟类觅食的水动力条件。强化污染控制，保证水质清洁。

7.4 人工湿地构建

人工湿地是一种由人工建造和调控的湿地系统，通过其生态系统中物理、化学和生物的综合作用进行污水处理。人工湿地一般由人工基质和生长在其上的水生植物（如芦苇、香蒲等）组成，形成基质-植物-微生物生态系统。当污水通过该系统时，污染物质和营养物质被系统吸收、转化或分解，从而使水体得到净化。本节阐述了表流人工湿地和潜流人工湿地设计方法和运行管理。

7.4.1 概述

1. 人工湿地净化原理

人工湿地对污水的处理是物理、化学及生物共同作用的结果，湿地基质和土壤、水生植物和微生物是人工湿地发挥净化作用的三个主要因素。在污水流经人工湿地的过程中，湿地基质和土壤的吸附、过滤，植物的吸收、固定、转化、代谢及湿地微生物的分解、利用、异化等过程的综合作用，影响着最终的净化效果。详见图 7.4-1 和表 7.4-1。

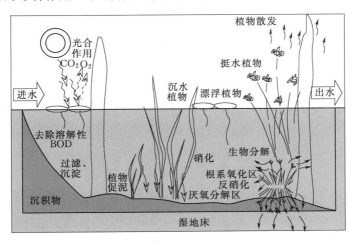

图 7.4-1 湿地净化过程示意图

人工湿地具有如下优点：人工湿地系统可用于污水的深度处理，建造和运行费用较低；易于维护，技术要求低；处理能力较稳定、可靠；对水力和污染负荷的冲击具有缓冲作用；具有经济、社会以及生态景观效益。人工湿地的缺点包括：占地面积大；由于缺乏精确的设计运行参数，湿地设计存在风险；易受病虫害的影响，容易滋生蚊蝇；需增加湿地管理成本等。

表 7.4-1　　　　　　　　　　　　　湿地系统去除污染物的机理

机理		沉降SS	胶体SS	BOD$_5$	N	P	重金属	难降解有机物	细菌＋病毒	说　　　明
物理	沉降	P	S	I	I	I	I	I		颗粒物的重力沉降（污泥沉降）
	过滤	S	S						I	颗粒物经过土壤、植物的根部过滤
	吸附		S							颗粒物之间的引力作用
化学	沉淀					P	P			与不溶的化合物结合或生成不溶物
	吸附					P	P	S		在介质和植物表面吸附
	分解							P	P	不稳定化合物在紫外线照射或氧化、还原条件下分解
生物	细菌代谢		P	P	P			P		胶体颗粒物或溶解的有机物被悬浮的活性污泥或植物吸附或降解
	植物代谢							S		底栖或附着在植物上的细菌作用，细菌硝化、反硝化作用
	植物吸收				S	S	S	S		在适宜的条件下植物吸收
	自然死亡								P	不适应环境的自然死亡

注　P—主要作用；S—第二作用；I—次要作用。

2. 人工湿地类型

按水流形态人工湿地可以分为两种基本类型，即表流人工湿地和潜流人工湿地。

（1）表流人工湿地（FWS）。表流人工湿地（Free Water Surface Constructed Wetlands，FWS）如图 7.4-2 所示。通过布水系统向湿地表面布水，水流呈推流式前进，整个湿地表面形成一层地表水流，流至终端出流完成整个净化过程。湿地纵向有坡度，底部不封底，土层不扰动，但其表层需经人工平整置坡。污水引入湿地后，在流动过程中，与土壤、植物，特别是植物水下根、茎部生长的生物膜接触，通过物理、化学以及生物反应过程而得到净化。这类湿地没有堵塞问题，可以承受较大的水力负荷。

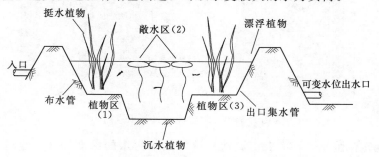

图 7.4-2　具有三个处理区的表流人工湿地示意图

（2）潜流人工湿地（VSB）。潜流人工湿地或称潜流植物床（Vegetated Submerged Beds，VSB）（图 7.4－3）由土壤或不同类型介质和植物组成。床底有隔水层，纵向置坡度。进水端沿床宽构筑有布水沟，内置砾石。污水从布水沟引入床内，沿介质下部潜流呈水平渗滤前进，从另端出水沟流出。在出水端砾石层底部设置多孔集水管，与可调节床内水位的出水管连接，以控制和调节床内水位。床体内填充炉渣等水力传导性能及吸附性能良好的填料，床体上部种植水生植物，通过介质吸附和微生物作用来强化系统的除磷脱氮效果。湿地长宽比影响 BOD（5 日生化需氧量）、TSS（总悬浮物）和氨的去除率，长宽比一般为 4：1。在 VSB 系统中，污水在湿地床的表面下流动，一方面可以充分利用填料表面生长的生物膜、植物根系等作用，提高处理能力；另一方面由于水流在地表下流动保温性能好，处理效果受气候变化影响较小，另外卫生条件较好，是目前国际上较多应用的一种湿地处理系统，但此系统的投资比 FWS 系统略高。

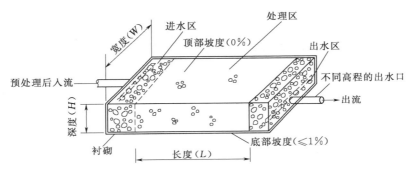

图 7.4－3　潜流人工湿地示意图

3. 一般性技术条件

人工湿地污水处理技术正处发展阶段，我国还没有相关技术规范。国外具有技术指导性的人工湿地设计技术文献，如美国环境保护署（EPA）编《城市污水处理人工湿地指南》（Manual Constructed Wetlands Treatment of Municipal Wastewaters，EPA/625/R－99/010），美国陆军工程师团（U. S. Army Corps of Engineers）编《湿地工程手册》（Wetlands Engineering Handbook ERDC/EL TR－WRP－RE－21），可参考使用。

人工湿地系统的设计受很多因素的影响，包括水力负荷、有机负荷、湿地床构造形式、工艺流程及其布置方式、进水系统和出水系统的类型和湿地植物种类等。由于不同国家及不同地区的气候条件、植被类型以及地理情况各有差异，因而大多根据当地情况，经小试或中试取得有关数据后进行人工湿地的设计。人工湿地规划设计中一般性技术条件如下列。

（1）进水水质要求与预处理。

1）进入人工湿地处理系统的污水应该符合《污水排入城市下水道水质标准》（CJ 3082—1999）和《污水综合排放标准》（GB 8978—1996）中规定的排入城镇下水道并进入二级污水处理厂进行生物处理的污水水质标准。

2）对进入种植有农作物的人工湿地系统的污水，污水水质应满足《农田灌溉水质标准》（GB 5082—1992）。

3) 进入人工湿地系统的污水应满足对 $BOD_5/COD > 0.5$ 和 $TOC/BOD < 0.8$ 的比值要求。由于人工湿地系统是一种生化处理方法，所以对污水中有机物的种类也有一定要求，即污水中生物可降解有机物浓度应占有一定的比例。

4) 进水预处理。为保证人工湿地的正常运行，必须设置预处理。表流人工湿地之前的预处理包括各种类型的稳定塘、沉砂池、前置库、除油池等。流入表流人工湿地的污水不应含有漂浮固体和可沉淀大颗粒以及过多的油脂。金属浓度对于表流人工湿地设计也很重要。虽然重金属能在表流人工湿地中连同 TSS 一起被去除和固定，但如果入水浓度太高将导致重金属残留，对后续土地利用不利。

(2) 场地选择。因地制宜确定场地，尽量选择有一定自然坡度的洼地或经济价值不高的荒地，同时要考虑洪水对湿地的破坏风险。一般情况下，表流人工湿地最理想的自然条件是水平黏土层，其他条件的场地也可以利用，但需要大量土方工程以及防渗衬砌。场地选址应考虑以下因素：

1) 地形地貌。地面坡度小于 2%，土层厚度大于 0.3m。

2) 土壤性状。土壤渗透系数不大于 0.12m/d。

3) 适宜的水文气象条件。

4) 动植物生态因素。采用土著物种，常用植物如芦苇属、香蒲属、灯芯草属、簏草属植物等。

5) 投资费用（如地价）等。

(3) 进水方式。人工湿地的进水方式有多种，目前采用的主要有推流式、回流式、阶梯进水式和综合式 4 种，如图 7.4-4 所示。

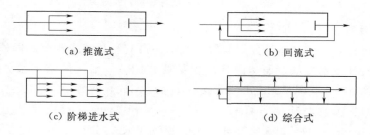

(a) 推流式　　　　　　　　　　　　(b) 回流式

(c) 阶梯进水式　　　　　　　　　　(d) 综合式

图 7.4-4　人工湿地进水方式示意图

推流式进水最为简单，水动力消耗低，输水管渠少；回流式进水增加水中的溶解氧、延长水力停留时间并减少出水中可能出现的臭味问题，出水回流同样可以促进填料床中的硝化作用。阶梯进水式湿地植物长势均匀，有利于均匀分布有机负荷，可避免湿地床前部堵塞，提高 TSS 和 BOD 的去除率，也可为后继的脱氮过程提供更多的碳源，利于后部的硝化和反硝化脱氮作用。综合式进水，一方面设置出水回流；另一方面还将进水分布至填料床的中部，以减轻填料床前端的负荷。

7.4.2　表流人工湿地（FWS）

1. 预期功能

表流人工湿地系统的运行性能，可表示为系统出水水质变化范围和性能的稳定性。资料显示，湿地处理能力范围变化相当大。在不同的设置、设计标准、结构以及进水口/出水口布置等条件下，湿地系统的性能都会有很大差别。湿地污染物负荷范围的选取，决定了湿地污水处理能力。美国环境保护署（USEPA）建立了表流人工湿地数据库 DMDB，应用大量监测数据对湿地各项水质指标的处理能力进行了分析，进而建议了湿地的污染物负荷和湿地进水—出水水质参数范围，见表 7.4-2。

表 7.4-2　　　　　　　　　　　　　DMDB 数据库中污染负荷和性能数据

项目	污染物负荷/[kg/(hm²·d)]			进水/(mg/L)			出水/(mg/L)		
	最小	平均	最大	最小	平均	最大	最小	平均	最大
BOD_5	2.3	51	183	6.2	113	438	5.8	22	70
TSS	5	41	180	12.7	112	587	5.3	20	39
NH_4-N	0.3	5.8	16	3.2	13.4	30	0.7	12	23
TKN	1.0	9.5	20	8.7	28.3	51	3.9	19	32
TP	—	—	—	0.56	1.39	2.41	0.68	2.42	3.60
FC	—	—	—	42000	73000	250000	112	403	713

注　BOD_5—五日生化需氧量；TSS—总悬浮物；NH_4-N—氨氮；TKN—总凯氏氮；TP—总磷；FC—粪大肠杆菌，cuf/100mL。

（1）BOD_5 的处理效果。基于 DMDB 数据库分析结果，美国环境保护署（USEPA）建议，设计上应保证表流人工湿地敞水区负荷不超过 60kg/(hm²·d)，以稳定达到出水小于二级出水 BOD 标准 30mg/L。

（2）TSS 的处理效果。研究者普遍认为，表流湿地具有去除总悬浮物（TSS）的优势。在表流湿地的入口区域，TSS 去除效果非常明显。水力滞留时间的前 2~3d 内，自氧化塘流入的 TSS 会在靠近入口处长满植物区被去除。

美国环境保护署（USEPA）推荐最大面积负荷率不超过 50kg/(hm²·d)，以使出水 TSS 稳定保持在 30mg/L。这个结论只适用于敞水表流湿地系统。

（3）氮的处理效果。在分析中用总凯氏氮（TKN）作为面积负荷指标，并且把湿地系统分为长满植物区或敞水区。美国环境保护署（USEPA）推荐最高 TKN 负荷为 5kg/(hm²·d)，以维持出水 TKN 低于 10mg/L。这个结论只适用于敞水表流湿地系统，不适用于长满植物的湿地，后者由于有机氮微粒沉淀，仅能去除很少的 TKN。

（4）磷的处理效果。美国环境保护署（USEPA）技术指南援引 Gearheart（1993）表流湿地系统面积负荷与磷去除之间的关系研究成果，认为在负荷小于 1.5kg/(hm²·d)，水力滞留时间（HRT）至少 15d 的情况下，正磷酸盐的去除上限是 1.5mg/L；HRT 少于 7d 时，正磷酸盐的最大去除量是 0.7mg/L。美国环境保护署（USEPA）技术指南认为，需要进行长期研究，区分磷形态，记载植物环境、气候、温度及其他有关水质参数，为将来从事表流湿地系统的设计人员提供有意义的资料。

（5）粪大肠杆菌 FC。观测资料证明，对于长满植物的单元或区域，去除粪大肠杆菌（FC）的主要机理是絮凝/沉淀作用。根据各国文献，在以阳光辐射作为主要消毒机理的氧化塘中，FC 相继死亡。絮凝/沉淀机理在表流湿地系统的敞水区是非常有效的，但在长满植物区域，絮凝/沉淀作用通过去除可沉淀的固体和胶质固体达到去除 FC 的目的。

（6）金属和其他颗粒污染物。虽然植物和动物生长都需要一些痕量金属元素（钡、硼、铬、钴、铜、碘、铁、镁、锰、钼、镍、硒、硫和锌），但这些金属在较高的浓度时可能有毒。还有一些金属即使在很低的浓度时也有毒性（砷、镉、铅、汞和银）。研究表明，除了镍、硼、硒及砷之外，大部分金属都趋向于与可去除的固体结合。可沉淀悬浮物和土壤可以将一部分流入的金属负荷截留并有效去除。有限的数据显示，许多金属浓度和质量的减少都与总悬浮物（TSS）的减少有关。研究成果认为大多数金属已经被城市工业污水处理系统浓缩。除了镍以外，污水中 $50\% \sim 75\%$ 的金属（锌、铜、铬铅以及镉）都与 TSS 结合在一起。

2. 湿地水文分析

（1）湿地的水量平衡公式。湿地的水平衡是量化入水、出水以及湿地内获得和损失水量之间的平衡关系。表流人工湿地水的来源，是流入的污水和降水、融雪水以及来自湿地集水区的直接径流。表流人工湿地的损失是出水、蒸散发、渗透以及河岸毛细水。所有表流人工湿地至少应每月或每个季度进行详细的水平衡分析，考虑所有水体的增加或减少。这是因为如果按照年周期进行水平衡分析，可能会遗漏重要的季节性湿地水量增减。

表流人工湿地的水平衡可以下式表示（L—长度单位；T—时间单位）：

$$\frac{\mathrm{d}V_w}{\mathrm{d}t} = Q_o + Q_c + Q_{sm} - Q_b - Q_e + (P - ET - I)A_w \tag{7.4-1}$$

式中：V_w 为湿地中的水量或贮藏量，L^3；t 为时间，T；Q_o 为污水进水量，L^3/T；Q_c 为集水区径流量，L^3/T；Q_{sm} 为融雪量，L^3/T；Q_b 为隔堤损失量，L^3/T；Q_e 为湿地出水量，L^3/T；P 为降水量，L/T；ET 为蒸散发速率，L/T；I 为地下水渗透，L/T；A_w 为湿地水面面积，L^2。

对于具体项目，式（7.4-1）中有些项可以忽略，例如若湿地有不渗透衬砌，则地下水渗透（I）和隔堤损失（Q_b）可以忽略；一些地区融雪量 Q_{sm} 项可以取消。

（2）污水进水量 Q_o。污水的日进水量 Q_o 是进入表流人工湿地的主要入水。当表流人工湿地系统位于现有污水处理厂之后，则污水流量是可以测定的。如果污水流量是未知的，可以用传统工程水文学方法估计。

（3）降雨 P、融雪 Q_{sm} 及集水区径流 Q_c。进入湿地的降雨量包括在湿地表面区域的直接降雨 P 和湿地集水区的径流 Q_c。融雪水 Q_{sm} 是湿地集水区的融雪，成为输入湿地水量的一部分。降雨量对湿地水平衡的影响是显著的，而融雪的影响是季节性的，至于 Q_c 只在一些环境中才会成为重要影响因素。

（4）污水出水量 Q_e。污水出水量 Q_e 相当于在指定的时间周期内处理过的污水流出表流人工湿地的水量。污水出水量反映了表流人工湿地的进水量、其他水增减量以及贮水变化量之间的平衡关系。

（5）蒸散发速率 ET。湿地的蒸散发速率 ET 是由于水面蒸发和湿地植物蒸腾造成的联合水损失。蒸散发的作用是浓缩某些污染物浓度，可提高去除率。

在表流湿地中要精确地测量 ET 速率是很困难的，因此常取蒸发皿蒸发速率的某个百分数的数值作为湿地的 ET。考虑表流人工湿地敞水区和长满植物区域 ET 值存在一定差别，因此采用平均 ET 更为实际。美国环境保护署（USEPA）技术指南建议表流人工湿地蒸散发速率 ET 取蒸发皿速率的 $70\% \sim 75\%$。

（6）地下水渗透 I 和隔堤损失量 Q_b。地下水渗透量 I 和隔堤损失量 Q_b 分别是表流人工湿地通过底部土壤和隔堤产生的水量损失。渗透会减少出水量，但能提高水力滞留时间，提高污染物去除率。由于土壤孔隙逐渐堵塞，渗透量将随着时间逐渐减少。如果表流人工湿地设有不透水衬砌，则在水平衡公式中渗透量项可以忽略。

（7）湿地水深。表流人工湿地容积 V_w 或贮水量直接影响污水流过湿地所需时间。提高湿地容积或贮水量可以消减季节性降水或蒸散发的影响。表流人工湿地的出口通常设有调节闸门控制水位，可以调节湿地的贮水量。由于湿地有持续的污水流入，加之出口有闸门控制，因此水位不会有明显的波动。表流人工湿地的水深是确定挺水植物类型的主要依据。美国环境保护署（USEPA）技术指南推荐，适合长满植物单元的最大季节性水深一般为 1.2m。根据植物类型和基质的类型，正常运行水深范围为 $0.5 \sim 0.75$m。

3. 湿地水力分析

（1）平均水深 h。由于湿地底部是不规则的，在计算中采用平均水深 h。

（2）湿地容积 V_w。表流人工湿地的容积 V_w 是湿地中可能蓄水量（忽略植物、落叶、苔藓等）。湿地容积可以用平均水深 h 乘以湿地水面面积 A_w，即

$$V_w = A_w \cdot h \qquad (7.4-2)$$

（3）湿地间隙率 ε。在表流人工湿地中，植物、沉降固体、落叶和苔藓占据一部分空间，从而减少了蓄水可用空间。湿地的间隙率 E，是指水可以通过这些间隙流动的空间占总体积的比例。美国环境保护署（USEPA）技术指南推荐，设计表流人工湿地长满植物区域间隙率 $E=0.65 \sim 0.75$；植物密度较高的区域采用较低的数值。湿地敞水区 $E=1.0$。

（4）污水平均流量 Q_{ave}。污水平均流量 Q_{ave} 等于污水进水量 Q_o 与湿地出水量 Q_e 的平均值，即

$$Q_{ave} = \frac{Q_o + Q_e}{2} \qquad (7.4-3)$$

污水平均流量 Q_{ave} 包括了进出水量及降雨、蒸散发和渗透的影响。

（5）水力滞留时间 HRT。名义水力滞留时间 HRT 等于湿地可用水体积与污水平均流量 Q_{ave} 比，即

$$HRT = V_w / Q_{ave} \qquad (7.4-4)$$

式中：HRT 为名义水力滞留时间；V_w 为湿地可用水体积；Q_{ave} 为污水平均流量。

理论水力滞留时间 HRT 用 t 表示，计算公式为

$$t = V_w \cdot E / Q_{ave} \qquad (7.4-5)$$

式中：V_w 为可用湿地水体积；E 为湿地间隙率；Q_{ave} 为污水平均流量。需要说明的是，计算水力滞留时间时，流量可以用平均流量，也可以根据不同需要采用最大或最小流量。

4. 面积负荷率 ALR

面积负荷率是指湿地中某种污染物单位面积负荷率 $[\text{kg}/(\text{hm}^2 \cdot \text{d})]$。在计算湿地面积时，常采用面积负荷率法。美国环境保护署（USEPA）根据若干湿地数据库的统计数据，建立了面积负荷率与出水浓度（mg/L）之间的对应关系（表 7.4-2）。比如已知面

积 BOD 负荷率，就可以估计出预期的 BOD 出水浓度。或者依据设计对于出水浓度要求，就可以估计某种污染物最大限度面积负荷率。有了单位面积最大限度负荷率，就能计算湿地面积。

面积负荷率 ALR 与流量 Q、进水浓度 C_0 以及湿地面积 A_w 的关系为

$$ALR = \frac{Q \cdot C_0}{A_w} \qquad (7.4-6)$$

式中：ALR 为面积负荷率；Q 为流量；C_0 为进水浓度；A_w 为湿地面积。

5. 湿地面积 A_w 和水力滞留时间 HRT 计算

根据式（7.4-6），表流人工湿地面积 A_w 按下列公式计算：

$$A_w = \frac{Q \times 1000 \times C_0}{ALR \times 10^6} \qquad (7.4-7)$$

式中：A_w 为表流湿地的总面积，hm^2；Q 为流量，m^3/d；C_0 为进水浓度，mg/L；ALR 为面积负荷率，$kg/(hm^2 \cdot d)$。

计算湿地面积 A_w 时，需要考虑多种计算条件。首先考虑表流湿地的类型，即是单纯长满植物的湿地还是包含有敞水区的多单元构成湿地；其次要考虑流量条件，即平均流量还是最大流量。比较不同的湿地面积计算结果，其中面积最大值对应的计算工况即为控制性条件。

水力滞留时间按照式（7.4-4）和式（7.4-5）计算。计算水力滞留时间需要分别考虑长满植物区和敞水区，假设 2 种区间的水深，按照平均水深 h_{ave} 和平均间隙率计算整个湿地的水力滞留时间，然后，对各单元滞留时间进行估算。

由式（7.4-5）计算理论水力滞留时间 t：

$$t = V_w \cdot \frac{E}{Q_{ave}} = \frac{A_w \cdot h_{ave} \cdot E \times 10000}{Q_{ave}} \qquad (7.4-8)$$

式中：t 为理论水力滞留时间；V_w 为湿地可用水体积；h_{ave} 为平均水深；Q_{ave} 为平均流量；E 为湿地间隙率。

6. 湿地各单元面积计算

计算出的湿地总面积数值 A_w 要分解到敞水区和长满植物区各单元。可先计算第 2 单元（敞水区）面积 A_2，根据式（7.4-8），有

$$A_2 = \frac{t_2 \cdot Q_{max}}{h_2 \cdot E \times 10000} \qquad (7.4-9)$$

式中：t_2 为第 2 单元水力滞留时间；Q_{max} 为最大流量；h_2 为敞水区水深；E 为湿地间隙率，敞水区 $E=0$。

对于由 3 个单元组成的表流湿地，第 1、3 单元面积 A_1 和 A_3 相等：

$$A_1 = A_3 = (A_w - A_2)/2 \qquad (7.4-10)$$

7. 表流人工湿地机理分析

图 7.4-5 显示分为 3 个处理区的表流人工湿地原理示意图。进水是通过氧化塘预处理后的污水。1 区为长满植物区，区内生长漂浮植物和挺水植物，前部是入口沉淀区，水深 $h \leqslant 0.75m$；2 区为敞水区，区内生长沉水植物，水深 $h \geqslant 1.2m$；3 区为长满植物区，

区内生长漂浮植物和挺水植物，尾部是出口区，水深 $h \leqslant 0.75\text{m}$。

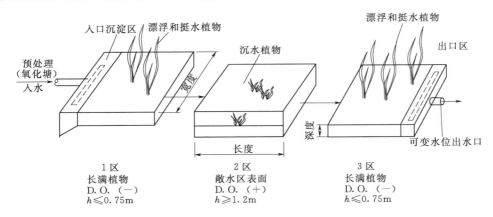

图 7.4-5　表流人工湿地原理示意图

D. O. （一）—厌氧区，溶解氧浓度较低；D. O. （十）—好氧区，溶解氧浓度较高

从机理分析，1 区长满植物，在植物生长季节，整个湿地深度范围都是厌氧环境，通过测量截面的溶解氧和污染物浓度可以说明，其处理机理主要是沉淀和絮凝。在 $Q_{\max}$ 流量下，1 区的水力滞留时间 HRT 不应超过 2d。2 区是敞水区，白天大型沉水植物对自然复氧具有补充作用，可增加溶解氧，促进 NH_4-N 进行硝化反应成为 NO_3-N。为了避免藻类暴发，2 区的最大水力滞留时间 HRT 通常限制在 2～3d。

根据面积负荷率-出水浓度关系曲线，表流湿地初始区域（1 区）可以使用下列面积负荷率，见表 7.4-3。

表 7.4-3　　　　　　　　　表流湿地初始区域面积负荷率和出水浓度

组分	面积负荷率/[kg/(hm² · d)]	出水浓度/(mg/L)
BOD₅	40	30
TSS	30	30

注　BOD₅—5 日生化需氧量；TSS—总悬浮物。

表 7.4-3 说明，如果长满植物的表流湿地系统预期出水达到二级标准，BOD 和 TSS 的最大限度面积负荷率分别为 $40\text{kg/(hm}^2 \cdot \text{d)}$ 和 $30\text{kg/(hm}^2 \cdot \text{d)}$，而 TSS 的最大限度面积负荷率应作为系统的临界负荷。

如果在长满植物区之间布置有敞水区，对于全部表流湿地面积的面积负荷率，出水水质较长满植物区会有所提高（表 7.4-4）。这是由于敞水区的好氧生物去除作用，减少了出水中的背景 BOD 浓度。

表 7.4-4　　　　　　　　　表流湿地全部面积上面积负荷率和出水浓度

组分	面积负荷率/[kg/(hm² · d)]	出水浓度/(mg/L)
BOD₅	45	＜20
	60	30

续表

组分	面积负荷率/[kg/(hm² · d)]	出水浓度/(mg/L)
TSS	30	<20
	50	30

注　BOD_5—5日生化需氧量；TSS—总悬浮物。

【设计实例】　设计一块通过氧化塘预处理的表流人工湿地，设计目标为：出水 BOD和 TSS 达到二级标准，使 BOD 和 TSS 满足月平均 30mg/L 的排放目标。社区设计人口50000 人，平均流量 $Q_{ave}=18920m^3/d$，按照上述面积负荷率和出水浓度关系，计算湿地面积和水力滞留时间。

先计算长满植物的湿地最大面积负荷率。查表 7.4-3，单独的长满植物区域的表流湿地系统可以处理的最大面积负荷为 BOD 40kg/(hm² · d) 和 TSS 30kg/(hm² · d)。根据经验，氧化塘出水浓度平均值（湿地进水浓度 C_0）一般为 BOD 30~40mg/L 和 TSS 40~100mg/L，其中 TSS 因藻类季节性生长和春秋两季换季的影响变化幅度较大。本例中，在平均流量 Q_{ave} 时，湿地 BOD 进水浓度平均值为 50mg/L，TSS 进水浓度平均值是 70mg/L。在最大月流量 $Q_{max}=2 \times Q_{ave}$ 时，BOD 进水浓度平均值为 40mg/L，TSS 进水浓度平均值是 30mg/L。

（1）计算湿地总面积 A_W。式（7.4-7）的计算参数如下列，面积负荷率：BOD 的$ALR=40kg/(hm² · d)$，TSS 的 $ALR=30kg/(hm² · d)$。进水浓度 C_0：在平均流量 Q_{ave}时，BOD 进水浓度 $C_0=50mg/L$，TSS 进水浓度 $C_0=70mg/L$；在最大流量时 Q_{max} 时，BOD 进水浓度 $C_0=40mg/L$，TSS 进水浓度 $C_0=30mg/L$。平均流量 $Q_{ave}=18920m^3/d$，最大流量 $Q_{max}=37840m^3/d$。

1）对于 BOD，平均流量 Q_{ave} 时：

$$A_W=\frac{Q \times 1000 \times C_0}{ALR \times 10^6}=\frac{18920 \times 1000 \times 50}{40 \times 10^6}=23.65 \approx 24hm^2$$

2）对于 BOD，最大流量 Q_{max} 时：

$$A_W=37840 \times 1000 \times 40/(40 \times 10^6)=37.84 \approx 38hm^2$$

3）对于 TSS，平均流量 Q_{ave} 时：

$$A_W=18920 \times 1000 \times 70/(30 \times 10^6)=44.14 \approx 44hm^2$$

4）对于 TSS，最大流量 Q_{max} 时：

$$A_W=37840 \times 1000 \times 30/(30 \times 10^6)=37.84 \approx 38hm^2$$

从以上结果可以看出，平均流量时 TSS 面积负荷是控制性条件，即对于一个长满植物区域的表流湿地系统来说，需要 44hm² 才能满足二级出水标准。

具有敞水区的表流湿地，面积负荷率 ALR 有所提高（见表 7.4-4），如果 BOD 和TSS 的面积负荷率分别为 60kg/(hm² · d) 和 50kg/(hm² · d)，按照上述步骤计算湿地面积，则发现控制条件仍然是平均流量 Q_{ave} 和 TSS 面积负荷率。计算参数为：TSS 的$ALR=50kg/(hm² · d)$，进水浓度 $C_0=70mg/L$，平均流量 $Q_{ave}=18920m^3/d$。

$$A_W=18920 \times 1000 \times 70/(50 \times 10^6)=26.48 \approx 26hm^2$$

计算结果表明，具有敞水区的表流湿地总面积为 26hm²，比长满植物湿地需要总面积 44hm² 减小许多。说明具有敞水区的表流湿地的去除效果远高于长满植物的表流湿地。最后选用包含敞水区的多单元结构湿地，可以提高去除效率，满足出水水质要求。本算例选用 $A_w = 26$hm²。

（2）计算水力滞留时间 HRT。用式（7.4-8）计算理论水力滞留时间 $(HRT)t$。计算参数：长满植物区，假定水深 $h = 0.6$m，$E = 0.75$；敞水区水深 $h = 1.2$m，$E = 1.0$。整个湿地水深平均值 $h_{ave} = 0.8$m，$E_{ave} = 0.8$，湿地面积 $A_w = 26$hm²。

1）当采用平均流量 $Q_{ave} = 18920$m³/d 计算时，整个湿地水力滞留时间 $(HRT)t$ 为

$$t = V_w \cdot E/Q_{ave} = \frac{A_w \times h_{ave} \times E \times 10000}{Q_{ave}} = \frac{26 \times 0.8 \times 0.8 \times 10000}{18920} = 8.79\text{d}$$

2）当采用最大流量时 $Q_{max} = 37840$m³/d 计算时，整个湿地水力滞留时间 $(HRT)t$ 为

$$t = 26 \times 0.8 \times 0.8 \times 10000/37840 = 4.4\text{d}$$

以上是整个湿地水力滞留时间，还需要分配到各单元。根据经验，在 Q_{max} 条件下，1 区最小 HRT 约为 2d。对于 2 区（敞水区），控制性因素是防止发生水华所需的天数，成为滞留时间（HRT）的上限。HRT 随温度变化，高温天气时应该较短。对于美国大部分区域的气候条件，HRT 不超过 2~3d 一般可以避免产生水华。3 区是长满植物区，3 区除了絮凝和沉淀外，可能也存在反硝化反应，取决于 2 区的性能，因此 3 区的 HRT 应与 1 区大致相同。最后确定，在 Q_{max} 条件下，最小 HRT 是 2+2+2=6d。

（3）计算湿地各单元面积。根据式（7.4-9），计算敞水区在最大流量 Q_{max} 条件下的敞水区面积 A_2：

计算参数：$Q_{max} = 37840$m³/d，$t = 2$d，$h = 1.2$m，$E = 1.0$

$$A_2 = \frac{t \times Q_{max}}{h \times E \times 10000} = \frac{2 \times 37840}{1.2 \times 1.0 \times 10000} = 6.3 \approx 7\text{hm}^2$$

根据式（7.4-10）：

$$A_1 = A_3 = (A_w - A_2)/2 = (26-7)/2 = 9.5 \approx 10\text{hm}^2$$

（4）小结。经过上述计算，方案采用湿地面积 27hm²（10+7+10），考虑需要附加缓冲区和回水区面积，为湿地计算面积的 1.25~1.4 倍，本算例 $27 \times 1.4 = 37.8 \approx 38$hm²。水力滞留时间 HRT，3 个单元各为 2d，总计 6d。

8. 表流人工湿地设计要点

（1）湿地规划。

1）现场地形。对于有坡面的场地，应使湿地长边与地面等高线平行，可使整坡工程量最小化。另外，合理利用自然地形坡度形成的水力梯度，降低泵站的运行费用。

2）长宽比。表流湿地的长宽比（AR），定义为湿地平均长度除以平均宽度，表示为

$$AR = L/W \tag{7.4-11}$$

通常表流人工湿地的 AR 都大于 1，推荐 AR 值 3:1~5:1。如果受场地限制 $AR > 10:1$ 时，需要计算回水曲线。

3）湿地形状。选择表流人工湿地的形状受现场地形以及周围土地用途限制，具有不确定性。表流人工湿地可以设计成多种形状，包括长方形、多边形、椭圆形、肾形以及月

牙形等。没有资料显示某一种湿地形状在污染物去除和出水水质方面占有优势。但是无论何种形状的湿地设计，都应遵循湿地总面积、水力滞留时间、水头损失、入口/出口结构以及内部结构的设计原则。

4）多单元联合运用。采取长满植物区和敞水区多种处理单元联合运用，有利于提高污染物去除效率，提高出水水质。建议表流人工湿地由不少于 3 个单元组成，按照长满植物区—敞水区—长满植物区顺序布置。

5）并联结构。大型表流人工湿地可以设置平行于水流方向的隔堤，形成若干并联单元。并联单元之间设置由阀门控制的管道，可以增加运行灵活性。如果一个并联单元停止工作或需要维修，其余单元仍可继续运行。

（2）湿地内部构成。

1）植物选择。在人工湿地设计中，应尽可能增加湿地植物的种类，提高湿地生态系统的稳定性，有利于系统抵抗病虫害等外界干扰因素的破坏，提高湿地的净化功能，延长其寿命。在植物选取方面，要综合考虑污水性质、当地气候、地理实际状况等因素，根据植物的生长特性、耐污能力、污染物去除速度和景观、经济价值等方面选择适宜的水生植物，同时必须考虑生物安全性以及不同植物搭配等因素。尽可能选用土著种植物，防止发生植物入侵。可用于人工湿地的植物有芦苇、菖蒲、茭白、水花生、水葱、水蕴草、美人蕉、茨菰、水芹菜、满江红、浮萍、狐尾藻等。将不同生活习性（挺水、漂浮、沉水、浮叶）的植物合理配置，实现植物群落多样性，保证湿地功能的长久正常发挥。表 7.4－5 列出了部分植物生活习性及氮磷去除速度。

表 7.4－5　　　　　　　　部分植物生活特性及氮磷净化速度

植物名	含水率 /%	氮/磷含量 /%	增长速度/ [g(dw)*/(m²·d)]	生长温度 /℃	适应 pH	氮去除速度 /[g/(m²·d)]	磷去除速度 /[g/(m²·d)]
浮萍	96	6.5/0.6	0.35	28～32	7.5～9.0	0.0088	0.003
水蕴草	95	3.11/0.46	3.1	18～28	6.5～7.5	0.34	0.182
满江红	95	4.25/		15～35		0.18	0.055
灯心草	95	1.5/0.2	14.5		5～8	0.37	0.056
菖蒲		1.7/0.28	24		5～7	0.4	0.056
菱角	95	1.47/0.3	10.5		6～10	0.63	
芦苇	39	2/0.29	32		3.7～8	0.28	0.028
凤眼莲	95	3.3/0.67	26.5	18～32	＞4	0.95	0.17
美人蕉						0.4	0.14
狐尾藻		4.8/2	13		6～9	0.62	0.26
莲		2/0.3				0.36	0.08
水芹菜	89	3.8/0.68				0.054	0.0039
水芙蓉		2.6/0.68	＞16.4	15		0.89	0.15
空心菜	92	2.7/0.38	11	25～35		0.51	0.062

* dw—干重。

2）分区植物配置。在表流湿地系统中，敞水区占据重要地位。按照敞水区定义，区内没有挺水植物，但可能会有沉水植物和松散的浮水植物。敞水区具有复氧、大型沉水植物和藻类的光合作用等多种功能，也可以为鱼和其他动物在此捕食蚊子幼虫提供条件，也是水鸟的栖息地和饲养区。敞水区可提高可溶性 BOD 去除能力，加强污水硝化作用。

敞水区与植物区的比例，取决于土地条件、成本以及表流人工湿地系统的作用和目标。通常 1 区和 3 区是 100% 的植物区，2 区是敞水区。形成和保持敞水区特性的方法，一是开挖较深的区域，保持较高水深形成敞水区；二是周期性提高水位到一定深度，可以限制挺水植物的生长。

靠调节水深的方法可以保持敞水区和植物区大型植物构成。如果种植沉水植物的水深超过 1.25～1.5m，就不易被大型挺水植物（如香蒲和芦苇）侵占。如果种植如香蒲、芦苇等挺水植物，水深保持在 0.5～1.0m，挺水植物将会在沉水植物上面大量繁殖，通过根茎和块茎繁殖很快填满整个区域。

3）入口沉淀区。如果流入表流湿地系统的污水是通过预处理系统后的高浓度可沉淀 TSS 出水，就需要设置入口沉淀区。如果预处理系统拦截固体的能力较强，而可溶解性组分的浓度较高，就不需要设置入口沉淀区。如果在表流湿地系统之前设置氧化塘系统，由于藻类产生季节性的高浓度 TSS，也不需要设置入口沉淀区。这是因为藻类在变成能够沉淀的固体之前，需要絮凝和光照。入口沉淀区宽度应横跨湿地入口。沉淀区在平均污水流量下水力停留时间 HRT 大约是 1d，因为大部分能沉淀的固体和悬浮物在这段时间里都可以被去除。建议沉淀区水深 1m 左右，有利芦苇、香蒲类挺水植物生长。大部分积聚的有机固体将在湿地中缓慢腐烂并减少。运行一定时间后，需将积聚的固体物从沉淀区去除。

4）流量测量装置。在表流湿地内安装流量测量装置。对于多单元湿地需要在每个单元入口/出口均设置测流装置。测流装置包括矩形堰、三角堰和梯形堰等。

9. 施工设计

（1）土壤。一般情况下，表流人工湿地最理想的自然条件是水平黏土层。当然其他条件的场地也可以利用，但需要大量土方工程以及防渗衬砌。

在表流人工湿地的选址和建设中，需要考虑土壤的渗透性，以及现场土壤是否适宜修筑隔堤或是否适宜作为湿地植物底土层。大多数表流人工湿地都要严格防止渗漏。如果当地土壤达不到要求的渗透系数指标，需要使用土工布防渗。

（2）隔堤和围堤。表流湿地单元内部的隔堤边坡建议为 1:3 并有 0.6m 以上超高，以防止水流漫溢。单元外部围堰最小顶宽建议为 3m，可为多数标准维修车辆提供足够的道路宽度。道路路面铺设砾石，能够在各种气候条件下使用。为防止哺乳动物挖洞破坏隔堤，可在施工期间设置一道薄防渗墙或砾石层。最后，计算项目面积时，需考虑附加缓冲区和回水区面积以及隔堤和围堤占用面积，通常表流湿地的现场总面积是湿地计算面积的 1.25～1.4 倍。

（3）防渗衬砌材料。湿地渗透产生的影响，一是污染地下水，二是水量损失。如果现场土壤的渗透系数 $K < 6 \times 10^{-6}$ cm/s，可以认为土壤具有适宜的防渗性能。渗透系数 K 可通过实验室测定，大型项目可在现场测定。如果现场土壤的渗透性较高，则需采取防渗措施。湿地防渗衬砌材料可以选择黏土和土工合成材料。夯实湿地底部土壤，也能起到防渗作用。湿地防渗设计可参照堤防工程和灌溉工程防渗技术规范。

（4）植物底土层。大型水生植物一般是通过根茎发芽无性繁殖，腐殖质和砂土含量高的土壤更容易使根茎和嫩芽发育，使植物生长更加迅速。湿地植物生长的土壤底土层最好是自然农田表土，因为农田表土包含丰富营养物并具有良好的疏松度。如果湿地现场有农田表土层，应该充分利用。在施工过程中，要分层开挖表土，每层表土要在指定位置装袋存放，待湿地围堤、隔堤以及防渗衬砌铺设完工后，再将原来表土回填到开挖区内，厚度至少15cm。如果用疏浚开挖的沙质土做覆土，需要论证植物的适应性，必要时需添加黏土和腐殖土进行改良。虽然自然农田表土有利于植物的生长，但当湿地中的水位波动较大时，这种土壤会使得大型植物浮动。污水在浮水植物层和底土层之间流动，不与任何植物接触，会明显地降低湿地的处理功能。为避免这种情况出现，可在农田表土中掺加密度较大的砂壤土或砂砾作为底土层。覆土工法参见6.2.4节。

（5）底坡。在一些情况下，诸如湿地底部进行衬砌修补、淤泥清除、植物管理以及隔堤维修等维护工作需要排水，因此湿地底部应有1‰左右的坡度。

10. 表流人工湿地推荐设计参数

根据数据库统计和经验总结，表7.4-6列出表流人工湿地推荐设计参数。

表7.4-6　　　　　　　　　　　表流人工湿地推荐设计参数

参　　数	设　计　标　准
出水水质	BOD≤20mg/L 或 30mg/L，TSS≤20mg/L 或 30mg/L
预处理	氧化塘
设计流量	Q_{max}（最大月流量）和 Q_{ave}（平均流量）
最大 BOD 负荷（整个系统）	20mg/L：45kg/(hm²·d)；30mg/L：60kg/(hm²·d)
最大 TSS 负荷（整个系统）	20mg/L：30kg/(hm²·d)；30mg/L：50kg/(hm²·d)
水深	0.6~0.9m 长满植物区；1.2~1.5m 敞水区；1.0m 入口沉淀区
1区（和3区）中的最小 HRT（在 Q_{max} 时）	长满植物区 2d
2区中的最大 HRT（在 Q_{ave} 时）	敞水区（根据气候）2~3d
最少单元数	每一序列中 3 个
最少序列数	2（除非很小）
水池几何形状（长宽比）	最适 AR 为 3∶1~5∶1，受场地限制；AR>10∶1时可能需要计算回水曲线
入口沉淀区	预处理不能截留可沉淀微粒时设置
入口	在单元入口区域均匀分布入水
出口	在单元出口区均匀收集出水
出口堰单宽流量	≤200m³/(m·d)
挺水植物	香蒲、芦苇、水葱等，见表7.4-5
沉水植物	眼子菜，伊乐藻等，见表7.4-5
设计间隙率	长满植物区中挺水植物密集时为 0.65；长满植物区中挺水植物不太密集时为 0.75；敞水区为 1.0
单元水力学条件	每一个单元都应该是可完全排干的；应设置灵活的内部单元管道系统能够进行必要的维护

注　EPA《Manual Constructed Wetlands Treatment of Municipal Wastewaters》，EPA/625/R-99/010。

7.4.3　潜流人工湿地（VSB）

1. 概述

潜流人工湿地或称潜流植物床（Vegetated Submerged Beds，VSB），由土壤或不同类型介质和植物组成。与表流湿地系统（FWS）相比，潜流湿地系统的主要优势在于：切断了病菌携带者、动物和人群同污水之间的传播途径。潜流湿地系统大大减少了蚊虫传播疾病的风险。设计与运行合理的潜流湿地系统不需要设围栏把湿地同动物、人群隔开。由于潜流湿地系统需铺设基质，因此同设计尺寸相同的表流湿地系统相比，其建设费用较高。潜流湿地的基本结构组成为：①进水管；②一个有黏土或土工膜衬砌的水池；③水池中松散的基质；④基质中种植的湿地植物；⑤出水管和水位调控系统（图 7.4-3）。

潜流湿地的处理对象包括化粪池出水和无藻类水塘出水。在美国，通常用潜流湿地系统去除化粪池和水塘出水中的 BOD 和 TSS；在欧洲，潜流湿地系统通常用于化粪池出水处理。

潜流湿地对 BOD 和 TSS 的去除机理为絮凝、沉淀以及大颗粒物和悬浮物的过滤。潜流湿地系统流速低，比表面积大，能够有效去除水体中的 BOD 和 TSS。TSS 的去除机理是一种物理过程，BOD 的去除机理相对复杂，因此湿地系统中 TSS 去除效果高于 BOD 去除效果。随着时间推移，因物理作用而剥落的大颗粒物质通过生物降解转化为可溶解的小颗粒物质，重新进入水体，成为 BOD 的"内源"，其中一些物质还会进入微生物体内。

2. 水文

（1）蒸发和降水。降水会增加潜流湿地的水量。在强雨雪天气，整个集水区的径流都会排入湿地系统，这部分水量有可能产生湿地表流，在设计中应重点考虑。降雨可暂时稀释系统中的污染物，增加系统水位，减少水力滞留时间。而蒸发使污染物浓度增大，在短时间内降低水位，增加了水力滞留时间。除了特别湿润和干旱的季节，蒸发和降雨对湿地水位和出水量的影响基本可以相互抵消。

（2）水位预测。潜流湿地水力设计的一个重要原则是避免出现表流。因此，整个湿地系统的水面高程设计是湿地设计的关键步骤。假设潜流湿地为均匀渗流，符合恒定均匀渗流达西定律。达西定律表明，渗流流量与断面面积及水头损失成正比，与两断面间的距离长度成反比。

$$Q = KA_C S = KWD_w(\mathrm{d}h/L) \tag{7.4-12}$$

水头损失与长度之比称为水力梯度，水力梯度 S 为

$$S = \mathrm{d}h/L \tag{7.4-13}$$

对给定长度 L 的湿地系统，水头损失 $\mathrm{d}h$ 为

$$\mathrm{d}h = \frac{QL}{KWD_w} \tag{7.4-14}$$

以上式中：Q 为流量，m^3/d；K 为渗透系数，$\mathrm{m/d}$；A_C 为与污水流速垂直方向的断面面积，m^2，$A_C = (W)(D_w)$；W 为潜流湿地宽度，m；D_w 为水深，m；L 为潜流湿地长度，m；$\mathrm{d}h$ 为水头损失，m；S 为水力梯度，$\mathrm{m/m}$。

渗透系数 K 是综合反映多孔介质透水能力的系数，它是物理意义是水力梯度 $S=1$ 时的流速。渗透系数 K 的大小取决于多种因素，主要与介质和流体特性有关。潜流湿地基质材料的大小、形状、级配以及植物生长/衰败和固体颗粒沉降引起基质堵塞等都对 K 值产生影响。K 值还受到水流形态（优先流或水流短路）的影响。因此，确定渗透系数十分困难。现有文献显示的渗透系数 K 的数值变化幅度很大。表 7.4 - 7 列出文献"洁净渗透系数 K"参考数据。所谓洁净渗透系数，是指实验室条件下的理想值，进行湿地设计时，需要按一定百分数折减。相关文献显示，潜流湿地起始端 $1/4 \sim 1/3$ 处的 K 值远比湿地其他位置小。基于表 7.4 - 7 的实验数据和其他相关研究，对于一个长期运行的潜流湿地，K 值的保守推荐值为：对潜流湿地前 30% 区域，$K_i=$ 洁净基质 K 值 $\times 1\%$；对湿地后 70% 区域，$K_f=$ 洁净基质 K 值 $\times 10\%$。

表 7.4 - 7　　　　　　　　不同基质类型和粒径的洁净渗透系数 K 参考值

基质类型	碎石	细砾石	碎石	细砾石	粗砾石	卵石	卵石
基质尺寸/mm	17	6	19	14	22	5～10	20～30
洁净渗透系数 K	100000	21000	120000	15000	64000	34000	100000

注　EPA《Manual Constructed Wetlands Treatment of Municipal Wastewaters》，EPA/625/R - 99/010。

3. 面积负荷率 ALR

面积负荷率 ALR 与流量 Q、进水浓度 C_0 以及湿地面积 A_S 的关系为

$$ALR = \frac{Q \cdot C_0}{A_S} \qquad (7.4-15)$$

式中：ALR 为面积负荷率，$g/(m^2 \cdot d)$；Q 为流量，m^3/d；C_0 为进水浓度，g/m^3；A_S 为湿地面积，m^2。

4. 潜流湿地设计要点

(1) 基质粒径和其他特性。潜流湿地中的基质有以下功能：①固定植物根系；②有利于进出口的均匀布流；③为微生物成长提供附着表面；④过滤捕集颗粒物。

对于潜流湿地的基质粒径和材料并没有严格规定，原则上以保证表层基质粒径不能进入下层基质孔隙为宜。一般来说，表层种植植物的基质粒径 20mm 左右。进口区域长约 2m，出口区域长约 1m，进出口区布置大粒径基质可以防止堵塞，并有利于水流均匀分布和收集（图 7.4 - 6）。基质粒径范围为 $40 \sim 80mm$，并且粒径随着基质深度逐渐加大。进出口位置采用铅丝笼结构易于施工，也便于基质堵塞后清洗。大多数湿地采用砾石和碎石作为基质。石灰石不适合采用，因为在潜流湿地的强还原性条件下，石灰石容易裂解溶解，从而导致基质堵塞。文献显示，不同粒径基质（$10 \sim 60mm$）的处理效果并没有明显差异，EPA 推荐潜流湿地基质的平均粒径为 $20 \sim 30mm$，既可防止堵塞，又有利于运行管理。根据表 7.4 - 7 提供的数据，粒径为 $20 \sim 30mm$ 的基质其洁净渗透系数 $K=100000m/d$。根据实际情况，为了防止水流对基质的冲刷，基质的 Mohs 硬度应大于或等于 3。

(2) 坡度。池底坡度设计目的主要是为了系统排水。根据经验，池底坡度取 $0.5\% \sim 1\%$，EPA 推荐池底坡度 0.5%。

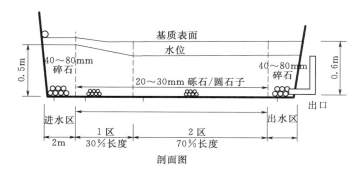

图 7.4-6　潜流湿地分区

（3）深度、宽度和长度。文献显示水深对污染物去除的影响目前还不清楚，在没有其他相关研究出现之前，EPA 指南推荐采用 0.40m 作为潜流湿地进口端设计最大水深。基质厚度由进口端水深决定，基质厚度设计值应比水深加大约 0.1m。

潜流湿地进出口结构宽度设计应有利于布水，防止水流短路发生。TVA 设计指南中建议的湿地最大宽度为 60m。如果设计宽度大于 60m，则需要将湿地划分为几个宽度小于 60m 的处理单元。湿地的最小长度参考值为 12～30m。EPA 指南推荐的最小湿地长度为 15m。

5. 潜流人工湿地推荐设计参数

鉴于潜流湿地对于 TSS、BOD、TKN、TP 等去除机理研究尚未清楚，目前还没有合适的模型可供使用。EPA 推荐以满足排放标准的最大污染面积负荷率 ALR 作为设计依据。这种方法具有可操作性，而且比其他设计方法保守。根据数据库统计和经验总结，表 7.4-8 列出潜流人工湿地推荐设计参数。

表 7.4-8　　　　　　　　　　　潜流人工湿地推荐设计参数

参　　数		设　计　要　求
出水水质要求和面积负荷率	BOD	面积负荷率 6g/（m² · d），出水浓度 30mg/L
	BOD	面积负荷率 1.6g/（m² · d），出水浓度 20mg/L
	TSS	面积负荷率 20g/（m² · d），出水浓度 30mg/L
	TKN	需要另一种处理工艺同潜流湿地系统联合运行
	TP	不推荐潜流湿地系统用于去除 P
几何尺寸和渗透系数	一般基质厚度	0.5～0.6m
	一般水深	0.4～0.5m
	长	最小 15m
	宽	最大 60m
	底部坡度 S	0.5%～1%
	表面坡度	水平或接近水平
	渗透系数（始端 30%长度）	洁净渗透系数 K 的 1%
	渗透系数（终端 70%长度）	洁净渗透系数 K 的 10%

续表

参 数		设 计 要 求
基质尺寸	进水区（前 2m）	40～80mm
	处理区	20～30mm（如果 K 未知，以 $K=100000$ 计）
	出口区（后 1m）	40～80mm
	植物种植基质（表层 10cm）	5～20mm
综合布置	并联单元	至少两个潜流湿地平行布置
	进口	进口端安装可均匀布水的水位调节设备
	出口	出口端安装能注水和排水的水位调节设备

注 EPA《Manual Constructed Wetlands Treatment of Municipal Wastewaters》，EPA/625/R-99/010。

【设计实例】 潜流湿地设计实例

设计一块潜流人工湿地，处理对象是化粪池或初步沉淀池出水。设计基于以下假设条件：整个潜流湿地分为 4 个区，即进水区、初始处理区、末端处理区和出水区（图 7.4-6）。初始处理区占总面积的 30%；对污染物去除起主导作用。在该区内渗透性能迅速下降，有效渗透系数为洁净渗透系数的 1%。末端处理区占总面积的 70%，在该区内渗透性能下降减弱，有效渗透系数为洁净渗透系数的 10%。

初始数据：最大月份流量 $Q=200\text{m}^3/\text{d}$；最大月份进水 BOD 浓度 $C_0=100\text{mg/L}=100\text{g/m}^3$；最大月份进水 TSS 浓度 $C_0=100\text{mg/L}=100\text{g/m}^3$；BOD 和 TSS 排放标准均为 30mg/L。

设计经验参数（表 7.4-8）：BOD 面积负荷率 $\text{ALR}=6\text{g/(m}^2\cdot\text{d})$；TSS 面积负荷率 $\text{ALR}=20\text{g/(m}^2\cdot\text{d})$；洁净、圆形基质粒径为 20～30mm，洁净渗透系数 $K=100000\text{m/d}$；初始处理区的渗透系数 $K_i=1\%\times100000=1000\text{m/d}$；末端处理区的渗透系数 $K_i=10\%\times100000=10000\text{m/d}$；池底坡度 $S=0.005$；进口设计水深 $D_{w0}=0.4\text{m}$；末端处理区域的初始设计水深 $D_{wf}=0.4\text{m}$；基质的设计厚度 $D_m=0.6\text{m}$；初始处理区最大允许水头损失 $\text{d}h_i=10\%\times D_m=0.06\text{m}$。

1. 计算表面积 A_S

利用推荐的面积负荷率 ALR 确定表面积 A_S。根据式（7.4-15）有

$$A_S=\frac{Q\cdot C_0}{\text{ALR}} \tag{7.4-16}$$

对于 BOD，$A_S=(200\text{m}^3/\text{d})\times(100\text{g/m}^3)/[6\text{g/(m}^2\cdot\text{d})]=3333\text{m}^2$；

对于 TSS，$A_S=(200\text{m}^3/\text{d})\times(100\text{g/m}^3)/[20\text{g/(m}^2\cdot\text{d})]=1000\text{m}^2$。

取较大面积，即 3333m^2。

初始处理区域的表面积（A_{si}）$=30\%\times3333\text{m}^2=1000\text{m}^2$；

末端处理区域的表面积（A_{sf}）$=70\%\times3333\text{m}^2=2333\text{m}^2$。

2. 计算初始处理区宽度 W

利用达西定律式（7.4-11）确定初始处理区湿地宽度。

$$Q=K_iWD_{w0}(\text{d}h/L_i) \tag{7.4-17}$$

式中：Q 为流量，m^3/d；K_i 为初始处理区渗透系数，m/d；W 为潜流湿地宽度，m；D_{w0}

为水深，m；dh 为水头损失，m；L_i 为初始处理区长度，m；$L_i = A_{si}/W$，A_{si} 为初始处理区表面积。

设初始处理区表面积为 A_{si}：
$$A_{si} = W \cdot L_i$$

其中，L_i 为初始处理区域的长度 $= A_{si}/W$。

代入方程对 W 求解：
$$W^2 = \frac{QA_{si}}{K_i(dh_i)D_{w0}} \tag{7.4-18}$$

在本例题中：
$$W^2 = (200\text{m}^3/\text{d}) \times (1000\text{m}^2)/(1000\text{m/d}) \times (0.06\text{m}) \times (0.4\text{m}) = 8333\text{m}^2$$
$$W = 91.3\text{m}$$

W 为水头损失为 0.06m 时的湿地宽度。为保证水头损失小于或等于设计值，设计宽度要大于或等于这个宽度。

3. 计算初始处理区长度 L_i 和水头损失 dh

初始处理区长度 $L_i = A_{si}/W = (1000\text{m}^2)/(91.3\text{m}) \approx 11.0\text{m}$。

为保证水头损失小于或等于设计值，设计长度要小于或等于这个长度。

初始处理区水头损失 dh_i：
$$dh_i = \frac{QL}{K_iWD_{w0}} = \frac{200 \times 11.0}{1000 \times 91.3 \times 0.4} = 0.06\text{m}$$

4. 计算末端处理区长度 L_f 和水头损失 dh

末端处理区长度 $L_f = A_{sf}/W = (2333\text{m}^2)/(91.3\text{m}) = 25.6\text{m}$。

L_f 是由面积负荷率 ALR 确定的表面积 A_{sf} 计算出来的，为保证表面积大于或等于设计值，设计长度要大于或等于这个长度。

末端处理区水头损失 dh_f：
$$dh_f = \frac{QL_f}{K_iWD_{w0}} = \frac{200 \times 25.6}{10000 \times 91.3 \times 0.4} \approx 0.01\text{m}$$

5. 确定池底高程

设出口处池底高程 $E_{be} = 0$（整个湿地系统高程的基准点），末端处理区起始端高程 $E_{bf} = (S) \times (L_f) = 0.005 \times 25.6 = 0.13\text{m}$。

进口处高程 $E_{b0} = (S) \times (L_i + L_f) = 0.005 \times (11.0\text{m} + 25.6\text{m}) = 0.18\text{m}$。

6. 确定水面高程

末端处理区起始端水面高程 $E_{wf} = E_{bf} + D_{wf} = 0.13\text{m} + 0.4\text{m} = 0.53\text{m}$；

出口处水面高程 $E_{we} = E_{wf} - dh_f = 0.53\text{m} - 0.01\text{m} = 0.52\text{m}$；

进口处水面高程 $E_{w0} = E_{wf} + dh_i = 0.53\text{m} + 0.06\text{m} = 0.59\text{m}$。

7. 确定水深

进口处水深 $D_{w0} = E_{w0} - E_{b0} = 0.59\text{m} - 0.18\text{m} = 0.41\text{m}$（约等于 D_{w0} 设计值）；

末端处理区域起始端水深 $D_{wf} = E_{wf} - E_{bf} = 0.53\text{m} - 0.13\text{m} = 0.40\text{m}$（等于 D_{wf} 设计值）；

出口处水深 $D_{we}=E_{we}-E_{be}=0.52\mathrm{m}-0=0.52\mathrm{m}$。

8. 确定基质厚度

要求整个潜流湿地中基质表面到水面深度恒定不变（取 $0.1\mathrm{m}$）；

进口处基质表面高程 $E_{m0}=E_{w0}+0.1\mathrm{m}=0.59\mathrm{m}+0.1\mathrm{m}=0.69\mathrm{m}$；

末端处理区起始端基质表面高程 $E_{mf}=E_{wf}+0.1=0.53\mathrm{m}+0.1\mathrm{m}=0.63\mathrm{m}$；

出口处基质表面高程 $E_{me}=E_{we}+0.1=0.52\mathrm{m}+0.1\mathrm{m}=0.62\mathrm{m}$；

进口处基质厚度 $D_{m0}=E_{m0}-E_{b0}=0.69\mathrm{m}-0.18\mathrm{m}=0.51\mathrm{m}$；

末端处理区起始端基质厚度 $D_{mf}=E_{mf}-E_{bf}=0.63\mathrm{m}-0.13\mathrm{m}=0.50\mathrm{m}$；

出口处基质厚度 $D_{me}=E_{me}-0=0.62-0=0.62\mathrm{m}$。

9. 确定潜流湿地处理单元数

为保证湿地在检修和维护期间仍然可以正常运行，潜流湿地至少应划分成两个处理单元。

本例中潜流湿地总长度：$L_i+L_f=11.0\mathrm{m}+25.6\mathrm{m}=36.6\mathrm{m}$；总宽度 $W=91.3\mathrm{m}$，可以划分为两个宽 $46\mathrm{m}$、长 $37\mathrm{m}$ 的处理单元。

7.4.4　人工湿地施工设计

1. 隔堤

隔堤包括外部围堤和内部隔堤。外部围堤用于防止水流流出湿地系统，内部隔堤把湿地分隔成若干处理单元，便于维护和调控。因外部隔堤具有挡水功能，所以其设计和施工按照《堤防工程设计规范》（GB 50286—1998）和《堤防工程施工规范》（SL 260）执行。而内部隔堤主要功能不是挡水，因此设计标准可略有降低，可参照外部围堤标准设计。

2. 进出口装置

进出口装置的功能是给湿地配水，控制湿地中水流路径以及调节水深。在湿地两端布置多个进出口装置可保证整个湿地均匀配水和有效控制水流路径。在中小型人工湿地中，进口和出口的整个宽度上布设孔管或开槽岔管。岔管尺寸，开孔直径，以及开孔间距对水流流速有一定影响。有工程实例显示，表流湿地，设计平均进水量为 $2270\mathrm{m}^3/\mathrm{d}$。在整个湿地处理单元的 $76\mathrm{m}$ 宽度上，布设了直径为 $300\mathrm{mm}$ 的 PVC 多孔岔管用于进口布水。在岔管上每 $3\mathrm{m}$ 间距开一小孔，孔径为 $50\mathrm{mm}$，岔管固定在混凝土基础上。出水排入 $150\mathrm{mm}$ 厚的毛石层。为保证布水均匀，还可以选择堰箱装置，同时配套带 V 形堰的配水箱把进水分配给各个堰箱，堰箱还可以测量进水水量。图 7.4 - 7 显示了人工湿地进口端设计的工程实例。注意在水面下岔管的每一端布设有冲洗设施，便于岔管堵塞时清洗。在湿地进口端应安装水流控制开关设备，便于湿地关停维护。

出水装置的功能是使水流均匀并能调节运行水位。在采用水下岔管时，需要连接水位调节装置，便于管理人员调节水深。水位调节装置可以是调节堰或水闸以及可旋转弯头（图 7.4 - 8）。

在表流湿地中，岔管出口处附近的挺水植物残骸和杂物会引起岔管堵塞。可以通过开挖一个比湿地其他部分深 $1\sim1.3\mathrm{m}$ 的深水区来解决这个问题，开敞水面的宽度应限制在 $1\mathrm{m}$ 以内。开敞水面有利于岔管的维护，但是，这也会招引野生动物，造成出水水质下

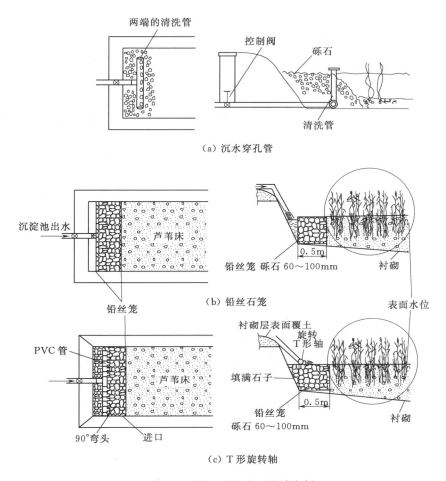

图 7.4 - 7　人工湿地进口设计实例

降。岔管也可以埋设在隔堤或碎石层中，碎石可阻碍植物生长，碎石粒径为 8～15mm。

3. 基质

无论是表流湿地还是潜流湿地，都需要利用土壤或细小石子作为湿地基质，以利于水生植物生长。对于表流湿地，需要在夯实的池底或者防渗层上面铺设至少 15cm 厚的土层作为植物的生长介质。这类土壤的取土采用场地平整或者边坡处理时的表层土，也可以采用农田表土。

在潜流湿地中，基质既要作为植物生长的介质，又要保证水流通畅。最常用的基质为砾石，也可用砂和碎石。大砾石基质主要用来防止堵塞，一般要在大粒径砾石床上面铺一层小粒径基质用于植物生长。

7.4.5　人工湿地运行管理

1. 启动

(1) 表流湿地。只有当表流湿地中的植物达到一定生长阶段，才会逐步达到最佳处理

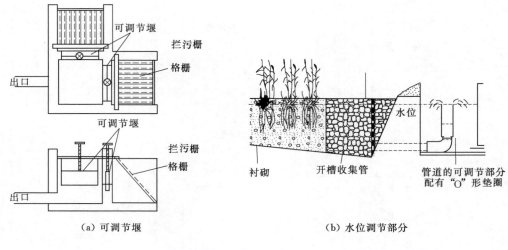

（a）可调节堰　　　　（b）水位调节部分

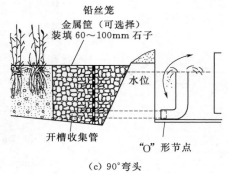

（c）90°弯头

图 7.4 - 8　人工湿地出口装置

效果。植物生长所需要的时间决定于种植密度和生长季节。种植密度较高的表流湿地如果在春季启动，第二个生长季节末就可达到较好的湿地处理效果。种植密度低的表流湿地如在秋末启动，可能需要 3 年或更长的时间才能达到最佳处理效果。

在理想条件下，表流湿地应在种植 6 周后进入启动阶段，为挺水植物适应和生长提供足够长的时间。如果这一点不能保证，启动时应控制水位低于植物高度。但是，启动过快将不可避免地影响到新生植物的成活，可能因此会延长达到较好处理效果的时间。

在启动期的起始阶段，通过控制出口处的水位调节装置来逐渐加高湿地水位，保证挺水植物顶部一直处于水面以上。如果进水为化粪池出水或初沉池出水等高负荷污水，在进入湿地以前应用干净水或处理后的循环水稀释，逐步提高进水污染负荷，直到植物适应为止。

在湿地启动期，管理人员应每周检查数次。检修内容包括：湿地植物的生长情况、隔堤等结构稳定情况、水位调节装置完好状况以及蚊蝇滋生情况等。在大面积表流湿地中种植的植物一旦出现死亡现象，应及时予以补种。

启动期的处理效果并不代表湿地的远期处理能力。植物生长情况不好的表流湿地也不会获得较好的处理效果。如水中的悬浮物和其附着物不能有效去除，大面积的开敞水面可能导致藻类暴发，使其处理能力与氧化塘接近，仅仅能够去除部分病原微生物。植物发育完全、密度增加后，悬浮物和其附着物的去除效率会逐渐提高。在启动期，表层土壤新鲜，植物快速生长，湿地系统中氮、磷的去除率要比系统稳定后的去除率高。但是这种快速去除氮、磷的能力只是一个短期过程。土壤颗粒表面吸附位（adsorption sites）可吸收氮、磷，为植物快速生长提供营养盐。然而，在经过一两年的启动期后，湿地磷的去除率开始下降。如果湿地系统不能保证一个自由通畅的外在空间，氮的去除率也会下降。

（2）潜流湿地。潜流湿地系统主要通过基质截留水体中的 BOD 和 TSS，在厌氧环境下可以通过生化反应去除有机质中的 BOD，进水中有硝酸盐时还可发生反硝化作用。虽然湿地植物也可以提取一部分水体中的营养盐，但是效果并不明显。启动期对湿地磷去除也有一定作用，但随着基质交换吸附点位的饱和，对磷的去除能力会逐渐降低。由于植物在潜流湿地处理中并不起主要作用，所以若不及时更换去除能力强的基质，不到一年湿地就会达到平衡。

启动期间，运行人员主要负责调节系统水位。一般来说，潜流湿地在种植末期水位将达到基质表面。植物开始生根时，水位可逐渐降低至设计运行水位。如需要，引入污水前可以施肥，直到污水进入提供营养物质。

2. 运行维护

（1）水位控制。水位变化对水力滞留时间、气-水界面大气扩散通量以及植物覆盖率都有重要影响。通过正确操作进出口调节装置以控制湿地水位是湿地运行的首要任务。如果水位出现大幅度变化，需立即调查，查找变化原因是否是池底漏水、出口堵塞、隔堤溃决、暴雨径流或其他因素。

寒冷地区为防止冬天结冰，可采取季节性调节水位的方法，预留冰层下面空间。在秋末把水位升高 50cm。一旦结冰，冰层下面的水位将会降低，从而在水面和冰层之间创造一个保温层，维持湿地水温不至太低。表流湿地和潜流湿地都可以用这种方法防冻。

（2）均匀流维护。进口和出口端应定期检查和清理，及时清除可能引起堵塞的垃圾、污泥；清除堰或拦污栅表面的碎片和细菌。浸入式进水管和出水管需定期冲洗。可以用高压喷水和机械手段达到清污目的。进水中的悬浮颗粒物会在进口端淤积，随着运行时间推移，淤积到一定程度后需及时清除。去除潜流湿地的泥渣需要排空湿地，并且还要清空基质，比较难于操作，所以一般不推荐利用潜流湿地处理含高悬浮物污水。

（3）植物管理。只要系统在设计参数下运行，不需要对植物进行日常维护。湿地植物种群能自我维持、生长、衰亡，次年再发芽生长。只要环境适宜，湿地植物还会向敞水区扩散繁殖。管理人员应该通过植物收割等方式防止湿地植物向设计成好氧区的开敞水面扩散。

植物管理的主要目的在于维持湿地需要的植物种群，保证设计时选用的植物成为优势种。通过稳定的预处理、小幅度短暂的水位变化、定时植物收割等可达到这个目的。如果植被覆盖率不足，还需要采取包括水位调节、降低进水负荷、植物杀虫、植物补种等补救措施。

为了提高处理能力，表流湿地植物需要定期收割，收割的植物应妥善处理并尽可能综合利用。当芦苇生长到一定高度或在生长季节结束之前进行植物收割，可以从系统中带走一部分氮，但对磷的去除能力却非常有限。冬季通过植物焚烧可控制害虫。潜流湿地如果设计、运行得当的话，并不需要定期收割湿地植物。

（4）臭味控制。如果湿地设计运行得当，一般不存在臭味问题。在开放水域，过量 BOD 和氨氮在厌氧条件下会释放出臭味。因此可以通过减少进水中有机物和氮的负荷来控制臭味。

（5）蚊虫等动物控制。对于表流湿地，蚊子控制是一个非常棘手的问题。在夏天可在湿地放养一些食蚊鱼和蜻蜓幼虫来控制蚊子。架设鸟类栖息的树枝和搭建鸟巢，引进鸟类如燕子控制蚊子也是常用的方法。危险爬行动物最常见的是水蛇，这类动物很难直接控制。警告标志、围栏、凸起的栈道等可用来将人与动物的接触机会降至最低。管理人员应保持警觉，采取预防措施，避免发生危险。

第8章
河湖水系连通工程

　　河湖水系连通性是水生态完整性五大生态要素特征之一（董哲仁，2015）。河湖水系连通性的生态学机理，已经成为近十几年国际河流生态学领域的研究重点之一（Fullerton，2010）。恢复河湖水系连通性是生态水利工程的重要内容。

　　笔者提出的3流4D连通性生态模型，用于表述河湖水系连通性的生态学机理，可以成为河湖水系连通性恢复工程原理框架。河湖水系连通性是指在河流纵向、侧向和垂向的物理连通性和水文连通性。物理连通性是连通的基础，反映河流地貌结构特征。水文连通性是河湖生态过程的驱动力。物理连通性与水文连通性相结合，共同维系栖息地的多样性和种群多样性。河湖水系连通的功能并不仅限于输送水体。水是输送和传递物质、信息和生物的载体和介质。河湖水系连通性是输送和传递物质流、物种流和信息流的基础。在自然力和人类活动双重作用下，河湖水系连通性发生退化或破坏。在较短的时间尺度内，人类活动影响更为显著。

　　以生态保护为主要功能的连通性修复任务表述为：修复河流纵向、侧向和垂向3D空间维度以及时间维度上的物理连通性和水文连通性，改善水动力条件，促进物质流、物种流和信息流的畅通流动，简称为3流4D连通性修复。

8.1　概述

8.1.1　3流4D连通性生态模型

　　为表述河湖水系连通性的生态学机理，笔者提出了"3流4D连通性生态模型"（Three Types Flows via Four Dimensional Connectivity Ecological Model）。

　　1. 3流4D连通性生态模型定义

　　3流4D连通性生态模型的定义如下：在河湖水系生态系统中，水文过程驱动下的物质流 M_i、物种流 S_i 和信息流 I_i 在3D空间（$i=x$，y，z）所引起的生态响应 E_i 是 M_i、S_i 和 I_i 的函数。生态响应 E_i 随时间的变化 ΔE_i 是 M_i、S_i 和 I_i 变化 ΔM_i、ΔS_i 和 ΔI_i 的函数。定义中的3D空间是指用以描述河流纵向 y 的上下游连通性；河流侧向 x 的河道与河漫滩连通性；河流垂向 z 的地表水与地下水连通性。3流4D连通性生态模型的数学表达如下：

$$E_i = f(M_i, S_i, I_i) \quad (i = x, y, z) \qquad (8.1-1)$$

$$\Delta E_i = f(\Delta M_i, \Delta S_i, \Delta I_i) \quad (i = x, y, z) \qquad (8.1-2)$$

$$\Delta M_i = M_{i,t_2} - M_{i,t_1} \quad (i = x, y, z) \qquad (8.1-3)$$

$$\Delta S_i = S_{i,t_2} - S_{i,t_1} \quad (i = x, y, z) \qquad (8.1-4)$$

$$\Delta I_i = I_{i,t_2} - I_{i,t_1} \quad (i = x, y, z) \qquad (8.1-5)$$

以上式中：E_i 为生态响应，其特征值见表 8.1-1；ΔE_i 为 E_i 随时间的变化量；S_i、I_i、M_i 分别为物质流、物种流、信息流，其变量/参数见表 8.1-1；ΔM_i 为物质流变化量；ΔS_i 为物种流变化量；ΔI_i 为信息流变化量；M_{i,t_2}、M_{i,t_1} 为在 t_2 和 t_1 时刻的物质流 M_i；S_{i,t_2}、S_{i,t_1} 为在 t_2 和 t_1 时刻的物种流 S_i；I_{i,t_2}、I_{i,t_1} 为在 t_2 和 t_1 时刻的信息流 I_i。如果 t_1 是反映自然状况的参照系统发生时刻，t_2 为当前时刻，则 ΔE_i 为相对自然状况生态状况的变化。

表 8.1-1　　　　3 流 4D 连通性生态模型特征值、参数、变量和判据

特征值		x	y	z
物质流	变量/参数	水文（流量、水位、频率），河流-河滩物质交换与输移，闸坝运行规则	水文（流量、频率、延时、时机、变化率），水库径流调节，水质指标，水温，含沙量，物理障碍物（水坝、闸、堰）数量和规模	水文（流量、频率），地下水位，土壤/裂隙岩体渗透系数，不透水衬砌护坡比例，硬质地面铺设比例，降雨入渗率
物质流	生态响应特征值	洪水脉冲效应，河漫滩湿地数量，河漫滩植被盖度；河漫滩物种多样性指数、丰度	鱼类和大型无脊椎动物的物种多样性指数、丰度；鱼类洄游方式/距离、漂浮性鱼卵传播距离；鱼类产卵场、越冬场、索饵场数量；鱼类产卵时机；河滨带植被；水体富营养化；河势变化	底栖动物和土壤动物物种多样性和丰度
物质流	状态判据	漫滩水位/流量	河湖关系（注入/流出）、水网河道（往复流向）、常年连通/间歇连通的水文判据	地表水与地下水相对水位，降雨入渗率
物种流	变量/参数	漫滩水位/流量	水文（流量、频率、延时、时机、变化率）。水质指标，水温，物理障碍物（水坝、闸、堰）数量	地表水与地下水相对水位，降雨入渗率
物种流	生态响应特征值	河川洄游鱼类物种多样性，鱼类庇护所数量	海河洄游鱼类物种多样性，洄游方式/距离，漂浮性鱼卵传播距离，汛期树种漂流传播距离	底栖动物和土壤动物物种多样性、丰度
物种流	状态判据	漫滩水位/流量	有无鱼道，生态基流满足状况	
信息流	变量/参数	洪水脉冲效应，堤防影响	洪水脉冲效应（流量、频率、时机、变化率），水库径流调节与自然水流偏差率，单位距离筑坝数量	
信息流	生态响应特征值	河漫滩湿地数量，河漫滩植被盖度；河漫滩物种多样性指数、丰度	下游鱼类产卵数量变化，鸟类迁徙、鱼类洄游、涉禽陆生无脊椎动物繁殖	
信息流	状态判据	漫滩水位、流量		

除了考虑自然状态下的河湖水系连通性以外，3 流 4D 连通性生态模型还考虑人类对水资源和水能资源开发对连通性的影响，主要包括水坝等河流纵向障碍物、堤防等河流侧向障碍物、地面不透水铺设和河道硬质衬砌对河流垂向渗透性影响。3 流 4D 连通性生态模型示意图如图 8.1-1 所示。

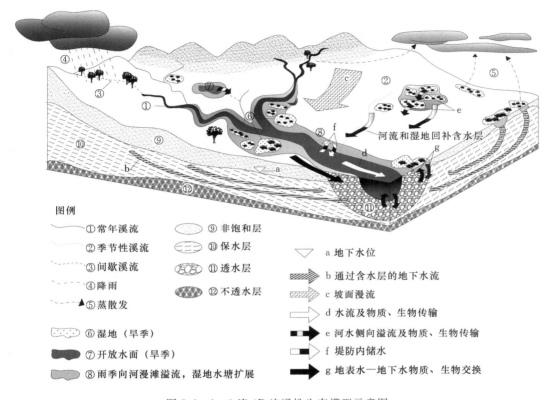

图 8.1-1　3 流 4D 连通性生态模型示意图

针对具体河湖水系连通系统，构建 3 流 4D 连通性生态模型，需要遴选关键生态响应特征值以及关键变量或参数，通过分析大量观测数据，用统计学方法建立连通性变化与生态响应的函数关系。

2. 河湖水系 4D 连通性

河流纵向 y 连通性表征了河流上下游连通性；河流侧向 x 连通性表征了河道与河漫滩的连通性；河流垂向 z 连通性表征了地表水与地下水之间的连通性。河湖水系连通性包括物理连通性和水文连通性。物理连通性表征河湖水系地貌景观格局，它是连通性的基础。水文连通性表征动态的水文特征，它是河湖生态过程的驱动力。两种因素相结合共同维系河湖水系栖息地的多样性。

（1）河流纵向 y 连通性——上下游连通性。河流纵向 y 的连通性是指河流从河源直至下游的上下游连通性，也包括干流与流域内支流的连通性以及最终与河口及海洋生态系统的连通性。河流纵向连通性是诸多物种生存的基本条件。纵向连通性保证了营养物质的输移，鱼类洄游和其他水生生物的迁徙以及鱼卵和树种漂流传播。

（2）河流侧向 x 连通性——河道与河漫滩连通性。河流侧向 x 连通性是指河流与河漫滩之间的连通性。当汛期河流水位超过平滩水位以后，水流开始向河滩漫溢，形成河流-河漫滩连通系统。由于水位流量的动态变化，河漫滩淹没范围随之扩大或缩小，因而河流-河漫滩连通系统是一个动态系统。河流侧向连通性的生态功能是形成河流-河漫滩有机物高效利用系统。洪水漫溢向河漫滩输入了大量营养物质，同时，鱼类在主槽外找到了避难所和产卵场。洪水消退，大量腐殖质和其他有机物进入主槽顺流输移，形成高效物质交换和能量转移条件。

（3）河流垂向 z 连通性——地表水与地下水连通性。河流垂向连通性是指地表水与地下水之间的连通性。垂向连通性的功能是维持地表水与地下水的交换条件，维系无脊椎动物生存条件。降雨渗入土壤，先是通过土壤表层，然后进入饱和层或称地下含水层。在含水层中水体储存在土壤颗粒空隙或地下岩层裂隙之间。含水层具有渗透性，容许水体缓慢流动，使得地表水与地下水能够进行交换。当地下水位低于河床高程时，河流向地下水补水；反之，当地下水位高于河床时，地下水给河流补水。地表水与地下水之间的水体交换，也促进了溶解物质和有机物的交换。

（4）连通性的动态性。水文连通性具有动态特征。随着降雨和径流过程的时空变化，水位和流量相应发生变化，河流 y、x、z 三个方向的连通状况相应改变。河流纵向 y 连通性会出现常年性连通或间歇性连通不同状况；水网连通会出现水流正向或反向连通状况；河湖连通会出现河湖间水体吞吐单向或双向连通多种状况。河流侧向 x 连通性出现水流漫滩或不漫滩；漫滩面积扩大或缩小等不同状况。河流垂向 z 连通性随着地下水/地表水水位相对关系变化，出现向地下水补水或向河流补水等不同状况。

3. 物质流、物种流和信息流的连续性

水流是物质流、物种流和信息流的载体。河湖水系连通性保证了物质流、物种流和信息流的通畅。

物质流包括水体、泥沙、营养物质、木质残骸和污染物等。物质流为河湖生态系统输送营养盐和木质残骸等营养物质；担负泥沙输移和河流塑造任务；也使污染物转移、扩散。

在物种流中，首先是鱼类洄游。根据洄游行为，可分为海河洄游类和河川洄游类。海河洄游鱼类在其生命周期内洄游于咸水与淡水栖息地，分为溯河洄游性鱼类和降河洄游性鱼类。我国的中华鲟、鲥鱼、大马哈鱼和鳗鲡等属于典型的海河洄游鱼类。河川洄游鱼类，也称半洄游鱼类，属淡水鱼类，生活在淡水环境。河川洄游鱼类为了产卵、索饵和越冬，从静水水体（如湖泊）洄游到流水水体（如江河）或相反方向进行季节性迁徙。我国四大家鱼（草、青、鲢、鳙）就属半洄游鱼类。物种流还包括漂浮型鱼卵和汛期树种的漂流传播。

河流是信息流的通道。河流通过水位的消涨，流速以及水温的变化，为诸多鱼类、底栖动物及着生藻类等生物传递着生命节律的信号。河流水位涨落会引发不同的行为特点（behavioral trait），比如鸟类迁徙、鱼类洄游、涉禽的繁殖以及陆生无脊椎动物的繁殖和迁徙。据我国 20 世纪 50—60 年代和 80 年代的调查结果，长江的四大家鱼每年 5—7 月水温升高到 18℃ 以上时，每逢长江发生涨水过程，四大家鱼便集中在重庆至江西彭泽的 36 处产卵场进行繁殖。产卵规模与涨水过程的流量增加幅度和涨水持续时间有关。流量增加幅度越大、涨水的持续时间越长，四大家鱼的产卵规模越大（易伯鲁，等，1988）。另外，依据洪水信号，一些具有江湖洄游习性的鱼类或者在干流与支流洄游的鱼类，在洪水期进入湖泊或支流，随洪水消退回到干流。我国国家一级保护动物长江鲟主要在宜昌段干流和金沙江等处活动。长江鲟春季产卵，产卵场在金沙江下游至长江上游。在汛期，长江鲟则进入水质较清的支流活动。

4. 模型的变量和判据

为使 3 流 4D 连通性生态模型定量化，需要在 3D 空间和时间 t 维度上选择生态响应特征值；物质流、物种流和信息流的多种变量/参数（表 8.1-1）。在水文参数方面，可按 Poff (1997) 提出的自然水流范式（nature flow paradigm）用 5 种水文组分：流量、频率、时机、延续时间和过程变化率，以及 32 个水文指标变化描述。针对不同类型的连通性问题，选择的水文组分有所侧重。比如河流纵向坝下泄流问题中，5 种水文组分都具有重要功能；而在河流侧向信息流传递问题中，反映脉冲强度的水文过程变化率以及与生物生活史相关的水文事件时机，都是河流与河漫滩连通性的模型参数，也是导致洪水脉冲效应的主要因素。环境流同样是重要的生态要素。在河流纵向物种流流动问题中，环境基流既是参数也是判据。在水体物理化学参数方面，选择泥沙、水质和水温的相关指标做模型参数，以反映物质流的主要特征。在地貌、地质参数方面，河流纵向上，物理障碍物（水坝、闸、堰）的数量和规模无疑是连通性的重要参数；河流垂向上，地表渗透性能、土壤/裂隙岩体渗透系数、降雨入渗率是反映雨水入渗和地表水与地下水交换的重要参数。在生物参数方面，在河流纵向和侧向，海河洄游和河川洄游鱼类和大型无脊椎动物物种多样性指数和丰度；鱼类庇护所数量；鱼类洄游方式/距离；漂浮性鱼卵传播距离；河流竖向底栖动物和土壤动物的丰度；河漫滩湿地数量，河漫滩植被盖度；河漫滩物种多样性指数、丰度等都可选择为生态响应特征值。

河湖水系连通是一个动态过程。由于流量增减等水文过程因素以及边界条件变化因素，水流运动方向也随之发生变化，即在纵向 y、横向 x 和竖向 y 发生转换，水流承载的物质流、物种流和信息流方向也随之发生改变。需要设定判据以判断 3 种流的空间方向。水流从河流纵向 y 转变为侧向 z，临界状态是河流开始漫溢，其判据应是漫滩水位/流量。地表水与地下水交换的判据应是二者水位的相对关系。降雨后形成的坡面径流部分入渗形成地下潜流，地表渗透性能和降雨入渗率是主要判据。在河湖连通问题中，水流是注入还是流出的判据应是河湖水位的相对高程关系。复杂水网水流的往复方向，取决于动态的水位关系，应设定河段的相对水位关系判据。针对连通性的持续特征，应设定判断常年连通或间歇连通的水文判据，详见表 8.1-1。

5. 模型的用途

3 流 4D 连通性生态模型的用途，一是用于河湖水系连通性评估。其步骤是利用历史和调查资料，对模型各参数赋值，建立起大规模开发水资源和水能资源前的连通性生态模型，成为参照系统。按照河流生态状况分级系统方法，对连通性进行分级，进而对河湖水系连通性现状进行评估。二是对连通的生态过程进行仿真模拟计算。以洪水漫溢的侧向连通性为例，涨水期间，洪水漫溢向河漫滩输入了大量营养物质，洪水消退，大量有机残骸物和其他有机物进入主槽顺流输移，完成高效的物质交换和能量转移过程。连通性生态模型用物质流概念（水体、营养物质、有机残骸物的流动）代替水流概念。同时，涨水期间鱼类进入主槽外的河漫滩，找到避难所和产卵场。洪水消退鱼类回归主槽。在本模型中，采用物种流概念更能反映鱼类生活史习性。另外，用水文过程变化率作为反映洪水脉冲强度的参数；用水文事件时机与鱼类产卵期的耦合程度反映水文条件的适宜性；用漫滩水位作为水流方向改变的判据。应用这些概念构成的连通性生态模型的模拟结果，更能接近洪水漫溢的自然过程。

8.1.2　河湖水系连通性损坏类型

在自然力和人类活动双重作用下，河湖水系连通性发生退化或破坏。在较短的时间尺度内，人类活动影响更为显著（表 8.1-2）。

表 8.1-2　　　　　　　　　　　　连通性修复措施和技术方法

阻隔类型		工 程 措 施	管 理 措 施	技 术 方 法
纵向连通性	大坝	鱼道		鱼道设计、水力学试验
		大坝拆除		评估技术，大坝拆除设计
			水库生态调度	环境流计算，调度方案改善，最优化方法
	引水式电站	闸坝生态改建		
		泄流监控	保障生态流量立法	环境流计算
	河网水闸	连通工程		图论
			水闸群调度优化	环境水力学计算，最优化方法
侧向连通性	河湖阻隔	河湖连通工程		水文、水力学计算，栖息地评价
			水闸调度优化	水文、环境水力学计算，最优化方法
	河流-河漫滩阻隔	连通河漫滩孤立湿地		水力学计算，景观格局分析
			岸线管理，河漫滩管理	立法、执法
		堤防后靠		防洪规划、栖息地评价
垂向连通性	硬质护岸和堤防衬砌	自然型透水护岸和衬砌		栖息地评价、稳定性分析
	城市地面硬质铺设	海绵城市工程		低影响开发技术整合
	超采地下水		地下水回灌	渗流理论，水文计算

在河流纵向，大坝阻断了河流纵向连通性，造成了景观破碎化，首当其冲的影响是溯河洄游鱼类被阻隔。同时，人工径流调节导致下游水文过程平缓化，使洪水脉冲作用减弱，鱼类产卵受到影响。此外，大坝阻塞了泥沙、营养物质的输移，引起一系列负面生态问题（见 1.6.1 节）。我国葛洲坝工程和三峡大坝均未设鱼道，溯河洄游鱼类被阻隔。中华鲟在葛洲坝下的产卵场，自 2003 年三峡水库蓄水后，产卵期后延约 20d，并且从每年产卵两次减为一次，甚至到 2013 年以后，已经没有监测到坝下产卵的情况（曹文宣，2017）。欧洲多瑙河由于水电站建设导致产卵洄游受阻，加之栖息地改变以及过度捕捞使得鱼类野生种群濒临灭绝，六种原生的多瑙河鲟鱼，一种已经灭绝，另一种功能性灭绝，三种濒临灭绝，还有一种属于脆弱易损。在美国加州沿海地区流域，由于水电站大坝建设，种群间的连通性大幅降低，大鳞大马哈鱼的生存能力急剧下降，一些种群已经丧失，而剩下的种群因缺少在种群间运动的条件，而变得更加孤立（Schick 和 Lindley，2007）。

在美国华盛顿州南部流域，由于鱼类洄游障碍物妨碍产卵洄游，导致鲑鱼物种多样性减少（Beechie 等，2006）。

在河流侧向，有两类连通性受到人类活动干扰。一类是河流与湖泊之间连通性破坏。以围湖造田和防洪等目的，建设闸坝等工程设施造成江湖阻隔，使一些通江湖泊变成孤立湖泊，失去与河流的水力联系。另一类是指河流与河漫滩之间连通性破坏。堤防工程形成对水流的约束，限制了汛期洪水向河漫滩扩散的范围，使河流与河漫滩之间的水文连通受到阻隔。值得注意的是，一些地方利用中小型河流整治工程经费，错误地缩窄堤防间距，腾出滩地用于房地产开发等用途。其后果一方面削弱了河漫滩滞洪功能，增大了洪水风险；另一方面使大片河漫滩失去了与河流的水文联系，丧失了大量湿地、沼泽和栖息地。一旦河流被约束在缩窄河道的两条堤防内，就失去了汛期洪水侧向漫溢机会，削弱了洪水脉冲的生态过程，使河漫滩本地大型水生植物成活率下降，鱼类失去产卵场和避难所，给外来物种入侵以可乘之机（见 1.5.3 节）。

河流垂向连通性的功能是维持地表水与地下水的交换条件，维系无脊椎动物生存环境。堤防迎水面以及河湖护岸结构采用混凝土或浆砌块石等不透水砌护结构，既限制了河流垂向连通性，阻隔了地表水与地下水的交换通道，也使土壤动物和底栖动物丰度降低。在流域尺度上，城市地区的道路、停车场、广场、和建筑物屋顶，均被不透水的沥青或混凝土材料所覆盖，改变了水文循环的下垫面性质。这种不透水地面铺设造成城市水系垂向连通性受阻，其结果导致地表径流急剧增加，加大城市内涝灾害风险。同时，地下水补给减少，进一步加剧了地下水位下降的趋势（见 1.6.2 节）。

8.1.3　恢复连通性的任务和措施

1. 3 流 4D 连通性修复

河湖水系连通工程具有综合效益。恢复河湖水系连通性，在生态保护与修复、水资源配置、水资源保护和防洪抗旱等方面，都具有生态效益、社会效益、经济效益。

河湖水系连通可以改善水域栖息地的水文条件和水动力条件，恢复和创造多样的栖息地条件，维系物种多样性，同时也为洄游鱼类和其他生物的迁徙提供廊道。通过河湖水系连通和有效调控手段，实现流域内河流-湖泊间、干流-支流间以及水库之间的水量调剂，实现水资源优化配置。恢复连通性有利于提高水体的自净功能，改善湖泊水动力学条件，防止富营养化。与河流自然连通的湖泊、湿地、河漫滩能够发挥蓄滞洪作用，降低洪水风险。河湖水系连通性恢复，也会改善规划区内自然保护区和重要湿地的水文条件，提高规划区内城市河段的美学价值和文化功能。

尽管恢复河湖水系连通具有综合功能，但在进行规划时，仍然需要明确连通性恢复项目的主要功能。明确了主要功能，便可以确定修复河湖水系连通的主要任务。以生态保护为主要功能的连通性修复任务表述为：修复河流纵向、侧向和垂向 3D 空间维度以及时间维度上的物理连通性和水文连通性，改善水动力条件，促进物质流、物种流和信息流的畅通流动。这个定义可以概括为：3 流 4D 连通性修复。

2. 恢复连通性的措施

恢复河湖水系连通性的措施包括工程措施和管理措施。在纵向连通性修复方面，针对大坝影响的工程措施包括鱼道工程、大坝拆除、引水式电站闸坝生态改建等；管理措施有兼顾生态保护的水库调度方法。解决水网阻隔问题的工程措施是建设水网连通工程；管理措施为水闸群调度优化。在侧向连通性恢复方面，针对河湖阻隔问题工程措施是建设河湖连通工程，管理措施为水闸调度优化。针对河流-河漫滩系统阻隔问题，工程措施是堤防后靠、连接河漫滩孤立湿地和水塘；管理措施是岸线及河漫滩管理立法和执法。在垂向连通性恢复方面，采用生态型护岸结构解决地表水与地下水交换问题；在城市地区针对地面硬质铺设采用低影响开发技术以恢复下垫面条件。连通性修复措施和技术方法见表 8.1-2。本章将在以下章节介绍这些技术的细节，其中兼顾生态保护的水库调度方法，将在第 10 章专门讨论。

链接 8.1.1　《鲟鱼 2020——保护和恢复多瑙河鲟鱼计划》[1]

多瑙河是欧洲第二大河。它发源于德国西南部，自西向东流经 10 个国家，最后注入黑海。多瑙河全长 2850km，流域面积约 817000km²。多瑙河支流众多，形成了密集的水网，成为众多鱼类种群的栖息地。其中鲟鱼是多瑙河丰富的生物资源，具有独特的生物多样性价值，被视为多瑙河流域（DRB）的自然遗产，成为多瑙河的旗舰物种。在过去的几十年里，鲟鱼群落急剧退化已经成为欧洲社会普遍关注的生态问题，调查资料显示，六种原生的多瑙河鲟鱼，有一种已经灭绝，另一种功能性灭绝，三种濒临灭绝，还有一种属于脆弱易损。产卵洄游受阻、栖息地改变以及过度捕捞使得野生种群濒临灭绝。无论从科学角度（如"活化石"和良好的水与栖息地质量指标），还是从社会经济的角度来看（维持居民的生计），对多瑙河鲟鱼直接和有效的保护是防止鲟鱼灭绝的先决条件。

鲟鱼群落急剧退化引起了多瑙河流域国家和欧盟委员会的高度关注。2011 年 6 月通过的多瑙河地区欧盟战略（EUSDR），旨在协调统一的部门政策，为鱼类恢复提供合理的框架，使环境保护与区域社会和经济需求相平衡。2012 年 1 月成立了科学家、政府和非政府组织"多瑙河鲟鱼特别工作组"（DSTF），以支持 EUSDR 目标的实现，提出《鲟鱼 2020——保护和恢复多瑙河鲟鱼计划》，作为行动框架，其目标是"到 2020 年确保鲟鱼和其他本地鱼类种群的生存。"DSTF 促进现有组织的协同作用，并通过促进《鲟鱼 2020》项目的实施，支持多瑙河流域和黑海中高度濒危的天然鲟鱼物种保护。《鲟鱼 2020》作为行动框架，将环境与社会经济措施结合起来，不仅给鲟鱼带来利益，还通过保护中下多瑙河的各项措施，改善多瑙河地区的经济状况，为多瑙河地区的社会稳定做出贡献。《鲟鱼 2020》是一项综合的行动框架，内容包括改善河流连通性、栖息地置换、改善水质、生物遗传库、改善关键栖息地、民众教育、执法、打击鱼子酱黑市等综合措施，其中洄游鱼类的连通性恢复是最重要的目标。

60 多年来，多瑙河干流已建和在建水电站共 38 座，加上船闸等通航建筑物，多瑙河干流共有 56 座鱼类洄游障碍物。在多瑙河的 600 多条支流上也建设了大批水电站和其他建筑物，据统计，分布在多瑙河干流以及主要支流上（流域面积＞4000km²）的鱼类障碍

---

[1] Sturgeon 2020，A program for the protection and rehabilitation of Danube sturgeons.

物和栖息地连通障碍物共 900 多座。评估报告指出，多瑙河生态状况不能满足欧盟水框架指令（WFD）的环境要求，拆除鱼类洄游障碍物和设施是改善河流鱼类种群生态健康的关键。恢复流域连通性成为最主要的生态修复行动。多瑙河国际合作委员会（ICDDR）与流域各国合作，完成了多瑙河流域管理规划（DRBMP）。由于河道洄游障碍物数量大，而资金、土地、技术等资源有限，这就需要对于大量的障碍物进行优先排序，按照轻重缓急进行遴选，以此为基础制定连通性恢复行动计划，成为 DRBMP 的一个组成部分。流域内关键问题是位于多瑙河干流中游–下游间的铁门水电站Ⅰ、Ⅱ级，因其阻隔作用使多瑙河最重要的鲟鱼沦为濒危物种，成为流域内最严重的生态胁迫。《鲟鱼 2020》要求集中资金开展铁门水电站大坝改建可行性规划，目标是允许洄游鱼类特别是鲟鱼能够自由洄游，详见链接 5.4.1。

8.2　连通性调查与分析

连通性调查分析包括地貌–水文、水质和生物及栖息地三大类，其中水质调查参见 3.1 节。

8.2.1　连通性调查

1. 地貌–水文调查

地貌调查包括地貌单元统计和河流–湖泊–河漫滩系统地貌动态格局调查。通过现场查勘和卫星遥感图对比分析以及 DEM 技术手段，调查水系的连通情况，包括河流纵向连通性，河流–河漫滩系统的侧向连通性，河流–湖泊连通性，并对连通情况进行综合分析。

在流域尺度上，地貌单元调查包括干流和支流河道、湖泊、大型湿地、故道、河漫滩、河湖间自然或人工通道、堤防、闸坝、农田、村庄、城镇等。

在河流廊道尺度上，需要调查的河漫滩地貌单元有（图 1.1–9）：①牛轭湖或河流故道；②河漫滩水流通道：指在河漫滩上所形成的次级河道；③鬐岗地貌：水流经过弯道时，主流顶冲凹岸，引起滩岸的坍塌后退，环流作用又把底部泥沙搬向凸岸，堆积形成滨河床沙坝，下一次发生洪水时，又引起强烈塌滩，这样会在凸岸形成一组滨河床沙坝，沙坝与沙坝之间在平面上形成完整的弧系，称为河漫滩鬐岗地形；④局部封闭小水域：河漫滩局部低洼地在洪水期得到水源补给，形成局部封闭的水域，如沼泽洼地、水塘等区域；⑤自然堤：在滩地临河河沿，沉积下来的粗砂高出附近地面，形成自然堤（滩唇）；⑥湿地；⑦堤防；⑧道路；⑨水产养殖场；⑩农田等。地貌单元调查表见表 8.2–1。

表 8.2–1　　　　　　　　　　　　地貌单元调查表

尺度	地　貌　单　元　类　型	个数	水域面积
流域	干流河道、支流河道、湖泊、水库、故道、河漫滩、自然或人工河湖连接通道、大型湿地、堤防闸坝设施等		
河流廊道	干流河道、故道、河漫滩水流通道、鬐岗地貌、沼泽洼地、湿地、堤防闸坝设施、农田、养殖场、村庄等		

河湖水系连通状况可分为常年连通和间歇性连通两类。由于年内水文周期性变化包括汛期涨水-退水过程，使得一部分河湖水系之间联通性呈现间歇性状态。另外，出于防洪和引水需要调控闸坝，也会使河湖水系之间呈现间歇性联通。应按丰水期和枯水期两种情况调查连通性，并且在间歇性联通中区分自然原因还是人为原因。河湖水系连通方式分为单向、双向和网状连通 3 类。河流-湖泊连通性调查表见表 8.2－2；河网连通性调查表见表 8.2－3；河流-河漫滩连通性调查表见表 8.2－4。

表 8.2－2　　　　　　　　　　　　　河流-湖泊连通性调查表

湖泊名称	面积	容积	历史连通特征								阻隔原因	
			湖泊面积	湖泊容积	进水通道	出水通道	连通方向		连通延时		换水周期	自然	人为
							单	双	常年	间歇			

表 8.2－3　　　　　　　　　　　　　河网连通性调查表

时段	河段名称	桩号坐标	流量	控制水闸		连通方向		阻隔原因		阻隔时段
				首	尾	单向	双向	自然	人为	
非汛期										
汛期										

表 8.2－4　　　　　　　　　　　　　河流-河漫滩连通性调查表

时段	河段			河漫滩			湿地			控制闸坝
	桩号坐标	水位	流量	淹没面积	覆盖度	连通状况	面积	地下水位	连通状况	
非汛期										
汛期										

2. 生物及栖息地调查

一般来说，生物调查内容包括浮游植物、藻类、大型水生植物、湿生植物、底栖动物和鱼类，调查方法详见 3.1.3 节。本节重点介绍与河湖水系连通密切相关的生物及栖息地调查，包括洄游鱼类及栖息地、植物群落及其栖息地调查和水鸟及其栖息地调查（表 8.2－5）。

表 8.2－5　　　　　　　　　　　　　生物及栖息地调查表

丰度物种多样性	洄游鱼类及其栖息地						植物群落				水鸟及其栖息地	
	洄游类型/通道位置/长度			栖息地位置/面积			湿地		滩地		总量	栖息地	
	河-湖	河-滩	干-支	产卵场	越冬场	索饵场	类型组成密度	面积	类型组成密度	面积覆盖比例		位置	面积

洄游鱼类调查包括洄游鱼类种类，对应生活史阶段不同水域的洄游通道类型。河流鱼类栖息地不仅提供鱼类的生存空间，同时还提供满足鱼类生存、生长、繁殖的全部环境因子，如水温、地形、流速、pH 值、饵料生物等。鱼类栖息地包括其完成全部生活史过程

所必需的水域范围，如产卵场、索饵场、越冬场，需要调查其位置和面积。

河漫滩及湿地大多属水陆交错地带，生境条件多样，生物类型丰富。调查重点是：①湿地景观格局变化；②湿地植被群落结构变化，包括当地物种和外来物种增减状况以及植被生物量变化。水鸟及其栖息地状况，包括水鸟数量特别是国家一、二类保护水鸟数量动态变化以及物种组成变化。

8.2.2　连通性分析

1. 历史对比

可以把我国 20 世纪 50 年代的河湖水系连通状况作为参照系统，将现状与之对比，识别河湖水系连通性的变化趋势。对比内容可参照表 8.2 - 2～表 8.2 - 4，目的是掌握历史上河湖水系连接通道状况以及湖泊、湿地面积变化。

2. 河湖水系阻隔成因分析

在历史对比的基础上，进一步分析江湖水系阻隔的原因。通过分析识别是自然因素还是人为因素所致。自然原因包括泥沙淤积阻塞通道；河势演变形成牛轭湖（故道）脱离干流；受气候变化，降雨量减少引起径流量减少，干流水位持续下降，改变了河湖连通关系。人为因素有多种，包括：①围垦建圩、阻隔河湖，引起湖泊面积缩小及湖泊群的人工分割；②通过闸坝控制、切断湖泊与干流的水力联系；③水库下泄清水冲刷、下切河道，改变河湖高程关系；④农田、道路、建筑物侵占滩地；⑤缩短堤距，隔断主流与滩区的水力联系。

3. 生态服务功能评价

在历史对比的基础上，建立生态服务功能评价体系，评价由于江湖水系阻隔造成的生态服务功能损失。在连通性问题中，评价江湖水系阻隔造成的洄游鱼类和底栖动物的生物群落类型、丰度和物种多样性退化；鱼类栖息地个数变化以及洲滩湿地和河漫滩植被类型、组成和密度变化；珍稀、濒危和特有生物风险。机理分析方面，重点分析水动力学条件改变导致激流生物群落向静水生物群落演替影响，以及洪水脉冲作用削弱对于生物物种多样性的影响。在此基础上，进而分析包括供给、支持、调节和文化功能在内的河湖生态系统生态服务功能的退化程度。

4. 综合影响评价

河湖水系阻隔不仅影响生态系统健康，还会对防洪、供水、环境产生不利影响。河湖阻隔或缩窄堤距，不仅降低了湖泊或河漫滩所具备的蓄滞洪能力，还导致行洪不畅，增加了洪水风险。河湖水系阻隔不利于流域和区域的水资源优化配置。由于湖泊失去与河流的天然水力联系，湖泊换水周期延长，湖泊湿地对污染物的净化功能和水体自净功能下降，加重湖泊水质恶化。湖泊水体流动缓慢也易形成富营养化条件。所以应对河湖水系阻隔对生态、防洪、供水和环境的影响做出综合定量评价。

8.3　恢复河湖水系连通性规划准则和图论方法

本节讨论了恢复河湖水系连通性规划准则，提出了基于图论的河湖水系连通性定量评价方法。

8.3.1　恢复河湖水系连通性规划准则

1. 恢复河湖水系连通性规划应与流域综合规划相协调

应在流域尺度上制定恢复河湖水系连通规划，而不宜在区域或河段尺度上进行。至于跨流域水系连通，则属于跨流域调水工程范畴，其生态环境影响和社会经济复杂性远远超过流域内的河湖连通问题，需要深入论证和慎重决策。本书不涉及跨流域调水问题。

流域综合规划是流域水资源战略规划。恢复河湖水系连通性规划应在综合规划的原则框架下，成为水资源配置和保护方面的专业规划。

2. 发挥河湖水系连通的综合功能

恢复河湖水系连通性规划除了需要论证在生态修复方面的功能以外，还需论证在水资源配置、水资源保护和防洪抗旱方面的作用。通过河湖水系连通和有效调控手段，实现流域内河流-湖泊间、湖泊-湖泊间、水库-水库间的水量调剂，优化水资源配置。恢复连通性对改善湖泊水动力学条件，防止富营养化方面也具有明显作用。恢复河流与湖泊、河漫滩和湿地之间的连通性，有助于提高蓄滞洪能力，降低洪水风险。恢复河湖水系连通性，还能改善规划区内自然保护区和重要湿地的水文条件，提升规划区内城市河段的美学价值和文化功能。

3. 工程措施与管理措施相结合

实现河湖水系连通性目标，不仅要靠疏浚、开挖新河道或拆除河道障碍物等工程措施，还要依靠多种管理措施。管理措施包括立法执法，加强岸线管理和河漫滩管理；在满足防洪和兴利要求的前提下，改善水库调度方案，兼顾生态保护和修复；在水网地区，制定合理的水闸群调度方案，改善水网水质；建设河道与河漫滩湿地的连通闸坝，合理控制湿地补水和排水设施，恢复河漫滩生态功能。

4. 物理连通与水文连通相结合

用图论等方法分析计算河湖水系的物理连通性，特别注意处理好各级河道纵坡衔接关系。通过环境流计算、水文和水力学计算，规划水文连通性。通过多种方案的经济技术合理性比选，确定总体连通方案。其中环境流计算详见 4.2 节，水文计算详见 4.1 节。

5. 以历史上的连通状况为理想状况，确定恢复连通性目标

自然状态的河湖水系连通格局有其天然合理性。这是因为在人类生产活动尚停留在较低水平的条件下，主要靠自然力的作用，河流与湖泊洲滩湿地维系着自然水力联系，形成了动态平衡的水文-地貌系统。由于来水充足湖泊具有足够的水量，湖泊吞吐河水保持周期涨落的规律；洲滩湿地在河流洪水脉冲作用下吸纳营养物质促进植被生长。湖泊湿地与河流保持自然水力联系，不仅保证了河湖湿地需要的充足水量，而且周期变化的水文过程也成为构建丰富多样栖息地的主要驱动力。

经过近几十年的开发改造，加之气候条件的变化，河湖水系的水文、地貌状况已经发生了重大变化。当下完全恢复到大规模河湖改造和水资源开发前的自然连接状况几乎是不可能的。只能以自然状况下的河湖水系连通状况作为参照系，立足现状，制定恢复连通性规划。具体可取 20 世纪 50 年代的河湖水系连通状况作为理想状况，通过调查获得的河湖水系水文-地貌历史数据，重建河湖水系连通的历史景观格局模型。在此基础上再根据水文、地貌现状条件和生态、社会、经济需求，确定改善连通性目标。为此，需要建立河湖水系连通状况分级系统。在分级系统中，阻隔类型分为纵向、侧向和垂向 3 类，生态要素包括水文、地貌、水质和生物 4 大项，以历史自然连通状况作为参考系统，定为优级，根据与理想状况的不同偏差率，再划分良、中、差、劣等级。一般情况下，修复定量目标取为良等级。由连通性分级表，就可以获得恢复河湖水系连通工程的定量目标。构建生态状况分级系统的一般方法详见 5.2.3 节。

6. 风险分析

河湖水系连通性恢复工程在带来多种效益的同时，也存在着诸多风险。这些风险可能源于连通工程规划本身，也可能来自于气候变化等外界因素。这些风险包括污染转移、外来生物入侵、底泥污染物释放、有害细菌扩散以及血吸虫病传播等。特别是在全球气候变化的大背景下，极端气候频发，造成流域暴雨、超标洪水、高温、冻害以及山体滑坡、泥石流等自然灾害，不可避免地对恢复连通性工程构成威胁。因此在规划阶段必须进行风险分析，充分论证各种不利因素和工程负面影响，制定适应性管理预案，应对多种风险和不测事件。

8.3.2　基于图论的河湖水系连通性定量评价方法

1. 概述

连通性包括物理连通性和水文连通性两类。物理连通性是连通的基础，反映河流地貌结构特征。水文连通性是河湖生态过程的驱动力。物理连通性与水文连通性相结合，共同维系栖息地的多样性和种群多样性。恢复河湖水系连通性应从恢复物理连通性和水文连通性两个方面着手。对于河网水系而言，水道纵横密布，流向往复变化，河网水系连通性恢复规划需要有适宜的数学工具，用于解决这类复杂系统规划问题。中国水科院赵进勇等应用图论理论，并结合水系的水动力特性，在水系连通性定量评价方面取得了进展（赵进勇、董哲仁，2011、2017）。根据河湖水系系统的构造特点以及 GIS、图论方法的相关特性，利用 GIS 平台提取河湖水系信息，并利用图论理论对河湖水系的物理通道进行数学概化，利用边连通度参数描述河湖水系的物理连通程度，提出了应用 GIS 和图论方法对流域尺度下的河湖水系连通性进行定量评价的一整套方法，并且开发了应用软件。河湖水系连通性定量评价，为优化恢复连通性规划方案；改善闸坝调度方案提供了有力的技术支持。

2. 基本概念

图论中的"图"是以一种抽象形式来表达事物之间相互联系的数学模型，在实际对象建立图模型后，可利用图的性质进行分析，从而为研究各种系统特别是复杂系统提供了一种有效的方法。为说明图论的基本概念，将"图"记做 G，如图 8.3-1 所示。

如果图 G 中存在连接点 u 和点 v 的路径，那么就称 u 和 v 是连通的；如果对于图 G 中每对不同顶点均连通，那么图 G 称为是连通图，否则称为不连通图。

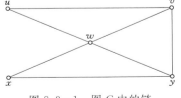

图 8.3-1　图 G 中的链

设图 G 中有 n 个顶点，v_1，v_2，$\cdots$，v_n，则 $A = (a_{ij})_{n \times n}$ 为 G 的邻接矩阵，记为 $A(G)$，其中 $a_{ij} = \mu(v_i, v_j)$ 表示图 G 中连接顶点 v_i 和 v_j 的边的数目。

$A(G)$ 的 k 次方记为 $A^k = (a_{ij}^{(k)})_{n \times n}$，若 $\sum\limits_{k=1}^{n-1} a_{ij}^{(k)} = 0$，说明 $a_{ij}^{(1)}$，$a_{ij}^{(2)}$，$a_{ij}^{(3)}$，$\cdots$，$a_{ij}^{(n-1)}$ 均为零，则根据连通图定义可判断图 G 是不连通图。从而可得出下面基于邻接矩阵的图的连通性判定准则：对于矩阵 $S = (S_{ij})_{n \times n} = \sum\limits_{k=1}^{n-1} A^k$，如果矩阵 S 中的元素全部为非零元素，则图 G 为连通图，否则如果矩阵 S 中存在 $t(t \geqslant 1)$ 个零元素，则图 G 为不连通图。

可见，利用图的邻接矩阵进行图的连通性判别，并借助计算机工具进行复杂的矩阵分析计算，可为图的连通程度分析提供数学基础。在不同的连通图中，其连通程度是不相同的，连通图经删除某些边后最终可能变成不连通图。直观来看，需要删除较多边之后才不连通的连通图其连通程度要强一些，即其连通性不容易遭受破坏。

所谓从图 G 中删除若干边，是指从图 G 中删除某些边（定义为子集 E_1），但 G 中的顶点全部保留，剩下的子图记为 $G - E_1$。如果 $G \neq K_1$ 是一个非平凡图，$\phi \neq E_1 \subset E(G)$，若从图 G 中删除 E_1 所包含的全部边后所形成的新图不连通，即 $G - E_1$ 非连通，则称 E_1 是图 G 的边割，若边割 E_1 含 k 条边，也称 E_1 是 k 边割。若 $G = K_1$ 是一个平凡图，即图只包含一个顶点，则平凡图的边割 E_1 含 0 条边。由此得出图的边连通度定义：

$$\lambda(G) = \begin{cases} \min\{E_1\}, & G \neq K_1 \\ 0, & G = K_1 \end{cases} \tag{8.3-1}$$

$\lambda(G)$ 称为图 G 的边连通度。即非平凡图的连通度就是使这个图成为不连通图所需要去掉的最小边数。平凡图的连通度为零。可见，利用图的边连通度参数，可用使非平凡图变为不连通图所必须删除的最少的边数来衡量一个非平凡图的连通程度，从而使图的连通程度分析定量化。

3. 河湖水系的图模型

河湖水系的连通性通过横向和纵向的连通进行实现，水系图模型方法是指利用图论中的图模型概念，将水系连通性状况通过图形的方式简单明了地表达出来。在河流纵向，连通性特征比较容易识别，河流横向的连通性特征相对复杂一点。在河流横向的地貌特征中，不同类型的河流将会产生不同类型的河漫滩。典型的河漫滩一般具有如下几种微地貌特点：①牛轭湖或牛轭弯道；②河漫滩水流通道；③鬃岗地形；④局部封闭小水域；⑤自然堤。河湖水系概化示意图如图 8.3-2（a）所示，其中包括纵向和横向的干支流、湖泊、河漫滩水流通道、局部封闭小水域、牛轭湖、牛轭弯道等连通特征。

水系图模型方法的重点是将水系中的不同地貌特点利用图论中的相关元素进行表征。在河流纵向，一条河流可以用线来表示，河流汇合处用点来表示。在河流横向，主河槽与河漫滩共同组成河道-滩区系统，其连通性受到河漫滩的微地貌特征、地形特点、水文特性、滩槽水流动态交换等因素的综合影响。河道-滩区系统内错综复杂的水流通道构成系统的连通网络，在不同的水位状况下，系统具有不同的连通程度。根据河道-滩区系统的特点以及图模型概念，牛轭湖或牛轭弯道可用环表示，单独的小型水域可用孤立点表示，仅与一条水流通道相通的小型水域可用悬挂点表示，鬃岗地形中沙坝之间的多个低洼地形成的多条水流通道可用多重边表示，河漫滩水流通道或自然堤受水流冲积后形成的水流通道网络可用边表示，水流通道的汇合点可用顶点表示。两点间存在水流通道则表明两点相邻，水流通道的形状不影响河道-滩区系统中点与点之间的邻接关系。可见，图模型可用来表示整个水系的连通性状况。图 8.3-2 为河湖水系概化示意图和图模型示意图。

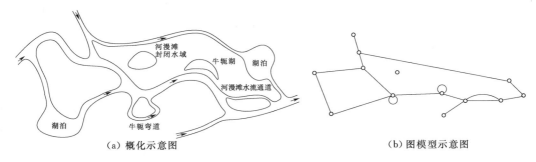

（a）概化示意图　　　　　　　　　　（b）图模型示意图

图 8.3-2　河湖水系概化和图模型示意图

4. 连通性评价方法和流程

在进行水系连通性措施效果评价时，应重点考虑相关工程措施对于整个水系系统连通性的改善效果，以便改善方案满足有效性和经济性需求。对于单独的一条河流与一个湖泊，可以简单地判断为连通还是不连通，但对于一个整体系统而言，需要进行系统性综合分析，以便确定最优的工程措施。水系连通性的系统性分析可采用水系图模型连通度分析方法，其流程如下所示（图 8.3-3）。

（1）数据准备，包括利用遥感图、实地调查等途径所获取的资料进行整理分析。

（2）通过水系连通性调查提取河湖水网，建立水系图模型 G。

（3）根据图模型的顶点和边的相互关系，得出图的邻接矩阵 $A(G)$。

（4）根据图的连通性判定准则，进行矩阵运算，判断图是否连通。

（5）如果图不连通，结束程序流程，得出结论。如果图连通，则进行下面的边连通度判别。

（6）将图从边 1 到 k，依次删除 1 条边。利用所形成的新的邻接矩阵，判断删除 1 条边后所形成新图的连通性。若删除某条边后，所形成的新图不连通，则原图连通性为

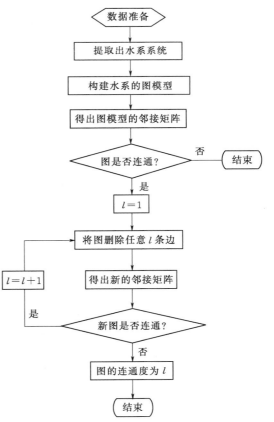

图 8.3-3　水系图模型连通度分析方法流程图

1，结束流程，得出结论；如果删除任意一条边后所形成的新图仍然连通，则进行下一步。

（7）将图从 1 到 k，任意选择两条边进行删除，根据删除两条边后所形成的邻接矩阵判断所形成新图的连通性。若删除某两条边后，所形成的新图不连通，则原图连通性为2，结束流程，得出结论，如果删除任意两条边后所形成的新图仍然连通，则进行下一步。

（8）依次类推，若删除某 $l(l<k)$ 条边后，所形成的新图不连通，则原图连通性为 l，同时说明非完全连通图的连通度就是使这个图成为非连通图的最小边割所包含边的数目。

5. 基于 GIS 的连通度计算可视化实现

（1）水系自动提取方法。目前比较常用的水系自动提取方法主要有 3 种：一是基于 DEM 高程数据进行水文分析；二是基于遥感影像自动或半自动提取；三是基于 Google Earth 对水系进行数字化提取。其中前两种方法的使用频率较高，但是 DEM 方法对于研究尺度小、坡度小的平原城市河网地带准确度欠佳。遥感影像方法则易受到城区众多建筑物的影响，产生较多杂质信息，处理较为复杂。针对城市平原河网，利用 Google Earth 工具提取水系方法可避免城市水系自然环境因素的影响，提取精度较高，方法简单易行。因此，在不考虑水系面积和长度的情况下，通常选用 Google Earth 方法提取水系，利用多边形工具描绘影像中的水系，通过 ArcGIS 中的 SHP 转换工具获取水系，并对水系的符号系统及属性字段进行编辑。

（2）图模型生成方法。根据已提取的矢量水系数据，利用 ArcGIS 中的数据转换及矢量分析工具，生成初步的图模型。在图模型中，河道用平滑的细线条表示，在河流的交汇处设置节点，并用空心圆表示，湖泊或闭合的小水域也用空心圆表示。闸坝作为控制水流的重要设施，其开启或者关闭都会对图模型的形状产生影响，甚至会使连通度发生改变。当某闸门关闭时，该闸坝控制的两个河段就失去了水力联系，在图模型中表现为去除了一条边。

（3）邻接矩阵构建技术。在 ArcGIS 中，根据属性表中点线的相关关系可以判断它们之间的邻接关系，建立邻接矩阵。首先生成节点的缓冲区，当河流的两个端点距离相差小于 0.01m 时，认为这两个端点是重合的，因此设置缓冲距离为 0.01m；然后利用生成的缓冲区数据和图模型中的线数据进行相交分析，若点和相邻的线相交，在邻接矩阵中就记为 1，若不相交则记为 0。再从所得结果的属性表中找到点线之间的"一对一""一对多"的映射关系，则在邻接矩阵中，有映射关系的值为 1，没有映射关系的值为 0，据此构建邻接矩阵。

将上述河湖水系连通度计算方法与可视化技术进行技术集成，形成了河湖水系连通性定量评价软件 RLCE 2.0（River and Lake system Connectivity Evaluation，RLCE），可为河湖水系连通性的定量分析评价提供可操作的软件工具。

链接 8.3.1　扬州主城区河湖水系连通性评价分析[❶]

1. 研究区概况

扬州市位于江苏省中部，地势平坦、河网稠密。扬州市共有乡镇级及以上河流 1111

---

❶　张晶，赵进勇，董哲仁，等，2018。

条，河道总长约 6060km。根据河流注入的河道划分为长江水系和淮河水系。扬州市区的重要河流有京杭大运河、古运河、邗沟、唐子城河、新城河、七里河、小秦淮河等共计26 条河。其中，京杭大运河纵贯扬州全境，南水北调东线工程在境内引江北送，是平原河网的典型代表。境内主要湖泊有高邮湖、邵伯湖、宝应湖等。

2. 水系连通性评价

选取扬州市主城区为研究区域，利用图论边连通度的方法计算主城区水系的连通度，并对主城区水系连通状况进行评价。

选择成像时间为 2016 年 8 月 28 日的 Google Earth 影像，分辨率为 1m，可以清晰分辨扬州城区的主要河流。根据 Google Earth 影像提取扬州市主城区水系，如图 8.3 - 4 所示，以不同的颜色区分东部水系、中部水系、西部水系。京杭大运河南北贯穿扬州市，连通长江流域与淮河流域；古运河与七里河是连接京杭大运河与市内河流的重要通道，为城区河流提供了主要水源，位于古运河上的扬州闸是扬州市生产、生态用水的主要引水口门，大运河水通过扬州闸经古运河自东向西流入城区河道，由于城区地势平坦，河流流向皆由闸门及泵站控制，如位于邗沟上的黄金坝闸站，通过该闸门连通了邗沟与古运河，并且还控制着古运河向南流的通道；西部的平山堂泵站则通过暗涵，重新疏通了瘦西湖与沿山河。

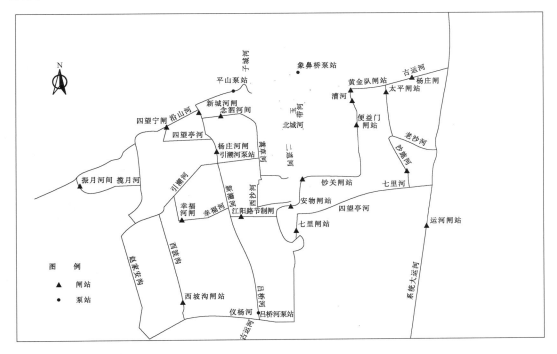

图 8.3 - 4　扬州市主城区水系图

依据提取的矢量水系数据，并通过实地调查，了解主城区水系的实际连接状况，对于不符合实际连通情况的地方进行调整，如西沙河在地图上显示为断头河，现状是通过暗涵与蒿草河连接。经过调整后建立图模型，如图 8.3 - 5 所示。

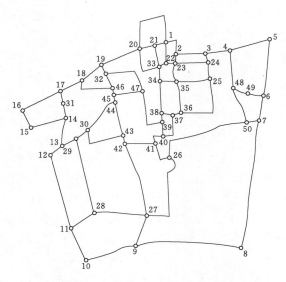

图 8.3-5　扬州市主城区水系图模型

该图模型共计 50 个节点 72 条边，将水系图矢量数据输入到编写好的计算程序中，可以根据点线的连接关系，自动生成邻接矩阵。与手动输入邻接矩阵的方法相比，该途径更加高效、便捷。

根据邻接矩阵连通性判定准则，计算扬州市主城区水系边连通度为 2，即至少删除两条边时，水系不连通。

根据算法运行结果，有 7 种删除边的组合，形成了孤立节点 [图 8.3-6（a）～（g）]，从而使连通图变为不连通图；另外有 5 种删除边的组合，形成了悬挂节点 [图 8.3-6（h）～（l）]，根据当地东西低、北高南低的水流特点，水系无法连通。

3. 水系连通性影响因素分析

（1）影响水系连通的重要河流。通过对不连通情形的分析，在 12 种不连通组合中，七里河—沙施河交汇口至古运河段与仪扬河—赵家支沟交汇口至西银沟段分别出现了两次。可见，这两个河段为敏感河流，当这两个河段出现阻塞时，对主城区水系连通格局的影响最大。七里河段是沟通京杭大运河、沙施河、古运河的重要桥梁，且七里河位于扬州市的主城区，人口密集、工业企业较多，生态环境较为脆弱，现状河道存在过水不畅、行洪能力不足、汛期排水受阻、水质不达标发黑发臭等问题，严重影响沿河的环境和景观，亟待整治。仪扬河段作为扬州西部城区的重要防洪通道，担负着疏解洪水、排解城市内涝

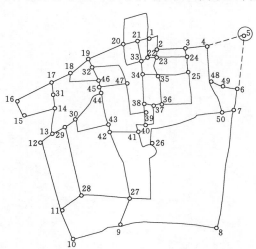

（a）古运河至沙施河段、古运河至老沙河段不连通形成孤立节点

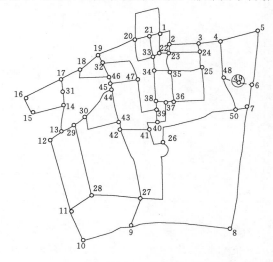

（b）老沙河至曲江公园段、曲江公园至大运河段不连通形成孤立节点

图 8.3-6（一）　12 种不连通情形

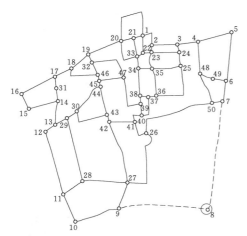

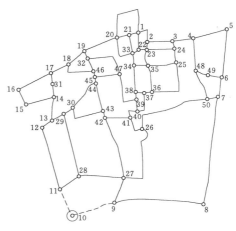

(c) 七里河与大运河交汇口至长江段、古运河与长江
　　交汇口至大运河段不连通形成孤立节点

(d) 仪扬河至长江、长江与古运河交汇口的西侧
　　河段不连通形成孤立节点

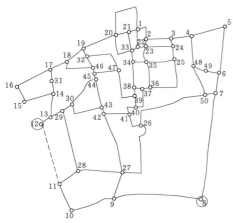

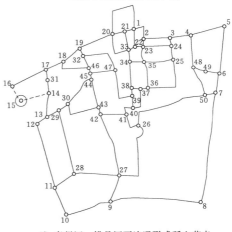

(e) 引潮河至赵家支沟、赵家支沟与运潮河交汇口
　　至仪扬河不连通形成孤立节点

(f) 真州河、揽月河不连通形成孤立节点

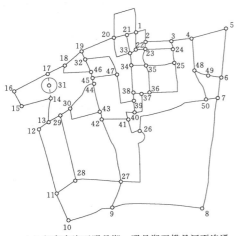

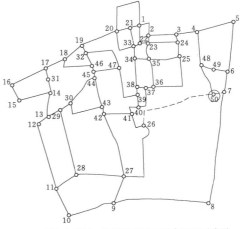

(g) 赵家支沟至明月湖、明月湖至揽月河不连通

(h) 七里河—沙施河交汇口至大运河不连通

图 8.3-6（二）　12 种不连通情形

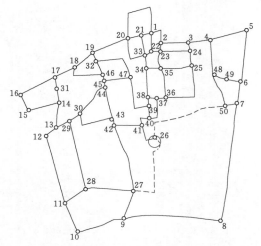
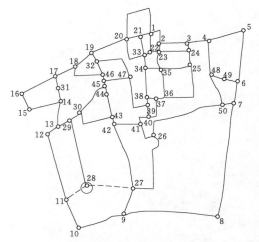

（i）七里河—沙施河交汇口至古运河、七里河—
古运河交汇口至仪扬河不连通

（j）仪扬河—赵家支沟至西银沟段、仪扬河—
西银沟至吕桥河不连通

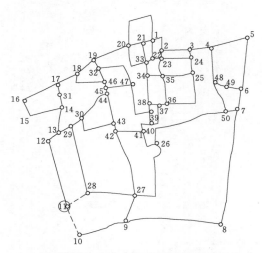
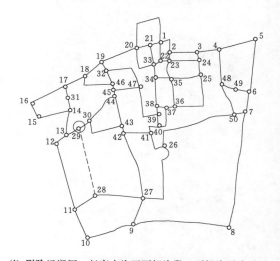

（k）仪扬河—赵家支沟至西银沟段、仪扬河—
赵家支沟至长江段不连通

（l）删除运潮河—赵家支沟至西银沟段、西银沟不连通

图 8.3-6（三）　12 种不连通情形

的关键职能，维持该河段的水流畅通对于防御洪涝及内涝灾害起着非常重要的作用。

（2）不同闸坝对水系连通度的影响。本研究区地处平原河网地带，河流坡降很小，主要靠闸坝调节水流。为研究不同闸坝关闭时对水系连通度的影响，利用了 GIS 方法，模拟不同情景下的图模型，并计算出各种情景下的连通度，见表 8.3-1。

对表 8.3-1 分析，扬州闸、黄金坝闸、平山堂泵站、明月湖闸的关闭会影响整体的连通度。扬州闸掌控着主城区活水的主要来源，当扬州闸关闭时，不仅连通度下降，还会造成城区河道水量大幅减少，流速变缓，容易形成淤积。

4. 改善措施

虽然扬州市局部地区水系连通性较好，但是城区水系整体连通度偏低，在至少有两条

表 8.3 - 1　　　　　　　　　　关闭不同闸站时的水系连通度

关闭的闸站	连通度	关闭的闸站	连通度
扬州闸	1	新城河闸	2
通运闸	2	四望亭闸	2
黄金坝闸	1	江阳路节制闸	2
象鼻桥泵站	2	明月湖闸	1
平山堂泵站	1		

河流不连通的情况下，整个扬州市城区的水系连通度降为 0，这将使得城区河道系统内的水流不能正常流通，影响了城区水系的生态过程，也削弱了整个水系的纳污能力。七里河—沙施河交汇口至古运河段与仪扬河—赵家支沟交汇口至西银沟段为影响主城区水系连通的敏感河段，为维持主城区水系较好的连通性，对这两个敏感河段要重点监管、整治，保障河道水流畅通。主要的治理措施可分为工程措施和非工程措施两类。

（1）河道清淤。七里河面临的主要问题是河道被侵占严重，河道断面变窄。另外，河道久未疏浚整治，干支河道淤积严重，目前淤泥深度可达 1.8m，同时岸坡杂物堆积，河道内还存在卡口建筑物，导致河道过流能力不足。因此，首先要清除河道内的固体垃圾和淤积物，拓宽重要的过水断面，增加水流的通畅性，提高沙施河、七里河、古运河与京杭大运河之间的水系连通性。

（2）生态护坡建设。仪扬河是连接长江、古运河、乌塔沟等众多城区河流的纽带，同时担负着西部城区重要的防洪任务。仪扬河段偏离市中心，人为干扰较小。目前的主要问题是，河道两侧的边坡多为自然边坡，水土流失较为严重，加重了西部城区的防洪风险。因此，针对仪扬河段主要实施生态护坡工程，做好两岸的水土保持工作，建立起生态长廊。

（3）闸坝调控措施改善。根据以上分析，当扬州闸站、黄金坝闸站、明月湖闸站、平山堂泵站处于关闭状态时，会降低主城区水系的整体连通度。其中扬州闸控制着城区河流的主要水源，当扬州闸关闭时，城区河流的水量将明显减小，流速更加缓慢，更容易产生淤积，阻塞河道。因此，扬州闸要保持长期开启状态，为城区活水提供足够的水量。此外，黄金坝闸站、明月湖闸站、平山堂泵站以及两条敏感河段上的七里河闸站与西银沟闸站也必须保持开启状态，保证河道水流畅通。

8.4　纵向连通性恢复

在河流上建造大坝和水闸，不但使物质流（水体、泥沙、营养物质等）和物种流（洄游鱼类、漂浮性鱼卵、树种等）运动受阻，而且因水库径流调节造成自然水文过程变化导致信息流改变，影响鱼类产卵和生存。恢复和改善纵向连通性的措施，包括改善水库调度方式、建设过鱼设施、推进绿色小水电发展、拆除闸坝、引水式水电站生态改建等。其中有关过鱼设施问题将在第 9 章讨论；有关兼顾生态保护的水库调度问题，将在第 10 章讨论。

在优化水网闸坝调度方案方面，本节给出了一个污染严重的水网水系通过水量水质模型分析，优选最佳闸泵调度方案的工程案例。

8.4.1　推进绿色小水电发展

根据《世界小水电发展报告 2016》统计，截至 2016 年全球小水电资源总潜力已经开发近 36%。小水电（装机 10MW 以下）约占全球总发电装机容量的 1.9%，占可再生能源总装机的 7%。我国中小流域水电资源十分丰富，全国技术可开发量约 1.28 亿 kW，主要集中在长江上游、珠江上游以及黄河中上游边远山区。截至 2010 年底，我国已开发小水电总装机 5512.1 万 kW，占我国水电总装机 22.3%（据水利部农村水电及电气化发展局，2010）。

我国小型水电站主要分布在丘陵山区，多为引水式电站。引水式电站造成闸坝与厂房之间的河段常年或季节性断流，对厂坝间河段的生态系统造成了严重破坏。特别是山区河流梯级开发造成的累积效应，更进一步加剧了生态系统退化。2016 年水利部印发了《水利部关于推进绿色小水电发展的指导意见》，从小水电规划、新建小水电站环境影响评价要求、最低生态流量保障、已建小水电站改造、监控系统建立以及管理等诸多方面提出了政策要求。①严格项目准入，将生态安全、资源开发利用科学合理等作为新建小水电项目核准或审批的重要依据。对于资源开发利用不合理、取水布局不合理、无生态需水保障措施的新建小水电项目，不予核准或审批通过。对于不能满足生态需水泄放要求的新建水电项目不得投入运行。②实施升级改造，推动生态运行。保障小水电站厂坝间河道生态需水量，增设泄流设施。改善引水河段厂坝间河道内水资源条件，保障河道内水生态健康。③健全监测网络，保障生态需水。新建小水电站的生态用水泄放设施与监测设施，要纳入小水电站主体工程同步设计，同步施工、同步验收。已建小水电站要逐步增设生态用水泄放设施与监测设施。加强对小水电站生态用水泄放情况监管，建立生态用水监测技术标准，明确设备设施技术规格，建立小水电站生态用水监测网络。④完善技术标准。将生态需水泄放与监测措施、生态运行方式等规定作为强制性条文，纳入小水电站可行性研究报告编制规程、初步设计规程等规范。⑤依法监督检查。⑥鼓励联合经营、统一调度。

2017 年水利部批准发布了《绿色小水电评价标准》（SL 752—2017）。该标准规定了绿色小水电评价的基本条件、评价内容和评价方法。评价内容包括生态环境、社会、管理和经济 4 个方面。其中，在生态环境部分，评价内容包括水文情势、河流形态、水质、水生和陆生生态、景观、减排。在社会部分，包括移民、利益共享、综合利用。

8.4.2　大坝拆除

1. 大坝拆除原因

我国是世界上的筑坝大国。截至 2011 年统计，我国已经建成各种规模的水库 98002 座，总库容约 9323 亿 m³（《第一次全国水利普查公报》）。这些水库 90% 以上兴建于 20 世纪 50—70 年代，受到当时工程质量控制不严、水文地质资料欠缺以及财力不足等经济技术条件限制，很多工程质量较差，加之后期管护不到位，大量已建水库经多年运行后仍然存在各种安全隐患。据统计，目前仍存在约 3 万座病险水库。病险水库不但不能正常发挥效益，而且有很高的溃坝风险，严重威胁下游群众生命财产安全。有大批水库经多年运行库区淤积严重，有效库容已经或基本淤满，水库已丧失原设计功能。另外，有些水库大坝阻断了水生生物洄游通道，威胁濒危、珍稀、特有生物物种生存。对于这些有重大安全隐患、功能丧失或严重影响生物保护的水库，经论证评估应对水库降等或报废。

【工程案例】　基独河水电站拆除的生态效应

国家科技支撑计划重大项目"水电能源基地建设对西南生态安全影响评估技术与示范"，在云南澜沧江支流基独河开展了水电站大坝拆除对于洄游鱼类影响的现场试验，并建立了云南大学基独河试验示范基地，以进行长期观测。

基独河是澜沧江一级支流。2010 年规划建设 4 级水电站，已建成第 4 级水电站，其他 3 级电站未开工建设。为开展洄游鱼类支流代干流研究，观测水电站拆除前后对于洄游鱼类物种多样性的影响，选择基独河水电站作为原位观测对象。同时，选择基独河对岸另一条支流丰甸河作为参照系统，并布置了监测系统。丰甸河上已建成 3 座梯级电站，由于河流纵向阻隔，鱼类物种多样性大幅下降（图 8.4－1）。

华能澜沧江水电开发有限公司收购了基独河第 4 级水电站，并于 2012 年 9 月对该水电站实施爆破拆除，以恢复基独河与澜沧江干流的连通。观测数据表明，拆除后洄游鱼类种类恢复十分明显。2013 年 4 月，基独河下游新发现 6 种鱼类，即短尾高原鳅、鲫、麦穗鱼、鰕虎鱼、泥鳅和鲤。到 2013 年 7 月观测的鱼类种类多达到 13 种，土著种和特有种占多数，基本囊括澜沧江该江段特有鱼类，包括短尾高原鳅、鲫、麦穗鱼、鰕虎鱼、泥鳅、鲤、光唇裂腹鱼、裂腹鱼幼鱼、长胸异鮡、穗缘异齿鰋、张氏间吸鳅、后背鲈鲤、扎那纹胸鮡、长腹华沙鳅、奇额墨头鱼。对比一江之隔的丰甸河，2013 年 4—7 月仅有 2 种鱼类，为短尾高原鳅和泥鳅（何大明，顾洪宾，提供）。

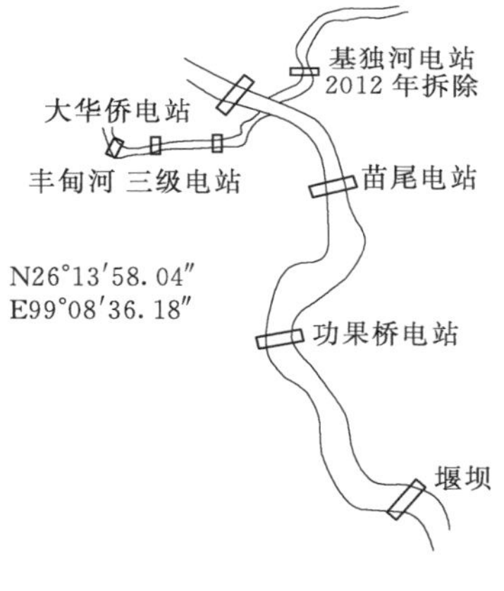

图 8.4－1　基独河水电站拆除生态影响监测布置图

【工程案例】　美国 Mitilija 大坝拆除

美国是世界筑坝大国之一。据美国工程兵团统计，截至 1996 年坝高超过 1.8m 或库容大于 300 万 m^3 的大坝共 76500 座，这些大坝具有防洪、发电、灌溉、供水、娱乐和消防等多种功能，其中水力发电总装机量达 86500MW。大部分工程建于 20 世纪 30—60 年代，随着时间推移大坝逐渐老化，预计到 2020 年有 85％的大坝已经超过 50 年的使用寿命。据 2013 年国家大坝数据库（NID）信息显示，美国共有高危坝 14726 座，严重危险坝 12406 座。2013 年美国质量安全状况较差的闸坝为当年闸坝总数的 1/3。资料显示，2005—2009 年美国就发生了 132 起垮坝事故。

大坝退役问题已经成为社会经济和生态环境保护问题，受到各利益相关者的关注。美国大坝退役原因有以下几种：由于工程结构老化导致的安全问题；淤积引起水库功能丧失；还有一种情况是大坝修缮或改造的成本过高，继续运行得不偿失，按照经济分析认为大坝退役更为合理。最近十余年，随着生态保护意识提高，有些大坝拆除的动因是保护洄游鱼类和珍稀动物。据 Mitch（2004）统计，美国在 20 世纪 90 年代共拆除大坝 180 座。

Mitilija 大坝位于南加利福尼亚州的 Ventura 河支流上，1947 年建成，是一座混凝土双曲拱坝，坝高 57.90m。由于该坝不再具有防洪和蓄水能力，而且阻断了濒危的虹鳟鲑鱼（Steelhead salmon）的洄游通道。1999 年 6 月，Ventura 县当局同意拆除 Mitilija 大坝，它是美国拆除的最高大坝。

根据美国垦务局 2000 年估计，拆除 Mitilija 大坝的费用为 2100 万～18000 万美元。工程费用变化幅度大的原因，是由于拆除方案不同。费用最高的方案是用泥浆泵和管道直接将淤积物输送到 Ventura 县海滩；费用最低方案是分期拆除坝体，允许天然洪水挟带淤积物输送到下游地区，可是这个方案对下游洪水风险最大。

2. 大坝退役评估

水库降等与报废以及大坝拆除是一项政策性和技术性很强的工作，必须充分论证，确保科学决策，避免决策任意性。2003 年 5 月，水利部发布了《水库降等与报废管理办法（试行）》（水利部第 18 号令）。2013 年 10 月水利部发布了《水库降等与报废标准》（SL 605—2013）。从行政规章和技术准则两个方面，规范了水库降等与报废工作。

《水库降等与报废标准》规定了水库降等和水库报废的适用条件，提出善后处理的工程措施和非工程措施。其中，水库报废条件为：①库容与功能指标，指严重淤积；严重渗漏；失去水源；原设计功能丧失。②工程安全条件，指存在严重险情或隐患，而除险加固经济不合理；工程质量问题严重；因洪水、地震等原因，工程遭到严重破坏。③其他情况，指征地移民问题未妥善解决；库区有重大考古发现；水库大坝阻断了水生生物洄游通道，为保护珍稀生物物种，需要拆除大坝；库区发现珍稀或濒危动植物物种，其原生地不得淹没破坏，又无法迁移保护，需空库予以保护的；水库蓄水引起上下游生态环境及水文地质条件严重恶化，需拆除大坝的；水事纠纷严重。水库报废的善后处理技术方面包括：拆坝方式；淤积物处理方法；相应水土保持、环境保护、生态修复措施。

美国在规范拆坝工作方面也积累了不少经验，值得我国借鉴。美国土木工程协会能源分会水力发电委员会编写出版的《大坝及水电设施退役指南》（Guidelines for Retirement of Dams and Hydroelectric Facilities）（以下简称《指南》），较为全面地阐述了大坝退役的基本原则、拆坝工程可行性评估、环境评价以及淤积物管理等方法。《指南》把大坝退役工作分为 6 个阶段：第一阶段为初始退役评估，确定退役研究范围及边界条件；概述工程退役的优缺点；对公众利益影响；退役成本等。第二阶段是各个利益相关者的协商阶段。第三阶段是数据收集与分析阶段，《指南》对数据收集范围有明确的界定，并且详细说明了量化的退役可选方案以及评估方法。第四阶段对可选方案评估。通过敏感性分析，确定实施方案。第五阶段为立项、设计和施工阶段。第六阶段为长期管理阶段。包括土地用途变更；淤积物处理；拆除大坝和设备的遗留问题处理等。《指南》提出了 3 种退役评估方案。①继续运行。大坝除险加固方案可行而且经费落实，经评估确定大坝继续运行。②部分退役。又分为两种情况，一种是现有水力发电设施退役，保留大坝结构并进行维修；另一种是水力发电设备控制运行，降低坝高或拆除大坝。③全部退役。拆除大坝及其附属建筑物，包括相关受影响的工程区复原。

3. 大坝拆除环境影响评价

首先，要对大坝拆除评估项目进行现状生态环境调查，调查内容包括水量、水质、淤积物特性及输移、鱼类及其他水生群落、野生动物、植被、珍稀物种、历史文化遗产、景观资源和土地使用等项目。大坝拆除改变了现有筑坝河段地貌和水文条件，势必会影响河段甚至流域的生态系统结构与功能。大坝拆除环境影响评价就是预测大坝拆除带来潜在的生态环境后果，并且提出缓解措施。环境影响可能是正面的，也可能是负面的。举例来说，对于鱼类和其他水生生物来说，大坝拆除可能使原有的水库渔场受损，而河流渔业却得以复苏，特别是溯河洄游鱼类可能得到恢复。大坝拆除使现存库区水禽栖息地损失，而河道及河漫滩水禽新栖息地得到恢复，陆生动物栖息地也会有所恢复。大坝拆除可能引起湿地排水导致原库区湿地退化，但是会在新河道产生新的湿地。应控制拆坝施工的进度，降低水位下降速率，减少短期影响。从长期管理角度，也应尽可能放缓水位下降和淤积物输移速率，使之不超过下游的承受能力，有利于提高下游生态系统稳定性。对于珍稀濒危物种来说，首先依据我国相关名录，咨询生物保护管理机构，获得有关敏感物种及其栖息地信息。为维持现有栖息地和物种，需要制定管理计划。大坝拆除施工期，应避开珍稀物种的筑巢期、排卵期和迁徙期。施工期的噪音控制尤为重要。应对景观资源的变化进行评估。景观资源是指人类所感知的自然景观特征。大坝拆除可能对景观带来重大变化，库水位下降、水面缩小、岸线变化及边坡裸露，对于这些变化公众群体的评论不同，这取决于人们不同的审美观点。所以需要广泛征求公众意见，有利于正确决策。当然，还可以采取一些缓解措施，如适当种植植被和环境美化等。在娱乐休闲方面，重新恢复一条自由流淌的河流，为安排漂流、筏运、垂钓等娱乐项目提供了可能，这些新项目取代了原有划船、滑水等活动。另外，还可以利用腾空的工程用地开发娱乐项目。

4. 淤积物处理

水库淤积物处理，是大坝拆除善后工作的重点。大坝拆除后，沉积物受水流冲蚀作用，如果不加控制地输送到下游，就有可能对基础设施、航道、水质、水生动物等造成严重的影响。因此，制定大坝拆除方案时，需要对于淤积物的物理化学性质进行调查分析，还要调查下游河道沿线的基础设施，预测淤积物可能造成的影响。

淤积物处理方案有 3 种选项：

（1）通过河流自然冲蚀作用清除。为配合水流自然冲蚀可采取阶段性拆坝方法。拆坝速度根据对下游造成的环境影响、大坝结构特性以及公共安全影响确定。较低的拆坝速度会在特定的时段内向下游输移较少的淤积物，对于下游的冲击要小。

（2）机械清除。通过传统开挖、水力吹填及机械疏浚方法清除淤积物。传统开挖方法用于干燥的淤积物，用推土机或前卸式装载机清除，用传送带或卡车输送到处置区。水中作业可使用绞吸式挖泥船或链斗式挖泥船挖沙。吸射式抽沙船多用于清除细颗粒泥沙。淤积物可以通过泥浆管道、卡车和输送带运输。长距离运输可采用泥浆管道，特别是如果能够借助重力流动条件，可节省泵吸成本，则这种方案更为有效。至于机械清除的淤积物永久堆放场地，可以选择距离坝址较近的旧采石场、填埋区等场地。

（3）稳定化处理。有两种可选方案：一种是开挖新河道，其余淤积物保留；另一种是将淤积物运输到水库上游地势较高地方，避免以后洪水冲刷。

以上三种方案各有优缺点。河流自然侵蚀方案优点是能够达到自然平衡，但是淤积物清除时间长，投资分散，环境影响风险较大。机械清除方案优点是施工后风险低，长期影响小且维护成本低。缺点是前期施工成本高，施工期环境影响大。稳定化处理方案的优点是不需要处置场，缺点是河道和河漫滩长期维护费用较高，其施工期环境影响程度介于以上二者之间。

5. 大坝拆除前后河道及生态演变

大坝拆除以后的数月到几年，原库区水位下降；自然流量过程和水温逐渐得到恢复；与拆坝前比较，水流停留时间减少；营养物质和污染物入库和出库的数量发生变化；泥沙输移加大。在原库区，激流生物逐步取代静水生物，生物区系更换加快，非乡土物种建群。不少案例显示，拆坝后一些水生附着生物和大型无脊椎动物群落在原库区建群。所谓建群一般是指生物物种在新迁移地生长、发育并成功繁殖，至少完成了一个世代。能够在新出现的空地上建群的先锋物种，都是对生活环境适应范围广，繁殖和移动能力较强的植物。因为某种生物建群改变了生境条件，故能引起其他植物相继不断侵入，出现演替，达到顶级时入侵才基本停止。在下游，输沙状态不稳定；生物区系更换，植物建群过程加快（图 8.4-2）。

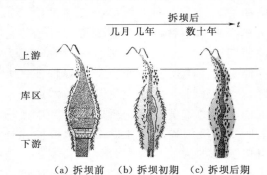

（a）拆坝前　（b）拆坝初期　（c）拆坝后期

图 8.4-2　大坝拆除前后河道及生态演变

大坝拆除对于地貌、生物的影响要延续很长时间。大坝拆除以后的数十年，水文情势已经完全恢复到筑坝之前的状态。在库区和下游也恢复了筑坝前的泥沙输移格局；河道恢复到筑坝之前的自然形态。在库区植物群落继承性提高，在下游，生物物种和生物量的入库/出库数量发生变化（表 8.4-1）。

表 8.4-1　　　　　　　　　　大坝拆除前后河道及生态演变

位　　置		上　　游	库　　区	下　　游
一个月至几年	水文		恢复自然流量和水温，水位下降，水流停留时间减少，营养物和污染物入库/出库数量变化	营养物和污染物入库/出库数量变化
	河道		泥沙输移加大	输沙状态不稳定
	生物	生物区系改变	激流生物逐步取代静水生物，生物区系更换加快，非乡土物种繁衍、建群	生物区系更换加快，植物建群
数十年	水文	恢复自然流量	恢复自然水文情势	恢复自然水文情势
	河道		自然河道形态恢复，泥沙输移格局恢复	泥沙输移格局恢复
	生物	洄游、迁徙动物部分恢复	植物群落继承性提高	生物入库/出库数量变化

8.4.3　引水式电站闸坝生态改建

1. 引水式电站的生态胁迫效应

引水式电站靠拦河闸坝抬高水位形成前池，通过进水口将水引入河谷一侧约几千米长的压力钢管或隧洞，其下游出口连接水轮机室，水流推动水轮机组发电。引水式电站对于河流生态系统产生严重的干扰和破坏。引水式电站除了汛期短期弃水闸坝溢洪以外，在非汛期，电站运行会造成闸坝与厂房间河段断流、干涸，其长度往往达到几千米至十几千米。其后果直接影响沿河居民饮水和用水，使水生植物失去水源供给，加之拦河闸坝阻碍了鱼类和底栖动物运动，给滨河带植被和水生生物群落带来摧毁性的打击，造成河流生态系统严重退化。以岷江为例，除干流已建紫坪铺水电站和支流狮子坪水电站以外，干支流上已建的水电站均采用引水式水电站。这些梯级电站以发电效益为目标，基本不考虑生态用水，致使干流总计约 80km、支流总计约 60km 出现常年间歇式断流。铜钟水电站以上的茂县境内，在 40km 的河段内，干涸河段长 17km。岷江上游干流和主要支流原生的近 40 种鱼类，包括国家二级保护鱼类虎嘉鱼，由于河流减水或断流、河床萎缩或干涸，直接影响鱼类的繁衍生存，鱼类种群和数量急剧下降，不少河段的生物多样性损失殆尽。20 世纪 80 年代以后，茂县以下河段虎嘉鱼已绝迹，曾是杂古脑河和岷江上游的主要经济鱼类重口裂腹鱼，已经很少发现。在干涸河段，河床裸露，乱石堆积，植被萎缩，20 世纪 60 年代曾出没于河谷内的大量野生哺乳动物早已绝迹。

2. 生态改建技术要点

为保证引水式电站脱水河段下泄环境流量以及克服鱼类洄游障碍，需要对引水式电站闸坝进行生态改建，其技术要点如下。

（1）引水式电站闸坝生态改建的目标是：①保障厂坝间河段居民用水和河道环境流量；②保障鱼类和底栖动物能够上溯或降河运动；③增设生态用水监测设施，实现下泄流量自动监管。

（2）核算生态流量。简易方法可采用 Tennant 法，带有研究性质的项目可采用 ELOHA 框架方法，详见 4.2 节。

（3）引水式电站改建工程，需保留拦河闸坝大部分，以继续发挥挡水和泄洪功能。只需改造部分坝段，用于下泄水流以保证环境流量。改建坝段坝顶高程根据水位-流量关系曲线和环境流量确定。改建的溢流坝段可以设置控制闸门，小型堰坝也可以不设控制闸门，允许自然溢流。

（4）改建的溢流坝段按鱼坡设计。鱼坡是为鱼类洄游专门设计的一种鱼道型式，是具有粗糙表面的缓坡。鱼坡能满足鱼类溯河或降河游泳需求，也适合底栖动物通过。

（5）将鱼坡结构整体嵌入坝体中，构成组合式结构称为"鱼坡式溢流坝段"。鱼坡式溢流坝段具有双重功能，既可以满足下泄环境水流的要求，也可以解决鱼类洄游问题。

（6）改建后的闸坝溢流坝段常年泄水，满足环境流量要求。同时，鱼类和底栖动物可以通过鱼坡上溯或降河运动。在汛期，洪水通过保留坝段泄洪，同时调节鱼坡闸门控制下泄流量以防止冲毁鱼坡。

（7）对于新建引水式电站，在设计之初就要考虑下泄环境流量和鱼类洄游问题，鱼坡式溢流坝段结构不失为一种合理选择。

3. 鱼坡式溢流坝段平面布置

鱼坡布置在流量较大的河岸一侧，占据原有堰坝的部分位置（图 8.4-3）。在鱼坡与原有堰坝之间，布置起隔离作用的导墙，如图 8.4-3（a）所示；也可以在鱼坡与原有堰坝衔接处，布置横向砾石缓坡起高差过渡作用，也防止出现死角产生漩涡。如图 8.4-3（b）所示。鱼坡上游端可以设置调节闸门，主要用于汛期控制洪水下泄，防止冲毁鱼坡，也防止流量过大导致流速超过洄游极限流速。鱼坡下游段尽可能向河道下游延长，使鱼类尽早探测到感应流速。图 8.4-4 为德国北莱茵-威斯特法伦州齐格河艾托夫电站的鱼坡式溢流坝段，艾托夫电站是由闸坝挡水的引水式电站。在完成闸坝生态改建后，保留了左侧大部分坝段，其功能为平时挡水，汛期溢洪。右侧坝段改建为常年泄水坝段，并按照鱼坡设计。鱼坡是一个由砾石群形成粗糙表面的缓坡，砾石群间隔布置大砾石或砾石槛。

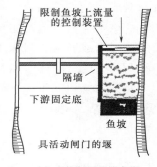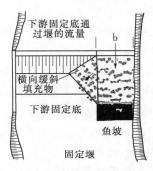

（a）有控制闸的挡水坝　　　　　　　（b）无控制闸的挡水坝

图 8.4-3　鱼坡坡面布置
（据 FAO 和 DVWK，改绘）

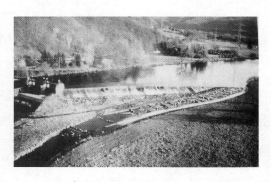

图 8.4-4　德国齐格河艾托夫电站的
鱼坡式溢流坝段

4. 鱼坡一般性技术要求

鱼坡的一般性设计参数：平均水深 $h=30\sim40cm$；纵坡降 $I<1:20\sim1:30$；最大流速 $v_{max}=1.6\sim2.0m/s$。

采用砾石等表面粗糙的自然材料，沿鱼坡斜面连续铺设。在砾石群间隔布置大砾石或砾石槛，起消能和形成水池的作用。为防止冲刷侵蚀，鱼坡的边坡需铺设砾石，其高度应超过最高水位。砾石与土基接触面上应铺设土工布。在砾石护坡以上部位，采用植物-天然材料-混凝土组合的自然型护坡结构，详见 6.3 节。鱼坡尾部布置消力池，其长度视单宽流量和流速确定，一般取 3~7m，消力池中充填砾石。

5. 坡面结构型式

鱼坡坡面结构型式有 3 种类型：大砾石嵌入式缓坡、松散填石缓坡和嵌入式砾石槛缓坡。

（1）大砾石嵌入式缓坡。大砾石嵌入式缓坡结构一般应用于纵坡降 1∶8～1∶10 的陡坡，是传统意义上的陡坡消能结构物［图 8.4-5 (a)］。大砾石尺寸 0.6～1.2m，单层安置，竖放，下部为碎石垫层，垫层下部铺设土工布。用坐浆法将大砾石固定并相互连接。所谓坐浆法指在下部垫层混凝土凝固之前，将大砾石嵌入固定的工法。在斜坡下游用钢板桩、夯入式钢梁、钢轨等横向连续构件固定大砾石，防止滑动或被冲刷。斜坡下游布置消力池，其长度视单宽流量和流速确定，一般取 3～7m。用开挖方法构筑消力池，消力池中充填砾石。

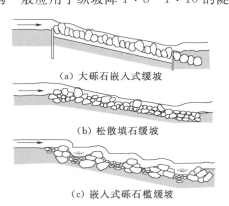

（a）大砾石嵌入式缓坡

（b）松散填石缓坡

（c）嵌入式砾石槛缓坡

图 8.4-5　鱼坡坡面结构
（据 FAO 和 DVWK）

（2）松散填石缓坡。松散填石结构是由多层砾石沿斜坡铺设构成，填石厚度为最大砾石尺寸的 2 倍以上［图 8.4-5 (b)］。在填石层中，间隔布置大砾石，大砾石顶部高出平均水位。其作用一是在枯水时仍然保持一定水深，二是提高消能效果。斜坡下游与河床衔接可布置消力塘，消力塘长度视单宽流量和流速确定，一般取水深的 7～10 倍。如果河道侵蚀作用不强，斜坡下游可用填石延续与河床衔接。斜坡尾部布置桩排固定填石。在横断面上，填石要全断面铺装，即从河床底延长铺设到岸坡或堤防高水位线处。岸坡或堤防高水位线以上部位，应配置植物，既可固土防冲，又可遮阴及提供隐蔽所。

（3）嵌入式砾石槛缓坡。嵌入式砾石槛缓坡由砾石及大砾石构筑的砾石槛组成，大砾石直径为 0.6～1.2m。砾石槛沿斜坡间隔布置，形成阶梯式缓坡［图 8.4-5 (c)］。砾石槛间距以不超过水位差 20cm 为原则确定。在平面上，砾石槛呈人字形，使砾石间紧密咬合，以提高砾石槛稳定性，还可增大过水前沿长度。在砾石槛斜坡尾部，构筑体积更大的砾石槛与河床平坦段衔接。

针对岩基和粗砾石地基，为加固砾石槛阶梯式缓坡，需加大大型砾石的嵌入深度，有的案例深度达到 2.5m，同时还用钢板桩或其他构件固定。针对沙质地基，需铺设碎石垫层，可以采用坐浆法嵌入大砾石（图 8.4-6）。

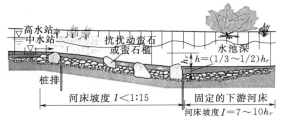

（a）纵剖面

（b）横剖面

图 8.4-6　大砾石和砾石槛鱼坡
（据 FAO 和 DVWK）

6. 仿自然型鱼道水力学计算

鱼坡和旁路水道、砾石缓坡等都称为仿自然型鱼道，仿自然型鱼道设计需要进行水力学计算，本节给出相关计算公式。旁路水道和砾石缓坡的设计方法将在 9.5.3 节介绍。

（1）流量公式。运行流量 Q 定义为：保证鱼道正常运行的流量或流量范围，年内大部分时间鱼道都能保持运行流量。在运行流量范围内设计鱼道，必须满足溯河洄游鱼类需要的水深，且不超过允许流速。

临界流量定义为在某频率下的洪水流量，鱼道设计洪水频率与项目的水工建筑物设计洪水频率标准一致。依据临界流量复核鱼道结构安全性。遇有临界流量发生时，鱼道靠调节进口闸门进行控制。在发生临界流量状况下，无须考虑洄游要求。

明渠平均流速 v_m 根据达西公式计算：

$$v_m = \frac{1}{\sqrt{\lambda}}\sqrt{8gr_{hy}I} \tag{8.4-1}$$

$$r_{hy} = \frac{A}{L_u} \tag{8.4-2}$$

式中：A 为过水断面面积；L_u 为湿周；I 为坡度；r_{hy} 为水力半径；λ 为阻力系数。

渠底凹凸不平，稳态均匀流的阻力系数 λ 按下式计算：

$$\frac{1}{\sqrt{\lambda}} = -2\log\frac{k_s/r_{hy}}{14.84} \tag{8.4-3}$$

（有效条件 $k_s < 0.45 r_{hy}$）

式中：k_s 为粗糙度当量直径，可用砾石平均直径 d_s 表示；混合石材可用粒径 d_{90} 表示。

Scheuerlein（1968）给出底部粗糙的渠道和砾石槛阶梯式缓坡上临界流阻力系数函数。不考虑水中空气含量，并假定嵌入排列有序的石块堆砌系数为 0.5，该函数如下：

$$\frac{1}{\sqrt{\lambda}} = -3.2\log\left[(0.425 + 1.01I)\frac{k}{h_m}\right] \tag{8.4-4}$$

（有效条件 $I = 1:8 \sim 1:15$，砾石平均直径 $d_s = 0.6 \sim 1.2\mathrm{m}$）

式中：k 为嵌入砾石粗糙度，$k = (1/3 \sim 1/2)d_s$；d_s 为砾石平均直径。

由平均流速 v_m 和过水断面面积 A，得到流量 Q：

$$Q = v_m A \tag{8.4-5}$$

（2）嵌入大砾石渠道的阻力系数 λ。无论是嵌入大砾石的旁路水道还是鱼坡，其总阻力系数 λ_{tot} 应包含两部分，即底部粗糙表面的阻力系数 λ_o 和嵌入大砾石阻力系数 λ_s。总阻力系数 λ_{tot} 由下式计算：

$$\lambda_{tot} = \frac{\lambda_s + \lambda_o(1-\varepsilon_o)}{1-\varepsilon_v} \tag{8.4-6}$$

式中：ε_v 为容积比（等于大砾石浸没体积 $\sum V_s$ 与总体积 V_{tot} 之比，即 $\varepsilon_v = \sum V_s/V_{tot}$，$V_{tot} = A \cdot L$，$A$ 为大砾石浸湿表面积，L 为水道段长度）；ε_o 为面积比（等于大砾石表面积与底总面积之比，即 $\varepsilon_o = \sum A_{O.S}/A_{O.tot}$，$A_{O.S}$ 为大砾石表面积，$A_{O.tot}$ 为基底总面积，$A_{O.tot} = L_u$

$L，L_u$ 为水道横断面湿周长度，L 为水道段长度）。

$$\lambda_s = 4C_w \sum A_s / A_{O.tot} \quad (8.4-7)$$

式中：C_w 为形状阻尼系数，$C_w \approx 1.5$；A_s 为大砾石浸湿面积；$A_s = d_s \cdot h^*$，d_s 为砾石直径；h^* 为若水仅环绕砾石流动，则 h^* 等于平均水深 h_m，若砾石完全浸没，则 h^* 等于砾石高度 h_s（图 8.4-7）。

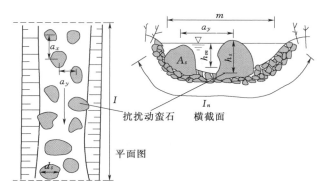

图 8.4-7 大砾石阻力系数计算
（据 FAO 和 DVWK）

底部的阻力系数 λ_o 可由总横断面的水力半径 r_{hy} 大致确定。与大砾石的阻力系数相比，底部的阻力系数很小。

【算例】 引水式电站闸坝改建鱼坡

一个拟用鱼坡结构改建引水式电站闸坝项目，要求鱼坡最低流量为 $Q = 1.2 \text{m}^3/\text{s}$，鱼坡纵坡拟为 $1:25$（$I = 0.04$），坡体拟用糙率 $k_s = 0.12$ 凹凸不平粗石建造，拟用 $d_s = 0.6\text{m}$ 的大砾石降低流速，按照平均轴距 $a_x = b_x = 1.0\text{m}$ 铺设，对于长为 10m 的鱼坡需要 28 块大砾石。鱼坡横断面为梯形，如图 8.4-8 所示。

（1）计算基本特征数据。

1）过水断面面积：

$$A = 2.6 \times 0.4 + 2 \times 0.4^2 = 1.36\text{m}^2$$

2）湿周：

$$L_u = 2.6 + 2 \times 0.4\sqrt{1+2^2} = 4.39\text{m}$$

3）水力半径：

$$r_{hy} = A/L_u = 0.31\text{m}$$

4）横断面水面宽度：

$$b_{sp} = 2.6 + 2 \times 2 \times 0.4 = 4.20\text{m}$$

5）各大砾石浸湿表面：

$$A_s \approx 0.6 \times 0.4 = 0.24\text{m}^2$$

长 $L = 10\text{m}$ 的鱼坡，其容积比和表面积比分别为

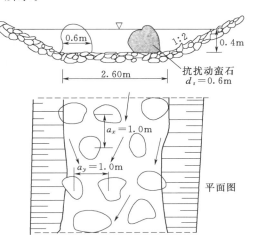

图 8.4-8 引水式电站闸坝改建鱼坡算例
（据 FAO 和 DVWK，改绘）

$$\varepsilon_v = \frac{28\,\frac{\pi}{4}d_s^2 h}{LA} = \frac{28\,\frac{\pi}{4}0.6^2 \times 0.4}{10 \times 1.36} = 0.233$$

$$\varepsilon_o = \frac{28\,\frac{\pi}{4}d_s^2}{LL_u} = \frac{28\,\frac{\pi}{4}0.6^2}{10 \times 4.36} = 0.18$$

根据 $\sum A_s = 28 \times 0.24 = 6.72\text{m}^2$ 及 $A_{O.tot} = 10 \times 4.39 = 43.9\text{m}^2$，大砾石阻力系数 $\lambda_s = 4C_w \dfrac{\sum A_s}{A_{O.tot}} = 4 \times 1.5\,\dfrac{6.72}{43.9} = 0.92$。

考虑底部粗糙阻力，按照式（8.4-3）计算阻力系数 λ_0：

$$\frac{1}{\sqrt{\lambda_0}} = -2\log\frac{0.12/0.31}{14.84} = 3.16, \lambda_0 = 0.10$$

根据式（8.4-6）总阻力系数 λ_{tot} 为

$$\lambda_{tot} = \frac{\lambda_s + \lambda_o(1-\varepsilon_o)}{1-\varepsilon_v} = \frac{0.92 + 0.10 \times (1-0.18)}{1-0.233} = 1.31$$

由式（8.4-1）计算平均流速 v_m：

$$v_m = \frac{1}{\sqrt{\lambda_{tot}}}\sqrt{8gr_{hy}I} = \frac{1}{\sqrt{1.31}}\sqrt{8 \times 9.81 \times 0.31 \times 0.04} = 0.86\text{m/s}$$

由式（8.4-5）计算流量 Q：

$$Q = v_m A = 0.86 \times 1.36 = 1.17\text{m}^3/\text{s}$$

对照设计要求 $Q = 1.2\text{m}^3/\text{s}$，可基本满足。

最大流速 $v_{\max}$ 将出现在 3 块大砾石成直线排列最狭窄间隙的横断面处。由式（8.4-11）计算 $v_{\max}$

$$v_{\max} = v_m/(1 - \sum A_s/A_{tot}) = \frac{0.86}{1 - \dfrac{3 \times 0.4 \times 0.6}{1.36}} = 1.83\text{m/s}$$

$v_{\max} < v_{perm} = 2.0\text{m/s}$，$v_{perm}$ 为最高允许流速，说明满足设计要求。

（2）简化算法。为便于实际应用，通常将式（8.4-6）中的 ε_v 和 ε_o 忽略不计，根据式（8.4-8）由单个阻力系数叠加计算总阻力系数 λ_{tot}：

$$\lambda_{tot} = \lambda_s + \lambda_o \tag{8.4-8}$$

$$\lambda_s = 4C_w A_s/a_x a_y \tag{8.4-9}$$

$$A_s \approx d_s \cdot h^* \tag{8.4-10}$$

式中：h^* 为若水仅环绕砾石流动，则 h^* 等于平均水深 h_m；若砾石完全浸没，则 h^* 等于砾石高度 h_s；a_x、a_y 分别为砾石间纵向和横向平均轴距；d_s 为砾石直径（图 8.4-7）。

平均流速 v_m 用式（8.4-1）计算，流量 Q 用式（8.4-5）计算。大砾石间隙的最大流速 $v_{\max}$ 对于过鱼至关重要，可用下式近似计算：

$$v_{\max} = v_m/(1 - \sum A_s/A_{tot}) \tag{8.4-11}$$

式中：A_{tot} 为无砾石横断面面积；$\sum A_s$ 为狭窄横断面内所有大砾石浸湿面积之和。

以上计算限于下列条件方有效：

砾石平均轴距 $a_x = a_y = (1.5 \sim 3.0)d_s$，$a_y - d_s > 0.3\text{m}$；水深 $h_m/h_s < 1.5$；坡降 $I \leqslant 1:20$。

（3）计算基本特征数据。

1）过水断面面积 A：

$$A = 2.6 \times 0.4 + 2 \times 0.4^2 = 1.36 \text{m}^2$$

2）湿周 L_u：

$$L_u = 2.6 + 2 \times 0.4 \sqrt{1 + 2^2} = 4.39 \text{m}$$

3）水力半径 r_{hy}：

$$r_{hy} = A/L_u = 0.31 \text{m}$$

用式（8.4-8）计算 λ_{tot}：$\lambda_{tot} = \lambda_s + \lambda_o$ 其中 $\lambda_o = 0.10$，大砾石浸湿表面积 $A_s \approx 0.6 \times 0.4 = 0.24 \text{m}^2$。

由式（8.4-9）计算 λ_s，$a_x = a_y = 1.0$，C_w 为形状阻尼系数，$C_w \approx 1.5$。

$$\lambda_s = 4 C_w A_s / a_x a_y = 4 \times 1.5 \frac{0.24}{1.0 \times 1.0} = 1.44$$

$$\lambda_{tot} = \lambda_s + \lambda_o = 1.54$$

平均流速 v_m 用式（8.4-1）计算：

$$v_m = \frac{1}{\sqrt{\lambda_{tot}}} \sqrt{8 g r_{hy} I} = \frac{1}{\sqrt{1.54}} \sqrt{8 \times 9.81 \times 0.31 \times 0.04} = 0.79 \text{m/s}$$

流量 Q 用式（8.4-5）计算 $Q = v_m A = 0.79 \times 1.36 = 1.07 \text{m}^3/\text{s}$。对照设计要求 $Q = 1.2 \text{m}^3/\text{s}$，说明可基本满足设计要求。

最大流速 $v_{\max}$ 将出现在 3 块大砾石成直线排列最狭窄间隙的横断面处。用式（8.4-11）计算 $v_{\max}$：

$$v_{\max} = v_m / (1 - \sum A_s / A_{tot}) = \frac{0.79}{1 - \frac{3 \times 0.4 \times 0.6}{1.36}} = 1.68 \text{m/s}$$

$v_{\max} < v_{perm} = 2.0 \text{m/s}$，$v_{perm}$ 为最高允许流速，说明满足设计要求。

链接 8.4.1　珠江三角洲河网区中顺大围闸泵调控计算分析[❶]

1. 概况

中顺大围地处珠江三角洲河网区下游，地势西北高，东南低。境内河道纵横交错，围内有横贯中部的骨干河涌（岐江河和凫洲河至狮滘河段），两河全长共约 80km，交汇在中山市石岐城区，加上河涌支流及平原排水沟渠等共有河流 298 条，围外西临古镇水道、西海水道、磨刀门水道，北面为东海水道，小榄水道顺东面接横门水道入海，河网水系如图 8.4-9 所示。

自 20 世纪 80 年代以来，随着珠三角地区经济、工业和城镇化的发展，河网水环境逐

❶　中国水利水电科学研究院董哲仁，赵进勇，张晶，等，珠江水利科学研究院董延军，严萌，等，水利部公益性行业专项《河湖水系生态连通规划关键技术研究与示范》，2017。

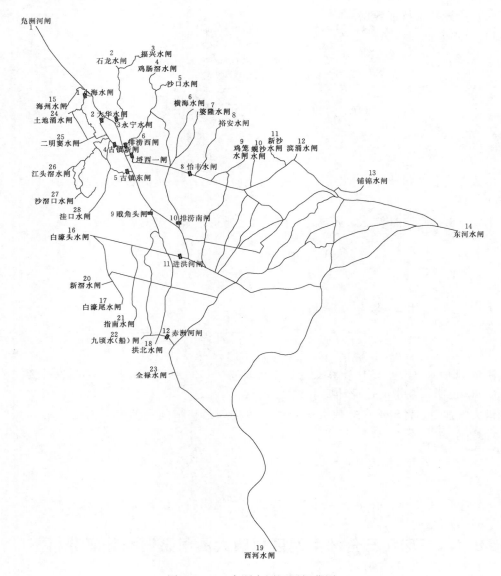

图 8.4-9　中顺大围河网概化图

年恶化。根据水质监测结果，市内河涌水质 73% 超标，流经城镇中心区河涌 90% 超标，部分发黑发臭。市内主要内河岐江河水质达到 IV 类标准，中山城区段的水质则为超 V 类，超标项目以有机物为主；横琴河、西部和中部排水渠以及其他内河涌水质为 V 类或超 V 类的河涌约占 50%，有的内河涌甚至发黑发臭，如麻子涌等。

经初步分析，造成该区域河网水环境差的主要原因有：

（1）河涌两岸房屋密集，部分河涌、堤岸被占用现象比较严重，现状河道断面狭窄，河涌过流能力低，水域面积萎缩。

（2）工业废水及生活污水量迅猛增加。尽管中山市对废水治理设施的总投资逐年增加，然而部分企业由于工艺设备落后，污染物不能稳定达标排放，部分企业尚存在私设暗管、偷排漏排的违法现象，也有部分生活污水直接倾倒入河涌内。

（3）中顺大围内河涌及围外河道是西北江三角洲河网区的主体部分，整个河网受上游来水和河口潮流的共同作用，其水流及污染物在各汊河中贯流并交互影响，导致污水在河网内部回荡而无法及时排出，尤其是主要河道岐江河中部，水体交换能力差。围内部分河涌为断头涌，无活水来源，与周边河网不相连，导致水体流动缓慢，污染物长期集聚，水体变黑臭。

（4）为了充分利用水资源，中山市大规模筑闸设泵，据统计目前外江水闸共 28 座，各镇区修建节制闸门共 47 座。闸门的修建人为地改变了城市内河与外河的天然联系，阻断了围外主要河道和围内河涌水体的自然交换，导致原本自然连通的水网被阻。加上围内各镇区修建节制闸，进一步造成围内河涌间水力连通受阻。

（5）围内闸泵没有实行统一调度。中顺大围内闸泵受中顺大围管理处以及闸泵所在各镇、区分别管控。由于围内镇、区较多，各镇、区与中顺大围管理处之间各自为政。各镇、区根据自身需水调水要求，调控所管辖的闸门，造成围内外江闸泵及围内内河涌节制闸泵无法形成统一调度。

综上所述，中顺大围河网为感潮河网，河网内大规模筑闸设泵，阻断了围外河道和围内河涌之间水体自然交换，加之闸泵不能统一调度，造成河网整体水动力连通受阻，进一步加剧了河网地区的水质恶化。因此通过该区域水动力水质模型分析，模拟多种闸泵调度方案，比较其水动力和水质特征，为制定优化的调度方案以缓解水环境压力，提供科学支撑。

2. 水动力水质模型构建

（1）中顺大围的连通总体目标。增加整个河网的水力连通性，加强河涌水动力能力，增加河网引入水量，提高河涌水体自净能力，将主要河道水流的双向流变为单向流，从而缓解河涌水质污染状况。

（2）计算区域概化。采用一维水动力水质模型模拟平原河网及感潮河网。模型构建需要河段的断面信息以及各断面的地形、断面间距、河网中各河段连接状况信息。建模区域为中顺大围主要河涌凫洲河、西部排水渠、岐江河相连接的大小河涌，根据中顺大围现状河道情况，对其概化，如图 8.4-9 所示，整个河网模型共 1511 个断面，140 个河段，251 个汊点，28 个边界水闸，12 个节制闸。

（3）初始条件和边界条件。模型用分级解法，初始条件为断面初始水位、计算时间步长、计算起始时间、模拟总时长、模型输出时间步长、实时监测采样时间步长。初始水位采用所有边界闸门第 0h 的最低水位，初始流量为 $1m^3/s$，计算时间步长为 300s，计算起始时间为 0h，模拟总时长为 623h，模型输出时间步长为 3600s，实时监测采样时间步长为 300s。

模型边界条件主要包括河网边界的类型；边界的水位（m）、流量（m^3/s）时间序列过程；污染物边界时间序列；水闸调度规则和水闸状态。模型河网边界条件采用各水闸外江潮水位边界，边界水闸和节制水闸的调度规则按照设计工况进行设置，水闸状态按照各水闸的实际状态进行设置。

模型控制参数：①水动力参数。主要水动力参数包括差分系数 gama 值、重力加速度、曼宁系数。②水质参数。水质参数主要为污染物降解系数，本次未考虑。

（4）模型参数率定及验证。模型参数率定是指通过修改模型中敏感参数后得到的模型模拟计算结果数据与实测数据对比，直至模拟结果与实测数据的误差满足要求为止。仅对水动力参数进行率定及验证，率定时间为 2014 年 5 月 2 日 15：00—5 月 4 日 3：00，以岐江河中段同步水位观测资料进行模型参数率定，模型各水闸水位边界条件采用同时间段实测的潮位过程，闸门调度规则按照同时间段外江闸门实际开关设置，率定结果见图 8.4 - 10。模型的验证以 2014 年 5 月 5 日 19：00—5 月 7 日 7：00 的岐江河中段同步水位观测资料作为模型的验证资料，验证结果见图 8.4 - 11。对比实测与模拟成果曲线，可以看到计算值和实测值拟合较好。本模型最终确定的水动力参数为 gama 取 0.85，曼宁值总体取值为 0.02，部分取值在 0.01～0.035。

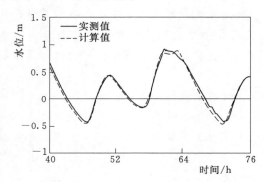

图 8.4 - 10　水位模拟与实测对比图　　　　图 8.4 - 11　水位模拟与实测对比图

3. 现状连通前效果分析

根据建立的中顺大围感潮河网一维模型，以围内现状河道及闸泵为现状工况，模拟分析现状连通前的河网水动力及水质特性。根据现场实地调查以及查阅相关资料，中顺大围连通前的现状工况为各辖区为保证各自的水资源量，将各自管辖的节制闸门全部关闭，避免水量流入围内主要河道，从而造成本辖区水量减少；在此基础上，各辖区所管辖的外江闸门，进水时，达到控制水位时关闸，退水时，则开闸。因此连通前的现状工况可概括如下：各镇区控制的节制闸门均关（1～12 号节制闸均关）；其余水闸均开，进水时达到控制水位时即关闸；退水时开闸。

通过模型模拟，发现整个围内累积流入与流出水量随着时间的增加而增加，在最终时刻第 623h 时刻，累积流入、累积流出水量均达到峰值，分别为 79377.10 万 m³、79041.70 万 m³。围内总引水量为 50.48m³/s，总进水量 11320.82 万 m³，水体更新速率为 9.78d/次。而不同时刻净水量则随着时间的增加呈波浪形态，在第 398h 时刻净水量达到峰值为 2266.27 万 m³，第 121h 时刻净水量最小，为 795.25m³。由此可以看到现状未连通工况下，虽然围内累积流入及流出水量较大，但由于外江闸门采取进水时，达到控制水位即关闸；退水时即开闸这种控制状态，围内净水量在某些时刻是负值。在 4 个代表断面流速随时间均呈波浪状起伏，大小有正有负，验证了围内部分河流受来水及潮流的影响，区域水体呈现反复回荡情况。针对中顺大围主要河涌，分别在凫洲河 24 号断面、中部排水渠 589 号断面、岐江河 930 号断面设置点源污染物，其流量为 100m³/s，浓度为

$100kg/m^3$。通过模型模拟，海州水闸污染物浓度最高达 $3.13kg/m^3$，28 个外江闸门平均污染物浓度达到 $503.3kg/m^3$。

4. 不同连通方案效果分析

（1）连通目标与连通方案。根据连通总体目标，制定围内水力连通方案，具体如下。

方案①：各节制闸均开，其余水闸与现状相同。

方案②：各节制闸均开，东河水闸定向排水，其余外江水闸定向引水。

方案③：各节制闸定向引、排水，东河水闸定向排水，其余外江水闸定向引水。

方案④：各节制闸定向引、排水，东河、铺锦水闸定向排水，其余外江水闸定向引水。

（2）计算结果分析。根据以上连通方案，模拟各工况结果如下。

方案①：该工况下整个围内累积流入与流出水量随着时间的增加而增加，在最终时刻第 623h，累积流入、累积流出水量均达到峰值，分别为 81306.17 万 m^3、80975.11 万 m^3。而不同时刻净水量则随着时间的增加呈波浪形态，在第 398h 时刻净水量达到峰值为 2314.84 万 m^3，第 121h 净水量最小，为 $828.14m^3$。由此可以看到水力连通方案①工况下，围内累积流入及流出水量较现状连通前大，由于外江闸门采取进水时，达到控制水位即关闸；退水时，开闸这种控制状态，围内净水量在某些时刻是负值。通过模型模拟，全禄水闸的平均污染物浓度最高为 $59.62km/m^3$，28 个闸门污染物浓度合计 $501.18km/m^3$。

方案②：该工况下整个围内累积流入与流出水量随着时间的增加而增加，在最终时刻第 623h，累积流入、累积流出水量均达到峰值，分别为 42054.6203 万 m^3、41680.3398 万 m^3。而不同时刻净水量则随着时间的增加呈波浪形态，但所有时间段净水量值均大于 0，在第 399h 时刻净水量达到峰值为 2249.59 万 m^3。由此可以看到方案②连通工况下，虽然围内累积流入及流出水量较现状小，但不同时刻净水量均为正值。围内总引水量为 $187.36m^3/s$，总进水量达 42021.21 万 m^3，水体更新速率为 $2.85d/$次。可以看到当东河水闸定向排水，其他水闸定向引水时，可以将河涌的双向流变为单向流，避免了河涌水体反正震荡，污染水质的情况。通过模型模拟，全禄水闸的平均污染物浓度最高为 $34.37km/m^3$，28 个闸门污染物浓度合计 $36.54km/m^3$。

方案③：该工况下整个围内累积流入与流出水量随着时间增加而增加，在最终时刻第 623h 后，累积流入、累积流出水量均达到峰值，而不同时刻净水量则随着时间的增加呈波浪形态。由此可以看到节制闸泵是否定向引排水，对整个河网的净水量影响不起主要作用。通过模型模拟，东河水闸的平均污染物浓度最高为 $38.57km/m^3$，28 个闸门污染物浓度合计 $41.40km/m^3$。

方案④：在该工况下整个围内累积流入与流出水量随着时间增加而增加，在最终时刻第 623h 后，累积流入、累积流出水量均达到峰值，分别为 38687.0978 万 m^3、38318.5846 万 m^3。不同时刻净水量则随着时间的增加呈波浪形态，所有时间段净水量值均大于 0，在第 398h 时刻净水量达到峰值为 2165.95 万 m^3。围内总引水量为 $172.30m^3/s$，总进水量达 38642.84 万 m^3，水体更新速率为 $3.08d/$次。通过模型模拟，东河水闸的平均污染物浓度最高为 $50.17km/m^3$，28 个闸门污染物浓度合计 $87.59km/m^3$。

5. 连通前后结果对比分析

根据水动力分析计算，方案②引水量最大为 42021.21 万 m³，较现状方案 11320.82 万 m³，多 2.71 倍。水体更新速率最小为 2.86d/次，较现状方案 9.78d/次少 70.78% 耗时，且能够使处于往复震荡的双向流水体变为单向流动，从而增强了河涌水动力能力。

通过在主要河道设置污染物源，经模拟发现，现状方案下 28 个外江闸门污染物浓度总和为 503.30km/m³。而在方案②中，28 个闸门污染物浓度合计 36.54km/m³，为现状工况及连通各工况中的最小值。

综合水动力和水质模拟结果，中顺大围的水力连通方案最优为方案②。

6. 小结

感潮河网具有特殊的水力连通特点，特别是密集设置有外江闸泵及河网内部节制闸的感潮河网，闸泵的运行控制对河网的水力连通性具有很大的影响。外江闸泵的设置造成河网与河网外联河道水力连通受阻；河网内部节制闸门的设置造成河网内部水力连通受阻。感潮河网受来水和潮流的双重影响，造成河道内部水体呈往复双向流。对于污染严重的感潮河网来说，水体往复运动，会导致污染物往复震荡，无法转移出内河涌，成为感潮河网区水环境恶化的重要原因之一。另外，不同的闸泵调度方案会引起河网水力连通条件的变化。这就使得通过闸泵统一调度，改善调度方案，成为治理河网水环境的一个可行办法。基于这种认识，建立了感潮河网一维水量水质模型，将整个河网中的闸泵统一调度，设置不同的水力连通调度方案，得到河网在不同的方案下的水动力水质特性，通过对比，优选出最佳的水力连通调度方案。这为制定优化的调度方案以缓解水环境压力，提供了科学支撑。

8.5　侧向连通性修复

在河流侧向有两类连通性受到人类活动干扰。一类是河流与湖泊之间连通性受到围垦和闸坝工程影响受到阻隔；另一类是河流与河漫滩之间连通性受到堤防约束而受到损害。恢复侧向连通性可以采取的工程措施包括恢复河湖连通性，堤防后靠和重建以及连通河漫滩孤立湿地等。

8.5.1　恢复河湖连通

历史上，由于围湖造田和防洪等目的，建设闸坝等工程设施，破坏了河湖之间自然连通格局，造成江湖阻隔，使一些通江湖泊变成孤立湖泊，失去与河流的水力联系。历史上，长江中下游地区的大多数湖泊均与长江相通，能够自由与长江保持水体交换，称为"通江湖泊"，江湖连通，形成长江中下游独特的江湖复合生态系统。由于自然演变，湖泊退化，特别是 20 世纪 50 年代后的围湖造田，80 年代后的围网养殖，通过建闸、筑堤等措施，原有 100 多个通江湖泊目前只剩下洞庭湖、鄱阳湖和石臼湖等个别湖泊。江湖阻隔后，水生动物迁徙受阻，产卵场、育肥场和索饵场消失，河湖洄游型鱼类物种多样性明显降低，湖泊定居型鱼类所占比例增加。但两种类型的鱼类总产量都呈下降趋势。江湖阻隔使湖泊成为封闭水体，水体置换缓慢，使多种湿地萎缩。加之上游污水排放和湖区大规模围网养殖污染，湖泊水质恶化，呈现富营养化趋势。河湖阻隔的综合影响是特有的河湖复合生态系统退化，生态服务功能下降。

自然状态的河湖水系连通格局有其天然合理性。河湖连通工程规划，应以历史上的河湖连通状况为理想状况，确定恢复连通性目标。诚然，当下完全恢复到大规模河湖改造和水资源开发前的自然连接状况几乎是不可能的，只能以自然状况下的河湖水系连通状况作为参照系，立足现状，制定恢复连通性规划。具体可取大规模水资源开发和河湖改造前的河湖关系状况，如 20 世纪 50—60 年代的河湖水系连通状况作为理想状况，通过调查获得的河湖水系水文-地貌历史数据，重建河湖水系连通的历史景观格局。在此基础上再根据水文、地貌现状条件和生态、社会、经济需求，确定改善河湖连通性目标。为此，需要建立河湖水系连通状况分级系统。在分级系统中，生态要素包括水文、地貌、水质、生物，以历史自然连通状况作为优级赋值，根据与理想状况的不同偏差率，再划分良、中、差、劣等级。一般情况下，修复定量目标取为良等级。由连通性分级表，就可以获得恢复河湖水系连通工程的定量目标。构建分级系统的一般方法详见 5.2.3 节。

【案例】 武汉大东湖生态水网建设

大东湖地区位于武汉市中部，长江以南，龟蛇山系以北。历史上大东湖水系与长江相连，直到上世纪初河湖连通被阻隔。近年来，随着武汉市经济社会的快速发展，大东湖地区水质恶化严重，湖泊环境保护形势严峻。2005 年，武汉市启动了大东湖生态水网构建规划编制论证工作。

大东湖生态水网是以东湖为中心，将沙湖、杨春湖、严西湖、严东湖、北湖等主要湖泊连通，从长江引水，实现江湖连通。引水主线采取青山港和曾家巷双进水口水网连通方案，同时布置 4 条循环支线。水网连通后，两闸多年平均合计可引水量 2.49 亿 m³，引水天数 92.9d；设计枯水年可引水量 1.50 亿 m³，引水天数 60d。

生态水网的建设使得大东湖重新建立了有序的河湖连通水循环体系，6 湖共 60.12km² 水面的水环境得到改善，加之 273.6km 湖岸线、18 条共 48.53km 港渠生态治理，形成纵横交错的绿化带，为武汉经济社会发展创造良好的环境。同时，项目区作为武汉市城区应急水源地保护区，通过水网连通治理，使大东湖的水质达到水源地的水质标准，保障武汉市的饮水安全。规划中防范的风险包括湖泊底泥污染物释放和血吸虫病传播等。

8.5.2 堤防后靠和重建

在防洪工程建设中，一些地方将堤防间距缩窄，目的是腾出滩地用于房地产开发和农业耕地，其后果一方面切断了河漫滩与河流的水文连通性，造成河漫滩萎缩，丧失了许多湿地和沼泽，导致生态系统退化；另一方面，削弱了河漫滩滞洪功能，增大了洪水风险（图 8.5-1）。生态修复的任务是将堤防后靠和重建，恢复原有的堤防间距，即将图 8.5-1 现状（c）恢复到历史上的（a）状态。这样既满足防洪要求，也保护了河漫滩栖息地。堤防后靠工程除堤防重建以外，还应包括清除侵占河滩地的建筑设施、农田和鱼塘等。

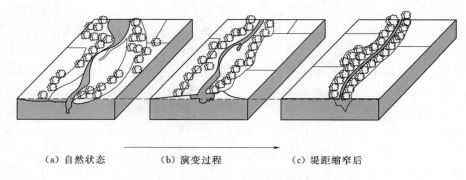

| （a）自然状态 | （b）演变过程 | （c）堤距缩窄后 |

图 8.5-1　堤距缩窄导致河漫滩萎缩示意图

河流与河漫滩的水文连通在年内是间歇性的，主要受河道水位控制，而水位变化则反映不同的洪水频率。作为举例，图 8.5-2（b）显示河流的漫滩流量为 2 年一遇洪水，当汛期发生 2 年一遇洪水时，水流从主槽漫溢到河漫滩台地 T_1，水体挟带泥沙、营养物质进入河漫滩，局部洄游鱼类顺势向河漫滩运动，植物种子向河漫滩扩散，洪水脉冲效应开始出现。随着洪水流量不断加大，当发生 50 年一遇洪水时，河漫滩水位与台地 T_2 高程齐平。图中显示，在 T_2 平台构筑有设计标准为 50 年一遇的防洪堤，洪水受到阻隔，不能继续向河漫滩漫溢。

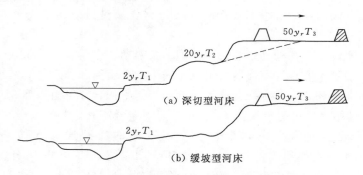

图 8.5-2　洪水频率与河流-河漫滩水文连通的关系

深切型河床边坡较陡，如图 8.5-2（a）所示，河漫滩包括 3 级台地 T_1、T_2 和 T_3，每级台地相对较窄。在深切型河床实施堤防后靠，可配合高台削坡。如图 8.5-2（a）所示，在 T_3 台地削坡，能够增加河漫滩的淹没范围，使得发生 20 年频率洪水至 50 年频率洪水的各级别洪水，都能够连续地漫溢，不断扩大淹没面积，而不是等 50 年频率洪水发生时淹没面积突变。另外，台地削坡也能增加滩区蓄滞洪容积。为降低工程成本，削坡土方可用于新堤防填土。

8.5.3　连通河漫滩孤立湿地

河流在长期演变过程中，形成了河漫滩多样的地貌单元（见 1.1.2 节）。在历史上大中型河流的主河道由于自然或人工因素改道，原有河道成为脱离主河道的故道。由于河道自然或人工裁弯取直，形成了脱离河流主河道的牛轭湖。河漫滩上还有一些面积较大的低洼地，形成间歇式水塘。这几种地貌单元在降雨或洪水作用下，形成季节性湿地。在自然状况下，这类湿地与主河道之间存在间歇式的水文连通。当汛期洪水漫溢到牛轭湖、故道或低洼地时，河流向这类湿地补水。在非汛期，这类湿地只能依靠降雨和少量的地表径流汇入维持。所以，调查故道或牛轭湖的水文地貌状况时，需要调查补水的时机、延时以及当时河流流量和水位。

由于防洪需要建设堤防，完全割断了河流与故道或牛轭湖的水文连通，使得故道或牛轭湖变成了孤立湿地（图 8.5-3）。因缺乏可靠水源，孤立湿地的水位往往较低，旱季还可能面临干涸的风险。孤立湿地中的水体缺乏流动性，加之污染物排放，夏季常常出现水华现象，甚至变成蚊虫孳生的场所。

故道或牛轭湖湿地的生态修复有两种情况。一种是故道或牛轭湖位于堤防以内，生态修复的任务是修复河流-湿地的物理连通性，控制水位，扩大湿地面积，实现自流式补水。另一种是位于堤防外侧，属于孤立湿地。生态修复的任务是人工恢复河流-湿地的物理连通性和水文连通性，使湿地具有可靠的水源并能满足湿地的生态水文需求，实现河流-湿地泵送补水。

1. 河流-故道（牛轭湖）湿地自流式补水

故道（牛轭湖）与河流之间无堤防阻隔，且河床高程与湿地高程相差不大，可采用自流式补水方案（图 8.5-3）。在主河道布置取水口，取水口高程可在常水位以下。取水口后面连接进水渠、堰和进水闸，通过故道（牛轭湖）湿地后，布置堰、退水闸，由退水渠与主河道连接。运行期间，河水在进水堰前壅水，水位有所抬高，打开进水闸，水体漫溢进入湿地，如果调度合理，湿地面积可超过原有故道（牛轭湖）。一般情况下，退水闸敞开使水流注入主河道。在河流出现超高洪水位时，湿地排水受主河道水位顶托，这时应关闭退水闸，防止出现河水倒灌。

2. 通过水泵向故道（牛轭湖）湿地输水

故道（牛轭湖）位于堤防以外，堤防阻隔了故道（牛轭湖）与河流的物理连通性和水文连通性，成为孤立的湿地，而且，故道（牛轭湖）高程比河床相对较高。这种情况下，宜采用通过水泵向故道（牛轭湖）湿地输水方案。如图 8.5-4 所示，主河道 A，漫滩水位 L_1；故道（牛轭湖）B，其水位 L_2；$L_2 > L_1$。在常水位处设置进水阀 F，连通管道 D，通过泵站 E 的水泵打压，水体通过出水阀 G 进入湿地。出水阀的功能是放空水体，备管道检修和清淤。由于这是一种人工控制的输水系统，就有可能根据湿地的生态需水要求，制定运行规则。湿地生态需水是指为实现特定生态保护目标并维持湿地基本生态功能的需水。计算湿地生态需水量，首先要建立河流-湿地水文情势关系，然后建立湿地水文变化-生物响应关系模型，最后根据保护目标确定湿地生态需水。简单方法是按湿地水量平衡公式计算，详见 4.2.8 节。

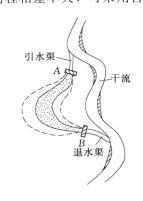

引水渠　　干流
A

B
退水渠

□ 原牛轭湖　⬚ 新建湿地

图 8.5-3　河流-故道
（牛轭湖）湿地自流式
补水布置示意图
A—堰和进水闸；
B—堰和退水闸

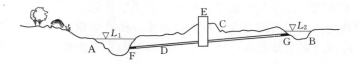

图 8.5－4　通过水泵向故道或牛轭湖湿地输水
A—河道；B—故道；C—堤防；E—泵站；D—管道；F—进水阀；
G—出水阀；L_1—漫滩流量水位；L_2—故道水位

8.6　垂向连通性恢复

　　河流垂向连通性反映地表水与地下水之间的连通性。人类活动导致河流垂向物理连通性受损，主要缘于地表水与地下水交界面材料性质发生改变，诸如城市地区用不透水地面铺设代替原来的土壤地面，改变了水文下垫面特征，阻碍雨水入渗；不透水的河湖护坡护岸和堤防衬砌结构，阻碍了河湖地表水与地下水交换通道。恢复垂向连通性的目的在于尽可能恢复原有的水文循环特征，缓解垂向物理连通性受损引起的生态问题。地下水严重超采是对垂向水文连通性的损害，因此，地下水回灌同样是恢复垂向连通性的任务。

8.6.1　垂向连通性的损害和恢复

　　近 30 多年来，我国城市化进程加快，伴随而来的生态环境问题日益严重，其中，不透水地面铺设的生态影响尤为突出。不透水地面铺设造成城市水体垂向连通性受阻。城市地区建筑物屋顶、道路、停车场、广场均被不透水的沥青或混凝土材料所覆盖，改变了水文循环的下垫面性质，造成城市地区水文情势变化。暴雨期间，雨水入渗量和填洼量明显减少，并且迅速形成地表径流。与城市化前相比，降雨后形成流量峰值的滞后时间缩短，流量峰值提高。地表径流量的增加，会形成城市内涝灾害，同时地下水补给减少，进一步加剧了城市地区地下水位因超采下降的趋势（见 1.6.2 节）。在近 60 多年的水利建设中，为维持堤防和岸坡的稳定性，防止冲刷侵蚀，大量采用不透水的混凝土、浆砌块石衬砌和护岸结构，限制了河流垂向连通性，阻隔了地表水与地下水的交换通道，同时也使土壤动物和底栖动物丰度降低（见 1.6.1 节）。

　　在地表水和地下水交界面上生存着丰富的无脊椎动物。例如，2016 年山东省水利科学院在《河湖水系生态连通规划技术平台研发及示范》项目中开展了玉符河流域潜流带水生生物调查研究。所谓潜流带是地表水与地下水之间相互作用的界面，是典型的群落交错区。岩溶潜流带是指岩溶裂隙发育区岩溶地下水与河溪地表水混合的区域。潜流带水生生物调查结果表明，发现潜流带水生动物 21 种，其中摇蚊科种类最多，有 11 种，其次为椎实螺科和颤蚓科，汛期与非汛期相比，双翅目大幅度减少。玉符河流域潜流带中，绝大多数双翅目为摇蚊，属于排名第一的优势种，多数摇蚊具有中高耐污能力。如果改变地表水与地下水交界面土壤、砂砾材料的自然透水性质，代之以混凝土或浆砌块石衬砌护坡，从而切断了地表水与地下水的连接通道，其后果是大量无脊椎动物消失或死亡。

　　为恢复河湖的垂向连通性，可采用透水的自然型河道护岸技术。河道岸坡防护的目的是防止水流对岸坡的冲刷、侵蚀，保证岸坡的稳定性。自然型河道护岸技术是在传统的护岸技术基础上，利用活体植物作为护岸材料，不但能够满足护岸要求，而且具有透水性能，保证地表水与地下水的交换，还能提供良好的栖息地条件，改善自然景观。自然型河道护岸包括：天然植物护岸、植物纤维垫、石笼类护岸、木材-块石类护岸、多孔透水混凝土构件、半干砌石以及组合式护岸结构，详见 6.3 节。

还有一种情况是河床基质特性变化，引起鱼类产卵场退化。由于泥沙在库区淤积，大坝下泄水流挟沙能力提高，对下游河床的冲刷侵蚀加剧，导致床沙粗化（coarsening）。而鲑鱼、鳟鱼等鱼类利用砂砾石河床进行繁殖，这种河段成为鱼类的适宜产卵场。为恢复原有河床基质，可在床沙粗化河段，采取人工铺设砂砾石方法恢复产卵场。这种技术的关键是选择合适的砂砾石粒径和级配，一方面，满足鱼类产卵条件需要；另一方面，能够防止砂砾石被冲走。在纵坡较陡的小型河流上，还可以用原木或大卵石构筑小型堰，拦截砂砾石。但需注意堰高不得超过 30cm，避免形成鱼类洄游的障碍，详见 6.4 节。

为解决地下水严重超采引起的环境问题，管理部门可采取限采、封井等措施。

另外，建设渗漏型路面，改造路面排水系统，使雨水就近排入沟谷中，在沟谷内层层拦蓄，增加降水入渗。选择适宜地点，利用坑塘、洼地，修建塘坝拦截雨季洪水，增加对地下水的渗透补给。在重要的地下水补给区，严格控制建筑施工中夯实、碾压场地，降低原有地面渗透特性。

在城市地区，推广低影响开发技术。低影响开发设计的目标是通过透水地面铺设、小型存储结构、生物滞留设施、渗滤设施以及其他技术措施，缓解土地开发利用特别是不透水地面铺设对环境的负面影响，尽可能恢复城市开发前场地的水文功能，达到雨洪管理的目标。本节将重点介绍低影响开发概念及规划设计方法。

链接 8.6.1　济南市保护涌泉措施[1]

济南市素以"泉城"闻名于世，全市遍布着 700 多处天然涌泉，仅在济南老城区 2.6km² 的范围内就分布着趵突泉、黑虎泉、珍珠泉、五龙潭等四大泉群、136 处泉水。众泉汇流到风景秀丽的大明湖，构成了济南独特的泉水景观。

由于超采地下水和连年干旱少雨严重破坏了济南的泉脉，20 世纪 90 年代末趵突泉经常陷入季节性停喷的困境，2001 年时更是创下了停喷 890d 的历史纪录。在采取加大地下水的保护和放水保泉等措施后，自 2003 年 9 月以后，趵突泉已经基本上恢复了涌泉景象。尽管在 2007 年 5—6 月有一次断涌，其后趵突泉恢复了四季泉水不断的景象。2012 年济南市制定《水生态文明市创建规划》，把"构筑泉城生态水系，保持泉水持续喷涌"作为主要规划目标之一。采取封井限采、地下水回灌、地下水置换、水源涵养等措施，保证泉群持续喷涌。

（1）泉水出露区。主要指济南四大泉群集中出露区、白泉泉群集中出露区 50m 范围

---

❶ 中国水利水电科学研究院董哲仁，赵进勇，张晶，等，山东水利科学研究院李福林，陈华伟，陈学群，等，水利部公益性行业专项《河湖水系生态连通规划关键技术研究与示范》，2017。

内。在新 72 名泉周围 20m 内禁止新建、扩建任何与名泉保护无关的建筑物；泉池周围 50m 以内禁止新建、扩建工程地基基础深度超过 2m 的建筑物。经批准建设的工程项目，限制采用箱形基础；挖掘 2m 以下深基础工程的，确保不揭露灰岩顶板，防止岩溶水外泄。

（2）泉水直接补给区。南部山区沟谷保持原有地形地貌，不得擅自取直、压实、垫高沟谷；禁止新建、扩建、改建影响地表渗漏的工程项目；严格控制开山、采石、挖沙、取土等破坏地形地貌的活动；禁止其他影响地表水渗漏的各项活动。建设渗漏型路面，同时改造路面排水系统，使雨排水就近排入沟谷中，在沟谷内层层拦蓄，增加降水入渗。选择适宜地点，修建塘坝拦截雨季洪水，增加对地下水的渗透补给。

（3）泉水间接补给区。植树造林，加大退耕还林还果力度，全面施行封山育林。控制水土流失，重点对济南市区 20 个重点渗漏带小流域和小流域水土流失地区进行综合治理，遏制生态环境破坏趋势，全面治理水土流失，增加水资源涵养量。

（4）泉域补给区重点渗漏带。泉域补给区内有 24 个重点渗漏地段，总面积 50.26km²，汇水区面积 310.75km²，占泉域直接补给区面积的 56.5%。对地下水的补给量约为 0.79 亿 m³/a。规划加强重点渗漏带的保护，在泉域强渗漏带设 30 处截流坝。增加雨水渗入，回灌补给地下水。

（5）地下水置换工程。通过水源连通工程，实现黄河水、长江水、地表水多水源联合调水，年调水总量 3 亿 m³ 左右。以长江水、黄河水、地表水作为水源向东部地区钢铁、炼油等重点企业提供可靠的工业生产原水，进而减少地下水开采。将黄河水、地表水作为农田的主要灌溉水源，置换地下水用于保泉和市民饮用。

（6）封井限采。严格限制和禁止泉域范围内或地下水超采区新增取用地下水项目。在城市公共供水管网覆盖范围内，禁止新建自备水源，对原有自备水源逐步关闭。重点封闭明府城区内一切自备井，严禁开凿新井。建立地下水动态预警管理机制，实施取水量与地下水位"双控"。

8.6.2　低影响开发技术

1. 低影响开发技术的沿革

在城市化进程中，城市水文下垫面性质变化，导致垂直方向连通性破坏，雨水入渗大幅度减少，地表径流增加，引发城市内涝以及一系列生态问题（见 1.6.2 节）。为应对雨洪管理的新挑战，发达国家以创新思维研发了一系列新方法和新技术。

美国是最早开发小型雨洪调蓄技术的国家之一。美国在 1977 年《清洁水法》修正案中首次提出最佳管理措施（Best Management Practices，BMPs）的概念，其主要针对废水处理和工业排放有毒污染控制。在 1987 年《清洁水法》修正案和 2001《潮湿天气水质法案》中，进一步提出雨水最佳管理措施，其主要目的是控制非点源污染和管理雨水排放及污水溢流。发展至今，BMPs 已经注重利用综合措施来解决水质、水量和生态等问题。BMPs 的重点是采取措施减轻由于土地开发利用对城市径流和水质造成的负面影响。BMPs 通过渗透、截留、蒸发、过滤或生化反应等手段处理雨水，以达到减少雨水径流，消减洪峰和减轻面源污染的目的。

低影响开发（Low Impact Development，LID）技术在 20 世纪 90 年代初由美国马里兰州乔治王子城县率先提出并在州内几个项目中实施。LID 是一种创新的可持续综合雨洪管理战略。低影响开发设计的目标是通过透水地面铺设、小型存储结构、生物滞留设施、渗滤设施以及其他技术措施，缓解土地开发利用特别是不透水地面铺设对环境的负面影响，尽可能恢复城市开发前的水文功能。低影响开发方法以缓解城市内涝风险为主要目标，同时兼顾雨水资源化和水污染控制的多种目标。通过多种技术组合应用，实现渗透、储存、调节、转输和截污净化等多种功能。

除美国以外，德国、澳大利亚和日本等国相继开发新的雨洪管理技术并且得到推广。近年来，我国在引进低影响开发技术的基础上，开展了海绵城市建设工作。

有关低影响开发技术指南文献，由乔治王子城县和马里兰环境资源规划部门编制的《低影响开发：一种综合设计方法》（Low‐Impact Development：An integrated Design Approach，1999），是一本影响广泛的设计技术指南。其他重要技术文献有：美国环境保护署水办公室编写的《低影响开发文献综述》［Low Impact Development（LID）‐A Literature Review，2000］，美国环境保护署湿地、海洋和流域非点源控制部门编写的《低影响开发和绿色基础设施项目的经济效益，2013》（Case Studies Analyzing the Economic Benefits of Low Impact Development and Green Infrastructure Programs 2013）。我国住房城乡建设部于 2014 年发布的《海绵城市建设技术指南》可供参考使用。

2. LID 基本设计理念

在应用 LID 作场地规划时，基于以下几项基本设计理念：将水文功能作为整合框架；微观控制；源头控制雨洪；简单化和非工程化方法；创造多功能的景观和基础设施。

（1）设计理念 1——将水文功能作为整合框架。LID 与传统方法不同，后者设计理念是在场地迅速、有效地排水以解决雨洪问题。而 LID 是模拟自然排水方法处理雨洪。LID 依靠多种技术和控制方法维持场地的水文功能。在进行场地规划时首先考虑，场地在开发前的基本水文功能是怎样的？而场地开发后如何维持这些基本功能？低影响开发技术采用分散式微观管理方式，使土地开发活动对场地水文功能的影响达到最小，保持场地水体的渗透和存储功能，延长水体汇集径流时间。进行场地规划时，重点要识别影响水文条件的敏感区域，包括溪流及其支流、河漫滩、湿地、跌水、高渗透性土壤区和林地。进一步需要评价如何拆分和减少场地不透水总面积。可以应用诸如生物滞留设施、增加水流路径、渗滤技术、排水洼地、滞留区等方法，最终结果能够基本维持开发前的场地水文功能，还有可能增添场地的美学价值和休闲娱乐功能。

（2）设计理念 2——微观控制。LID 的关键是小型化。需要转变规划理念，力求设施的小型化。需要控制设施的规模，采用微型技术。在小型流域、集水区、住宅区和公用区采用微管理技术，对通过这些场地的雨洪进行分散式控制。微管理技术的目标是维持场地的水文功能，包括渗透、洼地储水、拦截以及延长水流汇集时间。这种微型管理技术被称为整合管理实践（Integrated Management Practices，IMPs）。微型管理技术的优点还包括对场地渗透能力损失进行补偿；降低场地开发费用和长期维护费用。

（3）设计理念 3——源头控制雨洪。首先，将土地利用活动的水文影响最小化并将其降低到接近开发前的状况。对水文功能的补偿或恢复措施，应该尽可能布置在产生干扰或影响的源头，称之为"分布式源头控制策略"（distributed at‑source control strategy）。分散控制策略是低影响开发的一个模块。这种方法具有明显的成本效益。这是因为输水系统、控制和水质处理设施的成本随着与源头的距离而增加。

针对我国大多数城市土地开发强度较大的特点，仅在场地采用分散式源头削减措施，难以实现开发前后径流总量和峰值流量维持基本不变的目标，所以还必须借助于中途、末端等综合措施，来实现开发后水文特征接近于开发前的目标。

（4）设计理念4——简单化和非工程化方法。传统上雨洪管理主要依靠末端大中型工程设施调控，忽视了大量小型简单的方法和技术。实际上，这些简单方法和技术能够更有效维持区域景观的水文功能，与大中型设施相比具有明显的优势。当然，在一定条件下，LID与传统技术相结合，也会产生很好的效果。应用LID技术，减少了钢材、水泥等建筑材料的用量，代之以本地植物、土壤、砾石等自然材料，这些材料形成的设施更容易融入景观，比工程结构更能显现出自然风貌。这些设施整合到场地景观中，能模拟自然水文功能和提升景观美学价值。自然化景观更易于被居民所接受并且乐于参与维护。另外，小型、分散、微控制的设施即使有一、两个损坏，也不会影响整体雨洪控制功能。小型设施设计多用浅洼地、浅水沼泽、缓坡水道等地貌单元，这无形中降低了安全风险。

（5）设计理念5——创造多功能景观和基础设施。LID为城市雨洪管理提供了一种创新的解决方案，它将雨洪管理技术整合成一种多功能景观地貌，对暴雨径流实施源头微管理和微控制。各种城市景观和基础设施要素，诸如屋顶、街道、停车场、人行道和绿地，都可以设计成具有滞留、渗透、延迟、径流利用等多功能单元。生物滞留设施（bioretention facility）就是一个很好的范例。首先，树冠具有雨水滞留功能，同时又具生态、水文、栖息地功能。浅水沼泽对地表径流起延迟作用；植被覆盖具有去除污染物和水体滞留功能；种植床土壤对于径流具有渗滤作用并通过一系列过程回灌地下水；种植的植物具有蒸散发功能。一系列小型、分散的景观单元整合在待开发的场地上，形成雨洪管理的多功能系统。

3. LID场地规划步骤

（1）步骤1——明确场地区划。依据城市规划主体功能定位，明确分区及主要特征以满足城市设计目标。分区是为了明确开发密度；道路宽度和停车要求；明确排水需求；定义自然资源保护区。常规分区规范通常不够灵活。按照LID方法进行场地规划，需要增加分区内容。LID方法在满足城市规划主体功能定位的前提下，采用了一些灵活的分区选项，以满足场地环境保护目标。LID增加了地面覆盖分区、不透水铺设分区、功能分区以及基于集水区分区，以便于场地布局。

（2）步骤2——明确开发范围和保护范围。在明确场地利用和区划之后，要绘制一张待开发地块平面图。包括地形特征和现有的地下排水区以及其他的场地特征。需要在地图上标出要保护的地貌单元，包括溪流、溪流缓冲区、河漫滩、湿地、保育的林地、现存重要树木、陡坡、强透水区以及土壤强侵蚀区。如果用GIS系统，这些地貌单元特征可用选图方式成图。

（3）步骤3——减少对场地土壤渗透性的扰动。为减少对现有土地覆盖的水文影响，开发区应布置在对外界扰动不太敏感的地区，或者其水文功能价值不高地区。比如开发贫瘠的黏土地区的水文影响要比森林中的沙质土壤地区要低。换言之，开发区应避开水文敏感区及其缓冲区。所谓敏感区是指溪流、河漫滩、湿地、陡坡等区域。在实际可行条件下，应避免开发具有高渗透率土壤区域，以降低开发活动造成的净影响。

采用对土壤最低限度干扰技术，包括减少对高渗透性土壤的铺筑和压实；在建筑物选址和场地布置时，要考虑避免砍伐树木；限制不透水地面铺设，减少硬质铺设总面积；施工期控制建筑材料储存库位置和规模；划定防止土壤扰动区，尽量减少工地上的土壤压实，并限制在这些地区临时储存施工设备。规划中尽可能分割切断不透水区域，以增加渗透能力并减少形成地表径流；维持现有的地形地貌和排水系统，以分散水流路径。

（4）步骤4——把排水功能作为设计要素进行场地空间布局。城市化进程极大地增加了城市地区的不透水面积，这种现象直接导致区域水文条件的变化。场地空间布局十分重要。常规管道排水系统位于地下，与地形地貌无关。而LTD与自然地貌相协调，把排水功能作为设计要素进行场地空间布局。规划LID雨洪管理排水系统有多种方式，包括调整道路布置；优化公园和休闲空间位置；潜在的建筑物布置。这种以排水系统为重点整合城市形态的方式，使城市发展更具整体性。LID雨洪管理排水系统与场地自然景观更为协调。LID规划还能节约开发成本，减少土方工程量，取代昂贵的排水系统结构。

（5）步骤5——减少和限制场地不透水总面积。在明确开发范围以后，就可以着手规划交通模式和道路布置。统计资料表明，整个交通分布网络，包括道路、人行道、居民小区道路和停车区，其总和是场地最大不透水面积。LID建议采取下列措施减少和限制道路占用面积。

1）优化道路布局，减少硬质路面道路总长度。场地内道路布局在很大程度上影响场地不透水总面积和水文状况。如图8.6-1显示某场地小区内不同的道路布局，包括棋盘式、平行碎片式、弯曲碎片式、环状/棒棒糖式和棍上棒棒糖式。各种布局的道路总长有很大差别。其中最长的棋盘式布局，道路总长6340m，而"棍上棒棒糖式"布局，道路总长最短，为4754m。若把棋盘式布局方案改为后者，则可使场地不透水面积减少26%。

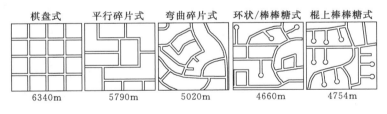

图8.6-1　现场不同道路布局的总长度

2）缩窄路面宽度可以减少场地不透水总面积。图8.6-2显示马里兰州乔治王子县住宅区街道和典型的乡村住宅道路断面。两类道路公路用地（right-of-way）宽度均为18m。住宅区道路宽度11m，包括混凝土路缘和排水沟。乡村住宅道路宽度是7.3m，与住宅区道路相比，宽度减少约33%。

3）乡村住宅道路不使用混凝土路缘和排水沟，而采用路边植被洼地，降低了道路总造价。

4）把人行道布置在道路一侧，也可以减少场地的不透水性。在某些情况下，有些道

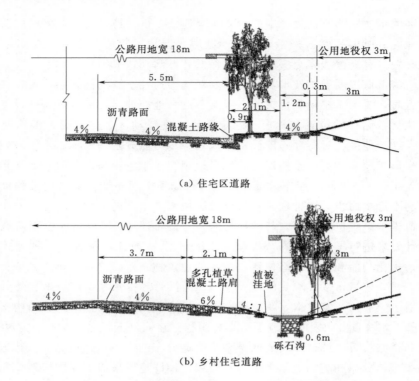

（a）住宅区道路

（b）乡村住宅道路

图 8.6-2　典型住宅区道路和乡村住宅道路剖面图

路甚至不设人行道。

5）减少街道泊车。减少街道泊车位，甚至完全取消街道泊车位，有可能使整个场地的不渗透地面降低 25%～30%。

（6）步骤 6——减少直接连通的不透水区域。在不透水区域已经最小化且场地初步规划已经完成后，就要着手尽可能分割不透水区域，建议采取下列措施：

1）拦截屋顶排水并引导水流到植被区。

2）将水流从硬质铺设区引导到植被区。

3）在大型不透水铺设区把水流方向打乱。

4）促使水流以层流形式进入植被区。

5）合理布置不透水区域，使该区域产生的水流能够进入自然系统包括植被缓冲区、自然资源区或渗透区。

（7）步骤 7——增加雨洪水流路径。暴雨径流汇流时间（T_c）与场地水文条件一起，决定了雨洪事件峰值流量。场地和基础设施影响汇流时间的因素包括：水流路径；地表坡度以及水流坡面线；地表糙率；水道形状和岸坡材料特征。

LID 在场地范围内控制 T_c 的措施包括：地表层流最大化；增加水流路径长度；平整场地及调节纵坡；最大限度应用开放沼泽系统；增加和强化场地植被。

增加雨水地表径流的水流路径，实际上是增加雨水渗透量，也增加了水流运动时间。为了实现这一目标，可以将屋顶和车道的径流直接引入生物滞留设施、水平扩散碎石沟、渗井和储水池。另外，增加地表糙率也能增加水流运动时间。种植或保留现有植被，可增加地表糙率，降低雨洪峰值流速，增加水体运动时间，减少地表径流量。另外在现有植被区或林地布置植被缓冲区，同样可以降低雨洪尖峰流量。

（8）步骤 8——比较开发前后水文功能。图 8.6 - 3 显示场地的雨洪流量过程线，表示场地不同开发方式的水文响应。曲线①表示场地未开发前具有自然地表的流量过程。可以发现，由于地表具有一定的渗透性以及植被覆盖等因素，其径流尖峰流量较低，汇流时间较长。曲线②表示在不采用 LID 技术条件下，场地开发后的流量过程。由于存在大量不透水区域以及地表覆盖性质发生变化，导致汇流时间缩短，短时间内出现陡峭的尖峰流量。曲线③表示采用 LID 技术进行场地开发，由于各种技术产生的综合效果，使径流尖峰流量与场地未开发的曲线①持平，汇流时间比曲线①要长，而且总径流量有所增加。

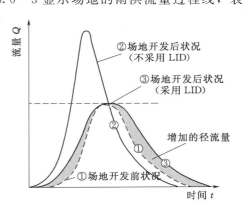

图 8.6 - 3　场地不同开发方式的水文响应

在场地规划工作完成后，应对场地开发前后的水文状况进行评估。定量水文评估是模拟土地开发前后产汇流过程，分析开发前后水文过程变化，包括雨水径流流量过程、径流峰值流量、径流峰值流量产生时间。通过水文分析，评估 LID 方法能够在多大程度上保持场地开发前的水文特征，从而定量评价场地规划对雨洪的控制水平。

（9）步骤 9——完成 LID 场地规划。根据雨洪控制总目标，通过 IMPs 把分散的设施整合起来，完成 LID 场地规划以满足总目标要求，这是一种反复试验交互设计过程。基于水文评估结果，认定 LID 雨洪控制方案。在有些情况下，把常规的雨洪控制技术与 LID 相结合称之为混合方法，也可能产生较好的环境效益和经济效益。

4. LID 技术方案选择

低影响开发设计的目标是通过透水地面铺设、小型存储结构、生物滞留设施、渗滤设施以及其他技术措施，缓解土地开发利用特别是不透水地面铺设对环境的负面影响，尽可能恢复城市开发前场地的水文功能，达到雨洪管理的目标。LID 总结和开发了一系列小型雨洪管理技术，通过多种技术组合应用，实现渗透、储存、调节、转输和截污净化等多种功能。在选择各种技术时，要注意技术的应用条件以及各种单项技术的整合集成。

（1）生物滞留设施。生物滞留设施（bioretention facility）指仿自然型具有洼地蓄水、渗滤、蒸散发以及水体净化功能的设施。生物滞留设施包括浅水沼泽、雨水花园、休憩空地等。若场地土壤、地下水位条件适合，采用这种方案具有造价低廉的优点（图 8.6 - 4）。

生物滞留设施设计要点如下：

1）生物滞留设施宜分散布置且规模不宜过大，其面积与汇水面面积之比一般为 5%～10%。

2）如果水中有大量悬浮物或污染物，如停车场和商业区附近，可用植被缓冲带或沉淀池做预处理设施，去除大颗粒的污染物并减缓流速。为防止融雪剂或石油类高浓度污染物侵害植物，可采取弃流、排盐等措施。

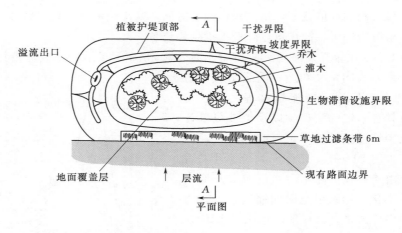

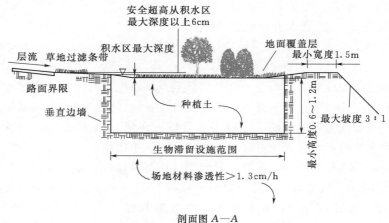

图 8.6-4　典型生物滞留设施

3）屋面雨水可由雨落管接入生物滞留设施，道路径流雨水可通过路缘石豁口进入。

4）生物滞留设施用于道路绿化带时，若道路纵坡大于 1％，应设置挡水堰/台坎，以减缓流速并增加雨水渗透量；设施靠近路基部分应进行防渗处理，防止影响路基稳定性。

5）生物滞留设施内应设置溢流装置，可采用溢流竖管、盖篦溢流井或雨水口等，溢流设施顶部一般应低于汇水面 10cm。

6）为防止种植土流失，种植土层底部一般设置透水土工布隔离层，也可采用厚度不小于 10cm 的砂层（细沙和粗沙）。

生物滞留设施推荐设计参数见表 8.6-1。

表 8.6-1　　　　　　　　　　生物滞留设施推荐设计参数

项　目	设　计　参　数
前处理区	水中有大量悬浮物或污染物，如停车场和商业区附近，常用植被缓冲带或沉淀池做预处理设施
池塘水深	积水区水深 15～25cm，另设 10cm 超高
地面覆盖	地面覆盖范围内生长 7.5cm 茂密植被

续表

项目	设 计 参 数
种植土壤	深度为 0.6～1.2m，种植土为混合砂土、砂壤土和壤质砂土，黏土含量≤10％
场地土壤	渗透速率≥1.3cm/h，（不包括暗渠排水），需要暗渠排水的渗透速率≤1.3cm/h
植物材料	至少有 3 种土著物种
进出口控制	不发生侵蚀流速 15cm/s
维护	常规景观维护

（2）透水铺装。透水铺装按照面层材料不同可分为透水砖铺装、透水水泥混凝土铺装和透水沥青混凝土铺装，另外，嵌草砖、园林铺装中的鹅卵石、碎石铺装等也属于渗透铺装。透水砖铺装和透水水泥混凝土铺装主要适用于广场、停车场、人行道以及车流量和荷载较小的道路，如建筑与小区道路、市政道路的非机动车道等，透水沥青混凝土路面还可用于机动车道。透水铺装适用区域广、施工方便，具有补充地下水、削减雨洪峰值流量以及雨水净化等功能。缺点是易堵塞，寒冷地区有被冻融破坏的风险。透水铺装结构应符合《透水砖路面技术规程》（CJJ/T 188）、《透水沥青路面技术规程》（CJJ/T 190）和《透水水泥混凝土路面技术规程》（CJJ/T 135）的规定。透水砖铺装典型构造如图 8.6-5 所示。设计中需要注意以下问题：当透水铺装对道路路基强度和稳定性的潜在风险较大时，可采用半透水铺装结构；当土地透水能力有限时，应在透水铺装的透水基层内设置排水管；当透水铺装设置在地下室顶板上时，顶板覆土厚度不应小于 60cm，并应设置排水层。

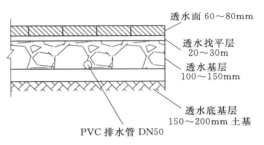

图 8.6-5　透水砖铺装典型结构示意图

（3）草地浅水沼泽。草地浅水沼泽（grassed swales）由排水和长草的沟槽构成，其功能是传输道路和路肩上的暴雨径流。应按照不同水文因子设计草地浅水沼泽功能。按其功能可分为两种，一种称为干式浅水沼泽（dry swale），另一种称为湿式浅水沼泽（wet swale）。干式浅水沼泽具有双重功能，它通过渗滤，对水量和水质进行控制（图 8.6-6）。湿式浅水沼泽则通过延长水体滞留时间降低雨洪峰值，又通过植物净化作用对水体进行水质处理（图 8.6-7）。在湿式浅水沼泽中生长着耐涝植物，在积水中可长期生长，这种系统常用于高速公路设计。采用干式还是湿式浅水沼泽草地，取决于场地土壤渗透率。浅水沼泽推荐设计参数见表 8.6-2。

表 8.6-2　　　　　　　　　草地浅水沼泽推荐设计参数

项目	设 计 参 数
设计降雨	由当地主管部门提供
沟槽容量	允许通过设计降雨的雨洪尖峰流量
土壤渗透率	由土壤渗透率确定干式或湿式浅水沼泽，0.7～1.3cm/h 为干式浅水沼泽

续表

项目	设 计 参 数
沟槽形状	不规则四边形/抛物线形，沟底宽度 60～180cm，边坡 3：1
纵坡	1％～6％
水深 D	10cm（水质处理功能）
曼宁系数	0.15（D＜10cm），0.15～0.03（D＝10～30cm），min 0.03（D＝30cm）
流速	2.5cm/s（水质处理），12.5cm/s（2 年频率雨洪）
长度	满足水体滞留 10min 的长度
水质	TSS 80，TP 20，TN 40，Zinc 40～70，Lead 40～70
维护	常规景观维护

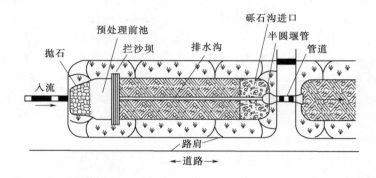

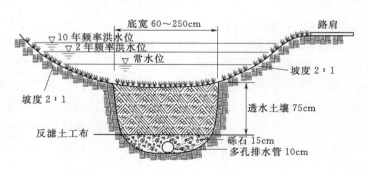

图 8.6-6　干式草地浅水沼泽

（4）渗滤条带。渗滤条带是由密集生长的草所构成的植被带，布置在污染源附近（如停车场）。其功能为渗滤和水体净化。渗滤条带的汇流宽度，对渗透性地表限制在 45m，对不透水地表限制在 23m。纵坡 2％～6％。渗滤条带最小宽度 8.0m。实际上，渗滤条带是低影响开发技术雨水管理系统的一个组件。渗滤条带也可用做其他雨水处理设施的预处理装置。其推荐设计参数见表 8.6-3。

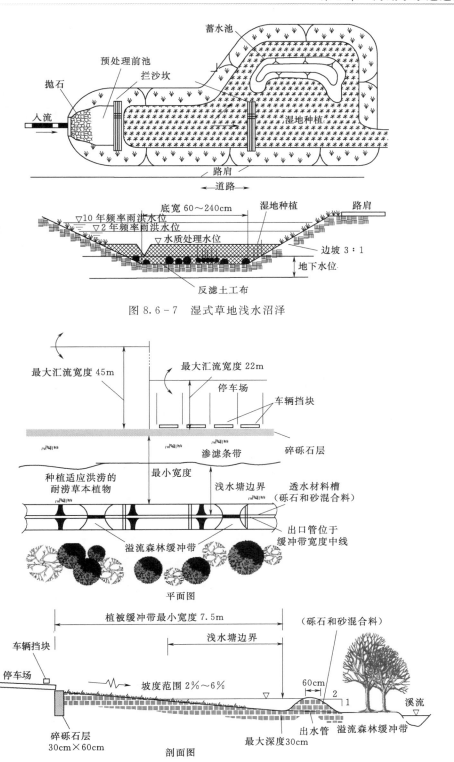

图 8.6-7　湿式草地浅水沼泽

图 8.6-8　典型渗滤条带

表 8.6-3　　　　　　　　　　　　　渗滤条带推荐设计参数

项　目	设　计　参　数
汇流宽度	对渗透性地表限制在 45m，对不透水地表限制在 23m
坡度	2%～6%
水流	仅用于控制地表层流。流量不超过 $0.1m^3/s$
渗滤条带宽度	渗滤条带的尺寸取决于所需处理水的体积，最小宽度 8.0m
水质	TSS 20～100，TP 0～60，TN 0～60，BOD 20～100
维护	常规景观维护

（5）渗井。渗井（dry well）的构造是在一个小型开挖坑内，填充小卵石和砾石混合骨料（图 8.6-9）。渗井的功能是通过渗透作用控制建筑物屋顶雨水形成的径流，防止立即形成地表径流而加大内涝风险。水流通过渗井渗滤，实际上是一个包括吸附、截流、过滤和细菌降解的过程，对水体进行自然化处理。渗井深 1.0～3.5m，内填充被土工布包裹的清洁骨料，粒径小于 7.5cm。屋顶雨落管设置水位超高岔管，在渗井溢流时排水。设置 ϕ10cm PVC 管作为观察井。管理要求为：使用前清除屋顶油脂和有机材料，并将滤网放置在入口；每季度进行 1 次监测。渗井推荐设计参数见表 8.6-4。

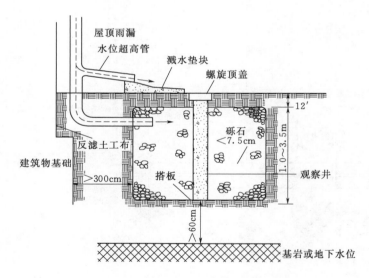

图 8.6-9　渗井

表 8.6-4　　　　　　　　　　　　　渗井推荐设计参数

项　目	参　数
土壤渗透率	≥0.66～1.27cm/h
存储时间	3d 内放空
回填料	四周被土工布包裹的清洁骨料，粒径 <7.5cm
屋顶清理	使用前，应将滤网放置在入口，清除屋顶油脂和有机材料
出流结构	对于超出渗井容量的水体要安排出路，评估引水道稳定和侵蚀问题

项目	参　　　数
观察井	设置 $\phi 10$cm PVC 管作为观察井，顶部与地面齐平，井盖上锁
井深	1.0～3.5m
水质	TSS 80～100，TP 40～60，TN 40～60，BOD 60～80
监测	每季度 1 次

（6）水平扩散碎石沟。水流扩散砾石沟（rock - filled trench level spreader）是一种水体出口结构，用来将集中径流转换为层流，并且在地表均匀扩散，以避免土壤侵蚀。水流扩散砾石沟常作为系统的一个组成部分，用于将层流从长草坡面传输到生物滞留设施，它也经常用于将停车场或其他不透水场地的水体传送到具有均匀坡度的透水场地。典型的水平扩散装置是一种用碎石充填的浅沟，横剖面尺寸 10cm×10cm。为使碎石沟发挥功能，碎石沟下游边缘地面必须整平且土壤未经干扰，以避免出现小冲沟（图 8.6 - 10）。雨水径流在地表形成层流，薄层水厚度不超过 2.5cm。为防止冲蚀，碎石沟边缘应设置土工布。形成的层流能够遍布生物滞留设施场地，通过茂密草地时被滞留，从而延长水体汇集时间。

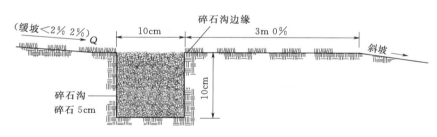

图 8.6 - 10　水平扩散碎石沟

（7）下沉式绿地。下沉式绿地（sunken green space）指低于周边铺砌地面或道路在 20cm 以内的绿地，如图 8.6 - 11 所示。下沉式绿地可广泛应用于城市建筑与小区、道路、绿地和广场内。下沉式绿地适用区域广，其建设费用和维护费用均较低，但大面积应用时，易受地形等条件限制。另外，其实际调蓄容积较小。设计下沉式绿地应满足以下要求：

1）下沉式绿地的下凹深度应根据植物耐淹性能和土壤渗透性能确定，一般为 10～20cm。

2）下沉式绿地内一般应设置溢流口（如雨水口），保证暴雨时径流的溢流排放，溢流口顶部标高一般应高于绿地 5～10cm。

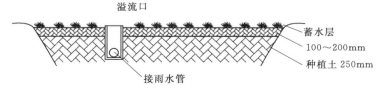

图 8.6 - 11　典型下沉式绿地

3) 对于径流污染严重、设施底部渗透面距离最高地下水位或岩石层小于1m, 或距离建筑物基础水平距离小于3m的区域, 应采取必要的措施防止次生灾害的发生。

(8) 绿色屋顶。绿色屋顶 (green roofs) 技术由德国学者 Strodthogff 和 Behrens 开发并且得到大范围推广的环保技术。绿色屋顶具有多种功能。首先, 可以改善空气质量, 有85％以上的尘土颗粒被植物吸附。其次, 通过蒸散发作用可调节气温和湿度。可以储存30％～100％降雨, 缓解雨洪风险。最后, 可视的绿色屋顶提供了更具美学价值的城市景观。

绿色屋顶适用于符合屋顶荷载、防水等条件的平屋顶建筑和坡度不大于15°的坡屋顶建筑。根据种植基质深度和景观复杂程度, 绿色屋顶又分为简单式和花园式两种。基质深度根据植物需求及屋顶荷载确定, 简单式绿色屋顶的基质深度一般不大于15cm, 花园式绿色屋顶在种植乔木时基质深度可超过60cm。

图 8.6-12 显示典型绿色屋顶结构示意图。绿色屋顶由植物、肥料-基质层、防护层、土工合成材料防渗层组成。屋顶表面需要严格沥青密封, 屋顶荷载需要严格复核。绿色屋顶设计可参考《种植屋面工程技术规程》(JGJ 155)。

(9) 技术整合实例——住宅小区 LID 布置方案。道路布置采取环状/棒棒糖形式, 环绕小区布置。限制住宅车道宽度为 2.7m, 采用透水铺装或卵石铺路, 步行道采用透水铺装。布置有 3 处生物滞留设施, 其中一处邻近住宅建筑物, 直接与屋顶雨漏连接处理屋顶雨水 (图 8.6-13)。小区有良好的乔木、灌木和草地, 可发挥滞留和净化作用。

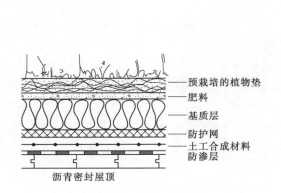

图 8.6-12　典型绿色屋顶结构

图 8.6-13　住宅小图区 LID 规划图

8.7　恢复连通性工程效果评估

恢复河湖水系连通性工程项目竣工后, 需要进行项目效果的后评估。为此需建立效果评估指标体系。考虑到在一般情况下，恢复连通性工程不是单一目标的工程，往往结合河道及湖泊生态修复和环境综合治理统筹开展。因此，评估指标体系中除了连通性评估以外，还包括其他重要生态要素和指标。

8.7.1　恢复河流-湖泊连通工程效果评估

河流-湖泊连通性评估体系表见表 8.7-1。生态要素层包括地貌形态、水文、水环境和生物状况四大类，评估项目共 12 项，每项对应有评估指标、历史状况、连接措施及生态修复措施、指标赋值和分级标准。

表 8.7-1　　　　　　　　　　河流-湖泊连通性评估体系表

要素	地貌单元/科目	编号	评估内容/指标	生态修复			等级
				历史状况	措施	评估指标赋值/分级标准	
地貌形态	湖泊	1	水面面积	水面面积	连通、疏浚、退田还湖、退渔还湖、清理违章建筑、改进调度方式	与历史状况偏离率	
		2	换水周期	换水周期	连通、疏浚	与历史状况偏离率	
		3	连接延时	连接延时	连通、疏浚	与历史状况偏离率	
	湿地	4	面积	面积	连通、改善水文条件	与历史状况偏差率	
		5	地表/地下水位	地表/地下水位	改善水文条件	与历史状况偏差率	
		6	与河流连通状况	与河流连通状况	连通、疏浚	与历史状况偏差率	
水文	环境流	7	湖泊湿地需水	自然连通、自然水文过程	连通工程、疏浚、改善现存闸坝调度	与历史状况偏差率	
	洪水脉冲	8	年流量过程变化率	洪水脉冲过程	连通、改善现存闸坝调度方式	与历史状况偏差率	
水环境	水功能区	9	水功能区达标		污染治理、水产养殖管理、采砂生产管理、生物治污工程	水功能区达标率	
生物状况	洄游鱼类	10	类型、丰度、物种多样性、"三场"数量	历史洄游鱼类状况	栖息地加强措施	与历史状况偏差率	
	水鸟	11	总量、栖息地数量	历史鸟类状况	栖息地加强措施	与历史状况偏差率	
	植被群落	12	类型、组成、密度	以水生植被为主的历史状况	恢复以水生植物为主的群落结构	与历史状况偏差率	

依据调查的连通性遭受破坏前的历史状况数据，给各项评估指标赋值，构成评估体系的参照系统，成为"优"等。根据对应各项指标的现状监测数据与优等比较的偏差率，确定各评估项目的现状等级。如设定 5 个等级，可以设定偏差率分别为 80%、70%、60%、50%。例如，湖泊面积历史数据为 10km²，恢复连通后 8km²，等级定为"良"。生态状况

分级系统构建方法参见 5.2.3 节。

8.7.2　恢复河流-河漫滩连通性工程效果评估

河流-河漫滩连通性恢复工程效果评估体系表见表 8.7-2。生态要素层包括地貌形态、水文和生物状况三大类，评估项目共 13 项。表中罗列了历史自然状态、连通及修复措施、开发活动及其影响等各项内容，也列出了各项修复措施。如上所述，依据调查所得历史状况数据，给各项评估指标赋值，构成评估体系的参照系统，按照与历史状况的偏离率确定各项评估等级。生态状况分级系统构建方法参见 5.2.3 节。

表 8.7-2　　　　　　　　　　河流-河漫滩连通性恢复工程效果评估体系表

要素	科目	编号	指　标	连接状况/生态修复			等级
				历史状况	连接措施/修复措施	评估指标赋值/分级标准	
地貌形态	故道湿地	1	面积	面积	自流/泵送	与历史状况偏离率	
		2	连接时机	连接时机		与历史状况比较	
		3	连接延时	连接延时		与历史状况比较	
	牛轭湖湿地	4	面积	面积	自流/泵送	与历史状况偏离率	
		5	连接时机	连接时机		与历史状况比较	
		6	连接延时	连接延时		与历史状况比较	
	洼地沼泽	7	面积	面积	自流/泵送	与历史状况偏离率	
		8	连接时机	连接时机		与历史状况比较	
		9	连接延时	连接延时		与历史状况比较	
水文	洪水脉冲	10	年流量过程变化率	洪水脉冲过程	连通、改善现存闸坝调度方式	与历史状况偏差率	
生物状况	洄游鱼类	11	类型、丰度、物种多样性、三场数量	类型、丰度、物种多样性、三场数量	栖息地加强措施	与历史状况偏差率	
	水鸟	12	总量、栖息地数量	总量、栖息地数量	栖息地加强措施	与历史状况偏差率	
	滩区植被	13	类型、组成、覆盖度	类型、组成、覆盖度	自然恢复、种植	与历史状况偏差率	

第9章
过鱼设施

水利水电工程对鱼类洄游产生了阻隔影响。为恢复鱼类洄游通道，需在流域尺度上制定规划，通盘考虑不同洄游鱼类的生活史内在需求，河湖水系的空间格局以及障碍物的空间分布，谋求全局性解决方案。在单项水利水电工程项目上，需要根据工程项目的具体条件，包括上下游水头差、场地空间、目标鱼类物种习性、需要流量等因素，通过经济技术论证，因地制宜确定过鱼设施方案。本章详细讨论了溯河洄游鱼类过鱼设施设计，包括仿自然型鱼道与工程型过鱼设施，介绍了降河洄游鱼类保护措施。最后，讨论了鱼类洄游监测以及过鱼设施评估方法。

9.1 鱼类洄游与障碍物

本节介绍了鱼类洄游模式和行为，列举了我国典型洄游鱼类习性，讨论了障碍物的类型及对洄游的影响。

9.1.1 鱼类洄游

鱼类洄游（migration of fish）是鱼类为了繁殖、索饵或越冬的需要而进行的定期、有规律的迁徙。

1. 鱼类洄游模式

根据洄游行为，鱼类可分为海河洄游类和河川洄游类。海河洄游鱼类在其生命周期内洄游于咸水与淡水栖息地，分为溯河洄游性鱼类和降河洄游性鱼类。我国典型海河洄游鱼类有：①中华鲟，国家一级保护野生动物，典型溯河洄游性鱼类，分布于我国长江和珠江。栖息于东海、黄海大陆架水域觅食和生长，繁殖群体7—8月由近海进入江河逆流而上，至翌年秋季繁殖，产卵场位于金沙江和珠江上游，幼鱼顺江游到大海。1981年兴建葛洲坝水利枢纽，中华鲟洄游路线被阻断，据称在大坝下游已经形成了一定规模的产卵场。②鲑鱼，又称大马哈鱼，属典型溯河洄游性鱼类。产卵场主要分布在黑龙江流域，包括乌苏里江、松花江、呼玛尔河，通常在北太平洋摄食生长，繁殖季节从外海游泳到近海，进入淡水河流产卵场繁殖。产卵后亲鱼死亡，幼鱼于翌年春季开始顺流降河入海。③刀鲚，属典型溯河洄游性鱼类，分布在我国黄河、长江、钱塘江流域，平时在黄海、东海浅海区域及河口摄食，繁殖季节溯河进入淡水中产卵，产卵场分布在中下游干流和湖泊。繁殖后亲鱼降河入海。④鲥鱼，属典型溯河洄游性鱼类，主要分布在长江和珠江。鲥鱼孵化后第一年生活在淡水或河口水域，第二年进入近海摄食育肥，待性成熟后溯河洄游进入淡水中繁殖。⑤鳗鲡，属典型降河洄游性鱼类。分布在黄河、长江、闽江和珠江等流域，平时在淡水环境中生长，5~8 年达到性成熟，之后降河到太平洋马里亚纳群岛繁殖。每年春季，大批幼鱼自外海聚集在河口，溯河进入江河淡水环境生活。另外，我国东部沿海地区一些中小型河流如楠溪江、曹娥江，生活有香鱼、松江鲈鱼等降河洄游性鱼类。⑥花鳗鲡，属典型降河洄游性鱼类，分布在长江、钱塘江和九龙江流域，性成熟前，从江河的上中游移向下游，降河洄游到河口附近时性腺开始发育，而后入深海进行繁殖，生殖后亲鱼死亡。卵在海流中孵化，幼鳗进入淡水河湖内摄食生长。

河川洄游鱼类，也称半洄游鱼类，属淡水鱼类，生活在淡水环境。河川洄游鱼类为了产卵、索饵和越冬，从静水水体（如湖泊）洄游到流水水体（如江河），或从流水水体洄游到静水水体。这种鱼类往返于不同栖息地间进行"季节性迁徙"，这些栖息地包括越冬场、产卵场和索饵场。我国四大家鱼（草、青、鲢、鳙）就属半洄游鱼类。这些鱼类平时在与江河干流连通的湖泊或支流中摄食育肥，每年春季繁殖季节，集群逆水洄游到干流的上游产卵场繁殖，产后的亲鱼又洄游到食料丰盛的干流下游、支流和通江湖泊中索饵。幼鱼常沿河逆流进行索饵洄游，进入支流和湖泊中育肥。除四大家鱼以外，分布在长江干流及通江湖泊的白鲟；分布在长江、闽江流域的胭脂鱼；分布在渭河上游干支流的秦岭细鳞鲑；分布在长江中上游干支流的长薄鳅；分布在长江上游的岩原鲤；分布在长江中上游干流和支流的圆口铜鱼；分布在长江、金沙江、闽江上游江段的齐口裂腹鱼，都属半洄游鱼类，它们多是国家保护野生动物或特有动物。河川洄游鱼类迁徙包括纵向洄游和横向洄游，前者路线在不同类型淡水水体中运动，后者路线从河道至河漫滩、湿地和水塘。表 9.1-1 显示我国典型洄游鱼类分布和习性，表中极限流速是指鱼类在 20s 内能够克服的最大水流速度。

表 9.1-1　　　　　　　　　　我国典型洄游鱼类分布和习性

鱼类名称	洄游类型	河　流	海洋	性成熟期年龄/a	初次性成熟体长/cm	喜好流速/(m/s)	极限流速/(m/s)	产卵场	备注
中华鲟	溯河洄游	长江、珠江	东海、黄海大陆架	14	169~171	1.0~1.2	1.5~2.5		一级保护
大马哈鱼（鲑鱼）	溯河洄游	乌苏里江、松花江、呼玛尔河、图们江	北太平洋	4	60	1.3	5	黑龙江流域	
刀鲚	溯河洄游	黄河、长江、钱塘江	东海、黄海浅海区	2	20	0.2~0.5	0.4~0.7	长江中下游干流和湖泊	
鲥鱼	溯河洄游	长江、珠江	近海区域	3~4	35.8	0.4~0.9	1.0	赣江新干至峡江	
鳗鲡	降河洄游	黄河、长江、闽江、珠江	太平洋	5~8		0.23		马里亚纳群岛	

续表

鱼类名称	洄游类型	河　　流	海洋	性成熟期年龄/a	初次性成熟体长/cm	喜好流速/(m/s)	极限流速/(m/s)	产卵场	备注
白鲟	河川洄游	长江干流及通江湖泊		6	200～300			长江上游	一级保护
胭脂鱼	河川洄游	长江、闽江		5～7	88			长江胭脂坝等江段	二级保护
花鳗鲡	降河洄游	长江、钱塘江、九龙江			50～80				二级保护
秦岭细鳞鲑	河川洄游	渭河上游干支流		3	30				二级保护
长薄鳅	河川洄游	长江中上游干支流			23			长江上游	我国特有
岩原鲤	河川洄游	长江上游			11.33～23.85			支流激流江段	长江特有
铜鱼	河川洄游	长江中上游干流和支流		4	28～52				长江特有
齐口裂腹鱼	河川洄游	长江、金沙江、闽江上游江段		4	1.4～2			上游江段	我国特有
草、青、鲢、鳙	河川洄游	珠江、长江、黄河、黑龙江流域		2～4				干流上游	
圆口铜鱼	河川洄游	长江流域		3	34			金沙江中下游江段	长江特有

2. 洄游行为

鱼类季节性洄游有时范围很广，但其洄游路线无常。由于受内外生理条件变化和光线、水文、水质或水温等外部环境变化的刺激，鱼群具体洄游期每年也有所不同。扩散、迁徙、躲避天敌和饵料密度等也会激发鱼类洄游。内外因素相互作用决定了某种鱼是否洄游。大多数洄游鱼类在产卵前的短时间达到洄游高峰。幼鱼的后续扩散主要发生在春末夏初。其他扩散、迁徙取决于外部因素，全年任何时间都可能发生。幼鱼扩散是降河洄游的一种类型，主要发生在夜间，一方面是由于为躲避捕食者；另一方面幼鱼的定向机能尚未发育完全。

9.1.2　障碍物对鱼类洄游的影响

1. 大坝对栖息地的影响

河流被大坝阻拦，在大坝上游形成水库，水库按其功能目标实行人工调度。水库改变了地貌景观格局；人工径流调节改变了自然水文情势，使大坝上游和下游的栖息地条件均发生改变。河流被大坝阻断，其纵向连通性受到很大破坏，不但水流受阻，而且泥沙、营养物、木质残体等大多拦蓄在库区而不能输移到水库下游，在库区出现生态阻滞现象（见1.6.1节）。

大坝运行期间，水库调度服从防洪兴利需要，年内流量过程线趋于平缓。在汛期水库调节洪峰，洪水下泄时间推迟，洪峰发生时机延后，洪水脉冲过程削弱。洪水的发生时机和持续时间，对于鱼类产卵至关重要，实际上，洪水脉冲是一些鱼类产卵的信号。产卵的规模和与涨水过程的流量增量及洪水持续时间有关。比如三峡水库的削峰作用，会直接影响青鱼、草鱼、鲢鱼、鳙鱼等四大家鱼的产卵期，可能导致其生物量下降。

筑坝蓄水后，流动的河流变成相对静水人工湖，激流生态系统（lotic ecosystem）逐渐演变为静水生态系统（lentic ecosystem）。激流鱼类逐渐被静水鱼类所代替，原来河岸带植物被淹没，代之以库区水生生物群落。在这个过程中，会引起流域范围的摄食级联效应，也会给外来入侵物种提供生长繁殖的机会。具体表现为：①洄游鱼类灭绝或濒危；②水库淹没区特有陆生或水生生物灭绝或濒危；③依赖洪水生境的类群丰度降低；④静水类群和非本地类群增加。

2. 障碍物对鱼类洄游的影响

鱼类洄游障碍物有不同类型。纵向阻隔主要影响溯河洄游和降河洄游，障碍物主要包括水坝、挡水堰、水电站和泵站等。其中水电站和泵站是通过水轮机和水泵的高速水流，对降河洄游性鱼类造成严重伤害。河流侧向阻隔的障碍物主要是防洪堤，特别是堤距缩窄的堤防约束了洪水漫溢，阻碍了鱼类从河流向河漫滩、湿地、水塘的运动。

阻隔鱼类洄游的障碍物导致河流生境破碎化，造成鱼类栖息地质量降低以及鱼类种群被隔离。有些物种不能完成其生命周期全过程，如海河洄游鱼类就有可能面临种群生存的危机。栖息地质量下降也可能对非溯河洄游性鱼类产卵的种群产生不利影响，制约了它们向更大栖息地扩散。河流生境破碎化还能造成生态学和行为学的改变、生理问题以及遗传退化。

（1）溯河洄游障碍。建设水坝或挡水堰的本来目的是蓄水用于供水、灌溉、发电、调节洪水或构建景观，但是却成了阻碍鱼类纵向洄游的障碍。障碍物对洄游鱼类的影响，其外因表现为流速、流量和水温等因素，内因则取决于洄游鱼类的游泳能力和行为，这些特征常常因鱼的种类、发育阶段、健康状况和个体大小而异。

（2）降河洄游障碍。降河洄游障碍物包括：

1）水电站。即使通过筛网保护并结合导向系统，鱼类在水电站受到的伤害仍然巨大。据统计，鱼类通过水轮机所造成的损失为 5%～40%不等。

2）泵站。无论是用于取水还是排水的泵站，其高速水流给鱼类造成的伤害比例与水电站相近。

3）水库取水口。为了从水库取水用于工业、农业或生活供水，水库设置取水口结构。取水口附近的高速水流对降河洄游性鱼类起到引导流或吸引作用。鱼类被卷吸进入取水口，遭受严重伤亡威胁。

4）机械障碍物。水轮机机房或水泵泵房一般都设有拦污栅（格栅、网栅），目的是防止树枝、垃圾等进入水轮机室或水泵机室。鱼类在高速水流冲击下与拦污栅发生撞击而受到伤害。

5）溢洪道。鱼类在通过溢洪道和跌入消力池时发生伤害。资料表明，在撞击速度超过 15～16m/s 时，鱼的鳃、眼和体内器官可能受到严重伤害。体长 15～16cm 的鱼自由滑落 30～40m；或体长 60cm 的鱼自由滑落 13m 即可达到这一临界速度（Larrinier 等，2002）。

9.2　恢复鱼类洄游通道规划要点

1. 规划范围

制定恢复洄游鱼类通道规划应在流域范围内进行。这是因为鱼类洄游是一种大尺度的生物迁徙活动，各种鱼类的洄游距离差异很大，从河流湖泊之间或干支流之间的局部洄游直到从河口至上游河源长距离洄游，但是所有这些洄游现象都是在流域范围内发生的。另外，降河洄游通道存在河流障碍物的累积效应，即使在某河段降河洄游性鱼类的通过率和成活率都较高，但是一连串这样的河段的累积效应会对鱼类造成严重的危害。所以应在流域尺度上，通盘考虑不同洄游鱼类的生活史内在需求；流域内干支流、湖泊、湿地的空间格局；现存障碍物的空间分布；水文情势等外部条件，综合技术经济制约因素，才有可能谋求优化的解决方案。反之，如果仅在河段或单项水利工程的尺度上制定恢复洄游鱼类通道规划，显然忽略了诸多因素以及各因素之间的关联性，难以获得全流域的优化方案。

近 20 余年，欧洲和北美的洄游鱼类保护大多是在流域范围内通盘考虑上下游的保护和恢复措施，然后分阶段对单项已建水利工程实施技术改造。我国当前正处于水利水电建设高潮，在单项新建大中型工程中，按照环境影响评价要求采取洄游鱼类保护措施。但是迄今为止尚缺乏在流域尺度上的全盘规划经验，与发达国家存在不小差距。

2. 量化流域恢复洄游通道目标

（1）恢复鱼类洄游目标。对于流域内的每条河流，都应确定鱼类洄游目标。目标有高低之分，理想目标是实现鱼类自由从河口溯河洄游到上游河源，并保证流域内所有现存鱼种的洄游条件。但是现实情况是水利水电工程布局已经形成，拆除河流障碍物受制于多种经济技术因素，只限于拆除少数超龄服役的低坝，难以全面展开（见 8.4.2 节）。增设鱼道设施同样受经济技术条件和现场地形地貌限制，不可能全面铺开。基于这种认识，务实的目标可能是保证鱼类物种多样性不至于因洄游通道受阻或栖息地破碎化而进一步退化。

（2）选择目标鱼类物种。选择目标物种的标准是：应是土著物种（aborigine）；恢复其种群数量具有可行性；对栖息地质量和连通性有较高要求；能够覆盖较多鱼类的栖息地需求；濒危、珍稀、特有鱼类优先；社会关注程度较高或经济价值较高。降河洄游目标鱼类物种应包括海河洄游鱼种和若干河川洄游鱼种。

（3）量化生态目标。包括生物、水文、栖息地在内的生态目标都需要量化。对于溯河洄游性鱼类而言，需要确定目标鱼类物种；量化溯河洄游性鱼类物种数。对于降河洄游性鱼类，需要确定目标鱼类物种；量化洄游入海鱼类物种的存活量和通过河口的百分率。另外，还应确定河道最大和最小流量；明确河段间适宜栖息地的数量。

3. 流域内水域优先排序

水系是由干流、支流构成的脉络相通的河流系统。经过上百年的建设，干支流上布置着大量水利水电建筑物，有的已经全部阻隔了洄游通道，有的只是部分阻隔。如果为改善鱼类的洄游条件，在流域内干支流上全部实现畅通无阻，这样做既不现实也不经济。这就需要通过监测、调查和评价，识别主要洄游通道，特别要识别溯河/降河性洄游鱼类通道。同时对于干流、支流、湖泊、水库实行优先排序，选择重点河段和重点水利工程，以解决洄游通道关键问题。识别重点河段应以有重要的溯河洄游和降河洄游鱼类种群通过为原则。利用 GIS 工具，可以充分显示流域内河川湖泊的空间格局，水坝等障碍物的空间分布，目标物种的洄游路线，重点河段和重点水利水电工程的位置。优先排序的意义还在于，改善鱼类洄游条件项目可以分期进行。在前一期工程完成后通过监测评估，确定下一期工程的必要性和生态目标（见 5.4 节）。

4. 与相关规划的协调

恢复鱼类洄游通道规划应在流域综合规划的框架内，与水生态修复规划、流域防洪规划、水资源保护规划、河湖水系连通规划等衔接，以谋求规划目标的一致性和投资效益的最大化。洄游鱼类保护应与其他相关问题一并考虑，包括水质改善、渔业管理、河流生态修复、生物多样性保护等。解决方案通常是一个综合方案。

9.3　鱼类保护方案及过鱼设施技术选择

保护洄游鱼类措施可以归纳为两大类：一类是生物措施，包括增殖放流、异地保护以及捕捞管理等；另一类是恢复鱼类洄游通道，包括拆除河道障碍物、栖息地恢复和兴建过鱼设施等。其中过鱼设施包括工程型过鱼设施和仿自然型鱼道。这两种设施又分别开发有多种技术和结构可供选择。无论是确定洄游鱼类保护方案，还是具体选择过鱼设施技术，都需要根据工程项目的具体条件，包括上下游水头差、场地空间、目标鱼类物种习性、需要流量等因素，通过经济技术论证，因地制宜确定。

9.3.1　洄游鱼类保护方案优化

洄游鱼类保护措施有多种，应因地制宜确定。目前我国常见的洄游鱼类保护措施有两大类：一类是采取生物保护措施，另一类是恢复洄游通道（图 9.3-1）。

1. 生物保护措施

生物保护措施包括增殖放流和迁地保护。增殖放流是对处于濒危状况或受到严重胁迫、具有生态或经济价值的特有鱼类进行驯化、养殖和人工放流，使其得到有效的保护；迁地保护是为洄游鱼类提供新的产卵场、索饵场和越冬场，以弥补严重受损的鱼类栖息地。

2. 恢复洄游通道

恢复洄游通道措施包括拆除障碍物、栖息地修复和建设过鱼设施。

（1）拆除河道障碍物。根据中华人民共和国水利部《水库降等与报废标准》（SL 605—2013），水库予以报废的条件包括："水库大坝阻断了水生生物洄游通道，为保护珍

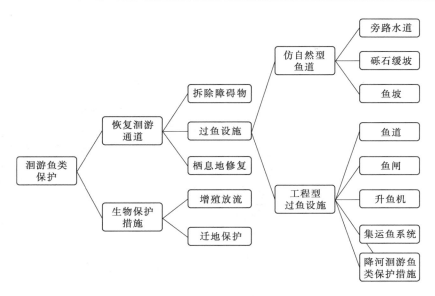

图 9.3-1　洄游鱼类保护措施和技术

稀生物物种，需拆除大坝。"除了出于保护水生生物目的拆除水坝以外，出于安全和运行经济性的考虑拆除水坝，同样有利于洄游通道的恢复（见 8.4.2 节）。除了拆除水坝以外，拆除改建跨河各类阻水管道、涵管，也有助于改善洄游条件。洄游鱼类保护与水库报废等河流综合整治工作结合起来，更能发挥综合效益。

为恢复河流侧向连通性，缓解堤防约束对鱼类沿河侧向运动的影响，可将堤防后靠重建，以扩大汛期洪水漫溢的河漫滩宽度，为汛期鱼类进入河漫滩的水塘、湿地创造条件（见 8.5.2 节）。

（2）栖息地恢复。拆除水坝应与河道整治结合起来，包括恢复河流蜿蜒性；保持深潭-浅滩序列，为鱼类和其他水生生物提供多样的栖息地。另外，为迁徙于河湖湿地间的半洄游鱼类提供洄游通道，创造新的鱼类栖息地，连通河流干流与河漫滩上现有的水塘、湿地、牛轭湖和故道等工程措施，也是一些经济可行的选项（见 8.5.3 节）。

（3）过鱼设施。过鱼设施（fish passage facility）是指在水坝、水闸和堰坝等河流障碍物所在位置建造的辅助鱼类通行的通道和设施。过鱼设施包括仿自然型鱼道和工程型过鱼设施。工程项目究竟采取何种保护方案更为有效，需要根据连通性受损和栖息地退化程度，工程特征、自然、地貌条件以及物种特征等因素进行综合分析，既要考虑技术可行性也要考虑经济合理性，对效果与成本需要综合论证。

9.3.2　过鱼设施技术选择

1. 仿自然型鱼道与工程型过鱼设施比较

过鱼设施包括仿自然型鱼道与工程型过鱼设施。仿自然型鱼道（nature-like fishway）仿照自然溪流的形态、坡度、河床底质以及水流条件等特征，形成连接障碍物上下游的水道，为鱼类提供洄游通道。仿自然型鱼道有旁路水道、砾石缓坡、鱼坡等多种形式，适合于低水头水坝或溢流堰。仿自然型鱼道按照天然河道水流特性进行设计，适合鱼类的自然洄游习惯，能有效地吸引鱼类，集鱼效果好。又因水流条件多样，所以过鱼种类多。大部分仿自然型鱼道允许水生生物溯河和降河双向通过。这种鱼道具有蜿蜒的河道和岸边植被，能够融入周围的景色，美学价值较高，而维护成本较低。仿自然型鱼道的缺点是占地面积大，通道距离长，对上游水位波动敏感，运行所需流量较大。

工程型过鱼设施（engineering - type fish passage facility）包括鱼道、鱼闸和升鱼机等。鱼道是目前应用最为广泛的过鱼设施，它是连续阶梯状的水槽式构筑物，主要类型有池式鱼道、槽式鱼道和组合式鱼道等，适用于中低水头电站（图9.3-2）。鱼道设计原理是通过水力学计算和实验，设计特殊的工程结构，力求满足溯河洄游鱼类需要的流速、流量、流态及水深等水力学条件。一般来说，鱼道过鱼能力强，且能连续过鱼，运行保证率高。其缺点是水流形态相对较为单一，过鱼种类较少；经济上一次性投资较高。鱼闸的工作原理与船闸相同，即上下游分别设置闸门，通过闸门控制水位帮助鱼类溯河运动。鱼闸适合于上下游水位差小于40m的水电站，对于大型鱼类洄游作用明显。但鱼闸造价高，日常运行和维护费用高。升鱼机是通过配置有运送水槽的升降机，将鱼类吊送到上游。通过旁路水道注水创造吸引流。升鱼机适合高水头水坝，但是造价和运行维护费用高。

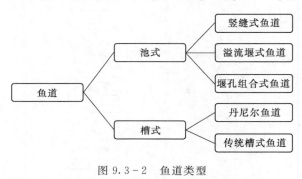

图9.3-2　鱼道类型

2. 仿自然型鱼道类型、尺寸和适用范围

仿自然型鱼道有多种类型，包括旁路水道、砾石缓坡和鱼坡等。表9.3-1汇集了部分仿自然型鱼道的构造、尺寸、流量、适用条件、优缺点及运行效果，可供选型时参考。

表9.3-1　　仿自然型鱼道构造、尺寸、流量、适用条件、优缺点及运行效果

类型	构造描述	尺寸/m	流量 Q /(m³/s)	适用条件	优缺点	运行效果
旁路水道	堰坝旁侧，模仿自然形态坡度、河床底质以及水流条件	$B>1.2$, $h>0.3\sim0.4$, $i<1:20$	>0.1	现存堰坝不能改建，河流一侧有足够空间，水位差小于20m	造价低，与周围自然景观融合。但占地面积大，可能涉及与道路、管道交叉问题	所有水生生物物种能够通过，为激流型生物提供栖息地
砾石缓坡	横跨河流，底质具有粗糙表面的构筑物，砾石呈阶梯状布置	b与河床等宽 $i<1:15$, $h>0.3\sim0.4$	>0.1	用于改造已经失去功能的堰坝，水位差小于20m	造价较低，维护费用低，容易融入周围景观	所有水生生物物种能够溯河或降河双向通过
鱼坡	坡度平缓，具有粗糙表面。用砾石嵌入堰坝，用大蛮石槛降低流速	$B<20$, $h=0.3\sim0.4$, $i<1:20$	>0.1	将水电站拦河坝、防洪或灌溉闸的一个区段改造成鱼坡，闸坝高度低于3m	维护成本低，能够形成吸引水流，洪水期自净能力强。构造相对复杂	大多数水生生物物种能够溯河或降河双向通过

注　B—宽度；h—水深；Q—流量；i—坡度。

3. 工程型过鱼设施类型、尺寸和适用范围

工程型过鱼设施包括鱼道（fish iadder）、鱼闸（fish lock）、升鱼机（fish lift）和集运鱼系统（fish collection and transportation facility），其中鱼道又包括池式鱼道和槽式鱼道两种类型。表9.3-2汇集了工程型过鱼设施的构造、尺寸、流量、适用条件、优缺点及运行效果，可供选型时参考。

表9.3-2　　工程型过鱼设施构造、尺寸、流量、适用条件、优缺点及运行效果

类型		构 造 描 述	尺寸 /m	流量 Q /(m³/s)	适 用 条 件	优 缺 点	运 行 效 果
池式	竖缝式	具有隔板的混凝土通道，且具有一、两个与隔板及侧墙高度相同的狭槽	$L_b>1.9$，$B>1.2$，$h>0.5$，狭缝宽度 s >0.17	>0.14	适用于蓄水位变化较大的中小水头水坝，尾水平均深度大于0.5m	消能效果好。可通过流量较大，能够形成吸引水流，不易被碎屑物阻塞。鱼道下泄流量较小时，诱鱼能力不强	效果好，应用广泛，适于多种鱼类。如底质连续，可通过无脊椎动物
	溢流堰式	布置若干隔板，将阶梯式水池分隔开，在隔板开凹槽溢流	$B>1.0$，$h>0.6$	>0.04	上游水位变幅小	所需流量低。可适合小型鱼类（<20mm）。池室易淤积	适于大多数鱼类，尤其表层鱼类和喜跳跃鱼类
	堰孔结合式	混凝土通道中的隔板具有顶部凹槽和潜水孔，凹槽与潜水孔交错布置	$L_b>1.4$，$B>1.0$，$h>0.6$，潜水孔宽 25cm，高25cm	$0.08\sim0.5$	适用于中小水头	所需流量较低，但易被碎屑阻塞。低流量时无法形成足够的吸引流	尺寸设计合理时，能够通过所有鱼类
槽式	丹尼尔鱼道	混凝土通道，其间有若干U形隔板逆水流方向呈45°布置	通道：长度6~8，$B=0.6\sim0.9$，$h>0.5$，$i<$ 1:5	>0.25	适用于低水头堰坝改建	结构简单，安装建造方便。适于游泳能力强的大中型鱼类（>30mm）。砾石易在隔板中淤积	不适合于游泳能力弱的鱼类和小型鱼类。底栖动物无法通过
鱼闸		由闸室和上下游闸门组成，通过操纵闸门控制水位，辅助鱼类溯河运动	根据工程项目具体条件确定		适合于中高水头的水坝，并有足够空间布置建筑物。适用于大型洄游鱼类	日常运行和维护要求高，运行费用高	适于鲑鳟类鱼以及游泳能力弱的鱼类，但对底层鱼类和小型鱼类不适合
升鱼机		通过配置有运送水槽的升降机，将鱼类吊送到上游	水槽体积约 2~4m³		适合于高水头水坝，上下游水位差大于6~10m	造价和运行维护费用高，操作复杂	适于鲑鳟类鱼以及游泳能力弱的鱼类，但对底层鱼类、小型鱼类、大型底栖动物和降河洄游鱼类不适合

续表

类型	构 造 描 述	尺寸/m	流量/(m³/s)	适 用 条 件	优缺点	运 行 效 果
集运鱼系统	包括集鱼设施、运鱼设施及道路、码头等配套设施			上下游水位差超过 60m 的高水头水电站	对难以采用鱼道等过鱼设施的水电站是一种补救措施。但造价和运行费用高，操作复杂	

注 B—宽度；h—水深；Q—流量；i—坡度；L_b—水池长度。

9.4 鱼道的一般技术规定

迄今为止，我国发布了两种鱼道设计行业技术标准，分别是 2013 年水利部发布的《水利水电工程鱼道设计导则》（SL 609—2013）和 2015 年国家能源局发布的《水电工程过鱼设施设计规范》（NB/T 35054—2015）。另外，联合国粮农组织（FAO）和德国水资源与陆地改良学会（DVWK）于 1996 年出版的《鱼道——设计、尺寸及监测》，其后于 2002 年和 2009 年先后出版了英文版和中文版，它是一本较为完整的设计技术指南。通过"共同体河流项目"完成的《从海洋到河源——欧洲河流鱼类洄游通道恢复指南》是欧洲第一本关于保护鱼类洄游的技术指导手册，汇集了欧洲各国有关鱼类洄游障碍以及解决方案的技术经验和典型案例，可供参考。

鱼道设计基本资料主要包括河段形态、水文、地质、工程布置、工程特征水位及调度运行方式。过鱼对象资料包括种类、体长、体宽、游泳能力、生活史、行为习性、主要过鱼季节、洄游路线以及枢纽下游聚集区域状况。

鱼道设计应进行水力学计算和工程结构计算，必要时开展水工模型试验。

1. 鱼道布置

（1）鱼道布置应与枢纽建筑物布置相协调，根据地形、地质、工程布置特点以及上下游水流条件选择合适位置。鱼道布置应有利于防污、防淤，并且具备良好的交通条件便于运行管理。

（2）鱼道布置宜避开机械振动、污水排放和嘈杂喧闹区域。

（3）鱼道进口、槽身、出口宜布置在河流同一侧，且避开岸坡地质不稳定区。

（4）鱼道位置宜选择在建坝前自然河流环境下，溯河洄游鱼类逆水游泳靠近的河道一侧，如图 9.4 - 1 所示，溯河洄游鱼类沿右侧河道凹岸逆水游泳，遇到水坝轴线。据此，鱼道

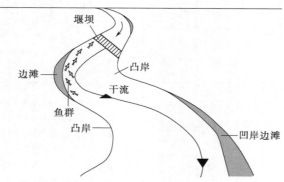

图 9.4 - 1 按照鱼类游泳路线布置鱼道
（据 FAO & DVWK）

宜布置在水坝右侧。

（5）对于坝后式水电站和河床式水电站，鱼道宜布置在电站旁侧。鱼道入口宜靠近水轮机尾水出口。这是因为如果鱼道入口（出水口）距离水轮机尾水出口远的话，容易形成死水区，溯河洄游鱼类可能不易察觉入口而停留在死水区。

（6）根据过鱼需要，水利枢纽也可以布置2条鱼道。如图9.4-2所示，河床式水电站（power station in river channel）由溢流水坝和电站厂房组成。布置了2条鱼道，一条布置在左岸厂房一侧，为竖缝式鱼道；另一条布置在右岸溢流坝一侧为鱼坡。非汛期发电时，水流通过厂房水轮机组，经尾水管下泄到下游，尾水水位较高，溯河洄游鱼类沿左岸鱼道通过。这种情况下原河道水位往往较低。汛期水电站满负荷发电，多余水体沿溢流坝溢流，原河道水深加大，短期维持了原河道的水流条件，此时溯河洄游鱼类可以从右岸溢流坝一侧的鱼坡通过。

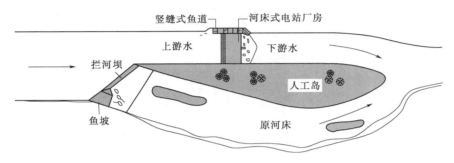

图 9.4-2　河床式水电站鱼道
（据 FAO & DVWK）

2. 鱼道进口和吸引流

（1）鱼道进口（出水口）应布置在洄游路线上，尽可能靠近鱼类能上溯到达的水域。

（2）鱼道进口前区域的水流不应有漩涡、水跃和大环流。鱼道进口下泄水流应使鱼类易于分辨和发现。

（3）鱼道进口位置应选择水质良好的水域，应避开泥沙易淤积处和有油污、化学性污染和漂浮物的水域。

（4）为适应下游水位变化和不同过鱼对象的要求，可设置多个不同高程的进口并用调节闸门控制。

（5）进口底板高程应低于下游最低设计进鱼水位1.0～1.5m。在过鱼季节进口水深应大于1.0m。

（6）吸引流应能被鱼类察觉，水流流出鱼道的流速在0.8～2.0m/s范围内。

（7）吸引流汇入河流干流的位点距离水坝越远，吸引流越容易被洄游鱼类察觉。因此，从出水口流出的水流占总流量的比例一般不应小于1%～1.5%，枯水期应占到总流量的10%左右，以保证获得充足的吸引流。

（8）进口布置在电站尾水口上方，利用电站泄水诱鱼，或者布置在溢洪道旁侧，可提高吸引流的强度。

（9）俄国、法国和美国的鱼道设计中，在鱼道一侧平行设置旁路水道或管道为鱼道补水。两股水流在前室混合后流出出水口形成吸引流（图 9.4-3）。

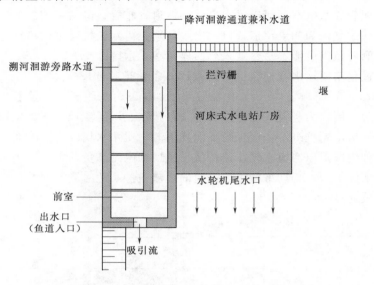

图 9.4-3　河床式电站的旁路水道及鱼道补水道
（据 FAO & DVWK，改绘）

（10）鱼道进口前宜设计成平面呈"八"字形张开的喇叭形水域，供鱼类休息并帮助鱼群发现进口。

3. 鱼道出口及其位置

（1）鱼道出口（进水口）应近岸布置，水流平顺，远离电站和引水建筑物的取水口，防止鱼类被水流卷入取水口。出口周边不应有妨碍鱼类继续上溯的不利因素，如码头和船闸上游引航道出口、水质污染区等。

（2）出口高程应能适应水库水位涨落的变化，确保出口处有一定的水深。出口高程一般应低于过鱼季节水库最低运行水位以下 1~2m。出口高程还需适应过鱼对象习性，对于底层鱼应设置深潜出口，幼鱼、中上层鱼的出口一般在水面以下 1~2m 处。当水库水位变幅较大或存在不同水层鱼类过鱼要求时，可设置多个不同高程的出口，用调节闸门控制，以适应上游水位变化和鱼类需求。

（3）鱼道出口处流速不宜大于 0.5m/s。此流速为鱼类可作长距离溯河游泳的喜爱流速，低于此流速时，可保证从出口游出的鱼类能够继续溯河洄游，避免卷入水库取水口。

（4）出口结构一般为开敞式，为控制鱼道进水量和鱼道检修，需设置闸门。出口视情况设置拦污、拦漂和清污、冲污设施。

（5）为便于洄游底栖动物从鱼道进入上游水体，可用抛石斜坡将鱼道与河床底质衔接。

4. 设计水位与设计流速

（1）设计水位。过鱼设施上下游运行水位，直接影响到过鱼设施在过鱼季节中是否有适宜的过鱼条件，过鱼设施上下游的水位变幅也会影响到过鱼设施出口和进口的水面衔接和池室水流条件。合理的运行水位，可使下游进口附近的鱼能够进入过鱼设施，也可使出口处的鱼顺利进入上游河道。一般情况下，设计水位需要满足过鱼季节中可能出现的最低及最高水位要求，使过鱼设施在过鱼季节中均有适合的水流条件。鱼道设计运行水位应根据闸坝上下游可能出现的水位变动情况合理选择。

1）当上下游运行水位较为稳定时，鱼道上游设计水位范围可选择在主要过鱼季节相应的闸坝正常运行水位和死水位之间。下游设计水位取主要过鱼季节的多年平均低水位。

2）当上下游运行水位变化较大时，鱼道上游设计水位范围可选择在主要过鱼季节的工程限制运行水位和死水位之间。下游设计水位可选择在主要过鱼季节闸坝下游常见平均高水位和常见平均低水位之间。

（2）设计流速。鱼道内设计流速取决于目标鱼类的游泳能力，应根据过鱼对象游泳能力试验、水工模型试验并结合经验确定。鱼类的游泳能力一般用鱼在一定时段内可以克服某种水流的流速大小表示，分为感应流速（rheotropism speed）、巡游流速（cruising speed）和突进游泳速度（burst swimming speed）。所谓感应速度是指水体从静止到流动时，鱼类开始感应并趋流前进的水流速度。所谓突进游泳速度是鱼类所能达到的最大游泳速度，也称极限速度，通常指持续时间小于 20s 的游泳速度。流速的设计原则是：鱼道过鱼孔和进口水流流速不应小于鱼类的感应流速，如果小于鱼类的感应流速，鱼类会迷失洄游方向。过鱼设施断面流速小于鱼类的突进游泳速度，这样鱼类才能够通过过鱼设施中的孔或缝。过鱼设施内缓流区流速小于鱼类的巡游速度，这样鱼类可以保持在过鱼设施中前进。国内部分鱼类物种的流速值见表 9.4-1。

表 9.4-1　　　　　　　　　　　　　鱼类克服流速能力试验成果表

鱼的种类	体长/cm	感应速度/(m/s)	巡游速度/(m/s)	突进游泳速度/(m/s)
梭鱼	14～17	0.2	0.4～0.6	0.8
鲫	10～15	0.2	0.3～0.6	0.7
	15～20	0.2	0.3～0.6	0.8
鲤	6～9	0.2	0.3～0.5	0.7
	20～25	0.2	0.3～0.8	1.0
	25～35	0.2	0.3～0.8	1.1
鲢	10～15	0.2	0.3～0.5	0.7
	23～25	0.2	0.3～0.6	0.9
鲂	10～17	0.2	0.3～0.5	0.7
草鱼	15～18	0.2	0.3～0.5	0.7
	18～20	0.2	0.3～0.6	0.8
鲌	20～25	0.2	0.3～0.7	0.9
乌鳢	30～60	0.3	0.4～0.6	1.0
鲇	30～60	0.3	0.4～0.8	1.1
鳗鲡	5～10		0.18～0.25	0.5
刀鲚	10～25		0.2～0.3	0.5
	25～33		0.3～0.5	0.7
蟹	体宽 1～3		0.18～0.23	0.5

注　引自《水工设计手册（第 2 版）》第 3 卷《征地移民、环境保护与水土保持》。

　　5. 池室尺寸参考值

　　鱼道的几何尺寸应依据鱼类体长、游泳能力、习性，以及现场地形地貌、上下游总水位差、流量、消能效果等因素确定，以下给出若干参考值。

　　(1) 纵坡。工程型鱼道最大允许纵坡为 1∶5～1∶10；仿自然型鱼道的最大坡度应低于 1∶15，相当于自然河流的急流段。

　　(2) 水池间水位差。鱼道水池之间的水位差不宜超过 0.2m，这是因为若存在 0.2m 的水位差时，在孔口或隔板部位就可能出现最大流速 2.0m/s，而这个流速是大多数鱼类难以克服的。

　　(3) 池室长度、宽度。鱼道池室长度应按池室消能效果、鱼类体长、习性和休息条件等确定，应大于 2.5 倍最大过鱼体长，长宽比宜取 1.2～1.5。池室水深应视过鱼对象体长和习性确定，可取 0.5～1.5m。

　　(4) 休息池。对落差较大或长度较长的鱼道，无论是工程型鱼道还是仿自然型鱼道，都必须设有休息池，鱼可以在这里暂停上溯，恢复体力。丹尼尔鱼道对鲑科鱼类至少每隔 10～12m；鳟鱼至少每隔 6～8m，鲤科鱼类至少每隔 6～8m 直线距离设置休息池。休息室长度宜取池室长度的 1.7～2.0 倍。

　　6. 鱼道底部设计

　　鱼道底部应沿全线铺设至少 20cm 厚的粗糙砾石，其颗粒级配尽可能与自然河流底质相同。砾石应连续铺设，即从鱼道进口直到出口，包括狭槽和孔口部位。底部铺设砾石的功能是多方面的。首先，由于铺设层可形成大小不同的缝隙。幼鱼、小型鱼类以及无脊椎动物可以在这些缝隙中躲避，以免被水流冲走，然后开始上溯运动。砾石铺设的另一项功能是起消能作用，可降低流速并防止冲刷。

9.5　溯河洄游鱼类过鱼设施设计

　　溯河洄游鱼类过鱼设施包括仿自然型鱼道和工程型过鱼设施。仿自然型鱼道有旁路水道、砾石缓坡、鱼坡等多种型式，其中鱼坡在 8.4.3 节已经作了介绍。旁路水道和砾石缓坡等仿自然型鱼道的水力计算与鱼坡相同，见 8.4.3 节。工程型过鱼设施包括鱼道、鱼闸、升鱼机和集运鱼系统。其中，鱼道有竖缝式鱼道、堰孔组合式鱼道和丹尼尔鱼道等多种型式。本节将详细介绍这些设施的设计方法。

9.5.1　旁路水道

　　旁路水道是指绕过障碍物（堰、坝等），仿照自然河流外观，呈现自然水道型式的鱼道。旁路水道适用于不改造障碍物本身结构，而场地的地形地貌允许布置这样较长水道的项目。从理论上讲，旁路水道恢复了河流连续体，创造了类似自然水流条件的通道，允许鱼类绕过障碍物自由迁徙，它不仅为洄游鱼类提供了洄游通道，同时也为其他喜流物种提供了栖息地。旁路水道的仿自然特征，使其容易融入周围景观（图 9.5-1）。

　　旁路水道的设计要点：采用自然化技术，创造类似自然河流的水流条件、底质和植被，同时，考虑到纵坡较陡，需采取措施消能以降低流速，保持水道边坡稳定。

1. 设计参数

表 9.5－1 给出了若干最低适宜的旁路水道结构设计参数。

表 9.5－1　　　　　　　　　　　　　旁路水道结构设计参数

名称	纵坡降	底宽/m	平均水深/m	平均流速/(m/s)	最大流速/(m/s)	单宽流量/[m³/(s·m)]	水道形态	底质性质	横断面
参数	1:100 最大 1:20	>0.8	>0.2	0.4~0.6	1.6~2.0	>0.1	蜿蜒，河段之间布置水池	表面粗糙、连续铺设	形状多变，布置大蛮石
备注		视具体情况定	视具体情况定	限于局部			尽量仿照自然河道	尽量仿照自然河道	尽量仿照自然河道

2. 纵坡

旁路水道的纵坡尽可能平缓，一般为 1:100~1:20，上限值为 1:20。沿水道全长纵坡可以有所变化。在休息池或水塘部位纵坡可略放缓，加入蛮石槛可中断陡坡，形成小型跌水。旁路水道的最低临界水深取决于目标鱼类的游泳能力，但不得低于 0.2m。

3. 平面布置

旁路水道的平面形态可采取蜿蜒型也可采用弓形或微弯形，取决于场地地形地貌。鱼道入口（水流出口）位置布置在堰坝下游侧，靠近水电站尾水出口。鱼道出口（水流进口）布置在堰坝上游水库。宜

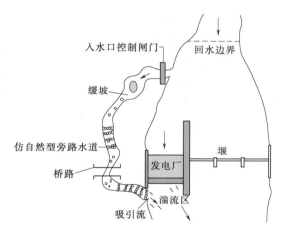

图 9.5－1　旁路水道平面图
（据 FAO & DVWK，改绘）

近岸布置，使水流平顺，要远离电站和引水建筑物的取水口，防止鱼类被水流卷入取水口。旁路水道沿线间隔 6~10m 布置鱼类休息池或水塘，休息池或水塘是水道加宽部分。水道与休息池或水塘之间通过蛮石槛连接，在连接处形成小型跌水。

4. 横断面

横断面底宽按照流量和纵坡降值确定，但不能低于最低值 0.8m。旁路水道沿线因设置休息池或水塘，横断面形状会发生变化。底部铺设至少 20cm 厚的粗糙砾石或卵石，其下部铺设土工布。旁路水道两岸采用自然化岸坡防护技术，即采用植物、天然材料混合的护坡结构，详见 6.2 节。沿岸按照乔灌草合理配置原则种植植物，既可为鱼类遮阴，又可成为鱼类隐蔽所，同时可使旁路水道融入周围景观之中，详见 6.5.5 节。

5. 大蛮石和蛮石槛

对于纵坡降为 1:20~1:30 的旁路水道，如果不采取加大糙率和设置小型跌水的话，无法保证流速控制在允许流速 0.4~0.6m/s。布置大蛮石和蛮石槛是一种控制流速的有效方法。

（1）水道底部布置大蛮石。为加大糙率，可在水道底部布置大蛮石，以降低流速，增加水深。在中低流量期间，水流环绕大蛮石流动，或仅在其上部有薄层水流（图 9.5-2）。上溯鱼类可在石块间隙中寻找隐蔽所。为防止砾石移动，其尺寸要足够大。砾石间距为

$$a_x = a_y = k \cdot d_s$$

式中：a_x、a_y 分别为砾石间纵向和横向平均轴距；d_s 为砾石宽度，如图 9.5-2 所示。

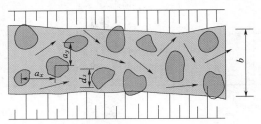

图 9.5-2　水道底部大砾石
（据 FAO & DVWK，改绘）

将砾石嵌入底部达到其深度的 $1/3 \sim 1/2$。

（2）蛮石槛。蛮石槛由不同深度嵌入旁路水道底部的大蛮石构成。具体施工程序是：水道底部铺设土工布，其上铺设碎石垫层，垫层上部用半干砌石技术即所谓坐浆法嵌入大蛮石（见 6.3.5 节）。大蛮石高低错落布置，在横向形成蛮石槛。砾石尺寸约为 $0.5 \sim 0.8 \text{m}$，所用大蛮石材料是至少具有一个平面的琢石，以使石块间互相咬合固定。由于蛮石槛的拦截作用，降低了流速，并在两个蛮石槛之间形成水池，成为鱼类休息池。水池水深约 $0.3 \sim 0.6 \text{m}$，不得低于 0.2m。蛮石槛间距不应小于 1.5m，各蛮石槛间的水位差不应超过 0.2m。因水道纵向为缓坡，蛮石槛之间呈阶梯状布置，形成了连续的小型跌水。蛮石槛间距的确定原则是：上一级蛮石槛始终处于下一级槛的回水区内，保证不出现孤立的射流式跌水（图 9.5-3）。

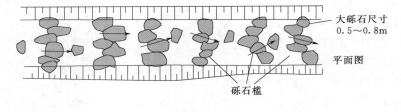

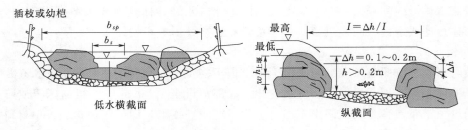

图 9.5-3　砾石槛
（据 FAO & DVWK，改绘）

6. 进水口和出水口

为控制旁路水道进水量和检修，进水口（鱼类出口）需设置闸门。出口视情况设置拦污、拦漂和清污、冲污设施。进水口高程必须确保鱼道在低水位时不干涸。出水口（鱼类

进口）设计必须确保出水口处能够形成有效的吸引流。吸引流应能被鱼类所察觉，水流流出鱼道的流速在 0.8～2.0m/s 范围内。出水口布置在电站尾水口上方，利用电站泄水诱鱼，或者布置在溢洪道旁侧，可提高吸引流的强度。

9.5.2　砾石缓坡

砾石缓坡结构是改造河道障碍物的一种技术。用砾石缓坡结构取代河道中人工构筑的陡坡和垂直跌水，将水位差分散到加长的砾石缓坡上，使得溯河和降河的水生动物都能自由通过。砾石缓坡经过常年淤积，逐渐接近自然状况，更容易被上溯或降河水生动物所接受，也更容易融入周围自然景观之中。砾石缓坡结构造价不高，维护成本低。

砾石缓坡结构类型与鱼坡相同，包括大蛮石嵌入式缓坡、松散填石缓坡和蛮石槛阶梯式缓坡，详见 8.4.3 节。

1. 砾石缓坡平面布置

在底宽大于 15m 的河流中，平面上砾石缓坡呈拱形布置，如图 9.5－4 所示。拱形布置可加大过水前沿长度，降低单宽流量。底宽小于 15m 的河流，在平面上布置成直线型。

2. 纵坡降

一般来说，大蛮石嵌入式缓坡纵坡降为 1：10～1：8；松散填石缓坡和蛮石槛阶梯式缓坡的纵坡降为 1：30～1：15。实际上，1：8 以上的纵坡出现的流速，可能超过最大允许流速 $v_{max}=2.0$m/s，在这种情况下，还需要采取更多的消能措施。在纵断面上，无论是松

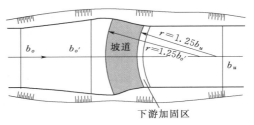

图 9.5－4　砾石缓坡坡面布置
（据 FAO 和 DVWK，改绘）

散填石缓坡结构中的大蛮石，还是阶梯式缓坡结构中的蛮石槛，都有助于在其下游形成小型水池，应能保证在枯水时水深 0.3～0.4m。

3. 跌水拦河堰改造成砾石缓坡

跌水拦河堰具有壅高上游水位的功能，但是成了鱼类洄游障碍物。为解决洄游通道问题，可以采用旁路水道方案，也可以把跌水拦河堰改造成砾石缓坡结构。采用后者，改造后的结构仍然保留壅高水位的功能，但允许鱼类和底栖动物溯河或降河自由运动。经过长期运行后，通过泥沙淤积作用填满砾石间隙，砾石缓坡逐渐演变成接近自然形态的缓坡河床，其流态和底质被更多的水生生物所接受。图 9.5－5 显示一个跌水拦河堰被改造成砾石缓坡结构的实例。根据设计方案，拆除了原有拦河堰的上部结构，在旧堰下游消力池及其上下游部位充填砾石，用简单的松散填石缓坡结构代替原来的跌水拦河堰，缓坡的纵坡降小于 1：20。在填充的砾石中，间隔布置大蛮石或蛮石槛，大蛮石直径 0.6～1.2m，起消能和保持下游水深作用。缓坡结构下游需延长 3～5m 作为缓冲区与河床连接。为保证结构稳定性，缓坡结构堰顶、缓坡结构与河床衔接处，用钢板桩或型钢、圆钢等构件加固。缓坡结构上游的填石用黏土灌浆以提高抗渗性，防止渗流破坏。填石与地基接触部位铺设土工布。

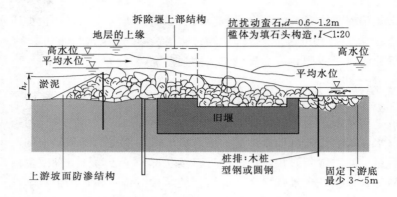

图 9.5 - 5　跌水拦河堰改造成砾石缓坡

（据 FAO & DVWK，改绘）

9.5.3　仿自然型鱼道水力计算

仿自然型鱼道水力计算，包括流量公式、嵌入大蛮石渠道的阻力系数 λ 计算和蛮石槛的水力计算，其中流量公式和阻力系数 λ 计算，已经在 8.4.3 节作了介绍，本节讨论蛮石槛的水力计算问题。

旁路水道或者斜坡上蛮石槛的作用是形成下游水池和降低流速。通常将大蛮石布置在水道中，水流从大蛮石的间隙通过。对于流量较低、宽度较大的水道，常在大蛮石间布置扁平砾石，部分封闭大蛮石的间隙，以期获得较高的水深（图 9.5 - 6）。

按照堰流基本公式，流量 Q 为

$$Q = \frac{2}{3}\mu\sigma\sum b_s \sqrt{2g}h_{head}^{3/2} \qquad (9.5-1)$$

式中：μ 为堰的溢流系数；σ 为淹没流衰减系数；$\sum b_s$ 为大蛮石间隙净宽度之和；h_{head} 为大蛮石上游水深。

μ 的建议值为：钝缘砾石和碎石 $\mu \approx 0.5 \sim 0.6$；锐缘砾石 $\mu \approx 0.6 \sim 0.8$。σ 值与大蛮石上游水深 h_{head} 与下游水深 h 之比有关，查图 9.5 - 7 曲线取值，在完全漫顶流情况下，$\sigma = 1.0$。

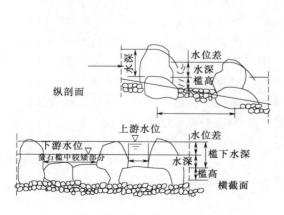

图 9.5 - 6　蛮石槛计算

（据 FAO & DVWK，改绘）

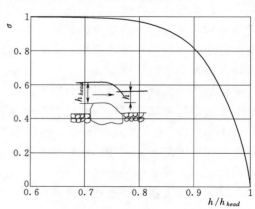

图 9.5 - 7　淹没流衰减系数 σ

（据 FAO & DVWK，改绘）

用下式计算蛮石槛处最大流速 v_{max}：

$$v_{max} = \sqrt{2g\Delta h} \tag{9.5-2}$$

【算例】　旁路水道可承受的最小流量 $Q_{min}=0.1\text{m}^3/\text{s}$，最大流量 $Q_{max}=0.31\text{m}^3/\text{s}$。水道中布置蛮石槛。在低流量时，要求鱼道水位保持在 0.3～0.4m 范围内（图 9.5-8）。

按照试算法设水位差 $\Delta h=0.1\text{m}$，大蛮石纵向间隔为 $L=2.5\text{m}$，计算坡降 i。

$i = \Delta h/L = 0.1/2.5 = 4\text{‰} = 1:25$。

1. 核算流速

用式（9.5-2）计算 v_{max}：

$v_{max}=\sqrt{2g\Delta h}=\sqrt{2\times9.81\times0.1}=1.40\text{m/s}$

$1.40 < v_{per}=2.0\text{m/s}$，$v_{per}$ 为允许流速。

2. 计算水道横断面尺寸

蛮石槛由直径 $d_s=0.6\text{m}$ 的大蛮石组成，在横断面上大蛮石间隙部分被扁平砾石封闭，扁平砾石被至少 $h_{head}=0.2\text{m}$ 的水垫浸没。在净横断面，$d_s=0.6\text{m}$ 的大蛮石高出底部约 20cm，这样，水头为

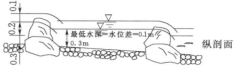
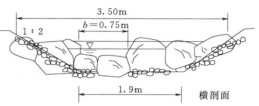

图 9.5-8　砾石槛算例
（据 FAO 和 DVWK，改绘）

$$h_{head} = 0.4 - 0.2 = 0.2\text{m}$$

由于 $h/h_{head}=0.1/0.2=0.5$，根据图 9.5-7 曲线，可以假定淹没流衰减系数 $\sigma=1.0$ 的自由流的流量，由式（9.5-1）计算钝缘砾石 $\mu=0.5$ 时开口所需宽度 $\sum b_s$：

$$\sum b_s = \frac{Q_{min}}{\frac{2}{3}\mu\sigma\sqrt{2g}h_o^{3/2}} = \frac{0.1}{\frac{2}{3}0.5\times1.0\sqrt{2\times9.81}\times0.2^{3/2}} \approx 0.75\text{m}$$

开口两旁的两块大蛮石从底板算起高 0.4m，即为槛高。大蛮石用坐浆法嵌入下部碎石埋深 0.2m，所以砾石直径 $d_s=0.2+0.4=0.6\text{m}$。

设水道底部宽度 b_{bot} 是大蛮石间隙开口 $\sum b_s$ 的 2.5 倍，即

$$b_{bot} = 2.5\times0.75 = 1.875 \approx 1.9\text{m}$$

水道边坡 1:2，由此蛮石槛横断面总宽度 b 为

$$b = 1.9 + 2\times2\times0.4 = 3.5\text{m}$$

3. 计算流量 Q

经过多次试验和计算，表明水位升高约 0.10m，假定水头 h_{head} 为

$$h_{head} = 0.2 + 0.1 = 0.3\text{m}$$

$h/h_{head}=0.2/0.3=0.66$，根据图 9.5-7 曲线，淹没流衰减系数 $\sigma\approx1.0$。钝缘砾石 $\mu=0.5$。根据式（9.5-1），在两个大蛮石间开口处流量 Q_1 为

$$Q_1 = \frac{2}{3}\mu\sigma\sum b_s\sqrt{2g}h_{head}^{3/2} = \frac{2}{3}0.5\times1.0\times0.75\sqrt{2\times9.81}\times0.30^{3/2} = 0.182\text{m}^3/\text{s}$$

计算水道或斜坡余宽通过流量 Q_2，公式参数：余宽 $b=3.5-0.75=2.75\text{m}$，$h_{head}=0.1\text{m}$，$\mu=0.5$，$\sigma\approx1.0$。

$$Q_2 = \frac{2}{3}\mu\sigma\sum b_s \sqrt{2gh}\,h_{head}^{3/2} = \frac{2}{3}\times0.5\times1.0\times2.75\times\sqrt{2\times9.81}\times0.1^{3/2} = 0.128\mathrm{m}^3/\mathrm{s}$$

计算总流量 Q_{tot}：

$$Q_{tot} = Q_1 + Q_2 = 0.182 + 0.128 = 0.31\mathrm{m}^3/\mathrm{s}$$

4. 核算流速

平均水深 $h_m = (0.3+0.4)/2 = 0.35\mathrm{m}$，用式 $Q = v_m A$ 计算在平均水深情况下的流速 $v_{m.\min}$：

$$v_{m.\min} = Q_{\min}/A = \frac{0.1}{1.9\times0.35+2\times0.35^2} = 0.11\mathrm{m}/\mathrm{s}$$

用式（8.4-5）计算流速 $v_{m.\min}$：

$$v_{m.\min} = Q_{\max}/A = \frac{0.1}{1.9\times0.45+2\times0.45^2} = 0.25\mathrm{m}/\mathrm{s}$$

需要指出，在初步设计中进行仿自然型鱼道水力计算成果，其精度有限。这是因为建筑材料如砾石特性（如糙率、不规则形状）多样性和流态复杂性，使得计算公式中的系数选择具有不确定性，这些系数包括糙率、流量系数、水头沿程和局部损失等。因此，很难获得准确的计算结果。尽管如此，为了确定断面尺寸及砾石尺寸、校核允许流量和流速，进行水力计算还是必不可少的设计步骤。为弥补这种缺憾，工程建成后进行试运行十分必要。试运行的目的是检验各项设计指标，避免出现水深过浅、湍流度过高以及孤立射流区，并且按照下列阈值进行评估：①最大流速不得超过 2.0m/s，尤其注意特殊部位如蛮石槛狭缝处；②跌水或蛮石槛附近水位差 $\Delta h < 0.2$m。试运行试验应检验在不同流量工况下的各项指标。

9.5.4　堰孔组合式鱼道

隔板式鱼道有多种形式，包括溢流堰式鱼道、竖缝式鱼道、堰孔组合式鱼道。这几种鱼道的池室和纵断面设计大同小异，只是隔板形式有所不同。本节介绍的堰孔组合式鱼道是传统隔板式鱼道的改良结构，该结构是布置若干隔板将水池分隔开，在隔板上开凹槽及潜流孔口，可起消能作用（图 9.5-9）。鱼类通过凹槽或潜流孔口，从下游水池游泳到上游水池。在运动过程中，只有在凹槽和潜流孔口部位鱼类遭遇到较高流速水流，而在水池其他部位流速较低，可以找到隐蔽所和休息机会。鱼道底部铺设的粗糙碎石，为底栖动物运动提供了适宜的条件。

隔板式鱼道的优点是过鱼类型较多，除了游泳能力强的鱼类，也包括底层鱼类和小型鱼类。另外，隔板式鱼道所需要的流量较小。其缺点是孔口易于被碎屑堵塞，需要经常性的维护和清洁，会影响正常运行。

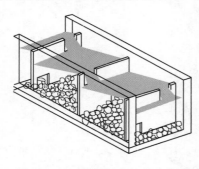

图 9.5-9　溢流堰式鱼道示意图
（据 FAO & DVWK，改绘）

1. 几何特征设计

（1）平面布置。通常堰孔组合式鱼道呈直线布置，也有迂回 180° 折叠式布置或多次折叠布置，取决于现场布置空间条件（图 9.5-10、图 9.5-11）。鱼道适宜布置在水电站尾水旁边，可利用尾水诱鱼。鱼道与厂房的相对关系，以不出现洄水死角为原则，详见 9.4 节。

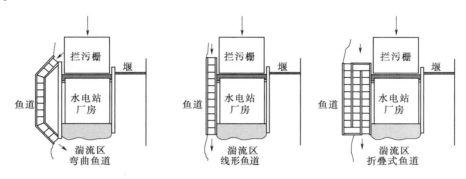

图 9.5-10　河床式电站堰孔组合式鱼道平面布置图
（据 FAO 和 DVWK，改绘）

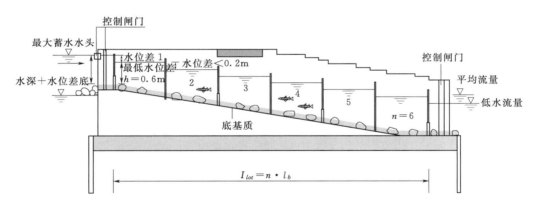

图 9.5-11　堰孔组合式鱼道纵剖面
（据 FAO 和 DVWK，改绘）

（2）纵剖面。各水池之间的水位差决定了最大流速。因此，水池间的水位差是鱼类是否顺利通过鱼道的控制性因素。在最不利的条件下，水位差 Δh 不应超过 0.2m。一般认为，$\Delta h = 0.15$m/s 较为适宜。鱼道的理想纵坡降 i 如下式：

$$i = \frac{\Delta h}{L_b} \tag{9.5-3}$$

式中：L_b 为水池长度。

如果 L_b 的范围取 1.0~2.25m，按照适宜水位差计算，则纵坡降相应为 1:7~1:15。水池个数 n 由下式计算：

$$n = \frac{h_{tot}}{\Delta h} - 1 \tag{9.5-4}$$

式中：n 为水池个数；h_{tot} 为总水位差，等于水坝上游最高蓄水位与下游相应水位之差；Δh 为水池间允许水位差。

（3）水池尺寸。堰孔组合式鱼道的渠道用混凝土或石材建造，隔板（隔墙）用混凝土预制件或木板制作。欲确定水池尺寸，一方面要考虑水池的尺寸需保证鱼类有足够的运动空间；另一方面既要保证水流能量在水池中消耗，容积耗散功率不应超过 $150W/m^3$，又不能使流速过低造成泥沙淤积。

设计和运行中要避免出现隔板被淹没工况，应使水流仅从凹槽下泄。因为如果隔板淹没，则引导鱼类上溯的感应水流削弱，不利鱼类上溯洄游。

表 9.5-2 综合文献数据列出堰孔组合式鱼道水池尺寸推荐值，表中的符号意义如图 9.5-12 所示。

表 9.5-2 　　　　　　　　　堰孔组合式鱼道水池推荐尺寸

鱼种类	水池尺寸/m			潜流孔口/m		凹槽/m		鱼道流量 /(m³/s)	最大水位差 Δh/m
	长 L_b	宽 b	水深 h	宽 b_s	高 h_s	宽 b_a	高 h_a		
鲟鱼	5.0～6.0	2.5～3.0	1.5～2.0	1.5	1.0	—	—	2.5	0.20
鲑鱼 海鳟 哲罗鱼	2.5～3.0	1.6～2.0	0.8～1.0	0.4～0.5	0.3～0.4	0.3	0.3	0.2～0.5	0.20
河鳟 鲢鱼 鳊鱼	1.4～2.0	1.0～1.5	0.6～0.8	0.25～0.35	0.25～0.35	0.25	0.25	0.08～0.2	0.20
上层鳟鱼区	>1.0	>0.8	>0.6	0.2	0.2	0.2	0.2	0.05～0.1	0.20

注 h_s 为潜流孔口底板以上净高（据 FAO & DVWK）。

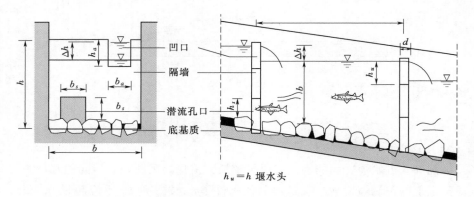

$h_u = h$ 堰水头

图 9.5-12 堰孔组合式鱼道术语
（据 FAO & DVWK，改绘）

2. 水力计算

首先规定 2 项阈值：①孔口处流速不应超过 $v_{max}=2.0m/s$；②容积耗散功率一般不超过 $E=150W/m^3$，鲑科鱼类不超过 $E=200W/m^3$。

最大流速发生在孔口处，由下式计算：

$$v_s = \sqrt{2g\Delta h} \tag{9.5-5}$$

式中：Δh 为相邻隔板间上下游水位差，如图 9.5-11 所示，下同。

按照上限 $v_{max}=2.0m/s$ 的要求，通过式（9.5-5）给出相邻隔板允许水位差 $\Delta h \approx 0.2m$。

潜流孔口流量 Q_s 用下式计算：

$$Q_s = \psi A_s \sqrt{2g\Delta h} \tag{9.5-6}$$

式中：$A_s = h_s b_s$，h_s 为潜流孔口的高，b_s 为潜流孔口的宽；ψ 为流量系数，估算 $\psi = 0.65 \sim 0.85$。

凹槽流量 Q_a 用下式计算：

$$Q_a = \frac{2}{3}\mu\sigma b_a \sqrt{2g}h_{tot}^{3/2} \tag{9.5-7}$$

式中：μ 为流量系数，$\mu \approx 0.6$；σ 为淹没流衰减系数；h_{tot} 为水坝上下游水位差。

按照下式计算淹没流衰减系数 σ：

$$\sigma = \left[1 - \left(1 - \frac{\Delta h}{h_{tot}}\right)^{1.5}\right]2^{0.385} \tag{9.5-8}$$

式中：Δh 为相邻隔板间的水位差；h_{tot} 为水坝上下游水位差。式（9.5-8）的适应条件为 $0 \leqslant \frac{\Delta h}{h_{tot}} \leqslant 1$，对于 $\Delta h > h_{tot}$，则有 $\sigma = 1$。

凹槽处最大流速可按式（9.5-5）计算。另外需要说明，式（9.5-6）和式（9.5-7）中的相关系数与孔口具体形状有关，以上列出数值仅为近似值。

为确保水池内消能效果，容积耗散功率 E 不应超过 $150 \sim 200\text{W/m}^3$。

$$E = \frac{\rho g \Delta h Q}{b h_m (L_b - d)} \tag{9.5-9}$$

式中：ρ 为水的密度，$\rho = 10000\text{kg/m}^3$；$\Delta h$ 为相邻隔板间的水位差；b 为凹槽宽度；h_m 为平均水深；L_b 为水池长度；d 为隔板厚度；Q 为总流量，为凹槽和潜流底孔流量之和。

【算例】　设计水坝一侧堰孔组合式鱼道。因下游水位不同，水坝上下游水位差 $h_{tot} = 1.2 \sim 1.6\text{m}$。从表 9.5-2 选择水池尺寸如下：水池宽 $b = 1.4\text{m}$，最小水深 $h = 0.6\text{m}$，采用砾石铺设池底，设置潜流孔口，未设顶部凹槽，孔口过流尺寸 $30\text{cm} \times 30\text{cm}$（图 9.5-12，图 9.5-13）。

1. 水池数 n

根据水池间最大水位差 $\Delta h_{\max} \leqslant 0.2\text{m}$，按照式（9.5-4），所需水池数 n 为

$$n = \frac{h_{tot}}{\Delta h} - 1 = \frac{1.6}{0.2} - 1 = 7$$

下游水位较高时，隔板间水位差为

$$\Delta h_{\max} = \frac{1.2}{8} = 0.15\text{m}$$

2. 校核孔口流速 v_s

根据式（9.5-5），计算 $\Delta h = 0.2\text{m}$ 时孔口流速（下游低水位）：

$$v_s = \sqrt{2g\Delta h} = \sqrt{2 \times 9.81 \times 0.2} = 1.98\text{m/s}$$

根据式（9.5-5），计算 $\Delta h = 0.15\text{m}$ 时孔口流速（下游高水位）：

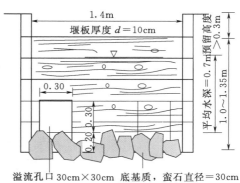

图 9.5-13　鱼道水池横断面
（据 FAO 和 DVWK，改绘）

$$v_s = \sqrt{2g\Delta h} = \sqrt{2 \times 9.81 \times 0.15} = 1.71 \text{m/s}$$

说明在所有工况下，孔口流速 v_s 均小于允许最大流速 $v_{\max} = 2.0 \text{m/s}$。

3. 计算流量

根据式（9.5-6），假定 $\phi = 0.75$，下游低水位时：

$$Q_{s.\max} = \phi A_s \sqrt{2g\Delta h} = 0.75 \times 0.3^2 \times 1.98 = 0.134 \text{m}^3/\text{s}$$

下游高水位时：

$$Q_{s.\min} = \phi A_s \sqrt{2g\Delta h} = 0.75 \times 0.3^2 \times 1.71 = 0.115 \text{m}^3/\text{s}$$

4. 计算水池长度 L_b

根据式（9.5-9），平均水深 $h_m = h + \dfrac{\Delta h}{2} = 0.6 + \dfrac{0.2}{2} = 0.7 \text{m}$，$Q = Q_{s.\max} = 0.134 \text{m}^3/\text{s}$，水池宽度 $b = 1.4 \text{m}$，隔板厚度 $d = 0.1 \text{m}$，$E = 150 \text{W/m}^3$

$$L_b - d = \frac{\rho g \Delta h Q}{E b h_m} = \frac{1000 \times 9.81 \times 0.134 \times 0.2}{150 \times 1.4 \times 0.7} = 1.79 \text{m}$$

$$L_b = 1.79 + 0.1 = 1.89 \approx 1.9 \text{m}$$

5. 计算隔板高度 h_w

如图 9.5-13 所示，水深为 1.0m，底部铺设砾石厚度 0.2m，$\Delta h = 0.15 \text{m}$，最下游隔板高度 h_w：

$$h_w = 1.0 + 0.2 + 0.15 = 1.35 \text{m}$$

最上游隔板高度：

$$h_w = 0.8 + 0.2 = 1.0 \text{m}$$

中间隔板高度每道隔板降低 5cm。

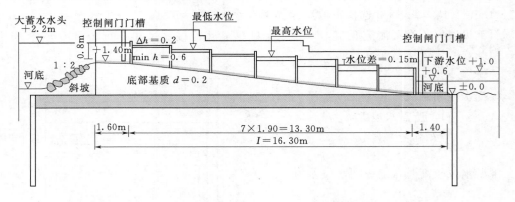

图 9.5-14　鱼道水池纵剖面
（据 FAO 和 DVWK，改绘）

9.5.5　竖缝式鱼道

竖缝式鱼道又称垂直狭槽鱼道，是隔板式鱼道的一种类型，适合中小型河流，在欧美国家被广泛应用，我国也有若干应用实例。竖缝式鱼道是由若干水池构成的鱼道，每个水池由一条或两条垂直狭缝隔开。竖缝式鱼道有单竖缝和双竖缝两种形式（图 9.5-15）。

这种鱼道具有与隔板高度相同的竖缝，适合于在底层或宽阔水面游泳的鱼类溯河运动。由于竖缝下部流速较低，有利于游泳能力弱的鱼类和小型鱼类溯河游泳。因鱼道底部铺设砾石，底栖动物也能上溯运动。竖缝式鱼道适用水位变化较大的水坝，而对于下游水位变化不敏感。这种鱼道与其他隔板式鱼道相比，竖缝不易堵塞，运行维护简单。其缺点是鱼道下泄流量较小时，诱鱼能力不强。

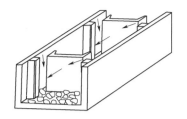

图 9.5-15 双竖缝型鱼道

1. 几何特征设计

（1）平面和纵剖面布置。竖缝式鱼道平面和纵剖面布置原则与堰孔组合式鱼道相同（见 9.5.4 节）。

（2）水池尺寸。确定水池尺寸原则，一方面要保证鱼类有足够的运动空间；另一方面要使能量在水池中消耗，具体指标是容积耗散功率 $E<200\mathrm{W/m^3}$。表 9.5-3 列出单竖缝鱼道的推荐最小尺寸，如果有两条竖缝，水池宽度相应加倍。有关术语参照图 9.5-16。

表 9.5-3 单竖缝鱼道推荐最小尺寸

过鱼种类	河鳟、鳊鱼、鲢鱼等		鲟鱼
	褐鳟	鲑鱼、海鳟、哲罗鱼	
竖缝宽度 s/m	0.15～0.17	0.3	0.6
池室宽度 b/m	1.2	1.8	3.0
池室长度 l_b/m	1.9	2.75～3.0	5.0
纵向导板长度 c/m	0.16	0.18	0.4
错开距离 a/m	0.06～0.10	0.14	0.3
横向导板宽度/m	0.16	0.40	0.84
水位差 Δh/m	0.2	0.2	0.2
最小水深 $h_{\min}$/m	0.5	0.75	1.3
流量 Q/(m³/s)	0.14～0.16	0.41	1.4

注 据 Gebler，1991；Larinier，1992。

鱼道设计的关键指标是根据洄游鱼类种类和流量选择竖缝宽度 s。对于河鳟、鳊鱼、鲢鱼、褐鳟和小型鱼类，推荐 $s=0.15$～$0.17\mathrm{m}$；对于在大中型河流中的大型鲑科鱼类如鲑鱼、海鳟、哲罗鱼，推荐 $s=0.3$～$0.6\mathrm{m}$。

（3）隔板设计。隔板形状的设计原则是：不形成从一个竖缝到下一个竖缝直线通过的短路流，而是形成自身回卷的主流，能够利用整个水池容积进行低湍流能量转换（图 9.5-16）。竖缝前钩状纵向隔板可以起

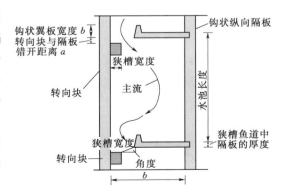

图 9.5-16 单竖缝鱼道尺寸和术语
（据 FAO 和 DVWK，改绘）

水流导向作用。竖缝偏下游边界处设置有立柱状的转向块，转向块与隔板错开距离 a，其作用使主流偏转角为 α，被引向水池中心形成窄缝流，据 Gebler（1991）研究，应依据挑流角 α 来选择错开距离 a 值。对于较小的鱼道中，按照挑流角 $\alpha \geqslant 20°$ 选择 a 值；对于竖缝宽度较大的鱼道，则按照 $\alpha = 30° \sim 45°$ 选择 a 值。确定隔板的高度，要求在平均流量条件下，水体不会在隔板上方发生溢流。隔板用预制混凝土或木板制作，在水池底板和侧壁预埋锚固件以固定隔板。隔板的设计推荐值见表 9.5 - 3。

（4）池底基质。鱼道水池底板连续铺设砾石，砾石的平均粒径应大于 $d_{90} = 60\text{mm}$，d_{90} 为 90% 物质筛分的粒径。如果条件具备，铺设砾石级配与天然底质接近。铺设厚度约 20cm。宜在砾石中间隔布置大砾石，用坐浆法施工，即在底板混凝土凝固前将大砾石嵌入固定，而较小砾石则随时可以添加。大砾石的作用主要能够消能降低流速，使游泳能力低的动物如泥鳅、杜父鱼等能够上溯移动。砾石基底的粗糙表面也有利于底栖动物上溯运动。要注意使鱼道底部基质与自然河床基底相衔接，如果鱼道底部高于河底，则需用抛石与河底衔接。

2. 水力计算

隔板正下方要有足够的水深，以防止竖缝中出现对冲水流，这可由下列条件保证：

$$h_u > h_{gr} \text{ 或 } v_{\max} > v_{gr} \tag{9.5 - 10}$$

式中：h_u 为隔板下水深；h_{gr} 为最低能级流量时的限制水深；v_{gr} 为临界水深时的流速，$v_{\max}$ 为最大流速。

$$h_{gr} = \sqrt[3]{\frac{Q^2}{g s^2}} \tag{9.5 - 11}$$

$$v_{\max} = \sqrt{2 g \Delta h} \tag{9.5 - 12}$$

$$v_{gr} = \sqrt{g h_{gr}} \tag{9.5 - 13}$$

相邻水池的水位差 $\Delta h = 0.2\text{m}$ 时，隔板正下方最低水深 $h_u = h_{\min} \approx 0.5\text{m}$。确定鱼道上下游底板基质高程的方法是：

（1）依据上游最低水位 E_{ul} 确定底板基质表面高程 E_{b1}：

$$E_{b1} = E_{ul} - (h_{\min} + \Delta h) \tag{9.5 - 14}$$

式中：E_{b1} 为基质表面高程；E_{ul} 为上游最低蓄水高程。

（2）依据下游低水位 E_{dl} 确定最下游一级水池基质表面高程 E_{b2}：

$$E_{b2} = E_{dl} - h_{\min} \tag{9.5 - 15}$$

式中：E_{b2} 为最下游一级水池基质表面高程；E_{dl} 为下游低水位；$h_{\min}$ 为隔板正下方最低水深。

认为所有水池的水深是相同的，相邻两个水池的水位差也是相同的。所需水池数 n 由下式确定：

$$n = \frac{h_{tot}}{\Delta h} - 1 \tag{9.5 - 16}$$

式中：n 为水池数；h_{tot} 为总水位差，等于水坝上游最高蓄水位与下游相应水位之差；Δh 为水池间允许水位差，取 $\Delta h = 0.2\text{m}$。

最大流速发生在竖缝中并与 Δh 有关。

$$v_s = \sqrt{2 g \Delta h} \tag{9.5 - 17}$$

竖缝流量 Q 由下式计算：

$$Q_a = \frac{2}{3}\mu_r s \sqrt{2g}h_o^{3/2} \tag{9.5-18}$$

式中：s 为竖缝宽度；μ_r 为竖缝流量系数，$\mu_r = f(h_u/h_o)$，h_u 为隔板槛下游水深，h_o 为隔板槛上游水深，μ_r 利用实验结果并结合野外测量确定。具体可查图 9.5-17 曲线，其适用范围 $s = 0.12\sim 0.3$m，$h_u = 0.35\sim 3.0$m，$\Delta h = 0.01\sim 0.3$m。如果采用较大尺寸的竖缝结构，应开展水工模型试验确定参数。如果按照水池竖缝宽度 $s = 17$cm 以及 $\Delta h = 0.2$cm 或 $\Delta h = 0.15$cm 的标准设计鱼道，可以直接查图 9.5-18 曲线得到流量 Q。另外，如果采用不同的上游水位和下游水位，则需要用迭代方法计算。

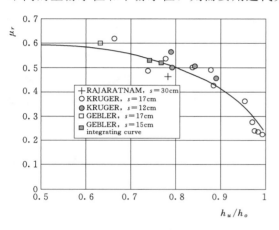

图 9.5-17　竖缝流量系数 μ_r
（据 FAO 和 DVWK）

图 9.5-18　竖缝宽度为 $s = 17$cm 的竖缝鱼道流量
（据 FAO 和 DVWK，改绘）

为保证水池中低湍流水流，在水池中容积耗散功率密度不应超过 $E = 200\text{W}/\text{m}^3$。容积耗散功率由下式计算：

$$E \approx \frac{\rho g \Delta h Q}{b h_m (L_b - d)} \tag{9.5-19}$$

式中：ρ 为水的密度，$\rho = 1000\text{kg}/\text{m}^3$；$\Delta h$ 为相邻隔板间的水位差；b 为竖缝宽度；h_m 为平均水深；L_b 为水池长度；d 为隔板厚度；Q 为流量。

【算例】　拟设计竖缝式鱼道，上游水位在 61.95m（夏季）至 62.10m（冬季）之间波动。相关下游低水位为 60.60m，河道底部水位 60.00m。下游鱼道底板应与河床底高程相同。设计无须考虑大型鲑科鱼类（图 9.5-19、图 9.5-20）。

根据表 9.5-3，选择尺寸如下：竖缝宽度 $s = 0.17$，水池长度 $l_b = 1.9$m，水池宽度 $b = 1.4$m，见图 9.5-19。上下游最大水位差 $h_{tot} = 62.10 - 60.60 = 1.5$m，$\Delta h = 0.2$m，由式（9.5-16）计算水池个数 n。

$$n = \frac{h_{tot}}{\Delta h} - 1 = \frac{1.5}{0.2} - 1 = 6.5 \approx 7$$

后面的计算表明，如果按照上游高水位（冬季）时所允许的水位差验算，至少需要 8

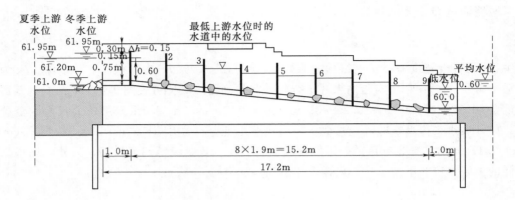

图 9.5 - 19　竖缝式鱼道算例示意图

（据 FAO 和 DVWK，改绘）

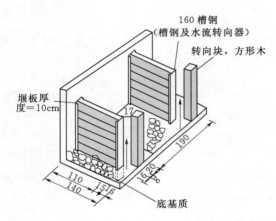

图 9.5 - 20　竖缝式鱼道隔板结构

示意图（单位：cm）

（据 FAO 和 DVWK，改绘）

个水池，即 9 个隔板。鱼道包括 8 个水池以及长度均为 1m 的前室和后室其总长 l_{tot} 如下式：

$$l_{tot} = 8 \times 1.90 + 2 \times 1.0 = 17.20\text{m}$$

水池底板上铺设厚为 20cm 砾石。上下游最小总水位差 h_{tot} 等于上游最低水位与下游最低水位之差：$h_{tot} = 61.95 - 60.60 = 1.35\text{m}$。认为总水位差 h_{tot} 在 9 个隔板间均分即 $\Delta h = \dfrac{1.35}{9} = 0.15\text{m}$。

上游侧入水口底质上缘高程为
$$Z_{e1} = 61.95 - (0.6 + 0.15) = 61.2\text{m}$$

上游侧入水口硬质底板高程为
$$Z_{e2} = 61.2 - 0.2 = 61.0\text{m}$$

由式（9.5 - 17）计算最大流速 v_s：

$$v_s = \sqrt{2g\Delta h} = \sqrt{2 \times 9.81 \times 0.15} = 1.72\text{m/s} < v_s = 2.0\text{m/s（允许值）}$$

由图 9.5 - 15 可以查出当 $h_o = 0.75\text{m}$ 及 $\Delta h = 0.15\text{m}$ 时的近似值 $Q = 0.16\text{m/s}$，并可通过详细计算证实：$h_o = 0.75\text{m}$，$h_u = 0.6\text{m}$，$h_u/h_o = 0.6/0.75 = 0.8$。由图 9.5 - 17 竖缝流量系数 $\mu_u = 0.49$。

由式（9.5 - 18）计算 Q_a：

$$Q_a = \frac{2}{3}\mu_r s \ \sqrt{2g}h_o^{3/2} = \frac{2}{3}0.49 \times 0.17 \ \sqrt{2 \times 9.81} \times 0.75^{3/2} = 0.1\text{m}^3/\text{s}$$

计算容积耗散功率以检验水池中的湍流状态。

$$h_m = h_u + \Delta h/2 = 0.6 + 0.15/2 = 0.675\text{m}$$

由式（9.5 - 19）容积耗散功率 E：

$$E = \frac{\rho g \Delta h Q}{b h_m (L_b - d)} = \frac{1000 \times 9.81 \times 0.16 \times 0.15}{1.40 \times 0.675 \times (1.9 - 0.1)} = 138\text{W/m}^3，\ E \text{ 小于上限值 } 200\text{W/m}^3。$$

进一步验算当上游高水位 62.10m 时，对应的容积耗散功率 E，需要用迭代法计算，结果表明，$Q_a=0.197\text{m}^3/\text{s}$，$E=198\text{W}/\text{m}^3$，接近上限值。计算显示，在下游水池隔板处已经出现临界流速约为 2.0m/s。如果水池个数为 7 个，则流速达到 2.17m/s，说明验算上游高水位工况是必要的。

9.5.6 丹尼尔鱼道

丹尼尔鱼道（Denil Fish ladder）是 19 世纪末由比利时工程师格·丹尼尔发明。丹尼尔鱼道的结构是在较窄的水槽中，逆流向倾斜安装钢制或木制隔板，隔板产生回流相互作用，消耗能量，在隔板开口下部产生较低流速，使鱼类通过。丹尼尔鱼道适用于低水头堰坝改建，特别是能够调节较陡纵坡，在较短的距离内克服水头差。其结构简单，隔板可以预制，安装建造方便。这种鱼道适于游泳能力强的大中型鱼类（>30cm），但不适合游泳能力弱的鱼类和小型鱼类，且底栖动物也无法通过。另外，砾石易在隔板中淤积。自丹尼尔鱼道发明以后，经历了许多改进，从原来的凹形断面发展到 U 形断面，证明效果最佳，后者被称为标准丹尼尔鱼道（图 9.5-21）。

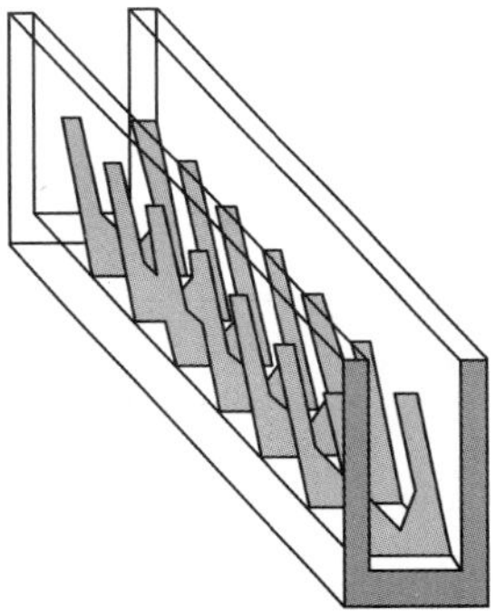

1. 几何特征设计

（1）平面布置。丹尼尔鱼道在平面上必须是笔直的，不允许采用弯道。因为弯道水流条件影响隔板的消能效果。由于鱼类不能在隔板的间隔中休息，它们只能一鼓作气完成上溯游泳。如果鱼道较长，只有体长较大或强健的鱼类才能通过。所以要按照耐力低的鱼类的游泳性能来确定鱼道长度。对于鲤科鱼类，需要每隔 6~8m；鲑科鱼类需要 10~12m 布置休息池，休息池尺寸应能保证消耗能量，容积耗散功率应小于 25~50W/m³。

（2）纵剖面。丹尼尔鱼道纵坡降在 $i=1:5~1:10$ 之间。鱼道宽度与纵坡降是相互关联的。表 9.5-4 列出丹尼尔鱼道宽度和纵坡的推荐值（Larinier，1983），表中流量 Q 指导值按照式（9.5-20）计算获得。

图 9.5-21 丹尼尔鱼道示意图
（据 Lonnebjerg，1980）

表 9.5-4 尼尔鱼道尺寸指导值

鱼类区系	鱼道宽度 b /m	推荐坡降 /%	比例	流量 Q /(m³/s)
鳟鱼、鲤科鱼、其他鱼	0.6	20.0	1:5	0.26
	0.7	17.0	1:5.88	0.35
	0.8	15.0	1:6.67	0.46
	0.9	13.5	1:7.4	0.58
鲑、海鳟、多瑙哲罗鱼	0.8	20.0	1:5	0.53
	0.9	17.0	1:5.7	0.66
	1.0	16.0	1:6.25	0.82
	1.2	13.0	1:7.7	1.17

注 据 Larinier，1983。

（3）通道。丹尼尔鱼道的通道用混凝土或木材制作。通道尺寸取决于目标鱼类区系和可用流量。见表 9.5 - 4，若目标鱼类区系有大型鲑科鱼类，那么通道宽度 $b=0.8\sim1.2m$；如果区系为鳟和鲤科，则 $b=0.6\sim0.9m$。如果有足够的流量，也可以布置两条或多条相互平行的鱼道。

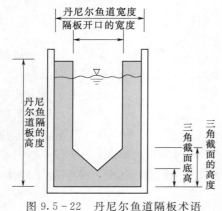

图 9.5 - 22　丹尼尔鱼道隔板术语

（4）隔板。隔板最好用木材制作，也有少量工程案例用金属制作。隔板的所有边缘都应加工为光滑圆角，避免对上溯洄游鱼类形成伤害。

隔板朝上游倾斜布置，与通道底板夹角 $\alpha=45°$，横断面为 U 形，下部为三角形（图 9.5 - 22）。对于隔板的尺寸规定十分严格，这是因为几何尺寸的微小变化都会对水流状况产生相当大的影响。表 9.5 - 5 给出隔板尺寸的指导值和公差范围，即隔板尺寸与鱼道宽度 b 的比值，包括隔板宽度 b_a/b、隔板间距 a/b、开口最低点与底板间的距离 c_1/b，以及截面三角形的高 c_2 与 c_1 之比 c_2/c_1。

表 9.5 - 5　　　　　　　　　　隔板尺寸指导值和公差范围

尺 寸 比	推荐指导值/m	公差范围
隔板宽度 b_a/b	0.58	0.5～0.6
隔板间距 a/b	0.66	0.5～0.9
开口最低点至底板距离 c_1/b	0.25	0.23～0.32
三角形的高 c_2/c_1	2	2

注　据 Lonnebjerg，1980，Larinier，1992。

（5）入水口和出水口。水流应在通道轴线延伸方向进入入水口（鱼道出口）。入口前的弯曲或狭窄部位都对水流产生负面影响，因此曲面形状应光滑，避免几何突变。入水口处应布置闸阀装置，以便检修维护。

丹尼尔鱼道的出水口（鱼道入口）应深入下游水中足够远与河床衔接，使鱼类能够对水流感应。鱼道下游高程还应保证在低水位条件下保持一定水深。在下游高水位条件下，水体可能倒灌进入通道，形成较长的洄水区，然而对鱼道中的流态并不会造成大的影响。

2. 水力计算

丹尼尔鱼道的水力计算需要借助经验方法完成，以下水力计算仅适于给定尺寸的标准丹尼尔鱼道。按照表 9.5 - 4 和表 9.5 - 5 推荐的几何尺寸，鱼道流量 Q 用下式计算：

$$Q=1.35b_a^{2.5}\sqrt{gI}\left(\frac{h^*}{b_a}\right)^{1.584} \tag{9.5-20}$$

式中：b_a 为隔板截面宽度；I 为通道坡降；h^* 为通道底板水深（图 9.5 - 23）。

表 9.5 - 4 列出了推荐坡降和通道宽度的丹尼尔鱼道的流量计算值。具体工程项目设计应在水工模型试验的基础上，参考设计指导值，寻求优化方案。对于高差较大的鱼道，需要设置休息池。休息池的间隔对于鳟鱼来说为沿通道 6～8m，鲑科鱼类约 10m。水池的

容积取决于允许输入的能量可以低湍流度耗散。水池的几何特征应满足下式条件：

$$E = \frac{\frac{\rho}{2} Q v^2}{b_m h_m l_b} < 25 \sim 50 \text{W/m}^3$$

$$(9.5 - 21)$$

式中：b_m、h_m、l_b 分别为休息池的平均宽度、平均水深和平均长度；v 为流速，$v = Q/(h^* b_a)$。

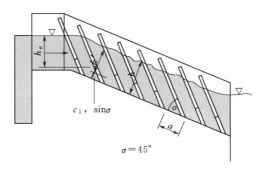

图 9.5 – 23　丹尼尔鱼道纵断面
（据 FAO 和 DVWK，改绘）

【算例】　拟在一个上下游水头差为 3.0m 的水坝安装丹尼尔鱼道，要求适合鲤科鱼类和多瑙哲罗鱼。在所有的运行条件下，都能将上游水位控制在高程 63.0m，下游水位控制在高程 60.0m。

通过表 9.5 – 4 选择通道宽度 $b = 0.8$m，通道坡降 I 为

$$I = 15\% = 1 : 6.66$$

按照表 9.5 – 5 推荐参数，隔板间隔 a 为

$$a = 0.66 \times b = 0.66 \times 0.8 = 0.53 \text{m}$$

要克服 3m 高差，需要布置 2 个水池，把通道分为 3 段，每段长 $l = 6.75$m（图 9.5 – 24）。2 个水池的平均水深 $h_m = 1.2$m。根据表 9.5 – 5 选择隔板尺寸，隔板宽度 $b_a/b = 0.58$，$b_a = 0.58 \times 0.8 = 0.46$m，如图 9.5 – 25 所示。

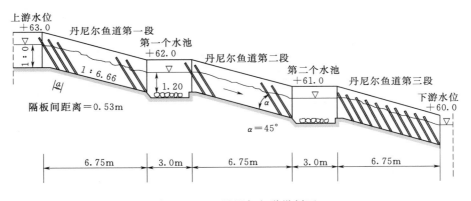

图 9.5 – 24　丹尼尔鱼道纵剖面
（据 FAO 和 DVWK，改绘）

通道底板水深 h^* 为

$$h^* = 1.5 b_a = 1.5 \times 0.46 \approx 0.7 \text{m}$$

隔板高度 $h_a = 0.7/\sin 45° + 0.2 + 0.1 = 1.29 \approx 1.3$m，式中 0.1 为超高。

根据图 9.5 – 26 曲线查出进水水位 $h_o = 0.83$m。用式（9.5 – 20）计算流量 Q：

$$Q = 1.35 b_a^{2.5} \sqrt{gI} \left(\frac{h^*}{b_a}\right)^{1.584} = 1.35 \times 0.46^{2.5} \sqrt{9.81 \times 0.15} \left(\frac{0.7}{0.46}\right)^{1.584}$$

$$= 0.457 \text{m}^3/\text{s}$$

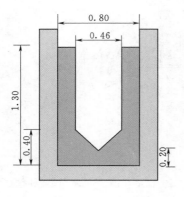

图 9.5-25　隔板尺寸

（据 FAO 和 DVWK，改绘）

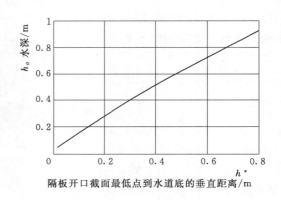

隔板开口截面最低点到水道底的垂直距离/m

图 9.5-26　$h^* = (h_o)$ 曲线

（据 FAO 和 DVWK）

9.5.7　鱼闸、升鱼机和集运鱼系统

1. 鱼闸

鱼闸结构与船闸类似，由闸室及具有启闭装置的下闸门和上闸门组成。

（1）工作原理。鱼闸运行可分为 4 个工作阶段（图 9.5-27）：

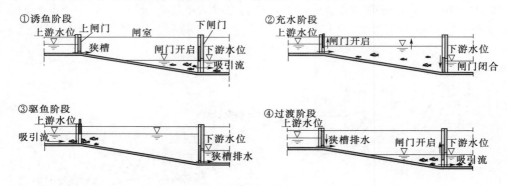

图 9.5-27　鱼闸运行原理

（据 FAO，2002）

1）诱鱼阶段。下闸门开启，使闸室中的水位与下游水位同高，并通过上闸门局部开启或通过闸室入口处连接的旁路送水产生吸引流，鱼类由吸引流引导从下游进入闸室，促使鱼类在闸室中聚集。

2）充水阶段。关闭下闸门，缓慢开启上闸门至全开。上游水流将闸室中的鱼吸引至上闸出口。

3）驱鱼阶段。闸室水位与上游水位等高，通过下闸门的狭槽或其他管线将闸室中水引入下游水，从而在上闸门出口处产生吸引流，引导鱼类游出闸室。

4）过渡阶段。关闭上闸门并开启下闸门，排空闸室，使闸处于诱鱼状态。

各运行期的操作时间为自动控制，通常运行间隔为半小时至 1h。通过监测控制确定最有效的周期性变动和季节性调节。

（2）结构。闸室和闭合装置的结构设计取决于工程具体条件。闸室设计时，为防止鱼类滞留在因水量下泄变干涸的部位，闸室底部可采用阶梯式或者倾斜式。为满足大量鱼类在闸室内长时间停留的需要，闸室的尺寸应大于普通鱼道池室尺寸。

通过旁路送水可产生或加强吸引流，闸室出水口的横断面尺寸应确保吸引流流速范围在 0.9～2.0m/s。在设计闸室充水阶段和过渡阶段的流入量和排出量时，需使闸室内的流速低于 1.5m/s，闸室内的水位涨落幅度应低于 2.5m/min（SNIP，1987）。

鱼闸位置和进出口布置可采用与鱼道相同的标准，由于其结构轻便，鱼闸可安放在隔墩之间。

2. 升鱼机

升鱼机一般用于水位变幅较大（一般 6～10m），由于空间布置、流量、鱼类行为习性等限制而不能采用传统鱼道的工程。

升鱼机用水槽作为输送装置，水槽安装有可关闭或翻转的闸门（图 9.5 - 28）。在坝下游侧水槽沉入水底，采用吸引流将鱼引至升鱼机。升降机的下门定时关闭，聚集在水槽内的鱼被运送至坝顶部。出口处可与上游水体做不漏水连接，也可让水槽在高于上游水位处倾入渠道，鱼类通过对上游吸引流的察觉到达上游水体。升鱼机的循环操作周期可根据鱼类实际洄游活动确定。

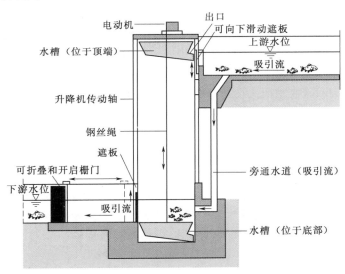

图 9.5 - 28　升鱼机结构和功能原理示意图

（据 Larinier，1992）

【工程案例】　图依列雷斯升鱼机

1990 年建成的法国多尔多涅河图依列雷斯水电站升鱼机，布置在靠近水轮机尾水右侧。升鱼机运行步骤为：先用升鱼机将鱼提升 10m 送达中间池，鱼从中间池进入竖缝式鱼道，克服最后的 2m 水头差。升鱼机提升高度 10m，运送槽容积 3.5m³，吸引流流量 4m³/s。升鱼机前部安装可启闭栅门，其作用是把聚集在前室中的鱼推向运输槽以提高升鱼效率。竖缝式鱼道总长 70m，断面高 2m，运行流量 1.0m³/s。竖缝式鱼道与上游水体连接处布置有观察窗。监测资料显示，在 1989 年 5 月 11 日至 7 月 28 日期间，有 10 万条鱼使用了升鱼机，包括大型鲑科鱼类、西鲱鱼、鲤科鱼类、海七鳃鳗和河七鳃鳗。

3. 集运鱼系统

集运鱼系统设计应与枢纽布置相协调，不得影响防洪和航运安全。集运鱼系统应根据过鱼数量和过鱼对象体长确定足够的容积，同时配有充气、调温、净水、循环和换水等设备。集运鱼过程应尽可能缩短作业时间，减少容器内水体晃动和对流，避免人为操作对鱼类的伤害。集运鱼系统分为集鱼设施、运鱼设施以及道路、码头等配套设施（NB/T 35054—2015）。

（1）集鱼设施设计。集鱼位置应选在水流、生境等条件适宜与目标鱼类集群且便于集鱼设施开展作业的区域。集鱼设施包括位于大坝下游可连续集鱼的固定式集鱼设施和间断性集鱼的可移动集鱼船。集鱼、诱鱼方法分为物理方法和生物化学方法，可根据现场条件选取。集鱼周期和频次应根据集鱼区域的鱼类资源量和生态习性制定。

（2）运鱼设施设计。运鱼设施主要包括运渔船、运鱼车等，应根据集鱼位置、鱼类习性和工程实际情况选取。运鱼设施设计应符合国家标准《活鱼运输技术规程》（GB/T 27638）的有关规定。鱼类运输过程应保证鱼类的存活率，运输时间不宜超过 10h。鱼类投放位置应选择水流、生境等条件适于鱼类产卵或继续上溯洄游的水域。

（3）配套设施设计。配套设施主要指运鱼道路和运鱼码头。运鱼道路应满足运鱼车最大通行能力的需要。运鱼道路设计可按现行国家标准《厂矿道路设计规范》（GBJ 22）的有关规定执行。运鱼码头宜布置在目标水域附近，满足运鱼船最大停泊需要，适应水位的变动。运鱼码头设计，根据不同结构型式可分别按现行行业标准《斜坡码头及浮码头设计与施工规范》（JTJ 294）、《高桩码头设计与施工规范》（JTS 167—1）、《重力式码头设计与施工规范》（JTS 167—2）和《板桩码头设计与施工规范》（JTS 167—3）等相关规定执行。

9.6   降河洄游鱼类保护措施

对鱼类降河洄游的主要威胁是在水库、水电站和泵站运行过程中，鱼类被卷吸进入进水口受到受到严重威胁，或者进入水轮机室或泵房，由于水轮机或水泵的机械伤害造成严重伤亡。降河洄游鱼类保护的关键问题是减轻对鱼类卷吸影响。

9.6.1   技术方案选择

制定降河洄游鱼类保护方案，需要收集有关水流、取水特征和鱼类保护等信息资料。水流特征信息包括：①水文资料。鱼类洄游期间下泄日流量、通过水轮机或水泵的流量。②取水口处水深、流速、流态。③水下声光条件。④含沙量，悬移质和推移质。⑤漂浮物、垃圾和杂物。

取水特征资料包括：①取水口特征。②取水管理制度。③水轮机或水泵型号、单机流量。

鱼类保护资料包括：①降河洄游鱼类的种类。②鱼类死亡率。

需要对生物学信息和生物资源调查报告进行评估，确定目标鱼类物种。评估中还要确定那些对降河洄游保护需求并不迫切的鱼类物种，例如可以利用周边水域栖息地而不需要洄游的鱼类；对水库取水不敏感的鱼类；某些历史上有记录而当下已经绝迹的鱼类。排除这些物种，集中保护珍稀、濒危、特有和具有生物资源价值的鱼类作为目标物种。

解决技术方案包括：①机械屏蔽。通过机械栅栏阻止鱼类进入进水口。②行为屏蔽。利用声光刺激引导鱼类游向下游。③旁路通道。提供另一条通往下游的水道。④其他管理措施。

9.6.2　机械屏蔽

机械屏蔽包括各类筛网，可用于不同规模的引水设施，有些机械屏蔽具有很好的效果，如用于小型河流的静态楔形丝筛网筒被认为是最佳驱鱼方法，效果可达到 100%。设计筛网的原则是既要保护鱼类又不影响引水条件，其中关键是合理的格栅间距。阻隔效率与鱼类体长/格栅间距之比有关，也与鱼类对障碍物和旁通水道的反应敏感度有关。要求筛网上方的水流流速均匀和没有漩涡，以便有效地引导鱼类进入辅助通道（ASCE，1995）。表 9.6-1 罗列出各种类型的机械屏蔽结构。

表 9.6-1　　　　　　　　　降河洄游机械屏蔽一览表

筛网类型	应 用 范 围	鱼 的 种 类
静态网状筛	不适用大型引水	鲑鱼和大型鱼类
垂直、倾斜格栅	全部	鲑鱼和大型鱼类
转盘式筛网	有强烈急流的河流。不适用大型进水口	鲑鱼和大型鱼类
Coanda 筛	新建山区小型水电站进口	鲑鱼和大型鱼类
降河幼鲑筛网 （Smolt safe™）	新建山区小型水电站进口或山区养鱼场	鲑鱼和大型鱼类
条带状或圆筒状筛网	河口或沿海水电站	浅海底栖鱼种（如比目鱼）不适合中上层鱼类和敏感鱼类
静态楔形丝筛网筒	小型淡水或海水引水，不适用低水头水电站	一定网目下所有种类和体长的鱼
小孔径平面楔形丝筛网	不适用大型引水	鲑鳟鱼、七鳃鳗、鳗鲡、鲤科幼鱼和成鱼
底层砾石进水口和井	流速较高，河床冲刷的小型进水口，适用于饮用水和养鱼场进水口	所有种类和体长的鱼，可能对栖息地有不利影响
海洋生物排斥系统 （MLES™）	流量为 0.04～0.1m³/s 的工业和水电站引水。最大水头 50mm	为鱼类早期生命阶段提供保护
拦鱼网	适用于生物附着物及废弃物少的大型水体，鱼类面临季节性风险	幼鲑和大多数其他种类的成鱼
组合式斜面筛网	主要用于山区。缺点是相对流量而言体积大，成本高	鲑鳟鱼、七鳃鳗、欧鳗和鲤科幼鱼和成鱼
自净条带式筛网	用于需自动清洁细筛网部位。美国广泛用于灌溉取水口	鲑鳟鱼、七鳃鳗、欧鳗和鲤科幼鱼和成鱼
迷宫筛网	用于大型进水口或空间要求高且需要安装紧凑式筛网的部位	鲑鳟鱼、七鳃鳗、欧鳗和鲤科幼鱼和成鱼

注　据 Turnpenny, A. W. H. & N. O' Keefe，2005。

9.6.3　行为屏蔽

所谓行为屏蔽是指用声、光刺激技术引导鱼类活动，控制鱼群的分布，防止鱼类误入水轮机室。行为屏蔽一般同时具有屏蔽和吸引作用，一方面阻挡鱼类进入水轮机（水泵）；另一方面吸引鱼类进入辅助通道。行为屏蔽技术有其局限性，一是行为屏蔽的有效性因具体鱼种而异，因此不能保护所有鱼类物种。二是受到设施位置和运行控制的影响较大，导致可靠性不高。欧洲令人满意的实验和应用成果报道包括百叶窗式筛网、光列阵、声障、泡沫掩蔽和紊动引流等技术（Bruijs，2002；Solomon，1992；Hadderringh，1992）。美国所采用的行为技术有紊动引流、表面采集器（Lemon，2000）等。鱼类降河洄游行为屏蔽见表 9.6 - 2。

表 9.6 - 2　　　　　　　　　鱼类降河洄游行为屏蔽一览表

屏蔽类型	应用范围	鱼的种类
百叶窗式筛网	具有均匀流特征的渠道化水道	幼鲑及成鱼、美洲西鲱
泡沫掩蔽	无激流或深水	鲑鳟鱼、鲤科鱼、美洲西鲱
电垒	用较低和安全的电压，不适合海洋水体和半咸水体	大型鱼类
声障	高流速进水口，应确保声音控制防止洄游受到过度影响	适合对声音敏感度较高鱼类，诸如西鲱、鲱鱼、鲤科鱼、欧洲鲈鱼
光系统	小型水电站、泵站	成鳗
紊动引流	小型水电站、泵站进水口	鲑鳟幼鱼
表面采集器	大坝	二龄幼鱼

9.6.4　旁通系统

机械屏蔽和行为屏蔽的功能是避免鱼类被卷吸，但还需要为鱼类提供容易被其发现且安全的替代通道，以实现安全降河洄游。旁通系统设计取决于现场环境和目标鱼种特征（如底层洄游、表层洄游）。对于表层洄游鱼类，欧洲已经制定了中小河流旁通道的设计标准，而大型河流的旁通道设计还需进行必要的实验才能完成。对于鳗鲡这样接近河底游泳的鱼类需要开发专门的底层旁通道。当然，也有在梯级水电站采用集运鱼系统的案例，不过这种方案耗资大、成本高难以推广。降河洄游旁通系统技术见表 9.6 - 3。

表 9.6 - 3　　　　　　　　　鱼类降河洄游旁通一览表

旁通道类型	应用范围	鱼的种类
表层旁通道	旁通道布置在鱼类保护系统最下游端，引导或聚集降河洄游鱼类。位于水体上层，可整合于现有建筑物中	鲑鳟鱼（鲑鱼幼鱼和鳟鱼）
底层旁通道	旁通道布置在鱼类保护系统最下游端，引导或聚集降河洄游鱼类。位于水体底层，可整合到现有建筑物中	鳗鲡和底栖鱼种
底部通道	鳗鲡接触到物理障碍时，就会从底部向上游逃亡，而不是选择横向。因此一个位于物理屏蔽物的上游端底部构筑物能够收集鳗鲡并引导其达旁通道	鳗鲡和底栖鱼种

续表

旁通道类型	应　用　范　围	鱼的种类
文丘里旁通道	利用文丘里原理的旁通系统。借助主流所形成的水流段，鱼类运动被改变方向。适于泵站用做表层或底层旁通道	所有鱼类
船闸	船闸可以作为鱼类降河洄游的通道，但是船闸位置的水流条件对鱼类吸引能力往往欠佳	所有鱼类
鱼道	鱼类也可以利用鱼道降河洄游。但是存在两个问题：①降河洄游鱼类需要的流量往往大于溯河洄游需要流量；②鱼道上游进水口对于降河洄游鱼类作为入口是否合适	所有鱼类

9.6.5　调整和替代方法

通过改进水轮机流道尺寸、水轮机部件的形状及水轮机运行参数，开发鱼类友好型水轮机也可以有效降低鱼类的死亡率。美国尚在设计推广阶段的 Alden/Concepts NREC 水轮机是最具代表性的新型环保型水轮机，基于中试试验结果，这种新型水轮机在投入使用后，预计能保证鱼类过水轮机后的存活率高于 96％（www.powergenworldwide.com）。另外，在某些情况下，在目标鱼种降河洄游期间，减少或停止引水可能比安装筛网更为经济有效，也就是说可以通过调整季或日引水量来预防或减轻对鱼类的损害。

9.7　监测与评估

通过生物、水文监测，评估过鱼设施的效果和效率以及对鱼类种群和鱼类资源量的影响，不断改进运行管理方法。同时，监测和评估所积累的知识也有助于改进过鱼设施设计方法。

9.7.1　溯河洄游监测与评估

1. 监测技术选择

溯河洄游监测方法可以分为捕捞法和非捕捞法两种。捕捞法包括鱼类捕捞或重捕，后者可作为标记重捕实验的一部分。捕捞法能够提供过鱼设施使用时间、过鱼种类及其规模等信息。非捕捞法主要应用遥测技术实施监测。一般过鱼设施建筑物可设有观察室，用以统计成功洄游的鱼种和数量，评估过鱼设施的过鱼效果，还兼具科普和演示功能。观察室内设有摄像机、电子计数器等设备。在观察室侧壁上设有玻璃观察窗，用来观察鱼类的洄游情况。电子计数器用来记录洄游鱼类的种类及数量，摄像机可录制鱼类通过过鱼设施的实况，为研究鱼类的洄游规律和生活习性以及今后改进过鱼设施设计提供基础信息。应用的遥测技术包括目测监测如视频监测、电阻法自动计数、声呐技术、无线电或声学跟踪系统等。鱼类计数法能够提供高质量鱼类上下行信息。鱼类计数器类型有多种，根据鱼道规模和运行流量选用，有些技术已经开发成产品，如冰岛的 Vaki 系统。声呐技术可对鱼类进行三维探测，确定鱼的游动方向和深度。其缺点是不能识别鱼种，且对水深小于 2m 的水体不适用，另外对水体中的气泡过于敏感。集成转发器标记技术（PIT）可以获得鱼类行为有价值的信息。将商用微型无线电标记植入鱼体或大型鲑鱼腹内，在鱼类接近鱼道时，可发射持续、特定的信号，信号接收器可显示鱼类何时接近鱼道入口，何时找到入口位置以及如何利用旁通道等信息。

2. 溯河洄游效果

过鱼设施效果是对其性能的定量描述。就溯河洄游而言，效果取决于鱼道水流的吸引力、可通过性及其生态特征。一般问题有：

（1）有哪些鱼种使用鱼道？

（2）所有目标鱼类物种（在其全部生命阶段）都利用鱼道吗？

（3）洄游群体的哪些部分通过鱼道？

（4）过鱼设施对目标鱼类物种具有栖息地功能吗？

（5）过鱼设施对鱼类资源量有何影响？

3. 溯河洄游效率

鱼道的效率通常指成功利用鱼道的鱼类比例。最简单的公式表达为，效率（E）等于成功溯河洄游通过某鱼道的鱼类（n）占鱼群总数（N）的比例。

$$E = n/N \tag{9.7-1}$$

标记技术可以用于鱼道效率研究。将下游网捕计划中的鱼类进行简单批量标色或上标记，方法包括编码标志、染料注射、荧光鱼漂标记、自充气的气浮标记法等，被标记的鱼在随后上游网捕中被识别。鱼类重捕的最佳方法是鱼道内采用简单的鱼笼或长袋网。根据上游重捕的被标记鱼类数量来确定过鱼通道的效率。

9.7.2　降河洄游监测与评估

1. 损伤率和死亡率

因引水对鱼类的卷吸损失和其他设备对鱼类伤亡的监测评估，应按照不同目标鱼种分别进行，这是因为不同鱼种在水工设施处的损伤率有很大差异。鱼类伤亡监测应分为死亡、致命伤、亚致命伤和未受伤四种类型。在监测计划中，应规定需将鱼类暂养 $1\sim2d$，以评估延时死亡率。死亡率 M_1 为死鱼数 d 占总鱼数 n 的百分比。

$$M_1 = \frac{d}{n} \times 100\% \tag{9.7-2}$$

损伤率 M_2 除死鱼数还包括受伤鱼数 γ。

$$M_2 = \frac{d+\gamma}{n} \times 100\% \tag{9.7-3}$$

在多个地点 i 造成鱼类损伤的河流中，总损伤率 M_3 用下式计算：

$$M_3 = \frac{\sum(d_i+\gamma_i)}{\sum n_i} \times 100\% \tag{9.7-4}$$

损伤率和死亡率评估数据通常用大型渔网捕捞获得。在大坝和水电站下游河道里都能捕捞到活鱼和死鱼。需要对死伤的鱼进行常规检查并记录常规数据。

2. 机械屏蔽和旁通系统效果

用各种捕鱼法或电渔法在引水口下游捕鱼，可以估算通过进水口筛网的鱼类数量。利用无线电、声学遥测标记或 PIT 标记，可以获得更多的生物信息。

3. 洄游路线监测

在具有多条潜在洄游路线的水域，从中掌握最佳路线，对于管理工作十分重要。利用各种标记技术，可以获得每条路线捕获到的鱼类信息。

利用标记重捕法，诸如染料注射、荧光鱼漂标记和自充气的气浮标记法，可以提供鱼类通过的证据。用长袋网或鱼笼在下游重捕已经做了标记的鱼类。旁通道系统采用格栅诱捕装置，允许水流通过，而鱼类则沿栅条进入下游的集鱼池中。也可以采用鱼类自动计数器测量鱼类卷吸作用和旁通道效果，其缺点是成本较高，故推广应用受限。

9.7.3 监测评估规程

过鱼设施设计内容应包括制定过鱼设施监测与评估规程。通过运行期监测、记录和分析，对过鱼效果和效率进行评估。

鱼道的监测内容包括鱼道进口、出口、鱼道隔板位置的水文（水深、流速、水位、水温）、生物（过鱼时间、数量、种类、个体尺寸）和气象等信息。要制订监测时段和监测频次。在生物监测方面，根据欧洲经验，为获得目标鱼种的必要信息，仅在每年特定的月份进行生物监测。水文监测频次依据《水文测验试行规范》进行。鱼道评估内容包括进口和出口位置的适应性，过鱼种类和效果，分析影响过鱼效率的主要因素。

对集运鱼系统监测以下项目：①集鱼设施的作业位置、水深、流速、水位、水温，气象、集鱼时间、数量、种类、个体尺寸、鱼类损伤情况等。②运鱼设施的转运时间、数量、转运过程中损伤情况等。③鱼类投放水域位置及其水温、流速等。④鱼类投放后的运动状况。集运鱼系统评估内容包括集鱼和放鱼的位置是否合适，集运鱼的种类和效果以及主要影响因素。

辅助设施监测评估对象，主要为拦鱼设施的位置、使用前后的过鱼变化，评估诱导效果。监测拦污设施的位置、使用前后的过鱼情况和变化，评估拦污效果与过鱼的关系。

【工程案例】 丹麦河流鲑鳟幼鱼降河洄游监测

丹麦河流鱼类洄游问题，主要是养鱼场（约 350 个）、小水电站（约 75 座）和旧磨坊（数百个）形成的降河洄游障碍。这些障碍物造成的影响使洄游鲑鳟幼鱼找不到进入养鱼场的入口。水电站或水力磨坊的堰坝形成人工湖，幼鱼洄游在这里被滞留，遭到梭鱼、梭鲈鱼和鸟类的捕食，多数受到伤害。另外，在通过水轮机时许多鲑鳟幼鱼致死。

为解决鲑鳟幼鱼洄游障碍问题，2003—2005 年丹麦渔业研究所（DIFRES）开展了鲑鳟幼鱼洄游监测研究，共对 23400 尾鳟鱼幼鱼和 7400 尾鲑鱼幼鱼作标记，标记方法为脂鳍夹和尾鳍注射染色标记，并放流到 3 条不同河流系统的 20 个渔场障碍物和 3 座水电站的上游、下游。在每条河流最下游障碍物的下端河底布置幼鲑鱼笼，用于测算幼鲑洄游损失和延迟时间。另外，在一条支流上的浅水湖上布置回旋网，同时采用无线电标记幼鲑以及估算梭鱼种群数量，并结合梭鱼胃检查，估算鲑鳟幼鱼损失情况。

监测结果表明，鲑鳟幼鱼在通过一个障碍物的损失平均为 45%；其洄游延迟时间平均 5.3d。幼鱼损失与养鱼场引水量与总流量之比呈正相关。幼鱼损失在很大程度上是因洄游时间延迟而造成被捕食。鲑鱼群在通往养鱼场途中连续遇到障碍物的影响是明显的。幼鲑通过水电站的损失为 94%～100%。

链接 9.7.1　伊泰普水电站鱼道

伊泰普水电站是目前世界上仅次于三峡水电站的第二大水电站，位于巴拉那河流经巴西与巴拉圭两国边境的河段，历时 16 年，耗资 170 多亿美元，于 1991 年 5 月建成（图 9.7-1）。伊泰普水电站坝址控制流域面积 82 万 km²，大坝全长 7744m，高 196m，库面积 1350km，电站总库容 290 亿 m³，多年平均流量 8500m³/s，电站安装了 20 台 70 万 kW 混流式水轮发电机组，总装机容量 1400 万 kW，年发电量达 750 亿 kW·h。由于伊泰普水电站的建设，鱼类繁殖与觅食性洄游受到严重阻碍，洄游鱼类产卵区缩小，对洄游鱼类繁殖周期造成有害的影响。为解决鱼类洄游问题，巴西于 2002 年年底建成了全世界最长的鱼道——da Piracema 水道（Carosfeld, 2004）。鱼道上下游水头差 120m，总长

图 9.7-1　伊泰普水电站鱼道平面示意图
（Makrakis 等，2007）

度约 10km，是目前世界上最长的鱼道。

为寻求适宜的鱼道方案，结合大坝附近的地形条件，管理部门专门建立了一个有 25 级台阶，长 78.3m、高 10.8m 的鱼道试验模型，对鱼种产卵和孵化的理想流速、洄游能力、洄游过程中的能量消耗、洄游速度、鱼的跃进能力和游泳动力以及洄游过程中鱼种的病因、鱼道中水的最大流速与最小流速进行测定，为鱼道建设提供了全面的基础数据。

鱼道主要包括仿自然鱼道、鱼道和人工水池，并设置了 11 个闸门控制鱼道内水流（图 9.7-2）。鱼道进口位于伊泰普大坝以下 2.5km 巴拉那河左岸与 Bela Vista 河交汇处，然后进入 Bela Vista 河道（巴拉那河支流）形成的自然鱼道，河宽 4～6m，深 0.5～2.0m，总长度约 6.7km，平均坡度 4.0%。其后为 800m 长的 Brasilia 溪，宽 5m，水深 0.5～1.0m。接下来是称为 CABV 的混凝土结构的狭槽式鱼道，长度为 150.5m，坡度 6.25%。池室宽 5m，高 2.5m，每隔 4m 设置挡板，以减少水的流速，狭槽开度为 1m，交替设置在每个障碍的左右两侧。da Piracema 水道的核心构成是 LAIN（面积 1.2 万 m²，水深 4m）和 LAPR（面积 14 万 m²，水深 5m）两个人工池，是洄游鱼类的休息区。LAIN 在 CABV 鱼道上游，并由长 521m 的

图 9.7-2　伊泰普水电站鱼道局部航拍图

鱼梯（简称 CAIN）与 LAPR 相连。LAPR 后是长 1.6km 的人工梯形断面鱼道（简称 CAAT），建在垃圾填埋场上，最大宽度 12m，底部坡度分别为前端 3.1%，中间 2.0%，最后部分 0.8%。其后为面积 0.5 万 m^2，深 3m 的人工池（简称 LAGR），人工池上游侧为长度 2.4km 的鱼道（简称 CATR），鱼道断面为梯形，底宽 8m，岸坡为 2∶3，底部坡度分别为前端 0.5%，中间 0.7%，最后部分 0.5%，其底部和两侧水位以下覆盖不规则形抛石，以降低流速与水位。最后一部分是鱼道出口（简称 DIRE），由取水口和稳定塘组成。取水口和稳定塘的平均水深 3.3m，面积 0.4 万 m^2，DIRE 由 3 个高 2.0m 的闸门组成，保持稳定塘的最高水位在伊泰普水库表面水位的 0.45m 以下，以限制沿运河取水闸处的流速小于 3.0m/s，并满足根据水力计算和模型试验得到的适宜渠道流量为 11.4m^3/s。

有关部门每 3 个月对鱼道进行一次监测，每 2km 设置一个采样点，监测整条鱼道中的水温、水质和鱼类生活情况。根据 2002—2010 年观测数据，有 135 种鱼从该鱼道通过，其中 40 种为洄游鱼类（Fernandez，2010）。

链接 9.7.2　大渡河安谷水电站过鱼设施[1]

安谷水电站是大渡河干流梯级开发的最后一级电站，坝址位于四川省乐山市沙湾区安谷镇。开发目标为发电、防洪、航运、灌溉和供水，兼顾湿地与水生生态保护。枢纽从左至右依次布置非溢流面板坝、左储门槽坝段、泄洪冲砂闸、主厂房、船闸、右岸接头坝等，电站采用河床式厂房。坝线全长 673.50m。坝顶高程 400.70m，正常蓄水位 398.00m。相应回水长度约 11.4km，相应水库面积为 5.55km^2，相应库容 6330 万 m^3。电站总装机容量 772MW。安谷水电站主体工程 2012 年 3 月开工，2014 年 12 月正式并网发电。

安谷水电站共布置有 2 个仿自然旁通道、1 个竖缝式鱼道、1 个鱼坡（图 9.7-3）。其中，库尾放水闸处同时布置了 1 个仿自然旁通道、1 个竖缝式鱼道，用于上下游的连通；在下游堤 0+571.00 处布置了 1 个仿自然旁通道用于左右岸河网间的连通（图 9.7-4）。

图 9.7-3　鱼坡

1. 鱼道布置

在左岸放水闸右岸布置竖缝式鱼道，采用导墙式结构。鱼道用于满足鱼类在库尾放水闸处的上溯要求。鱼道进口高程为 392.80m，出口高程 397.74m，鱼道全长 340.26m，坡度 1.5%，鱼道宽度为 2.5m，

---

❶ 据中国电建集团华东勘测设计研究院有限公司施家月资料，2015。

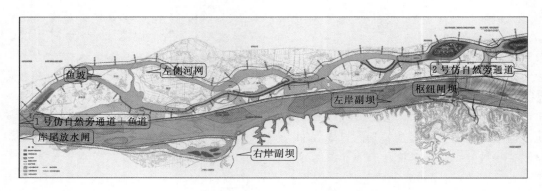

图 9.7-4　安谷水电站鱼道布置图

鱼道内水深 1.14～1.79m；鱼道由下至上由进口、鱼道池室、观测室、出口等组成（图 9.7-5）。

在竖缝式鱼道右侧紧邻布置 1 号仿自然旁通道，设置在库尾放水闸右侧 60m。通道进口高程 393.80m，出口高程 398.44m，通道全长 392.53m，其中仿自然旁通道 0+000.00～0+023.18，坡度为 0.1%，仿自然旁通道 0+023.18～0+392.53 坡度为 1.25%，通道内的水深为 0.44～1.09m（图 9.7-6）。

图 9.7-5　右岸竖缝式鱼道

图 9.7-6　1 号仿自然旁通道

2 号仿自然旁通道设在下游堤 0+571.00 处，设置在主体枢纽区左侧，沿施工导流区布置。通道进口高程 373.65m，出口高程 377.76m，通道全长 663.40m，其中仿自然旁通道 0+000.00～0+106.23、仿自然旁通 0+256.10～0+333.86 及仿自然旁通道 0+416.29～0+663.40 坡度为 1%，其余坡度为 0.1%，通道内的水深为 0.44m。

2. 过鱼对象和过鱼季节

安谷水电站过鱼设施的主要过鱼对象为：胭脂鱼、长薄鳅、长鳍吻鮈、异鳔鳅鮀、蛇鮈。同时兼顾河段分布的其他鱼类，包括犁头鳅、四川白甲鱼、泉水鱼、瓦氏黄颡鱼、切尾拟鲿、鲇、大鳍鳠、黄颡鱼等。

过鱼设施的过鱼时间选择在鱼类的生长、繁殖季节，重点时段为鱼类的产卵季节。根据主要过鱼对象及其繁殖、洄游越冬习性，综合确定本工程过鱼设施的主要过鱼季节，见表 9.7-1。此外，鱼类主要生长季节均应保证鱼类的洄游通道畅通。因此过鱼季节选择在 3—10 月，重点过鱼时间选择在 3—5 月和 9—10 月。

表 9.7 - 1　　　　　　　　　　　主要过鱼季节一览表

月份	1	2	3	4	5	6	7	8	9	10	11	12	备注
胭脂鱼	●	●	▲√	▲√	▲√				●	●	●	●	主要过重对象
长薄鳅	●	●	●	▲√	▲√				●	●	●	●	
长鳍吻鉤	●	●	▲√	▲√					●	●	●	●	
异鳔鳅鮀													
蛇鉤				▲	▲								
四川白甲鱼	●	●	√	▲	▲				●	●	●	●	兼顾过重对象
泉水鱼	●	●	▲√	▲√					●	—	●	●	
瓦氏黄颡鱼	●	●	●	√	▲	▲	▲		●	●	●	●	
大鳍鳠						▲	▲						

注　▲—产卵繁殖；√—溯水洄游；●—回归干流深水越冬。

3. 鱼类游泳能力试验和模型试验

安谷水电站过鱼通道设计，开展了鱼类游泳能力试验、比尺为 1：50 的 1 号仿自然旁通道所在的放水闸整体水工模型、比尺为 1：7 的右岸仿自然型鱼道整体模型，作为 1 号仿自然旁通道设计参数的主要参考依据。

（1）鱼类游泳能力试验。安谷水电站按照推荐的游泳能力试验方法，对胭脂鱼、长薄鳅、长鳍吻鉤、异鳔鳅鮀、甲鱼进行了感应流速、临界游泳速度、突进游泳速度、持续游泳时间的测试。测试结果如下：

1）对于感应流速，栖息于水流较缓水域的鱼类对流速相对比较敏感，如胭脂鱼等，感应流速约为 10.0cm/s；栖息于激流环境的鱼类，包括长薄鳅、长鳍吻鉤等，则需要较高流速才能感应，流速达 26.0cm/s。

2）对于临界游泳速度，白甲鱼的平均临界游速为 106.3～131.1cm/s，异鳔鳅鮀为 72.9～80.5cm/s，胭脂鱼为 78.1～89.9cm/s，长薄鳅为 89.6～109.9cm/s，长鳍吻鉤为 83.1～103.8cm/s。

3）对于突进游泳速度，由于胭脂鱼测试个体体长明显小于性成熟个体体长，因此突进速度不作为限制值。根据游泳速度同鱼长的比例关系，最小性成熟个体突进速度为 110～147cm/s。

4）该工程过鱼对象代表性鱼类的持续游泳速度分别为：四川白甲鱼 95.0cm/s、异鳔鳅鮀 61.4cm/s、胭脂鱼 67.9cm/s、长薄鳅 79.8cm/s、长鳍吻鉤 93.4cm/s。

（2）放水闸整体水工模型。试验主要成果如下：

1）上游库区流速分布。施测范围内水流流速量值较小，最大值不超过 0.4m/s，表明该工程的上游库区水力条件有利于鱼道上游出口位置的灵活选择，不会出现上溯鱼被过大的闸前行进流速重新带入下游的风险。

2）下游河道流速分布。下游河道流速分布在横向上呈现两侧小、中间稍大的特点：

河道中央位置最大流速 1.5～2.3m/s 范围内，量值不大；而在两侧区域，最大水流流速约为 0.5～1m/s。

（3）右岸近自然型鱼道整体模型。右岸近自然型鱼道水工模型按重力相似准则设计，模型模拟范围包括部分引水明渠段与全部近自然型鱼道，模型比尺采用 1：7。主要研究漂石的布置方式、鱼道糙率、水深、流速以及过流流量大小等关键技术问题。试验结果表明：

1）在不使用漂石的情况下，尽管对水泥砂浆刮制的鱼道模型进行了底部加糙处理，但糙率值仍只有 0.0307，因此鱼道内水深甚小，水流流速较大，不具备过鱼条件。

2）漂石成排布置与均匀布置对鱼道糙率的影响较大，前者糙率为 0.114～0.126，明显高于后者的 0.064。尽管两种布置方式中，漂石密度有一定不同，一定程度上对方案比选有所影响，但漂石成排布置的糙率明显高于漂石均匀布置的结论是显而易见的。

3）漂石使用与否，不仅对鱼道糙率有显著影响，对鱼道内水流流态的影响也十分明显。在不使用漂石的情况下，鱼道内水流在流经弯段时弯道内侧与外侧水深相差甚大，而在使用漂石的情况下，不仅鱼道沿程水深大体均匀，即便在流经弯段时，弯道内侧与外侧水深也大致相同。

4. 结构设计

（1）进口设计。按照仿自然旁通道应避开人口密集区域，减少人类对鱼类干扰的布置原则，考虑放水闸左岸紧邻城市规划区，仿自然旁通道确定布置在右岸。按照进口应尽可能靠近闸坝或发电尾水附近的原则，进口靠近放水闸消力池布置，具体布置在海漫末端下游约 110m 处。按照安谷水电站优化调度方案，左侧河网最小下泄流量为 100m³/s。进口应适应下游水位的涨落并适应鱼类对水深的要求，保证在过鱼季节中进鱼口水深一般不小于 1m，1 号仿自然旁通道设置 1 处进口，取下泄流量 100m³/s 时，水深为 0.8m，其进口高程为 393.80m。同时，进口底部与河床和河岸基质相连。按照"进口应确保在任何情况下都有足够的吸引水流，流速应适于所有鱼类"的要求，根据鱼类游泳能力试验结果，仿自然旁通道进口流速范围为 1.0～1.2m/s。通过放水闸整体水工模型对进口位置合理性进行了验证，放水闸右岸近自然型鱼道，其进口附近的水流流速最大值均不高于 1m/s，说明鱼道进口位置选择是合理的。

（2）出口设计。按照"出口位置应远离水闸、船闸及水轮机取水口处，周边不应有妨碍鱼类继续上溯的不利环境"的布置原则，安谷水电站受右侧副坝限制，仿自然旁通道鱼道出口只能布置在放水闸右侧副坝端头。放水闸整体水工模型试验结果显示，在放水闸上游库区鱼道出口不会出现上溯鱼类被过大的闸前行进流速重新带入下游的风险。

按照"出口高程应确保在过鱼季节，水位的变动不会使出口底部出露，并且出口要有一定水深，以便鱼类能顺利进入水库"的要求，考虑到安谷水库水位在水库正常蓄水位高 398.941m（流量 2576m³/s）～399.593m（流量 4500m³/s），该工程过鱼最佳时间为 4—9 月，而 4 月时，河道来流量小于 2576m³/s，因此按照通道正常运行水深 0.5m 控制时，鱼道出口高程为 398.44m；当来流量为 4500m³/s 时，通道运行水深为 1.15m，基本满足运行要求。

第 10 章
兼顾生态保护的水库调度

10.1　概述

兼顾生态保护的水库调度方式是指在不显著影响水库防洪、发电、供水、灌溉等社会经济效益的前提下，改善水库调度模式，保护与修复水库及大坝下游河流以及河口的生态系统。这种调度方式目的在于协调水库的社会经济效益与生态效益，追求综合效益的最优化（董哲仁，2007）。

自 20 世纪 70 年代，西方国家开始着手研究通过改进水库调度方式降低大坝对河流生态的不利影响，并陆续开展了若干改进水库调度方式的个案现场试验研究。其中著名案例有：美国哥伦比亚河维持和增强溯河产卵鱼类洄游的水库调度；美国田纳西河流域 20 个梯级水库改善下游水质的调度；美国科罗拉多河格伦峡大坝的适应性管理规划以及澳大利亚墨累-达令河的生态流量管理等（王俊娜，董哲仁，等，2010）。

我国自 2000 年以来开始进行若干兼顾生态保护的水库调度试验研究，如黄河调水调沙试验、塔里木河下游生态输水调度、三峡水库兼顾鱼类繁殖的生态调度试验等。与国外相比，我国的调度试验尚处于起步阶段。

深水水库一般存在水体温度分层现象，与筑坝前相比，下泄水流温度发生变化，其结果是对鱼类繁殖产卵等生物活动产生影响。依据鱼类生活史不同阶段需求，在水库调度中进行水库分层取水管理是缓解这种生态影响的技术措施。

10.2　生态保护目标

兼顾生态保护的水库调度目标可分为以下 6 种。

1. 保证下游最低环境流量

国外最早开展的改进水库调度实践的宗旨是为了保证下游河流的最低环境流量。近年来我国大部分改善水库调度方式的实践也是为了保证大坝下游河流的最低环境流量。表10.2－1 列出了国内外进行的保证大坝下游河流最低环境流量的典型案例。

表 10.2-1　　　　　　保证大坝下游河流最低环境流量的典型案例

时　间	地　点	调度措施	生态修复效果	参考文献
20 世纪 90 年代	美国田纳西河流域	调整水库日调节方式；水轮机间歇式脉冲水流；坝下反调节池泄水	大坝下游最小流量基本得到满足；鱼类和大型无脊椎动物有正面响应	Higgins，等，1999
2000—2008 年	中国塔里木河大西海子水库	增加下泄流量	天然植被面积扩大；沙地面积减小；地下水位升高；水质明显好转	石丽，等，2008
1999 年至今	中国黄河流域水库统一调度	增加下泄流量	保证黄河不断流；增加河口湿地水面面积；提高河口地下水位；加快三角洲造陆过程	赵安平，等，2008

2. 改善水库或下游水质

一般通过控制水库运行水位、下泄流量、选择不同的泄水口等措施来改善大坝上、下游的水质。如果大坝具有分层泄水装置，调度对水质的改善作用将会更明显。表 10.2-2 显示了国内外通过改进调度方式改善下游水质的典型案例。

表 10.2-2　　　　　　改善下游水质的典型案例

时　间	地　点	调度措施	生态修复效果	参考文献
20 世纪 90 年代	美国田纳西河流域 20 座大坝	保证最小下泄流量；同时结合工程措施，如水轮机通风、修建曝气堰等	下泄水流溶解氧低于最小溶解氧浓度时间和河段长度都较调度前大幅缩短；鱼类和大型无脊椎动物正面响应	Higgins，等，1999
2005 年至今	中国珠江	增加下泄流量	抵御咸潮；改善水质	孙波，2008
2005 年 11 月	中国松花江丰满水库	针对重大污染事故，应急增加下泄流量	加快污染水团下行速度；稀释污染水体	谭红武，等，2008

3. 调整水沙输移过程

河流水沙过程是形成和维护生物栖息地的主要驱动力。调整水沙过程要尽量恢复大坝上下游水流含沙量的连续性，减少库内泥沙淤积，防止下游河流冲刷，营造下游河道的沙洲、河滩栖息地条件等。迄今为止，有两个著名的改进水库调度方式调整河流水沙输移过程的典型案例，见表 10.2-3。

表 10.2-3　　　　　　调整河流水沙输移过程的典型案例

时　间	地　点	调度措施	生态修复效果	参考文献
1996 年至今	美国科罗拉多河格伦峡大坝	增大下泄流量，形成"人造洪水"排沙	大坝下游河流的边滩和沙洲面积增加	Schmidt，等，2001
2002 年至今	中国黄河万家寨、三门峡、小浪底水库	洪水期降低水库运行水位增大泄水量；人工塑造异重流排沙	减少水库淤积；降低下游河底高程；加快黄河口造陆过程	徐国宾，等，2005；练继建，等，2008

4. 保护水生生物

已进行的针对水生生物保护调度实践，保护对象大部分是珍稀或濒危鱼类，种类多达几十种，主要是鲑鱼、鲟鱼等洄游性鱼类，也有少量的蚌类、蟹类。保护方法通常是在水生生物比较敏感的生命阶段，如产卵期、幼鱼期和洄游期，恢复对其生存或繁殖具有重要意义的水文情势以及水质、泥沙、地貌等河流物理化学过程，修复生物栖息地，增加物种数量。通过改进水库调度保护水生生物的典型案例见表 10.2-4。

表 10.2-4　　　　　　　　　　保护水生生物的典型案例

地　点	目标物种	生命阶段	修　复　方　面		参考文献
			水文过程	其他生态过程	
美国罗阿诺克河	带纹白鲈	产卵期	恢复自然日流量过程，降低流量小时变化率	无	陈启慧，2005；Pearsall，等，2005
美国哥伦比亚河	大马哈鱼虹鳟	洄游期	增大泄流量	降低水温	Smith，等，2003
美国科罗拉多河	弓背鲑等	幼鱼期	人造洪峰	营造沙洲、河滩等栖息地，恢复天然水温过程	Lovich，等，2007
美国密西西比河下游	密苏里铲鲟	产卵期	春季释放两次高流量脉冲	无	Jacobson，等，2008
南非奥勒芬兹河	黄鱼	产卵期	增加下泄流量	无	King，等，1998
瑞士 Spol 河	褐鳟	产卵期	释放高流量脉冲	冲洗鱼类栖息地的底质	Ortlepp，等，2003
澳大利亚墨累河	虫纹鳕鲈突吻鳕鲈等	产卵期和幼鱼期	恢复洪水脉冲，增加洪峰和洪水持续时间	无	King，等，2008、2010

5. 恢复岸边植被

岸边植被是河流生态系统的重要组成部分，具有生态、美学、经济等价值，特别是在干旱、半干旱地区，这些价值显得尤为宝贵（Shafroth 等，2010）。岸边植被的组成、结构和丰富度很大程度上受到水文过程、地下水水位以及河流泥沙输移过程的控制（Stromberg 等，2007；Merritt 等，2010）。自然水文情势的改变可能阻碍岸边植被的生长与繁殖，导致岸边植被面积不断较少。恢复岸边植被不但能修复洪泛区的生态服务功能，如削减洪峰、净化水质、涵养水源，还能保护那些以本地岸边森林为栖息地的濒危物种，如鸟类、蝙蝠等。通过改进水库调度修复岸边植被的典型案例见表 10.2-5。

表 10.2-5　　　　　　　　　　修复岸边植被的典型案例

地　点	恢复岸边植被种类	调度措施	生态修复效果	参考文献
中国塔里木河	胡杨林	增加河流流量	胡杨林逐渐恢复生机	夏军，等，2008
美国比尔威廉斯河	白杨、三角叶杨	释放洪水脉冲降低洪水退水率	本地岸边植物密度增加；外来物种柽柳密度减少	Shafroth，等，2010
美国特拉基河中游	三角叶杨、柳树	修复高流量过程和地貌过程	岸边本地植被基本恢复	Rood，等，2000
加拿大圣玛丽河	杨树	修复洪水过程	岸边杨树得到恢复	Rood，等，2000
澳大利亚墨累河	红桉树森林	增加洪水淹没时间和洪峰流量值	湿地森林反应良好	Reid，等，2000

6. 维护河流生态系统完整性

近年来，随着自然水文情势（见 4.1.5 节）、自然水流范式（见 2.2.3 节）、河流健康评估等理论和方法的提出，科学家们逐渐认识到，单一生态目标的调度方式调整难以达到维护河流健康的根本目的。究其原因，从自然水文情势的理论看，自然水文过程的高流量、低流量和洪水脉冲过程都具有特定的生态作用；从河流健康的内涵看，只有水文、水质、河流地貌、水生生物等生态要素都满足一定的要求，才称之为健康河流。因此，改进水库调度方式的指导理念逐渐转变为保护本地生物多样性和河流生态系统完整性。所制定的环境水流涵盖了自然水文过程的高流量、低流量和洪水脉冲过程的流量、频率、发生时间、持续时间和变化率的变化范围。基于适应性管理的方法，开展改进水库调度、满足环境水流需求的现场试验，监测下游生态响应，进行反馈分析，进而修正调度方案。如此反复进行，通过多年的调度试验，逐渐完善调度方案。现在正在进行的一些改进水库调度的项目正朝着这个方向努力，如美国的可持续河流项目（Sustainable Rivers Project）和澳大利亚的恢复墨累河活力（The Living Murray）项目。

可持续河流项目是由美国大自然协会（TNC）和陆军工程兵团（USACE）合作，在 11 条河流上选择 26 个大坝，进行改进大坝调度方式、修复环境水流的试验研究。该项目于 2002 年正式启动，目前已经在美国格林河、萨瓦那河、威廉姆特河等河流实施了一些较为成功的环境水流试验。这些试验从环境水流的制定到实施，都不是只考虑单一的生态修复目标，而是致力于恢复富于变化的自然水文过程、保护水生生物和岸边植被的关键栖息地、维持河流生态系统健康（http：//www.nature.org/success/dams.html）。

恢复墨累河活力项目是目前澳大利亚最大的河流生态修复项目。其主要目标是通过归还墨累河的生态环境用水，实现墨累河的健康以造福澳大利亚人民。该项目于 2002 年启动，2004—2009 年完成了项目第一步，增加了墨累河 5 亿 m³ 的水量，用于水生生物、岸边植被的保护和修复以及 6 个示范区的环境改善。这些水量主要通过政府从公众手中购买，储存在上游的水库中，在合适的时机以模拟自然水文过程的方式下泄。2005 年的一次模拟洪水过程的环境水流试验，增加了中下游洪泛区湿地的淹没时间和本土鱼类的产卵量，促成了湿地鸟类的大量繁殖（http：//thelivingmurray2.mdbc.gov.au/）。

10.3　环境流过程线及多目标水库调度

河流生物群落对水文情势具有很强的依赖性。由于人类对水资源的开发利用与调控，改变了自然水文情势，引起河流生态系统结构与功能发生了一系列变化，甚至导致水生态系统严重退化。为保护水生态系统，有必要在人类开发水资源的背景下，确定维持生态健康的基本水文条件。所谓"环境流"（environmental flow）由两部分组成，第一部分是维持河流生态系统处于某种程度健康状态所需的水文条件；第二部分是在不损害河流生态健康的前提下，为人类社会服务所需要的水文条件。制定环境流标准的目的，在于实现淡水资源的社会经济价值与生态价值间的平衡（见 4.2 节）。

Poff 和 Allan（1997）提出的自然水流范式（Nature Flow Paradigm，NFP）认为，未被干扰的自然水流对于河流生态系统整体性和支持土著物种多样性具有关键意义。自然水流用 5 种水文组分表示：水量、频率、时机、延续时间和过程变化率。一些学者还进一步归纳总结了由于 5 种水文组分变化分别引起的生态响应的定性关系（见 4.2 节和 4.1.5节）。由于一些学者质疑利用指示物种作为确定环境流的方法，认为能够满足个别指示物种的水文条件，不一定能够满足河流生态系统的需求。因此，一些研究者建议采用自然水流范式确定环境流，其理由是基于生态完整性理论，自然水流能够支持河流大部分水生生物和河滨带植物。鉴于目前还不可能对所有生物群落的水文需求有完整的了解，在有限的知识背景下，有理由假定自然水流模式是环境流的理想指标。由此推理，如果部分恢复自然径流模式，将会有利于河流生态系统的健康。自然水流范式理论诞生以后，以生物为保护目标的环境流评价转向以河流生态系统为保护目标。在澳大利亚和南非，这一概念很快被转化为环境流政策目标（Katopodis，2003）。

在制定兼顾生态保护的水库调度方案时，可以按照 4.2 节介绍的计算方法，特别是河流内流量增量法（IFIM）、变化幅度法（RVA）和水文变化的生态限度法（ELOHA），确定特定时段的环境流过程线。用于水库调度的环境水流过程线通常在一定的区间范围内变动。具体实施的环境水流，需要根据当年的水库和下游水文状况，综合考虑水库的防洪、发电、供水、旅游等效益，在环境水流范围内选择综合效益最优的调度方案。

兼顾生态保护的水库调度一般不会明显降低水库原有的社会经济效益，因此它本质上是一种添加了生态保护目标的水库调度方式的再优化。当然，由于添加了生态保护目标，水库原有的防洪、发电、航运等效益可能会受到一定程度的影响。

将生态保护目标纳入现行水库优化调度模型中有以下几种方式：

（1）以环境水流需求作为调度模型的约束条件，简称水文指标约束型水库优化调度模型。这是在现行优化调度模型中加入生态保护目标的最常用做法。胡和平等（2008）提出的基于生态流量过程线的水库生态调度方法中，将每月生态流量的上、下限组成的生态流量过程线作为调度模型的约束条件，求解兼顾生态保护的水库下泄流量过程。

（2）以生态指标的变化范围作为调度模型的约束条件，简称生态指标约束型水库优化调度模型。这种调度模型适用于对生态目标有"强制"要求时，譬如重点水域的水质要求。Hayes 等（1998）在研究通过大坝联合调度增加坎伯兰河的溶解氧浓度时，以溶解氧不小于 5mg/L 作为水库调度模型的约束条件。为了避免巴西三座水库发生水体富营养化，Valle 等（2009）以叶绿素浓度不超过 30mg/L 作为水库调度模型的约束条件。

（3）将水库调度的生态效益和社会效益货币化，以水库调度的综合效益最大化作为调度模型唯一的目标函数，简称综合效益最优型水库优化调度模型。建立这类模型的难点在于合理评估河流生态系统服务功能的价值，如水质净化、渔业生产、娱乐文化服务等，并量化水流变化与这些服务价值的响应关系。Harpman 等（1992）提出了一套量化"水流变化-鱼类栖息地变化-鱼类资源响应-经济效益变化"的方法。Khan 等（2009）建立了水库淤积与经济损失之间的关系，以水库灌溉、发电、清淤和防洪等综合经济效益最优化建立了调度模型。

以上三种方式中，水文指标约束型水库优化调度模型最为常用。为了获取最优的兼顾生态保护的水库调度方案，通常需要采用一些优化算法求解单目标或多目标水库调度模型。对于多目标水库调度模型，通常采用权重法，即根据不同调度目标的重要程度确定目标函数的权重向量,将多目标优化问题简化为单目标优化问题求解。水库优化调度模型的求解方法见表 10.3-1。

表 10.3-1　　　　　　　　　　　**水库优化调度模型的求解方法**

优化算法	优　点	缺　点	参考文献
线性规划法	不需要初始解;结果收敛于全局最优解	需对非线性目标函数和约束条件进行线性化处理	Mannos, 1955
非线性规划法	能处理不可分目标函数和非线性约束	优化速度比较慢	Chu,等,1978
遗传算法	具有并行计算和全局最优搜索能力;适宜求解复杂的多维非线性优化问题;在水库优化调度中应用广泛	有可能早熟或陷入局部最优解	Holland, 1975;马光文,等,1997;王少波,等,2006
蚁群算法	通用性强;具有并行搜索能力	计算速度一般	Huang, 2001;徐刚,等,2005
粒子群优化算法	简单易于实现;计算效率高;并行处理能力强	易陷入局部最优解	李崇浩,等,2006;万芳,等,2010

(4) 计算生态保护目标的环境水流需求。根据上一步得出的水文改变与生态响应关系,结合既定的生态保护目标,便可大致计算出生态保护目标的环境水流需求。它可以是低流量过程、高流量过程和洪水脉冲过程中的一种或几种环境水流组分,也可以是某一水文事件的流量、频率、发生时间、持续时间和变化率等参数的变化范围。假如需要保护的生态目标与库区的水流、水质状况有关,那么环境水流需求可能还包括库水位的范围、流量变化率及变化幅度等。为了满足生态保护目标的环境水流需求,有时会对水库的泄流口、分层取水装置的运用等提出更详细的要求。

链接 10.3.1　三峡—葛洲坝梯级水库及下游河流的环境水流需求研究[❶]

1. 工程概况

三峡工程坝址位于湖北省宜昌市三斗坪镇,控制流域面积约 100 万 km^2,多年平均年径流量 4510 亿 m^3。拦河大坝为混凝土重力坝,坝轴线全长 2309.5m,坝顶高程 185m,最大坝高 181m。水库正常蓄水位 175m,校核洪水位 180.4m,汛期防洪限制水位 145m,枯季消落最低水位 155m。校核洪水位以下总库容 450.5 亿 m^3,正常蓄水位以下库容、防洪库容和兴利库容分别为 393.0 亿 m^3、221.5 亿 m^3 和 165.0 亿 m^3。坝后式电站装机为 26 台 700MW 水轮发电机组(其中左岸 14 台,右岸 12 台),装机容量为 18200MW;右岸地下电站装机为 6 台 700MW,装机容量为 4200MW;电源电站装机为 2 台 50MW,装机容量为 100MW。电站总装机容量为 22500MW,多年平均发电量 882 亿 kW·h。

三峡枢纽工程下游 38km 处即为葛洲坝水利枢纽。葛洲坝大坝亦为混凝土重力坝,最大坝

[❶]　引自王俊娜,董哲仁,等,《基于水文-生态响应关系的环境水流评估方法——以三峡水库及其坝下河段为例》。中国科学:技术科学,2013 年第 43 卷第 6 期。

高 53.8m。葛洲坝电站为河床式径流电站，正常运行水位 66m，最低运行水位 62m，主要任务是对三峡电站日调节下泄的非恒定流进行反调节，在保证防洪、航运的前提下发挥发电效益。其装机容量为 2715MW，保证出力 1040MW。1988 年底葛洲坝水利枢纽完全建成。

　　1994 年 12 月，三峡工程正式开工；1997 年 11 月实现大江截流；2003 年 11 月水库蓄水至 139m 水位；2006 年 10 月水库蓄水至 156m 水位；2008 年左、右岸电站机组全部投产发电，汛末开始实施正常蓄水位 175m 试验性蓄水；至 2012 年 7 月，除升船机外，枢纽工程建设任务全部完成。2015 年长江三峡工程通过整体竣工验收，三峡工程防洪、发电、航运等综合效益全面实现。

　　2. 三峡水库对大坝下游水文过程的改变

　　三峡水库的蓄水和运行在上游形成了 600 余 km 的河道型水库，同时改变了坝下河流的自然水文情势。根据梯级水库的调度规程和近几年水库的实际运行情况，将三峡水库年内水位过程中的 11 月至次年 2 月划分为高水位过程，3—6 月上旬为消落过程，6 月中旬至 9 月上旬为低水位过程，9 月中下旬至 10 月为蓄水过程，见图 10.3-1。

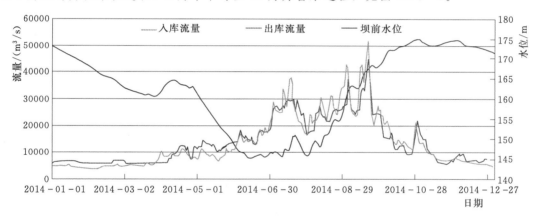

图 10.3-1　典型年三峡水库的入库出库流量和库水位过程

　　通过对比入库流量和下泄流量，应用水文改变指标和变化范围法，评价了三峡水库调度对坝下河段水文情势的改变（王俊娜，等，2011）。评价结果为：水库调度对洪水过程的改变较小，低流量（1—3 月）和汛后高流量过程（9 月中下旬和 10 月）的改变较大，5月和 6 月上旬的汛前高流量的改变程度中等。

　　3. 具有生态保护目标的环境水流过程线

　　三峡水库蓄水以后，库区和下游陆续出现了一些生态问题，如库区部分支流发生水体富营养化（邓春光，等，2007），下游河流的水温过程较自然情况发生一定的改变（脱有才，2008），汛期部分时段下泄水流的溶解气体出现过饱和（陈永灿，等，2009），长江中游四大家鱼和中华鲟的鱼卵和仔鱼丰度明显减少（Duan，等，2009；陶江平，等，2009），下泄水流的含沙量显著降低以及长江中游大部分河段发生冲刷等。

　　现有研究表明，梯级水库调度对长江中游自然水文情势的改变是部分生态问题产生的主要原因；改善三峡—葛洲坝梯级水库现行的调度方式，满足库区和下游河流的环境水流需求，是减缓梯级水库建设和运行对长江流域负面生态影响的有效措施之一。由于三峡水库运行时间较短，有些生态影响尚未完全显现，这就导致了我们对不同生态效应产生机理的认识水平存在差异。目前，在缓解三峡—葛洲坝梯级水库生态影响的研究中，增强库区泥沙输移过程、补偿下游河流典型鱼类四大家鱼和中华鲟繁殖条件等生态保护目标所需的环境水流有较为明确的研究成果，见表 10.3-2。

表 10.3-2　　　　　　　　长江三峡水库部分生态保护目标所需的环境水流

生态保护目标		环境水流需求	参考文献
增强泥沙输移过程		汛期中小流量时（Q＜35000m³/s），坝前水位维持在 148～151m；出现汛情且流量更大后，将坝前水位降低到 145/143m；入库流量大于 45000m³/s 且短期预报将出现大于 10 年一遇洪水时，预泄洪水使水位达到 135m	周建军，等，2002
补偿下游河流典型鱼类的繁殖条件	四大家鱼	在 6 月 15 日～7 月 20 日之间、宜昌站水温在 20～25℃时，发生 1 次以上的涨水过程；涨水过程应满足日涨水率在 800～5400m³/(s·d) 之间，流量为 7630m³/s。三峡电站的最大过机流量、涨水持续时间为 6～8d、日均涨水率为 900～3100m³/(s·d)	王俊娜，2011
	中华鲟	11 月中下旬三峡水库下泄流量为 8000～16000m³/s	Yi，等，2010；Ban X，等，2009；蔡云鹏，等，2010

由表 10.3-2 可见，不同生态保护目标所需的环境水流之间存在较大的差别。譬如，典型鱼类四大家鱼繁殖所需的环境水流为动态变化的涨水过程，涨水过程的五种水文要素：流量、频率、发生时间、持续时间和变化率均需要满足一定的变化范围；而中华鲟繁殖的环境水流需求则主要是对流量大小的限制；增强库区泥沙输移过程的环境水流需求是入库发生洪水时限制三峡水库的运行水位。此外，每种生态保护目标所需的环境水流均发生在特定的时间节点之间，比如在鱼类的繁殖期释放适合鱼类繁殖的环境水流，在汛期入库流量高于 35000m³/s 时才需要将库水位降至防洪汛限水位以促进库区泥沙输移。将每一种生态保护目标所需要在特定时段内下泄的环境水流在时间轴上表示出来，就构造了一条包含多种水文要素，具有生态保护目标，带有时间节点的环境水流过程线，如图 10.3-2 所示。

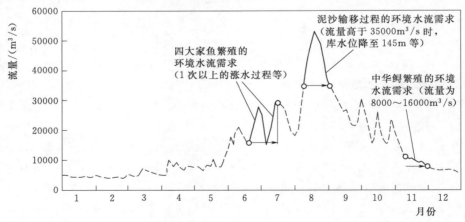

图 10.3-2　长江中游部分生态保护目标所需的环境水流过程线示意图

10.4　实施兼顾生态保护水库调度的适应性管理方法

由于历史资料和监测数据的限制，科学家对于因径流调节改变坝下水文过程引起的生态响应特别是对鱼类繁殖的影响，难有完全清晰的理解。换言之，科学家尚不能明确鱼类等水生生物对水文情势的实际需求。这样，在制定改善水库调度方案时，只能按照当前有限的认识，制定初步方案，先行开展实验，同步进行生物、水文监测，根据反馈的数据分析，再修正调度方案，这种方法称为适应性管理方法。适应性管理方法是一种"试验—监测—反馈—修正"的方法。具体应用到改进水库调度工作的步骤是：首先根据水库调度的目标和约束，制定水库调度调整方案；然后开展改进调度的现场试验，监测生态系统响应，进行反馈分析，进而修正调度方案。如此反复进行多年的调度试验，开展改进水库调度试验的适应性管理方法见图 10.4－1。

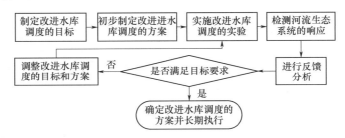

图 10.4－1　开展改进水库调度试验的适应性管理方法

1997 年，科罗拉多河的格伦峡大坝首次在改进水库调度方式的试验中采用适应性管理方法（Lovich，等，2007）。格伦峡大坝针对多种生态修复目标不断地进行改进调度方式的试验研究。例如，恢复下游沙洲和边滩的栖息地营造水流试验和栖息地维持水流试验，升高夏季水温的稳定水流试验，抑制外来鱼类繁殖的波动水流试验等（陈启慧，2005；王俊娜，等，2011）。这些试验结果不断检验并增进人们对水流和生态响应关系的认识，有利于最终确定调度方式的调整方案。

适应性管理方法在格伦峡大坝上应用获得成功后，格林河、墨累河、萨凡纳河、罗阿诺克河等河流上的改进大坝调度项目也相继采用这种管理方法。目前，在改进水库调度试验中采用适应性管理方法，基本上已经成为科学家的共识（Richter，等，2006；King，等，2010）。

由于兼顾生态保护的水库调度方式改进通常会带来一定的经济效益或社会效益损失，因此为了达到既定的生态保护目标，水库调度方式的改善往往需要与其他河流生态修复措施相结合。譬如，为了保护濒危鱼类，增加水库的最小下泄流量通常与重建鱼类产卵栖息地、建造过鱼设施、人工增殖放流等措施共同实施。

链接 10.4.1　三峡水库试验性生态调度

1. 三峡工程对四大家鱼繁殖的影响
四大家鱼作为适应长江中下游生态系统的典型物种，也是受三峡水库运行影响较大的物种，作为代表性鱼类得到了广泛的关注和研究。根据历史水文及鱼类监测资料和相关研究成果，一般认为四大家鱼自然繁殖时期为每年的 5—6 月，繁殖活动最早开始日期为每年的 4 月 28 日，最晚开始日期为 5 月 10 日；最早结束日期为 6 月 15 日，最晚结束日期为 7 月 5 日。同时，四大家鱼产卵活动与其产卵场水域的水温、洪水伴随着的涨水过程出现的水位升高、流量加大、流速加快、透明度减小以及流态紊乱等一系列环境要素密切相关，其中水温是影响四大家鱼繁殖的主要外界条件之一。研究发现，四大家鱼繁殖的最低水温为 18℃，水温低于 18℃，则繁殖活动被迫终止。另外，四大家鱼产卵活动基本是在涨水期间进行，涨水时，流速加快，刺激四大家鱼排卵繁殖，当水位下降，流速减缓时，繁殖活动大都停止。根据监测资料分析，四大家鱼在江水起涨后大约 0.5～2d 开始产卵；水位日均涨水率范围为 0.12～0.36m/d；产卵持续时间都在 4d 以上，范围为 4～11d。虽然四大家鱼产卵繁殖的水文水力学条件目前没有准确的定量分析结果，但水文情势及水流条件作为影响四大家鱼产卵的关键性因素已经被公认，包括持续一定时间的流量涨落过程、一定的水位涨落变幅和流速。

　　三峡大坝对于坝下游鱼类的影响，主要是缘于水文过程变化和下泄水流水温偏低。由于水库运行径流调节，使径流过程均一化，坝下河流鱼类繁殖所需要的涨水条件难以满足。如上所述，四大家鱼自然繁殖时期为每年的 5—6 月，在流水中鱼类需要一定的涨水条件刺激性腺发育进行繁殖。长江三峡枢纽兴建后，由于径流调节，5—6 月涨水峰值削平，涨幅变小，可能致使亲鱼繁殖活动受到抑制或停止。尤其是缺乏较大支流汇入的荆江江段，不呈现明显的涨水过程，从而影响到该江段的家鱼产卵过程。三峡水库蓄水后，导致长江中游宜昌至城陵矶河段 3—5 月的水温降低 2～4℃，11 月至翌年 1 月水温升高 2～3.5℃，其他时段的水温改变较小。3—5 月三峡水库下泄的"低温水"引起家鱼春季性腺开始发育时间以及繁殖的下限温度 18℃ 的出现时间向后推迟，从而导致四大家鱼的繁殖时间推迟近一个月。

　　根据近年来的实际监测资料分析和相关研究成果，三峡工程运行对四大家鱼的影响主要体现在产卵时间和产卵规模上。据分析，四大家鱼产卵规模与河流涨水过程具有直接关系，三峡水库蓄水后，5—6 月涨水峰值削平，涨幅变小，可能致使亲鱼繁殖活动受到抑制或停止。另外，三峡水库蓄水运行后造成的水温下降效应致使产卵时间以及产卵高峰期向后推迟。根据 1997—2002 年监测结果，四大家鱼产卵高峰主要集中在 5 月中旬和 6 月中旬，而 2003 年三峡水库蓄水后产卵时间推迟到 6 月下旬至 7 月中旬。同时，三峡工程运行改变了四大家鱼产卵场的水力特性，水深增加、流速减小、水位下降、比降变缓等各种因素都对四大家鱼产卵繁殖及其规模带来一定影响。根据对监利断面鱼苗径流量监测结果，三峡水库蓄水前后，监利断面产卵规模呈明显下降趋势，由 1986 年的 72 亿粒（尾）下降至 2005 年的 1.05 亿粒（尾），并且 2005 年监利断面首次没有监测到苗汛出现。

　　2. 三峡水库试验性生态调度

　　为促进四大家鱼自然繁殖，在试验性蓄水阶段的 2011—2014 年，结合三峡水库上游来水条件，利用水库汛前水位加速消落时机，通过改变水库下泄流量过程，人工创造了适合四大家鱼产卵繁殖所需水文、水力学条件的洪峰过程，先后开展了 5 次试验性生态调度工作。三峡大坝的生态调度具体是在四大家鱼的繁殖期，即每年的 5 月底和 6 月中上旬三峡大坝下游河段的水温达到 18℃ 以后，释放持续几天的连续上涨洪水过程（陈进、李清清，2015）。生态调度水文过程见表 10.4-1。由该表可见，通过三峡水库的调蓄，在四大家鱼产卵期制造了持续 3～10d 的流量涨落过程，流量涨幅控制在 1000～6000m³/s 之间，同时保证三峡水库下游流量具有明显的涨幅、干流水位具有一定的变化幅度。为监测三峡工程生态调度效果，相关部门在长江干流设置了宜都、沙市、监利 3 个监测断面，对鱼卵（苗）资源进行监测。监测结果表明，2011—2014 年三峡工程连续 4 年的生态调度期间，均发现了四大家鱼的自然繁殖现象，监测结果见表 10.4-2。由该表可知，2011 年6 月 16—19 日生态调度期间宜昌下游河段四大家鱼有一定规模的产卵，推算总卵苗数1.31 亿粒（尾）；2012 年 5—6 月生态调度期间，宜都断面监测到 6 次产卵，推算总卵苗数 5.15 亿粒（尾）；2013 年 5 月 7—16 日生态调度期间，宜都江段、沙市江段、监利江段的四大家鱼卵苗总量分别达到 1.31 亿粒（尾）、1.18 亿粒（尾）、5.2 亿粒（尾）。2014年生态调度期间，在调度第 3 天宜昌至宜都江段监测到较大规模的四大家鱼繁殖高峰，四大家鱼鱼卵平均密度较生态调度前提高 3 倍，调度第 3 天单日鱼卵密度是调度前的 7 倍。根据同步生态监测，调度期间三峡下游各江段有多种鱼类进行了自然繁殖，主要繁殖种类除四大家鱼以外，还有鳡、鳊、翘嘴鲌、鮈类、蛇鉤、银鮈、鳜等。

最新资料显示，自 2011 年首次进行试验性生态调度后，三峡水库连续 7 年共实施了9 次促进四大家鱼繁殖的生态调度。初步估算，2017 年生态调度期间三峡下游江段产漂流性卵鱼类繁殖总规模达到 6 亿颗，其中四大家鱼繁殖总规模约为 1 亿颗（http://www.chinanews.com/gn/2017/05-31/8238601.shtml）。

表 10.4-1　　　　2011—2014 年三峡水库实施试验性生态调度水文数据

时　间	调度情况	宜　昌　断　面			
		洪峰初始水位/m	水位日上涨率/(m/d)	流量日增长率/(m³/s)	洪峰水位上涨延时/d
2011 年 6 月16—19 日	日均出库流量分别为 14000m³/s，16000m³/s，17500m³/s，19000m³/s，19 日后流量维持在 8600～19000m³/s 之间持续到 22 日	41.62	0.51	1307	7
2012 年 5 月25—31 日	控制出库流量分别为 18500m³/s，14800m³/s，11900m³/s，13800m³/s，18900m³/s，21800m³/s，22400m³/s，呈先减少后持续加大的过程	42.92	1.02	2425	4
2012 年 6 月20—27 日	20—21 日日均出库流量由 12600m³/s 减少至12100m³/s，22—23 日出库流量维持在 12100m³/s 左右，24—27 日出库流量逐日增加分别为 12800m³/s，15300m³/s，17400m³/s，18600m³/s	42.54	0.64	1600	4
2013 年 5 月7—16 日	控制日均出库流量分别为 6765m³/s，7532.5m³/s，8330m³/s，9277.5m³/s，10395m³/s，11325m³/s，12675m³/s，15400m³/s，16075m³/s，16350m³/s	39.64	0.46	1119	10
2014 年 6 月4—6 日	三峡水库 6 月 4—6 日的日均下泄流量分别按15500m³/s，17000m³/s，18500m³/s 控制	暂无资料	暂无资料	暂无资料	暂无资料

注　据陈进、李清清，2015。

有分析认为，尽管三峡工程试验性生态调度在促进四大家鱼自然繁殖方面有一定效果，但是，三峡大坝下游河道水温较天然状况偏低，试验过程中洪水脉冲作用不够明显，流量涨落次数偏少，需要进一步评估和改进。

表 10.4－2　　　　　三峡工程 2011—2014 年试验性生态调度监测结果统计

时　间	不同断面监测结果		
	宜都断面	沙市断面	监利断面
2011 年 6 月 16—19 日	鱼卵苗总量 1.31 亿粒（尾）	鱼卵苗总量 128 万粒（尾）	—
2012 年 5—6 月期间	鱼卵苗总量 5.15 亿粒（尾）	鱼卵苗总量 4.06 亿粒（尾）	—
2013 年 5 月 7—16 日	鱼卵苗总量 1.31 亿粒（尾）	鱼卵苗总量 1.18 亿粒（尾），其中 5 月 15—18 日期间发生大规模繁殖现象，繁殖规模 5840 万粒（尾）	鱼卵苗总量 5.2 亿粒（尾）
2014 年 6 月 4—6 日	在调度第 3d 宜昌至宜都江段监测到较大规模的繁殖高峰，四大家鱼鱼卵平均密度较调度前提高 3 倍，调度第 3d 单日鱼卵密度是调度前的 7 倍		

注　据陈进、李清清，2015。

链接 10.4.2　美国水库生态调度典型案例

1. 哥伦比亚河

哥伦比亚河发源于加拿大落基山脉西麓的哥伦比亚湖，穿过美国华盛顿州，在俄勒冈州的阿斯托里注入太平洋。哥伦比亚河干流及其支流斯内克河生活着多种洄游于太平洋和淡水河流之间的鲑鱼。鲑鱼的产卵场主要位于哥伦比亚河和斯内克河的中上游河段。20世纪 30—70 年代，哥伦比亚河干流及其支流上共建设了几十座大坝。尽管这些大坝在建设之初就设置了成鱼过坝的鱼梯，但是洄游鱼类的数量还是大幅度下降。其主要原因是幼鱼在向大海洄游的过程中，需要至少通过 8 座大坝。这些大坝当时没有建设幼鱼下行的通道，导致幼鱼通过水轮机的死亡率较高。1977 年以后，一些大坝调度方案开始考虑鲑鱼幼鱼降河洄游的季节性水流需求，通过溢流坝下泄一定的水量，帮助幼鱼过坝，增加大坝的下泄流量，模拟自然条件下的高流量脉冲，以加快幼鱼向大海的迁徙。同时，采取了改建溢洪道和排漂孔、增加幼鱼旁路过鱼系统、集鱼和运鱼系统等措施。这些措施实施后，洄游鱼类的过坝率有了较大的提高。但是，监测数据表明鲑鱼的数量还在降低，其原因可能是改建大坝恢复鲑鱼洄游通道的同时，忽视了支流鲑鱼产卵和育肥栖息地的修复。从 2005 年起，多种栖息地修复行动开始实施，包括增强过鱼通道使洄游鱼类更容易到达产卵育肥栖息地，安装遮掩物（screen）避免鱼类进入泵站或灌溉渠道，改进河道内产卵育幼栖息地的环境，在产卵育幼栖息地附近修复岸边植被等。这些措施的效果初步显现，譬如 2013 年超过百万条奇努克鲑鱼（Fall Chinook salmon）回到哥伦比亚河的支流斯内克河产卵，这也是自干流上 Bonneville 坝在 1938 年建成后所观测的洄游鲑鱼最多的一次。此外，专家组还提出改进河口栖息地、改变捕捞方法等新措施，这些措施有待进一步的实践和评估。

2. 田纳西河

美国东南部的田纳西河是密西西比河的二级支流，俄亥俄河的最大支流。田纳西流域管理局（Tennessee Valley Authority，TVA）成立于 1933 年，负责对田纳西流域进行综合治理开发。20 世纪 50 年代，田纳西河的水电开发完成，干支流上共建设了 43 座水库和电站。1990 年，田纳西河流域环境评估报告完成。报告建议改进流域内 20 座大坝的调度方式，并提出了这些大坝下泄水流的最小流量和最小溶解氧浓度建议。确定下泄流量是基于每个大坝下游水环境、栖息地和供水等方面的综合需求。溶解氧目标设定为：冷水渔场 6mg/L，温水渔场 4mg/L。1991 年田纳西流域管理局接受了该报告的建议，开始对流域内大坝的调度方式进行调整。自 1996 年历时 5 年，花费 5000 万美元的田纳西河流域 20 座大坝生态调度的项目圆满完成。其意义在于修正了自 1933 年开始实施的以航运、防洪及水电为水库调度目标的田纳西流域法案（TVA Act of 1933），开始兼顾水环境和栖息地等综合需求。

在保证最小下泄流量方面，TVA 针对不同的大坝共采取了 4 项措施：①适宜的日调节制度。②水轮机的脉冲调节。在夜间和周末的非泄流期，靠 1 台机组进行间歇的补偿运行，维持尾水达到预期的流量。③安装小型机组。在主机停机时，小型机组运行，以保证最小流量。④利用坝下游的反调节池泄水，在主机组不发电的时候，打开反调节池闸门泄水。

在维持大坝下泄水的最小溶解氧方面，TVA 采取了 4 种技术措施：①水轮机充气。该方法将使发电效率降低 1.3%，是可比方案中最经济的。②水轮机注入空气。当水轮机侧管压力尚未低到足以吸入空气时，采用鼓风机或者空压机将空气注入水轮机。由于设备和运行费用等原因，注入空气法比充气法昂贵。③水库表层水泵方法。水泵水流正处于进水口上方，迫使水流进入取水区域。此法费用低于注入空气法，而高于充气法。④曝气堰。

对生态调度实施前后大坝下泄水流水文、水环境、水生态的监测表明，这些措施实施后，每座大坝下游的最小流量基本得到满足。大坝下泄水流溶解氧低于最小溶解氧目标的时间和河段长度都较生态调度前大大缩短。监测到的鱼类和大型无脊椎动物对生态调度实施的反馈也呈正面效应。

3. 科罗拉多河

科罗拉多河上的格伦峡大坝始建于 1956 年。大坝下游 24km 处即为世界闻名的自然景观——大峡谷。1966 年格伦峡大坝蓄水以后，下泄流量的季节性变化降低，洪峰过程基本消失；由于电站主要承担电网调峰任务，日内最大下泄流量是最小流量的十几倍；水库鲍威尔湖水温分层明显，下泄水流水温年内变幅由建坝前的 0～29℃ 变为 7～12℃；大坝将建坝前进入大峡谷的 84% 的泥沙拦截在库里，导致下游一些沙洲、河滩遭到侵蚀而面积减少；一些本地物种濒临灭绝，外来物种入侵严重。1990 年 6 月至 1991 年 7 月，自格伦峡大坝运行以来首次进行了水库调度方式调整试验，下泄了 3 次历时 2 周的水流，包括 3d 的恒定水流和 11d 的波动水流，以比较下游河流生态对大坝不同泄流情况的短期响应。1992 年，美国国会通过了大峡谷保护法案。法案规定：格伦峡大坝的运用，必须遵守附加的准则，以确保自然环境、文化资源和参观旅游的价值，减轻格伦峡谷水坝的负面影响。

1996 年，格伦峡大坝首次实施了栖息地营造水流的试验。3 月末至 4 月初，格伦峡大坝下泄了为期 14d，流量为 1274m³/s 的"人造洪峰"。此次试验主要是为了模拟建坝前坝址处的春季洪峰，重建下游沙洲和河滩、沉积营养物质，修复河汊，恢复自然系统的动态性。试验之初的效果令人满意，沙滩体积平均增长了 164%，面积平均增长了 67%，厚度增加了 0.64m。但监测很快发现这些新的沙洲不稳定，沙洲的侵蚀速率较大。1996 年 10 月，美国内务部采纳了改进低波动水流方案。该方案限制了格伦峡大坝下泄流量的日波动范围和小时变化率。1997 年，格伦峡大坝的适应性管理项目正式启动。该年秋季，格伦峡大坝下泄了 2d 流量为 878m³/s 的维持栖息地水流试验，以维持 1996 年营造栖息地水流的效果。为了研究调度对水温的影响，2000 年夏季首次实施稳定水流试验。5—8 月，格伦峡连续下泄了 227m³/s 的稳定水流。这次试验表明，在稳定水流条件下，下游干流平均水温比日调节时波动水流高出 1.4～3℃，死水区高 0.3～5.3℃，具有明显升温作用。2003 年，首次采取波动水流抑制外来鱼类（鳟鱼等）的繁殖。在外来鱼类的繁殖期（1—3 月），下泄流量在 142～566m³/s 之间波动水流，干扰其产卵活动，降低幼鳟鱼的成活率。

目前，格伦峡大坝每年依然进行栖息地营造和维持试验、稳定水流试验等各种水库生态调度试验。为了修复河口严重退化的岸边栖息地，2014 年 3 月 23 日至 5 月 18 日，一次总水量为 1.3 亿 m³ 的脉冲水流释放到科罗拉多河，沿着河流廊道跨越美国和墨西哥的边境线，注入到科罗拉多河河口三角洲。尽管这次脉冲水流远远小于自然水文过程，但也起到了积极的生态作用，比如抬升了当地的地下水水位，主河道两岸的岸边植被覆盖度增加了 16%，脉冲水流之后的两年岸边带的鸟类丰度和多样性均有所增加。

4．格林河

犹他州的格林河是科罗拉多河最大的支流，哺育着科罗拉多河流域的 4 种特有鱼类：弓背鲑、尖头叶唇鱼、刀项亚口鱼和骨尾鱼。1967 年，弗莱明峡大坝（Flaming Gorge Dam）正式运行后，夏季水库底层下泄水流的水温低至 6℃。水文和水温情势的改变，导致格林河下游虹鳟鱼生长速度减缓、濒危鱼类数量下降。1978 年 6 月，弗莱明峡大坝安装了水库表层取水的多水位压力钢管。通过压力钢管取水可使夏季下泄水流水温提高到 13℃。这个温度能够增加虹鳟鱼生长和水库下游的渔业生产。但是格林河下游的夏季水温还是很少超过 17℃。1992 年，美国鱼类和野生动物局（USFWS）对弗莱明峡大坝的调度运行对濒危鱼类的影响进行了评估，完成了报告《弗莱明峡大坝运行的生物学建议》。报告建议了弗莱明峡水库春、夏、秋、冬季节的下泄水量和下泄水温的范围。1992—1996 年，弗莱明峡大坝增加了 5 月、6 月的下泄流量，大坝下游河流的夏季水温较 1978—1991 年略有提高。2000 年，提交《弗莱明峡大坝下游格林河濒危鱼类保护的水流和水温推荐值》报告。该报告基于弓背鲑、尖头叶唇鱼、刀项亚口鱼 3 种濒危鱼类对水流和水温需求，推荐了 5 种不同水文年（丰水年、中等丰水年、平水年、中等枯水年、枯水年）弗莱明峡大坝下泄水流的峰值流量、基流和相应水温。2002 年以后，弗莱明峡大坝的调度方式再次进行了调整：增加春季洪峰的流量和持续时间，维持夏季、秋季和冬季较小的基流量，限制基流的日波动范围。2002—2006 年，弗莱明峡大坝泄流的水文情势和水温情势都基本达到 2000 年报告的推荐范围。3 种濒危鱼类的监测表明,过去几年的环境条件较适合这些鱼类的繁殖。同时,岸边植被的监测表明,由于建坝后新的岸边植被群落已经形成,释放模拟自然水文情势的控制性洪水对于修复本地岸边植被如三叶杨的作用很有限。分析认为,仅仅依靠释放环境水流不足以为本地植物繁殖创造新的栖息地,修复岸边植被需要结合清除杂草和外来植物、创造空地等多种措施。

5. 萨瓦纳河

美国东南部的萨瓦纳河是汇入大西洋河流中土著鱼类最丰富的一条河流。萨瓦纳河建坝后水文情势的变化导致一些洪泛区森林停止再生;河流水质下降;河口淡水和咸水不平衡;河口沼泽消失;短鼻鲟及其他本地洄游性鱼类数量明显减少。2002 年,大自然保护协会 (The Nature Conservancy, TNC) 和美国陆军工程兵团 (USACE) 选取萨瓦纳河作为可持续性河流项目的示范河流之一。2003 年,TNC 会同 50 多位科学家共同推荐了萨瓦纳河环境水流方案。该环境水流方案综合考虑了萨瓦纳河河道、河漫滩和河口生态系统的水流需求,针对丰、平、枯三种水文年分别提出了三种环境水流组分 (低流量、高流量和洪水) 的发生时间、频率、持续时间、流量大小和变化率。此次推荐环境水流的过程得到了世界相关研究领域科学家的广泛关注。2003 年冬季,萨瓦纳河上游的哈特维尔水库和赛蒙德水库水位没有降低。2004 年 3 月,水库下泄了一次流量为 $453m^3/s$、持续时间 3d 的脉冲水流。2005 年 3 月,水库下泄了一次持续 3d、流量为 $510m^3/s$ 的脉冲水流。2006 年 3 月,哈特维尔水库和赛蒙德水库水位下降 0.61m,形成了一次连续 3d、流量为 $651m^3/s$ 的脉冲水流。水库进行试验性泄流的同时,科学家们对下游河流的水质、水生生物、河口水质等方面进行了监测。监测结果表明:这几次试验性泄水的生态效果不是特别显著;短鼻鲟鱼并没有通过萨瓦纳悬崖闸坝,进入上游的栖息地;试验性泄流仅造成河口淡咸水交界面的暂时缩小和向下游移动。究其原因,一方面可能是因为水库下泄的脉冲水流没有达到环境水流的推荐值;另一方面可能是因为脉冲水流释放时没有考虑鱼类的水温需求,专家建议脉冲水流的释放应与自然暴雨事件的时机吻合以提高河流的温度和浊度。相对而言,2005 年和 2006 年冬季增加低流量的环境水流试验效果则较为显著,河流水温沿下游方向逐渐增加,河漫滩上树种开始发芽。

10.5　水库分层取水

由于深水水库存在水体垂向温度分层现象,导致大坝泄水时下泄水流温度与建坝前相比发生了不同程度的变化。大坝下游河道水温的变化对鱼类的发育繁殖活动都会产生影响。本节讨论了下泄水体温度变化对鱼类的影响,介绍了为减轻水温变化影响而采取水库分层取水技术,包括分层取水设施结构及其设计原则;水库分层取水调度运行管理原则。有关水库水温计算方法详见 4.3.4 节。

10.5.1　下泄水体温度变化对鱼类的影响

1. 水温与鱼类发育繁殖

鱼类在繁殖和孵化期间往往对温度十分敏感,这就使得每种鱼类都有其适宜的繁殖水温。达不到产卵水温，鱼类不会进行产卵繁殖；高于繁殖水温，对产卵活动也有抑制作用。冷水性鱼类多在 10℃ 以下繁殖，部分冷水性鱼类繁殖水温很低，如江鳕繁殖水温在 0℃ 左右，而裂腹鱼多在 6～13℃。常见的温水性鱼类繁殖水温多在 16℃ 以上，如鲤、鲫最低繁殖水温在 16℃，四大家鱼起始繁殖水温在 18℃，多数温水性鱼类适宜繁殖水温在 22～28℃。暖水性鱼类起始繁殖水温多在 20℃，罗非鱼适宜繁殖水温在 25～28℃。与此相应，冷水性鱼类的繁殖季节主要在 11 月末至翌年早春。我国大部分温水性鱼类在早春至夏初繁殖；部分鱼类在夏末秋初产卵，如达氏鲟、大马哈鱼等。暖水性鱼类的繁殖季节主要是夏季高温时节，往往一年多次产卵，如罗非鱼一年繁殖 4～8 次。不同水域的水温不同，同种鱼类的产卵季节也会有所差异，如广东地区四大家鱼的产卵季节比黑龙江地区早 2～3 个月。此外，温度变化可能是诱导鱼类繁殖的重要因子，特别是在春季温度回升期突然升温和秋末冬季降温期的突然降温，可能是鱼类产卵的信号。如针对绥芬河滩头雅罗鱼的试验表明，繁殖期间升温对其产卵有促进作用，这种现象在北方春季繁殖鱼类中较为普遍，常见的鲤、鲫鱼类也有这种现象。鱼卵的孵化与鱼类繁殖水温相适应。在适宜孵化温度范围内，温度越高，孵化速度越快，成活率越高；低于适宜孵化水温，胚胎发育迟缓、停滞甚至死亡，孵化率下降；高于适宜孵化水温，孵化成活率下降，畸形率升高。

鱼类的性别决定机制非常复杂，但温度也能影响部分鱼类的性别分化，例如吉富罗非鱼性别分化阶段，水温从 20℃ 逐渐升高至 36℃，个体雄性率逐渐升高，36℃ 情况下，雄性率达到 80%，完全偏离了 1:1 的雌雄比例。

水温也是鱼类性腺发育的关键环境因子。总体而言，在鱼类适宜温度范围内，温度越高，性腺发育越快；高于适宜温度，性腺发育受到抑制；低于适宜水温，性腺发育迟缓。据认为性成熟年龄与总积温有关，同种鱼类达到性成熟的积温基本一致，以四大家鱼为例，广东地区的四大家鱼比黑龙江地区早成熟 1～2 年。

2. 大坝泄水温度变化对鱼类的影响

深水水库的取水口位置往往偏低，取水偏于底层水，下泄水体水温偏低，导致高温季节坝下河流水温低于原自然河流水温，部分高坝大库常年下泄水水温在 15℃ 以下，有的甚至维持在 10℃ 左右，对鱼类繁殖和生长造成影响。同时，由于水体的蓄热作用，即使是非分层型水库，水温也较原河道自然水温出现滞后现象，春夏升温阶段，水库下泄水温度回升晚于河道原自然水温，秋冬降温阶段，下泄水水温的下降也晚于原河道自然水温。我国鱼类组成以温水性鱼类为主，大多数鱼类繁殖水温在 16℃ 以上，适宜生长水温在 22～28℃。低温水下泄不仅会减缓鱼类新陈代谢，降低生长发育速度，缩短生长期，而且会推迟繁殖季节。

有些案例显示，如果长期达不到鱼类繁殖水温，甚至导致鱼类物种的丧失。

美国科罗拉多河流域自格伦峡坝修建后，下泄水流水温年内变幅由建坝前的 0～29℃ 变为 7～12℃。建坝前后的温度变化导致 3 种本地鱼类灭绝，还有 60 多个物种受到威胁。我国丹江口水利枢纽兴建以后，由于坝下江段水温降低，使该江段鱼类繁殖时间推后近 1 个月，当年出生幼鱼的生长速度减慢、个体难以长大。比较建坝前后冬季的数据，该江段草鱼当年幼鱼的平均体长和体重分别由建坝前的 34mm、780g，下降至建坝后的 29.7mm、475g。

10.5.2　水库分层取水设施

分层取水进水口型式主要包括多层进水口式、叠梁门式、翻板门式、套筒式和斜卧式等，大中型水电站分层取水宜采用机械控制的叠梁门式进水口或多层进水口。

（1）多孔式取水设施。在取水范围内设置高程不同的多个孔口，取水口中心高程根据取水水温的要求设定，不同高程的孔口通过竖井或斜井连通，每个孔口分别由闸门控制。运行时可根据需要，启闭不同高程的闸门，达到分层取水的目的。其结构简单，运行管理方便，工程造价较低，其缺点是由于孔口分层的限制而不能连续取得表层水（图 10.5-1）。

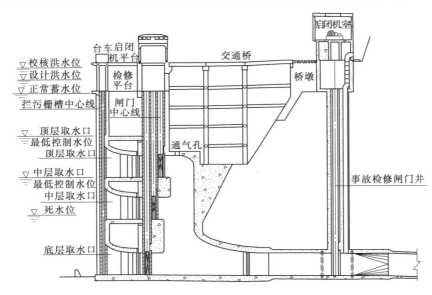

图 10.5-1　多层进水口建筑物剖面图

（2）叠梁门分层取水设施。在常规进水口拦污栅与检修闸门之间设置钢筋混凝土隔墩，隔墩与进水口两侧边墙形成从进水口底板至顶部的取水口，各个取水口均设置叠梁门。叠梁门门顶高程根据满足下泄水温和进水口水力学要求确定，用叠梁门和钢筋混凝土隔墩挡住水库中下层低温水，水库表层水通过取水口叠梁门顶部进入取水道（图 10.5-2）。其优点是适用于不同取水规模的工程，可以根据不同水库水位及水温要求来调节取水高度，运行灵活。

10.5.3　分层取水结构设计

分层取水设施布置和结构设计应遵循《水利水电工程进水口设计规范》（SL 285—2003）、《水电站进水口设计规范》（DL/T 5398—2007）和《水电站分层取水进水口设计规范》（NB/T 35053—2015），参考《水工设计手册》（第 2 版）第 3 卷。

采用叠梁门和多层取水口型式设计时，应考虑以下要点：

（1）分层取水进水口应与枢纽其他建筑物的布置相协调。整体布置的进水口顶部高程宜与坝顶同高程。进水口闸门井的顶部高程，可按闸门井出现的最高涌浪水位控制。

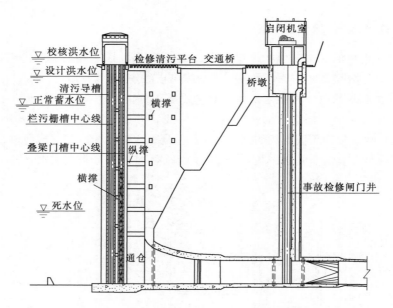

图 10.5-2　叠梁门进水口建筑物剖面图

（2）进水口分层取水设施应在各种运行工况下，均能灵活控制取水。

（3）在各级运行水位下，进水口应水流顺畅、流态平稳、进流匀称，尽量减少水头损失，并按照运行需要引进所需水流或截断水流。

（4）叠梁门控制分层取水时，门顶过流水深应通过取水流量与流态、取水水温计算以及单节门高度等综合分析后选定。

（5）叠梁门单节高度应结合水库库容及水温计算成果进行设置，确保下泄水温，同时也应避免频繁启闭，一般单节叠梁门高度 5～10m，就近设置叠梁门库，便于操作管理。

（6）叠梁门分层取水进水口的门顶过流为堰流形式，除应根据门顶过水深度计算过流能力外，还应计算叠梁门上下游水位差，确保叠梁门及门槽结构安全。

（7）多层取水口型式的分层取水建筑物，不同高程的取水口可根据实际情况上下重叠布置或水平错开布置，且应确保每层取水口的取水深度和最小淹没水深。

（8）多层取水口之间一般通过汇流竖井连通，竖井底部连接引水隧洞。为确保竖井内水流平顺，竖井断面不宜小于取水口过流面积。

（9）多层取水口分层取水各高程进水口及叠梁门后进水口，应计算最小淹没深度，防止产生贯通漩涡以及出现负压。

10.5.4　水库分层取水运行管理

1.　一般性原则

制定分层取水进水口调度运行规则，应根据水温观测数据；目标鱼类对水温的生物需求；大坝下游栖息地温度适宜性评估；下游河道水温沿程分布；分层取水设施的结构形式等综合因素制定。分层取水进水口调度运行规则，应纳入兼顾生态保护水库多目标优化调度总方案之中。

分层取水进水口运行规则，应根据其取水方式以及水电站运行调度原则，提出下列运行管理要求：①分层取水设施最高、最低运行水位；②分层取水设施使用条件；③拦污栅的运行要求；④分层取水设施运行方式、操作要求；⑤对水库运行方式的要求；⑥分层取水闸门的存放要求；⑦分层取水设施开启或关闭操作时，引水管道内的流量可能发生变化，从而对发电机组的运转产生一定影响，为保证机组运行安全，还应综合考虑机组运行要求。

分层取水进水口实际调度运行过程中，应根据水库水位、水温监测数据及敏感生物的水温需求等因素，及时调整分层取水设施的取水深度和调度方式，以达到改善下泄水流水温的目的。

2. 建立栖息地温度适宜性曲线 HSC

在 4.3.3 节曾讨论了栖息地适宜性分析方法。栖息地适宜性分析是栖息地评价的一种重要方法。它是基于河段的水力学计算成果，即已经掌握了河段的物理变量（流速、水深、水温等）分布，依据栖息地适宜性曲线，把河段划分为不同适宜度级别的区域，获得河段内栖息地质量分区图。栖息地适宜性曲线（Habitat Suitability Curve，HSC），需通过现场调查获得，即在现场监测不同的流速、水深、水温条件下，调查特定鱼类的多度，建立物理变量与生物变量（多度）的关系曲线，也可以建立物理变量-鱼类多度频率分布曲线。二者都可以反映特定鱼类物种生活史阶段对流速、水深、水温等生境因子的需求。

作为示例，图 10.5-3 表示长丝裂腹鱼栖息地水温适宜性曲线 HSC，横坐标 T 为水温，纵坐标 S 为栖息地适宜性指标，取值范围 0～1。"1"表示栖息地质量最佳，是高限阈值。"0"表示栖息地质量最差，是低限阈值。高、低阈值端点用线段连接，由此构成分段函数。图 10.5-3 中的曲线各段分别为：①阈值 1：当水温为 13～22℃时，栖息地质量最佳，栖息地适宜性指标 $S=1.0$；②阈值 2：当物理变量 $P=0～3$℃时，或 $P>27$℃时，栖息地不复存在，栖息地适宜性指标 $S=0$；③用若干线段连接两个阈值端点，就构造了栖息地适宜性曲线 HSC。由 HSC 图可以查出不同等级的栖息地对应的物理指标范围。在

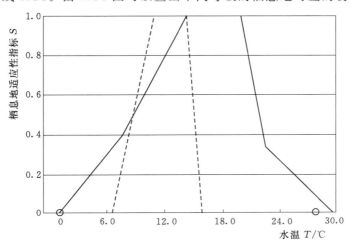

图 10.5-3　长丝裂腹鱼栖息地水温适宜性曲线 HSC

（－－－鱼卵，——成鱼）

计算栖息地水温适宜性曲线 HSC 时，可取月平均水温计算。目标鱼种可以为一种，也可以为多种，多种鱼类的栖息地水温适宜性曲线可根据鱼类的重要程度和保护级别进行加权确定。

　　通过栖息地适宜性曲线 HSC，用水温数据计算河流网格上每个节点栖息地水温适宜性指标 THSI（temperature habitat suitability index），THSI 是无量纲数值，取值范围 0～1.0。基于计算结果，可以分别绘制水温栖息地质量分区图，也可以计算综合考虑水温、水深和流速的栖息地适宜性综合指标 GHSI（global habitat suitability index）。使用不同颜色标出栖息地质量等级，绘制栖息地质量分级彩色地图，详见 4.3.3 节。

第 11 章
河湖生态修复项目监测与评估

河湖生态修复项目监测与评估的重点是项目的有效性，即完工的河湖生态修复项目是否达到规划设计的预定目标。本章讨论了制定监测与评估方案步骤；监测对象和监测范围；监测设计方法选择；监测参数选取；监测方案设计的统计学要素。最后，介绍了河湖生态系统实时监测网络系统。

11.1 概述

监测与评估方案设计是生态修复项目规划设计的重要组成部分。我国水利行业标准《河湖生态保护与修复规划导则》（SL 709—2015）对河湖生态监测与评估专门做了规定。《导则》指出："河湖水生态监测应结合规划区水生态特点和实际情况，提出包括生态水量及生态水位、河湖重要栖息地及标志性水生生物、河湖连通性及形态、湿地面积及重要生物等内容的河湖监测方案。监测方法及频次等应满足河湖水生态状况评价要求。"国外一些涉及生态修复的法律法规，如《欧盟水框架指令》（WFD）以及《欧盟栖息地指令》（Habitats Directive）都要求进行生态监测，并且要求欧盟各国向欧盟委员会报告所有水体状况（水文地貌、物理化学和生物）并对生态修复方法进行评估。

1. 河湖生态修复项目监测与评估的目的

河湖生态修复项目监测与评估的目的，首先是评估所实施的生态修复项目有效性，即是否达到规划设计的预期目的。有效性评估包括两部分内容，第一部分在项目完成后的初期阶段，监测与评估重点是水生态系统物理特征的变化，诸如河流蜿蜒性修复、连通性修复、鱼类栖息地增加等，评估内容为是否达到规划设计的预期目标。第二部分在项目完工初期以后阶段，监测与评估重点是生物要素的变化，诸如生物群落组成、鱼类多度、植被恢复等，评价内容是通过项目的人工适度干预，系统物理特征变化是否导致预期的生物响应。

2. 监测类型

根据生态修复工程规划设计任务，项目监测有以下类型：①基线监测。指在项目执行之初，对于项目区的生态要素实施的调查与监测，目的在于为项目完工后监测生态变化提供参考基准，基线监测值即修复项目的本底值。②项目有效性监测。评估项目完工后是否达到设计的预期目标。③生态演变趋势监测。考虑生态演变的长期性，监测项目的长期影响。有关基线监测详见本书3.1节和3.2节。有关生态演变趋势监测的设计原则与有效性监测基本相同，只是时间尺度延长，评估方法侧重趋势性分析。本节重点讨论项目有效性监测问题（表11.1-1）。

表11.1-1　　　　　　　　　　监测类型及任务

监测类型	目　　的	任　　务	作　　用
基线监测	项目区生物、化学、物理、地貌现状	在实施修复之前调查项目区水质、地貌现状，收集动植物物种状况数据	有助识别栖息地状况，识别修复机会；有助修复行动优先排序；为评估项目有效性提供对比本底值
有效性监测	确定河湖修复或栖息地修复项目是否达到预期效果	生态要素（地貌、水质、水温、连通性等）变化及其导致的生物响应（生物群落、多度、多样性等）	项目验收；项目绩效评估；提出管理措施，改善生态管理
趋势监测	确定河湖和生物区系变化，预测未来演变趋势	监测水生态系统长期变化，预测未来水生态系统的演变趋势	改善生态管理；科学研究

3. 制定监测与评估方案步骤

制定监测与评估方案步骤详见图11.1-1。

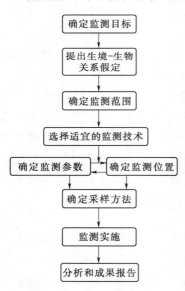

图11.1-1　监测程序设计步骤

需要说明的是，监测范围不仅要包括项目区，还应在项目区上游和下游选择河段进行监测和对比分析。工程前后监测选用的参数和采用的监测技术应是一致的，以便进行对比。制定监测方案时应明确每个监测参数的特征，同时选择有效的技术方法进行测量或评价。

监测范围的选择还需考虑鱼类和鸟类的迁徙以及无脊椎动物幼虫和卵的分布状况，这些物种往往是评价河湖生态恢复的关键物种，这些动物的活动范围往往超过项目实施区的范围。在时间尺度方面，考虑到河流生态修复是一个生态演进过程，一个动态稳定的河流生态系统的形成需要十几年到几十年的时间，因此监测年限应超过工程期限。根据生态修复工程项目的规模和重要性，应考虑建立长期监测系统，为河流生态管理服务。

监测方法通常包括定性描述和定量测量。定性描述的费用相对比较低，可在相对较大的区域内进行快速评价。定量测量主要通过勘察测量、现场采样和室内试验等技术手段获得所需数据。定量数据应以表格形式展现，将所有监测结果按照时间顺序进行对照，也可用曲线图进行展现，反映数据随时间变化规律并可显示极值。应用信息技术，建立具有学习、展示和分析功能的数据库，能够极大提高监测与评估的管理水平。

有关监测技术内容，包括监测位置选取、监测频次、采样方法等详见以下章节：河湖水文、水质、地貌和生物调查监测方法（见3.1节）、栖息地调查评价方法（见3.2节）、连通性调查监测方法（见8.2.1节）。

11.2　监测与评估方案概要

11.2.1　提出生境-生物关系假定

众所周知，生态系统是由生物和生境两大部分有机组成，生命部分是生态系统的主体，生境是生命支持系统。生物区系（biota）与生境之间存在着耦合关系，生境的变化会引起生物区系的响应。生境因子包括水文（流量、频率、水位、时机、延时、变化率、流速等）；物理化学（水质、水温等）；地貌（河湖形态、景观格局、纵坡、高程、连通性、地质、土地利用等）。河湖生态修复的原理是通过适度的人工干预，改变某些生境因子，期望引起良性的生态响应，使生物区系的某些因子（多度、多样性、群落结构、鱼类洄游、繁殖、存活率等）得到改善，整个水生态系统得到恢复。

举例来说，在 6.2.2 节讨论了河道蜿蜒性的生态修复措施。这样的修复项目就是以改变河流形态因子（蜿蜒度、深潭-浅滩序列）为手段，改善栖息地条件，达到提高鱼类和大型无脊椎动物多度和多样性的目的。又如在第 10 章讨论了通过改善水库调度方式，使下泄水流的流量、水文过程或水温得到改善，其目的或满足鱼类产卵对水文条件的需求，或改善河滨带植被状况；或满足环境流要求以改善生物生存条件。在 6.5.5 节介绍的河滨带植被重建技术，通过植被重建，其目的或提高栖息地质量，或因遮阴作用降低水温，或提高岸坡稳定性。其生物响应可能是鱼类、昆虫等物种多样性提高等。尽管在相关文献中这些生境-生物关系得到观测验证，但是应用在具体修复项目上，由于自然条件多种多样，不同生物需求千差万别，加之水生态系统的不确定性特征，这些关系是否成立，还需要通过监测评估和分析才能得到证实。如果生境-生物关系成立，才能说明修复项目的有效性。因此，在项目规划设计阶段，这些生境-生物关系还只能作为假定出现。在项目监测与评估中，重点内容是开展的修复工程造成生境因子的改变，是否会引起生物区系的响应以及响应的强度，以此评估项目的有效性。

项目的生境因子改变与生物响应关系假定，是设计监测方案的基础。上述河道蜿蜒性修复项目，监测对象可以明确是河流形态（蜿蜒度、深潭-浅滩序列等）和生物因子（鱼类、大型无脊椎动物多度和多样性等）。水库调度项目中监测对象可以明确是水文因子（如流量、水文过程等）和生物因子（鱼类产卵或植被恢复等）。河滨带植被重建项目，对于河滨带植被（河滨带范围；树木成活率；物种组成；密度和生物量；树木生长高度和直径等）的响应因子根据目标不同可分别是：水温（遮阴效果）、有机物供给（木质碎屑、树叶）、岸坡稳定性、鱼类和昆虫物种多样性。

11.2.2　确定监测范围

在 1.1.1 节讨论过河流生态系统空间尺度问题。就监测系统设计而言，建议采用流域（watershed）和河段（reach）两种尺度。流域面积从小型溪流的数平方千米到大型河流的几十万平方千米。大型流域可以再划分为次流域。"河段"是一个地理术语，其尺度可以从数百米到数千米，取决于河流的大小。另外，采用术语"位置"（site），意味着河段上或流域内的具体位置，表示生态修复发生的位置或采样位置。

在确定监测范围时有两种尺度需要界定。一种是修复项目实施的范围或称项目区；另一种是修复项目实际影响的范围。前者主要以行政区划为主，因为这涉及投资来源，如政府、流域机构和投资机构等，监测与评估报告主要呈送这些机构。后者则考虑修复项目实际影响的地理范围。例如一项河流栖息地改善工程（见 5.4 节），由 20 个在河段上实施的不同类型子项组成，每一个河段长度 100～500m 不等。显然，工程完工后的生态响应即鱼类种群变化，不可能在每个子项的河段内显现。因为每个子项的生态影响会辐射到河段以外几百甚至上千米，所以监测与评估范围要远超过河段尺度。不仅如此，河流栖息地改善项目的侧向影响也不容忽略，这样就存在一个采样范围宽度问题，比如可以考虑把河滨带包括在内。

就鱼类和其他能够迁徙到项目区以外的动物而言，确定修复项目的影响范围是个复杂问题。例如，恢复河流纵向连通性项目，包含若干在流域内不同位置拆除障碍物或增设过鱼设施子项目，目的是帮助鱼类能够洄游到上游栖息地（见 8.4.2 节和 9.3 节）。显然，监测这种项目的鱼类响应，应聚焦于拆除障碍物的上游河段，而不是在拆除障碍物现场河段。

以往大多数生态学家或生态修复专家对于栖息地或生物区系的研究，经常集中在栖息地单元或河段范围内。但是越来越多的报告显示，需要考虑项目生态影响的辐射特征；鱼类和其他生物运动的不确定性；生物生存和种群的动态特征。仅仅把监测与评估局限于栖息地单元或河段尺度，往往不能全面反映生态修复的真实效果。可见，考虑在局部河段进行的修复工程对于更大尺度（河流、流域、次流域）的鱼类种群的影响是确定监测范围的关键。

一些报告显示，在较大尺度上实施监测不但是可行的，而且能够发掘出更多评估项目有效性的关键信息，而这些信息在河段尺度内是无法获得的。例如在奥地利 Pielach & Zitek 河上建设的 11 座鱼道项目监测与评估成果表明，鱼类群落的响应出现在次流域或流域范围内，在河段尺度上进行评估明显是不可靠的。由此说明，项目有效性评估是否反映实际情况，取决于合理的监测范围（Zitek 等，2008）。同样，在美国科罗拉多河上河段尺度的鱼类恢复项目，是在远比河段尺度更大的流域范围内评估的。

11.2.3　选择监测设计方法

1. 前后对比设计法（BA）和综合设计法（BACI）

评估修复工程项目通常采用的方法是前后对比设计法（Before - After design，BA），即监测并对比修复前后的生态参数，借以评估项目的有效性。前后对比设计法的监测范围设定在修复工程现场位置或称修复区。前后对比设计法的缺点是仅仅提供了修复区在修复前后的生态参数，进行时间坐标上的对比评估，但是缺少空间坐标上生态参数的对比评估。如果进一步思考，在分析监测数据时，如何考虑生态修复过程中自然力作用的影响，以及如何考虑时间易变性问题。基于这种考虑，研究者提出了综合设计法（Before After Design Control Impact，BACI）。综合设计法要求既要监测评估修复区在修复前后的生态参数，又要监测评估同一时段不进行修复的参照区生态参数。可以认为，综合设计法是对前后对比设计法的完善与补充。

图 11.2-1 显示综合设计法监测银大马哈鱼（coho salmon）幼鱼多度变化曲线。竖条表示水塘面积（包括修复区和参照区两种），线段表示大马哈鱼幼鱼多度（包括修复区和参照区两种）。可以发现，在修复项目实施以后的一两年，修复区的水塘面积增加，相应幼鱼多度也明显增加。这说明生态参数（幼鱼多度）年际有了大幅度提高，反映了生态修复后明显的生物响应。而在参照区没有实施修复工程，水塘面积基本没有变化，相应的幼鱼多度也基本持平，变化曲线呈扁平状。参照区变化曲线说明了在项目执行时段内，自然状态下的幼鱼多度基本没有变化，由此可以解释该项目主要靠修复工程发挥作用，才导致修复区幼鱼多度提高，由此可以基本排除自然力影响因素。

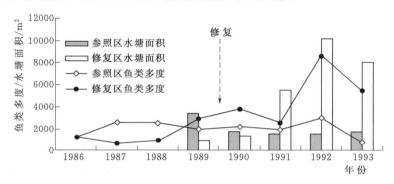

图 11.2-1　应用 BACI 法幼鱼多度及水塘面积年际变化曲线

（Stewart 等，1991）

2. 扩展修复后设计法（EPT）

许多工程案例显示，由于项目投资方要求在短期内（如数月）开工，并且没有预拨调查监测经费，在这种情况下，无法在开工前进行生态调查，即无法收集生态要素数据。在此条件下，采用扩展修复后设计法（Extensive Post-Treatment designs，EPT）是可行的。EPT 法要求选择合适的参考河段，参照河段与修复前的项目河段在生态特征方面具有相似性，包括生物、土地利用、植被、水文、河道形态、纵坡等要素。EPT 法通常在同一河流上选择参照河段，这是因为相邻河段与其他河流相比更具有典型相似性。通常参照河段位于修复河段的上游。

EPT 法选取多种不同位置的参照河段与相匹配的修复河段进行多项参数监测。EPT 法要求，不但项目河段与参照河段是对应的，而且采样位置是匹配的，且采样参数是成对的。依照 EPT 法，在修复项目开工后，项目区和参照区同步开始监测。监测的目的是通过分析参照区与修复区参数（物理类和生物类）的差别（用比值或差值表示），通过分析检验，确认修复行动的生物响应，借以评估项目的有效性。

近年来，EPT 法广泛应用于栖息地变化与鱼类响应间的关系，这是因为采用 EPT 法可使生物响应与物理或其他变量关联起来。下面介绍一个采用 EPT 法监测案例。这个项目通过在溪流设置结构物，扩大水塘面积从而增加木质碎屑量（LWD）的供给，引起的生物响应是七鳃鳗（lamprey）幼鱼多度大幅增加（Roni，2003）。监测的参数分别是参照区和修复区的 LWD 值及七鳃鳗（lamprey）幼鱼多度 ABU 值，每种参数都是匹配成对

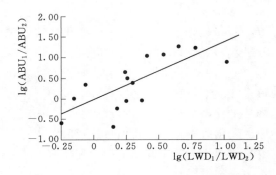

图 11.2 - 2　应用 EPT 法做相关性分析
LWD—木质碎屑量，ABU—七鳃鳗幼鱼密度
（Roni，2003）

的。监测成果绘成曲线如图 11.2 - 2。图 11.2 - 2 中横坐标为木质碎屑量（LWD）的供给变化，表示为修复区 LWD_1 与参照区 LWD_2 比值的对数 $L_1 = lg(LWD_1/LWD_2)$；纵坐标为七鳃鳗幼鱼多度变化响应，表示为修复区七鳃鳗幼鱼多度 ABU_1 与参照区幼鱼多度比值 ABU_2 比值的对数 $L_2 = lg(ABU_1/ABU_2)$。图中最大的 L_1（约 1.0）对应最大的 L_2（约 0.9），说明当修复区木质碎屑量增加约 10 倍时（$LWD_1/LWD_2 \approx 10$），对应的七鳃鳗幼鱼多度增加约 8 倍（$ABU_1/ABU_2 \approx 8$）。这个案例说明采用 EPT 法描述栖息地物理变量改变与生物响应的相关关系是十分有效的。

需要说明的是，采用 EPT 法需要有大量的现存项目备选，根据统计学原理，还需要有足够的数据支持。有学者认为，起码需要 10 个以上修复区和匹配参照区的采样点进行相关参数采样，以分析匹配成对数据间的差别（用比例或差值表示），进而建立起物理栖息地变化与生物响应之间的关系。栖息地物理变量的差别反映修复工程项目的直接效果，生物变量的差别则反映了对栖息地变化的生物响应。建立起二者关系，就可以评估修复项目的有效性。

尽管从理论上讲 EPT 法是可行的，但是在实际工作中可能会遇到困难，这主要表现为不易选择合适的匹配参照河段。这不但意味着需要投入更多资金用于实地调查勘察工作，而且有可能根本找不到一定数量参照河段，这就成为应用 EPT 法的潜在风险。

11.2.4　选择监测参数

选择合适的监测参数是监测方案成功的关键。监测参数分为两种，一种是可简单度量的变量如鱼类多度、水塘面积等；另一种是较为复杂的，如生物区系综合性指数。修复项目监测不同于通用的生态监测或环境监测，而有其明显的针对性。项目监测的目的在于评估修复项目的有效性。修复项目监测参数应该具备下列特征：①聚焦修复项目的目标；②对于修复行动具有敏感响应；③可开展有效的量测，数据具有可达性；④数值波动性有限。举例来说，如果一个岸边植被保护和植树项目的目标是岸坡稳定、遮阴和水体降温，那么很清楚选取岸坡稳定性、遮阴效果和水温作为监测参数。但是如果选取木质碎屑 LWD 供给量、鱼类多度作为参数，由于前者属于间接效果，不是项目的直接目标；而后者又需要数年时间方可显现，对修复行动缺乏敏感响应，所以二者均不符合上述参数特征条件。

选择监测参数涉及项目目标、采用的修复技术类型和数据的可达性，会涉及诸多参数。因此需要在诸多参数中梳理出若干关键参数。例如一个采用溪流内布设结构物以改善鱼类栖息地项目（见 6.4 节），最低限度的关键参数包括深潭、浅滩地貌以及鱼类多度。一个河滨带植树项目，关键的监测参数包括成活率、植物群落组成以及遮阴效果等。表

11.2-1收集了若干类型修复项目的常用参数。

表 11.2-1 　　　　　　　　　　若干常用生态修复技术的监测参数

修复技术	监 测 参 数		相关章节
	物 理 类	生 物 类	
拆除障碍物（水坝、堰）	河道地貌、纵坡、高程；泥沙冲淤	现存及缺失鱼类物种；季节性物种多度和生物多样性；河滨带植物群落和年龄结构	8.4.2
河道-河漫滩连通性修复	河道-河漫滩连通性；河床地貌和高程；河漫滩栖息地；泥沙淤积；植被保持	鱼类多度和多样性；鱼类局部洄游；无脊椎动物和固着生物群落	8.5.1 8.5.3
堤防后靠或重建	河道与河漫滩地貌；栖息地泥沙；木质碎屑供给；洪水时机和流量	河滨带植被组成和年龄结构；鱼类、无脊椎动物和固着生物多度和多样性	8.5.2
道路（移除、填平、稳定性）	河道内：水潭深度；冲刷、泥沙、水质；漫滩流量；上游：滑坡率及量级	鱼类生存；无脊椎动物多样性和多度	
河滨带植树和植被管理	河道内遮阴、木质碎屑供给、岸坡稳定性	树木成活率；物种组成；密度和生物量；树木生长高度和直径。无脊椎动物和固着生物群落	6.5
蜿蜒性恢复	河道形态、蜿蜒度、纵坡、深潭-浅滩序列、植被保持、地质、底质、淤积	鱼类多度和多样性；河川洄游鱼类行为；无脊椎动物和固着生物群落	6.2.2
河道内栖息地改善	河道形态、底质、深潭与浅滩深度、面积、木质碎屑供给	鱼类多度、多样性、索饵、生存、繁殖	6.4
在河漫滩侧边建设水塘和栖息地	底质、水文连通性、栖息地单元、平滩流量	鱼类多度、多样性、索饵、生存、繁殖；无脊椎动物和固着生物的多度和多样性	8.5.3
鱼道	鱼道进口、出口、鱼道隔板位置的水文（水深、流速、水位、水温）、气象等信息	过鱼时间、数量、种类、个体尺寸；洄游鱼类行为；溯河洄游效率；洄游鱼种；鱼类资源量；降河洄游损伤率和死亡率；洄游路线	第9章

11.2.5　监测数据的质量控制

监测数据质量控制应贯穿于整个调查监测分析工作的全过程。为了保证监测数据能准确反映河湖生态现状，需保证获得的数据具备5项特征：代表性、准确性、完整性、可比性和可溯源性。

1. 采样质量控制

根据河流湖泊的形态特征、水文、水质和水生生物的分布特点，确定合理的采样点设计方案及样品的类别和数量。在确定采样时间和地点的基础上，使用统一的采样器械和合理的采样方法，以保证采集样品具有代表性。

2. 样品分析质量控制

在实验室分析工作中，经过鉴定和查验的样品可以在"样品登记"记录本上填写跟踪信息，以便跟踪每个样品的进展情况。每完成一步，及时更新样品登记日志（如接收、鉴定、查验、存档）。

3. 数据处理与资料汇编

进行系统、规范化的监测分析，对原始结果进行核查，发现问题应及时处理。原始资料检查内容包括样品采集、保存、运输、分析方法的选用。采样记录、最终检测报告及有关说明等原始记录，经检查审核后，应装订成册，以便保管备查。原始测试分析报表及分类电子数据，按照统一资料记录格式整编成电子文档。

11.2.6　监测方案设计的风险、精度和置信度

监测方案设计的统计学要素包括风险、精度和置信度。所谓风险（risk），简单地理解是一个事件发生的机会。它有两个方面，一是机会，二是可能发生事件的重要性。置信度（confidence）的含义是依据监测方案所得到结果，实际上落在取值区间内的概率（以百分比表示）。置信区间所提供的保证程度由置信系数描述（例如 90%，95%），通常称为置信水平。举例来说，如果我们计算每 40 个不同站点的数据的平均值为 90% 的置信区间，就可以认为，准确的站点意味着在这 40 个站点中大约 36 个站点落在相应置信区间内。所谓精度（precision）是指监测方案得出的结果与真实值之间的差值。精度通常定义为置信区间的半宽度。精度和置信度水平决定了监测方案所允许的不确定性程度，这种不确定性来源于自然力和人为活动变化。通过采样数据对物理和生物状况进行评估，这些评估值与真实值通常存在差异。

风险水平可接受程度会影响评估生态状况所需要的监测点数量。一般来说，如果期望获得的评估偏差风险越低，则需要布设的监测点数量越大，相应所需成本就越高。需要指出，项目投入资金远大于监测成本，足够的采样点数量是保证项目有效性评估得到正确结果的前提。总之，合理的监测设计的关键原则是实际的精度和置信度水平应该能够对时间和空间的生态状况进行有意义的评估。

为使监测方案统计学要素规范化，英国环境署（UK Environment Agency，2006）发布了《水框架指令生物分类工具监测结果的不确定性估算》（Uncertaining estimation for monitoring results by WFD biological classification tools）这份技术文件指出，在下列 4 种情况下涉及监测结果所需要的精度和置信度。

（1）在流域管理规划中，要估计监测成果的置信度和精度。

（2）在选择生物质量要素参数时，需要确定适当的分级水平，以便在质量要素的分级中获得足够的置信度和精度。

（3）应选择合适的监测频率以达到可接受的置信度和精度。

（4）评估监测成果的置信度和精度，用以指导制订具有合理的成本/效益的修复措施方案。

这份英国环境署的报告还提供了若干监测设计案例。在 Nidd 河上，在四个相邻100m 范围内进行当日采样。由内部空间变异性可估算局部空间变异和采样误差。2002 年在 Mersey 流域实施采样方案，在 5 月和 9 月分别在 16 个地点采样。从区域内可变性出发，可估计季节性因素影响、随机时间变化以及采样误差。在 Avon 河、Arrow 河、

Leadon 河、Stour 河以及 Mersey 河的鱼类采样，遵循《渔业监测程序指南 2.1》执行 (Fisheries Monitoring Programme Work Instruction 2.1)，均用电网采样。而在 Nidd 河和 Don 河进行鱼类采样是科研项目的一部分，每一个采样点的长度都接近 100m。这份报告介绍了监测与评估的分析方法。内容包括，在每个测点上对变异性建模，进行空间与时间变异性分析以及季节性影响分析，研究变异性的统计分布，计算评估成果的置信度。

11.3   河湖生态系统实时监测网络系统

河湖生态系统实时监测网络系统，是实施有效的生态管理的现代化工具。它是利用通信、网络、数字化、RS、GIS、GPS、辅助决策支持系统（ADSS）、人工智能（AI）、远程控制等先进技术，对各类生态要素的大量信息进行实时监测、传输和管理，形成的监测网络系统，如图 11.3-1 所示。

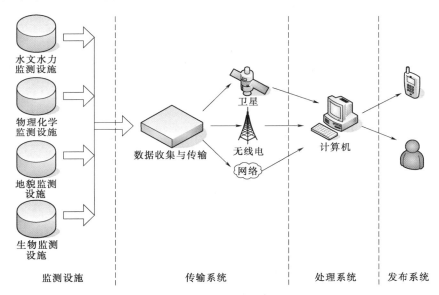

图 11.3-1   河流生态修复工程监测网络系统示意图

监测网络系统包括监测设施、传输网络、处理系统和发布系统四大部分。监测设施包括各类生态要素监测站的测验设施、标志、场地、道路、照明设备、测船码头等设施；传输网络包括利用卫星、无线电和有线网络（光纤、微波）等，用于实现数据的传输；处理系统用于存储、管理和分析收到的监测数据；发布系统用于监测数据的分发和上报，为决策提供科学依据。

监测网络的构建应充分利用现有的水文、环境、农业、林业等监测站网，增设监测项目与设备，提高监测与信息处理水平。在河段内的典型区和水环境敏感区增设独立的监测站，站点设置与相关管理机构一致。监测站网布设应采取连续定位观测站点、临时性监测站点和周期性普查相结合，在重点区域设立长期连续定位观测点，定量监测该段河流的生态要素。

　　就河湖生态修复项目而言，项目区的实施往往是在河段尺度上进行，但是应在河流廊道或流域尺度上布置生态监测系统，以长期收集水文、水质、地貌和生物数据。在项目施工过程中，对监测数据进行定期分析，当出现不合理结果时，需结合项目起始阶段的河流历史、现状数据进行对比分析，并对项目实施目标、总体设计、细部设计进行重新调整。项目完工后，生态监测系统服务于项目有效性评估。项目运行期，生态监测系统用于生态系统的长期监测，掌握系统的演变趋势，不断改善生态管理。

附　　表

附表Ⅰ-1　　　　　　　　　　湖泊流域土地利用调查表　　　　　　　　　单位：km²

_____市_____县（市、区）_____镇（乡）

县	镇	耕地			园地	林地	草地	商业服务用地	工矿仓储用地	住宅用地	公共管理用地	特殊用地	交通运输用地	水域及水利设施用地	其他用地
		水田	水浇地	旱地											

填表说明：

1. 流域范围涉及县（市）较多者，以县（市）为单位填写；流域涉及县（市）较少者，以镇（乡）为单位填写。

2. 湖泊流域涉及行政区域以流域汇水区为界限，并适当考虑行政区划，如湖泊流域仅涉及某县（市）的一个镇（乡），应仅统计此镇（乡）的人口数据。以整个流域及其所涉及的县市为单元填写最新的土地利用信息。一般通过遥感影像数据获取，可利用国土或者规划部门的资料填写。同时需注明年份。

【县】包括县、县级市、自治县；

【镇】包括镇、乡；

【水田】指用于种植水稻、莲藕等水生农作物的耕地。包括实行水生、旱生农作物轮种的耕地；

【水浇地】指有水源保证和灌溉设施，在一般年景能正常灌溉，种植旱生农作物的耕地。包括种植蔬菜等的非工厂化的大棚用地；

【旱地】指无灌溉设施，主要靠天然降水种植旱生农作物的耕地。包括没有灌溉设施，仅靠引洪淤灌的耕地；

【园地】指种植以采集果、叶、根茎等为主的集约经营的多年生木本和草本作物（含其苗圃），覆盖度大于50％或每亩有收益的株数达到合理株数70％的土地。包括果园、茶园、其他园地；

【林地】指生长乔木、竹类、灌木、沿海红树林的土地。不包括居民点内绿化用地，以及铁路、公路、河流、沟渠的护路、护岸林。包括有林地、灌木林地、其他林地；

【草地】指生长草本植物为主，用于畜牧业的土地。包括天然牧草地、人工牧草地、其他草地；

【商业服务用地】指主要用于商业、服务业的土地。包括批发零售用地、住宿餐饮用地。商务金融用地、其他商服用地；

【工矿仓储用地】工业用地、采矿用地、仓储用地；

【住宅用地】指主要用于人们生活居住的房基地及其附属设施的土地。包括城镇住宅用地、农村宅基地;

【公共管理用地】机关团体、科教、医疗卫生、文体娱乐用地、公共设施用地、公园与绿地、风景名胜设施用地;

【特殊用地】指用于军事设施、涉外、宗教、监教、殡葬等的土地。包括军事设施用地、使领馆用地、监教场所用地、宗教用地、殡葬用地;

【交通运输用地】指用于运输通行的地面线路、场站等的土地。包括民用机场、港口、码头、地面运输管道和各种道路用地;

【水域及水利设施用地】指陆地水域,海涂,沟渠,水工建筑物等用地。包括河流水面、湖泊水面、水库水面、坑塘水面、沼泽地、沟渠、水工建筑用地、冰川及永久积雪;

【其他用地】包括空闲地、设施农用地、田坎、盐碱地、沙地、裸地。

详见《土地利用现状分类》(GB/T 21010—2007)。

附表 I-2　　　　　　　　　　社会经济状况调查表

_____市_____县(市、区)_____镇(乡)

编号	调查指标	单位	数据			数据来源
			2014	2015	…	
1	国内生产总值	万元				
2	国内生产总值增长率	%				
3	工业总产值	万元				
4	农业总产值	万元				
5	第三产业总产值	万元				
6	水利工程投资总额	万元				
7	人均 GDP	万元				
8	人均年收入	万元				

附表 I-3　　　　　　　　工业企业废水排放及处理情况调查表

编号	调查指标		单位	数据				数据来源
				2013	2014	2015	…	
1	工业用水总量		t					
2	废水治理设施数量		套					
3	污废水处理能力	自有设施	t/d					
4		集中设施	t/d					
5	废水处理运行费用	自有设施	万元/d					
6		集中设施	万元/d					
7	工业废水排放量		t					
8	排入污水处理厂总量		t					
9	工业废水排放达标率		%					

编号	调查指标		单位	数据				数据来源
				2013	2014	2015	...	
10	污染物排放量	汞	kg/d					
11		镉	kg/d					
12		铬	kg/d					
13		铅	kg/d					
14		COD	kg/d					
15		总氮	kg/d					
16		总磷	kg/d					
17		氨氮						
18		......						

附表Ⅰ-4　　　　城镇污水和垃圾收集、处理与排放情况调查表

_____市 _____县（市、区）_____镇（乡）

编号	调查指标		单位	数据			数据来源
				2014	2015	...	
1	城镇人口						
2	生活污水排放量						
3	生活污水接管率						
4	集中污水处理规模						
5	分散污水处理规模						
6	垃圾产生量						
7	垃圾处理率						
8	污水污染物排放量	COD					
9		总磷					
10		氨氮					
11		总氮					
12	垃圾污染物排放量	COD					
13		总磷					
14		氨氮					
15		总氮					

附表 I－5　　　　　　　　规模化养殖污染状况调查表

_____市 _____县（市、区）_____镇（乡）

编号	指标名称		单位	猪	牛		鸡		其他
					肉牛	奶牛	肉鸡	蛋鸡	
1	畜禽存栏总数		头（只）						
2	畜禽粪尿使用率		％						
3	污水处理设施	数量	套						
4		处理能力	t/a						
5		投资	万元						
6	固体废物处理设施	数量	套						
7		处理能力	t/a						
8		投资	万元						
9	污染物排放量	COD	kg/a						
10		总磷	kg/a						
11		氨氮	kg/a						
12		总氮	kg/a						

填表说明：

1. 规模化养殖是指畜禽饲养数量达到一定数量的养殖户。参照《畜禽规模养殖污染防治条例》第四十三条规定：畜禽养殖场、养殖小区的具体规模标准由省级人民政府确定。

2. 调查表格的详细设计及排污系数可参考《第一次全国污染源畜禽养殖业产污系数与排污系数手册》。

3. 表格中"其他"选项可填羊、鸭和鹅等。

4. 羊、鸭和鹅没有具体系数，可用以下关系进行换算：3 只羊＝1 头猪，50 只鸭＝1 头猪，40 只鹅＝1 头猪。

附表 I－6　　　　　　　农村生活污水、生活垃圾污染调查表

_____市 _____县（市、区）_____镇（乡）

编号	指标名称		数据			数据来源
			2014	2015	...	
1	农村人口数					
2	生活垃圾	生活垃圾产生系数				
3		生活垃圾产生量				
4		处理设施　数量				
5		处理设施　处理能力				
6	生活污水	生活污水产生系数				
7		生活污水产生量				
8		处理设施　数量				
9		处理设施　处理能力				

编号	指标名称		数据			数据来源
			2014	2015	…	
10	垃圾污染物排放量	COD				
11		总磷				
12		氨氮				
13		总氮				
14	污水污染物排放量	COD				
15		总磷				
16		氨氮				
17		总氮				

填表说明：农村人口数以统计年鉴为准。

附表 I－7　　　　　　　　　种植业污染状况调查表

_____市、_____县（市、区）_____镇（乡）

编号	指标名称		面积/亩	农田径流排放量/(t/a)		
				总磷	总氮	氨氮
1	水田	梯田				
2		非梯田				
3	旱地	平地				
4		缓坡地				
5		陡坡地				
6	园地	平地				
7		缓坡地				
8		陡坡地				

填表说明：

1. 种植业污染：主要是指农田中剩余的化肥和农药经径流进入水体，使水环境中氮、磷等营养盐负荷增加，而使水体遭受污染。

2. 【平地】指地形及地块坡度均小于5°的地块。

3. 【缓坡地】指地形坡度5°～15°的地块。

4. 【陡坡地】指地形坡度大于15°的地块。

5. 【梯田】在坡地上分段沿等高线建造的阶梯式农田。

附表 Ⅱ-1 小型河流踏勘记录表

河流名称_____ 河段编号_____ 调查时间_____

河段编号	位置			河道地貌水文					水利工程				河漫滩			环境压力	
	1	2	3	4	5	6	7	8	9	10	11	12	13	14	15	16	17
	GPS坐标	GPS高程	照片编号	河流形态	河床基质	河床宽度	平均水深	径流延时	堤防缩窄河床	不透水衬砌护岸	河底混凝土铺设	闸/坝/堰高度	植被构成	植被覆盖度	侵占河漫滩	污水/垃圾	采砂
1																	
2																	
3																	
4																	
...																	

填表说明：

【1 GPS 坐标】河段起点 GPS 坐标。

【2 GPS 高程】河段起点海拔高程。

【3 照片编号】照片编号，摄影者面向上游。

【4 河流形态】目测判断，选项：A. 蜿蜒型，B. 顺直微弯型，C. 辫状型，D. 网状型。

【5 河床基质】目测判断，选项：A. 卵石/砾石，B. 砂砾/中沙，C. 细沙，D. 淤泥。

【6 河床宽度】测量河床宽度。

【7 平均水深】河流 3～5 个测点的平均水深。

【8 径流延时】调查或查阅资料，选项：A. 常年径流；B. 季节性径流，>6 个月；C. 季节性径流，<6 个月；D. 暴雨后短时径流。

【9 堤防缩窄河床】选项：A. 有，填写缩窄尺寸；B. 无。

【10 不透水衬砌护岸】选项：A. 有，填写长度；B. 无。

【11 河底混凝土铺设】选项：A. 有，填写长度；B. 无。

【12 闸/坝/堰高度】选项：A. 水闸高度，B. 砌石坝高度，C. 混凝土坝高度，D. 橡胶坝高度，E. 无。

【13 植被构成】选项：A. 乔木，B. 灌木，C. 草，D. 混合。

【14 植被覆盖度】指天然植物（包括叶、茎、枝）在单位面积内植物的垂直投影面积所占百分比，可以通过遥感监测方法获得，或者目测粗估。

【15 侵占河漫滩】选项：A. 违章建筑，B. 道路，C. 养殖鱼塘，D. 农田。

【16 污水/垃圾】指生活污水、养殖污水、工业废水和生活垃圾、建筑垃圾；选项：A. 污水，B. 垃圾，C. 无。

【17 采砂】指采砂、挖土等破坏河道行为，选项：A. 有，B. 无。

附表Ⅱ-2　　　　　　　　河滨带陆生植物踏勘记录表

河流名称_____　样带编号_____　点位编号_____　调查日期_____　照片编号_____　调查人_____

项目	GPS坐标	河滨带宽度/m	覆盖度				乔灌分布特征	优势种			
			乔木	灌木	草本	合计		乔木		灌木	
								名称	树高	名称	树高
序号	1	2	3	4	5	6	7	8	9	10	11
左岸											
右岸											

填表说明：

【覆盖度】植物地上部分垂直投影面积占样方面积的百分比。用目测估计或面积测量法测定。选项：A. 0，<1％；B. 1％～5％；C. 6％～25％；D. 26％～50％；E. 51％～75％；F. >75％。

【乔灌分布特征】选项：A. 无乔灌木；B. 零散分布；C. 均匀分布；D. 成簇分布；E. 半连续分布；F. 连续分布。

附表Ⅱ-3　　　　　　　　河流横断面大型植物调查记录表

河流名称_____　横断面编号_____　样方编号_____　调查日期_____　调查人_____

样方编号	1	2	3	4	5	6	7	8
位置和环境								
样方宽度/m								
样方长度/m								
基准点GPS　X坐标								
基准点GPS　Y坐标								
样方起点GPS坐标								
起点与横断面基准点水平距离/m								
平均水深/m								
大型水生植物根部最高高程/m								
大型水生植物根部最低高程/m								
水体透明度（选项）								
河床底质								
覆盖度/％								
挺水植物								
沉水扎根植物								
浮叶扎根植物								
漂浮植物								
丝状藻类								
总覆盖度								

样方编号	1	2	3	4	5	6	7	8
物种多度								
物种名称								
1								
2								
3								
…								

填表说明：

【水体透明度】目测判断，选项：A. 清晰（可见度＞2m），B. 不透明（能见度1～2m），C. 浑浊（能见度＜1m）。

【河床底质】目测判断，选项：A. 卵石/砾石，B. 砂砾/中沙，C. 细沙，D. 淤泥。

【覆盖度】植物地上部分垂直投影面积占样方面积的百分比。用目测估计或面积测量法测定。选项：A. 0，＜1％；B. 1％～5％；C. 6％～25％；D. 26％～50％；E. 51％～75％；F. ＞75％。

【多度】指某一物种在样方内的个体总数，可直接计数或目测估计。多度是计算物种多样性指数的基础数据。

【物种】填写植物名称，如芦苇、香蒲等。

附表Ⅱ-4　　　　　　　　大型底栖无脊椎动物调查野外记录表

河流名称/编号			调查人		
日期			起始时间		
采样方法			采样工具		

GPS X 坐标		河宽/m		位置		岸边 □　水面 □
GPS Y 坐标		平均流速/(m/s)		取样深度/m		

气象			风力	降雨	
晴 □		多云 □		大雨 □	中雨 □
阴 □				小雨 □	无雨 □

基质稳定性				基质类型			
坚固	□	不坚固	□	淤泥	□	碎石	□
稳定	□	松软	□	沙质	□	卵石	□
不稳定	□	危险	□	淤泥沙质	□	木质残骸	□

水位		透明度		水体颜色		
高 □	中 □	清晰 □（＞2m）	不透明 □（1～2m）	无色 □	绿 □	蓝 □
低 □		浑浊 □（＜1m）		黄 □	褐 □	灰 □

流态					
湍流 □	层流 □	深潭 □	浅滩 □	跌水 □	池塘 □

岸坡植物覆盖率/%				
挺水植物	沉水扎根植物	浮叶扎根植物	漂浮植物	丝状藻类

陆域				
农田 □	牧场 □	湿地 □	城郊 □	树林 □

附近污染源				
排污口 □	养殖场 □	垃圾	农田 □	生活污水 □

填表说明：

【覆盖率】植物地上部分垂直投影面积占样方面积的百分比。用目测估计或面积测量法测定。选项：A. 0，＜1%；B. 1%～5%；C. 6%～25%；D. 26%～50%；E. 51%～75%；F. ＞75%。

附表Ⅱ-5　　　　鱼类野外采样生境记录表

河流名称/编号			调查人	
日期			起始时间	
网的类型		□刺网 □长袋网 □围网	孔的大小/mm	

GPS　X 坐标		河宽/m		位置		□岸边 □水面
GPS　Y 坐标		平均流速/（m/s）		捕鱼深度/m		

生境植物				基质类型		
开放水面	%	挺水植物	%	淤泥		碎石
沉水植物	%	漂浮植物	%	沙质		卵石
浮叶植物	%	河滨带植被	%	淤泥沙质		木质残骸

阳光		风力	降雨		
晴 □	多云 □		大雨 □	中雨 □	
阴 □			小雨 □	无雨 □	

续表

水　位		透明度		水体颜色		
高 □	中 □	清晰（>2m）	不透明（1～2m）	无色 □	绿 □	蓝 □
低 □	局部水体 □	浑浊（<1m）		黄 □	褐 □	灰 □
附近污染源						
排污口 □	养殖场 □	垃圾 □	农田 □	生活污水 □		

附表Ⅱ-6　　鱼类调查捕获记录表

河流名称/编号					调查人					
日期					起始时间					
网的类型	[　] 刺网 [　] 长袋网 [　] 围网				孔网尺寸/mm					
鱼类名称	长度	质量	长度	质量	长度	质量	长度	质量	长度	质量

附表Ⅱ-7　　鱼类调查捕获统计表

河流名称/编号									调查人									
日期									起始时间									
网的类型	[　] 刺网 [　] 长袋网 [　] 围网								备注									
名称	孔网尺寸/mm																总计	
	13		15		20		22		30		40		50		70			
	个数	质量	个数	质量	个数	质量	个数	质量	个数	质量	个数	质量	个数	质量	个数	质量	个数	质量

参 考 文 献

[1] 曹文宣．长江上游水电梯级开发的水域生态保护问题［J］．长江技术经济，2017，1（1）：25-30.

[2] 陈进，李清清．三峡水库试验性运行期生态调度效果评价［J］．长江科学院院报，2015，4：1-6.

[3] 陈伟，朱党生．水工设计手册．第三卷 征地移民 环境保护与水土保持［M］．北京：中国水利水电出版社，2013.

[4] 成玉宁，等．湿地公园设计［M］．北京：中国建筑工业出版社，2012.

[5] 董哲仁．生态水工学的理论框架［J］．水利学报，2003（1）：1-6.

[6] 董哲仁．水利工程对生态系统的胁迫［J］．水利水电技术，2003（7）：1-5.

[7] 董哲仁．河流形态多样性与生物群落多样性［J］．水利学报，2003（11）：1-6.

[8] 董哲仁．河流生态修复的尺度格局和模型［J］．水利学报，2006（12）：1476-1481.

[9] 董哲仁．怒江水电开发的生态影响［J］．生态学报，2006（5）：1591-1596.

[10] 董哲仁，孙东亚，赵进勇．水库多目标生态调度［J］．水利水电技术，2007（01）：28-32.

[11] 董哲仁．探索生态水利工程学［J］．中国工程科学，2007（01）：1-7.

[12] 董哲仁，孙东亚，等．生态水利工程原理与技术［M］．北京：中国水利水电出版社，2007.

[13] 董哲仁，张晶．洪水脉冲的生态效应［J］．水利学报，2009，40（3）：281-288.

[14] 董哲仁．在中国寻找健康的河流［J］．环球科学，2009（1）：78-81.

[15] 董哲仁．河流生态系统研究的理论框架［J］．水利学报，2009，40（2）：129-137.

[16] 董哲仁，孙东亚，赵进勇，张晶．河流生态系统结构功能整体性概念模型［J］．水科学进展，2010，21（04）：550-559.

[17] 董哲仁，张爱静，张晶．河流生态状况分级系统及其应用［J］．水利学报，2013，44（10）：1233-1238.

[18] 董哲仁．河流生态修复［M］．北京：中国水利水电出版社，2013.

[19] 董哲仁，孙东亚，赵进勇，张晶．生态水工学进展与展望［J］．水利学报，2014，45（12）：1419-1426.

[20] 董哲仁．论水生态系统五大生态要素特征［J］．水利水电技术，2015，46（06）：42-47.

[21] 董哲仁，张晶，赵进勇．环境流理论进展述评［J］．水利学报，2017，48（06）：670-677.

[22] 董哲仁，赵进勇，张晶．环境流计算新方法：水文变化的生态限度法［J］．水利水电技术，2017，48（01）：11-17.

[23] 董哲仁．堤防除险加固实用手册［M］．北京：中国水利水电出版社，1998.

[24] 丁宝瑛，胡平，黄淑萍．水库水温的近似分析［J］．水力发电学报，1987（4）：17-33.

[25] 郭文献，王鸿翔，夏自强，徐建新．三峡-葛洲坝梯级水库水温影响研究［J］．水力发电学报，2009，28（06）：182-187.

[26] 韩玉玲，岳春雷，等．河道生态建设——植物措施应用技术［M］．北京：中国水利水电出版社，2009.

[27] 何大明，顾洪宾．水电能源基地建设对西南生态安全影响评估技术与示范［R］．昆明：云南大学，2015.

[28] 蒋固政，张先锋，常剑波．长江防洪工程对珍稀水生动物和鱼类的影响［J］．人民长江，2001

(07)：39-41，49.

[29] 金相灿，等．湖泊富营养化控制理论、方法与实践 [M]．北京：科学出版社，2013.

[30] 李大美，王祥三，赖永根．钉螺流场实验模拟及其应用 [J]．水科学进展，2001，12（3）：343-349.

[31] 李小平，等．湖泊学 [M]．北京：科学出版社，2013.

[32] 秦伯强，等．富营养化湖泊治理的理论与实践 [M]．北京：科学出版社，2011.

[33] 曲璐，李然，李嘉，李克锋，邓云．高坝工程总溶解气体过饱和影响的原型观测 [J]．北京：中国科学杂志社，2011，41（2）：177-183.

[34] 邵学军，王兴奎．河流动力学概论：2 版．[M]．北京：清华大学出版社，2013.

[35] 孙儒泳．动物生态学原理 [M]．北京：北京师范大学出版社，2001.

[36] 陶江平，乔晔，杨志，常剑波，董方勇，万力．葛洲坝产卵场中华鲟繁殖群体数量与繁殖规模估算及其变动趋势分析 [J]．水生态学杂志，2009，30（02）：37-43.

[37] 王俊娜，董哲仁，廖文根，李翀，冯顺新，骆辉煌，彭期东．基于水文-生态响应关系的环境水流评估方法——以三峡水库及其坝下河段为例 [J]．中国科学：技术科学，2013，43（06）：715-726.

[38] 王俊娜，李翀，廖文根．三峡-葛洲坝梯级水库调度对坝下河流的生态水文影响 [J]．水力发电学报，2011，30（02）：84-90，95.

[39] 王俊娜，董哲仁，廖文根，李翀．美国的水库生态调度实践 [J]．水利水电技术，2011，42（01）：15-20.

[40] 邬建国．景观生态学——格局、过程、尺度与等级 [M]．北京：高等教育出版社，2004.

[41] 夏军，赵长森，刘敏，王纲胜，张永勇，刘玉．淮河闸坝对河流生态影响评价研究——以蚌埠闸为例 [J]．自然资源学报，2008（01）：48-60.

[42] 杨海军，李永祥．河流生态修复的理论与技术 [M]．长春：吉林科学技术出版社，2005.

[43] 詹道江，徐向阳，陈元芳．工程水文学：4 版．[M]．北京：中国水利水电出版社，2010.

[44] 赵安平，刘跃文，陈俊卿．人民黄河 [J]．黄河调水调沙对河口形态影响的研究，2008，30（8）：28-29.

[45] 赵进勇，董哲仁，杨晓敏，张晶，马栋，徐征和．基于图论边连通度的平原水网区水系连通性定量评价 [J]．水生态学杂志，2017，38（05）：1-6.

[46] 赵进勇，董哲仁，翟正丽，孙东亚．基于图论的河道-滩区系统连通性评价方法 [J]．水利学报，2011，42（05）：537-543.

[47] 赵振荣，何建京．水力学：2 版．[M]．北京：清华大学出版社，2010.

[48] 周刚，王虹，邵学军，等．河型转化机理及其数值模拟——Ⅱ．模型应用 [J]．水科学进展，2010，21（02）：145-152.

[49] 朱党生，张建永，等．水工程规划设计关键生态指标体系 [J]．水科学进展，2010（4）：560-566.

[50] 张楚汉，王光谦．水利科学与工程前沿（下）[M]．北京：科学出版社，2017.

[51] David Cole，等，著．游憩生态学 [M]．吴承照，等，译．北京：科学出版社，2011.

[52] Martin Griffiths，等．欧洲生态和生物监测方法及黄河实践 [M]．郑州：黄河水利出版社，2012.

[53] （加）卡尔夫．湖沼学：内陆水生态系统 [M]．古滨河，等，译．北京：高等教育出版社，2011.

[54] 联合国粮农组织（FAO）和德国水资源与陆地改良学会（DVWK）．李志华，王珂，等，译．鱼道——设计、尺寸及监测（中文版）[M]．北京：中国农业出版社，2009.

[55] 美国土木工程协会能源分会．马福恒，等，译．大坝及水电站退役指南 [M]．北京：中国水利水

电出版社，2010.

[56] （美）妮可．思科，（加）克里斯汀．斯如娜．淡水生物多样性保护工作实践指南 ［M］．朱琳，刘林军，译．北京：中国环境科学出版社，2010.

[57] H 瓦宁根，P P 斯科勒玛，P 高夫，等．长江流域水资源保护局译．从海洋到河源——欧洲河流鱼类洄游通道恢复指南 ［A］．长江出版社，2011.

[58] 玉光弘明，中岛秀雄，等．堤防的设计与施工 ［M］．日本：技报堂出版，1991.

[59] Amoros C，Bornette G. Connectivity and biocomplexity in waterbodies of riverine floodplains ［J］. Freshwater Biology，2002，47：761 – 776.

[60] Papanicolaou A N，Elhakeem M，Krallis G. Computation，Modeling of Sediment Transport Processes ［J］. Journal of Hydraulic Engineering ASCE，2008，(1)：1 – 134.

[61] Acreman M C，Ferguson J D. Environmental flows and the European Water Framework Directive ［J］. Freshwater biology，2010，55 (1)：32 – 48.

[62] Allan J D，Castillo M M. Stream Ecology and Function of running waters 2nd edn ［M］. New York：Springer，2007.

[63] Arthington A H. Environmental Flows – Saving Rivers in Third Millennium ［J］. US Berkeley：University of California Press，2012，181 – 197.

[64] Banks E W，Simmons C T，Love A J，Shand P. Assessing spatial and temporal connectivity between surface water and groundwater in a regional catchment：Implications for regional scale water quantity and quality ［J］. Journal of Hydrology，2011，404：30 – 49.

[65] Bencala K E. Stream – groundwater interactions ［J］. In Treatise on water science. P. Wilderer，editor. Academic Press，Oxford，UK，2011：537 – 546.

[66] Benda L，Poff N L，Miller D，Dunne T，Reeves G，Pess G，Pollock M. The network dynamics hypothesis：How channel networks structure riverine habitats ［J］. BioScience，2004，54：413 –427.

[67] Benke A C，Chaubey I，Ward G M，Dunn E L. Flood Pulse Dynamics of an Unregulated River Floodplain in the Southeastern US Coastal Plain ［J］. Ecology，2000，81 (10)：2730 – 2741.

[68] Brierley G J，Fryirs K A. Geomorphology and River Management – Application of the River styles Framework ［M］. Australia：Blackweel Science Ltd，2005.

[69] Pringle C M，Jackson C R. Hydrologic connectivity and the contribution of stream headwaters to ecological integrity at regional scales ［J］. Journal of the American Water Resources Association，2007，43：5 – 14.

[70] Christopher p Konrad，Julian d olden. Large – scale Flow Experiments for Managing River Systems ［J］. BioScience，2011，61 (12)：948 – 959.

[71] Connectivity streams and wetlands to downstream waters：a review synthesis of the scientific evidence ［J］. US Environmental Protection Agency Washington，DC，2015，(14)：475 – 600.

[72] Cook B J，Hauer F R. Effects of hydrologic connectivity on water chemistry，soils，and vegetation structure and function in an intermontane depressional wetland landscape ［J］. Wetlands，2007，27：719 – 738.

[73] Cote D，Kehler D，Bourne C，Wiersma Y. A new measure of longitudinal connectivity for stream networks ［J］. Landscape Ecology，2009，24：101 – 113.

[74] Duan X，Liu S，Huang M，et al. Changes in abundance of larvae of the four domestic Chinese carps in the middle reach of the Yangtze River，China，before and after closing of the Three Gorges Dam ［J］. Environ Biol Fish，2009，28：13 – 22.

[75] Dunbar M J，Ibbotson A T，Gowing I M，et al. Ecologically Acceptable Flows Phase Ⅲ：Further

Validation of PHABSIM for the Habitat Requirements of Salmonid Fish [C] //Environment Agency, Final R&D Technical report to the Environment Agency, Bristol, UK. 2001.

[76] DVWK. Fish passes – design, dimensions and monitoring [M]. Rome, Publishing and Multimedia Service, Information Division, FAO 2002.

[77] Eloise Kendy, Karl W Flessa. Leveraging environmental flows to reform water management policy: Lessons learned from the 2014 Colorado River Delta pulse flow [J]. Ecological Engineering, 2017, (106): 683 – 694.

[78] Mitsch W J, Jorgensen S E. Ecological Engineering and Ecosystem Restoration [M]. Hoboken, New Jersey: John Wiley & Sons, 2004.

[79] Gary J Brierley, Kirstie A Fryirs. Geomorphology and River Management Application of the river styles framwork [M]. Blackweel Science Ltd. Australia, 2005.

[80] Gene E Likens. River Ecosystem Ecology: Encyclopedia of Inland of Water [M]. ELSEVIER, NY USA 2010.

[81] Gene E Likens. Lake Ecosystem Ecology: A Global Perspective [M]. ELSEVIER NY, USA, 2010.

[82] Gordon N D, Thomas A, McMahon B L, et al. Stream Hydrology—An Instruction for Ecologists (Second Edition) [M]. West Sussex PO19 8SQ, England: John Wiley & Sons Ltd, 2004.

[83] Gregory B P. 2D Modeling and Ecohydraulic Analysis [C]. University of California at Davis, Davis, CA 95616, US, 2011.

[84] Hall C J, Jordaan A, Frisk M G. The historic influence of dams on diadromous fish habitat with a focus on river herring and hydrologic longitudinal connectivity [J]. Landscape Ecology, 2011, 26: 95 – 107.

[85] Hauer E R, Lamberti G A. Methods in Stream Ecology [M]. Amsterdam: Elsevier, 2007.

[86] Harper D, Zalewski M, Pacini N. Ecohydrology – processes, models and case studies [M]. Trowbridge: Cromwell Press, 2008.

[87] Hermoso V, Kennard M J, Linke S. Integrating multidirectional connectivity requirements in systematic conservation planning for freshwater systems [J]. Diversity and Distributions, 2012, 18: 448 – 458.

[88] Higgins J M ASCE, Brock W G. Over review of reservoir release improvements at 20 TVA Dams [J]. Journal of energy engineering, 1999, (4): 1 – 17.

[89] Junk W J, Wantzen K M. The flood pulse concept: New aspects, approaches and application – an update [J]. Proceedings of the second international symposium on the management of large river for fisherie, 2003, 117 – 149.

[90] Khan N M, Tingsanchali T. Optimization and simulation of reservoir operation with sediment evacuation: a case study of the Tarbela Dam, Pakistan [J]. Hydrological processes, 2009, 23 (5): 730 – 747.

[91] King A J, Tonkin Z, Mahoney J. Environmental flow enhances native fish spawning and recruitment in the Murray River, Australia [J]. River research and applications, 2008, 25 (10): 1205 – 1218.

[92] King A J, Ward K A, Connor O P, et al. Adaptive management of an environmental watering event to enhance native fish spawning and recruitment [J]. Freshwater biology, 2010, 55 (1): 17 – 31.

[93] King J, Cambray J A, Impson N D. Linked effects of dam – released floods and water temperature on spawning of the Clanwilliam yellowfish Barbus capensis [J]. Hydrobiologia, 1998, 384: 245 – 265.

［94］ Kondolf G M，Piegay H. Tools in fluvial geomorphology［M］. England：John Wiley & Sons Ltd. ，2003.

［95］ Larsen L G，Choi J，Nungesser M K，Harvey J W. Directional connectivity in hydrology and ecology［J］. Ecological Applications，2012，22：2204 - 2220.

［96］ Lorenz C M，et al. Concepts in river ecology：implication for indicator［J］. Regulated River：research & management，1997，13：501 - 516.

［97］ Lovich J，Melis T S. The state of the Colorado River ecosystem in Grand Canyon：Lessons from 10 years of Adaptive ecosystem manangement［J］. International Journal of River Basin Manangement，2007，5 (3)：207 - 221.

［98］ McGarigal K，Marks B J. FRAGSTATS：Spatial pattern analysis program for quantifying landscape structure［J］. USDA Forest Service - General Technical Report PNW - GTR - 351，Corvallis，OR，1995.

［99］ Middleton B. Flood Pulsing in Wetland：Restoring the Nature Hydrological Balance［M］. New York：John Wiley & Sons，Inc，2002.

［100］ Mitsch W J，Jorgensen S E. Ecological Engineering and Ecosystem Restoration［M］. New York：JOHN WILEY & SONS，INC. 2004.

［101］ Fullerton A. H. ，B urnett K. M. ，Hydrological connectivity for riverine fish：measurement challenges and research opportunities［J］. Freshwater Biology，2010，55：2215 - 2237.

［102］ Nainan R J，et al. General principles of classification and the assessment of conservation potential in river［J］. in Boon，P. J. ，Clown (Eds)，River conservation and management. John Wiley & Sons Ltd. Chichester，1992，93 - 123.

［103］ Wood P J，Hannah D M，Sadler J P，eds. Hydroecology and ecohydrology：past，present and future［M］. England：John Wiley & Sons，Ltd，2008.

［104］ Office of Research and Development U. S. Environmental Protection Agency，Connectivity streams and wetlands to downstream waters：a review synthesis of the scientific evidence［J］. US Environmental Protection Agency Washington，DC，2015，(14)：475 - 600.

［105］ Paillex A，Doledec S，Castella E，Merigoux S. Large river floodplain restoration：Predicting species richness and trait responses to the restoration of hydrological connectivity［J］. Journal of Applied Ecology，2009，46：250 - 258.

［106］ Parasiewicz P. MesoHABSIM：a concept for application of instream flow models in river restoration planning［J］. Fisheries，2001，26：6 - 13.

［107］ Peake P，Fitsimons J. A new approach to determining environmental flow requirements sustaining the nature values of the floodplains of southern Murray - Darling Basin［J］. Ecological Management and Restoration，2011，12：128 - 137.

［108］ Petts G E. River：dynamic component of catchment ecosystems，in Calow，P. and Petts，G. E. (Eds). The River Handbook. Hydrological and Ecological Principles［M］. Vol. 2. Blackwell Scientific Publication，Oxford，1994.

［109］ Philip Roni，Tim Beechie. Stream and Watershed Restoration：A Guide to Restoring Riverine Processes and Habitats［M］. John WILEY & Sons，Ltd. UK，2013.

［110］ Pilarczyk K W. Geosynthetics and Geosystems in Hydraulic and Coastal Engineering［M］. Rotterdam，Netherland，2000.

［111］ Poff N L，Allan J D，et al. The Natural Flow Regime—A paradigm for river conservation and restoration［J］. BioScience，1997，(16)：769 - 784.

［112］ Poff N L，Zimmerman J K. Ecological impacts of altered flow regimes：a meta - analysis to inform environmental flow management [J]. Freshwater Biology, 2010, 55: 194 - 205.

[113] Poff N L, Richter B, Arthington D, et al. The ecological limits of hydrologic alteration (ELO-HA): A new framework for developing regional environmental flow standards [J]. Freshwater Biology, 2010, 55: 147 - 170.

[114] Poff N L, Zimmerman J. Ecological responses to altered flow regimes: a literature review to inform the science and management of environmental flows [J]. Freshwater Biology, 2009, 194 - 205.

[115] Prince George's County, Maryland Department of Environmental Resources Programs and Planning Division, Low - Impact Development: An integrated Design [J]. Approach, 1999, (301): 952 - 4131.

[116] Richter B D, Warner A T, Meyer J L, et al. A collaborative and adaptive process for developing environmental flow recommendations [J]. River research and applications, 2006, 22 (3): 297 - 318.

[117] Rayfield B, Fortin M J, Fall A. Connectivity for conservation: A framework to classify network measures [J]. Ecology, 2010, 92: 847 - 858.

[118] Richter B D, Davis M, Apse C, Konrad C P. A presumptive standard for environmental flow protection [J]. River Research and Applications, 2011, 28: 1312 - 1321.

[119] Andrew Brookes, Douglas Shields, River Channel Restoration - Guiding Principles for Sustainable Projects [M]. England: John Wiley & Sons, Ltd, 1996.

[120] Ruswick F, Allan J, Hamilton D, Seelbach P. The Michigan Water Withdrawal Assessment process: science and collaboratin in sustainaing renewable natural resources [J]. Renewable Resources Journal, 2010, 26: 13 - 18.

[121] Schiemer F, Keckeis H. The inshore retention concept and its significance for large river [J]. Hydrobiol. Sppl. , 2001, 12 (2 - 4): 509 - 516.

[122] Schmuts S, Trautweis C. Development a methodology and carrying out an ecological prioritization of continuum restoration in the Danube River to be part of the Danube River Basin Management Plan. [R] Report prepared for the International Commission for the Protection of the Danube River (ICPDR), Vienna, 2009.

[123] Shafroth P B, Wilcox A C, Lytle D A, et al. Ecosystem effects of environmental flows: modelling and experimental floods in a dryland river [J]. Freshwater ecology, 2010, 55 (1): 68 - 85.

[124] Gordon N D, Thomas A, McMahon B L, et al. Stream Hydrology—An Instruction for Ecologists (Second Edition) [M]. West Sussex PO19 8SQ, England: John Wiley & Sons Ltd, 2004.

[125] Jorgensen S E. Ecosystem ecology [M]. Academic Press, 2009.

[126] Thor J H, Thoms M C, Delong M D. The riverine ecosystem synthesis [J]. San Diego, CA: Elsevier, 2008.

[127] Thorp J H, Delong M D. The riverine productivity model: an view of carbon sources and organic processing in large river ecosystem [J]. Oikos, 1994, 70: 305 - 308.

[128] Townsend C R. Concepts in river ecology: pattern and process in the catchment hierarchy [J]. Algol. Stud, 1996, 113: 3 - 24.

[129] U. S. Environmental Protection Agency Office of Wetlands, Oceans and Watersheds Nonpoint Source Control Branch. Studies Analyzing the Economic Benefits of Low Impact Development and Green Infrastructure Programs [M]. 2013.

[130] Vannote R L. The river continuum concept [J]. Canadian Journal of Fisheries and Aquatic Sciences, 1980, 37: 130 - 137.

[131] Wantzen K M, Machado F A, et al. Seasonal isotopic changes in fish of the pantanal wetland [J].

Brazil. Aquatic Sciences, 2002, 64: 239 – 251.

[132] Ward J V. The Four – dimensional nature of lotic ecosystem [J]. Can. J. Fish. Aqua. Sci. , 1980, 37: 130 – 137.

[133] Ward J V, Stanford J A. The serial discontinuity concept of lotic ecosystem [J]. In Fontaine, T. D. and Bartell, S. M. (Eds), Dynamics of Lotic Ecosystems, Ann Arbor Science, Ann Arbor, 1983: 29 – 42.

[134] Weiskel P K, Brandt S L, DeSimone L A, Ostiguy L J, Archfield S A. Indicators of streamflow alteration, habitat fragmentation, impervious cover, and water quality for Massachusetts stream basins [R]. U. S. Geological Survey Scientific Investigations Report, 2010 (70): 2009 – 5272.

[135] Welcomme R L, Halls A. Some consideration of the effects of differences in flood patterns on fish population [J]. Ecohydrology and Hydrobiology, 2001, 13: 313 – 321.

[136] http://www. nature. org/success/dams. html

[137] http://thelivingmurray2. mdbc. gov. au/

[138] http://www. chinanews. com/gn/2017/05 – 31/8238601. shtml

中 英 文 索 引
Index

后 记

生态水利工程学是在生态保护的大背景下产生和发展起来的新兴交叉学科。在技术层面上，它是研究水利工程在满足人类社会需求的同时兼顾水生态系统健康需求的技术方法；而在哲学层面上，则是探讨人与江河湖泊的关系，进而是人与自然的关系。

在我国古代哲学中，人与自然的关系被归结为"天人关系"。老子有一段经典论述，至今还广为流传。老子说："人法地，地法天，天法道，道法自然。"在这段话里，"法"是效法的意思，大意是：人效法地，地效法天，天效法道，道效法自然。这里的"自然"，不是指自然界（客体），而是指万物自身的本性，或者理解为万物的自身规律。"道法自然"就可以理解为："道"效法和遵循万物自身变化发展的规律。那么，圣人又如何对待道呢？老子说："是以圣人处无为之事，行不言之教。"就是说圣人用"无为"去处事，用"不言"去教导。老子著名的"无为论"，并非字面上的无所作为，而是不妄为，不做违反自然的事，无论是对待宇宙自然，还是治理社会，要效法"道"。因为"道"的本性就是"无为"。

现代生态学理论认为，人要尊重自然，保护自然，在资源开发活动中避免对自然生态系统产生较大干扰。如果重大的胁迫已经发生，应发挥生态系统自组织功能实现生态修复的目标。自组织功能表现为生态系统的自修复能力和系统的可持续性。依据这条技术路线，管理者只需实施最小限度的干预或者完全不干预，让系统按照其自身规律运行、修复。欧美国家在制定河流修复战略时，有一种路线称为"无作为选择"（do nothing option）。其实，两千多年前老子就告诉我们，"道常无为而无不为。""无为之益，天下希及之。"就是说，顺应万物自然，让万物按照它自身的规律运行。道经常是无为的，可是没有一件事不是它所为。看似无为，实则有为，其益处天下罕能企及。

庄子把人与自然的关系阐发得更为透彻。在《庄子》"天道"一章中，庄子假托孔子向老子问礼故事说出了一番道理。庄子说："则天地固有常矣，日月固有明矣，星辰固有列矣，禽兽固有群矣，树木固有立矣。夫子亦放德而行，循道而趋，已至矣。"就是说，天地原本就有自己的运动规律，日月原本就放射光明，星辰原本就各自有序，禽兽原本就各有群落，树木原本就林立于地面。先生您还是遵循自然状态行事，顺从规律去进取，这就极好了。庄子这段论述，更清晰地要求人们"循道而趋"，这里的"道"，明显是指自然界运动规律。庄子告诫人们，宇宙万物，自然系统都在遵循自身的规律，山川河流，高山平原，繁衍着生物群落，覆盖着茂密植被，生生不息，周而复始。人们不要去驱使它，掠夺它，相反应该尊重万物，顺应自然，谨慎地顺从自然规律行事，这才是真正的美德。在撰写本书的 4 年里，作者时常从古代先贤们的深邃思想中受到启迪，尝试追随先贤们的智慧之光，放德而行，循道而趋，探索河湖生态保护的规律和方法。

呈现在读者面前的这本新书，凝聚了作者及其团队 15 年的科研成果，也记录了作者上下求索的艰辛。如果这本书对河湖生态保护事业有所裨益，那将是作者莫大的快乐。

Contents

of water Resources. The valuable technical information are provided by academician Prof. Hu Chunhong, China Academy of Engineering members, Prof. Zhao Jinyong, Dr. Zhang Jing and Dr. Wang Junna, Prof. Liu Guohua from Ecological Environment Center below The Chinese Academy of Sciences, Prof. Li Yun from Nanjing Hydraulic Research Institute, Prof. He Daming from Yunnan University, Prof. Zhu Chendong from Beijing Water Authority, Prof. Deng Zhuozhi from Beijing Water Conservancy Planning and Design Institute, Dr. Guo Qiaoyu from The Nature Conservancy (TNC), Mr. Wang Zhaoyu a senior editor from China Water & Power Press has worked closely with the author in topics selection and compilation. He has devoted a lot of efforts to the publication of this book. On the occasion of the publication of the book, I would like to extend my sincere thanks to all the experts and friends.

The content of this book is both systematic and technical which is available to readers from the fields of hydraulic engineering, environmental engineering, ecological engineering, landscape design and territorial planning. It can also be used as a teaching book for colleges and universities.

Because of the Eco-hydraulic Engineering is new scientific and technological field involved multidisciplinary. In addition, the author's limitation of theoretical level and experience, the errors and inadequacies of this book are inevitable, so I sincerely expect the readers of all circles to criticize and correct.

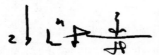

Dong Zheren PhD

China Institute of Water Resources and Hydropower Research

July 2018

In addition, the book has absorbed the latest theories and methods of international related field. The method of planning and design of traditional hydraulic engineering is improved, moreover Eco-hydraulic Engineering provides theory and technology for the protection and restoration of aquatic ecosystem.

The book is divided into three parts. The first part is an introduction to aquatic eco-system, as well as expounds its characteristics and the ecological models for river and lake. The second part includes investigation and analyze. The method of river and lake survey and habitat evaluation introduces in this part. Ecological factor analysis and calcu-lation method are expounded including Eco-hydrology, Eco-hydraulics, landscape analy-sis, environmental flows, channel evolution etc. The methodology of planning and design for ecological restoration project are discussed in third part. The methods of planning and design for ecological hydraulic engineering such as nature river corridor projects, lakes and wetlands restoration projects, restoration connectivity of rivers and lakes, fish passage are introduced in detail. The ecological reservoirs regulation as well as monitoring and evalua-tion of Eco-hydraulic projects are discussed. The chapters also include a number of typical cases at home and abroad.

The book aims to be innovative in the following four areas. Firstly, to promote theo-retical innovation some new models and concepts are proposed, such as An Holistic Con-cept Model for the Structure and Function of River Ecosystem, Three Types Flows via Four Dimensional Connectivity Ecological Model, Rating System of River Ecological Con-ditions, Ecological Reservoirs Regulation Technology and so on. Secondly, to promote in-tersection and integration of disciplines, integrated application with some fields such as hy-draulic engineering, hydrology, hydraulics, river geomorphology, landscape ecology. Thirdly, to promote model quantification instead of qualitative description therefore nu-merical analysis method and computer model are introduced including analysis of ecological factors, condition assessment, predictive analytics. Fourthly, the application of informa-tion technology is to strengthened, which more and more be used in aquatic restoration, including remote sensing technology, geographic information system and global positioning system. In this manner the informatization and digitization for aquatic ecological manage-ment to be to promoted.

The book is well supported by experts and friends including famous calligrapher Prof. Wang Zhilin offers calligraphy art of Ancient Chinese Philosopher Zhuangzi quotations, Prof. Dong Baohua from the Yellow River water resources committee below Ministry Wa-ter Resources provided the cover photos, Prof. Sun Dongya from China Institute of Water Resources and Hydropower Research (IWHR) wrote 6.2.4, Prof. Zhao Jinyong wrote 8.3.2, Prof. Jiang Yunzhong wrote a numerical example of 4.1, Dr. Wang Junna wrote 10.2 and 10.3. Dr. Zhang Jing proofread 1.5.4, 3.11, 7.1.2. The Japanese information in 6.5.3 was translated by Prof. Liu Qian from Development Research Center of Ministry engineering conference sponsored by The National Academy of Sciences in 1993. On the advice of the famous ecologist Mitsch, the definition of Ecological Engineering is as follow: Ecological Engineering is the design of sustainable ecosystems that integrate human society with its natural environment for the benefit of both (Mitsch W. J. 1996, 1998).

China is a country with water resources shortage, frequent flood and waterlogging disasters, and it is a successful experience to build a dams and reservoirs to guarantee water supply and flood control. China is a big country with huge numbers of dams and dikes. Amount of dams, total length of dikes and total installed capacity of hydroelectric powers are the first in the world. How to mitigate the negative impacts of hydraulic projects on the aquatic ecosystems, and how to restoration of rivers and lakes is undoubtedly a challenging task. Moreover, unlike the developed countries in the west, China is still in the high tide of hydraulic and hydropower construction. In order to implement our government's international commitment to reduce greenhouse gas emissions, there will be more development hydropower as a clean energy. How to take preventive measures in the new project to mitigate the negative impact on aquatic ecosystem, it is required to have theoretical innovation and technology development. In addition, China has a thousands years history of water resources development, and most of the rivers have undergone extensive artificial reconstruction. Some rivers, such as the Yellow River and the Haihe river, have evolved into rivers with high manual control. It is great challenge to implement river restoration on such rivers. In this context, we should not only draw lessons from developed countries advanced theory and technology, but also combination with China's national conditions and features of rivers. It is a strategic mission to develop a planning and design theory and technology of ecological friendly hydraulic engineering.

Dong Zheren proposed the concept and technical framework of Eco-hydraulic Engineering in 2003, as well as gave the definitions of Eco-hydraulic Engineering as following: "The Eco – hydraulic Engineering as a new branch of Hydraulic engineering, study the principles and techniques of new type of hydraulic projects which not only need to meet demands of social and economy, but also meet demands of aquatic ecosystem health and sustainability." This definition has several implications as follows: ①Eco-hydraulic Engineering is the complement and improvement for traditional hydraulic engineering. ②The goal of Eco-hydraulic Engineering is to build a technical system of ecological friendly hydraulic engineering. ③Eco-hydraulic Engineering is an interdisciplinary subject integrating hydraulic engineering and ecology. ④The goal of aquatic ecosystem protection is to protect and restore its health and sustainability.

This book summarizes the numerous scientific research achievements and engineering practical experience gained by the author and his research team in 15 years. In particular, the author has presided over and participated in several national science and technology support projects and some research project supported by the ministry of water resources.

Preface

Rivers are the arteries of the terrestrial ecosystem and water resources are lifelines for social and economic development.

In the past 40 years, China's economy has developed at an unprecedented scale and speed. On the one hand, it brought prosperity to the society and economy; On the other hand, it also puts great pressure on the natural environment, especially on the aquatic eco-system. In the process of urbanization, land use pattern has been changed on a large scale and natural hydrological cycle pattern has been changed. Production activities such as de-forestation, reclamation of lakes, overfishing and breed aquatics result in water and soil erosion, vegetation deterioration, Lakes atrophy, Species diversity declined. Massive in-frastructure construction such as highway, railway, mine construction result in great changes of landscape pattern, land subsidence and biodiversity declines. In particular, the construction of hydraulic Engineering and hydropower projects, on the one hand, plays a huge role in guaranteeing water supply, developing agricultural irrigation and hydropower generation, and ensuring the safety of flood control. On the other hand, the morphology of rivers and lakes has changed dramatically. Dams builted on rivers have vary greatly changed the landscape and hydrology regime of rivers. Excessive exploitation of water re-sources has caused dry up of river and important influence on aquatic ecosystem. The im-pact of these large – scale economic activities on the disruption of aquatic ecosystems is of-ten huge and far – reaching. The degradation of aquatic ecosystems and the reduction of biodiversity not only jeopardize the well – being of contemporary human beings, but also endanger the sustainable development of future generations.

The Hydraulic engineering as an important traditional engineering discipline, by means of construction of hydraulic structures, through modification and control for rivers to achieve the goal of water resources and hydropower development and utilization. Over the past 30 years, the global ecological protection consciousness unprecedented increase, protect the earth homes, maintain the natural ecosystem, promoting harmony between hu-man and nature, insist on sustainable development, has become the consensus of contem-porary international society. People have a new understanding of infrastructure construc-tion including Hydraulic engineering projects. It is generally believed that engineering con-struction not only meets the needs of human society, but also needs to meet the needs of maintaining ecological system sustainability and biodiversity. In this background, the the-ory and the concept of new engineering arises at the historic moment of the landmark event is the 1962, in that time famous ecologist Odum introduced the concept of ecosystem self – or-ganizing activities into engineering. The Ecological Engineering proposed by Odum include the restoration of rivers, lakes, forest, grassland, coastal zone and mine lot. Ecological

About The Author

Dr. Dong Zheren was born in Beijing in 1943, Manchunationality. He graduated from Tsinghua University in 1966 and graduated from Graduate School of Chinese Academy of Sciences in 1981. He studied at University of Akron USA as visiting scholar in 1986. He is Professor of China Institute of Water Resources and Hydro Power Research (IWHR) and Guest Professor of Tsinghua University, Wuhan University, Dalian University of Science and Engineering, Sichuan University, Hehai University.

He has been engaged in scientific research for more than 40 years. During the period of 1980s and 1990s, He was focusing on nonlinear finite element of reinforced concrete structure. He proposed the Orthotropic model for cracked concrete of steel – lined reinforced concrete penstocks. The new structure he proposed was successfully applied to the Three Gorges project. Coming into the 21st century, He pioneered the field of Eco – hydraulic Engineering. As a inaugurator of the new discipline he argues that hydraulic engineering needs to integrate ecology theory and build a new hydraulic engineering system with ecological friendliness. After more than 20 year of research and practice, the theoretical and technical system of the new discipline has been basically formed.

He published 8 monographs such as《Generality of Eco – hydraulic engineering》(2020),《Eco – hydraulic engineering》(2019),《River Restoration》(2013),《Principles and Technologies of Eco – hydraulic Engineering》(2007),《Nonlinear Finite Element Method of Reinforced Concrete: Theory and Application》(1993). In addition, he edited 11 books, such as《Contemporary water science frontier》(2006) and published 110 papers.

Abstract

The Eco – hydraulic Engineering as a new branch of hydraulic engineering, study the principles and techniques of new type of hydraulic projects which not only need to meet demands of social and economy, but also meet demands of aquatic ecosystem health and sustainability. Eco – hydraulic Engineering combined with ecology, which is the complement and improvement for traditional hydraulic engineering. Moreover eco – hydraulic engineering provides theory and technology for the protection and restoration of aquatic ecosystem. An introduction to aquatic ecosystem is expounded in the book, as well as its characteristics and the river lake ecological model. The investigation and analyze are illustrated. The survey methods of river and lake, as well as habitat evaluation are introduced. Ecological factor analysis and calculation method are expounded including eco – hydrology, eco – hydraulics, landscape analysis, environmental flows, channel evolution etc. The methodology of planning and design for ecological restoration project are discussed. The methods of planning and design for ecological hydraulic Engineering such as nature river corridor projects, lakes and wetlands restoration projects, restoration connectivity of rivers and lakes, fish passage are introduced in detail. The ecological reservoirs regulation as well as monitoring and evaluation of eco – hydraulic projects are discussed. A number of typical cases at home and abroad are also illustrated.

The content of this book is both systematic and technical which is available to readers from the fields of hydraulic engineering, environmental engineering, ecological engineering, landscape design and territorial planning. It can also be used as a teaching book for colleges and universities.

Eco-hydraulic Engineering

Dong Zheren

中国水利水电出版社
www.waterpub.com.cn